U0179924

现代衍射方法
Modern Diffraction Methods

〔荷〕艾瑞克·J. 米特梅耶(Eric J. Mittemeijer)

〔德〕乌多·韦尔泽尔(Udo Welzel)　　　主编

饶群力　尧仁良　译

科学出版社

北　京

图字: 01-2022-3822 号

内 容 简 介

本书全面介绍了各种现代衍射方法,注重实践案例,特别是在原位测量方面,旨在使读者深入了解现代衍射技术的广泛应用,尤其是与当今材料科学的密切结合,在科学研究中发挥着日益强大的作用。

全书共分四部分,第一部分是衍射揭示晶体结构信息,包括单晶结构解析(第1章)、粉末衍射全谱精修(第2章)和非晶、无序晶体、纳米晶的全散射分析(第3章);第二部分是衍射材料微结构和缺陷分析,包括第4章的线形分析理论与技术,以及工程技术领域的实际应用,如第5、6章的应力衍射分析,特别是深度分布分析,第7章的取向织构衍射分析(包括X射线、同步辐射、中子、透射电子、背散射电子),第8、9章侧重薄膜及表面的衍射分析;第三部分是物相的定性定量分析,介绍现代流行的Rietveld精修方法,即衍射全谱拟合(第10章),以及这种方法在材料动力学研究中的具体应用(第11章);第四部分主要涉及现代衍射的仪器装置,第12章介绍各类光源(同步辐射、中子和实验室光源)、衍射几何等,第13章介绍了衍射设备的检定和校验方法,第14章专门介绍同步辐射光源的应用,第15章是高能电子衍射,第16章对原位衍射测试中的主要问题做了点评和总结。

本书实用案例可为社会各界涉及晶体衍射的科研工作者提供启发,也可对工程实践应用提供具体的指导。总之,本书既可作为有一定衍射理论基础的研究人员和测试人员的指南式参考工具书,也可作为理工科研究生的教学用书或参考资料。

图书在版编目(CIP)数据

现代衍射方法 / (荷)艾瑞克·J. 米特梅耶(Eric J. Mittemeijer), (德)乌多·韦尔泽尔(Udo Welzel)主编; 饶群力, 尧仁良译. —北京: 科学出版社, 2023.3

书名原文: Modern Diffraction Methods

ISBN 978-7-03-074653-5

Ⅰ. ①现… Ⅱ. ①艾… ②乌… ③饶… ④尧… Ⅲ. ①晶体-衍射-研究 Ⅳ. ①O721

中国国家版本馆 CIP 数据核字(2023)第 013459 号

责任编辑: 翁靖一 孙 曼 / 责任校对: 杨聪敏
责任印制: 师艳茹 / 封面设计: 东方人华

科学出版社 出版
北京东黄城根北街 16 号
邮政编码: 100717
http://www.sciencep.com

河北鹏润印刷有限公司 印刷
科学出版社发行 各地新华书店经销

*

2023 年 3 月第 一 版 开本: 720×1000 1/16
2023 年 3 月第一次印刷 印张: 31
字数: 593 000

定价: 198.00 元
(如有印装质量问题, 我社负责调换)

中文版序

饶群力教授翻译米特梅耶和韦尔泽尔主编的《现代衍射方法》付梓之际，邀我为他的译作作序，我深感责任在肩。饶教授于 2002 年在上海交通大学材料学院博士毕业，毕业后即投身到上海交通大学分析测试中心工作，脚踏实地做一名分析测试人员。从业近二十年来，他为上海交通大学分析测试中心 X 射线类测试仪器的发展，尤其是 XRD 测试工作的开展和壮大做出了重要贡献。他先后于 2005～2006 年到日本筑波的日立先端材料研究所、2013～2014 年到美国西北大学原子与纳米表征实验中心做访问学者，进一步提升了自己的测试能力。

我和饶教授共事已七年多，目睹他多年来在坚持做好测试服务的前提下，积极开展科研、教学和分析测试人才培训工作，先后主持和参加了包括国家自然科学基金项目、863 项目在内的十多项研究项目，发表了 80 多篇学术论文，并申请了 8 项专利。他出版了微观分析测试类教材《微观之美》，并参与修订教育部标准《多晶体 X 射线衍射方法通则》，是中国晶体学会会员、中国材料研究学会会员。

饶教授有高度的职业敏感度和培养分析测试人才的热情。当他看到《现代衍射方法》时，发现该书包含全面的衍射方法评述，汇集有大量的实践案例，就决定花时间把这本指南型的著作翻译出来，为国内从事晶体学分析的科研工作者助一臂之力。三年多来，他坚持在业余时间加班加点，并与业内同行多次讨论、求证，在没有很多助手帮助的情况下，最终完成全书翻译。我期待，这本书中文版的出版会对国内从事晶体学分析但又没有时间和机会接触外文原著的工作者起到一定的指导作用。我希望，饶教授这本译作的出版，可以起到以书会友的作用，共同推进晶体学分析技术的快速发展。

张兆国

2021 年 8 月于上海交通大学

译 者 序

自 1912 年德国物理学家劳厄通过 X 射线照射晶体发现衍射现象以来，从材料、物理、化学、生物、地质等学科到冶金、矿产、建筑、环保、医药、航空航天和信息工业等产业部门，衍射技术都得到广泛应用。它不仅揭示晶体的结构本质，还可以表征各种缺陷、微结构及应力织构等。近年来，随着衍射技术的快速发展，大装置(同步辐射、中子)使用的日益普及，各具特色的衍射新方法层出不穷，特别是原位衍射方法的大量涌现，对从实验设计到数据采集和分析一系列环节提出了更大的考验和更高的要求。正是在这样的背景下，德国马克斯-普朗克研究所的米特梅耶和韦尔泽尔两位教授集业界各方面专家的宝贵经验、精选近年来衍射方法精彩案例出版了本书。书中内容包罗从实验方法设计到数据分析再到仪器装备配置等，通过广泛的具体案例分析方便读者自行设计和选择合理的衍射实验方案，为广大业界同行提供了一份集大成的珍贵指南，同时也启发研究者深入思考如何才能正确、合理地运用好这门技术。

深入挖掘实验数据的信息内涵离不开深厚的理论功底，只有对科学原理和技术方法有深刻领悟，才能实现自如运用。译者在日常工作中接触大量实验测试，深感测试技术对科学研究的重要支撑作用，这包括实验的严谨性、规范性。求新、求异固然重要，但背离了基础理论，新异便都是无本之木、无源之水，甚至带来偏离客观实际的结果。例如，原著对 Rietveld 精修目前正面临被滥用的问题提出了警告，译者面对实际工作的一些现象深有同感。这种技术的流行固然有助于推动整个衍射技术的进步，但是不当使用适得其反。作为一种数学方法，总是可以对实验数据给出精确结果，因此人们对它寄予厚望，无可厚非。然而，奢求它对任何数据都能给出最佳的答案，则需警惕。须知从制样、衍射设备配置，到衍射几何、数据采集过程等一系列实验因素都对精修结果有影响，可以说应用这种方法是一个系统综合过程，各个实验环节都不容忽视。只有充分理解技术背后的原理，才能对分析结果的可靠与否做出正确判断，本书对 Rietveld 精修方法的剖析非常深入到位，这仅是书中众多案例剖析的一隅。总之，本书在探讨衍射应用与原理分析相结合方面独具特色。

原位衍射受到越来越广泛的重视，原位衍射方法是本书的又一特色内容，然而原位实验不是一蹴而就的。译者在日常工作中，经常碰到这样的情况，学生实验时得到与设想或文献不一样的结果马上就放弃整个实验，而不去分析背后的原因，勿用说这与科学研究精神完全背道而驰，就是对自己的研究工作也缺乏耐心和责任感。原位实验的数据量以及由此带来的分析工作量大大超过普通实验，实验的影响因素之复杂远非环境测量可比，不做好这两点心理准备，终致半途而废。本书在原位测试方面给出了不少案例以及对这些案例的深入剖析，相信对有志于此类工作的同仁启迪匪浅。

上海交通大学张兆国教授在本书的翻译过程中给予极大的支持和鼓励，李金富教授对本书的出版鼎力相助，上海光源柳义老师对本书第 14 章提出了宝贵意见，我组教师黎玲玲博士、张宁津博士对第 1 章单晶部分做了校对，研究生程剑文对书中部分图表等做了整理。在此深表谢意！最后，感谢国家自然科学基金项目"深过冷金属凝固过程的同步辐射 X 射线成像研究"(批准号：51771116)、国家科技重大专项项目(批准号：2017-Ⅵ-0004-0075)和上海交通大学决策咨询项目"补偿型 XRD 薄膜掠入射自动样品台的设计及研制应用"(JCZXSJB2020-019)的资金支持！

本书于 2018 年开始着手翻译，做过多次校对。但是，业余时间短暂、译者水平有限，书中难免存在疏漏或不足，恳请广大读者指正！

饶群力　尧仁良
2023 年 2 月

前　言

　　材料科学及固体物理和化学等学科在很大程度上归功于 Friedrich、Knipping 和 von Laue 在一个世纪前所做的衍射实验，这些实验证明了晶体是以原子在三维空间中的平移周期性排列为特征的[①]。确定晶体中原子的理想排列，通常用单胞的填充来表示，直到 20 世纪的最后 25 年，对科学家(晶体学家)来说仍然是一项繁重的任务，这一时期的特点是出现了方法学的重大发展，并为此颁发诺贝尔奖，以强调衍射科学和技术方法的重要性[②③]。

　　在发现 X 射线衍射之后不久，人们就意识到实际材料的原子排列远非完美。晶体可以很小(即不是无限大)，且原子排列包含缺陷。在确定晶粒大小和晶体缺陷方面，Scherrer(1918 年)、Dehlinger 和 Kochendörfer(1927 年，1939 年)各自完成了开创性的工作，正如衍射峰宽所揭示的那样。早在 1927 年，Glocker 就出版了一本教科书，介绍根据衍射线位置的变化来确定(工程)材料应力的(X 射线)衍射基本原理。

　　多年来，衍射方法在固体科学中的作用有增无减。侧重点可能发生了变化：近几年，纯晶体学领域受到的重视明显有所减少(大学里专门从事这一科学领域的教授人数锐减即是明证)，但这一点被材料科学不断拓展的衍射分析充分弥补，特别是本书重点介绍的新方法，对微结构表征起着至关重要的作用。"现代衍射方法"与不完美晶体状态("晶体缺陷")的研究(但不限于此)有密切关系。

---

　　① 有趣的是，当时发现者认为，晶体产生的衍射花样是原子受到入射(初级)X 射线照射时发出的特征辐射所致[另见 M. Eckert 的论文，发表在 Z Kristallogr, 2012(227): 27-35 和 Acta Cryst, 2012(A68): 30-39]。

　　② 值得注意的是，在写本前言时，上一届诺贝尔化学奖(2011 年)已经授予 D. Schechtman，表彰其在分析电子衍射花样的基础上发现了所谓的准晶——没有(长程)平移对称的几何有序性特征。这不过是又一次见证衍射分析在固体科学中的重要性[Schechtman D，Blech I, Gratias D, Cahn J W, Phys Rev Lett, 1984(53): 1951-1953]。

　　③ 此外，在(Rosalind)Franklin 和 Wilkens 进行的 X 射线衍射实验的基础上，1953 年 Watson 和 Crick 才完成了 DNA 双螺旋结构的著名发现，从而揭示了遗传信息的复制机理(见 Watson J D. The Double Helix. London: Weidenfeld and Nicolson, 1968)。这项研究于 1962 年获得诺贝尔生理学或医学奖。

本书汇总了衍射分析领域著名科学家、专家的评述。毫无疑问，受邀专家都有能力对材料衍射分析领域的某一分支做出权威评论。本书各章重点对当前衍射方法研究和应用的前沿发展及"最新技术"做了介绍，同时指出未来的研究方向。据我们所知，这样的书迄今独此一本。

本书的第一部分涉及从衍射花样中提取(理想)晶体的结构参数。实现这一过程的经典方法是基于单晶 X 射线衍射花样，目前该方法仍占据重要地位。第 1 章阐述了目前各种结构解析方法，最后介绍了解决/克服相角问题的最新发展，如"电荷翻转"和"低密度消除"。

1967 年出现 Rietveld 精修方法，基于粉末衍射图谱[即不是从单晶样品而是从多晶样品(可能但不一定是粉末)采集的]对材料的晶体结构参数进行精修，使得粉末衍射方法再次兴起。如今，这种方法甚至可以直接确定晶体结构。第 2 章提供了现代 Rietveld 精修方法应用指南。在其他章节(特别是第 4 章和第 10 章)中，介绍了 Rietveld 精修方法确定晶体缺陷表征参数[如晶粒(畴)尺寸和与材料位错密度相关的微应变]及物相的相对含量的最新进展。

全散射分析(即同时考虑布拉格散射和漫散射)可以通过测定对分布函数来表征非晶材料、无序晶体材料和纳米晶粒中的原子排列。该方法最初应用于液体和玻璃材料，在第 3 章讨论其目前用于纳米颗粒结构表征的可能性。

第二部分介绍衍射方法分析材料的微结构。晶体缺陷可以由结构缺陷引起的衍射线宽化来评定。第 4 章做了相关的详细论述，回顾了经典的线形分解方法，并将其与更新、更有前景的线形合成方法进行了比较，得出的一系列结论对纠正当前实践中线形分析方法的误用有重要意义。

在"材料工程"和"材料科学"中，人们对测定作用在零件或试样(如微电子器件中使用的薄膜)的(宏观)应力(分量)饶有兴趣。工程应用中的(残余)应力既可能有害也可能有利；从基本的、科学的观点来看，应力的演变和松弛可以告诉我们许多内在的材料行为。X 射线和中子衍射方法已被用于(宏观)应力分析。X 射线衍射可以分析试样/零件表面相邻区域(最多几微米厚)的应力状态，而中子衍射适用于分析所考察零件大部分区域的应力状态(即中子的穿透深度为几厘米)。第 5 章和第 6 章概述了目前应力衍射分析方法，特别是应力深度分布分析。

多晶材料的择优取向(称为织构)对于试样/零件的宏观性能具有决定性的意义，从宏观力学行为的角度看，这是(同一材料的单晶)所固有的弹性各向异性造成的。通过极图确定取向仍是经典且很重要的方法；利用 X 射线衍射及极图测角仪从多张极图中获得取向分布函数，这是众所周知的、常规应用方法，本书未多述及。取而代之，在第 7 章中重点介绍了最近发展起来的取向分布测定方法：同步加速器衍射(小体积材料)、中子衍射(也用于磁极图的测定)、电子衍射[透射电子显微镜(TEM)]，以及电子背散射衍射(来自样品表面的扫描电子显微镜信息)[最后两种技术提供(即保持着)空间信息(相邻晶粒错配取向)]。

近几年来，对表面及其附近的原子结构(演变)进行衍射研究一直是一个非常重要的课题。该领域的最新进展，特别是涉及表面 X 射线衍射、掠入射 X 射线衍射的近表面分析，以及 X 射线反射率及其条件要求/局限，在第 8 章中讨论。

第 9 章讨论了含有缺陷的外延(氧化物)薄膜的分析。该章举例阐述"倒易空间映射"及应变梯度的确定。

第三部分从粉末衍射分析的传统话题入手：多相样品相组成及其含量。这里仅介绍和评价了 Rietveld 精修方法的最新发展，即全谱衍射拟合(第 10 章)。基于单峰的传统定量相分析方法这里不做讨论。

"材料动力学"，研究材料随时间和温度的变化过程，是材料学的核心。虽然传统技术，如膨胀法和量热法，经常被用来定量分析材料中的相变动力学，而(X 射线)衍射以此为目的的应用迄今非常有限。第 11 章将全面评述当前宏大的衍射测量分析相变动力学的可行性。如该章所述，既要采用可接受的动力学描述(这超出了简单且通常未经验证的 Johnson-Mehl-Avrami-Kolmogorov 动力学假设范围)，又要选择恰当的(实验)方法(如作为时间和温度跟踪函数的峰位、峰宽或峰面积)。

最后，第四部分着重介绍现代衍射分析技术，特别是它们的仪器实现方式。实验室(粉末)衍射设备是必不可少的：因为 X 射线源[如(同步辐射)存储环和自由电子激光]、中子源[如(中子衍射)反应堆和散裂源]通常不能直接部署在实验研究中(一般来说获得这些光源的使用机会相对较少，只有在与世界上其他科学家的申请竞争中"幸存"下来，才会获准使用这些庞大的设施)。实验室 X 射线衍射仪正在不断发展，作为一例，旋转阳极和 X 射线反射镜的组合事实上提供了一种最新的高亮度和高角度分辨率光源，可以"室内"安装。第 12 章讨论了这种光源和其他实验室现代衍射设施，如平行光几何、多毛细管准直器(X 射线透镜)和二维探测器。

(实验室)衍射设备的校准常常是一个被低估的重要话题。尽管数值计算仪器偏差是当前的趋势，但必须认识到，严重仪器误差会阻碍正确建模(如果仪器误差和计算偏差皆有，则更糟糕，正如使用校准不理想的仪器会发生的情况)。作为一种补救措施及确定仪器误差的推荐方法，可以通过应用"完美"(但通常是多晶)材料来实现校准，从而校正衍射信号记录中的仪器误差。第 13 章展现了校准后能达到的高精度，同时意味着当前许多已发表的低精度衍射测量数据是实验者工作粗心所致。

在很大程度上，同步辐射在衍射实验中的应用仍在不断增加，这是因为它具有非凡的亮度等优势，如(利用同步辐射的脉冲性质)研究材料过程动力学、发生在毫秒和更短时间的反应成为可能，以及可以实现表面衍射(详见第 8 章)的强光束准直。不久的未来，相干衍射成像的应用(如分析纳米颗粒的形貌和应变)必将引起更多的关注。同步辐射设施的类似应用见第 14 章述评。

电子衍射至少可以作为分析材料内部结构的工具，初看不如 X 射线衍射重要。毫无疑问，与透射电子显微术这一术语相关联的首先涉及用常规透射电子显微镜获得的衍射衬度像和高分辨透射电子显微镜获得的(有缺陷的)图像。然而，这种成像设备产生的电子衍射花样蕴含着丰富的结构信息，这导致了许多技术的发展，近年来这种电子衍射分析技术成为材料表征的有力工具。因此，编者强烈希望在这本书中有一章专门讨论这个问题。第 15 章述及电子衍射技术及其仪器，以及通常可应用于非常小体积的样品和单个纳米颗粒的技术，如大角度会聚电子束衍射和大角度回摆电子束衍射，可用来进行晶体结构、价电子密度和电荷分布的测定，以及晶体缺陷(如位错、层错)、应变分布的分析，甚至可以完成上一段提及的相干衍射成像。

第四部分的最后一章讨论了原位衍射测量的应用。这需要安装在衍射仪上的加热和冷却装置经过良好的(温度、衍射角)校准。特别是，如果固态相变发生得很快，仪器和测量条件可能会非常苛刻。这是第 16 章所考虑的部分内容。

完成这本书需要大量的精力、时间和耐心，不仅仅是我们主编，尤其是各章的作者。我们非常感谢所有的作者。我们理解，或者更确切地说，根据我们自己的经验能够体会，在繁杂的日常工作之余找时间写一篇述评是多么困难。我们也清楚，作者在提交了自己负责的那一章的最后一稿后，却要等待全书剩余最后一章的最后一稿提交，本书才能出版，这是何等令人煎熬。现在，看看结果，我们没有理由不满意：这本书的内容和质量都很好地反映了我们的初衷。耐心和毅力终有回报！

艾瑞克·J. 米特梅耶和乌多·韦尔泽尔

2012 年 2 月于斯图加特

目　录

第一部分　结　构　确　定

第三部分　相分析和相变

第 11 章　粉末衍射分析固体相变和其他随时间变化过程的动力学

第四部分　衍射方法和仪器

第 12 章　实验室 X 射线粉末衍射仪：发展及案例

第13章　NIST 参考标样校准实验室 X 射线衍射设备 ································· 371

第14章　同步辐射衍射：功能、仪器和案例 ································· 404

第一部分

结 构 确 定

第1章 | 单晶结构测定

1.1 引　言

很多晶体材料具有平移对称性，这意味着可以从小体积(晶胞)中的几个原子的位置获得整个晶体的原子位置，这些原子在三维空间周期性重复排列。因此，晶体结构被平移对称性(由六个晶胞参数给出)及晶胞内的原子位置完整表征出来[图 1.1(a)][1]。结构测定的目的是通过衍射实验获得晶胞中的原子位置和晶胞参数。

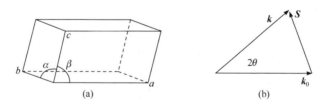

图 1.1　(a)边长为 a、b、c 以及其夹角为 α、β、γ 的晶胞；(b)散射矢量 S 为入射波和散射波的矢量差

X 射线与物质作用产生散射[图 1.1(b)]。平移对称性的一个结果就是散射只能在散射角为 2θ 的 k 方向上产生，且必须遵循布拉格方程。此外，晶体相对入射和散射 X 射线方向处于特定的取向上才产生布拉格反射。这两种特性都与晶胞参数有关，而不同的布拉格反射线可以用唯一的三整数(hkl)指数加以区分。反之，有足够多的布拉格反射线，知道了晶体取向及衍射束的方向，就可以确定晶胞参数和每条布拉格反射线的指数。

衍射束的振幅和相位是每条布拉格反射线的第二个独特属性。它们的值取决于晶体的晶胞结构和布拉格反射指数(hkl)。当已知布拉格反射的振幅和相位时，就可以通过简单的傅里叶变换(1.2 节)计算并确定晶体中原子的位置。

衍射实验提供了每条布拉格反射线对应的单晶取向以及衍射束的方向、强度。这些信息足以用于计算晶体的晶胞参数和布拉格反射的指数，但是由傅里叶变换并不能得到晶体的结构。原因是 X 射线束的强度与该电磁波振幅的平方成正比，但不包含有关相位的信息。这是晶体学上的相角问题。结构解析方法的目的在于通过布拉格反射强度 $I_{obs}(h, k, l)$ 测量，找到晶体结构。解析晶体结构意味着解决相角问题，因为可以通过结构模型计算布拉格衍射相角，如果布拉格衍射的振幅和相角都知道的话，就可以通过对布拉格衍射的傅里叶变换获得结构模型。

结构解析方法取决于物质的几个基本属性，这将在 1.3 节中介绍。此外，本章中讨论的结构解析方法需要足够数量的、有一定衍射强度的布拉格反射，可以通过如单晶 X 射线衍射方法测量它们。另外，微晶粉末产生的衍射强度是散射角 2θ 的函数。散射角相同或几乎相同的不同布拉格反射线不能被分辨开，导致粉末衍射谱中至少有一部分布拉格反射线的强度无法获得。晶体结构的解析方法一直在不断发展，尤其是粉末衍射，这部分将在第 2 章中讨论。

另一个影响获得各条布拉格反射线对应强度的问题是孪晶。孪晶的布拉格反射可能表现为两条或更多不同反射线的叠加。为了谨慎起见，本章中讨论的结构解析方法不适用于此类衍射数据。然而，它们通常可以给出正确的解(如用于非中心对称晶体的反转孪晶)或可以导出某种平均结构，这样为构建真实结构模型提供了必要的线索。但是，孪晶也可能妨碍结构解析。本章不讨论与孪晶有关的特殊问题和解决方案。

除晶体结构外，布拉格反射强度还取决于一系列其他因素，如衍射实验的几何光路、射线的偏振及样品对 X 射线的吸收。考虑到这些效应，不同的反射可能需要不同的校正因子，这些反射可以在晶体结构未知的情况下进行计算。可以理解，通过这些校正因子的应用，能够从实际测得的强度获得 $I_{obs}(h,k,l)$。其他相关的细节是入射束强度、晶体体积及测量时间在布拉格反射强度影响程度中的占比。诸如此类的所有因素影响布拉格反射的方式相同，这些因素都归属到比例因子(1.5 节)。

本章重点介绍通过单晶 X 射线衍射确定结构。但是，对于中子衍射或电子衍射数据，也可应用相同或相似的方法。

1.2 电子密度

X 射线的弹性散射取决于空间中的电子密度分布。晶体结构的周期性决定了散射集中在散射矢量方向上，即晶体倒易晶格矢量：

$$\boldsymbol{H} = h\boldsymbol{a}^* + k\boldsymbol{b}^* + l\boldsymbol{c}^* \tag{1.1}$$

用整数(hkl)指标化布拉格反射。从实验测量的布拉格反射峰的强度中扣除其周围的背景强度，消除了非布拉格散射，最终获得了$I_{obs}(h, k, l)$(1.1 节)。

布拉格反射的散射波振幅和相位由周期电子密度$\rho(\boldsymbol{x})$的傅里叶系数给出，为

$$F(h, k, l) = \int_{cell} \rho(\boldsymbol{x}) \exp[2\pi i(hx + ky + lz)] d\boldsymbol{x} \tag{1.2}$$

在一个晶胞内进行积分。结构因子$F(h,k,l)$以一个电子的散射量为单位，其中$F(0,0,0)$等于单位晶胞中的电子数。可以对结构因子做反傅里叶变换来计算电子密度，即

$$\rho(\boldsymbol{x}) = \frac{1}{V_{cell}} \sum_{hkl} F(h, k, l) \exp\left[-2\pi i(hx + ky + lz)\right] \tag{1.3}$$

V_{cell}为晶胞的体积，对所有布拉格反射求和。

电子密度由无限个傅里叶系数$F(h,k,l)$组成，它通过穷举h、k和l的所有整数获得。但是，随散射矢量长度[式(1.1)]的增加，$|F(h,k,l)|$趋于0，散射矢量长度为

$$|\boldsymbol{H}| = 2\frac{\sin\theta}{\lambda} \tag{1.4}$$

其中，θ是半散射角[图 1.1(b)]；λ是衍射实验使用的波长。实际上，这样一来散射矢量长度小于某个上限值的所有布拉格反射的结构因子完全包含在求和公式(1.3)中。衍射数据的分辨率通常用$\sin\theta/\lambda$的最大值或式(1.5)的最小值来描述，即

$$d_{hkl} = \frac{1}{2\sin\theta / \lambda} \tag{1.5}$$

分辨率的另一个流行称谓是最大散射角，如果已知光源的辐射波长，那么可以从该角度获得数据的实际分辨率[式(1.5)]。

表 1.1 比较了各种优劣分辨率的测量值。使用布拉格反射强度的大量精确测量数据计算出了扑热息痛的傅里叶图(图 1.2)，该数据发表在最近的参考文献[2]中。选用表 1.1 所示的分辨率采集数据，由这些数据计算出一系列傅里叶图。图 1.3 显示了几幅通过苯环剖切面的傅里叶图。该图反映了傅里叶图的几个性质。首先，原子在结构中的位置对应于傅里叶图中的局部最大值。一旦确定了反射峰的相位，就可以用该性质来获得结构模型。局部最大值的宽度由热运动和原子尺寸共同确定。但是，宽度随着数据分辨率的降低而增加。对于有机和无机化合物的典型分辨率[$(\sin\theta/\lambda)_{max} = 0.6\sim0.8$ Å^{-1}]的数据集，其局部最大值宽度主要受级数断尾效应的影响，而与热运动无关[图 1.3(a)~(c)]，另外傅里叶图不适合估算原子位移参数(ADP)。

表 1.1   **Mo K$_\alpha$和 Cu K$_\alpha$辐射的衍射数据分辨率取决于最大散射角**

$2\theta_{max}$/(°)		d_{min}/Å	$\frac{\sin\theta}{\lambda}$ /Å^{-1}	n_{ref}	扑热息痛(图 1.3 和图 1.12)			
					傅里叶图		电荷翻转	
Mo K$_\alpha$	Cu K$_\alpha$				ρ_{min}/(e/Å^3)	ρ_{max}/(e/Å^3)	ρ_{min}/(e/Å^3)	ρ_{max}/(e/Å^3)
20	44.3	2.05	0.244	93	−0.59	3.30	—	—
30	68.3	1.37	0.364	295	−1.30	6.90	−1.45	6.06
40	95.8	1.04	0.481	654	−0.56	11.91	−0.97	10.99
52	144.0	0.81	0.617	1336	−0.73	17.04	—	—
55	180.0	0.77	0.650	1554	—	—	—	—
60	—	0.71	0.704	1940	−0.84	19.97	−1.03	18.67
70	—	0.62	0.807	2827	—	—	—	—
93	—	0.49	1.021^a	4947	−0.46	32.09	−0.72	28.73

注:表中列出了扑热息痛的反射线数目(n_{ref})及电子密度的最大值和最小值。X 射线衍射数据来自参考文献[2]。

a. 电荷密度研究所需的最低分辨率。

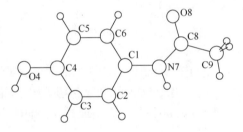

图 1.2   扑热息痛($C_8H_9NO_2$)的分子结构

即使低至$(\sin\theta/\lambda)_{max} = 0.48$ Å^{-1}($d_{min} = 1$ Å)的分辨率,级数断尾效应也不会妨碍根据傅里叶图构建结构模型。在更低的分辨率下,越来越多的原子最大值被宽化,也就是说这些变宽的最大值处并没有原子存在。因此,即使反射的相位是正

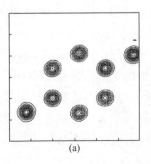

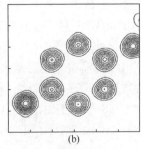

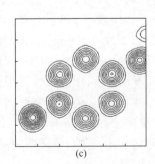

(a)   (b)   (c)

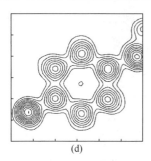 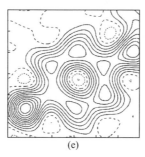 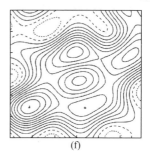

(d) (e) (f)

图 1.3 扑热息痛的傅里叶图与衍射数据分辨率的关系

图中显示了苯环的 6 Å × 6 Å 剖切面；轮廓线位于相应最大密度的 1/11 处，虚线表示负值，长虚线表示 0 值；
(a)1.020 Å^{-1}，(b)0.704 Å^{-1}，(c)0.617 Å^{-1}，(d)0.481 Å^{-1}，(e)0.364 Å^{-1}，(f)0.244 Å^{-1}；有关详细信息请参见表 1.1

确的，低分辨率的傅里叶图也不能用来直接生成结构模型，如图 1.3 所示的傅里
叶图就是这种情况。衍射良好的蛋白质晶体通常具有 1～2 Å 的分辨率。图 1.3(e)
和(f)表明，这些分辨率不足以完全根据衍射数据以从头算的方法确定结构。但是，
如果已知苯环基团在结构中的大概位置，则可以使用分辨率较低的傅里叶图
[图 1.3(f)]来确定该基团在晶胞中最可能的方向和最可能的位置。已经开发出多种
结构确定方法，这些方法在结构确定过程中结合了更多的结构信息，尤其是化合
物的结构式(1.4 节和 1.7 节)。

电子密度图严格来说是正值图，因为它们给出了晶胞中每个点上存在的电子
个数。与此相反，扑热息痛的例子表明，傅里叶图包含负"密度"区域(表 1.1 和
图 1.3)。这些区域是级数断尾效应的结果。假如以图中密度的最小值作为噪声信
号，似乎后者不是分辨率的简单函数，而是 ρ_{max} 与 $|\rho_{min}|$ 之比的函数，且随着分辨
率的提高而增加(表 1.1)。因此，可通过图中局部最大值来搜索原子，更好的分辨
率有助于提高找到原子的概率，但它们仍会在低密度区域受到噪声的干扰。对于
分辨率 d_{min} 优于约 0.1 Å 或 $\sin\theta/\lambda_{max}$ 大于 5 Å^{-1} 的情况，可以获得完全正的傅里叶
图[式(1.3)][3]。

1.3 衍射和相位问题

按照式(1.2)，结构因子 $F(h, k, l)$ 通常是复数，可以由实部和虚部或振幅和相
位表示：

$$F(h, k, l) = A(h, k, l) + iB(h, k, l) = |F(h, k, l)|\exp[i\phi(h, k, l)] \qquad (1.6)$$

复数的实部、虚部与振幅、相位的关系是

$$\begin{cases} A = |F|\cos\phi \\ B = |F|\sin\phi \end{cases} \qquad \begin{cases} |F| = \sqrt{A^2 + B^2} \\ \tan\phi = \dfrac{B}{A} \end{cases} \qquad (1.7)$$

通过衍射实验测出布拉格反射的强度。辐射强度与振幅的平方成正比。因此，观察到的结构因子振幅定义为

$$|F_{obs}(h, k, l)| = \sqrt{I_{obs}(h,k,l)} \tag{1.8}$$

衍射实验数据中不包含有关 $\phi(h,k,l)$ 的信息。这是晶体学的相角问题，也是从测量衍射数据通过反傅里叶变换[式(1.3)]计算晶体电子密度的障碍。

结构解析的目的是从所测衍射强度[式(1.8)]的信息中找出结构因子的相位。由于振幅不包含复数相位的相关信息，因此任何求解方法都必须考虑额外的信息，即电子密度的以下两个属性：

1) 电子密度各处皆正；
2) 电子密度具有原子特征。

随机选择反射相位值会导致傅里叶图[式(1.3)]中的任意点为正或为负，正负概率相等。因此，需要一个正图来严格限制反射相位的可接受范围。但是，这本身并不能提供解决相角问题的方法，而寻找正确的相位是各种结构求解方法的核心。

原子是我们理解物质的基础。换算成电子密度，意味着后者可以视为原子密度 $\rho_\mu(x)$ 的总和，每个密度中心处于不同空间位置：原子 μ 的位置是 x_μ。这是晶体结构的独立原子模型(IAM)，电子密度为

$$\rho(x) = \sum_{\mu=1}^{N} \rho_\mu(x - x_\mu) \tag{1.9}$$

其是真实密度的最佳近似值，由于化学键的作用，仅做稍许校正即可[4]。该式对晶胞中的所有 N 个原子求和。可以逐项估算 IAM 的傅里叶变换，从而由结构模型[式(1.2)和式(1.9)]得到计算结构因子 $F_{cal}(h, k, l)$ 的公式：

$$F_{cal}(h,k,l) = \sum_{\mu=1}^{N} f_\mu(|H|) \exp\left[-\frac{1}{4} B_\mu |H|^2\right] \exp[2\pi i(hx_\mu + ky_\mu + lz_\mu)] \tag{1.10}$$

其中，$f_\mu(|H|)$ 是原子散射因子。各向同性温度因子 B_μ 为正值，在精确模型中应由各向异性 ADP 张量代替。式(1.10)表明，布拉格反射的强度和相位由晶胞中原子的位置和 ADP 决定。不同的化学元素的原子散射因子不同，但它们与原子的位置无关。

正确的结构模型应能给出计算结构因子的振幅，$|F_{cal}(h,k,l)|$ 等于相应的观测结构因子。由于后者与衍射实验的入射光强度成正比，因此式(1.8)和式(1.10)必须加一个未知的比例因子 K 才能相等：

$$\sqrt{I_{obs}(h,k,l)} = |F_{obs}(h,k,l)| = K|F_{cal}(h,k,l)| \tag{1.11}$$

解决相位问题有许多方法。如上所述，不同的方法与电子密度的两个属性关

联方式不同。在这里，我们讨论了基于这些方法的基本原理。它应该给出关于每种方法的可能性和缺陷，并应为解决每个问题做出选择最佳方法的指导。

帕特森函数可以通过衍射强度计算，因此可以直接从实验中获得(1.6 节)。可以通过直接法确定基于帕特森函数的结构模型，从其与实验帕特森函数的匹配比较确定已知分子片段方向和位置(1.7 节)。直接法根据测得的强度直接确定反射的相位(1.8 节)。它们取决于结构因子的统计特性，因为它们遵循密度的正定性质和原子特性(1.5 节)。电荷翻转和低密度消除是现代方法，涉及对密度的处理(1.9 节)，同时解出反射相位和电子密度。其他方法的目的是在不处理相位的情况下找到结构模型(晶胞中原子的位置)。它们对于解析来自粉末衍射和低分辨率数据(通常是蛋白质晶体仅能获得的数据)情况下的晶体结构特别重要。

1.4 傅里叶循环和差值傅里叶图

确定结构的方法通常会得出反射相位的近似值。或者，它们可以提供部分结构模型。然后，将这些模型的计算结构因子相位[式(1.2)]用作实际结构因子的近似相位。基于实测振幅$|F_{obs}(h, k, l)|$和反射近似相位的傅里叶图常可视为一个结构模型，该模型优于生成相位时所用的(部分)结构模型。然后可以使用新模型来计算更优的相位[式(1.8)]和已改进的傅里叶图[式(1.3)]。重复此过程直到收敛，最终可能会建立一个有足够精度的完整结构模型，从而成功地完成晶体结构精修。结构精修通常可以改善部分结构模型的原子坐标和 ADP。因此，完成模型的有效程序包括傅里叶循环和结构精修的交替应用。

存在重原子的情况下，傅里叶图可能无法揭示轻原子的位置。这可能是由于重原子密度的噪声信号掩盖了预期的轻原子局部最大密度值。在其他情况下，接近重原子的轻原子可能不会在密度上构成局部最大值，因此原则上无法在傅里叶图中识别。与碳、氮或氧等原子共价结合的氢原子尤其如此[5]。扑热息痛的傅里叶图是以后者为特征的一个很好例证，其中氢原子在任何分辨率下显然都是不可见的(图 1.3)。

傅里叶图中不存在局部轻原子，这并不意味着衍射数据不包含这些原子位置的有关信息；它仅表明：对于重原子旁侧轻原子可视化而言，傅里叶图不是恰当的方法。差值傅里叶图提供了该问题的解决方案。后者的计算是利用$F_{obs}(h,k,l)$和部分结构模型的$F_{cal}^{part}(h, k, l)$之差代替式(1.3)中的$F(h, k, l)$:

$$\Delta\rho\left(\boldsymbol{x}\right) = \frac{1}{V_{\text{cell}}}\sum_{hkl}\Big[F_{\text{obs}}\left(h,k,l\right) - KF_{\text{cal}}^{\text{part}}\left(h,k,l\right)\Big]\exp\Big[-2\pi\text{i}\left(hx+ky+lz\right)\Big] \quad (1.12)$$

与电子密度不同，电子密度差$\Delta\rho\left(\boldsymbol{x}\right)$应包含正值和负值两个区域。正值表示模型中该区域密度欠缺，负值表示模型中该区域密度过大。后者通常是由原子位置不正确或 ADP 值分配不正确引起的。

作为示例，我们考虑扑热息痛的结构解析(1.2 节)。采用了包含所有非氢原子的部分结构模型，对几种分辨率的数据进行了结构精修。除最低分辨率外，傅里叶图与图 1.3 的结果没有区别，因此未做进一步分析。发现最低分辨率有微小差异，原因是精修所选的数据少，导致结构模型和比例因子的改变。这些结果表明，部分结构模型可以给出布拉格反射的相位，这是真实相位的良好近似。

根据式(1.12)，对每个分辨率计算一个差值傅里叶图。氢原子在$\Delta\rho\left(\boldsymbol{x}\right)$中表现为局部最大值，其分辨率低至$(\sin\theta/\lambda)_{\text{max}} = 0.48\ \text{Å}^{-1}(d_{\text{min}} = 1\ \text{Å})$[图 1.4(a)～(d)]。这些差值傅里叶图清晰地表明，衍射数据包含有关氢原子的信息，并且$\Delta\rho\left(\boldsymbol{x}\right)$可用于定位这些氢原子。对于分辨率为$(\sin\theta/\lambda)_{\text{max}} = 0.36\ \text{Å}^{-1}$的数据，$\Delta\rho\left(\boldsymbol{x}\right)$中的局部最大值暗示了氢原子的位置，但是如果轻原子的位置不是预先知道的[图 1.4(e)、(f)]，则可能很难区分这些位置与噪声信号。对于分辨率$(\sin\theta/\lambda)_{\text{max}} = 0.24\ \text{Å}^{-1}(d_{\text{min}} = 2.0\ \text{Å})$的数据，氢原子不会出现在差值傅里叶图中。

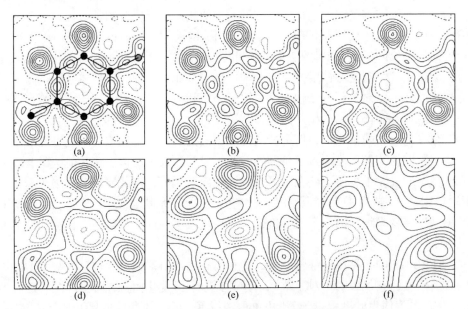

图 1.4　扑热息痛的差值傅里叶图与衍射数据分辨率的关系

数据来自对仅包含非氢原子模型的精修，本图是通过苯环的 6 Å × 6 Å 截面；轮廓线位于各自最大密度的 1/7 处，虚线表示负值，长虚线表示 0 值；(a)1.020 Å⁻¹、(b)0.704 Å⁻¹、(c)0.617 Å⁻¹、(d)0.481 Å⁻¹、(e)0.364 Å⁻¹、(f)0.244 Å⁻¹；在分图(a)中，结构模型以点和黑实线表示；本图与图 1.3 进行比较

分辨率优于$(\sin\theta/\lambda)_{max} = 0.70$ Å^{-1} 的差值傅里叶图在苯环 C—C 键的中点表现出局部最大值[图 1.4(a)、(b)]。与 IAM 的密度相比，这代表了化学键对电子密度的影响。这些特征可以通过所谓的多极模式[4]结合到模型中，也可以通过最大熵法(MEM)[5]来描述。

1.5　衍射强度的统计特性

物质的原子属性允许对结构因子进行统计分析，最终得出几个物理量的概率分布函数(probability distribution function，pdf)，如散射强度或三个匹配反射的相位之和。这些概率分布函数构成直接法的基础(1.8 节)。

考虑式(1.10)的结构因子，每个原子的贡献构成求和式中的一项，每项是原子散射因子、德拜-沃勒因子和相位因子之积。原子散射因子和德拜-沃勒因子都是正的实函数，随着散射矢量长度增加而逐渐减小。而相位因子是数量级为 1 的复数，三因子的这些特性意味着一般来说结构因子值在高 $\sin\theta/\lambda$ 处更小。结构因子的这种性质已在所谓的 Wilson 图中公式化，该图描述了平均散射强度与散射矢量长度的函数关系。注意到观测的结构因子是计算的结构因子与比例因子 K 之积[式 (1.11)]，Wilson 曲线方程为[6]

$$\ln G = \ln\left[\frac{1}{S_2}\left\langle\frac{1}{p_{\boldsymbol{H}}}\left|F_{obs}(\boldsymbol{H})\right|^2\right\rangle_H\right] = \ln K^2 - \frac{1}{2}BH^2 \tag{1.13}$$

其中，B 是平均或全局 ADP。对称强化因子 $p_{\boldsymbol{H}}$ 代表不同反射的不同多重性。晶胞中原子的合散射能力为

$$S_2 = \sum_{\mu=1}^{N}\left[f_\mu(H)\right]^2 \tag{1.14}$$

反射 $\boldsymbol{H}$ 的强度期望值是 $\langle|F(\boldsymbol{H})|^2\rangle_H$，其大小取决于散射矢量长度 H，如下标所示。通过对$|F_{obs}(\boldsymbol{H})|^2$取平均获得实验估计期望值，这里是对所有散射矢量长度为 H 的反射取平均值。对于任意实数 H，通常没有，但最多只有几个反射的散射矢量长度恰好具有该值。因此，对所有反射取平均来计算平均强度，这些反射的散射矢量长度落在 H 周围适当间隔范围内。式(1.13)左式作为$(\sin\theta/\lambda)^2 = \frac{1}{4}H^2$ 的函数，线性拟合得到比例因子和平均 ADP。因此，Wilson 图可以标度实验数据，由晶胞中的已知原子确定结构的全局 ADP。已经将 Wilson 图扩展到非公度晶体，进而涉及平均调制振幅的其他参数[7]。

对于个别反射的强度，不必期望其满足方程(1.13)和图 1.5(a)的线性关系。相

反，人们期望它们落在平均值周围一定宽度范围内。这一特性用于定义归一化结构因子 $E(\boldsymbol{H})$，该因子由相应的结构因子除以由式(1.13)得出的平均强度的平方根：

$$E_{obs}(\boldsymbol{H}) = \frac{F_{obs}(\boldsymbol{H})}{\sqrt{p_{\boldsymbol{H}} S_2} K \exp\left[-\frac{1}{4} B H^2\right]} \tag{1.15}$$

归一化结构因子使每种晶体材料的散射程度相同。该因子存在统一的概率关系，而与晶体结构无关。在 $E(\boldsymbol{H})$ 的定义中，化学成分通过因子 $E(\boldsymbol{H})$[式(1.15)]定义的 S_2[式(1.14)]间接引入。

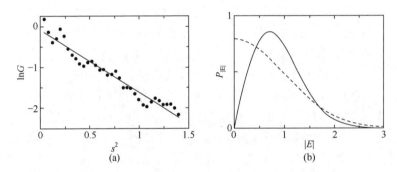

图 1.5   (a)扑热息痛的 Wilson 图[2]，数据点间隔 $s^2 = \sin\theta/\lambda^2 = 0.04 \text{ Å}^{-2}$，拟合直线按式(1.13)；(b)非中心对称[实线；式(1.16)]和中心对称[虚线；式(1.17)]晶体归一化结构因子振幅的概率分布函数

抛开晶体结构的先决信息，晶胞中所有的点成为原子位点的概率都相同。对于足够大的结构，可以认为原子的位置彼此独立。此特性已用于衍射的统计分析，从而形成结构因子振幅和相位的概率分布函数(pdf)[6]。归一化结构因子振幅$|E|$的 pdf 定义为介于$|E|$和$|E|+d|E|$之间$|E|$值的概率。对于非中心对称结构(空间群 $P1$)，其 pdf 为[6]

$$_1 P_{|E|}(|E|)d|E| = 2|E|\exp\left[-|E|^2\right]d|E| \tag{1.16}$$

归一化结构因子分布独立于结构参数和晶胞原子排列[图 1.5(b)]。$_1 P_{|E|}(|E|)$对其自变量所有可能的值(即$|E|$：$0 \to \infty$)积分为 1，因为每个反射都有其确定的归一化结构因子值。

当结构参数之间存在相关性时，就会背离非中心对称的 pdf。一类重要的相关性是空间群对称性。尤其是存在反演中心时，每个结构因子的相位必为两个可能值中的一个，而不是像非中心对称是连续变化的。中心对称(空间群 $P\bar{1}$)pdf[图 1.5(b)]的归一化结构因子振幅为[6]

$$_{\bar{1}} P_{|E|}(|E|)d|E| = \sqrt{\frac{2}{\pi}} \exp\left[-\frac{|E|^2}{2}\right]d|E| \tag{1.17}$$

对于其他非平凡对称,即使考虑了对称强化因子,pdf 公式也与空间群相关[8]。

统计函数的简单形式[式(1.13)、式(1.16)和式(1.17)]是假设等同原子随机填充晶胞的前提下推导得出的。对此假设的任何违背都将导致 pdf 偏离上文给出的结果。空间群对称性是原子之间相关性的重要来源。随机填充引起的其他偏差可能出现在重原子和轻原子同时存在的结构中,或有分子基团(如苯基)存在。

衍射数据统计分析的第二个基本假设是:期望值可以由许多反射的平均值计算。因此,恰当的统计需要$(\sin\theta/\lambda)^2$或$|E|$的数据间隔窄,同时包含的反射数量多。这些要求相互矛盾,因为结构的固有属性要求较小和中等尺寸的晶胞,彼此间的冲突是造成分布严重偏离式(1.13)、式(1.16)和式(1.17)的根源。

对两个假设的背离解释了扑热息痛 Wilson 曲线的线性偏离[图 1.5(a)]。通常,测量的衍射数据与其预期的统计特性之间的差异是直接法可能无法解决相位问题的原因之一,好在只有少量化合物会碰巧出现这种情况。

1.6 帕特森函数

晶体学相角问题影响了通过反傅里叶变换计算电子密度(1.3 节)。尽管如此,布拉格反射强度的反傅里叶变换可以按式(1.3)计算如下:

$$P(u) = \frac{1}{V_{\text{cell}}} \sum_{hkl} |F(h,k,l)|^2 \exp\left[-2\pi i(hu + kv + lw)\right] \tag{1.18}$$

其中,$u = (u, v, w)$是描述空间位置的向量。$P(u)$是帕特森函数[8]。帕特森函数的重要特性在于:无需进一步假设便可从实验数据计算得出。该计算不能解决相角问题,但是对帕特森函数特征的解释能够用来构造结构模型,再由结构模型的$F_{\text{cal}}(h, k, l)$[式(1.10)]获得反射相位。

帕特森函数也可以根据电子密度定义为

$$P(u) = \frac{1}{V_{\text{cell}}} \int_{V_{\text{cell}}} \rho(r)\rho(r + u)\mathrm{d}r \tag{1.19}$$

第二个定义可解释为某点的电子密度与距离 u 处另一点的电子密度乘积在整个晶胞上求"和"(视为积分的近似)。如果$\rho(r)$和$\rho(r + u)$的值都较大,则对积分的贡献很大。原子出现在电子密度值大且集中的位置,而晶胞的大部分地方仅有较小的密度。因此,当 u 与原子间向量相等时,帕特森函数有局部最大值,即 u 将一个原子与另一个原子连接起来[图 1.6(a)]。式(1.19)表明,帕特森函数是周期性的,且具有与某晶体结构相同的晶格常数。因此,所有分析中,在整个晶胞内考虑 $P(u)$ 就足够了。

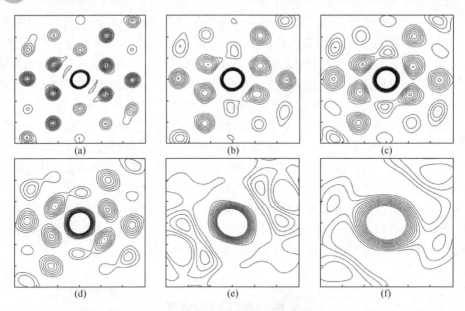

图 1.6　扑热息痛的帕特森函数[式(1.18)，按文献[2]用$|F_{obs}|^2$计算得出]与衍射数据分辨率的关系
图示为平行于苯环平面并以原点为中心的 6 Å × 6 Å 截面；(a)1.020 Å^{-1}, (b)0.704 Å^{-1}, (c)0.617 Å^{-1}, (d)0.481 Å^{-1}, (e)0.364 Å^{-1}, (f)0.244 Å^{-1}；除了原点峰，轮廓线位于最大密度的 1/11 处

　　如果晶胞包含 N 个原子，则帕特森函数中峰的数量为 $N(N-1)+1$。$N(N-1)$ 个局部最大值出现在 u 非零处。另外 $u = (0,0,0)$ 处出现一个原点峰，包含所有原子的贡献，因此帕特森函数有最大绝对值，通常远高于任何局部最大值。已知全部峰的位置就可以唯一地确定结构模型。但是，峰的重叠是帕特森函数的固有特性，因此只能确定部分峰的位置，这在很多场合影响了帕特森函数以从头算的方式来确定结构。

　　上述性质由扑热息痛的帕特森函数说明。图 1.6(a)显示了一部分的帕特森函数，此部分以原点为中心并平行于苯环的平面。在原点峰旁边，观察到 16 个峰。苯环包含 6 个原子，在本截面图中，预计将有至少 6 × 5 = 30 个峰。比较图 1.2 和图 1.3 表明，苯环的 C—C 键成对平行，因此导致帕特森函数中相应峰的完全重叠。此外，O 和 N 原子与苯环键合，形成的 C—O 键和 C—N 键与苯环的一对 C—C 键平行，且长度几乎相等。这导致帕特森函数峰进一步重叠，从而解释了此截面中许多"缺失"的峰以及局部观测最大值的不同高度，后者与重叠峰的数量大致成比例。图 1.6 进一步显示，随着数据分辨率的降低，帕特森函数分辨力的降低比傅里叶图快得多(与图 1.3 相比)。在$(\sin\theta/\lambda)_{max} = 0.48$ Å^{-1}的分辨率下，可以看到局部最大值的数量减少，而在较低分辨率下的帕特森图甚至没有显示苯环的存在。对帕特森图进行所谓的锐化，其分辨力得到了提高，这些图表现出比帕特森图自身更窄的峰。它们通过$|F_{obs}|^2$替换为相应的 E 值，或者通过$|F_{obs}|^2$乘以包

含全局 ADP 的"反"德拜-沃勒因子来计算[9]。

帕特森函数显示出晶体结构的完全对称性。点对称与衍射图相同；这样，帕特森函数是中心对称的。显著的对称导致平面或线上的帕特森峰集中。例如，考虑垂直于 **b** 的镜面，可以将晶胞中的 N 个原子划分为 $N/2$ 对，原子坐标为$(x, y, z)(x, -y, z)$，从而在 $u =(0, 2y, 0)$ 线上定义了 $N/2$ 个帕特森峰。使用滑移操作替换镜面时，对于 a 滑移、b 滑移和 n 滑移，包含 $N/2$ 个帕特森峰的线分别为$(1/2, 2y, 0)$, $(0, 2y, 1/2)$和$(1/2, 2y, 1/2)$。这些线称为 Harker 线。含有这四条线的扑热息痛的帕特森函数截面，各部分清楚地显示仅在$(1/2, 2y, 1/2)$线上具有较高的值(图 1.7)。这意味着 n 滑移与扑热息痛的空间群一致。这些 $N/2$ 个帕特森峰的位置将很快给出原子的 y 坐标。但是，对于扑热息痛无法确定这些坐标，因为 $44/2 = 22$ 个峰在$(1/2, y, 1/2)$线上过于密集，并且每个峰都无法分辨[图 1.7(d)]。

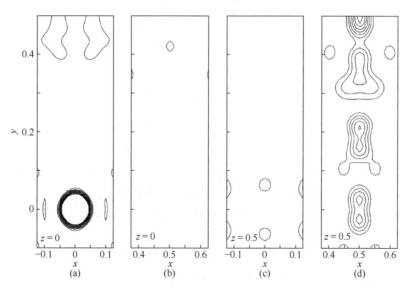

图 1.7 由分辨率为$(\sin\theta/\lambda)_{max} = 1.020$ Å^{-1} 的衍射数据获得的扑热息痛的帕特森函数
图中所示为平行于 x-y 平面的截面，以四个不同点为中心；图(a)包含原点峰，轮廓线位于除原点峰外的最高峰的 1/11 处

旋转轴或螺旋轴导致 Harker 面中垂直于轴方向的帕特森峰集中。对于扑热息痛，$(2x, 1/2, 2z)$面中帕特森峰的数量大于$(2x, 0, 2z)$中的，与 2_1 螺旋轴的空间群一致(图 1.8)。如果可以分辨所有的峰，由 Harker 面可以确定所有原子的 x 和 z 坐标。扑热息痛不属于这种情况，并且使用帕特森函数的从头算法解析结构再次受挫。即使未能分辨帕特森峰，由 Harker 线和 Harker 面也可以确定结构的点对称性和对称元素的固有平移性。由于帕特森函数以所有衍射信息为基础，因此与确定固有平移性的反射条件分析相比，这是一种更为可靠的方法。

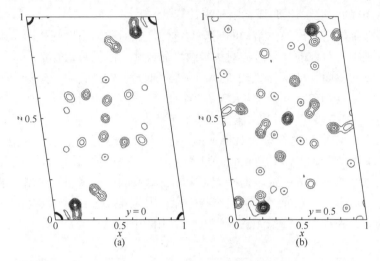

图 1.8   由分辨率$(\sin\theta/\lambda)_{max} = 1.020$ Å^{-1}的衍射数据得到的扑热息痛的帕特森函数
(a)$y = 0$ 截面；(b)$y = 0.5$ 截面，轮廓如图 1.7 所示

1.7   帕 特 森 法

一旦可以获得部分有关晶体结构的信息，由帕特森法就可以成功解出该结构。一种信息是化合物的分子式。以扑热息痛为例，它包括苯环，该苯环与 N 和 O 原子一起形成一个平面刚性基团，其结构从其他含苯环化合物的晶体结构中可以获知。尽管该基团的帕特森函数受到许多重叠峰干扰(1.6 节)，但它靠近原点处仍显示出一个典型的局部极大图案，并排列在平行于苯环面的平面内[图 1.6(a)]。用帕特森函数确定此图案所在的平面，然后确定苯环在晶体结构中的取向。

通过旋转函数可以自动搜寻帕特森函数中典型图案的方向[10]。刚性基团的理论帕特森图案，$P_{rg}(u)$，通过 R 转动量的旋转，直到以下积分达到最大值：

$$RI = \int P(u)P_{rg}(Ru)du \qquad (1.20)$$

积分仅限于包含所有 $P_{rg}(u)$ 峰的球体。如果 $P_{rg}(u)$ 的所有局部最大值都与帕特森函数的局部最大值吻合，就获得 RI 的最大值。通过旋转得到这种最大值，确定所搜寻的刚性基团取向。利用旋转函数找到刚体的取向后，可以通过类似的方式使用平移函数来确定刚体在晶胞内的位置[10]。

更常见的是应用最小重叠函数 SMF(u)，定义为[11]

$$SMF(u) = Min\{P(u-u_1),\ P(u-Ru)\} \qquad (1.21)$$

在空间上的每个点，从位移帕特森函数 $P(u-u_1)$ 和 Harker 线或 Harker 面

$P(u-Ru)$中取最小值，其中 R 是一种晶体旋转对称操作。SMF 定义中可以包含每种函数的多个项，可用于比较不同的函数。在已知片段的旋转搜索中，可以用 $P(u)$ 和 $P_{rg}(Ru)$ 的 SMF 在整个 u 上的积分代替旋转函数[式(1.20)]。例如，u_1 等于重原子的原子间向量，SMF 可作为确定相位的方法。

在确定相位的从头算方法中，现代计算机程序都包括帕特森法和直接法(1.8 节)，如 SHELXS 和 SHELXD[9]、SIR[11] 及 SnB[12] 就属于这种情况。

1.8　直　接　法

直接法旨在根据已知的(测量)振幅来确定结构因子的相位。第一个问题在于结构因子的相位是不确定值，与坐标系原点的选择有关。例如，所谓中心对称晶体反射相位等于 0 或π的谬传，只有原点选在反演中心时才成立。因此，选择原点要十分小心，应符合空间群对称性[1]。

上述考察的第二个结论是对于单个反射的相位不存在通适的关系。这样，需要考虑那些与原点选择无关的属性。这些关系中最重要的是三重反射，称为三重不变量(triplets)，即

$$H_1 + H_2 + H_3 = 0 \tag{1.22}$$

这三个反射的相位之和是结构不变量，其值与原点的选择无关。如果选择 $H_1 = H$，$H_2 = -K$ 和 $H_3 = -(H - K)$，则对于任何 K，条件[式(1.22)]都将满足。三重相位关系变为

$$\Phi_{HK} = \phi_H - \phi_K - \phi_{H-K} \tag{1.23}$$

虽然Φ_{HK} 的值与原点无关，但仍然未知。在这里，加入概率因素的考虑，即 Φ_{HK} 趋近于 0，同时随着对三重相位有影响的归一化结构因子振幅的增加，概率加大。更准确地说，非中心对称结构Φ_{HK}的概率分布在$\Phi_{HK} = 0$处有最大值，其宽度随 G_{HK} 的增加而减小：

$$G_{HK} = \frac{2}{\sqrt{N}} |E_H||E_K||E_{H-K}| \tag{1.24}$$

图 1.9 显示了多个 G_{HK} 值的 Cochran 分布。如果一个以上的三重不变量对反射 H 起作用，则其结构因子的相位可用正切公式估算[6]。

必须全部给定三个反射的相位数值，才能确定原点。直接法涉及式(1.23)或正切公式的多次应用。G_{HK} 足够大的三重不变量才是有效的，如大于下限介于 1～2 之间的值。四重和其他结构不变量包含更多的信息。如果结构是由一个以上的元素构成，且在中心对称的情况下，则使用相似的不同方程[6]。提高概率估计的其他拓展包括最大熵法[13]。

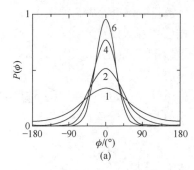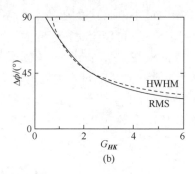

图 1.9   (a)针对几个不同 G_{HK} 值，Cochran 分布描述三重相位 Φ_{HK} 值的概率分布，如式(1.23)和式(1.24)所示；(b)半高宽(HWHM；虚线)和第二动量平方根(RMS；实线)的 Cochran 分布随 G_{HK} 变化

式(1.24)表明，对于所有增大晶胞尺寸的三重不变量，即使|E|值很大，G_{HK} 都会降低。由于所有 G_{HK} 都太小，直接法最终将失效，蛋白质晶体就是这种情况。通过直接法确定的最大结构是晶胞中包含约 1000 个原子[9]。

1.9   电荷翻转和低密度消除

电子密度修正技术可以被认为是傅里叶循环的一种特殊情况(1.4 节)。每个循环对电子密度进行逐像素点修正，而不是像传统傅里叶循环方法那样创建修正的结构模型。因此，按照这种方法在晶胞内足够细的网格中离散表达电子密度，像素大小优于如 0.1 Å。

每一轮迭代过程都从观测结构因子振幅和上一个循环的一组相位开始(图 1.10)。最初一轮代入一近似相位值，该值由本章讨论的任一方法均可获得。在第 n 轮迭代时，通过反傅里叶变换得到的密度可能包括负值区，其原因是不正确的相位、级数断尾效应以及观测结构因子振幅的误差。根据某些方法(下文中讨论的)修正该密度是必不可少的步骤。由密度修正后的计算结构因子得到相位，再次与迭代过程的第(n + 1)轮循环的观测结构因子振幅结合[14-16]。密度修正技术可同时解决反射相位和电子密度问题。

对于密度为负或密度小于正阈值 δ 的所有像素，低密度消除可以将密度替换为零。虽然它不像从头算法测定相位那么强大，但已经非常成功地改善了密度，尤其是在通过电荷翻转解决了相位问题之后。

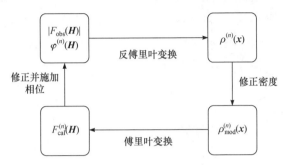

图 1.10 密度修正的迭代过程

电荷翻转法从一组随机相位开始。在每轮循环中，对于密度小于某正阈值 δ 的所有像素，将其密度替换为相反数。也就是说，负密度变为正，小的正密度变为负。阈值 δ 选择为轻原子局部最大密度值的几分之一，但是它应高于由观测数据的反傅里叶变换得出的噪声水平。电荷翻转收敛到双稳态，即低密度区的密度值在连续循环中正、负交替变化。如果在电荷翻转之后进行几次低密度消除，则可以得到收敛的解。如果在每轮循环中修改某些反射的计算相位，如将弱反射的相位加 $90°$ 的相移，则电荷翻转的性能将得到显著改善。

可以通过观测结构因子振幅的传统 R 指数来监视迭代的进度。在头几轮循环 R 急剧下降后，许多轮循环都保持较高的值。R 指数快速朝一个较低的值下降表示收敛(图 1.11)。该 "低" 值通常在 $20\%\sim30\%$ 之间。在几个低密度消除循环后，R 指数会进一步下降。

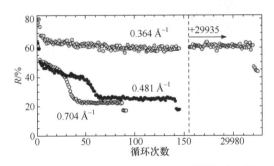

图 1.11 由三种不同分辨率的扑热息痛衍射数据得到的 R 指数

图示 R 是运行电荷翻转的迭代循环次数的函数；对照表 1.1

使用计算机软件 superip[15]，将电荷翻转程序应用于几种不同分辨率下的扑热息痛的衍射数据。对于分辨率低至 $(\sin\theta/\lambda)_{max} = 0.481 \text{ Å}^{-1}$，电荷翻转收敛，并且由电荷翻转产生的密度与相应的衍射数据集(见图 1.3 和图 1.12 以及表 1.1 中的比较数据)通过傅里叶变换获得的密度非常接近。可以确定所有非氢原子的局部密度最大值，并且可以认为该结构已解出。

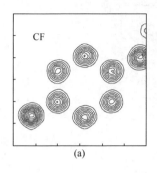 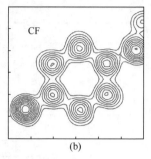 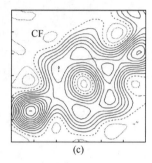

(a) (b) (c)

图 1.12　电荷翻转(CF)后的密度图

衍射数据分辨率$(\sin\theta/\lambda)_{max}$ 为(a)0.704 Å⁻¹ CF,(b)0.481 Å⁻¹ CF,(c)0.364 Å⁻¹CF;图示为通过苯环的 6 Å × 6 Å 截面;轮廓线在最大密度的 1/11 处,虚线表示负值,长虚线表示 0 值;有关详细信息,请参见表 1.1

对于$(\sin\theta/\lambda)_{max} = 0.364 \text{ Å}^{-1}$ 的分辨率,即使电荷翻转在 300000 次迭代循环后,仍表现为不收敛(图 1.11)。低密度消除的最后五个循环将 R 从约60%降低到约44%,仍是使用高分辨率数据成功精修 R 值的两倍以上。尽管如此,最终密度与同分辨率傅里叶图所获得的几乎没有区别(图 1.3 和图 1.12 及表 1.1;另请参见图 1.13 中第二截面的密度)。该结果表明,电荷翻转已成功解决了低分辨率数据集的相位问题。但是,没有解出晶体结构,因为傅里叶图无法显示所有原子的局部最大值,而是在原子位置附近给出了未解析的、较宽的特征。

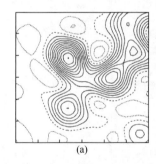 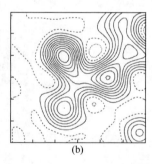 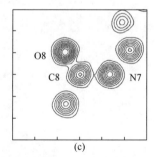

(a) (b) (c)

图 1.13　(a)衍射数据的分辨率$(\sin\theta/\lambda)_{max}$ 为 0.364 Å⁻¹ 的电荷翻转后的密度图;(b)0.364 Å⁻¹ 分辨率下的傅里叶图;(c)0.704 Å⁻¹ 分辨率下的傅里叶图

6 Å × 6 Å 截面通过原子N7—C8—O8;轮廓线在最大密度的 1/11 处,虚线表示负值,长虚线表示 0 值;有关详细信息,请参见表 1.1

与其他解析方法相比,电荷翻转具有许多优势。特别是它不需要预先了解晶胞的化学组成。相反,可以将局部最大值附近的积分电荷用于估算每个指定峰的化学元素。另外,电荷翻转不需要预先知道对称性。该算法采用 P1 空间群运算。通过分析最终的密度图可以确定可能的对称元素[15]。电荷翻转已成功地应用于一系列化合物的解析中,并且已用于非周期晶体结构解析[7,15]。与直接法和帕特森法相似，孪晶晶体的数据不能进行电荷翻转(1.1 节)。

1.10 展望与总结

自从 1934 年提出帕特森函数和 20 世纪 50 年代提出直接法以来，随着计算能力的提高，从单晶衍射数据确定结构的方法一直在不断发展。现代版的直接法和帕特森法，尤其是基于密度精修的方法，仅在计算能力足够时才变得可行，因此自 1990 年方才流行。如今，大多数问题都可以在个人计算机上解决。

有机化合物、有机金属和大多数无机晶体结构可以通过上述任一方法自动求解。随着计算能力增强，电荷翻转与低密度消除相结合法有望成为可能[15]，其对对称性或晶胞的内部结构做出错判的可能性最小。如果轻原子和重原子出现在一个结构中(如在氧化钨中)，则所有这些方法都将失效，可能需要借助傅里叶差值图来确定轻原子的位置。

所有方法都面临的基本难题是大结构，即在晶胞中有数百个原子。随着晶胞尺寸的增加，解决相角问题的能力降低，正如三重相位 pdf 所清楚地表明的，对于含大量原子的晶胞解析能力几乎为零[式(1.24)和图 1.9]。蛋白质晶体就是这种情况。此时需要其他结构求解方法，如重原子法、同晶置换法及多波长异常色散法(MAD)[17]。

除了蛋白质晶体学遇到的这类典型问题外，导致结构解析方法失败的主要原因是数据质量。少数几个最强的低阶反射，如其结构因子振幅的信息丢失或数值不正确，可能会阻碍直接法和电荷翻转法。在任何情况下，它们都将引发傅里叶图和帕特森图中的噪声，最终妨碍辨识原子极值峰和鬼峰。

劣质晶体或样品的非环境条件的限制可能导致衍射数据有限的分辨率(表 1.1)。级数断尾效应致使傅里叶图分辨率远低于约$(\sin\theta/\lambda)_{max} = 0.48$ Å^{-1}，原子极大值消失(图 1.3)。对于本书的扑热息痛，已证明电荷翻转可以解决有限分辨率数据集的相角问题(1.9 节)。尽管衍射相角似乎大体正确，而有限数据傅里叶图的级数断尾效应仍是造成解析失败的真正原因。近来数据集有限的分辨率据称也是直接法解析晶体结构失败的原因。事实证明，数据集扩展可以至少部分弥补这类问题[18]。因此，直接法仍可能解决分辨率有限数据集的相角问题，但傅里叶图中的级数断尾效应会导致原子极大值消失，从而影响结构确定。数据扩展法正是针对这个问题[18]，或者可以采用 MEM[7]。

最麻烦的问题是孪晶，特别是赝缺面的缺面孪晶。来自孪晶的衍射数据不能给出独立的结构因子振幅，不同反射的强度叠加，本章讨论的结构确定方法可能会失效。然而，它们仍能给出解，但并不正确。从衍射实验中常看不出孪晶。衍射数据求解晶体结构不合理时，第一个想到的通常是晶体实际是孪晶。对于孪晶的结构求解，不存在通用的方法，粉末衍射例外，原则上它不受孪晶的影响。因此，为粉末衍射数据结构解析开发的方法可能适用于孪晶单晶的衍射数据。如果晶胞尺寸不太大，则可以直接用粉末衍射解析。

(Sander van Smaalen)

参 考 文 献

[1] Giacovazzo C.Fundamentals of Crystallography. 2nd ed. Oxford: Oxford University Press, 2002.

[2] Bouhmaida N, Bonhomme F, Guillot B, Jelsch C, Ghermani N E. Charge density and electrostatic potential analyses in paracetamol. Acta Crystallogr Sect B, 2009, 65: 363-374.

[3] de Vries RY, Briels W J, Feil D. Critical analysis of non-nuclear electron-density maxima and the maximum entropy method. Phys Rev Lett, 1996, 77: 1719-1722.

[4] Coppens P. X-ray Charge Densities and Chemical Bonding. Oxford:Oxford University Press, 1997.

[5] Hofmann A, Netzel J, van Smaalen S. Accurate charge density of trialanine: a comparison of the multipole formalism and the maximum entropy method (MEM). Acta Crystallogr Sect B, 2007, 63: 285-295.

[6] Giacovazzo C. Direct Phasing in Crystallography. Oxford: Oxford University Press, 1998.

[7] van Smaalen S. Incommensurate Crystallography. Oxford: Oxford University Press, 2007.

[8] Shmueli U. Theories and Techniques of Crystal Structure Determination. Oxford: Oxford University Press, 2007.

[9] Sheldrick G M. Restrained anisotropic refinement with SHELXL. Acta Crystallogr Sect A, 2008, 64: 112-122.

[10] Rossmann M G, Arnold E. Patterson and molecular-replacement techniques//Shmueli U. International Tables for Crystallography. Dordrecht: Kluwer Academic Publishers, 2006: 235-263.

[11] Burla M C, Caliandro R, Camalli M, Carrozzini B, Cascarano G L, de Caro L, Giacovazzo C, Polidori G, Spagna R. SIR2004: an improved tool for crystal structure determination and refinement. J Appl Crystallogr, 2005, 38: 381-388.

[12] Miller R, Gallo S M, Khalak H G, Weeks C M. SnB: crystal structure determination via shake-and-bake. J Appl Crystallogr, 1994, 27: 613-621.

[13] Bricogne G. Bayesian statistical viewpoint on structure determination: basic concepts and examples. Methods Enzymol, 1997, 276: 361-423.

[14] Oszlanyi G, Suto A. Charge flipping. Acta Crystallogr Sect A, 2008, 64: 123-134.

[15] Palatinus L, Chapuis G. SUPERFLIP: a computer program for the solution of crystal structures by charge flipping in arbitrary dimensions. J Appl Crystallogr, 2007, 40: 786-790.

[16] Zhang K Y J, Cowtan K D, Main P. Phase improvement by iterative density modification//

Rossmann M G, Arnold E. International Tables for Crystallography. Dordrecht: Kluwer Academic Publishers, 2006: 311-324.

[17] Rupp B. Biomolecular Crystallography: Principles, Practice, and Application to Structural Biology. London: Garland Science, 2009.

[18] Caliandro R, Carrozzini B, Cascarano G L, Giacovazzo C, Mazzone A, Siliqi D. Crystal structure solution of small-to-medium-sized molecules at non-atomic resolution. J Appl Crystallogr, 2009, 42: 302-307.

第**2**章 | 现代 Rietveld 精修实用指南

Rietveld 的著名论文[1,2]发表已有 40 多年,该文中他阐述了使用中子粉末衍射数据的晶体结构精修方法。不久,首次在 X 射线粉末衍射中应用 Rietveld 法被报道[3]。今天,即使是对同步辐射粉末衍射数据的小蛋白质结构也可以(成功地)进行 Rietveld 精修[4]。有关该方法的最新总结,如 Dinnebier 和 Billinge 编著的书[5]。最近三年内,开发了针对多个数据组参数精修的 Rietveld 扩展方法[6],其各种应用尚待进一步探索。本章扼要介绍了 Rietveld 精修的一般理论基础和参数精修的实际应用。

Rietveld 法背后的基本思想很简单:与单晶数据处理类似,对粉末数据使用积分强度,采用步进扫描得到的强度数据不仅包含粉末衍射谱图(图 2.1)的全部信息,而且可以使用最小二乘法进行精修。按照最小二乘法,粉末衍射谱图上所有 n 个观测到的 Y_{obs_i} 和计算出的 Y_{cal_i} 步进扫描强度之差的平方和最小化:

$$\mathrm{Min} = \sum_{i=0}^{n-1}\left[w_i\left(Y_{\mathrm{obs}_i} - Y_{\mathrm{cal}_i}\right)^2\right] \tag{2.1}$$

其中,循环次数 $i \in [0, \cdots, n-1]$,表示粉末衍射谱图的角度位置,根据式(2.2):

$$2\theta_i = 2\theta_{\mathrm{start}} + \mathrm{i}\Delta 2\theta \tag{2.2}$$

起始角度为 $2\theta_{\mathrm{start}}$,角度步进宽度为 $\Delta 2\theta$。权重 w_i 从 Y_{obs_i} 方差得出,而不同 Y_{obs_i} 之间的所有协方差假定为零。

计算强度 Y_{cal_i} 由大部分非线性的超越函数或非分析函数组合表达:

$$Y_{\mathrm{cal}_i} = \sum_{\mathrm{ph}=1}^{\mathrm{phases}}\left(S_{\mathrm{ph}}\sum_{hkl(\mathrm{ph})}\left\{K_{hkl(\mathrm{ph})}\left|F_{hkl(\mathrm{ph})}\right|^2\;\phi_{hkl(\mathrm{ph})}[2\theta_i - 2\theta_{hkl(\mathrm{ph})}]\right\}\right) + b_i(\mathrm{obs}) \tag{2.3}$$

括号外求和是对粉末衍射谱图中存在的所有物相 "ph",而括号内求和是对某一物相 "ph" 的所有反射峰 hkl,这些峰构成粉末衍射谱图 i 位置的衍射强度。对于每个物相,标度因子 S_{ph} 与 ph 物相的质量分数成正比,并赋值于反射强度。$K_{hkl(\mathrm{ph})}$ 表

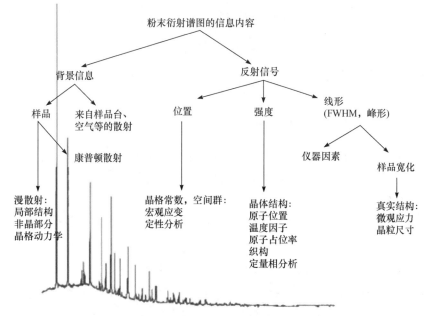

图 2.1 粉末衍射谱图包含信息的示意图[1]

示反射强度$|F_{hkl(\mathrm{ph})}|^2$的各种校正因子之积，大致取决于衍射几何和/或单个反射峰。谱图上$(2\theta_i - 2\theta_{hkl})$点处的峰形函数$\Phi_{hkl}(2\theta_i - 2\theta_{hkl})$对应 hkl 布拉格反射峰。粉末衍射谱图中位置 i 观察到的背景表示为 $b_i(\mathrm{obs})$。

该方法需要对整个衍射谱图模型化。为了简化这项复杂的工作，衍射谱图包含的信息内容被分为几类(图 2.1)，以便分清几类参数的来源：

1) 峰值强度$|F_{hkl(\mathrm{ph})}|^2$：时间平均晶体结构、空间平均晶体结构以及衍射几何的贡献；

2) 峰位 hkl：晶格、对称性及仪器的贡献；

3) 峰形函数$\phi_{hkl}(2\theta_i - 2\theta_{hkl})$：微结构参数和仪器峰形；

4) 背景 b_i：局部结构和仪器配置。

每类都有样品和仪器的贡献。自从 Rietveld 精修提出所有参数的初始值要在(相对窄的)收敛范围的要求后，这种运用经验的、唯象学的或物理学的模型将每类参数按顺序分步精修显示出巨大的优势。在以下各节中，将详细讲述这四类参数。

2.1 峰值强度

hkl 布拉格反射的强度是结构因子振幅绝对值$|F_{\mathrm{cal}}(hkl)|$的平方：

$$|F_{\text{cal}}(hkl)|^2 = |A(hkl)|^2 + |B(hkl)|^2$$

$$= \left[\left| A(hkl) \right| + \sqrt{-1} \left| B(hkl) \right| \right] \left[\left| A(hkl) \right| - \sqrt{-1} \left| B(hkl) \right| \right]$$

$$A(hkl) = \sum_j \left\{ f_j(2\theta_{hkl}) \cos\left[2\pi(hx_j + ky_j + lz_j) \right] \right\} \tag{2.4}$$

$$B(hkl) = \sum_j \left\{ f_j(2\theta_{hkl}) \sin\left[2\pi(hx_j + ky_j + lz_j) \right] \right\}$$

结构因子是由原子散射因子 f 乘以复数相位因子再求和得到，相位因子由米勒指数 hkl 及所有原子 j 在晶胞中的相对位置 x、y、z 确定。为简单起见，式(2.4)忽略了异常散射效应。

反射强度必须通过各种校正因子的乘积 K_{hkl} 进行校正。一些常见的校正因子如下：

$$K_{hkl} = M_{hkl} \text{Abs}_{hkl} \text{Ext}_{hkl} \text{LP}_{hkl} \text{PO}_{hkl} \cdots \tag{2.5}$$

其中有 hkl 反射的多重性因子 M_{hkl}、吸收校正因子 Abs_{hkl}、(几何唯一的)洛伦兹偏振因子 LP_{hkl}、择优取向校正因子 PO_{hkl}，以及完美晶体材料可能的某些消光因子 Ext_{hkl}。

就多相 Rietveld 精修而言，该方法非常适合基于以下方程的完全无标定量相分析：

$$X_{\text{ph}} = \frac{S_{\text{ph}}(ZMV)_{\text{ph}} \mu^*}{K} \tag{2.6}$$

其中，X_{ph} 是 ph 相在几种混合物中的质量分数；Z 是 ph 相晶胞中的分子式个数；M 是单分子的质量；V 是单胞体积(单位为 $Å^3$)；S_{ph} 是相的标度因子；K 是取决于仪器配置的比例因子，而与样品和相的参数无关；μ^* 为整个样品的质量吸收系数。无需知道 K 和 μ^* 便可进行定量 Rietveld 精修，因为仪器配置和吸收系数可以在方程中作为常数[7]。在多相混合情况下，式(2.3)中的标度因子与 ph 相的质量分数 X_{ph} 直接相关，因此可用于定量相分析：

$$X_{\text{ph}} = \frac{S_{\text{ph}} \rho_\alpha}{\sum_{\text{ph}=1}^{\text{phases}} (S_{\text{ph}} \rho_{\text{ph}})} \tag{2.7}$$

其中，ρ_{ph} 是单个相的密度，可以很容易地计算如下：

$$\rho = \frac{1.66055ZM}{V} \tag{2.8}$$

系数 1.66055[10^{-24} g]是原子质量单位(或 Loschmidt 常数的倒数)。对于吸收系数差异很大的混合物，必须进行校正，如众所周知对球形颗粒进行 Brindley 校正[8]。

2.2 峰 位 置

hkl 布拉格反射的精确散射角可以由相应晶面间距 d、通过 $2\theta_{Corr}$ 校正的布拉格方程计算得出，校正是针对来自衍射仪、样品未对准或样品透明(或类似)效应的偏差：

$$2\theta_{hkl} = 2\arcsin\left(\frac{\lambda}{2}\frac{1}{d_{hkl}}\right) + 2\theta_{Corr} \tag{2.9}$$

典型的布拉格-布伦塔诺几何校正是峰位的偏移 $\cos\theta$，偏移由平板样品表面偏离聚焦圆引起。这就是所谓的高度误差 c(以 mm 为单位)(样品表面相对于聚焦圆的偏差)：

$$2\theta_{Corr} = -2\left(\frac{\pi}{180}\right)c\frac{\cos\theta}{RS} \tag{2.10}$$

衍射仪的测角仪半径 RS 以 mm 为单位。

对于一套给定晶胞参数(a, b, c, α, β, γ)，hkl 反射的所有可能位置可以根据三斜晶系的 d_{hkl} 公式

$$\frac{1}{d_{hkl}} = \frac{1}{V}\sqrt{\begin{aligned}&[h^2b^2c^2\sin^2\alpha + k^2a^2c^2\sin^2\beta + l^2a^2b^2\sin^2\gamma\\&+2hkabc^2(\cos\alpha\cos\beta - \cos\gamma)\\&+2kla^2bc(\cos\beta\cos\gamma - \cos\alpha)\\&+2hlab^2c(\cos\alpha\cos\gamma - \cos\beta)]\end{aligned}} \tag{2.11}$$

计算，允许对所有晶胞参数进行精修处理。

2.3 峰 形

hkl 布拉格反射的峰形通常可以看作是 X 射线源(光管或同步辐射)的发射光谱 EP($2\theta_i$)与仪器贡献 IP($2\theta_i$)和样品的微结构 MS($2\theta_i - 2\theta_{hkl}$)的数学卷积(以 $\otimes$ 表示)：

$$\Phi_{hkl}\left(2\theta_i - 2\theta_{hkl}\right) = EP\left(2\theta_i\right) \otimes IP\left(2\theta_i\right) \otimes MS\left(2\theta_i - 2\theta_{hkl}\right) \tag{2.12}$$

通常将两个复函数 $f(t)$ 和 $g(t)$ 的卷积定义为一个函数折转和平移后，再将二者的乘积积分：

$$\left(f \otimes g\right)(t) = \int_{\tau = -\infty}^{\infty} f\left(\tau\right) g\left(t - \tau\right) \mathrm{d}\tau \tag{2.13}$$

或者，在傅里叶空间 F 中为

$$\mathrm{FT}(f \otimes g)(t) = \mathrm{FT}(f)\mathrm{FT}(g) \tag{2.14}$$

FT 表示傅里叶变换。变换归一化得到比例因子，如 2π，为简单起见而省略。

实际上，数值积分几乎总是必需的，因为许多仪器的偏差函数无法进行卷积分析。这种卷积方法已经证明优于其他更多的经验性或唯象学方法，克鲁格和亚历山大的著名著作中阐述了该方法[9]，是所谓的基本参数(FP)法的基础[10]。FP 法背后的思想是从第一性原理建立峰形，全部采用如狭缝宽度、长度和索拉狭缝张角等可测量的物理量。从 FP 法的角度来看，卷积是一个近似过程，因此通常忽略二阶和高阶效应以提高计算速度和简便性。一旦完全得到仪器峰形[通常由标准线形确定，如用 NIST SRM 660a LaB$_6$ 的线形，仅受少量微结构(主要是正态分布的微应变)的影响]，其余线形可以假设完全来自样品的"真实"峰形(如畴大小和微应变)。

通常希望保留最少数量的描述峰形的函数。卷积运算布拉格反射峰形的典型数学函数包括：

1) 帽形函数 H(适用于如所有矩形狭缝)。

$$H\left(2\theta - 2\theta_{hkl}\right) = \begin{cases} A & -\dfrac{a}{2} < \left(2\theta - 2\theta_{hkl}\right) < \dfrac{a}{2} \\ 0 & \left(2\theta - 2\theta_{hkl}\right) \leqslant -\dfrac{a}{2} \text{和} \left(2\theta - 2\theta_{hkl}\right) \geqslant \dfrac{a}{2} \end{cases} \tag{2.15}$$

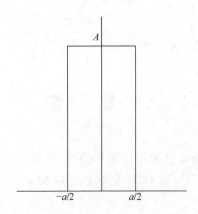

2) 归一化高斯函数 G(适用于如微应变宽化)。

$$G(2\theta - 2\theta_{hkl}) = \left[\frac{2\sqrt{\ln 2 / \pi}}{\text{FWHM}}\right] \exp\left[\frac{-4\ln 2(2\theta - 2\theta_{hkl})^2}{\text{FWHM}^2}\right] \tag{2.16}$$

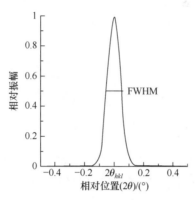

其中，FWHM 单位为(°)，表示 2θ 分布的半高宽。

3) 洛伦兹函数 L(适用于如发射光谱)。

$$L(2\theta - 2\theta_{hkl}) = \frac{1}{2\pi}\left[\frac{\text{FWHM}}{2\theta - 2\theta_{hkl} + \text{FWHM}^2 / 4}\right] \tag{2.17}$$

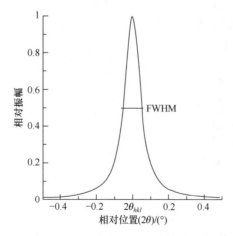

4) 圆函数 C(适用于如轴向发散引起的不对称建模)。

$$C(2\theta - 2\theta_{hkl}) = \left[1 - \sqrt{\left|\frac{\varepsilon_{\mathrm{m}}}{2\theta - 2\theta_{hkl}}\right|}\right], \quad \text{其中} 2\theta - 2\theta_{hkl} = 0,\cdots,\varepsilon_{\mathrm{m}} \tag{2.18}$$

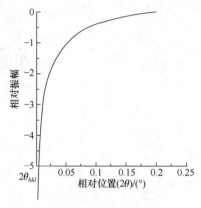

此图在$\varepsilon_m = 0.2$条件下绘出

利用现代 Rietveld 软件如 TOPAS[11]可以对用户定义的任意函数卷积运算，如平行光几何、面探测器条件下定义仪器分辨率函数[12]。为此，衍射角和半高宽的关系解析计算如下：

$$\text{FWHM}\left(2\theta_i\right) = \arctan\left(\frac{D\tan\left(2\theta_i\right) + \sqrt{\text{PSF}^2 + \left(d\sec 2\theta_i\right)^2}}{D}\right) - 2\theta_i \qquad (2.19)$$

其中，参数 D(样品到探测器的距离)、PSF(探测器的点发散函数)和 d(衍射束的宽度)可表示成 2θ 的分布函数(图 2.2)，如可表达为高斯函数、洛伦兹函数或两者的混合函数，如若混合时需要引入额外的混合参数。

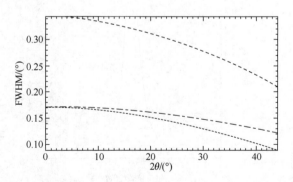

图 2.2　仪器函数 ISF 的 FWHM[式(2.19)](虚线)随 2θ 的变化
点发散函数 PSF(点线)和平行光束(点划线)的配置参数(束宽 0.3 mm，距离 100 mm，探测器的 PSF 为 300 µm)对 ISF 有影响

精修无需晶体结构而由衍射角位置便可精确确定布拉格反射的峰形函数，这一点极具优势。目前，Le Bail 法[13]是一种广泛使用的精修方法，对不知道晶体结构的粉末衍射峰形提取强度，随后可用于程序(如直接法)确定晶体结构。对

Rietveld 公式[式(2.3)]迭代 Le Bail 数值，仅需对 Rietveld 代码进行稍许修改。在 Rietveld 分解公式中出现计算结构因子$|F_{hkl}|^2$处，替换成一组相同值。然后 Rietveld 精修从分解公式中计算一组新的结构因子$|F_{hkl}|^2_{new}$，再替代$|F_{hkl}|^2_{old}$进入下一循环。算法过程大体如下：

1) $|F_{hkl}|^2_{old} = 1.0$；

2) $|F_{hkl}|^2_{new} = \dfrac{\sum\limits_i \left[Y_{obs_i} SK_{hkl} |F_{hkl}|^2_{old} \Phi_{hkl}(2\theta_i - 2\theta_{hkl}) \right]}{Y_{cal_i}}$；

3) $|F_{hkl}|^2_{old} \triangleq^{①} |F_{hkl}|^2_{new}$，进入下一轮循环，直至达到收敛。

下文给出 FP 法的应用示例。在测试新型粉末衍射仪样机过程中[布鲁克 D8 Advance 型衍射仪德拜-谢乐几何、Mo K$_{\alpha_1}$ 辐射($\lambda = 0.7093$ Å)、约翰逊型 Ge(220) 单色器、张角为 3.5° 的 LynxEye 位敏探测器(PSD)]，逐步评估了仪器对布拉格衍射峰形的贡献。为此，对 LaB$_6$ 标样(NIST SRM 660a LaB$_6$)选定峰的线形应用 Le Bail 法进行拟合。

为了对 X 射线钼靶密封光管经入射光单色器后形成的发射谱的贡献大小建模，选定三个衍射峰，代表衍射谱的不同区域(图 2.3)，以 0.2695 mÅ 半宽进行纯洛伦兹分布精修。

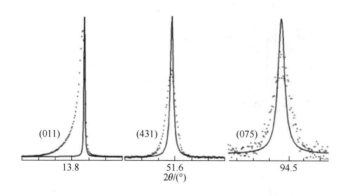

图 2.3　对 LaB$_6$ 标样采用 Mo 靶 K$_{\alpha_1}$($\lambda = 0.7093$ Å)、Ge(220)单色器、德拜-谢乐衍射几何测量，通过基本参数法对所选衍射峰进行峰形拟合

采用半宽 0.2695 mÅ 纯洛伦兹发射光谱峰形函数，只对峰位和强度精修

假设 LynxEye PSD 的矩形条状感应硅片各自独立探测，在一级近似中看成单个闪烁计数器的接收狭缝，将宽度为 0.1 mm 的接收狭缝在赤道平面上按帽形

---

① 符号 $\triangleq$ 表示赋值。

函数与峰形卷积(图 2.4)，结果峰的展宽相当大。

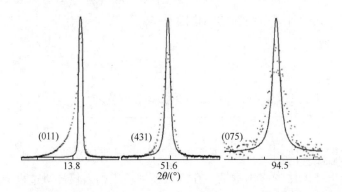

图 2.4 在赤道平面上 0.1 mm 宽的接收狭缝按帽形函数与图 2.3 的峰形卷积

考虑到轴向发散造成的衍射峰明显不对称，TOPAS 采用所谓的全轴模式将灯丝、样品、8 mm 接收狭缝和张角 2.5°的次级索拉狭缝纳入考量(图 2.5)。

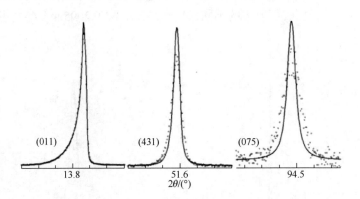

图 2.5 灯丝、样品、长度为 8 mm 接收狭缝和张角为 2.5°的次级索拉狭缝与图 2.4 的峰形进行轴向卷积

拟合度随着散射角增加而略微变差(图 2.5)，提示即使在标样的线形中也存在微小的微结构贡献。由于晶粒小尺寸效应可以放心地忽略不计，当把来自样品的、半高宽为 $0.1\tan\theta$ 的纯高斯微应变与峰形卷积后，在全部角度范围几乎完美拟合(图 2.6)。

迄今为止，所有参数的值都是基于直接测量或合理的猜测，尚未经过精修。为了验证 FP 方法在整个角度范围内的适用性，现在根据 Le Bail 法(图 2.7)对全部峰形进行建模。与单峰拟合相反，现在由 LaB_6 的简单立方晶格常数计算出所有位

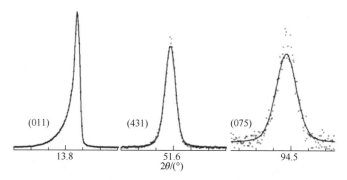

图 2.6　来自样品的半高宽为 0.1tanθ高斯微应变与图 2.5 峰形卷积

置的布拉格反射。必要的峰位校正是恒定零点的偏移、经验性的柱状样品吸收造成的峰位偏移[14]：

$$\text{Shift}(\theta) = A\theta^B(90-\theta)^C$$
$$A = 0.000033\mu R$$
$$B = 1.168 - 0.22\mu R + 0.0168(\mu R)^2 \tag{2.20}$$
$$C = 1.155 + 0.2054\mu R - 0.0224(\mu R)^2$$

其中，R 是毛细管的半径，mm。

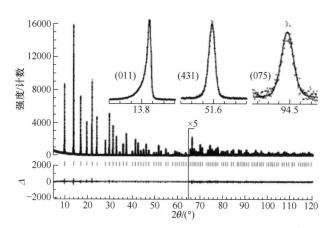

图 2.7　图 2.3～图 2.6 的 LaB$_6$ 标样的 Le Bail 法
为了清楚起见，从 2θ为 65°开始的高角度部分放大了 5 倍

除了必须对背景进行建模外，只有这三个参数需要精修。所有先前确定的 FP 参数均保持固定。

图 2.7 中仅用少量参数获得的高质量拟合结果，清楚地突显了 FP 方法的优势。

现在可以轻松地从峰形拟合转向全面的 Rietveld 精修。所得的 Rietveld 图与图 2.7 中的 Le Bail 结果具有相同的质量，因此无法用肉眼区分。

2.4 背　景

在粉末衍射谱图中的位置 i 处观测的背景 $b_i(obs)$可以通过分析函数或经验函数来建模，或人为地用眼睛定义。通常的做法是将高阶(通常为 5～10)Chebyshev 正交多项式与 $1/(2\theta_i)$项结合，以描述低散射角处背景的陡峭增加，这类背景是因空气散射引起的，尤其是当使用张角大的 PSD 时。如果使用高阶多项式，则可能会出现不同类型的相关性，这需要仔细检查相关矩阵：多项式系数之间的相关性，以及所计算的背景与在较高散射角下严重重叠的反射强度之间的相关性。

在背景中由无定形材料(如玻璃毛细管)散射导致出现漫散射峰，或可以使用晶粒小尺寸的宽化效应而人为引入额外的漫散射来模拟，抑或应用无需任何晶体学有序性假设的(或多或少唯象学的)德拜公式[15]

$$I(Q) = \sum_{i,j=1,\cdots,N} f_i(Q)f_j(Q)\frac{\sin\left(Q_{r_{ij}}\right)}{Q_{r_{ij}}}, \quad Q = 4\pi\frac{\sin\theta}{\lambda} \tag{2.21}$$

来模拟。在该公式中，通过对所有间距为 r_{ij} 的原子进行求和，可以计算出由 N 个相同散射体(具有原子散射因子 f)组成的粉末样品的角强度 I。对于无定形二氧化硅，可以直接使用已知的 SiO_4 四面体的 Si—O 和 Si—Si 间距及四面体之间的平均 Si—Si 间距。

2.5 数 学 过 程

在下文中，基本按照文献[16]中 von Dreele 撰写的一章内容简要介绍 Rietveld 分析的数学背景。根据式(2.3)，Y_{cal_i} 包含 m 个可以进行精修的不同参数 $p_j(j\in[1, \cdots, m])$，表达式为 $Y_{cal_i}(p_1,\cdots,p_m)$。通常式(2.1)的最小值可从一阶导数

$$\sum_{i=0}^{n-1}\left\{w_i\left[Y_{obs_i} - Y_{cal_i}(p_1,...,p_m)\right]\frac{\partial Y_{cal_i}}{\partial p_j}\right\} = 0 \tag{2.22}$$

得出。

由于 Y_{cal_i} 是高度非线性的超越函数，因此必须采用参数 p_{j0} 当前值附近的泰勒级数近似，该值通常在第一项之后就被截断：

$$Y_{\mathrm{cal}_i}(p_1,\cdots,p_m)=Y_{\mathrm{cal}_i}(p_{10},\cdots,p_{m0})+\sum_{j=1}^{m}\left[\frac{\partial Y_{\mathrm{cal}_i}(p_1,\cdots,p_m)}{\partial p_j}(p_{j0}-p_j)\right] \quad (2.23)$$

其中所有参数 p_j 的估算初值都是 p_{j0}，参数平移为 $(p_{j0}-p_j)$。该法产生了一组 m 阶正态方程，每个方程对应一个参数平移 $(p_{j0}-p_j)$，可以通过多种算法来解，如 Levenberg[17] 和 Marquardt[18] 给出的方法，该方法基于标准高斯-牛顿消元法。遗憾的是，由于采用泰勒级数近似，计算平移 $(p_{j0}-p_j)$ 并未得到该问题完全最小化的解，但基本有较好的近似解[16]。为了克服这一局限，采用了如模拟退火(SA)(2.7 节)等全局优化方法。

2.6　一致性判断因子

已经提出了许多不同的一致性统计(R-)因子来判断 Rietveld 精修的质量。最常见的是所谓的线形 R 因子，可作为观测和计算线形之间的一致性评价：

$$R_{\mathrm{p}}=\frac{\sum_{i=0}^{n-1}\left|Y_{\mathrm{obs}_i}-Y_{\mathrm{cal}_i}\right|}{\sum_{i=0}^{n-1}Y_{\mathrm{obs}_i}} \quad (2.24)$$

对差值进行简单求和，再与所有观测值之和比较存在两个问题。第一个问题是，为避免过分强化强反射，建议使用加权方案。步进式扫描的观测强度方差的倒数适合作权重：

$$R_{\mathrm{wp}}=\sqrt{\frac{\sum_i w_i(Y_{\mathrm{obs}_i}-Y_{\mathrm{cal}_i})^2}{\sum_k w_i Y_{\mathrm{obs}_i}^2}},\quad w_i=\frac{1}{\sigma\left(Y_{\mathrm{obs}_i}\right)^2} \quad (2.25)$$

第二个问题与背景的影响相关。如果峰背比低，则线形 R 值将变得不合常理地低。为避免此问题，可以从分母中的步进式扫描观测强度中减去背景：

$$R_{\mathrm{p}}'=\frac{\sum_{i=0}^{n-1}\left|Y_{\mathrm{obs}_i}-Y_{\mathrm{cal}_i}\right|}{\sum_{i=0}^{n-1}\left|Y_{\mathrm{obs}_i}-b(\mathrm{obs})\right|},\quad R_{\mathrm{wp}}'=\sqrt{\frac{\sum_i w_i(Y_{\mathrm{obs}_i}-Y_{\mathrm{cal}_i})^2}{\sum_k w_i[Y_{\mathrm{obs}_i}-b_i(\mathrm{obs})]^2}} \quad (2.26)$$

尽管进行了这些校正，但只能在相同统计条件下对不同精修的线形 R 值进行比较。所谓的期望 R 因子：

$$R_{\mathrm{exp}}=\sqrt{\frac{M-P}{\sum_k w_i Y_{\mathrm{obs}_i}^2}},\quad R_{\mathrm{exp}}'=\sqrt{\frac{M-P}{\sum_k w_i[Y_{\mathrm{obs}_i}-b_i(\mathrm{obs})]^2}} \quad (2.27)$$

主要来自统计计数, 针对 M 个数据点和 P 个参量, 给出可能的最佳拟合度。在绝对意义上, 加权线形 R 值与期望 R 值的平方比(也称为χ^2)是 Rietveld 精修质量的良好度量。当χ^2值介于 1 和 2 之间时, 可以认为精修质量是极好的。

$$\chi^2 = \left(\frac{R_{\mathrm{wp}}}{R_{\mathrm{exp}}}\right)^2 = \frac{\sum_i w_i (Y_{\mathrm{obs}_i} - Y_{\mathrm{cal}_i})^2}{M - P} \tag{2.28}$$

为了与单晶数据进行比较, 应使用布拉格 R 值, 该值是基于反射峰强度而不是整个粉末衍射谱图的步进扫描强度:

$$R_{\mathrm{Bragg}} = \frac{\sum_k \left| I_{\mathrm{obs}_k} - I_{\mathrm{cal}_k} \right|}{\sum_k I_{\mathrm{obs}_k}} \tag{2.29}$$

其中, I_{obs_k} 和 I_{cal_k} 分别是第 k 个反射的观测强度和计算强度; 由于布拉格反射的重叠, 必须通过 Rietveld 分解公式间接计算观测反射。

2.7   模拟退火的全局优化方法

Rietveld 精修程序可从粉末衍射谱图中反复修正结构和非结构信息。与所有基于最小二乘法的方法一样, Rietveld 方法的主要缺点是要进行精修的参数收敛半径相对较小, 因此需要一个良好且合理的初始模型。对于原子参量而言, 这一点尤其正确, 与 "真实" 位置的微小偏差通常会导致衍射峰强大幅改变。为了解决这个问题, Rietveld 精修可以与几乎所有全局优化方法结合使用, 在每个 Rietveld 精修循环之后都会尝试创建新的结构集。最普遍的全局优化算法是所谓的模拟退火(SA)技术, 该技术在处理对象空间中随机寻找具有较低 "能量" 的点。在实践中, 在给定的参数范围内以蒙特卡罗方式随机选择一组数字, 使用这组数字生成尝试结构[19]。SA 运行的所谓起动温度将缓慢降低(图 2.8), 每个温度点上允许数千次移动。温度并无热力学意义, 而是指表达式 $\exp\left(-\dfrac{E}{kT}\right)$ 中的 T 项, 此表达式通常称为具有玻尔兹曼常量 k 和状态能量 E 的玻尔兹曼因子。在 SA 过程中, 将类似 $E = \chi^2_{\mathrm{new}} - \chi^2_{\mathrm{old}}$ 表达式(成本函数χ^2在连续循环过程中的差)用作检验结果是否可接受的标准。因此, 与纯粹的蒙特卡罗方法相比, SA 算法至少允许从头开始并具有降低的概率, 并且也接受增加成本函数的原子移动, 以避免伪极小值。χ^2 的计算可以基于全谱线形或积分强度。此后, 必须考虑部分或完全重叠的反射峰之间的相关性(图 2.8)。

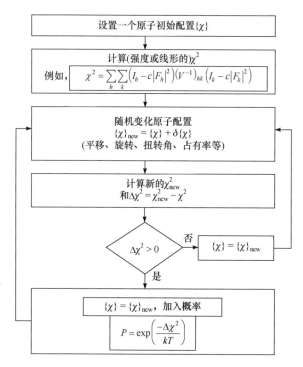

图 2.8　模拟退火程序的流程图

用于由粉末衍射数据确定结构

图 2.8 是由粉末衍射数据确定结构的典型 SA 算法流程图。在 SA 运行期间可以更改的参数包括内部和外部自由度,如平移[分数坐标或刚体(RB)位置]、旋转(笛卡儿角、欧拉角或四重结构[20]、分子实体取向的描述)、扭转角、占有率和温度系数。图 2.9 显示了一个典型的 SA 方案,其中在最初的几千次移动中积分强度 χ^2 值急剧下降,这表明散射主要由较重原子或球状分子的位置决定。在达到最小值之前,通常会生成数百万个尝试结构。在 SA 运行结束时,用 Rietveld 精修来确认已经获得了最小值。

在全局优化过程中,通常不会使用特殊的算法来防止原子或分子的紧密接触。一般情况下也没有发现采取这些措施的必要性,因为仅靠结构因子就能使分子快速移动到基本不与相邻分子重叠的晶胞区域。接下来的 Rietveld 精修(其中仅对标度因子和总温度因子进行修正)将立即显示是否需要进一步修正键长和键角。无约束精修通常会导致远离理想分子几何结构的严重变形,因此可以使用 RB 或对键长、平面基团的平面度和键角的软约束来稳定精修。SA 技术的另一个优点是,如果固定了氢原子对于其他原子的相对位置,则通常可以从一开始就将氢原子包括在计算位置上,在分子结构中通常是这样。

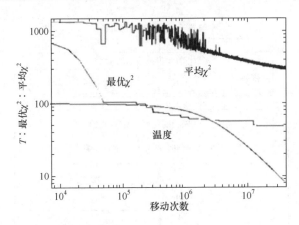

图 2.9 χ^2(成本函数)和"温度"与模拟退火过程中移动次数的关系[21]

特别是对于无机晶体结构，在结构求解过程中，识别特殊位置或合并已定义的 RB 是很有用的。这可以通过 Favre-Nicolin 和 Cerny[22]提出的所谓占有率合并程序来完成。在此，根据其原子分数坐标来重写位点的占有率。这些位点被看作是半径为 r 的球形。这样，当它们之间的距离小于 $2r$ 时，可以合并任意数量的位点。例如，Pb_3O_4 晶体结构的最小化解如图 2.10 所示。在此例中，当两个氧原子或铅原子的距离小于其各自合并半径之和(估计为 0.7 Å)时，将识别出特殊位置。然后，位点占有率变为 1/(1+相交的体积分数)。

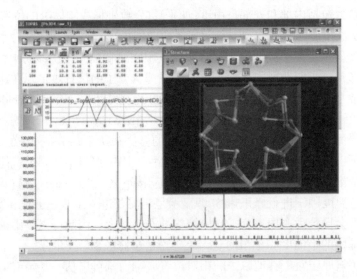

图 2.10 TOPAS 屏截图[11]

图中显示了用布拉格-布伦塔诺衍射几何的 D8 Advance 衍射仪对 Pb_3O_4 进行的模拟退火

2.8　刚　　体

在许多晶体材料中，原子团(分子或配位多面体)具有现成完好的结构，并且相互间不完全独立，因此形成或多或少的刚性单元。SiO_4 四面体和苯环是典型的例子。如果发生无序，通常不可能确定单个原子的位置。使用 RB，即使在粉末衍射数据的情况下，也有可能对无序进行建模[21]。

RB 成为单晶 X 射线衍射的常用工具已有 30 多年的历史[23]。当数据质量低、观测值与参数的比值低(特别是在粉末情况下)和/或晶体结构非常复杂时，RB 特别有用。由于刚性基团被迫作为一个完整的单元移动，因此不会发生无意义的变化。可精修参数的数量可以大大减少，并且可以以更高的精度确定它们。收敛到正确结构的范围比常规的收敛范围大得多。早期可以将氢原子包含在精修过程中。由于热参数是整个刚体基团的，因此可以应用平动螺旋移动(TLS)矩阵。定义 RB 的方法有很多[24]。通常，可以通过指定六个外部参数将一刚性原子团唯一地定位在空间中：三个平移参数定义该刚体基团的某个参考点，三个夹角定义其方向。如果 RB 处于特殊位置，则其中一些参数将具有固定值。通常，晶体空间中一组 n 个原子的独立位置参数的数量从 $3n$ 减少到 6。

要构建 RB，总是需要一个三维坐标系。

1) 晶体学坐标系 $A = \{a,b,c\}$ (由晶胞参数 a、b、c、α、β 和 γ 描述)。

2) 一个晶体的参考正交坐标系，通常为笛卡儿坐标 $E = \{x,y,z\}$。有无限种方法可以根据笛卡儿坐标定义一个晶体的自然状态(图 2.11)。

3) RB 内部参考系，可以由原点为 RB 基点(表 2.1)的笛卡儿坐标 $I = \{i,j,k\}$、球坐标或 z 矩阵来定义。z 矩阵允许使用原子间距、夹角和二面角来描述整个分子及其内部分子的自由度(表 2.2)[20]。

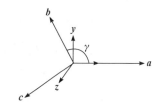

图 2.11　晶体坐标系 $A = \{a,b,c\}$
变成笛卡儿坐标系 $E = \{x,y,z\}$ 的正交化
E 按照 $x \parallel a, \gamma \parallel (c \times a) \parallel b^*$
和 $z \parallel a \times (c \times a)$ 与 A 对齐

表 2.1　在笛卡儿坐标系中，用刚体定义 $\gamma = (109.47/2)° [= \arccos(1/\sqrt{3})]$ 的理想四面体(中心原子 A_0)

原子	x	y	z
A_0	0	0	0
A_1	$\sin(\gamma)t_1$	$\cos(\gamma)t_1$	0
A_2	$-\sin(\gamma)t_1$	$\cos(\gamma)t_1$	0

原子	x	y	z
A_3	0	$-\cos(\gamma)t_1$	$\sin(\gamma)t_1$
A_4	0	$-\cos(\gamma)t_1$	$-\sin(\gamma)t_1$

注：t_1 表示四面体的中心原子和外部原子之间的键长。如果使用不同的 γ 值，则四面体将变为规则的双蝶形。

内部参考系的原点通过晶体学坐标的三个位置参数与其他两个坐标系的原点关联。为了描述 RB 在晶体空间中的取向，围绕三个笛卡儿坐标轴旋转，或按欧拉角 ϕ、θ 和 ψ(见参考文献[25]中定义)或四个四重结构(见参考文献[20]中定义)旋转，将笛卡儿参考系 E 转换为原始 RB 参考系 I。

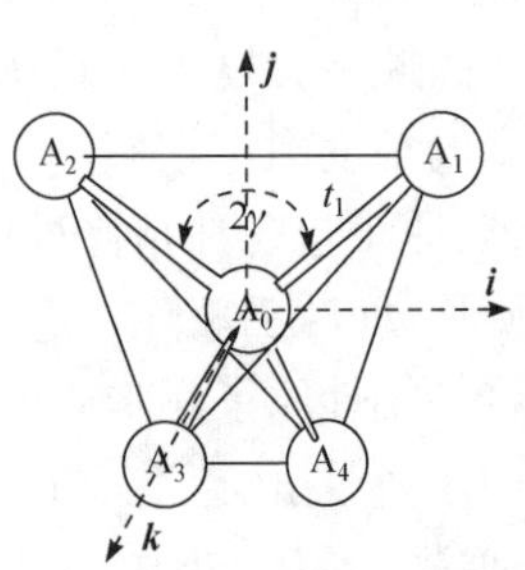

作为一个简单的示例，分析了具有中心原子 A_0 和配体 A_1,…,A_4 的四面体(图 2.12)。在自由精修的情况下，需要精修 $3 \times 5 = 15$ 个参数，而对于刚体 RB，则仅需要 6 个外部自由度(3 个旋转+3 个平移)。

保持所有键长相等时，沿 y 轴的正向或负向力会将规则的四面体扭曲为四边双蝶形(图 2.12)。例如，这可以简单地通过改变/精修四面角 γ 来实现。将 γ 分为两个角度($\angle A_2A_0A_1$ 和 $\angle A_3A_0A_4$)允许将四边双蝶形进一步变形为正交双蝶形。后者则包含 8 个自由度，参数数量仍然比自由精修的情况少得多。

图 2.12 有内部坐标系 $I = \{i, j, k\}$ 的双蝶形配位多面体的刚体系统

完美四面体向双蝶形变形是通过设定角度 γ 的值不等于 $(109.47/2)°[= \arccos(1/\sqrt{3})]$

表 2.2 z 矩阵中理想四面体(中心原子 A_0)的刚体定义符号

原子	距离	夹角/(°)	扭转角/(°)	相关原子
A_0	—	—	—	—
A_1	t_1	—	—	A_1
A_2	t_1	2γ	—	$A_1 A_0$
A_3	t_1	2γ	120	$A_1 A_2 A_1$
A_4	t_1	2γ	240	$A_1 A_0 A_2$

注：如果 γ 设定为不等于 $(109.47/2)°[= \arccos(1/\sqrt{3})]$ 的值，则四面体将变为规则的双蝶形。

2.9 罚函数介绍

在结构解析或精修过程中，主动使用额外化学信息的另一方法是定义针对原

子间距、夹角、扭转角和平面族等的罚函数。这些额外的"观测值"为最小二乘函数提供了附加条件。引入适当的罚函数可以减少 χ^2 中局部极小值的数量，稳定精修并相应增加获得全局最小值的机会。与构造 RB 不同，使用罚函数不会减少描述晶体结构的参数数量，但其中包含的额外信息可以加强粉末谱图中原有信息。

可以使用不同类型的罚函数，如 Lennard-Jones 或 Born-Mayer 势能函数(用于最小化能量)；也可以使用所谓防碰撞算法，如在设定键长限制时。一般规则是原子越近，惩罚度越高。已证明两个有助于确定结构的罚函数是反碰撞(AB)惩罚和势能惩罚(U)。AB 惩罚为

$$AB_i = \begin{cases} \sum_j (r_{ij} - r_0)^2, & r_{ij} < r_0 \text{且} i \neq j \\ 0, & r_{ij} \geqslant r_0 \end{cases} \tag{2.30}$$

其中，r_0 是预期的键长大小；r_{ij} 是原子 i 和原子 j(包括对称等价位置)之间的距离，对所有 j 原子求和。

对于离子化合物，在某位置 i 的 Lennard-Jones 或 Born-Mayer 势 U_i，可以通过库仑引力项 C_i 和斥力项 R_i 来定义，为

$$U_i = C_i + R_i$$
$$C_i = \frac{e^2}{4\pi\varepsilon_0}$$
$$R_i = \sum_j \frac{B_{ij}}{r_{ij}^n} \quad i \neq j \text{(Lennard-Jones)} \tag{2.31}$$
$$R_i = \sum_j c_{ij} \exp(-dr_{ij}) \quad i \neq j \text{(Born-Mayer)}$$

其中，e 是电子电荷；ε_0 是自由空间的介电常数；r_{ij} 是原子 i 和原子 j 之间的距离，对所有原子求和到无穷大；斥力常数 B_{ij}、n、c_{ij} 和 d 是原子种类及其势垒的特性。

在 TOPAS[11]中，罚函数在参数向量 p_i[式(2.22)]附近展开为二级泰勒级数。对衍射数据应用适当的加权方案，搜索全局最小值变得非常容易。惩罚可以看作比在 Rietveld 精修中通常称为约束的概念更大，如包括立体化学约束的 Rietveld 精修最小化函数：

$$M = \sum w_{Y_i}(Y_{o_i} - Y_{c_i})^2 + f_a \sum w_{a_i}(a_{o_i} - a_{c_i})^2 + f_d \sum w_{d_i}(d_{o_i} - d_{c_i})^2 + f_p \sum w_{p_i}(p_{o_i} - p_{c_i})^2 \tag{2.32}$$

其中，Y 定义为粉末谱图；a 为键角；d 为键长；p_{c_i} 为与最优面的偏差。选择权重因子 f 来平衡各种贡献，并防止任何函数项带来任何过度影响。各个观测项权重由每个测量项的标准不确定度确定。

如果χ^2中的全局最小值很小，则约束尤其有用。约束的应用不应使最终χ^2值与无约束的精修相比显著增加。

2.10　参数化 Rietveld 精修

分析一套粉末谱图的传统方法是独立处理每张粉末谱图，因而对整套数据集分别精修每个谱图的所有相关参数。在 Rietveld 精修后，还要进一步分析这些参数的值，如采用经验或物理函数拟合。另一方法是可以对所有粉末谱图同时进行精修，即精修与外部变量有关的函数，而不是对 Rietveld 精修后的参变函数再逐个进行推演。这种所谓的参数化或面上 Rietveld 精修首先由 Stinton 和 Evans 提出[6]。参数化与传统的逐个顺序精修相比，具有多种优势：参数和最终标准不确定度之间的相关性得以降低；引入了简单、有物理意义的约束和限制；此外，可以精修非晶体学参数，如 Rietveld 精修直接给出的速率常数或温度[6]。以下通过几个示例说明参数化精修的基本概念。

如果假设有一套来自同一样品、在不同外部变量(如时间、温度或压力)下测量的粉末谱图 $p_{\max}$，以式(2.3)形式可以分别将每一谱图记为

$$
\begin{aligned}
Y_{\mathrm{cal}_i,\,\mathrm{pattern}(1)} &= \mathrm{function}\Big(p_{1,\,\mathrm{pattern}(1)},\, p_{2,\,\mathrm{pattern}(1)},\cdots,p_{m,\,\mathrm{pattern}(1)}\Big) \\
Y_{\mathrm{cal}_i,\,\mathrm{pattern}(2)} &= \mathrm{function}\Big(p_{1,\,\mathrm{pattern}(2)},\, p_{2,\,\mathrm{pattern}(2)},\cdots,p_{m,\,\mathrm{pattern}(2)}\Big) \\
&\ \vdots \\
Y_{\mathrm{cal}_i,\,\mathrm{pattern}(p_{\max})} &= \mathrm{function}\Big(p_{1,\,\mathrm{pattern}(p_{\max})},\, p_{2,\,\mathrm{pattern}(p_{\max})},\cdots,p_{m,\,\mathrm{pattern}(p_{\max})}\Big)
\end{aligned}
\tag{2.33}
$$

如果某些参数 p 与外部变量 T 存在一定函数关系，则这些参数可以表达为变量 T 的函数，大大减少了全局参数的数量。这样式(2.33)可以表示为

$$
\begin{aligned}
Y_{\mathrm{cal}_i,\,\mathrm{pattern}(1)} &= \mathrm{function}\Big(p_{1,\,\mathrm{pattern}(1)},\, p_{2,\,\mathrm{pattern}(1)}=f\big(T_1,T_2,\cdots,T_t\big),\cdots,p_{m,\,\mathrm{pattern}(1)}\Big) \\
Y_{\mathrm{cal}_i,\,\mathrm{pattern}(2)} &= \mathrm{function}\Big(p_{1,\,\mathrm{pattern}(2)},\, p_{2,\,\mathrm{pattern}(2)}=f\big(T_1,T_2,\cdots,T_t\big),\cdots,p_{m,\,\mathrm{pattern}(2)}\Big) \\
&\ \vdots \\
Y_{\mathrm{cal}_i,\,\mathrm{pattern}(p_{\max})} &= \mathrm{function}\Big(p_{1,\,\mathrm{pattern}(p_{\max})},\, p_{2,\,\mathrm{pattern}(p_{\max})}=f\big(T_1,T_2,\cdots,T_t\big),\cdots,p_{m,\,\mathrm{pattern}(p_{\max})}\Big)
\end{aligned}
\tag{2.34}
$$

最小化函数[式(2.1)]随之变化：

$$
\mathrm{Min} = \sum_{\mathrm{pattern}=1}^{p_{\max}} \left\{ \sum_{i=0}^{n-1}\Big[w_{i,\mathrm{pattern}}\Big(Y_{\mathrm{obs}_i,\mathrm{pattern}} - Y_{\mathrm{cal}_i,\mathrm{pattern}}\Big)^2\Big]\right\}
\tag{2.35}
$$

粉末衍射数据组参数化精修的前提条件是有一套通用的可编程最小二乘法程序。在这项工作中，使用了 TOPAS 程序[11]中独特的语言脚本执行任务。

下面，通过在标度因子、晶格常数和原子坐标的参数化方面的几种应用评述这种功能强大的方法。

2.10.1　时间相关的标度因子的参数化动力学分析

根据式(2.7)，多相 Rietveld 精修的标度因子与质量分数成正比，因此可以用于等温原位粉末衍射实验中的动力学分析。这样，将随时间变化的标度因子参数化成为可能。一般来说，等温相变速率取决于成核和生长速率。这种相变的动力学通常由 Johnson-Mehl-Avrami-Kolmogorov(JMAK)模型描述，该模型是 20 世纪 30 年代由不同科学家开发的[26-29]。除时间和温度外，有决定作用的输入参数是新出现相与消失相的相对数量比。众所周知的 JMAK 方程定义为

$$1 - x = e^{-(kt)^n} \tag{2.36}$$

其中，k 是速率常数，取决于成核和生长速率；x 是新相分数；t 是时间。Avrami 常数 n 包含有关晶体生长尺寸的信息。

对于某些相变，注意到反应开始之前存在诱发时间 t_0[30]。考虑到这种现象，JMAK 方程[式(2.36)]可以改写为

$$1 - x = e^{-\left[k(t-t_0)\right]^n} \tag{2.37}$$

或者用对数形式：

$$\ln\left[-\ln(1-x)\right] = n\ln(t-t_0) + n\ln k \tag{2.38}$$

由式(2.38)可以通过 $\ln[-\ln(1-x)]$-$\ln(t-t_0)$关系图确定 n 和 k，即所谓的 Sharp-Hancock 图。如果 Avrami 常数 n 在反应期间不变，该图则应该呈一条直线。直线的斜率等于 n，并且在 y 轴处的截距等于 $n\ln k$。在程序 TOPAS[11](此处用于参数化精修)中，多相混合物中 ph 相的质量分数 x_{ph} 用以下公式计算：

$$x_{ph} = \frac{Q_{ph}}{\sum\limits_{ph=1}^{phases} Q_{ph}}, \quad Q_{ph} = S_{ph} M_{ph} V_{ph} B_{ph}^{-1} \tag{2.39}$$

其中，S_{ph} 是 ph 相的标度因子；M_{ph} 是其晶胞质量；V_{ph} 是其晶胞体积；B_{ph} 是 Brindley 校正[8]，如上文所述。可以改写 JMAK 方程[式(2.37)]以描述消失相的分数 x'：

$$x'_{ph} = e^{-\left[k(t-t_0)\right]^n} \tag{2.40}$$

对 a(消失)、b(出现)两相混合物联用式(2.39)和式(2.40)，则 a 相的标度因子 S_a 变为

$$S_a = \frac{-S_b M_b V_b \mathrm{e}^{-\left[k(t-t_0)\right]^n}}{M_a V_b \left\{ \mathrm{e}^{-\left[k(t-t_0)\right]^n} - 1 \right\}} \tag{2.41}$$

现在可以使用该方程式对标度因子 S_a 进行参数化，从而通过同时精修相变过程的所有粉末谱图直接确定参数 k 和 n。如参考文献[31]，250℃时 α-铜酞菁转变到热力学稳定的 β 铜酞菁的固态相变，用原位同步辐射粉末衍射数据($\lambda = 1.23888$ Å)进行分析(图 2.13 和图 2.14)。

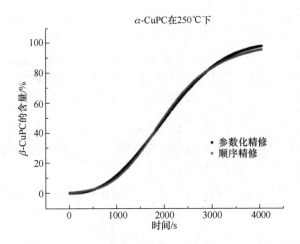

图 2.13   在 $T = 250$℃等温条件下，α-CuPC 转化为 β-CuPC 的分数随时间变化的顺序(灰线)和参数化(黑线)Rietveld 精修

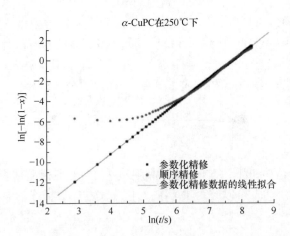

图 2.14   对图 2.13 的数据作 Avrami 图，比较其参数化(黑点)和顺序(灰色点)Rietveld 精修直接通过参数化精修获得 n 和 k 值[$n = 2.46(1)$，$k = 0.00042(1)$]，在误差范围内等同于通过顺序精修得到的计算值 [$n = 2.47(1)$，$k = 0.00041(1)$]

2.10.2　压力决定的晶格常数参数化以确定状态方程

用适当的状态方程(EOS)拟合晶胞体积-压力曲线,可以得到体积模量及其对压力的导数[32]。为此,可采用任何晶格常数精修的全谱粉末衍射拟合(WPPF)程序,以获得压力-体积关系[2,13,33]。此外,如果数据质量允许,可以进行 Rietveld 精修以确定结构随压力的变化[34,35]。

晶格常数随着压力的变化方程,原则上,可以由任何 EOS 通过对体积开立方根运算获得,只要体积与压力有关。然而,该过程需要一个压力-晶胞体积关系的分析式,这只能由 Murnaghan EOS 演变[32]。对于立方晶系材料,这种关系是精确且明晰的。

$$a = \sqrt[3]{V(P)} = a_0 \left[\left(1 + \frac{K'_P}{K_0} \right) \right]^{-\frac{1}{3K'_a}} \tag{2.42}$$

其中,a_0 是零压力下晶格常数的值,P 是压力,且

$$K_0 = \frac{-1}{V_0} \left(\frac{dV}{dP} \right)_{P=0} \quad \text{和} \quad K'_0 = \left(\frac{dK}{dP} \right)_{P=0} \tag{2.43}$$

分别是体积模量及其对压力的导数。对于非立方晶系材料,K_0 和 K' 可解释为线性模量及其导数。其中 K_0 与当压力为零时的晶轴可压缩性因子 β_0 有关:

$$-1/3K_0 = \beta_0 = a_0^{-1}(\partial a / \partial P)_{P=0} \tag{2.44}$$

将式(2.42)进行参数化,这样每个晶轴新引入一组三个参数。假设在一系列压力下测量得到正交结构晶体的 10 张粉末谱图,且方程能足够灵活地描述晶格常数-压力关系,经参数化后可将精修参数的数量从 30 减少到 9。在这方面应该注意的是,Murnaghan EOS 对超过约 10%体积压缩率的材料压缩未提供正确物理描述[32]。

对于单斜和三斜晶系的情况,晶胞夹角可能随着压力或温度而变化,其参数化成为必然。一种实用的方法是用低阶(通常是一阶)多项式函数描述由压力引起的角度变化[32,36]。在所有情况下,建议比较从单个谱图做独立精修得到的晶格常数与从参数化精修函数计算得出的晶格常数(图 2.15),以确定是否因参数选择不当而产生结果偏差。

由于体积是根据晶格常数计算得出的,因此不可直接精修,所以在 TOPAS 中,体积模量及其对压力的导数不能直接引入 Rietveld 精修中,而必须采用任一适当的 EOS,随后通过最小二乘法确定(图 2.16)[32]。

对于更偏物理的 Murnaghan EOS,一个替代的方法是可以使用低阶多项式作为参变函数。例如,晶格常数随着压力的变化通常可以通过式(2.45)描述,即

$$a = A_0 + A_1 P + A_2 P^2 + A_3 \sqrt{P} \tag{2.45}$$

其中，A_0、A_1、A_2 和 A_3 现在是已精修的参数。然后由已被精修的 A_0、A_1、A_2 和 A_3 值以及谱图采集时相应的压力值计算高压系列中的任何粉末谱图的晶格常数。但是，由于缺乏物理基础，该多项式应仅用作插值的工具，而不能用于超出测量压力数据范围的外推。

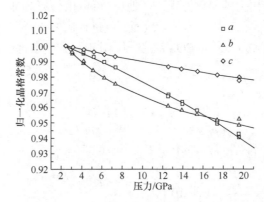

图 2.15 As$_2$O$_5$ 的压力-归一化晶格常数关系
比较单独精修(灰色)和 Murnaghan 线性状态方程参数化精修(黑色)结果

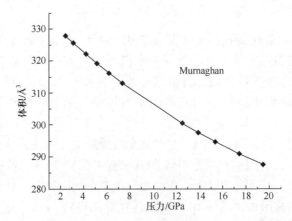

图 2.16 As$_2$O$_5$ 的压力-晶胞体积关系
数据点由参数化晶格常数计算得到；实线是 Murnaghan 线性状态方程最佳线性化拟合

2.10.3 温度相关的对称模式的参数化以确定有序参数

许多晶体相可以看作是其高对称母相结构的或真实或假想的低对称畸变[即"印相" (aristotype)]。在这种情况下，两个结构之间存在群-亚群关系，即低对称性结构的所有对称元素都存在于高对称性母相中。朗道理论描述了大多数铁弹性过渡相的主要物理特征，其中系统的热力学状态和使低对称结构稳定的自由能差(多余的吉布斯自由能)用热力学有序参数 Q 表示[37,38]。在朗道理论中，有序参数在二级(也称为连续)相变中连续下降到零，而在一级(也称为滞后)相变中可以突然"跳"至不为零的值。对于二级相变，有序参数与温度的关系可以由以下经验性的幂律公式建模：

$$Q = f \left| T_{crit} - T \right|^{\beta} \tag{2.46}$$

其中，T_{crits} 是相变温度；β 是临界指数；f 是幂律系数。典型的 β 取值：对二级相变常规尺度为 1/2，或对介于一级和二级相变边界的三临界点相变为 1/4。可能因多种原因而出现介于 1/4 和 1/2 之间的值[39-42]。

　　低对称相比母相通常具有更多的结构自由度，可能会涉及磁性、位移、占有率和应变的混合自由度。利用群表征理论，这些自由度始终可以根据母相对称性的不可约化式(irreps)按基本函数进行参数化，被称作对称自适应畸变模式或更简单地称为对称模式(SM)。同属于一个 irrep 的、给定类型的 SM(如晶格应变、位移、占有率或磁性)共同构成一个"有序参数"。定义结构转变的关键有序参数在高对称性一侧的幅值为零，而在低对称性一侧呈现非零幅值。这些有序参数倾向于将某个给定母原子的子原子放置到更一般的 Wyckoff 位置上，并且通常将母原子拆分成多个独立的子原子位点。在许多情况下，对称自适应的描述是最自然的参数集，因为自然有序参数常会被选择用来打破一套特定的对称性。

　　就晶体骨架结构而言，其结构变形涉及刚性多面体单元，最自然的描述包括保持多面体不扭曲的倾斜模式[43,44]。考虑到这种额外的化学信息，人们将旋转、平移和扭转作为可调参数，可以通过 RB 的移动来完成。如果框架的空隙被外来原子或分子占据，这些外来原子或分子也可能平移和/或重新取向。基于 RB 描述比基于 SM 更加严格，后者仅在观察到 RB 行为时会有帮助。但是，单个对称自适应有序参数通常会近似于幅值小的 RB 模式，SM 的线性组合可以实现任何可能的畸变，包括 RB 畸变。用户友好的软件包，按照高对称性结构的对称自适应有序参数，可以重新自动对低对称性结构参数化，现有可用程序如 ISODISTORT[①][45,46] 和 AMPLIMODES[47]，仅需非常基础的空间群理论知识。

　　本例中，$CsFeO_2$ 铁弹性相变发生在 303～409 K 温度范围，从低对称正交晶系(空间群 $Pbca$)(图 2.17)的子结构升级为立方晶系(空间群 $Fd\overline{3}m$)的母结构，通过顺序和参数化 Rietveld 精修研究了这一过程。RB 和 SM 畸变模型都用在了原子位置参数的参数化上。

---

① 正式名称是 ISODISPLACE。

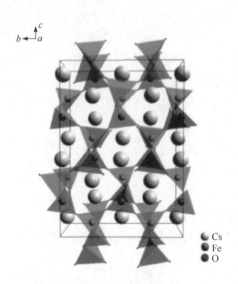

图 2.17 低温 $CsFeO_2$ 的晶体结构($Pbca$)在 a 轴的投影

ISODISTORT 软件用于将低对称畸变结构自动 SM 分解成母相高对称的立方模型，并将结果保存为 TOPAS 中的线性方程组兼容格式[45,46]。

每种模型使用 Miller-Love 记号，有相当长的名字，如 $Fd\bar{3}m$ [1/2,1/2,0] SM2(0,a,0,0,0,0,0,0,0,0,0,0)[Cs:b]T2(a)。名称包括该模型所属的母相空间群对称性(此例为 $Fd\bar{3}m$)、k 点(此处为[1/2, 1/2, 0]，如果模型被激活则倒易空间中的点获得强度)、空间群未约化 irrep 标记(此例为 SM2)和有序参数方向[(0,a,0,0,0,0,0,0,0,0, 0,0)，指示哪个空间群对称操作被模型保留]、受该模型影响的母相原子及其 Wyckoff 位置(此例为 Cs:b)、点群对称性的 irrep(此例为 T2，指示哪一位点的对称操作由模型保留)以及有序参数分支[此例为(a)][45]。

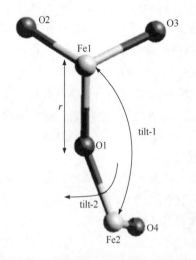

图 2.18 由晶体学独立原子组成的刚体
在 $CsFeO_2$ 中的双四面体结构具有三个内部参数：r、倾角 1(tilt-1)和倾角 2(tilt-2)

在 24 个位移 SM 中，有 10 个被确定为描述相变不能缺少的：2 个用于铯原子运动，2 个用于铁原子运动，6 个用于氧原子的运动。有些模型只影响个别坐标和/或原子；例如，6 个氧原子模型共同描述 FeO_4 四面体的旋转，其基本不会扭曲。

在替代的 RB 模型中，构建的刚性单元

描述了 $CsFeO_2$ 高、低温结构均由两个规则的 FeO_4 共顶点四面体组成,如图 2.18 所示,彼此相对倾斜。考虑到对称等效位置,所得的 RB 由四个氧和两个铁原子组成,它们之间有两个倾斜角,平均 Fe—O 距离作为内部自由度,如图 2.18 所示。两个倾斜角度为(i)Fe1—O1—Fe2(tilt-1)键角和(ii)O4—Fe2—O1—Fe1(tilt-2)两个四面体之间的扭转角。对于 Rietveld 精修,RB 是以 z 矩阵的形式设置(表 2.3)。桥接两四面体的氧原子 O1 被作为 RB 的中心。在整个温度范围变化过程中,RB 相对于晶体的内部坐标系的方向和位置保持恒定,只对三个内部自由度做了精修。由于两个 Cs 原子在骨架中独立于 RB,它们的晶体学相对原子坐标分别进行了精修。

表 2.3　描述 Fe_2O_7 晶体学独立原子的刚体 z 矩阵[20]

原子	距离	夹角/(°)	扭转角/(°)	相关原子
O1	0	—	—	—
Fe1	r	—	—	O1
O2	r	109.47	—	Fe1-O1
O3	r	109.47	120	Fe1-O2-O1
Fe2	r	**tilt-1**	240	O1-Fe1-O2
O4	r	109.47	**tilt-2**	Fe2-O1-O2

注:三个精修参数 r、tilt-1 和 tilt-2 以黑体给出。

对于参数化精修,将 SM 按温度的幂指数方程(2.46)建模,因此每个 SM 都具有与温度无关的幂律指数和系数[37]。属于单个有序参数的所有模型(根据 irrep 标记)共享相同的幂律指数。RB 模型中的每个 z 矩阵参数具有唯一的可精修幂律系数和指数。

图 2.19(a)为 T = 328 K 时基于 SM 参数的单个温度精修结果。图 2.19(b)为针对整个研究的温度范围内、所有采集的数据集进行 SM 参数化 Rietveld 精修的结果。通过参数模型计算出的衍射图,与每个温度下的相应实验谱吻合良好,证明了参数化方法的有效性及具有足够的结构参数集。增加其他参数通常不会显著提高拟合质量。

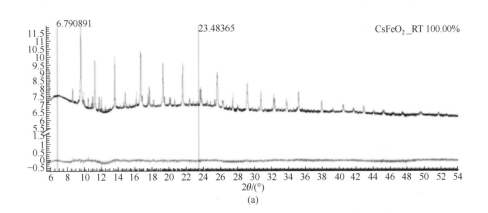

(a)

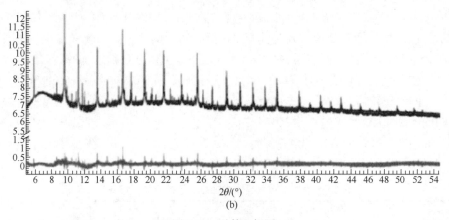

图 2.19   对数坐标图

(a)CsFeO$_2$ 在 $T = 328$ K 下单点对称模型的精修；(b)在 303～409 K 温度范围，CsFeO$_2$ 温度相关的参数化对称模型精修；所有温度(温度间隔 1 K)下实测、计算及其差值曲线堆叠平铺在图中

位移自由度的温度相关性如图 2.20 所示。这些幂律曲线是使用参数化精修系数和指数计算得出的。SM 和 RB 方法描述相同原子运动，所以某几个幂律指数具有可比性不足为奇。关于参数化 Rietveld 精修方法的结果在参考文献[48]中有详细解释。

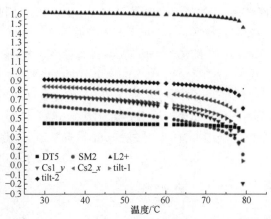

图 2.20   DT5、SM2、L2+的平方根和与归一化的 RB 内部参数随温度变化的对比
CsFeO$_2$ 的温度相关的对称模型幅值由其参数化精修幂律模型计算

(Robert Dinnebier，Melanie Müller)

参 考 文 献

[1] Rietveld H M. Line profiles of neutron powder-diffraction peaks for structure refinement. Acta Crystallogr, 1967, 22(1): 151-152.

[2] Rietveld H M. A profile refinement method for nuclear and magnetic structures. J Appl Crystallogr, 1969, 2(2): 65-71.

[3] Malmros G, Thomas J O. Least-squares structure refinement based on profile analysis of powder film intensity data measured on an automatic microdensitometer. J Appl Crystallogr, 1977, 10(1): 7-11.

[4] von Dreele R B. Combined Rietveld and stereochemical restraint refinement of a protein crystal structure. J Appl Crystallogr, 1999, 32(6): 1084-1089.

[5] Dinnebier R E, Billinge S J L. Powder Diffraction: Theory and Practice. Cambridge: RSC Publishing, 2008.

[6] Stinton G W, Evans J S O. Parametric Rietveld refinement. J Appl Crystallogr, 2007, 40(1): 87-95.

[7] Madsen I C, Scarlett N V Y. Quantitative phase analysis//Dinnebier R E, Billinge S L J. Powder Diffraction: Theory and Practice. Cambridge: RSC Publishing, 2008: 298-331.

[8] Brindley G W. XLV. The effect of grain or particle size on X-ray reflections from mixed powders and alloys, considered in relation to the quantitative determination of crystalline substances by X-ray methods. Philos Mag Ser, 1945, 36(7): 347-369.

[9] Klug H P, Alexander L E. X-ray Diffraction Procedures for Polycrystalline and Amorphous Materials. New York: John Wiley & Sons, Inc., 1954.

[10] Cheary R W, Coelho A A. A fundamental parameters approach to X-ray line-profile fitting. J Appl Crystallogr, 1992, 25 (2): 109-121.

[11] Bruker-AXS. TOPAS Version 4.1, Karlsruhe, Germany. 2007.

[12] Hinrichsen B, Dinnebier R E, Jansen M. Two-dimensional diffraction using area detectors// Dinnebier R E, Billinge S L J. Powder Diffraction: Theory and Practice. Cambridge: RSC Publishing, 2008: 414-438.

[13] Le Bail A, Duroy H, Fourquet J L. *Ab-initio* structure determination of $LiSbWO_6$ by X-ray powder diffraction. Mat Res Bull, 1988, 23(3): 447-452.

[14] Sabine T M, Hunter B A, Sabine W R, Ball C J. Analytical expressions for the transmission factor and peak shift in absorbing cylindrical specimens. J Appl Crystallogr, 1998, 31(1): 47-51.

[15] Debye P. Zerstreuung von röntgenstrahlen. Ann Phys, 1915, 46: 809-823.

[16] von Dreele R B. Rietveld refinement//Dinnebier R E, Billinge S L J. Powder Diffraction: Theory and Practice. Cambridge: RSC Publishing, 2008: 266-281.

[17] Levenberg K. A method for the solution of certain non-linear problems in least squares. Q Appl Math, 1944, 2(2): 164-168.

[18] Marquardt D W. An algorithm for least-squares estimation of nonlinear parameters. J Appl Math, 1963, 11(2): 431-441.

[19] Press W H, Flannery B P, Teukolsky S A, Vetterling W T. Numerical Recipes. Cambridge: Cambridge University Press, 1986.

[20] Leach A. Molecular Modeling, Principles and Applications. Harlow: Pearson Education Limited, 1996.

[21] Dinnebier R E. Kristallstrukturbestimmung Molekularer Substanzen aus Rantgenbeugungsauf-nahmen an Pulvern. Berichte aus den Arbeitskreisen der Deutschen Gesellschaft für Kristallo- graphie 7, Frankfurt, 2000.

[22] Favre-Nicolin V, Cerny R. FOX: modular approach to crystal structure determination from powder diffraction. Mater Sci Forum, 2004, 443-444: 35-38.

[23] Scheringer C. Least-squares refinement with the minimum number of parameters for structures containing rigid-body groups of atoms. Acta Crystallogr, 1963, 16(6): 546-550.

[24] Dinnebier R E. Rigid bodies in powder diffraction. A practical guide. Powder Diffr, 1999, 14(2): 84-92.

[25] Goldstein H. The kinematics of rigid body motion//Goldstein H, Poole C P, Safko J. Classical Mechanics. 2nd ed. Reading: Addison-Wesley, 1980: 143-148.

[26] Avrami M. Kinetics of phase change. I general theory. J Chem Phys, 1939, 7 (12): 1103- 1112.

[27] Avrami M. Kinetics of phase change. II transformation-time relations for random distribution of nuclei. J Chem Phys, 1940, 8(2): 212-224.

[28] Johnson W A. Reaction kinetics in processes of nucleation and growth. Am Inst Min Metal Petro Eng, 1939, 135: 416-458.

[29] Kolmogorov A. On the static theory of metal crystallization. Izv Akad Nauk SSSR Ser Mater, 1937, 1: 355-359.

[30] Lopes-da-Silva J A, Coutinho J A P. Analysis of the isothermal structure development in waxy crude oils under quiescent conditions. Energy Fuels, 2007, 21(6): 3612-3617.

[31] Muller M, Dinnebier R E, Jansen M, Wiedemann S, Plug C. Kinetic analysis of the phase transformation from α-to β-copper phthalocyanine: a case study for sequential and parametric Rietveld refinements. Powder Diffr, 2009, 24(3): 191-199.

[32] Angel R J. Mineralogy and geochemistry//Hazen R M, Downs R T. High-Pressure and High-Temperature Crystal Chemistry. Washington: MSA, 2000: 35-60.

[33] Pawley G S. Unit-cell refinement from powder diffraction scans. J Appl Crystallogr, 1981, 14(6): 357-361.

[34] Dinnebier R E, Carlson S, Hanfland M, Jansen M. Bulk moduli and high-pressure crystal structures of minium, Pb_3O_4, determined by X-ray powder diffraction. Am Mineral, 2003, 88(7): 996-1002.

[35] Hinrichsen B, Dinnebier R E, Liu H, Jansen M. The high pressure crystal structures of tin sulphate: a case study for maximal information recovery from 2D powder diffraction data. Z Kristallogr, 2008, 223(3): 195-203.

[36] Gatta G, Lee Y. Anisotropic elastic behaviour and structural evolution of zeolite phillipsite at high pressure: a synchrotron powder diffraction study. Microporous Mesoporous Mater, 2007, 105(3): 239-250.

[37] Salje E K H. Phase Transitions in Ferroelastic and Co-elastic Crystals. Cambridge: Cambridge University Press, 1990.

[38] Salje E K H. Crystallography and structural phase transitions, an introduction. Acta Crystallogr Sect A, 1991, 47(5): 453-469.

[39] Scott J F, Hayward S A, Miyake M. High temperature phase transitions in barium sodium niobate: the wall roughening $1q$—$2q$ incommensurate transition and mean field tricritical behaviour in a disordered exclusion model. J Phys: Condens Matter, 2005, 17(37): 5911-5926.

[40] Gallardo M C, Romero F J, Harward S A, Salje E K H, del Cerro J. Phase transitions in perovskites near the tricritical point: an experimental study of $KMn_{1-x}Ca_xF_3$ and $SrTiO_3$. Miner Mag, 2000, 64(6): 971-982.

[41] Giddy A P, Dove M T, Heine V. What do Landau free energies really look like for structural phase transitions?. J Phys: Condens Matter, 1989, 1(44): 8327-8335.

[42] Radescu S, Etxebarria I, Perez-Mato J M. The Landau free energy of the three-dimensional $\Phi 4$ model in wide temperature intervals. J Phys: Condens Matter, 1995, 7(3): 585-595.

[43] Angel R J, Ross N L, Zhao J. General rules for predicting phase transitions in perovskites due to octahedral tilting. Eur J Mineral, 2005, 17(2): 193-199.

[44] Hazen R M, Finger L W. Comparative Crystal Chemistry. Chichester: John Wiley & Sons, Inc. , 1982.

[45] Campbell B J, Stokes H T, Tanner D E, Hatch D M. ISODISPLACE: a web-based tool for exploring structural distortions. J Appl Crystallogr, 2006, 39(4): 607-614.

[46] Campbell B J, Evans J S O, Perselli F, Stokes H T. Rietveld refinement of structural distortion-mode amplitudes. IUCr Comput Comm Newsl, 2007, 8: 81-95.

[47] Orobengoa D, Capillas C, Aroyo M I, Perez-Mato J M. AMPLIMODES: symmetry-mode analysis on the Bilbao Crystallographic Server. J Appl Crystallogr, 2009, 42(5): 820-833.

[48] Muller M, Dinnebier R E, Ali N Z, Campbell B J, Jansen M. Direct access to the order parameter: parameterized symmetry modes and rigid body movements as a function of temperature. Mater Sci Forum, 2010, 651: 79-95.

第**3**章　全散射分析纳米颗粒结构

3.1　引　　言

近年来，全散射已成为一种重要的材料局部结构的研究工具。这是对于常规衍射法的布拉格峰获得的长程平均结构而言。很多情况下，使用全散射揭示的缺陷是解决人们感兴趣的材料性能问题的关键[1,2]。当研究纳米颗粒时，表面原子相对于心部原子更多地表现出来，局部结构尤显重要。但是，正如使用 $BaTiO_3$ 纳米颗粒所展示的，在颗粒小的情况下，即使确定平均结构也具有挑战性。室温下块体 $BaTiO_3$ 的结构是明确的四方 $P4mm$ 钙钛矿结构。衍射图图 3.1 显示了

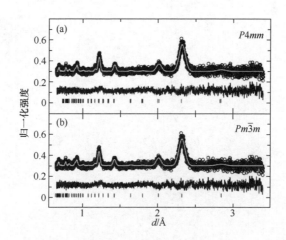

图 3.1　$BaTiO_3$ 纳米颗粒(5 nm)中子衍射数据的 Rietveld 精修

精修模型为(a)$P4mm$ 钙钛矿和(b)$Pm\overline{3}m$ 钙钛矿

5 nm $BaTiO_3$ 纳米颗粒使用不同空间群拟合的结果：图 3.1(a)按四方 $P4mm$ 模型；图 3.1(b)按高温立方 $Pm\overline{3}m$ 模型。衍射峰宽化使拟合结果变差且不能确定内部坐标。由于这些原因，亚微米颗粒衍射的应用主要是利用晶粒相关长度减小引起的谢乐宽化[3]估算晶粒尺寸。之后，在本章作为示例之一，将重新考察 5 nm $BaTiO_3$。

　　如何使用散射技术研究纳米颗粒的原子结构呢？在一项令人印象非常深刻的研究中[4]，Jadzinsky 等做出了一个完全单分散的金纳米颗粒超晶格，并使用"标准"晶体学工具以获得颗粒及其有机封端配体的结构。在一般情况下，这当然是不可能的。幸好样品通常可以制成粉末状，并进行全散射技术研究。从全散射数据获得的对分布函数(PDF)能够提供有关在衍射实验中被辐照的样品的所有成对原子的信息。具体来说，PDF 给出距离某原子 r 处可以找到另一个原子的概率。实验函数是全散射图谱傅里叶变换的正弦(包含布拉格散射和漫散射)，因此提供了一定长度范围内的结构信息[1]。PDF 不需要任何周期性结构的假设：实际上，该函数最初用于研究液体和气体，没有长程有序[5]。这些属性使全分散广泛应用在确定介于非晶和类晶体材料之间的具有中等长度尺度的纳米结构特征。大致来说，尺寸大小(晶体相关长度)可以通过 PDF 峰的衰减来获得，同时从峰的位置可以获悉原子-原子对(进而获知材料结构)。例如，图 3.2 显示了金块体和 4 nm 金纳米颗粒的实验中子散射 PDF 数据。图 3.2(a)中，在 NPDF 仪器有限的分辨率下，金块体的 PDF 随着 r 增大而衰减：在最大距离 10 nm(或 100 Å)处，配对原子相关性仍很明显。对于图 3.2(b)中的纳米颗粒 PDF，结构峰消失的距离短得多。在离散粒子中，原子与原子之间的相关性仅和粒径一样大，因此高分辨率仪器提供的 PDF 可以显示粒子中所有原子-原子距离，从而提供几纳米大小的完整结构指纹。

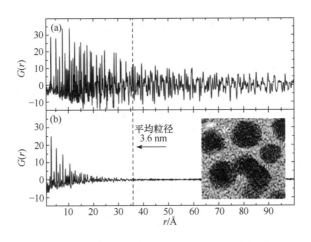

图 3.2　金块体(a)和 3.6 nm 金纳米颗粒(b)的实验 PDF[6]

数据在 NPDF 上收集，虚线标记了纳米颗粒的平均粒径，插图显示了纳米颗粒的透射电子显微照片

有兴趣的读者可以参阅 Page 等[6]给出的有关金颗粒结构的特殊示例的更多信息。

本章的重点是使用 PDF 确定纳米颗粒原子结构。接下来的部分，从实验方面简要讨论全散射法。目前可以用中子散射和 X 射线衍射进行日常 PDF 实验分析。中子散射的优点有两个方面：首先，中子的散射长度不像 X 射线那样与原子序数成正比，这对研究兼有"重"阳离子和"轻"阴离子的纳米材料(如许多功能性氧化物、氮化物、氟化物等包含无机和有机成分，如封端或稳定配体粒子)提供更多信息。其次，中子散射结构因子是常数，允许收集高 Q 值的衍射数据，这一点对于全散射法尤其重要，高的实空间矢量适用于纳米级的结构研究。NPDF 仪器的中子全散射的一些例子包括氟硫醇封端的金纳米颗粒[6]、碳纳米管[7]、相变合金的粉化薄膜[8]以及苄醇封端 BaTiO$_3$ 纳米颗粒[9]。

在同步辐射装置上完成的 X 射线 PDF 研究的优势很大，所需样品量更少，并缩短了数据收集时间。X 射线 PDF 在纳米颗粒结构解析中的应用广泛涉及各个领域：碳分子及纳米管[10,11]、半导体量子点[12-14]、金属催化剂[15]、用于电池的氧化物纳米材料[16]、催化材料[17]或铁电材料[18-20]等应用。这些方法已经拓展到高压条件下(在金刚石对顶砧内)的纳米颗粒研究[21]，并在近年开展了粒子生长的时间分辨原位研究[22]。

也许值得注意的是，许多功能材料在纳米尺度上是不均匀的，无论是成分还是电学性能[23]。这种纳米相或介观结构可以在如高温超导体、抗磁锰铁矿和一些铁电材料中找到，不多举例。越来越多的 PDF 工作研究可以深入观察从块状晶体材料的平均结构中分离出的局部原子结构，如 LaMnO$_3$[24]、掺 Nb 的 BaTiO$_3$[25]、ZnSeTe 半导体合金[26]或 YCrO$_3$[27]。本章重点介绍分散纳米颗粒的结构确定，尽管该测量方法通常采用中子或 X 射线，应用于复合材料和纳米结构上。

3.2   全散射实验

粗略来看，PDF 实验与常规粉末衍射实验非常相似。主要区别在于数据需要达到较高的动量传输 Q，以实现 PDF 中所需的实空间分辨率。将测量衍射数据还原，获得归一化全散射结构函数 $S(Q)$。我们将跳过有关结构函数推导的细节，该内容可参考 Egami 和 Billinge 的书[1]。对分布函数 $G(r)$ 是根据结构函数 $S(Q)$ 通过傅里叶变换得到：

$$G(r) = 4\pi r \left[\rho(r) - \rho_0 \right]$$
$$= \frac{2}{\pi} \int_0^\infty Q \left[S(Q) - 1 \right] \sin(Qr) \mathrm{d}Q \qquad (3.1)$$

其中，$\rho(r)$是微观原子对密度；ρ_0 是平均原子数密度；Q 是散射矢量的振幅。假设纯弹性散射，$Q = 4\pi\sin\theta/\lambda$，$\theta$是散射角，$\lambda$是辐射波长。在散裂中子源中，衍射仪通常使用所谓的飞行时间(TOF)技术。此时，使用白色脉冲中子束，每个散射中子的波长由其从中子发射源到探测器所需要花费的时间确定。在以下各节中，经常提到实验 PDF，请记住：PDF、$G(r)$ 实际上是从实验散射数据中提取的量。

接下来，讨论针对特定的实验选择合适仪器的某些一般原则。通过傅里叶变换获取 PDF，当然，麻烦在于无法测量到无限大的动量传输 Q。我们还必须考虑测量的有限分辨率。图 3.3(a)～(c)是两种不同的中子粉末衍射仪测得的镍粉 PDF 数据。图 3.3(a)上部是洛斯阿拉莫斯国家实验室卢汉中子散射中心的高分辨率 NPDF 仪器测试结果；图 3.3(a)下部是阿贡国家实验室的强脉冲中子源 GLAD 仪器以较低分辨率测得的数据，该设施已不再运行。GLAD 专为测量不需要高分辨率的气体和液体而设计。

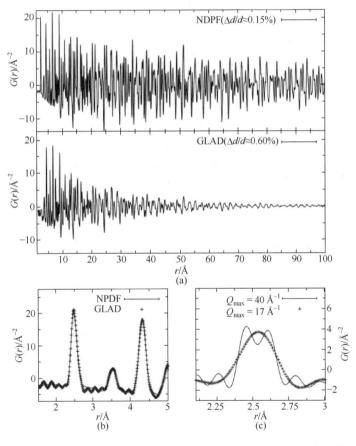

图 3.3　(a)仪器分辨率对 PDF 结果的影响，样品为镍粉；上面的 PDF 来自卢汉中子散射中心的高分辨率 NPDF 仪器，下面的来自较低分辨率的强脉冲中子源 GLAD 仪器；两 PDF 都在 $Q_{max} = 35$ Å^{-1} 处终止；(b)两种数据在近邻区域的比较；(c)对于不同的 Q_{max} 值，ZnSe$_{0.5}$Te$_{0.5}$ 近邻峰的 PDF

请注意，PDF 图中的原子-原子距离最大到 $r_{max} = 100$ Å。Q 的分辨率引起 PDF 指数衰减[28]，$Q_{damp}(r)$ 如下所示：

$$Q_{damp}(r) = \exp\left[-\frac{(r\Delta Q)^2}{2}\right] \tag{3.2}$$

其中，ΔQ 是仪器的分辨率。请注意，这种衰减是仪器分辨率导致的，与图 3.2 中所示的金纳米颗粒的衰减不同，后者是样品有限的相关性导致的。因此，从高分辨率仪器 NPDF 获得的 PDF 允许人们提取超过 200 Å 的原子-原子距离的相关性[29]。在较低分辨率的仪器测量中，无法提取距离大于 50 Å 的结构信息。要注意的是，PDF 的近邻区域不受仪器分辨率的影响，如图 3.3(b)所示，比较了 NPDF 和 GLAD 在低 r 值处的 PDF。

现在，考虑无穷大 Q 截断是如何降低 PDF 实际空间分辨率，并导致所谓的振荡终止的。此效应说明如图 3.3(c)所示。在这里，我们看到了半导体合金 $ZnSe_{0.5}Te_{0.5}$ 的最近邻峰。这些合金的有趣特征是 Zn—Se 和 Zn—Te 最近邻原子的键长差别。使用分辨率高达 $Q_{max} = 40$ Å^{-1} 的 PDF 数据，清楚地显示了两个不同的键长。但是，如果相同的数据截断于 $Q_{max} = 17$ Å^{-1}，如图 3.3(c)中的"+"所示，则只有一个宽峰。值得注意的是，我们使用简单截止函数中断了 $S(Q)$ 数据。另一种常见的做法，尤其是对非晶态材料，使用改进函数将衰减 $S(Q)$ 截断，使之最小化振荡终止。我们发现振荡终止与统计噪声相比，影响较小，尤其是当在较高的 Q_{max} 值处终止。所用模型软件还考虑了有限 Q_{max} 的影响。无论哪种情况，Q_{max} 的值都将决定 PDF 的实际空间分辨率。通过考虑特定问题所需的 $G(r)$ 实际空间分辨率，预估 Q_{max} 的需求值。由于 PDF 峰的最小宽度由热振动决定，$Q_{max} > 50$ Å^{-1} 的值通常不会增加任何结构信息。对仪器分辨率的要求可以考虑由所需 PDF 的最大值 r_{max} 确定。通常，$S(Q)$ 可以简单地从测量的最小 Q 值到 $Q = 0$ 间进行内插。然而对于纳米颗粒，低 Q 部分包含小角度散射信号，其中包含有关粒径和颗粒形状的信息。有关讨论，请参阅 Farrow 等发表的论文[30]。

尽管获得 PDF 的测量在许多方面与常规粉末衍射测量相似，但需要注意从背景中正确分离出并非源自样品的微弱测量散射信号。这通常是通过收集没有样品及其盛纳容器的背景数据或者只收集空容器数据来实现。数据还原软件将对容器测量值进行反吸收校正，并将其与背景从总测量中扣除。根据笔者的经验，处理背景对于获得高质量 PDF 至关重要。

3.2.1 X 射线的使用

仪器和软件的最新进展使 X 射线 PDF 测量变得更加容易。当需要高 Q_{max} 时，需要用同步辐射的高能光子。面探测器结合使用非常高的 X 射线能量，可以进行快速 PDF 测量(RA-PDF[31]),从而可以将衍射图谱压缩到探测器覆盖的小角度范围内。实际上,先进光子源已经使用了一种新型的非晶硅探测器[32],以每秒 30 张的速度收集 PDF 数据。但是,这种设施的分辨率有限,只能获得 r_{max} = 30 Å 左右的 PDF 数据。图 3.4 显示了先进光子源 11ID-B 光束线上用面探测器收集到的 CeF_3 纳米颗粒图像。图中的插图是衰减 $S(Q)$ 和处理后的 $G(r)$ 数据集。尽管许多体系需要高 Q_{max} 值,但也可以使用 Mo 或 Ag 辐射的实验室 X 射线衍射仪获得中等分辨率的PDF[33]。同步辐射和实验室 X 射线数据可以使用程序 PDFgetX2 还原[34]。

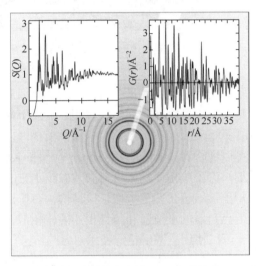

图 3.4　面探测器在先进光子源的光束线 11ID-B 收集的 CeF_3 纳米颗粒数据
插图是 $S(Q)$ 和 $G(r)$ 谱线

3.2.2　中子的使用

通常,使用中子散射可以更好地研究含有轻元素(如氢)或不同元素之间 X 射线散射衬度有限的材料。与之前的考虑相同,所需的实空间分辨率将决定所采用的 Q_{max} 值,而所研究问题的实空间尺度大小将受限于仪器分辨率。洛斯阿拉莫斯国家实验室卢汉中子散射中心的 NPDF 仪器[35](图 3.5 是用于中子 PDF 研究的专门衍射仪,分辨率高达 r_{max} = 200 Å)可以使用如 PDFgetN 程序[36]直接进行数据还原。数据收集完成后,将自动还原数据为 $S(Q)$ 和 $G(r)$,并可从仪器的网站下载。PDFgetN 是 GLASS[37]软件包的用户图形界面,旨在简化数据处理并为非专业人士提供 PDF 分析功能。尤其是对于非专业人士而言,很难判断生成的 PDF 的质量;或处理收集的大量 PDF 时保持处理条件的合理性,如温度条件的控制。PDFgetN 程序还提供了一套质量标准来帮助解决这些问题[38]。

图 3.5　高分辨率中子粉末衍射仪 NPDF
位于洛斯阿拉莫斯国家实验室卢汉中子散射中心的线束 1

由于纳米颗粒中子衍射数据包含大量的非相干散射，因而经常需要进行额外的数据处理。这通常是由氢原子沿颗粒配体的非相干散射引起的。要处理数据，必须校正收集的 $S(Q)$ 中的非相干散射。当研究含氢的液体时，这是一个常见的问题，并且有许多方法可以进行背景扣除(参见 Soper 等[39]和 Kameda 等[40])。Estell 等最近的一篇论文详细讨论了应用于纳米材料的类似校正方法[41]。

中子对原子的磁矩也很敏感，并且类似于核结构，布拉格磁散射包含有关晶体材料的磁平均结构信息。磁的漫散射和与其相伴的核相似，包含偏离磁平均结构的有关信息。的确，可以使用全散射精修技术对磁与核进行全散射建模[42]。尽管超出了本章的范围，但想象该技术对磁性纳米颗粒如何应用还是有趣的。

3.3　结构模型与精修

从中子或 X 射线衍射数据获得 PDF 实验数据之后，必须确定如何对其进行分析。如前几节所述，仅查看 PDF 本身就可以提取很多信息。因此，最简单的分析是通过拟合 PDF 的近邻峰来获得键长信息和配位数，或者研究随着某变量如温度的改变特定 PDF 峰的变化。简单分析一下峰宽与 r 的关系，就可以揭示有关相关移动的信息[43]。想象两个原子牢固键合，它们倾向于同步移动，导致相应的 PDF 峰锐化。但是，在大多数情况下，将需要对结构模型进行比较或精修。

PDF 是原子与原子之间的距离分布加权各原子自身的散射能力。从结构模型计算 PDF 可以使用以下关系：

$$G_{\mathrm{cal}}(r) = \frac{1}{r} \sum_{ij} \left[\frac{b_i b_j}{\langle b \rangle^2} \delta(r - r_{ij}) \right] - 4\pi r \rho_0 \tag{3.3}$$

原子 i 和 j 组成相距 r_{ij} 的原子对，在模型晶体中将所有的原子对求和。原子 i 的散射能力由 b_i 给出，$\langle b \rangle$ 是样品的平均散射能力。考虑到 Q 范围有限，故将计算的 $G(r)$ 函数与截止函数 $[S(r) = \sin(Q_{max}r)/r]$ 进行卷积。

运气好的话，理论预测会生成一组原子坐标，可以使用 DISCUS 之类的程序[44,45]来计算相应的 $G(r)$ 并将其与实验数据比较。但是，通常人们想对模型精修。在本章中，讨论了两种不同的方法：一种是使用粒子形状因子修正的无限大晶体，另一种是构建和精修离散纳米颗粒模型。

3.3.1　粒子形状因子建模

对纳米颗粒的 PDF 数据建模，一种方法是将它们视为体相材料，并使用包络函数限制体相的大小。使用相对较少的原子组成模型，如使用程序 PDFgui[46]对基于结构模型的 PDF 进行全谱峰形精修。这些程序允许使用最小二乘法来精修结构参数，如晶格常数、各向异性原子位移参数、原子位置和位置占有率。尽管这与 Rietveld 精修的结果相似，但通过 PDF 分析获得的结构模型是专门针对长度在 r 范围的精修。这样，体系中以长度 r 为函数的结构模型(和相应的局部相关性)可以被精修[47]。

如前所述，颗粒的有限尺寸效应是通过包络函数建模的。对于半径为 R 的球体，Howell 等给出的形状因子为[48]

$$S(r,R) = \left[1 - \frac{3}{4}\left(\frac{r}{R}\right) + \frac{1}{16}\left(\frac{r}{R}\right)^3 \right]\Theta(2R-r) \tag{3.4}$$

其中，$x < 0$，$\Theta(x) = 0$；$x \geqslant 0$，$\Theta(x) = 1$。这种情况的球形粒径可以在 PDFgui[46]中进行精修。纳米颗粒的 PDF 可以简单地计算为 $G(r) = S(r, R) \cdot G_\infty(r)$，其中 $G_\infty(r)$ 是无限大体相结构的 PDF。即使对于其他简单形状(如杆状)，形状函数也相当复杂。有关其他一些几何形状，请参阅 Kodama 及其同事的论文[49]。作为一种可能的替代方法，可以试想从小角散射确定真正的粒子形状函数，并将其用作 PDF 建模中的包络函数。

这种方法的真正优点是相对简单，特别是如果已经对相应的体相材料进行了精修。诸如 PDFgui 程序[46]之类的软件使该方法适用于非专业人士。正如在 3.4 节中的 BaTiO$_3$ 示例中所见，这种方法产生可靠的结构参数，甚至当峰宽化使 Rietveld 精修模糊不清时，允许将配体粒子作为第二相建模。

另外，很明显，这种方法对于呈现更复杂畸变(如堆垛层错)的体系具有局限性。在下一节中，将讨论基于构建离散粒子的方法，而不是对无限大晶体应用包络线的方法。

3.3.2　有限纳米颗粒建模

讨论的第二种方法是基于一些模型或相互作用参数来构建实际粒子的模型结构。所选择的参数取决于模型并反映体系的物理和化学性质。每个精修步骤都构建基于物理参数的原子模型。对纳米颗粒应用过程的详细讨论可在近期一本书[45]中找到。

让我们看一例核-壳颗粒。这些粒子在内核和外层的结构和/或组成不同。例如，CdSe/ZnS 纳米颗粒可能有两种不同组分，中心 CdSe 核被 ZnS 壳包围。同样，具有弛豫表面层的纳米颗粒也可以描述为核-壳颗粒。由于这些颗粒本质上不是周期性的，因此不能直接对它们的结构建模，也很难直接根据大晶体的模拟来计算相应的粉末谱图/PDF。一种可能性是将单个纳米颗粒安置在超晶胞中。但是，在这种情况下，必须考虑到粒子间距离的影响。与单个纳米颗粒放置在超晶胞中相反，在实际样品中，从一个粒子到下个粒子的短程有序无所不在。处理这种效应的一种选择是：将每个纳米颗粒旋转并移动一个随机量，但这仅适用于几乎球形的粒子。另一种方法是可以模拟单个纳米颗粒的清晰结构，并从该模拟中计算出相应的粉末衍射谱图或 PDF。

由于纳米颗粒总是很小，因此从一堆纳米颗粒中提取出的单独一个纳米颗粒不能代表整体样品的尺寸分布、形状或缺陷位置。图 3.6 显示了两个 ZnO 纳米颗粒及其相应的粉末衍射谱图和 PDF 图。两个粒子都采用设置相同的七个参数模拟。这些参数包括晶格常数、不对称晶胞中 Zn 原子的位置、总原子位移参数、椭圆形的两个半径、层错概率。层错被处理为以一定概率发生的随机定位的生长层错。缺陷的特定位置由随机数生成器生成，而所有其他参数严格相同。上部颗粒是几乎完美的六方颗粒，上下两端有层错缺陷。下部颗粒由心立方组成，下端有更多的无序。层错的数量和位置很明显不同，从而粉末衍射谱图和 PDF 也不同。结果，必须根据许多单个纳米颗粒的总体平均值来计算此类纳米颗粒的粉末衍射谱图或 PDF。纳米颗粒的粉末衍射谱图/PDF 必须是平均的，其确切数量取决于缺陷模型以及体系的尺寸和形状分布。

可以使用最小二乘算法[50]或演化算法[51]精修模型参数。我们才刚刚开始探索扩展模型，可以捕获来自复杂材料的、r 范围大的详细 PDF 信息。DISCUS 程序包[44]包含 DIFFEV 程序，该程序使用差分演化算法进行精修。使用演化算法的精修涉及两个主要步骤。首先，所有可精修参数必须定义合适的初值以及适用的可能边界条件。其次是精修主循环，包括三个步骤。第一步，尝试设置实验参数模拟几个单独纳米颗粒。第二步，将各个粉末谱图/PDF 进行平均，并计算出实验数据的 R 值。R 值定义为

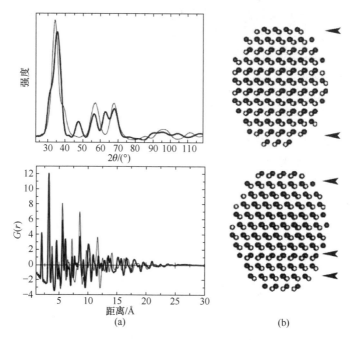

图 3.6　(a)两种颗粒的计算粉末谱图和 $G(r)$; (b)两个模拟的 ZnO 纳米颗粒仅在堆垛层错的数量和位置上有所不同，用箭头表示

$$R = \sum_{i=1}^{N} \left[G_o(r_i) - G_c(r_i) \right]^2 \tag{3.5}$$

其中，对所有数据点 i 求和，G_o 是观测的 PDF；G_c 是计算的 PDF。其他量(如强度)的 R 值也类似地定义。第三步，为下一个精修循环确定一组新的参数。第三步取决于所选择的演化算法[51-53]，在这里，我们着重于纳米颗粒本身的模拟。

单个纳米颗粒的模拟可以用许多不同的算法进行。最简单的算法是模拟足够大的晶体，然后去除所需纳米颗粒形状以外的所有原子。第二种模拟算法可以是堆叠各个层以形成最初的大晶体，然后将其切成所需的形状。可以通过将相应的对称操作应用于单晶的一部分来组装如贵金属纳米颗粒的多晶孪晶。然后可以通过表面弛豫，如距离或键角的弛豫来结束这些步骤。另外，缺陷可以容易地放置到模拟晶体中，可以对模拟晶体应用具有或没有短程有序的不同原子类型。

一旦模拟了纳米颗粒，就可以通过应用德拜方程[44,54-56]轻松计算出粉末谱图。该方程给出了有限物体的随机取向强度，即

$$F(Q)^2 = \sum_i f_i^2 + \sum_i \sum_{j,\,j \neq i} f_i f_j \frac{\sin(Qr_{ij})}{Qr_{ij}} \tag{3.6}$$

其中，对有限物体的所有原子 i 和 j 求和，$Q = 4\pi\sin\theta/\lambda$ 是散射矢量的模；f_i 和 f_j

是原子散射因子,或者在中子衍射情况下的散射长度;r_{ij}是原子i和j之间的距离。

图 3.6 显示了从单个纳米颗粒计算出的粉末谱图的两个示例。如前所述,由于单个纳米颗粒的尺寸较小,并且缺陷随机排布,因此单颗粒模拟不会得到有代表性的缺陷和/或尺寸模型的粉末谱图,相反,必须模拟多个纳米单颗粒,并将所得各个粉末谱图取平均。该集合平均是唯一需要采取的特殊步骤,因为粉末谱图事实上是根据单个纳米颗粒模型计算的。粉末谱图的后续处理均遵循 Rietveld 精修应用中的标准程序,如偏振校正和卷积仪器分辨函数。另一方面,计算 PDF 需要进行校正,这是纳米单颗粒模拟的直接后果。

图3.7中曲线A是针对纳米单颗粒计算的PDF。该颗粒被模拟为理想的单晶,除了其球形直径为 2.5 nm。在该模拟中,原子仅限于该纳米颗粒内,并不包括其相邻纳米颗粒或该颗粒周围壳层中的其他原子。未对 PDF 基线应用任何校正,基线为$-4\pi r\rho_0$。

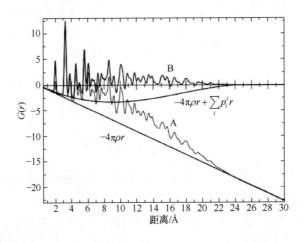

图 3.7　完美球形 ZnO 纳米晶体的计算 PDF

曲线 A,未用$4\pi r\rho_0$校正;曲线 B,对于$r<D$,已通过多项式函数对$4\pi r\rho_0$进行了增强;对于$r>D$,其为零,其中 D 为粒子的直径

计算得出的 PDF 显示了纳米颗粒内的原子间距,最大值为颗粒的直径。但是,这些最大值不会像观察到的实验 PDF 那样在 $G(r)=0$ 线附近振荡。计算 PDF 与实验 PDF 之间的这种差异是几种类型的原子间距的影响所致,模拟并未包含这几类间距,而实际样品中却存在。这些原子间距类型可以是纳米颗粒核与有机配体之间、两个不同的纳米颗粒之间、两个不同的配体之间等。但是,配体中的原子间距将在低 r 下给出尖锐的峰。由于模拟模型仅包含 ZnO 核,因此所有这类间距都不存在。另一方面,可以预测所有这些间距都将具有非常宽的距离分布。如果纳米颗粒及其配体壳层几乎为球形,则它们的相对方向将是随机的。另外,它们的

相对距离也可以假定为服从某种分布。因此，所有这些间距将构成 $G(r)$ 的连续背景部分。为与实验数据良好匹配，这些间距的贡献可以建模为多项式 $P(r)$：

$$P(r) = -4\pi r \rho_0 + \sum_{i=1}^{N} p_i^i r \qquad (3.7)$$

这样的多项式可以作为形状函数的近似值，如球体[公式(3.4)]。但是，对于通用参数 p_i，任意粒子形状或尺寸分布效应可纳入多项式。

3.4　案　　例

在本节中，我们从自己的工作中选两个示例，用来说明前面讨论的结构建模技术。在第一个例子中，展示了对 5 nm $BaTiO_3$ 粒子的中子全散射数据的处理，并研究了局部原子排列和配体结构，这部分内容首先发表于文献[9]。第二个例子更复杂，描述了 CdSe-ZnS 核-壳颗粒的构造和精修[45]。读者可参考引用的文献，以获取全散射方法解纳米颗粒结构的更多示例。

3.4.1　$BaTiO_3$

理解材料粒径减小引起的性能变化，其中必然涉及纳米颗粒结构的许多问题。例如，在确定小尺寸颗粒的铁电性质方面已经做出了大量努力。密度泛函计算预测 $PbTiO_3$ 小到几个晶胞时，其铁电性依然很强[57,58]。最近在薄 $PbTiO_3$[59] 和 $(BaTiO_3)_n(SrTiO_3)_m$ 结构[60] 上的实验支持了这一点。针对 5 nm 封端的独立纳米颗粒 $BaTiO_3$，这项典型的钙钛矿铁电体的研究探讨了在纳米小颗粒中是否抑制或阻止了结构偏心，这是极性材料中可转换偶极子的基础。

根据 Niederberger 等的报道[61]，通过非水解途径，将金属钡和异丙醇钛溶在无水苄醇中制备了标称球形的 $BaTiO_3$ 纳米颗粒用于研究。将 0.7 g 样品置于钒罐中，进行了 9 h 的中子散射数据收集。实验 PDF $G(r)$ 的提取需要对实验 $S(Q)$ 进行背景校正，以排除配体颗粒中 H 原子的非相干散射影响。凭经验对数据进行了校正，这样 $BaTiO_3$ 纳米颗粒的 $S(Q)$ 基线与块体的 $S(Q)$ 基线相当[41]。

所有精修都使用程序 PDFgui 进行，该程序实现了 3.3 节中讨论的球形因子方法[46]。通过将粒径精修到 4.7(1)nm，可以很好地拟合长程 PDF 数据，此值适用于所有后续精修。PDF 的低 r 区域的建模结果如图 3.8 所示。纳米颗粒数据的建模需要包含第二相，对该第二相的相对含量精修，以描述颗粒表面配体的结构。在一个大箱体中用刚性苄醇分子模拟了这种作用，以避免分子-分子间作用。P4mm 钙钛矿氧化物结构和分子结构的贡献显示在下部的数据和拟合图中。与图 3.1 中 Rietveld

精修分析所示的情况不同，可以使用 PDF 方法可靠地精修内部坐标。PDF 分析的一致性因子表明，与立方 $Pm\overline{3}m$ 结构相比，$P4mm$ 结构更好地描述了数据(表 3.1)。

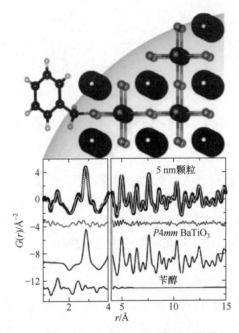

图 3.8   5 nm BaTiO$_3$ 的中子对分布函数分析

实验数据用点表示，而线表示差值和拟合；需要构建 $P4mm$ BaTiO$_3$ 和苄醇对 $G(r)$ 函数贡献的模型，用以拟合实验数据；由于 Ti 的散射长度为负值，因此在 2 Å 附近最近邻的 Ti—O 间距为负；图片上方示意图显示了靠近表面的纳米颗粒的一部分，带有单个封端苄氧基

表 3.1   块体、5 nm BaTiO$_3$ 的 Rietveld 精修结果和飞行时间中子衍射数据的 15 Å PDF 分析结果

指标	块体($P4mm$)		5 nm($P4mm$)		5 nm ($Pm\overline{3}m$)	
	Rietveld	PDF	Rietveld	PDF	Rietveld	PDF
a/Å	3.99836(2)	3.9991(1)	4.0115(9)	4.005(3)	4.0261(3)	4.025(1)
c/Å	4.03288(4)	4.0456(3)	4.057(2)	4.072(7)	—	—
c/a	1.0086	1.011	1.0113	1.0167	—	—
体积/Å^3	64.473	64.700	65.30	65.315	65.261	65.256
U_{iso}(Ba)/Å^2	0.005(1)	0.004(1)	0.010(1)	0.003(2)	0.006(1)	0.006(2)
U_{iso}(Ti)/Å^2	0.0073(2)	0.0056(1)	0.009(1)	0.007(3)	0.011(1)	0.010(2)
U_{iso}(O)/Å^2	0.008(1)	0.007(1)	0.010(1)	0.012(1)	0.011(1)	0.012(1)
R_w/%	3.49	5.72	1.55	15.7	1.55	16.1

注：使用四方 $P4mm$ 模型进行块体数据拟合，使用四方 $P4mm$ 和立方 $Pm\overline{3}m$ 模型进行纳米颗粒数据拟合。列出了精修参数及末位括号中的不确定性。对于纳米颗粒进行 Rietveld 分析，将原子的位置固定为块体的精修值。应该注意的是，不应直接比较 Rietveld 和 PDF 精修 R_w 报告值[62]。

　　模型中使用的刚性苄醇分子主要附着在颗粒表面。通过精修分析两相成分比例，得到的苄醇与 $BaTiO_3$ 的摩尔比为 0.35(3)。对于 4.7 nm 颗粒，每摩尔 $BaTiO_3$ 分子对应 0.35 mol 的苄醇封端基团，这大约相当于纳米颗粒表面每 40 $Å^2$ 有一个封端分子。苄氧基与纳米颗粒之间的结合方式与颗粒表面上的钛原子与苄氧基封端基团上的 O 的结合方式一致，然而数据不允许对此 Ti—O 原子间距进行精修(原因是金属-配体相互作用的预期 Ti—O 间距与 $BaTiO_3$ 粒子中的 Ti—O 间距重叠)。

　　文献[9]围绕这些小颗粒偏心位移的稳定性开展了原创性工作。作为文中分析工作的说明，将四方和伪四方(Ti 向着 TiO_6 八面体顶角位移的度量立方晶胞)$BaTiO_3$ 模型中与 r 大小有关的 Ti—O 键长与图 3.9(a) 中的实验数据进行了比较。两种情况下，畸变的幅度与块体 $BaTiO_3$ 中观察到的幅度密切相关。

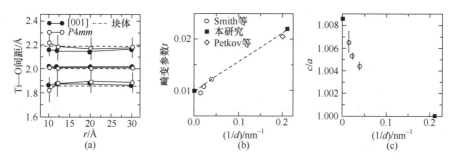

图 3.9　在 5 nm $BaTiO_3$ 颗粒中 TiO_6 八面体中的 Ti 偏心，其中(a)显示了通过不同模型的 $G(r)$ 拟合获得随 r 改变的 Ti—O 间距(一长、一短和四个中间值)：一种是 Ti 沿[001]位移的度量立方模型，另一种是 $P4mm$ 结构；水平线是块体材料 $BaTiO_3$ 在室温、r 为 15 Å 的 PDF 精修；图(b)显示了畸变参数，其计算方法如文中所定义，而(c)显示了 c/a 轴比作为粒径倒数的函数；这项研究的数据与 Smith 等[19]和 Petkov 等[18]的数据进行比较

　　有趣的是，在某些测量中，5 nm 粒子的偏心实际上是加强了。在先前对 $BaTiO_3$ 小颗粒的 X 射线散射研究中已经确认，虽然在室温下较小颗粒似乎更表现为度量上的立方性，但颗粒中的偶极子或静态位移实际上更大[19]。先前的研究集中在 Ba—Ti 间距上，该间距可以通过 X 射线散射更可靠地获得。Petkov 等[18,20]也发现了相似的结果，观察到局部四方体畸变和长程(平均)立方结构。对于四方系晶胞，畸变参数 t 可以根据 Ba—Ti 间距定义为[19]

$$t = \frac{(\text{Ba—Ti})_{\text{long}} - (\text{Ba—Ti})_{\text{short}}}{(\text{Ba—Ti})_{\text{long}} + (\text{Ba—Ti})_{\text{short}}} \tag{3.8}$$

该参数是粒子直径倒数(1/d)的函数，见图 3.9(b)，由多个研究的数据绘制所得。随着颗粒尺寸的减小，该参数系统性地增大。应将畸变的增加与短程(r < 10 Å)区 PDF 精修所得的最短和最长 Ti—O 键长之间的差值进行比较，该差值大于块体

$BaTiO_3$中的差值[图 3.9(a)]。c/a轴比与通过 t 测量出的局部畸变增加相反，其值随着粒径的减小而减小，如图 3.9(c)所示。显然，随着尺寸的减小，偶极子-偶极子相关性的降低会导致局部偶极子的增强。可以相信晶胞内较大的偶极子(更大的偏心程度)是由 5 nm 颗粒的晶胞体积增大(达 65.3 Å^3，块体 $BaTiO_3$ 为 64.7 Å^3)引起的，尽管尚未得到验证[19]。

总体来讲，中子全散射对分布函数分析结果有违直觉：由于偶极子-偶极子相关性降低，$BaTiO_3$ 小颗粒度量上更立方化，而伴随着电荷偶极子的增强，局部畸变加重。进行孤立的封端纳米颗粒研究的能力，可以拓展到包括薄膜和纳米线的其他纳米体系。探查纳米颗粒的完整结构的方法，包括内部坐标和有机封端官能团，对仔细考察许多功能纳米材料体系的性能与尺寸的关系有重要意义。

3.4.2 CdSe/ZnS 核-壳颗粒

作为第二个例子，我们介绍了 CdSe/ZnS 核-壳颗粒的分析步骤。这些粒子根据 Graf 等的方法合成[63]，分两步进行：首先合成 CdSe 纳米颗粒，然后包裹 ZnS 壳。合成有双重目的：第一，为了提高发光度和发光率；第二，完整的 ZnS 壳应该保护并化学隔离 CdSe 核与其周围环境。整个纳米颗粒由三辛基氧化膦(TOPO)分子有机壳层稳定。

当前合成的目的是制备 4～5 nm 的 CdSe 核，可用 1 nm 厚的外壳包覆它。由于形成核-壳的颗粒与纯 CdSe 纳米颗粒相比，确实在发光实验中的量子产率显著提高[64]。为了充分表征核-壳纳米颗粒，需要完整的结构描述。了解 CdSe 结构和 ZnS 壳之间的关系特别有趣。块体的 CdSe 和 ZnS 在室温下显示 11%的晶格失配。因此，即便非常薄的层也不能期望其完全外延生长。这就提出了一个问题，即如何将 ZnS 壳置于核的外部。一种模型可以是混合(Cd, Zn)(S, Se)层，可能具有成分梯度。第二个模型可能是具有大量位错的 ZnS 连续层，以容纳应变。第三个模型可能由较小的 ZnS 晶胞组成，这些晶胞是由 ZnS 在 CdSe 外部表面独立成核形成。

为了区分这些不同的结构模型，需要有关 CdSe 和 ZnS 壳层以及界面的晶体结构的详细信息。粉末衍射实验显示出形状不规则的宽峰，无法分辨出单个布拉格反射。因此不可能根据粉末数据直接确定结构。取而代之的是，可以从高分辨率 PDF 获取所需的结构信息。PDF 将提供有关原子间距的信息，有望通过推荐的模型分辨出来。以纯 CdSe 核和纯 ZnS 壳构建的后两个模型，PDF 将会分别显示 Cd—Se 和 Zn—S 间距，实质上二者的 PDF 是重叠的。第二种模型中，可以预期位错的存在使 ZnS 结构变形。由于 ZnS 壳预计会很薄，因此这种畸变在 PDF 图上将表现为分布在较大距离的极端变形。

为了确定 CdSe/ZnS 核-壳结构，进行了高能 X 射线衍射实验。数据是在德国

HASYLAB 的高能光束线 BW5、样品温度 15 K 下收集的。通过使用波长为 0.1036 Å(E = 120 keV)，可以获得 Q_{max} = 25.69 Å^{-1} 的衍射数据[64]。对数据进行了校正，并根据参考文献[65]中所述的步骤计算了 PDF。

图 3.10 显示了 CdSe/ZnS 颗粒的实验 PDF。PDF 中较为明显的极值峰最远到约 1.8 nm，而一些较弱的极值峰最远到约 2.5 nm。根据合成信息和类似合成颗粒的 TEM 数据，预计核的直径为 3~4 nm，壳厚度为 1 nm。由于在这些距离位置不存在最大值，因此得出的必然结论是要么颗粒小得多，要么存在数量可观的无序。

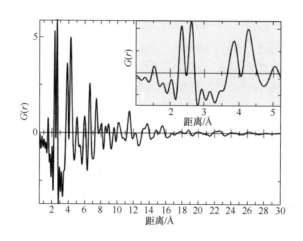

图 3.10　CdSe/ZnS 的 PDF 实验结果

PDF 显示粒径最大值约为 28 Å；插图显示了短程距离

在近距离范围，2.33 Å 和 2.62 Å 处观察到两个峰，分别与块体 ZnS 和 CdSe 中的第一个近邻距离重合。两个最大值的峰形均对称且宽度分别为 σ_{ZnS} = 0.053 Å 和 σ_{CdSe} = 0.056 Å。观察发现纳米晶 ZnS 和晶体 ZnS 的第一个近邻峰的宽度几乎相同[64]。与 ZnS 纳米颗粒相反，更远距离处的峰更宽，并随着距离的增加而持续加宽。这表明了中等程度的应变。

在以前的报道中，试验了三种结构模型：ZnS 壳在 CdSe 核外部的完美外延生长，没有形成任何核-壳结构、各自独立的 ZnS 和 CdSe 纳米颗粒，最后一种为在 CdSe 核的外部是高度无序的 ZnS 壳。所有计算模型都进行分析求解，按照之前的示例，对 PDF 中所有的周期结构都乘上包络函数[66]。在这里，介绍一种基于对纳米颗粒结构进行明确模拟的分析。

该模型基于一些实验观察。第一和第二近邻的 PDF 峰与块体结构中观察到的原子间距很好地对应。因此，核和壳基本上是四面体组成的结构，但仍允许层错在纤锌矿和闪锌矿之间调制。由于第一个近邻峰较窄且对称，因此核-壳界面对键长的影响有限。此外，我们可以排除具有混合成分壳的模型。较大的晶格失配排除了在 CdSe 核周围形成完整 ZnS 外延壳层的模型。CdSe/ZnS 纳米颗粒的 TEM 图像显示不规则形状的纳米颗粒[67]。电子能量损失谱(EELS)扫描随后的纳米颗粒，表明硫在 CdSe 核周围分布不均。对于 CdSe/ZnS 颗粒的重复合成，观察到核-壳样品的化学稳定性并非不变[64,66]。不同批次显示出不同的发光度和不同的分解时间。由此建立了一个模型，其中 CdSe 核被较小的 ZnS 纳米颗粒不规则地包覆。每个 ZnS 纳米颗粒质心在 CdSe 表面外延。

由于所有超过约 6 Å 的 PDF 峰都较宽且延展重叠，因此无法轻易将可能含有位错的 ZnS 壳与独立 ZnS 颗粒模型区分开。我们介绍更为复杂的建模方法以飨读者。该模型分多个步骤进行了模拟。首先，通过闪锌矿中或纤锌矿中的层错夹有顺序随机生长的缺陷来模拟 CdSe 核。缺陷生长概率不受算法的限制，并且可以任意取值以形成理想的纤锌矿、理想的闪锌矿或任何中间相。足够大的晶体成形为椭圆形，其旋转轴平行于纤锌矿[001]方向。同样，会生成几个 ZnS 球。它们各自的直径计算服从高斯分布。然后，算法通过随机选择多个 Cd 原子定位在 CdSe 核表面上并存储其位置。接下来，将 ZnS 粒子及其心部的 Zn 原子放置在 Cd 原子的表面上。将 ZnS 的基矢平行于 CdSe 核的基矢，这样安置确保了每个 ZnS 纳米粒子的中心都外延于 CdSe 核上。从两个或多个 ZnS 球之间的重叠体积中除去其中一个球上的 Zn 和 S 原子，这样允许一个球过度生长到另一个球上。此外，每个与 CdSe 核重叠的 ZnS 球，其体积部分内的 Zn 原子和 S 原子也被去除，模拟独立形核和 ZnS 纳米颗粒在 CdSe 核表面上的生长。

该模型仅需要 15 个参数：CdSe 和 ZnS 都经过了纤锌矿调制的模拟。参数为六方晶格常数 a 和 c、各个阳离子的 z 坐标、每个相的整体原子位移参数以及每个相的层错概率。用两个参数定义 CdSe 的对称椭球旋转半径。ZnS 球也需要两个参数，即平均半径和尺寸分布的宽度。最后的参数给出了要放置在 CdSe 核上的 ZnS 粒子的数量。

更多的参数进一步描述了平均数密度和第一近邻距离分布相较长程距离分布的相对宽度。样品的化学分析显示有机配体的存在，并证实了预期的 CdSe 与 Zn 的比率。在该模型中，不包括有机配体。这样的话，PDF 加权策略通过标度因子进行校正。在扣除 $4\pi r\rho_0$ 线和校正仪器分辨率，以及 Q 的截止效应之前，该标度因子用于对从模型计算的 PDF 进行标度。

使用 DIFFEV 中编码的差分演化算法[68]精修模型参数。单个纳米颗粒的模拟涉及几个步骤，使用了随机数生成器。因此，每个纳米颗粒都是来自大量可能构象的单个样本。必须模拟若干纳米颗粒，且平均其相应的 PDF 以获得有代表性的给定 PDF 参数集。

图 3.11 显示了最终计算出的 PDF 与实验 PDF 的对比。由于模型的复杂性，该拟合并不完美，但关键特征均已重现。最终模型由近乎球形、直径 3.9 nm 的

CdSe 核和半球形颗粒、半径为 1.1 nm 的 ZnS 壳组成。平均而言，约有 20 个 ZnS 颗粒置于 CdSe 壳上。这样，包覆是不完整的，类似于参考文献[67]中的观察结果。尽管没有实施任何限制，但最终的总体化学成分与化学分析中确定的值相对应。CdSe 核的精修结果主要为纤锌矿型结构，但是有很高(约 30%)的层错概率。类似地，ZnS 半球主要被精修为闪锌矿结构，也具有 30%的层错概率。第一相邻配位球非常接近理想的四面体配位。请注意，实验 PDF 中在 1.53 Å 处的极大值，模型并未复现。该极大值对应于 TOPO 配体链中的 C—C 距离。

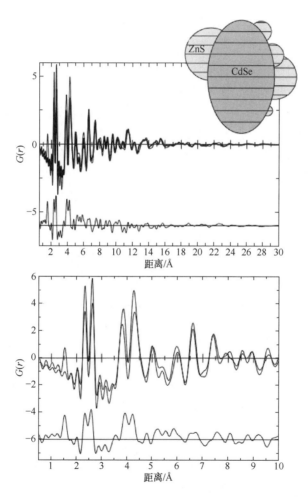

图 3.11　实验 $G(r)$(细线)和根据模型计算的 $G(r)$(粗线)，下部是低 r 区的放大图；上部的结构示意图显示了 CdSe/ZnS 核-壳颗粒，中心的大颗粒为 CdSe 核，其(001)面间距用粗线表示，较小的浅色半球代表 ZnS 壳颗粒，用细线表示它们的(001)面间距，比 CdSe 核的面间距小，为了清楚起见，比例被放大；每个 ZnS 球体的中心位于外延条件的位置，如图中对齐的(001)平面

尽管可以通过增加所构建核-壳粒子算法的复杂性来进一步改善模型，但是当前模型已经提供了使用包络函数的块体模型无法获得的信息。原则上，这种对纳米颗粒结构进行建模的方法仅受用户想象的限制。探索这样一种想法很有趣，例如，在蒙特卡罗模型中，精修相互作用能用来产生颗粒。在笔者看来，应用于纳米材料的全散射分析时代才刚刚开始。

3.5 展　望

全散射分析已成为非晶、无序晶体和纳米晶材料研究中的一种重要方法。随着研究的纳米材料结构越来越复杂，建模能力也在缓步跟进。尽管如此，近年来全散射分析还是进步显著，本章讨论了两种用于模拟纳米颗粒的方法。

第一个例子中，使用一个小结构模型对 $G(r)$ 进行建模，用包络函数来描述纳米颗粒的大小。PDF 精修程序 PDFgui[46]采用这种方法，使用较为广泛。由于 PDF 是实空间中的函数，因此可以仅对 PDF 中的一段区间或长度范围精修，如未掺杂的锰矿 $LaMnO_3$[24]。对于纳米颗粒，甚至可以研究配体结构以及配体与颗粒之间的结合势能。但是，多数情况需要更复杂的模型。本书未讨论所谓的反向蒙特卡罗(RMC)技术[69]，其可应用于复杂的无序材料[70]。据笔者所知，最新的 RMC 软件包 RMCprofile [71]可用来建模无序晶体材料，最近的改进允许同时进行 PDF 和 EXAFS 数据的精修[72]。但是，RMC 并不适用于有限粒子。提出的第二种方法是基于精修高级模型而不是单个原子。这些高级模型可以由蒙特卡罗方法使用的相互作用能构成，通过能量最小化来描述无序晶体[73]或纳米颗粒[53]。文献[45]中提供了关于构建复杂模型的一般讨论以及许多示例。这里，我们使用这种方法构造和精修了 CdSe/ZnS 核-壳颗粒。

现在正在出现一些新的进展，采用密度泛函理论(DFT)模型分析 PDF 信息。White 等最近的工作已经开发了一个迭代程序，通过 PDF 建模和 DFT 几何优化之间的循环解出了高度无序(非晶)材料的结构[74]。在具有纳米级空隙的材料体系或纳米颗粒领域，如框架材料，包括低 Q 值的散射，有望增添有关形状、尺寸以及这些粒子或空隙的相关性的信息。实际上，如 ISIS 散裂源的 NIMROD 或日本散裂源的 NOVA 允许在从 $Q = 0.01$ Å^{-1} 到 $Q > 50$ Å^{-1} 的很大范围内测量 $S(Q)$。挑战在于如何对这种长度跨尺度级别的体系进行建模。

不管具体进展如何，都可以预期对分布函数方法将继续有助于描述纳米材料结构，并在理解其性能方面起着重要作用。

(Katharine L. Page，Thomas Proffen，Reinhard B. Neder)

参 考 文 献

[1] Egami T, Billinge S J L. Underneath the Bragg Peaks: Structural Analysis of Complex Materials. Oxford: Pergamon Press, 2003.

[2] Proffen T, Kim H. Advances in total scattering analysis. J Mater Chem, 2009, 19: 5078-5088.

[3] Scherrer P. Estimation of the size and internal structure of colloidal particles by means of röntgen. Nachr Ges Wiss Göttingen, 1918, 2: 96-100.

[4] Jadzinsky P D, Calero G, Ackerson C J, Bushnell D A, Kornberg R D. Structure of a thiol monolayer-protected gold nanoparticle at 1.1 angstrom resolution. Science, 2007, 318: 430-433.

[5] Billinge S J L. The atomic pair distribution function: past and present. Z Kristallogr, 2004, 219: 117-121.

[6] Page K, Proffen T, Terrones H, Terrones M, Lee L, Yang Y, Stemmer S, Seshadri R, Cheetham A K. Direct observation of the structure of gold nanoparticles by total scattering powder neutron diffraction. Chem Phys Lett, 2004, 393: 385-388.

[7] Ojeda-May P, Terrones M, Terrones H, Hoffman D, Proffen T, Cheetham A K. Determination of chiralities of single-walled carbon nanotubes by neutron powder diffraction technique. Diamond Relat Mater, 2007, 16: 473-476.

[8] Shamoto S, Kodama K, Iikubo S, Taguchi T, Yamada N, Proffen T. Local crystal structures of $Ge_2Sb_2Te_5$ revealed by the atomic pair distribution function analysis. Jpn J Appl Phys, 2006, 45: 8789-8794.

[9] Page K, Proffen T, Niederberger M, Seshadri R. Probing local dipoles and ligand structure in $BaTiO_3$ nanoparticles. Chem Mater, 2010, 22: 4386-4391.

[10] McKenzie D R, Davis C A, Cockayne D J H, Muller D A, Vassallo A M. The structure of the C_{70} molecule. Nature, 1992, 335: 622-624.

[11] Szczygielska A, Jablonska A, Burian A, Dore J C, Honkimaki V, Nagy J B. Radial distribution function analysis of carbon nanotubes. Acta Phys Pol A, 2000, 98: 611-617.

[12] Zhang H, Gilbert B, Huang F, Banfield J F. Water-driven structure transformation in nanoparticles at room temperature. Nature, 2003, 424: 1025-1029.

[13] Gilbert B, Huang F, Zhang H, Waychunas G A, Bandield J F. Nanoparticles: strained and stiff. Science, 2004, 305: 651-654.

[14] Masadeh A S, Bozin E S, Farrow C L, Paglia G, Juhas P, Billinge S J L, Karkamkar A, Kanatzidis M G. Quantitative size-dependent structure and strain determination of CdSe nanoparticles using atomic pair distribution function analysis. Phys Rev B, 2007, 76: 115413.

[15] Bedford N, Dablemont C, Viau G, Chupas P, Petkov V. 3-D structure of nanosized catalysts by high-energy X-ray diffraction and reverse Monte Carlo simulations: study of Ru. J Phys Chem C, 2007, 111: 18214-18219.

[16] Gateshki M, Hwang S J, Park D H, Ren Y, Petkov V. Structure of nanocrystalline alkali metal

manganese oxides by the atomic pair distribution function technique. J Phys Chem B, 2004, 108: 14956-14963.

[17] Pradhan S K, Mao Y, Wong S S, Chupas P, Petkov V. Atomic-scale structure of nanosized titania and titanate: particles, wires, and tubes. Chem Mater, 2007, 19: 6180-6186.

[18] Petkov V, Gateschki M, Niederberger M, Ren Y. Atomic-scale structure of nanocrystalline $Ba_xSr_{1-x}TiO_3(x = 1, 0.5, 0)$ by X-ray diffraction and the atomic pair distribution function technique. Chem Mater, 2006, 18: 814-821.

[19] Smith M B, Page K, Siegrist T, Redmond P L, Walter E C, Seshadri R, Brus L E, Steigerwald M L. Crystal structure and the paraelectric-to-ferroelectric phase transition of nanoscale $BaTiO_3$. J Am Chem Soc, 2008, 130: 6955-6963.

[20] Petkov V, Buscaglia V, Buscaglia M T, Zhao Z, Ren Y. Structural coherence and ferroelectricity decay in submicron- and nano-sized perovskites. Phys Rev B, 2008, 78: 054107.

[21] Ehm L, Antao S M, Chen J, Locke D R, Michel F M, Martin C D, Yu T, Parise J B, Lee P L, Chupas P J, Shastri S D, Guo Q. Studies of local and intermediate range structure in crystalline and amorphous materials at high pressure using high-energy X-rays. Powder Diffr, 2007, 22: 108-112.

[22] Chupas P J, Chapman K W, Jennings G, Lee P L, Grey C P. Watching nanoparticles grow: the mechanism and kinetics for the formation of TiO_2-supported platinum nanoparticles. J Am Chem Soc, 2007, 129: 13822-13824.

[23] Dagotto E. Complexity in strongly correlated electronic systems. Science, 2005, 309: 257-262.

[24] Qiu X Y, Proffen T, Mitchell J F, Billinge S J L. Orbital correlations in the pseudocubic O and rhombohedral R phases of $LaMnO_3$. Phys Rev Lett, 2005, 94: 177203.

[25] Page K, Kolodiazhnyi T, Proffen T, Cheetham A K, Seshadri R. Local structural origins of the distinct electronic properties of Nb-substituted $SrTiO_3$ and $BaTiO_3$. Phys Rev Lett, 2008, 101: 205502.

[26] Peterson P F, Proffen T, Jeong I K, Billinge S J L, Choi K S, Kanatzidis M G, Radaelli P G. Local atomic strain in $ZnSe_{1-x}Te_x$ from high real-space resolution neutron pair distribution function measurements. Phys Rev B, 2001, 63: 165211.

[27] Ramesha K, Llobet A, Proffen T, Rao C N R. Observation of local non-centrosymmetry in weakly biferroic $YCrO_3$. J Phys: Condens Matter, 2007, 19: 102202.

[28] Toby B H, Egami T. Accuracy of pair distribution function-analysis applied to crystalline and noncrystalline materials. Acta Crystallogr Sect A, 1992, 48: 336-346.

[29] Chung J H, Proffen T, Shamoto S I, Ghorayeb A M, Croguennec L, Sales B C, Jin R, Mandrus D, Egami T. Local structure of $LiNiO_2$ studied by neutron diffraction. Phys Rev B, 2005, 71: 064410.

[30] Farrow C L, Billinge S J L. Relationship between the atomic pair distribution function and small-angle scattering: implications for modeling of nanoparticles. Acta Crystallogr Sect A, 2009, 63: 232-239.

[31] Chupas P J, Qiu X, Hanson J C, Lee P L, Grey C P, Billinge S J L. Rapid-acquisition pair distribution function (RA-PDF) analysis. J Appl Crystallogr, 2003, 36: 1342-1347.

[32] Chupas P J, Chapman K W, Lee P L. Applications of an amorphous silicon-based area detector for high-resolution, high-sensitivity and fast time-resolved pair distribution function measurements. J Appl Crystallogr, 2007, 40: 463-470.

[33] Bruhne S, Uhrig E, Luther K D, Assmus W, Brunelli M, Masadeh A S, Billinge S J L. PDF from X-ray powder diffraction for nanometer-scale atomic structure analysis of quasicrystalline alloys. Z Kristallogr, 2005, 220: 962-967.

[34] Qiu X, Thompson J W, Billinge S J L. PDFgetX2: a GUI-driven program to obtain the pair distribution function from X-ray powder diffraction data. J Appl Crystallogr, 2004, 37: 678.

[35] Proffen T, Egami T, Billinge S J L, Parise J B, Cheetham A K, Louca D. Building a high resolution total scattering powder diffractometer upgrade of NPD at MLNSC. Appl Phys A, 2002, 74: S163-S165.

[36] Peterson P F, Gutmann M, Proffen T, Billinge S J L. PDFgetN: a user-friendly program to extract the total scattering structure factor and the pair distribution function from neutron powder diffraction data. J Appl Crystallogr, 2000, 33: 1192.

[37] Price D L. GLASS package. Internal report 14 IPNS undated.

[38] Peterson P F, Bozin E S, Proffen T, Billinge S J L. Improved measures of quality for the atomic pair distribution function. J Appl Crystallogr, 2003, 36: 53-64.

[39] Soper A K, Luzar A. A neutron diffraction study of dimethyl sulphoxide-water mixtures. J Chem Phys, 1992, 97: 1320-1331.

[40] Kameda Y, Sasaki M, Usuki T, Otomo T, Itoh K, Suzuya K, Fukunaga T. Inelasticity effect on neutron scattering intensities of the null-H_2O. J Neutron Res, 2003, 11: 153-163.

[41] Page K, White C E, Estell E G, Neder R B, Llobet A, Proffen T. Treatment of hydrogen background in bulk and nanocrystalline neutron total scattering experiments. J Appl Cryst, 2011, 44, 3: 532-539.

[42] Goodwin A L, Tucker M G, Dove M T, Keen D A. Magnetic structure of MnO at 10 K from total neutron scattering data. Phys Rev Lett, 2006, 96: 047209.

[43] Jeong I K, Heffner R H, Graf M J, Billinge S J L. Lattice dynamics and correlated atomic motion from the atomic pair distribution function. Phys Rev B, 2003, 67: 104301.

[44] Proffen T, Neder R B. DISCUS: a program for diffuse scattering and defect-structure simulation. J Appl Crystallogr, 1997, 30: 171-175.

[45] Neder R B, Proffen T. Diffuse Scattering and Defect Structure Simulations: A Cook Book using the Program Discus. Oxford: Oxford University Press, 2008.

[46] Farrow C L, Juhas P, Liu J W, Bryndin D, Bloch J, Proffen T, Billinge S J L. PDFfit2 and PDFgui: computer programs for studying nanostructure in crystals. J Phys: Condens Matter, 2007, 19: 335219.

[47] Proffen T, Page K L. Obtaining structural information from the atomic pair distribution function. Z Kristallogr, 2004, 219: 130-135.

[48] Howell R C, Proffen T, Conradson S D. Pair distribution function and structure factor of spherical particles. Phys Rev B, 2006, 73: 094107.

[49] Kodama K, Iikubo S, Taguchi T, Shamoto S. Finite size effects of nanoparticles on the atomic pair distribution functions. Acta Crystallogr Sect A, 2006, 62: 444-453.

[50] Mayo S C, Proffen T, Bown M, Welberry T R. Diffuse scattering and Monte Carlo simulations of cyclohexane-perhydrotriphenylene (PHTP) inclusion compounds, $C_6H_{12}/C_{18}H_{30}$. J Appl Crystallogr, 1999, 32: 464-471.

[51] Weber T. Cooperative evolution: a new algorithm for the investigation of disordered structures via Monte Carlo modelling. Z Kristallogr, 2005, 220: 1099-1107.

[52] Weber T. Cooperative evolution: a new algorithm for the investigation of disordered structures via Monte Carlo modelling. Z Kristallogr, 2005, 220(12): 1099-1107.

[53] Neder R B, Korsunskiy V I, Chory C, Muller G, Hofmann A, Dembski S, Graf C, Ruhl E. Structural characterization of Ⅱ-Ⅵ semiconductor nanoparticles. Phys Status Solidi C, 2007, 4(9): 3221-3233.

[54] Debye P. Scattering from non-crystalline substances. Ann Phys, 1915, 46: 809-823.

[55] Hall B D. Debye function analysis of structure in diffraction from nanometer-sized particles. J Appl Phys, 2000, 87: 1666-1675.

[56] Cervellino A, Giannini C, Guagliardi A. On the efficient evaluation of Fourier patterns for nanoparticles and clusters. J Comput Chem, 2006, 27: 995-1008.

[57] Junquera J, Ghosez P. Critical thickness for ferroelectricity in perovskite ultrathin films. Nature, 2003, 422: 506-509.

[58] Spaldin N A. Fundamental size limits in ferroelectricity. Science, 2004, 304: 1606-1607.

[59] Fong D D, Stephenson G B, Streiffer S K, Eastman J A, Auciello O, Fuoss P H, Thompson C. Ferroelectricity in ultrathin perovskite films. Science, 2004, 304: 1650-1653.

[60] Cantarero A, Soukiassian A, Vaithyanathan V, Haeni J H, Tian W, Schlom D G, Choi K J, Kim D M, Eom C B, Sun H P, Pan X Q, Li Y L, Chen L Q, Jia Q X, Nakhmanson S M, Rabe K M, Xi X X. Probing nanoscale ferroelectricity by ultraviolet Raman spectroscopy. Science, 2006, 313: 1614-1616.

[61] Niederberger M, Garnweitner G, Pinna N, Antonietti M. Nonaqueous and halide-free route to crystalline $BaTiO_3$, $SrTiO_3$, and (Ba, Sr)TiO_3 nanoparticles via a mechanism involving C—C bond formation. J Am Chem Soc, 2004, 126: 9120-9126.

[62] Toby B H, Billinge S J L. Determination of standard uncertainties in fits to pair distribution functions. Acta Crystallogr Sect A, 2004, 60: 315-317.

[63] Graf C, Dembski S, Hofmann A, Ruehl E. A general method for the controlled embedding of nanoparticles in silica colloids. Langmuir, 2006, 22: 5604-5610.

[64] Neder R B, Korsunskiy V I, Chory C, Muller G, Hofmann A, Dembski S, Graf C,Ruhl E. Structural characterization of Ⅱ-Ⅵ semiconductor nanoparticles. Phys Status Solidi C, 2007, 4: 3221-3233.

[65] Korsounski V I, Neder R B, Hradil K, Barglik-Chory C, Mueller G, Neuefeind J. Investigation of nanocrystalline CdS-glutathione particles by radial distribution function. J Appl Crystallogr,

2003, 36: 1389-1396.

[66] Korsunskiy V I, Neder R B. Exact model calculations of the total radial distribution functions for the X-ray diffraction case and systems of complicated chemical composition. J Appl Crystallogr, 2005, 38: 1020-1027.

[67] Yu Z, Du H, Krauss T, Silcox J. Shell distribution on colloidal CdSe/ZnS quantum dots. Nano Lett, 2005, 5: 565-570.

[68] Price K V, Rainer M S, Lampinen J A. Differential Evolution: A Practical Approach to Global Optimization. Berlin: Springer, 2005.

[69] McGreevy R L, Pusztai L. Reverse Monte Carlo simulation: a new technique for the determination of disordered structures. Mol Simul, 1988, 1: 359-367.

[70] Tucker M G, Dove M T, Keen D A. MCGRtof: Monte Carlo $G(r)$ with resolution corrections for time-of-flight neutron diffractometers. J Appl Crystallogr, 2001, 34: 630-638.

[71] Tucker M G, David A K, Dove M T, Goodwin A L, Hui Q. RMCProfile: reverse Monte Carlo for polycrystalline materials. J Phys: Condens Matter, 2007, 19(33): 335218.

[72] Krayzman V, Igor L, Tucker M G. Simultaneous reverse Monte Carlo refinements of local structures in perovskite solid solutions using EXAFS and the total scattering pair-distribution function. J Appl Crystallogr, 2008, 41(4): 705-714.

[73] Weber T, Simon A, Mattausch H, Kienle L, Oeckler O. Reliability of Monte Carlo simulations of disordered structures optimized with evolutionary algorithms exemplified with diffuse scattering from La(0.70(1))(Al(0.14(1))I(0.86(1))). Acta Crystallogr Sect A, 2008, 64(6): 641-653.

[74] White C E, Provis J L, Proffen T, Riley D P, van Deventer J S J. Combining density functional theory (DFT) and pair distribution function (PDF) analysis to solve the structure of metastable materials: the case of metakaolin. Phys Chem Chem Phys, 2010, 12: 3239-3245.

第二部分

微结构分析

第4章　衍射线形分析

4.1　引　言

　　多晶材料的衍射线包含大量微结构信息：材料中相的数量和分布、成分不均匀性、晶粒尺寸和形状分布、晶体学取向分布函数、晶体缺陷的浓度和分布(如空位、位错、层错和孪晶缺陷)，以及尤其重要的是，由机械应力引起的晶格畸变等(如可见文献[1]及其参考文献)。在许多情况下，除了衍射以外的其他方法很难确保轻松地获得此类统计性信息。

　　衍射线宽化是本章的主题。它是由原子排列相对于理想晶体结构的所有偏离(如有限的晶粒尺寸、位错、晶格失配夹杂物等)引起的。在 Friedrich、Knipping 和 von Laue(1912 年)发现 X 射线衍射之后不久，对衍射线宽化的分析就得到了发展。X 射线粉末衍射，即多晶材料的衍射分析，是 1916 年由德国哥廷根大学 P. 德拜(荷兰)和 P. 谢乐(瑞士)[2,3]、1917 年由通用电气研究实验室[斯克内克塔迪(Schenectady)，美国纽约]的 A. W. 赫耳(美国)分别独立发明的[4](另请参见文献[5])。尤其是 1918 年谢乐提出将衍射线的宽度作为对衍射晶体的有限尺寸的(直接)量度[6]。根据布拉格微分定律，晶格常数波动也导致衍射线宽化，Dehlinger 和 Kochendorfer 早在 1939 年就意识到，需要将与尺寸和应变相关的衍射线宽化分离，他们指出，这种分离在原理上可以实现，前提是：尺寸和应变对线宽的贡献随衍射矢量长度而改变，且改变程度是已知的[7]。

　　在实际大多数情况下，实验观察的衍射线形 h 是来自记录衍射线的实验装置(称为仪器线形 g)和样品自身的晶体不完整性(称为结构线形 f)二者的共同影响。参见上文，结构线形通常包括来自(样品)结构的各种引起线宽的因素，如有限的晶粒尺寸和微应变。那么，观测的衍射线形可认为(在大多数情况下准确地说)是单个线宽的卷积,这些线宽归属于仪器和(样品)结构的不同线宽源。因此,对于实验者来说,挑战在于揭示影响观测衍射线宽化的各种因素,按照材料科学中常用的参数,如位错密度、缺陷概率和晶粒尺寸,来解释描述这些影响因素。

一方面,或多或少使用对材料的不完美性/线形的实际通用假设,越来越多地开发了从单峰或多峰衍射线的线形参数中提取微结构参数的先进方法:线形分解。另一方面,近来出现一种强大的尚在初探阶段的方法:线形合成,微结构参数由对实测谱线的拟合线形确定(即不使用线形假设),计算模型以所研究材料的某微结构为基础。

衍射矢量的长度(以及散射原子位置的相关性)对于产生不相干衍射至关重要,这样,除了极端情况外,所谓的晶粒尺寸大小通常取决于所考察的反射线。因此,无论经典方法还是近期研发的方法,按照简单假设,如尺寸宽化与衍射矢量的长度无关,对整个衍射图谱中所有反射线同时进行处理的线形分析会失效,这一点在大多数情况下并没有被充分认识到。

本章的结构如下:首先介绍了仪器衍射线宽化(4.2 节),包括确定仪器宽化的不同方法(4.2.1 节和 4.2.2 节),以及如何采用不同线宽分析方法处理仪器线形(4.2.3 节)。接下来,重点是结构宽化(4.3 节):在介绍了不同的线宽化措施和衍射线的傅里叶级数表达(4.3.1 节)之后,讨论结构宽化的不同来源(4.3.2~4.3.6 节)。本章的最后部分概述了线形分析的实际应用(4.4 节)。

4.2 仪 器 宽 化

用于记录衍射线的实验装置,如衍射仪或某些类型的照相机,通常会引起衍射线不容忽视的仪器宽化。因此,实验观察到的衍射线形 h 可认为是仪器线形 g(以下称为仪器宽化)以及由样品本身引起的线形 f[以下称为结构(样品)宽化]的卷积(参见 4.1 节):

$$h = g \otimes f \tag{4.1}$$

或更清晰地表达为

$$h(2\theta) = \int f(2\theta') g(2\theta' - 2\theta) \mathrm{d}(2\theta') \tag{4.2}$$

其中,2θ 是衍射角。

仪器衍射线宽既可以通过实测线宽小到忽略不计的样品来确定(4.2.1 节),也可以通过计算由实验设备的各部件(如狭缝和准直器)引起的线宽来确定,前提是存在足够准确的模型描述来说明这些仪器效应(4.2.2 节)。

在同步辐射源上使用专用的粉末衍射光束线可以获得最低水平的仪器宽化。目前此类可用的粉末衍射专用设施有几例,包括欧洲同步辐射设施(法国 ESRF)的光束线 BM16(已变为光束线 ID31)[8]、钻石光源(DLS,英国)的光束线 I11[9]和先进光子源(美国 APS)的光束线 11BM[10],可以实现小至千分之几度的仪器线宽化。有关同步辐射源仪器展宽水平的更多详细信息请参见文献[11]和[12]。

对于实验室 X 射线衍射分析,仪器线宽也可以保持在非常低的水平,甚至可以忽略不计,但会以损失强度为代价(见参考文献[13]和[14])。但是,在大多数实际情况下,在实验室的测量中不能忽略仪器线宽,因此必须在强度水平(以及由此产生的测量时间)和仪器线宽之间寻求可接受的折中方案。这可以通过使用聚焦衍射几何来实现,聚焦几何将发散的各个光束线会聚照射在样品横向延伸的不同点上,随后可以在检测器放置的地方理想化地会聚到一点(点聚焦几何)或一条线(线聚焦几何)上。布拉格-布伦塔诺几何提供了一个典型例子(请参见本书第 12 章)。布拉格-布伦塔诺衍射仪于 20 世纪 50 年代实现商用,至今仍然是大多数衍射实验室的"主力"衍射几何[15-17]。

由于材料的微观结构通常在宏观上是各向异性的和/或不均匀的,因此通过 X 射线衍射分析表征材料需要参考样品框架沿不同方向进行衍射测量,即衍射矢量相对于参考样品框架的方向变化[18,19]。为了达到这一目的,采用平行光几何的衍射仪特别适合,因为它们可以提供不变的仪器线宽,即仪器线宽与衍射矢量相对于参考样品框架的方向无关。与上述聚焦几何衍射仪相反:采用平行光几何实质上消除了仪器偏差,如在聚焦几何的衍射仪中将样品倾斜时发生的离焦[18]。有关仪器衍射线宽化的更多详细信息,请参阅本书的第 12 章。

4.2.1　使用参考(标准)样品确定仪器峰形

需要仔细考虑选择合适的参考(标准)样品来表征仪器衍射线宽。有两个例子可以说明这一点。第一,如果样品没有晶粒尺寸宽化,将要求晶粒尺寸尽可能大,但晶粒统计(即在粉末衍射测量中必须同时有足够数量的晶粒处于衍射条件下)要求细粒度的样品。因此,参考样品的最佳晶粒尺寸取决于仪器宽化(仪器宽化越大,最小晶粒尺寸越小)、入射束的发散度以及衍射束光路接收角(发散度或接收角越大,晶粒统计越好,因此可测量的最大晶粒尺寸越大)。第二,聚焦衍射几何通常对样品透明度敏感(即穿透样品达到一定深度的 X 射线衍射不会落在焦平面上,从而造成衍射角的偏移)。因此,理想参考(标准)样品应由与所研究样品同密度(因而具有相同线性吸收系数)的相同材料组成,以便正确考虑所研究样品包含的透明效应对仪器宽化的影响。

美国国家标准技术研究所(NIST)的技术服务部提供了用于 X 射线衍射分析的标

准参考物质(请参见 https://www-s.nist.gov/srmors/BrowseMaterials.cfm?subkey =23)。可以在本书第 13 章中找到更多有关粉末衍射的参考物质。

4.2.2   通过计算确定仪器峰形

为了计算仪器的衍射线宽，通常采用基本参数[20,21]和射线踪迹[22,23]方法。前者的前提是，可以通过分析函数来量化不同仪器差异引起的偏差，且这些函数可以彼此独立处理。后者在处理线宽时没有做任何预先假设，但是很耗时。最近针对实验室电源布拉格-布伦塔诺粉末衍射仪提出一种克服了这两种缺点的方法，同时考虑不同的仪器差异和计算效率[24,25]。对实验室粉末衍射仪轴向发散效应建模方法的比较得出的结论是，可以使用基于 Edgeworth 级数的简化近似计算[26]。还要特别注意基于同步辐射衍射仪上准直[27]和聚焦[28]光学系统的仪器衍射线宽。

近年来，因适合光学元件的出现，如 X 射线透镜和 X 射线(多层膜)反射镜[18,23,29-34]，以平行光几何模式运行的衍射仪也已经可以用于实验室测量。由于平行光几何不依赖于聚焦条件，因此平行光衍射仪对离焦误差不敏感。这意味着样品可以在平行光衍射仪中倾斜和旋转，这是应力和织构测量以及研究微观结构的不均匀性和各向异性所必需的[18]，而无需改变仪器的线宽范围。对于配备有 X 射线(多毛细管)镜[18,23,34,35]和 X 射线反射镜[18,33]的衍射仪，已经研究了使用平行光衍射几何的仪器线宽(不变性)。

4.2.3   扣除/结合仪器线宽

根据对衍射线宽化、线形分解-线形合成(参见 4.1 节和 4.3 节)的分析策略，必须区别对待仪器衍射线宽。线形分解法需要从实测线宽中扣除仪器线宽，而线形合成法是将仪器线宽"加"到(计算/建模的)样品线宽中。通常分别通过应用反卷积和卷积方法来实现这些操作。

通过"简单扣除"对应仪器展宽的线宽参数(半高宽和积分宽度)，各种校正仪器宽化参数的近似算法被开发出来(参见参考文献[36]和[37])。Stokes[38]曾在傅里叶空间将测量展宽与仪器展宽做了严谨的反卷，自这项开拓性工作开展以来，直到最近反卷积方法才取得了重大进展：针对实验室[39]和同步加速器[40]粉末衍射仪都提出了一种新的反卷积方法。该方法集合标尺转换、数据插值、快速傅里叶变换，以及按步骤严格扣除由轴向发散、平板样品偏差、样品透明度和 X 射线源的波长分布而造成的线形宽化，前提条件是每项仪器偏差能通过一个与衍射角相关的宽度参数进行参数化。

对于使用 K_α 辐射的实验室 X 射线衍射测量，根据 Stokes 法(见上文)解卷积仪器线形需要在计算傅里叶系数之前先扣除 K_{α_2} 辐射。为此，可以采用由 Rachinger[41]

提出并由 Delhez 和 Mittemeijer[42]改进的方法。如果使用能够消除 K_{α_2} 的专用单色器(如约翰逊单色器[43,44])或使用 K_β 辐射，则可以避免去除 K_{α_2}。

4.3　结构、样品宽化

4.3.1　衍射线宽化测量和衍射线的傅里叶级数形式

可以设计各种测量衍射线宽化的方法。在许多实际情况下，衍射线的宽度由单一参数来量化。为此，通常采用最大强度一半处的全宽(或半宽)或积分宽度[即与衍射线高度(强度)相同、面积(积分强度)相等的矩形的宽度]。这些参数不是采用某一峰形的可能预设值，而是通常采用一些合适的解析函数，如 Voigt[是一个(或多个)洛伦兹(也称为柯西)函数和一个(或多个)高斯函数的卷积，见参考文献[45]和[46]]、伪 Voigt(洛伦兹函数和高斯函数的加权线性叠加[47])或皮尔逊(Pearson)Ⅶ函数[48]，通过实际拟合衍射线来确定它们。除了宽度，还可以量化衍射线的形状。为此，通常使用专门用于伪 Voigt 和皮尔逊Ⅶ函数的 Voigt 参数和形状参数[49,50](有关形状参数的转换，请参见参考文献[51])。Voigt 参数ϕ定义为半高宽(FWHM)$2w$与积分宽度β的比值：

$$\phi = \frac{2w}{\beta} \tag{4.3}$$

使用 Voigt 函数时，ϕ的下限值和上限值分别属于洛伦兹函数和高斯函数(图 4.1)：

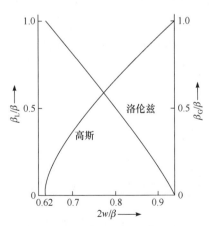

图 4.1　洛伦兹(柯西)分量和高斯分量的积分宽度与总积分宽度之比分别为β_L/β和β_G/β，图中给出了二者与 Voigt 参数$\phi = 2w/\beta$的关系，其中 $2w$ 为半高宽[52]

$$\frac{2}{\pi}\left(=0.63662\right)\leqslant\phi\leqslant\frac{2\sqrt{\ln 2}}{\sqrt{\pi}}\left(=0.93949\right) \tag{4.4}$$

例如，可以使用所谓的分裂函数对非对称峰形状进行建模，其中最大峰位两侧分设不同的宽度。

对于衍射线形的整体形状表达，用傅里叶级数更为方便(请参阅 4.4.1.2 节中的内容)。在运动学衍射理论中，有

$$h_i\left(\Delta S\right)=C\sum_{L=-\infty}^{\infty}A\left(L,S_i\right)\cos\left(2\pi L\Delta S\right)+B\left(L,S_i\right)\sin\left(2\pi L\Delta S\right) \tag{4.5}$$

其中，A 和 B 分别是傅里叶余弦和正弦系数；L 是垂直于衍射平面的(相关)距离，平行于衍射矢量长度($S_i = 2\sin\theta_i/\lambda$)，即衍射峰的形心到倒易空间原点的距离，因此有 $\Delta S = 2(\sin\theta - \sin\theta_i)/\lambda$。对应倒易空间一阶反射位置 S_1 的晶格间距 d 被称为初基晶格间距($d = S_1^{-1}$)。

仅在非对称衍射峰形的情况下，正弦系数才不为零，且通常没有物理解释。单个晶粒中浓度变化的有关分析例外，请参见参考文献[53]。余弦系数可以视为与反射级数无关的系数 $A^S(L)$ 和与反射级数有关的系数 $A^D(L, S_i)$ 的乘积：

$$A\left(L,S_i\right)=A^S\left(L\right)A^D\left(L,S_i\right) \tag{4.6}$$

$$A^S\left(L\right)=\left(\frac{1}{\langle D\rangle}\right)\int_{|L|}^{\infty}\left(D-|L|\right)p\left(D\right)\mathrm{d}D \tag{4.7}$$

$$A^D\left(L,S_i\right)=\int_{-\infty}^{\infty}p\left(e_L\right)\cos(2\pi LS_i e_L)\mathrm{d}e_L \tag{4.8}$$

其中，上标 S 和 D 分别代表常见术语：尺寸宽化效应和应变宽化效应[54]。样品被看作由长度 D 可变的沿衍射矢量方向排列的柱体组成。$A^S(L)$ 由柱体的长度分布 $p(D)$ 确定。$A^D(L, S_i)$ 由应变分布 $p(e_L)$ 确定；e_L 是在(相关)长度 L 上局部应变 $e(x)$ 的平均值：

$$e_L=e_L\left(x\right)=\frac{1}{L}\int_{x-L/2}^{x+L/2}e\left(x'\right)\mathrm{d}x' \tag{4.9}$$

(在所谓的运动学衍射理论中)式(4.6)~式(4.8)是精确的；此外，必须应用所谓的切平面近似法，这意味着样品宽化不能太大。

4.3.2　柱体长度/晶粒尺寸和柱体长度/晶粒尺寸分布

尽管尚未成熟，确定晶粒尺寸几乎与 X 射线粉末衍射一样古老。谢乐是欧洲粉末衍射的两个发明者之一，研究了胶态金属颗粒的结构和尺寸，并推导了以下

公式[①]，该公式将衍射线的宽度与晶粒尺寸关联起来[6,19]

$$\beta = \frac{\lambda}{D\cos\theta} \qquad (4.10)$$

其中，β是积分宽度；D 是体积加权的晶畴在平行于衍射矢量方向上的尺寸。多分散样品也可能表现出不同晶粒形状，针对此类样品的谢乐方程的详细讨论，请参见参考文献[55]~[57]。谢乐方程仍被用来通过积分宽度获得材料晶粒尺寸的估计值(如可参见参考文献[52]和[58]~[61]；另请参见 4.4.1.1 节)。

对尺寸宽化的基本描述已经在 20 世纪 50 年代达到了成熟状态[62,63]。Bertaut[62]以及稍后 Warren 和 Averbach[63]各自独立地证明，平均柱体长度(等于面积加权的晶粒尺寸)和柱长分布(与粒径分布相关，但不一定与之相等)可以分别从 $A^S(L)$ 对 L的一阶和二阶导数确定(请注意，获得的有关尺寸的信息仅是垂直于所考虑的衍射晶面方向上的；如果又要考虑晶粒形状，可以根据柱长分布计算粒径分布，反之亦然；示例参见参考文献[64])。然而，由于扣除背景和傅里叶分析之前的线形断尾，基于实验线形的傅里叶级数来确定柱长分布的可靠性是有问题的[37]。如同其所对应分布函数，仅包含尺寸展宽线形的傅里叶变换二阶导数必须为正。但是，该导数的实验数据会呈现负的初始(对于 $L \to 0$)曲率：一旦线形的背景估值过高且断尾(由于线形重叠)，即发生所谓的"弯钩"效应：傅里叶系数曲线的二阶导数在 $L = 0$ 附近为负[37]。

如果存在常规应变展宽，使用上述方法获得的尺寸分布尤为不可靠；此时，线形分解法必须根据通常未被验证的假设将尺寸展宽分离出来(因此，这种粒径分布结果，如来自文献[65]，应该是不可信的)。

分析尺寸展宽的另一种方法背离了某一类型的柱长或粒径分布的预设值：这允许使用式(4.7)直接(傅里叶变换)计算仅有尺寸宽化的衍射线形。对于单模型分布，推荐伽马分布和对数正态分布。

伽马分布：

$$p(n) = \frac{1}{C} n^r \exp\left(-un^t\right) \qquad (4.11)$$

其中，n 是柱长或晶粒尺寸；C 是归一化常数；r、u 和 t 是可调参数[请注意，通常将 t 设为 1(不是必要的)]。

---

① 谢乐方程最初是针对衍射线的 FWHM，$2w$，按立方粉末颗粒的边长Λ而构建的。

$$2w = 2\sqrt{\frac{\ln 2}{\pi}} \frac{\lambda}{\Lambda} \frac{1}{\cos\theta}$$

其中，λ是 X 射线波长；θ是布拉格角[6]。在假定高斯线形的情况下，该等式右侧的前置因子将 $2w$ 转换为积分强度，后来被所谓的谢乐常数替换，Λ变为给定形状的晶粒体积的立方根。

对数正态分布：

$$p(n) = \left[(2\pi)^{\frac{1}{2}}\sigma\right]^{-1} \frac{\exp\left[-\left(\ln n / n_0\right)^2 / \left(2\sigma^2\right)\right]}{n} \tag{4.12}$$

其中，n_0(中位数)和σ(方差)是可调参数(如参见文献[66]和[67]；图 4.2)。

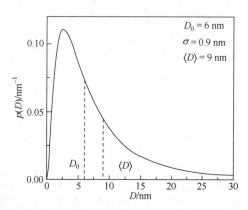

图 4.2　球磨钼粉晶粒尺寸的对数正态分布函数[67]

采用应变场法(参见 4.4.2.1 节)进行应变宽化，用对数正态分布进行尺寸宽化，通过拟合 110 和 220 衍射线的傅里叶系数确定 D_0 中值和方差σ的值；该分布的平均柱长(数)由 $\langle D \rangle = D_0 \exp(\sigma^2/2)$给出

特定分布函数假设还允许确定有尺寸展宽的衍射峰的形状。使用式(4.7)可以直接证明这一点，尺寸大小(即柱长)指数分布函数[参见式(4.11)，$r = 0$ 和 $t = 1$]对应于洛伦兹(柯西)线形，该线形通常在积分宽度法中被假定(请参阅 4.4.1.1 节)。但是，在一般柱长分布不明的情况下，衍射线形不呈现洛伦兹形状，而是可能介于高斯和洛伦兹之间的某种形状以及超洛伦兹形状[即，$\phi < 2/\pi$；参见式(4.4)，参阅参考文献[68]~[70]]。

最近，基于粉末衍射全谱建模(WPPM)，无需预先假设分布类型，尝试确定了柱长/晶粒尺寸分布。文献[71]提出了一种直方柱宽度 "被调谐"、高度可调节的直方柱图法，但假定晶粒为球形(图 4.3)。

4.3.3　微应变宽化

已经建立起良好的尺寸展宽基础，并自 20 世纪 50 年代就已成熟，但是当前对应变宽化的分析仍是一个很活跃的领域，开发了两种方法：一种是线形分解法，加入运动学衍射理论方面的假设；另一种是线形合成法，抛开运动衍射理论但采用微结构模型。

表 4.1 概述了基于材料中应变分布的特定假设方法，该法没有涉及特定的微结构模型。

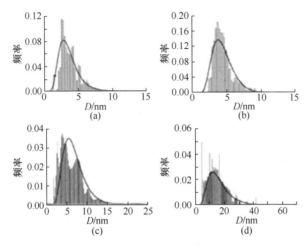

图 4.3   全谱粉末花样模型[71]

在不同温度[从(a)到(d)增加]下煅烧 1 h 的纳米晶二氧化铈粉末的晶粒尺寸为 D[球形(晶粒)的直径]，p(D)为粒径分布；
整个直方图不包含对晶粒大小分布进行先验假设的分析结果，而实线是限制在对数正态尺寸分布上的分析结果

表 4.1   线形分解法中基本假设的概略以及所获得的尺寸和应变数据的类型[67]

方法	假设	尺寸	应变
Williamson-Hall 传统作图[72,73] (1949 年,1953 年)	洛伦兹峰形分析线形的尺寸和应变宽化	体积加权柱长	最大应变 e 与高斯应变分布的局部均方应变 $\langle \varepsilon_0^2 \rangle$ 有关
Warren-Averbach 法[63,74] (1950 年,1952 年)	高斯应变分布或小应变	面积加权柱长	均方应变 $\langle (e_L)^2 \rangle$，与 $A^D(L, S_i)$ 有关
替代法[75](1994 年)	小应变梯度和宽尺寸分布	面积加权柱长	$\langle (e_L)^2 \rangle$ 与应变傅里叶系数无分析关系

注：$A^D(L, S_i)$ 是线形的应变("畸变")傅里叶系数，L 是垂直于衍射平面的相关距离。

4.3.3.1   积分宽度法中的假设

对于积分宽度法，对应变宽化普遍采用所谓的 Stokes-Wilson 近似假设[76]，晶粒内层叠的相干衍射晶面不存在明显的应变梯度，即应变可能按照某种分布随不同晶粒而变化，但在每个晶粒内部大体保持恒定：最大正相关的晶格应变(更多详细讨论请参见参考文献[77])。在这种情况下，对相关距离 L 取平均求得的微应变分布[参见式(4.9)]与 L 无关：

$$p(e_L) = p(e) \tag{4.13}$$

也就是说，样品中的整个微应变分布现在都包含在单一分布 $p(e)$ 中，而非在一组分布 $p(e_L)$(每个分布对应一个 L)中。在此假设下，积分宽度 β(在 2θ 标尺上)随 $\tan\theta$ 增加如下：

$$\beta = 2\beta_e \tan\theta \tag{4.14}$$

其中，θ是衍射角；β_e是微应变分布$p(e)$的积分宽度，即在"衍射矢量长度"$(1/d)$标尺上的(积分)宽度随反射级数线性增加[78][另请参见式(4.27)]。仅在高斯微应变分布的情况下，才有可能由$\beta:\langle\varepsilon_0^2\rangle^{\frac{1}{2}}=(2\pi)^{\frac{1}{2}}\beta_e$计算出局部应变均方根[37]。而且，在Stokes-Wilson近似中，一定的微应变分布直接映射(非镜像)在"衍射矢量长度"$(1/d)$标尺上；于是，在该标尺上，衍射线表现出微应变分布的形状(有关证明，请参见参考文献[77])。这样，高斯微应变分布中形成对应微应变衍射宽化线形的高斯峰形。式(4.14)是单峰应变宽化分析[52]和Williamson-Hall(WH)法[73]的基础(请参阅4.4.1.1节)。

与最大正相关(Stokes-Wilson近似，请参见上文)的微应变相比，非恒定应变区之间的相干衍射减小了微应变对线宽化的影响。可以证明[77]，在完全局部非相关晶格应变的情况下，洛伦兹峰形可以来自大范围的也是非高斯型的微应变分布，积分宽度在"衍射矢量长度"$(1/d)$标尺上随反射级数按二次曲线增大。在这种情况下，微应变分布不会直接显示在微应变宽化的衍射峰形中。

因此，在晶体参考坐标中衍射矢量的某一给定方向上，非恒定应变区之间的相干衍射通常引起积分宽度(在"衍射矢量长度"标尺上)随着反射级数非线性地增加，与式(4.14)相反。只有Stokes-Wilson近似(最大正相关的晶格应变)成立，积分宽度才随着反射级数线性增加(在"衍射矢量长度"标尺上，请参见上文)。因此，假设积分宽度按反射级数线性增加，正如许多Rietveld精修方法实际采用的那样，可能是不合理的。

为了进一步增加对微应变宽化现象的理解，需要发掘和研究微应变宽化引起衍射线宽非线性显著增加的典型案例[77]。

4.3.3.2   傅里叶法中的假设

应变分布的假设也可以用来简化畸变傅里叶系数A^D。最常采用的近似由Warren和Averbach提出[63]。根据泰勒级数扩展，证明式(4.8)可简化为

$$A^D(L,S_i) \approx \exp\left(-2\pi^2 L^2 S_i^2 \langle e_L^2 \rangle\right) \tag{4.15}$$

或[79]

$$A^D(L,S_i) \approx 1 - 2\pi^2 L^2 S_i^2 \langle e_L^2 \rangle \tag{4.16}$$

其中，$\langle e_L^2 \rangle$是均方应变。如果所有$p(e_L)$均为高斯型的，那么就是式(4.15)。$p(e_L)$越偏离高斯分布[式(4.15)]且/或增加L导致$\langle e_L^2 \rangle$越大[式(4.15)和式(4.16)]，则能使式(4.15)和式(4.16)成立的L范围就越受限[75]。许多方法可以克服由式(4.15)和式(4.16)所加的限制(如参考文献[67])。也可以通过添加高阶扩展项来重新整

理式(4.15)和式(4.16),从而考虑 $n \geqslant 3$ 的 $p(e_L)$、$\langle e_L^n \rangle$ 高阶量(请参见如参考文献[75]和[80])。

已经提出了描述 $\langle e_L^2 \rangle$ 随 L 增加的不同方法(详情见参考文献[77])。通过各种实验观察到 $\langle e_L^2 \rangle$-L 的关系演变[但这些数据是通过经典的 Warren-Averbach(WA)评估得到的,因此实验观察是受到上述 WA 近似有效的前提制约的],受此启发 Adler 和 Houska 提出下列方法[81]:

$$\langle e_L^2 \rangle = \langle e_1^2 \rangle \left(\langle S_1 \rangle^2 L^2 \right)^r \tag{4.17}$$

如果 $r < 0$,$\langle e_L^2 \rangle$ 随 L 增大而减小。显然,情况 $r = 0$ 意味着其与 L 无关,此时该式与 Stokes-Wilson 近似相似。$\langle e_1^2 \rangle$ 具有(局部)微应变分布方差特性,用 "初基晶格间距" [请参见式(4.5)之后的讨论]作为平均距离计算 e_L。

作为式(4.15)和式(4.16)的替代方案,van Berkum 等提出另一种可行方法,采用 Stokes-Wilson 近似(现在也包含在傅里叶法中;请参见 4.3.3.1 节)简化傅里叶系数[75],该法称为替代法。如果柱体中的应变梯度对于较小的 L 值可以忽略不计,对于较小的 L 和 S_i 存在以下关系:

$$A^{\mathrm{D}}\left(L_i, S_i \right) \approx A^{\mathrm{D}}\left(L_1, S_1 \right) \tag{4.18}$$

其中

$$L_i = \left(\frac{S_1}{S_i} \right) L_1$$

描述某一应变宽化时,尺寸和应变宽化的相对量大小、应变分布 $p(e_L)$ 的形态、柱体内的应变变化程度是代表性关键参数。用 WA 法和替代法(请参阅 4.4.1.2 节)分析模拟的傅里叶系数,根据所提取尺寸和应变傅里叶系数偏离真实值的大小,在参考文献[75]中对分峰的质量进行了评估。判定 WA 法和替代法的结果是否可接受的相关参数值组合范围示意在图 4.4 中。

4.3.3.3 从微结构模型衍生的微应变宽化描述

van Berkum 等[82]提出的应变场模型是一种可以描述微应变引起衍射线宽化的通用且灵活的方法,该方法基于微结构模型,而与特定类型的缺陷,如位错或小角度晶界无关。在这种方法中,应变场由各个缺陷的(分)应变场叠加组成。晶格缺陷的应变场由以下三个统计函数描述:

1) 缺陷之间距离的概率函数(投影在衍射矢量轴上);
2) 分应变场幅值的概率函数;
3) 分应变场平均形状(宽度)的描述函数。

在最简单的应变场模型应用场合,仅用三个参数描述了只有应变宽化峰形的傅里叶系数[参见 van Berkum 等[82]论文中的方程(7)]:①缺陷(在衍射矢量轴上)平

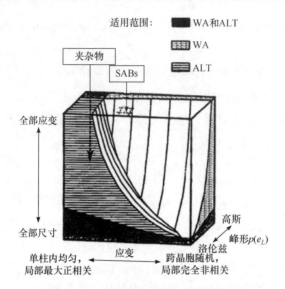

图 4.4 WA 法和替代法(ALT)的适用范围
立方体中的位置对应失配夹杂物和小角度晶界(SABs)引起的宽化;有关更多详细信息,请参见参考文献[75]

均投影距离;②均方根应变 $\langle e_0^2 \rangle$;③分应变场的宽度 w(如洛伦兹形)。可以简单地包含可能的尺寸宽化分量[67,82]。对球磨金属粉末应用该应变场模型,请参见参考文献[67]、[82]和[83]。

已经开发出无需特定微结构模型的分析方法,用于基体晶体中的夹杂物和位错引起的线宽[84]。下文讨论的重点是位错衍射线宽化。

该领域的开拓性工作归功于 Krivoglaz 和 Ryaboshapka[85]以及 Wilkens[86]。Krivoglaz 和 Ryaboshapka 考虑了统计上随机分布的非相互作用的平直和平行(刃或)螺位错群,认为晶体中没有发生各种位错群的弹性相互作用。Wilkens 证明了这种位错在一个集合内的随机分布是不实际的,因此引入了"严格随机的"位错排列。为此,在某一集合中的位错分布相关度用所谓的截止半径 R_e 描述,R_e 可以认为是随机排列的位错所在的柱体的半径。

相应的应变傅里叶系数 $A^D(L)$ 可以近似为[87]

$$A^D(L) = \exp\left[-(cL)^p\right] \tag{4.19}$$

其中,c 是 $A^D(L)$ 的宽度;指数 p 取值介于 1(洛伦兹形状)和 2(高斯形状)。形状参数(又称 Wilkens 参数)M:

$$M = R_e(\rho)^{1/2} \tag{4.20}$$

可以根据 p 来计算[参见 Vermeulen 等的式(4.19)[87]]。c 与位错密度 ρ 的平方根有关。注意,式(4.19)类似于式(4.13),见参考文献[77]。彼处是高斯微应变分布 $p(e_L)$ 的情况,并由式(4.17)给出微应变随 L 变化的具体假设。

位错衍射线宽化通常是各向异性的，即取决于不同的 hkl 反射晶面(也即取决于衍射的方向和长度矢量；参见 4.3.4 节)。这可以通过所谓的位错衬度因子来有理化[88]，该因子包含在式(4.19)的 c 中。

在薄膜及塑性变形材料中已经研究了位错密度和构型(如参见参考文献[67]、[87]、[89]和[90])。除了位错密度和截止半径外，还可以确定螺型和刃型位错的比例。近期使用 Monte Carlo 法对相关位错衍射峰的研究，请参见参考文献[91]。最近有关位错衍射线宽化的评论，请参见参考文献[92]。

鉴于本节中的讨论，很明显，在通过衍射方法进行微结构分析方面，微应变对衍射线宽的影响是人们最不理解的现象之一。常见的应用方法(另请参见 4.4.1 节)通常严重陷入未经验证的假设，可能会导致错误性的结论。

4.3.4　各向异性尺寸和(类)微应变衍射线宽化

各向异性衍射线宽化概念意味着衍射线宽化取决于 hkl 反射晶面，且随衍射矢量长度增加，宽化(在倒易空间中)既不是常数(如预期的球形晶粒只产生纯尺寸宽化)，也不呈线性增加(某些类型微应变宽化；参见 4.3.3 节)，甚至不单调变化。最近在基于现象学和微结构的衍射线宽建模方面，这个现象得到普遍关注[93,94]。

各向异性衍射线展宽可以分类如下：

1) 各向异性的晶粒形状：如果多晶样品中的晶粒尺寸在晶体参考系中是各向异性的，会发生各向异性尺寸宽化(图 4.5；参见如参考文献[66]和[95])。实验研究参见如参考文献[96]和[97]。

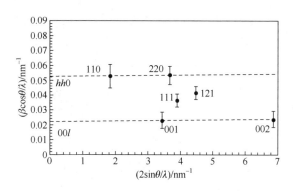

图 4.5　莫来石烧结后反射的 Williamson-Hall 曲线(参见 4.4.1.1 节)[97]
hh0 和 00l 反射的展宽明显不同，表明莫来石纳米晶体沿 c 轴伸长

2) 晶粒内只有很小的(可忽略的)微应变梯度(即 Stokes-Wilson 近似成立，4.3.3.1 节)：在这种情况下，随着衍射矢量长度的增加，线宽的增加与 2θ 标尺上的 $\tan\theta$ 成正比，并且对于特定 hkl 反射及其高阶反射，线宽随衍射矢量在倒易空

间中的长度线性增加[请参阅式(4.14)]。此类各向异性微应变衍射线宽化的唯象模型已在 Rietveld 精修程序中开发和实施(请参见如参考文献[98]和参考文献[99]中Delhez 等撰写的第 7 章)。这种类型线宽的典型例证之一是(假设的)各向同性微应力分布，结合单晶弹性各向异性原理，结果得到各向异性的微应变分布。这种方法很可能高估了衍射线宽化的各向异性，因为在大量材料的不同晶粒取向上，各向同性的微应力分布产生了几何不匹配的应变。在多晶块体材料中真正的晶粒相互作用更可能是介于各向同性的应力和各向同性的应变分布之间。

最近，各向异性(类微应变)衍射线宽化的另一个来源被认为是非立方晶系材料的成分波动(图 4.6[100])。对由场-张量(0 级，属于成分变化；2 级，属于应力/应变分布)引起的各向异性微应变宽化，近来的一般性处理是采用 Stokes-Wilson 近似，请参见参考文献[94]。

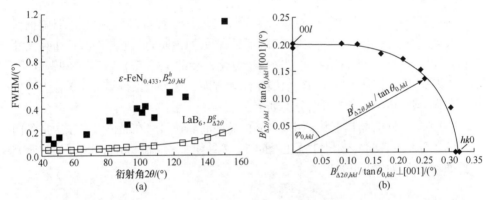

图 4.6　(a)使用布拉格-布伦塔诺衍射几何、Co K$_\alpha$光源测量的ε-FeN$_{0.433}$粉末和 LaB$_6$(用于确定仪器线宽)的反射线半高宽(FWHM)；由于粉末成分不均匀，出现"发散"明显的线宽；(b)在ε-FeN$_{0.433}$粉末中观测类微应变宽化的各向异性，随方向改变的 FWHM，$B^f_{\Delta 2\theta,hkl}$，是衍射矢量与六方晶系 c 轴夹角的函数；散点表示实验数据；实线代表将实验数据中成分波动引起的线宽经模型拟合处理获得的曲线；得出了ε-FeN$_{0.433\pm0.008}$成分波动的量值[100]

3) 无微应变梯度的假设：采用微结构模型。在这种情况下，应变宽化随衍射矢量长度的变化服从微结构模型。近来研究最多的情况是位错衍射线变宽，此时各向异性线宽化是由衍射矢量相对于滑移系的取向和弹性常数的各向异性引起的(请参见 4.3.3.3 节和图 4.7；另请参见如参考文献[92]、[101]~[103])。

4.3.5　宏观各向异性

块体多晶样品通常表现出各向异性的微观结构。例如，考虑通过物理气相沉

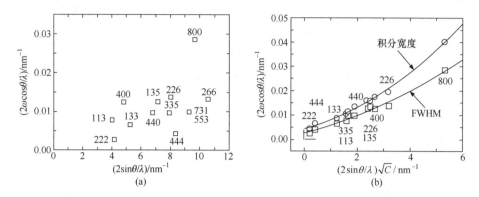

图 4.7 (a)立方晶系尖晶石 LiMn₂O₄ 的半高宽 FWHM(2w, 单位 nm⁻¹)关于倒易晶格间距 d^* 在经典 Williamson-Hall 图中的函数曲线(参见 4.4.1.1 节)，注意明显的各向异性衍射线宽化特征；(b)将 (a)Williamson-Hall 图的数据修改为 $\sqrt{C}d^*$ 的函数[其中 C 是位错衬度因子；参见式(4.19)和式(4.20) 下方的讨论]；横坐标重新标度后[见(a)和(b)]，数据点位于平滑曲线上；hkl 劳厄反射晶面指数 也标示在图中[104]

积法沉积的薄膜：通常出现所谓的柱状微观结构，其中薄膜由被晶界分隔的柱状晶粒组成，柱晶或多或少垂直于膜层表面。对于这样的薄膜，晶粒尺寸是各向异性的：沿表面法线的晶粒尺寸远大于薄膜平面内的。因此，会发生宏观各向异性的尺寸宽化(示例请参见图 4.8；另请参见参考文献[105]和[106])。各向异性尺寸宽化可能伴随着各向异性应变宽化(图 4.8)[105]，也可能由于晶面内不均匀的缺陷密度(如不同的滑移系的位错)在样品参考系中形成不同取向[87]。

使用平行光衍射仪，在实验上大大地简化了宏观各向异性衍射线宽化分析，因其可以避免聚焦衍射仪的仪器偏差(即"离焦")，当衍射矢量方向偏离(如样品表面法线方向)时会出现这种偏差，如布拉格-布伦塔诺衍射仪的情况(请参见本书第 12 章)。

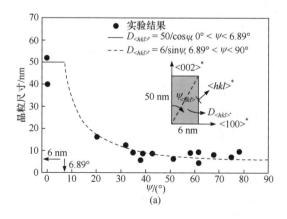

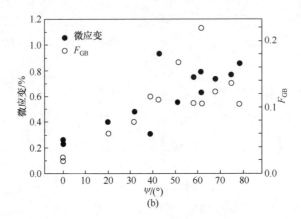

图 4.8   (a)250 nm 厚的 Ti₃Al 层的粒径沿 <hkl>* 的不同方向作图，作为倾斜角 ψ 的函数；该图代表了 Ti₃Al 层中矩形的 Ti₃Al 晶粒(高度为 50 nm、宽度为 6 nm)，矩形晶粒粒径 $D_{<hkl>}$· 沿 <hkl>* 方向为 50 nm/cosψ(0° < ψ < 6.89°)和 6 nm/sinψ(6.89° < ψ < 90°)，分别见实线和虚线所示；(b)Ti₃Al 层的微应变和晶界分数 F_{GB} 沿不同 <hkl>* 方向作图，作为倾斜角 ψ 的函数；$F_{GB} = \Delta g/D$，其中 Δ 是相对于晶界厚度的常数，这里等于 1.0 nm，g 是几何常数并等于 1；结果表明 F_{GB} 和微应变关于 ψ 的函数呈现近似变化过程[105]

4.3.6   晶粒尺寸和衍射相干性

对于大多数多晶样品，其一个晶粒与另一个晶粒的散射波相位差(小于模数 2π)为在 0 和 2π 之间等概率的某个值。在这种情况下，总衍射强度可以作为各个晶粒散射强度之和。从而自然引出尺寸宽化的概念，其起因归于单个晶粒的有限尺寸和相关原子在一个晶粒内的相对位移引起的应变宽化。一种更通用的方法是将多晶的整个辐照体积视为相干散射域。van Berkum 等按照这种方法基于应变场的柔性模型和相关晶格缺陷分析应变宽化(另请参见 4.3.3.3 节)[82]。由于散射波的相位差来自不同散射体(原子)，是衍射矢量和散射体的位置(差)矢量的标量积，样品中应变场的特性和衍射矢量长度都对衍射线宽化起决定性作用。已经证明对于一般应变宽化，衍射线宽化与(衍射)级次的关系是复杂的；也就是说，在"衍射矢量长度"(1/d)标尺上，不发生与级次无关的宽化(传统上称为尺寸宽化)或与衍射矢量长度成正比的宽化(传统上所谓的应变宽化)；实际上，这种反射级次的线性关系仅在 Stokes-Wilson 近似成立的情况下得到验证；参见 4.3.3.1 节)(图 4.9)。

可以确定以下三种情况：

1) 对于无限宽的晶格缺陷分应变场，Stokes-Wilson 近似适用(局部最大正相关的晶格间距；$w/\langle S \rangle \to \infty$；有关 w 和 $\langle S \rangle$ 的定义，请参见 4.3.1 节)，展宽与衍射矢量长度成正比[参见式(4.14)]，而对于晶粒的高斯型间距分布，"衍射矢量长度"

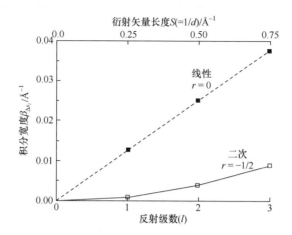

图 4.9 方差为 $\langle e_L^2 \rangle = \langle e_1^2 \rangle \left(\langle S_1 \rangle^2 L^2 \right)^r$ [参见 4.3.3.2 节的式(4.17)]时，两种高斯微应变分布的衍射微应变积分宽度情形：①$r = 0$，对应 Stokes-Wilson 近似，高斯线形的宽度随反射级数线性增加；②$r = -1/2$，洛伦兹线形的宽度随反射级数呈二次函数增加[77]

($d^* = 1/d$)上的积分宽度遵循：

$$\beta = (2\pi)^{\frac{1}{2}} d^* \langle e^2 \rangle^{\frac{1}{2}} \tag{4.21}$$

其中，$\langle e^2 \rangle$ 是均方应变。这是众所周知的(高斯形)应变宽化，样品中每个晶粒内部具有恒定晶格间距 d，其中 $\langle e^2 \rangle$ 明确由式(4.22)给出：

$$\langle e^2 \rangle = \frac{\langle d^2 \rangle - \langle d \rangle^2}{\langle d \rangle^2} \tag{4.22}$$

再次看到，测量衍射线宽(如积分宽度)和衍射矢量长度的正比关系通常被用于应变宽化，但是无法评判这种线性关系的一般适用性(参见上面讨论的 4.3.3.1 节，以及图 4.9 和图 4.10)。

2) 对于无限窄的分应变场($w/\langle S \rangle \to 0$，对应于多晶材料中的小角度晶界)，当衍射矢量长度较小时，在"衍射矢量长度"($d^* = 1/d$)上的积分宽度遵循：

$$\beta \propto \left(d^* \right)^2 \tag{4.23}$$

对于较大的衍射矢量长度，将获得恒定的线宽("经典"尺寸宽化；图 4.10)。这种宽化对应的一种典型微结构是组成材料的无畸变相畴彼此偏移(晶格不一致)[82]。那么，为了增加衍射矢量长度，相位差(模数 2π)几乎均匀地分布，因此发生非相干衍射。

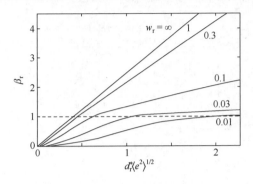

图 4.10 应变场的应用模型[82]

分应变场中，对应不同相对宽度 w_r 的倒易空间衍射线形的相对积分宽度；d^* 和 w 下标 "r" 表示这两个量(在衍射矢量方向上)经缺陷平均投影距离归一化；当 $w_r \to 0$，[衍射矢量长度不是太小时，参见式(4.23)]线宽不随反射级数变化；仅当 $w_r \to \infty$，线宽随反射级数线性变化

对此类衍射线宽化(衍射矢量长度小时增加，衍射矢量长度大时保持恒定；图 4.10)的预测，最近根据测量纳米晶体材料的线宽化进行了实验确认(纳米晶薄膜的情况请参见图 4.11)。有关部分相干衍射对尺寸展宽影响的进一步研究请参见参考文献[107](针对球磨氟化物纳米晶)、参考文献[108](针对纳米晶薄膜)。

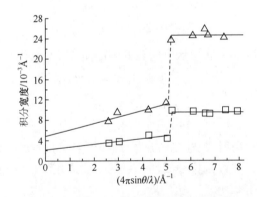

图 4.11 两种不同 fcc 相纳米晶薄膜($Cr_{0.87}Al_{0.12}Si_{0.01}N$，三角形标记；$Cr_{0.91}Al_{0.08}Si_{0.01}N$，空心正方形标记)的衍射线宽[109]

考虑相邻纳米晶粒间的部分相干性，介于 0~5 Å⁻¹ 之间(外推至 $q = 0$)的衍射线宽随衍射矢量长度而变化，$q > 5$ Å⁻¹ 处的经典尺寸宽化区为水平线；虚线标记失去纳米晶部分相干性的衍射矢量长度区，注意这些结果与图 4.10 所示的模型预测相似，如对于 $w_r = 0.03$

结合相干效应的应变场模型的一般性实际应用，另请参见参考文献[67]。

3) 对完全局部不相关的晶格应变和大范围的(也是非高斯型的)微应变分布，出现洛伦兹峰形且在"衍射矢量长度"(1/d)标尺上的积分宽度随反射级数呈二次函数增加(请参阅 4.3.3.1 节和图 4.9)[77]。

4.4 线形分析的实际应用

正如本章引言以及前面几节中提到的,对非完美晶体宽化的处理,线形分析可以按照两种完全不同的途径进行(图 4.12):一方面,多多少少地使用一些有关材料缺陷/线宽的实际和一般性假设,从一条或多条衍射峰的线形中提取微结构参数:线形分解。另一方面,可以通过拟合线形确定微结构参数,根据所研究样品的一般或具体微结构模型计算得出实测线形:线形合成。

图 4.12 线形分析的两种主要路线:线形分解和线形合成

4.4.1 线形分解

4.4.1.1 宽度法

在许多实际情况下,需要将大量时间和精力花费在复杂的(如粉末衍射全谱建模/拟合)线形分析/合成方法上,如对原位非环境测量得到的低质量数据进行分析,或对这些数据结果的应用,这显然不太划算。那么,对积分宽度的简单分析可能适合获得晶粒尺寸和微应变的半定量结果。基于宽度法,可以采用以下两种将尺寸和应变分开的基本方法。

1) 单峰分析(SLA)[52]:假设结构性线形宽化 f 由尺寸和应变引起,SLA 分析基于与该假设有关的(测量)宽度。另一个普遍采用的假设是尺寸宽化导致洛伦兹峰线形,而应变宽化导致高斯峰线形[52,110]。这些假设通常不容易判别(请参阅 4.3.2 节和下文)。根据上述假设,将代表尺寸的洛伦兹线形和代表应变的高斯线形卷积,按这种方式获得的 Voigt 函数用来表达结构宽化的线形[111,112]。

在不同的 SLA 演变方法中(参见参考文献[37]中的表 1),最常用的方法的确是基于由 Voigt 函数的基本性质衍生出的近似方程,可以由衍射线形的总积分宽度 β 和所谓的 Voigt 参数 ϕ [即宽化线形的半高宽(FWHM = $2w$)与其积分宽度 β 的比值;参见式(4.3)]计算出洛伦兹(β_{L})和高斯(β_{G})分量的积分宽度[52]。如果假设仪器标准线形 g 也可以由 Voigt 函数表示,按照积分宽度和测得的 Voigt 参数 h 以及仪器衍射线宽化 g,做简单仪器校正也是可能的(有关详细信息及公式,请参见参考文献[52])。

对于尺寸宽化,可以直接证明洛伦兹峰线形对应于指数型尺寸(即柱长度)分布函数(有关详细信息,请参见 4.3.2 节)。应用谢乐方程[参见式(4.10)],晶粒尺寸(在平行于衍射矢量方向上的体积加权柱体长度)D 与洛伦兹峰积分宽度 β_{L} 有关[57]:

$$\beta_{\mathrm{L}} = \frac{\lambda}{D\cos\theta} \tag{4.24}$$

其中,2θ 是衍射角;λ 是波长。或在倒易空间定义积分宽度,$\beta_{\mathrm{L}}^{*} = \beta_{\mathrm{L}}\cos\theta / \lambda$,即

$$\beta_{\mathrm{L}}^{*} = \frac{1}{D} \tag{4.25}$$

在层叠晶面内的应变梯度可以忽略不计,试样中如果形成了高斯微应变分布,则出现了由微应变引起的结构性高斯峰线形宽化(即所谓的 Stokes-Wilson 近似法):高斯微应变分布直接映射(非镜像)在"衍射矢量长度"标度上;也就是说,在这个标度上,衍射线表现出高斯形状,且积分宽度 β_{G}^{*} 还与衍射矢量长度成正比(请参阅 4.3.3.1 节)。因有 $\beta_{\mathrm{G}}^{*} = (\beta_{\mathrm{G}}\cos\theta)/\lambda$,$2\theta$ 实空间和倒易空间中积分宽度的表达式分别为

$$\beta_{\mathrm{G}} = 4e\tan\theta \tag{4.26}$$

$$\beta_{\mathrm{G}}^{*} = 2ed^{*} \tag{4.27}$$

其中,$d^{*} = 2\sin\theta/\lambda$。SLA 中经常采用式(4.26)或式(4.27)计算微应变;e 应被视为微应变分布的宽度量值[76]。仅在高斯微应变分布情况下,可以由:$\left\langle \varepsilon_0^2 \right\rangle^{\frac{1}{2}} = (2/\pi)^{-\frac{1}{2}}e$ 计算局部应变均方根 $\left\langle \varepsilon_0^2 \right\rangle^{\frac{1}{2}}$ [37,113]。

2) Williamson-Hall(WH),多线分析[72,73]:在 WH 分析中,假定与尺寸宽化和应变宽化线形有关的积分宽度是线性叠加的,可由式(4.24)和式(4.26)给出其在 2θ 实空间中的值:

$$\beta = \frac{\lambda}{D\cos\theta} + 4e\tan\theta \tag{4.28}$$

并根据式(4.25)和式(4.27)在倒易空间中有

$$\beta^* = \frac{1}{D} + 2ed^* \qquad (4.29)$$

这意味着尺寸和应变线形分量是洛伦兹型。对式(4.29)变形,在倒易空间中作β^*与d^*的直线关系图[或对式(4.28)变形,在实空间中作$\beta\cos\theta/\lambda$与$2\sin\theta/\lambda$的关系图],那么可以直接从截距和直线的斜率获取尺寸和应变的数值(请参阅图 4.13 中的例子)。

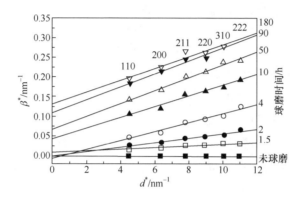

图 4.13　Williamson-Hall 法的应用[114]

氩气气氛保护、球磨时间不同的钼粉,观察到其各反射晶面衍射线的结构宽化;倒易空间中的积分宽度β^*对倒易晶格间距 d^*作图;线性拟合不同球磨时间下的所有反射线[参见式(4.29)]

按照 WH 法,从总线宽中分离尺寸与应变线宽涉及一个普遍采用的(但并非无关紧要,参见 4.3 节,尤其是 4.3.6 节)假设:在倒易空间中尺寸宽化与衍射矢量长度无关,而应变宽化却与其(线性)相关。WH 法有其他变化形式[如对尺寸和应变线形分量采用高斯型函数和/或考虑(如由位错引起的)各向异性线宽(4.3.4节)];但所有这些都基于:①假设特定的线形形状;②假定尺寸宽化与衍射矢量长度无关(请参见 4.3.6 节);③假定应变宽化与衍射矢量长度呈线性关系[参见式(4.29);且请参阅 4.3.6 节]。

SLA 和 WH 法涉及的(至少部分意义不明确甚至矛盾的,如 WH 法中应变线宽采用洛伦兹峰形,相反在 SLA 法中则采用高斯峰形)假设:①衍射线形状来自不同类型的线宽源;②宽化(的类型)取决于衍射矢量长度。积分宽度法已被用于近期的各种研究中,且(默认)推测获得的结果具有定量意义[61,115-118]。但是,鉴于基本假设,必须谨慎使用这些结果(严格的有关评价,另请参见参考文献[36])。获得的定量结果与通过更高级的方法(请参见 4.4.2 节)获得的结果一致,尤其是对于仅有一种线宽源的情形(通常是尺寸宽化)显然如此[119,120]。

4.4.1.2　傅里叶法

使用衍射线形的傅里叶变换可能是有益的，因为在实空间中的卷积对应于傅里叶空间中的乘积。这样的话，仪器宽化校正(Stokes 方法[38]，请参见 4.2.3 节)以及尺寸宽化和应变宽化的分离在傅里叶空间可以大大简化。此外，无需使用关于衍射线形的先决假设条件。实际上，傅里叶变换被相应的傅里叶级数代替[参见式(4.5)]。

在对每个相关长度 L 做高斯应变分布假设的基础上(或仅出现小应变；请参见 4.3.3.2 节)，Warren 和 Averbach[63]设计了一种傅里叶法来分离尺寸和应变宽化。该方法使用至少二级反射线的傅里叶系数，并进一步暗示尺寸宽化与反射线(即衍射矢量长度)的级次无关(另请参见 4.3.6 节)[63,74]。以此为依据，建议从绘制 $\ln A(L, S_i)$-S_i^2 关系图开始，目的是针对每个 L 获得分离开的尺寸傅里叶系数 $A^S(L)$和$\langle e_L^2 \rangle$[63][式(4.15)]，如果以上假设成立[$S_i = 2\sin\theta_i/\lambda$，即衍射线形的形心与倒易空间原点的距离；参见 4.3.1 节]，则该程序可给出准确的结果。但是，在更多非高斯应变分布的一般情况中，已经表明绘制余弦系数关于 S_i^2 的图更合适[79][式(4.16)]。另外，如果可得到二级反射，则对每个 L 做 $A(L, S_i)$-S_i^2 图，从中获得 $A^S(L)$和$\langle e_L^2 \rangle$。

即使 WA 法已成为线形分析(LPA)的标准程序，尤其是在冶金应用中，(主要)涉及重叠峰问题可忽略不计的立方系变形材料，也不能将提取的应变展宽参数直接而一般性地解释为普通的微结构参数，如位错密度。此外，(严重)塑性变形的金属材料中的微应变分布也显示出与 WA 法的基本假设不符[75,86]。此类样品可以通过替代法更可靠地分析，该法假设小应变梯度和宽尺寸分布[75](请参见图 4.4 和参考文献[75]中不同方法的有效范围的讨论)[①]。

由于二级反射并不总是可得到的，因此设计了各种单线傅里叶变通方法(请参见参考文献[37]表 1 中提供的概述)。

4.4.1.3　粉末衍射全谱拟合

通过分析函数拟合单个衍射线是传统积分宽度法的特色(请参阅 4.4.1.1 节)，但该方法对于有些样品可能会出问题，如可能产生明显的衍射线重叠的多相和/或包含低对称性晶体的样品。在这种情况下，对各个衍射线的位置、宽度和形状

---

① "替代分析法"的执行方式如下。对于 $L \ll \langle D \rangle$，$\langle D \rangle$ 是面积加权的晶粒尺寸(柱长)。随 L 变化的 $A^S(L)$有[75]：$\ln A^S(L_i) = S_1/S_i \ln A^S(L_1)$，其中 $L_i = (S_1/S_i)L_1$[如果柱长(大小)分布 $p(D)$服从：$p(D) = 1/\langle D \rangle \exp[-D/\langle D \rangle]$，该结果是成立的]。用此结果替代 A^S，式(4.18)替代式(4.6)中的 A^D，且如果至少有二级反射可得到，则得出可以分离应变宽化的一个方程："替代分析"[75]。

参数加以限制的基础上，对谱图的所有衍射线用经验线形形状函数同时进行拟合可以解决峰重叠问题。如果用一个晶体结构模型或晶胞的大小和对称性来研究多晶样品晶粒,可以分别采用 Rietveld[121]和 Pawley[122](另请参见参考文献[123])法。

最初认为线形宽化对晶体结构和晶格常数精修是不利的，因此开发了随角度变化的线形宽化的经验参数[98,99,124]。随着人们对 LPA 法的兴趣日益浓厚，人们越来越关注峰的展宽和线形形状的定量应用[125]。这导致专门开发如 MarqX 程序[126]，利用峰宽和峰形进行晶格常数精修和线形分析。由此，可以将线形形状参数作为拟合参数对每条反射线单独使用或可以通过适当的随角度(和/或 *hkl*)变化的函数对其加以约束限制。因此，粉末衍射全谱拟合是一种从测量衍射图中提取线形参数的方法。之后可以将该提取参数用于 4.4.1.1 节中介绍的单峰法或 WH 法。

4.4.2　线形合成

根据各种晶体缺陷引起线宽化的理论，如描述线宽化的相应傅里叶系数，原则上可以直接计算衍射线形状，进行线形合成(4.4.2.1 节和 4.4.2.2 节)。衍射线形状的这种直接计算具有以下优点：无需关于线形的预先假设。尽管晶粒尺寸、缺陷和位错衍射线宽化的基础理论建立于 1950~1975 年，基于这种晶体结构缺陷的衍射线形直接计算直到最近才在实际中使用[67,82,89,127-129]。这个发展得益于最近十多年中计算能力的急剧提高，这种能力对于开发线形合成方法至关重要。

另外一种衍射线宽化分析方法，通常是利用德拜散射方程，原则上由原子(散射体)的某特定空间排列计算散射强度。该法仅针对有限数目的原子，需要简便易行的数值计算方法，因此对纳米晶衍射尤其有发展前景。

4.4.2.1　通用应变场方法

van Berkum 等[82]提出一种灵活的通用方法——应变场模型，基于一种无需考虑如位错、小角晶界等特殊缺陷的微结构模型，描述微应变引起的线形宽化。该方法从各个缺陷的(分)应变场叠加累积组成的应变场计算纯应变衍射线宽化的傅里叶系数(请参阅 4.3.3.3 节)。可以简单地将可能的尺寸宽化分量包含在内[67,82](图 4.14)。

4.4.2.2　特定的微结构模型：粉末衍射全谱建模和多重全谱峰形建模/拟合

可以针对特定的微结构计算衍射线宽化。截至目前，在这种线形合成法中用到的线宽化的来源有：
1) 仪器宽化；
2) 晶粒尺寸(形状和尺寸分布)；
3) 平面缺陷；
4) 由位错引起的晶格畸变。

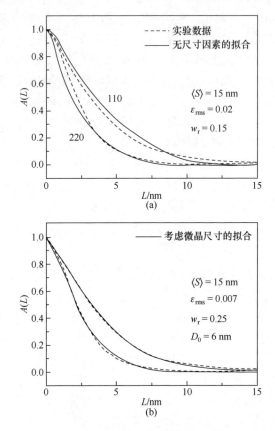

图 4.14　通用应变场模型的应用[67]

仅结构宽化线形的余弦傅里叶系数 $A(L)$，实验材料为球磨 30 h 的钼粉；虚线是实验获得的 110 晶面的一级和二级
衍射线曲线；(a)不考虑尺寸宽化效应时，同时拟合 110 两级反射的应变场模型(实线)；(b)与(a)类似，但结合了中
位数 D_0 的对数正态分布晶粒尺寸宽化效应；均方根应变 $\varepsilon_{rms} = \left\langle e_0^2 \right\rangle$，对于其他参数的定义，请参见 4.3.3.3 节

　　线宽的其他来源，如失配夹杂物[130]、成分起伏[100]、颗粒表面效应[131]和弹性
颗粒相互作用[132]，(原则上直接)可以考虑在内，但一般不考虑。按照拟合程序的
执行过程，粉末衍射全谱建模(WPPM[133]；另请参见参考文献[89]和[128])和多重
全谱峰形建模/拟合(MWP[127]；另请参见参考文献[101]和[134])可能被区分①。

---

①　名称"粉末衍射全谱建模"(WPPM)和"多重全谱峰形拟合"(MWP)由相应的线宽化程
序作者在线形合成分析基础上创立(WPPM 参见参考文献[89]和[133]，MWP 参见参考文献[127])。
当然，这两种方法都涉及对测量(或测量并经傅里叶变换)的线形拟合，并采用线形"合成"和
特定微结构模型。这两种方法原则上是等效的，只是对所测谱图的处理不同：WPPM 法在分解
粉末衍射谱时，不需要将单独的各个衍射线分离；MWP 法需要将各个实测线形或其傅里叶系
数作为输入数据，扣除背景后，剥离重叠峰并校正仪器宽化(见正文)。

　　WPPM 法涉及包含多个在实空间中衍射峰的谱图拟合，经过采用适当背景的 Pawley 型[122]拟合，对用户选择的衍射线宽化来源(请参见前文列出的)运用(运动学)衍射理论计算峰的形状。对测量的强度直接进行拟合，同时考虑其强度(统计)标准偏差。对微结构拟合参数(与粉末衍射全谱的峰形拟合参数进行比较；参见 4.4.1.3 节)进行优化，如位错密度及螺型和刃型位错的比例(如使用非线性最小二乘法；参见图 4.15)。

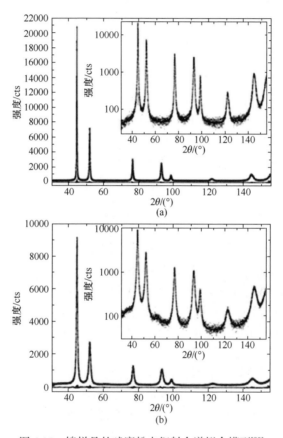

图 4.15　镍样品的球磨粉末衍射全谱拟合模型[89]

(a)研磨时间为 12 h；(b)研磨时间为 96 h；此分析提供了详细的微结构信息：位错密度、平均粒径、孪晶和变形缺陷概率、Wilkens 参数 M[参见式(4.20)]以及尺寸的对数正态分布

　　MWP 法首先涉及分离重叠峰、背景扣除和使用 Stokes 方法对粉末谱图单个衍射峰的仪器校正(请参阅 4.2.3 节)。对于分离重叠峰和背景的确定，通过分析相邻峰尾部与特定衍射线的重叠，用经验函数拟合并进行扣除。这样得到一套已做过背景及相邻峰重叠校正的衍射线，必要时可做仪器宽化。其次，对用户选择的衍射线宽化来源(参阅本节一开始列出的清单)运用(运动学)衍射理论，在实空间或

傅里叶空间中拟合这些(强度归一化)峰。而 WPPM 法，在最后阶段，要对微结构参数进行优化(通过非线性最小二乘程序)。有关谱图拟合(4.4.1.3 节)和建模方法(本节)的比较，请参见参考文献[135]。

4.4.2.3　一般原子结构：德拜散射函数

虽然所有先前描述的 LPA 方法都依赖于通过有限尺寸、晶格应变等对晶体材料缺陷进行建模，但是可以采用一种以德拜命名的方法：无论原子是否处于晶格阵点，原子阵列散射强度都可以(在运动衍射理论范围内)根据式(4.30)计算出：

$$I = C\sum_m\sum_n f_m f_n \exp\left(2\pi i / \lambda\right)\left(s - s_0\right)r_{mn} \tag{4.30}$$

其中，s_0 是在单色波长 λ 的入射波方向上的单位向量；s 是衍射光束方向的单位向量；f_m 是原子 m 的原子散射因子；r_{mn} 是 m 和 n 原子位移向量；C 是一个常数。对所考虑的原子阵列中的所有原子做 m 和 n 的求和。对于由相同原子排列聚集体(晶体)构成的粉末(或多晶)材料，在空间中的所有方向上以相等的概率对待，对式(4.30)取平均得

$$I = C\sum_m\sum_n f_m f_n \frac{\sin kr_{mn}}{kr_{mn}} \tag{4.31}$$

其中，$k = 4\pi\sin\theta/\lambda$；$r_{mn}$ 是原子中 m 和 n 在聚集体(平均晶粒)中的(标量)距离[136,137]。

尽管该公式长期以来被作为德拜散射函数而令人熟知，但直到最近，该公式的实际应用一直非常有限，因为根据式(4.31)进行数值计算所需的计算时间超出大多数晶体(和非晶)体系的实际极限。此外，通过反演式(4.31)从所测衍射图的信息直接确定各个原子间的距离既不可能也不必要，因为原子间距只能以非常间接的方式包含(晶体)缺陷信息。

式(4.31)适于计算纳米晶材料衍射谱，特别是由原子模型构建的(平均)纳米尺寸晶粒，表现出某些如尺寸、形状和晶体不完整性(如面缺陷)等特征，可以直接比较计算结果和测量衍射图。通过对不同粒径颗粒计算衍射谱图加权求和，得到尺寸分布，其中的权重代表晶粒尺寸分布[138]。

由于基本对象是单个粒子，因此此方法称为孤粒子(IP)技术。IP 方法不允许模拟来自不同粒子散射波的干涉效应以及堆积密度和形状相关性的效应。这一缺陷可以采用多粒子方法克服[138]。

值得注意的是，非常小的金属纳米颗粒也可能会表现出非晶对称性，如具有 fcc 结构的贵金属(块材)的十面体或二十面体对称性，因有非常复杂的孪晶(参见参考文献[139])，这样从完美的晶体晶格变异开始计算衍射图，同时应用德拜散射函数的方法可能特别有用(图 4.16)。

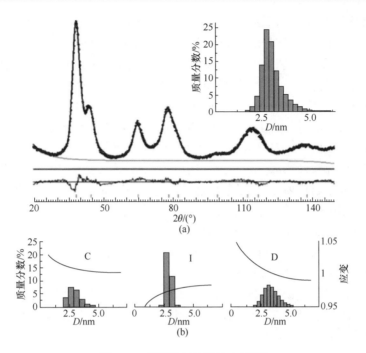

图 4.16　德拜散射函数的应用[139]

(a)金纳米颗粒的实测(十字)和计算(实线)衍射图(单色同步辐射的能量为 8.040 keV)，插图显示了晶畴的尺寸分布，下面为实测与计算强度之间的差值；(b)样品中不同晶体结构对应的尺寸和尺寸相关的应变分布(即不同尺寸的质量分数和应变)；C 代表立方八面体，I 代表二十面体，D 代表十面体

　　随着研究人员实际处理德拜散射函数的计算资源不断增加，尤其是对纳米晶材料的浓烈兴趣，出现了测量衍射图和计算结果比较匹配的各种研究案例[140-143]。实际例子包括：①硫醇钝化的金纳米颗粒(不同结构类型的质量分数、晶畴大小分布及与尺寸有关的应变分布)[139]；②通过溶胶-凝胶法合成的锐钛矿粉(沿两个生长方向的双尺寸变量对数正态分布，钛的占位率，以及用于校正作为两个生长方向尺寸函数的各向同性德拜-沃勒因子的参数)[144]；③氮膨胀奥氏体(研究了堆垛层错和螺型位错的综合影响)[145]；④多壁碳纳米管体材料的结构性能(随平均内径和层数而变化)[146]。WPPM 和基于德拜散射函数的方法的比较，请参见参考文献[147]。

4.5　结　论

　　1) 虽然客观的单峰形分析(仍然)允许尝试最严苛的微结构模型，但如果发生衍射峰重叠，则必须通过施加更严苛的约束(如线形形状)对所有反射线同时进行分析。随着更优的微结构衍射模型的开发，两种评估方法的差距有望减小。

2) 线形分解法使用了缺陷微结构/衍射模型(对微结构衍射线宽化无效的假设)，因此优先选择基于线形合成法而非线形分解法的微结构模型。

3) 有些线形分析方法在数学上非常复杂，对晶体缺陷做了过度的假设，但这些方法所获结果并非一定比采用如单峰或 WH 等简单方法所获结果更有意义。

4) 对于那些对晶体缺陷灵敏的分析，评估衍射线宽化的各向异性是先决条件，各向异性取决于衍射矢量在倒易点阵和/或样品参考坐标系中的取向和长度。

5) 衍射的相干度取决于不同衍射体中晶格间距的(正、负)相关程度，包含所有参与衍射的晶粒及衍射矢量长度。所以，普遍采用的(但重要的)假设是尺寸展宽在倒易空间中与衍射矢量长度无关，而应变展宽却(以某种方式)有关，在线形分解法中采用该假设可能导致错误的结果。这样的方法通常只会得到定性或至多半定量结果，但对于观察趋势很有用。

6) WA 分析和替代分析是最通用的线形分解方法。积分宽度法，如同线形分解法，在更严苛的假设下发生偏离。

一般来说，应变场法和德拜散射函数(但仅适用于非常小的微晶尺寸)是最通用的线形合成方法。粉末衍射全谱建模和多重全谱峰形拟合法，如同线形合成法，仅适用于特定的微结构。

(Eric J. Mittemeijer，Udo Welzel)

参 考 文 献

[1] Mittemeijer E J, Scardi P. Diffraction Analysis of the Microstructure of Materials. Berlin: Springer, 2004.

[2] Debye P, Scherrer P. Interference of X-rays, employing amorphous substances. Phys Z, 1916, 17: 277-283.

[3] Debye P, Scherrer P. Nachrichten von der Gesellschaft der Wissenschaften zu Gottingen. Math-Phys Klasse, 1916:1.

[4] Hull A W. A new method of X-ray crystal analysis. Phys Rev, 1917, 10: 661.

[5] Hull A W. A new method of chemical analysis. J Am Chem Soc, 1919, 41: 1168-1175.

[6] Scherrer P. Nachr Ges Wiss Goettingen Math Phys, 1918, 2: 98-100.

[7] Dehlinger U, Kochendorfer A. Linienverbreiterung von verformten metallen. Z Kristallogr, 1939, 101: 134-148.

[8] Fitch A N. The high resolution powder diffraction beam line at ESRF. J Res Natl Inst Stand Technol, 2004, 109: 133-142.

[9] Thompson S P, Parker J E, Potter J, Hill T P, Birt A, Cobb T M, Yuan F, Tang C C. Beamline I11 at diamond: a new instrument for high resolution powder diffraction. Rev Sci Instrum, 2009, 80: 075107.

[10] Wang J, Toby B H, Lee P L, Ribaud L, Antao S M, Kurtz C, Ramanathan M, von Dreele R B,

Beno M A. A dedicated powder diffraction beamline at the advanced photon source: commissioning and early operational results. Rev Sci Instrum, 2008, 79: 085105.

[11] Leoni M, Scardi P. Characterization of standard reference materials for obtaining instrumental line profiles. Powder Diffr, 1998, 13: 210-215.

[12] Balzar D, Audebrand N, Daymond M R, Fitch A, Hewat A, Langford J I, Le Bail A, Louer D, Masson O, McCowan C N, Popa N C, Stephens P W, Toby B H. Size-strain line-broadening analysis of the ceria round-robin sample. J Appl Crystallogr, 2004, 37, 911-924.

[13] Ungar T, Ribarik G, Gubicza J, Hanak P. Dislocation structure and crystallite size distribution in plastically deformed metals determined by diffraction peak profile analysis. J Eng Mater Technol: Trans ASME, 2002, 124: 2-6.

[14] Boulle A, Masson O, Guinebretiere R, Lecomte A, Dauger A. A high-resolution X-ray diffractometer for the study of imperfect materials. J Appl Crystallogr, 2002, 35: 606-614.

[15] Klug H P, Alexander L E. X-ray Diffraction Procedures for Polycrystalline and Amorphous Materials. New York: John Wiley & Sons, Inc., 1974.

[16] Bish D L, Post J E. Modern Powder Diffraction. Washington: Mineralogical Society of America, 1989.

[17] Jenkins R, Snyder R L. Introduction to X-ray Powder Diffractometry. New York: John Wiley & Sons, Inc., 1996.

[18] Welzel U, Mittemeijer E J. The analysis of homogeneously and inhomogeneously anisotropic microstructures by X-ray diffraction. Powder Diffr, 2005, 20: 376-392.

[19] Mittemeijer E J, Welzel U, Mittemeijer E J, Welzel U. The "state of the art" of the diffraction analysis of crystallite size and lattice strain. Z Kristallogr, 2008, 223: 552-560.

[20] Cheary R W, Coelho A. A fundamental parameters approach to X-ray line-profile fitting. J Appl Crystallogr, 1992, 25: 109-121.

[21] Kern A, Coelho A A, Cheary R W. Convolution based profile fitting//Mittemeijer E J, Scardi D. Diffraction Analysis of the Microstructure of Materials. New York/Heidelberg: Springer, 2004: 17.

[22] Bergmann J, Friedel P, Kleeberg R. BGMN: a new fundamental parameters based Rietveld program for laboratory X-ray sources, its use in quantitative analysis and structure investigations. CPD Newslett, 1998, 20: 5.

[23] Leoni M, Welzel U, Scardi P. Polycapillary optics for materials science studies: instrumental effects and their correction. J Res Natl Inst Stand Technol, 2004, 109: 27-48.

[24] Zuev A D. Calculation of the instrumental function in X-ray powder diffraction. J Appl Crystallogr, 2006, 39: 304-314.

[25] Zuev A D. Using the general equation of a conic for the calculation of the instrument function of a Bragg-Brentano diffractometer. J Appl Crystallogr, 2008, 41: 115-123.

[26] Prince E, Toby B H. A comparison of methods for modeling the effect of axial divergence in powder diffraction. J Appl Crystallogr, 2005, 38: 804-807.

[27] Masson O, Dooryhee E, Fitch A N. Instrument line-profile synthesis in high-resolution synchrotron powder diffraction. J Appl Crystallogr, 2003, 36: 286-294.

[28] Gozzo F, De C L, Giannini C, Guagliardi A, Schmitt B, Prodi A. The instrumental resolution function of synchrotron radiation powder diffractometers in the presence of focusing optics. J Appl Crystallogr, 2006, 39: 347-357.

[29] Schuster M, Gobel H.Application of graded multilayer optics in X-ray diffraction//Gilfrich J V, Noyan I C, Jenkins R, Huang T C, Snyder R L, Smith D K, Zaitz M A, Predecki P. Advances in X-ray Analysis. New York: Plenum Press, 1995: 57-71.

[30] Kogan V A, Bethke J. X-ray optics for materials research. Mater Sci Forum, 1998, 278-281: 227-235.

[31] Xiao Q F, Kennedy R J, Ryan T W, York B R. Multifiber polycapillary collimator for X-ray powder diffraction. Mater Sci Forum, 1998, 278-281: 236-241.

[32] Reiss C A. Comparison of optical elements for X-ray diffraction analysis in para-focusing and parallel beam geometries. Mater Sci Forum, 2001, 378: 218-223.

[33] Wohlschlogel M, Schulli T U, Lantz B, Welzel U. Application of a single-reflection collimating multilayer optic for X-ray diffraction experiments employing parallel-beam geometry. J Appl Crystallogr, 2008, 41: 124-133.

[34] Scardi P, Setti S, Leoni M. Multicapillary optics for materials science studies. Mater Sci Forum, 2000, 321-324: 162-167.

[35] Welzel U, Leoni M. Use of polycapillary X-ray lenses in the X-ray diffraction measurement of texture. J Appl Crystallogr, 2002, 35: 196-206.

[36] Scardi P, Leoni M, Delhez R. Line broadening analysis using integral breadth methods: a critical review. J Appl Crystallogr, 2004, 37: 381-390.

[37] Delhez R, de Keijser T H, Mittemeijer E J. Determination of crystallite size and lattice distortions through X-ray diffraction line profile analysis. Fresen J Anal Chem, 1982, 312: 1-16.

[38] Stokes A R. A numerical Fourier-analysis method for the correction of widths and shapes of lines on X-ray powder photographs. Proc Phys Soc Lond, 1948, 61: 382.

[39] Ida T, Toraya H. Deconvolution of the instrumental functions in powder X-ray diffractometry. J Appl Crystallogr, 2002, 35: 58-68.

[40] Ida T, Hibino H, Toraya H. Deconvolution of instrumental aberrations for synchrotron powder X-ray diffractometry. J Appl Crystallogr, 2003, 36: 181-187.

[41] Rachinger W A. A correction for the α_1 α_2 doublet in the measurement of widths of X-ray diffraction lines. J Sci Instrum Phys Ind, 1948, 25: 254.

[42] Delhez R, Mittemeijer E J. An improved α_2 elimination. J Appl Crystallogr, 1975, 8: 609-611.

[43] Johansson T. Selektive fokussierung der röntgenstrahlen. Sci Nat, 1932, 20: 758-759.

[44] Johansson T. Über ein neuartiges, genau fokussierendes röntgenspektrometer. Z Phys, 1933, 82: 507-528.

[45] Sitzungsber V W, Bayerische K. Akad Wiss, 1912, 42: 603-620.

[46] Suortti P, Ahtee M, Unonius L. Voigt function fit of X-ray and neutron powder diffraction profiles. J Appl Crystallogr, 1979, 12: 365-369.

[47] Wertheim G K, Butler M A, West K W, Buchanan D N. Determination of the Gaussian and

Lorentzian content of experimental line shapes. Rev Sci Instrum, 1974, 45: 1369-1371.

[48] Hall M M, Veeraraghavan V G, Rubin H, Winchell P G. The approximation of symmetric X-ray peaks by Pearson type Ⅶ distributions. J Appl Crystallogr, 11977, 10: 66-68.

[49] McCusker L B, von Dreele R B, Cox D E, Louer D, Scardi P. Rietveld refinement guidelines. J Appl Crystallogr, 1999, 32: 36-50.

[50] Young R A, Wiles D B. Profile shape functions in Rietveld refinements. J Appl Crystallogr, 1982, 15: 430-438.

[51] Wang H J, Zhou J. Numerical conversion between the Pearson Ⅶ and pseudo-Voigt functions. J Appl Crystallogr, 2005, 38, 830-832.

[52] de Keijser T H, Langford J I, Mittemeijer E J, Vogels A B P. Use of the Voigt function in a single-line method for the analysis of X-ray diffraction line broadening. J Appl Crystallogr, 1982, 15: 308-314.

[53] Mittemeijer E J, Delhez R. Concentration variations within small crystallites studied by X-ray diffraction line profile analysis. J Appl Phys, 1978, 49: 3875-3878.

[54] Warren B E. X-ray studies of deformed metals//Chalmers B K R. Progress in Metal Physics. London/New York/Paris: Los Angeles, 1959: 147-202.

[55] Stokes A R, Wilson A J C. A method of calculating the integral breadths of Debye-Scherrer lines. Proc Camb Philos Soc, 1942, 38: 313-322.

[56] Stokes A R, Wilson A J C. A method of calculating the integral breadths of Debye-Scherrer lines: generalization to non-cubic crystals. Proc Camb Philos Soc, 1944, 40: 197-198.

[57] Langford J I, Wilson A J C. Scherrer after sixty years: a survey and some new results in the determination of crystallite size. J Appl Crystallogr, 1978, 11: 102-113.

[58] Sree D R, Cholleti S K, Fard S G, Reddy C G, Reddy P Y, Reddy K R, Turpu G R. Nanosize effects in Eu doped $La_{0.67}Ca_{0.33}MnO_3$ perovskite. J Appl Phys, 2010, 108: 113917.

[59] Smilgies D M. Scherrer grain-size analysis adapted to grazing-incidence scattering with area detectors. J Appl Crystallogr, 2009, 42: 1030-1034.

[60] Ying A J, Murray C E, Noyan I C. A rigorous comparison of X-ray diffraction thickness measurement techniques using silicon-on-insulator thin films. J Appl Crystallogr, 2009, 42: 401-410.

[61] Fu C M, Syue M R, Wei F J, Cheng C W, Chou C S. Synthesis of nanocrystalline Ni-Zn ferrites by combustion method with no postannealing route. J Appl Phys, 2010, 107: 09A519.

[62] Bertaut F. Etude aux rayons-X de la repartition des dimensions des cristallites dans une poudre cristalline. Comptes Rendus Hebdomadaires Des Seances De L Academie Des Sciences, 1949, 228(6): 492-494.

[63] Warren B E, Averbach B L. The effect of cold-work distortion on X-ray patterns. J Appl Phys, 1950, 21: 595-599.

[64] Krill C E, Birringer R. Estimating grain-size distributions in nanocrystalline materials from X-ray diffraction profile analysis. Philos Mag A: Phys Condens Matter Struct Defect Mech Prop, 1998, 77: 621-640.

[65] Garin J L, Mannheim R L, Soto M A. Particle size and microstrain measurement in ADI

alloys. Powder Diffr, 2002, 17: 119-124.

[66] Scardi P, Leoni M. Diffraction line profiles from polydisperse crystalline systems. Acta Crystallogr A, 2001, 57: 604-613.

[67] Lucks I, Lamparter P, Mittemeijer E J. An evaluation of methods of diffraction-line broadening analysis applied to ball-milled molybdenum. J Appl Crystallogr, 2004, 37: 300-311.

[68] Langford J I, Louer D, Scardi P. Effect of a crystallite size distribution on X-ray diffraction line profiles and whole-powder-pattern fitting. J Appl Crystallogr, 2000, 33: 964-974.

[69] Popa N C, Balzar D. An analytical approximation for a size-broadened profile given by the lognormal and gamma distributions. J Appl Crystallogr, 2002, 35: 338-346.

[70] Ida T, Shimazaki S, Hibino H, Toraya H. Diffraction peak profiles from spherical crystallites with lognormal size distribution. J Appl Crystallogr, 2003, 36: 1107-1115.

[71] Leoni M, Scardi P. Nanocrystalline domain size distributions from powder diffraction data. J Appl Crystallogr, 2004, 37: 629-634.

[72] Hall W H. X-ray line broadening in metals. Proc Phys Soc, Sect A, 1949, 62(11): 741.

[73] Williamson G K, Hall W H. X-ray line broadening from filed aluminium and wolfram. Acta Metall, 1953, 1(1): 22-31.

[74] Warren B E, Averbach B L. The separation of cold-work distortion and particle size broadening in X-ray patterns. J Appl Phys, 1952, 23(4): 497.

[75] van Berkum J G M, Vermeulen A C, Delhez R, de Keijser T H, Mittemeijer E J. Applicabilities of the Warren-Averbach analysis and an alternative analysis for separation of size and strain broadening. J Appl Crystallogr, 1994, 27: 345-357.

[76] Stokes A R, Wilson A J C. The diffraction of X rays by distorted crystal aggregates: I. Proc Phys Soc, 1944, 56(3): 174.

[77] Leineweber A, Mittemeijer E J. Notes on the order-of-reflection dependence of microstrain broadening. J Appl Crystallogr, 2010, 43: 981-989.

[78] Eastabrook J N, Wilson A J C. The diffraction of X-rays by distorted-crystal aggregates III: remarks on the interpretation of the Fourier coefficients. Proc Phys Soc, Sect B, 1952, 65(1): 67.

[79] Delhez R, Mittemeijer E J. The elimination of an approximation in the Warren-Averbach analysis. J Appl Crystallogr, 1976, 9: 233-234.

[80] Kobe D H. Correction and interpretation of Fourier coefficients of X-ray diffraction patterns from very small, distorted crystals. Acta Crystallogr, 1960, 13(10): 767-769.

[81] Adler T, Houska C R. Simplifications in the X-ray line-shape analysis. J Appl Phys, 1979, 50: 3282-3287.

[82] van Berkum J G M, Delhez R, de Keijser T H, Mittemeijer E J. Diffraction-line broadening due to strain fields in materials: fundamental aspects and methods of analysis. Acta Crystallogr Sect A, 1996, 52: 730-747.

[83] Lucks I, Lamparter P, Mittemeijer E J. Diffraction-line profile analysis: a simple way to characterize ball-milled Mo? Mater Sci Forum, 2001, 378-381: 451-456.

[84] van Berkum J G M, Delhez R, de Keijser T H, Mittemeijer E J. Characterization of

deformation fields around misfitting inclusions in solids by means of diffraction line broadening. Phys Status Solidi A, 1992, 134: 335-350.

[85] Krivoglaz M A, Ryaboshapka K P. Theory of X-ray scattering by crystals containing dislocations, screw and edge dislocations randomly distributed throughout the crystal. Fiz Metallov Metalloved, 1963, 15: 18-31.

[86] Wilkens M. The determination of density and distribution of dislocations in deformed single crystals from broadened X-ray diffraction profiles. Phys Status Solidi A, 1970, 2: 359-370.

[87] Vermeulen A C, Delhez R, de Keijser T H, Mittemeijer E J. Changes in the densities of dislocations on distinct slip systems during stress relaxation in thin aluminium layers: the interpretation of X-ray diffraction line broadening and line shift. J Appl Phys, 1995, 77: 5026-5049.

[88] Ungar T, Borbely A. The effect of dislocation contrast on X-ray line broadening: a new approach to line profile analysis. Appl Phys Lett, 1993, 69: 3173-3175.

[89] Scardi P, Leoni M. Whole powder pattern modelling. Acta Crystallogr Sect A, 2002, 58: 190-200.

[90] Dragomir-Cernatescu I, Gheorghe M, Thadhani N, Snyder R L. Dislocation densities and character evolution in copper deformed by rolling under liquid nitrogen from X-ray peak profile analysis. Powder Diffr, 2005, 20: 109-111.

[91] Kaganer V M, Sabelfeld K K. Diffraction peaks from correlated dislocations. Z Kristallogr, 2010, 225: 581-587.

[92] Kuzel R. Kinematical diffraction by distorted crystals-dislocation X-ray line broadening. Z Kristallogr, 2007, 222: 136-149.

[93] Popa N C. The (*hkl*) dependence of diffraction-line broadening caused by strain and size for all Laue groups in Rietveld refinement. J Appl Crystallogr, 1998, 31: 176-180.

[94] Leineweber A. Anisotropic microstrain broadening due to field-tensor distributions. J Appl Crystallogr, 2007, 40: 362-370.

[95] Popa N C, Balzar D. Size-broadening anisotropy in whole powder pattern fitting. Application to zinc oxide and interpretation of the apparent crystallites in terms of physical models. J Appl Crystallogr, 2008, 41: 615-627.

[96] Langford J I, Boultif A, Auffredic J P, Louer D. The use of pattern decomposition to study the combined X-ray diffraction effects of crystallite size and stacking faults in ex-oxalate zinc oxide. J Appl Crystallogr, 1993, 26: 22-33.

[97] Castelein O, Guinebretiere R, Bonnet J P, Blanchart P. Shape, size and composition of mullite nanocrystals from a rapidly sintered kaolin. J Eur Ceram Soc, 2001, 21: 2369-2376.

[98] Stephens P W. Phenomenological model of anisotropic peak broadening in powder diffraction. J Appl Crystallogr, 1999, 32: 281-289.

[99] Young R A.The Rietveld Method. Oxford: Oxford University Press, 1995.

[100] Leineweber A, Mittemeijer E J. Diffraction line broadening due to lattice-parameter variations caused by a spatially varying scalar variable: its orientation dependence caused by locally varying nitrogen content in epsilon-FeN$_{0.433}$. J Appl Crystallogr, 2004, 37: 123-135.

[101] Ungar T, Gubicza J, Ribarik G, Borbely A. Crystallite size distribution and dislocation structure determined by diffraction profile analysis: principles and practical application to cubic and hexagonal crystals. J Appl Crystallogr, 2001, 34: 298-310.

[102] Dragomir I C, Ungar T. The dislocations contrast factors of cubic crystals in the Zener constant range between zero and unity. Powder Diffr, 2002, 17: 104-111.

[103] Leoni M, Martinez-Garcia J, Scardi P. Dislocation effects in powder diffraction. J Appl Crystallogr, 2007, 40: 719-724.

[104] Ungar T, Leoni M, Scardi P. The dislocation model of strain anisotropy in whole powder-pattern fitting: the case of an Li-Mn cubic spinel. J Appl Crystallogr, 1999, 32: 290-295.

[105] Zhao Y H, Welzel U, van Lier J, Mittemeijer E J. X-ray diffraction analysis of the anisotropic nature of the structural imperfections in a sputter-deposited TiO_2/Ti_3Al bilayer. Thin Solid Films, 2006, 514: 110-119.

[106] Welzel U, Kummel J, Kurz S, Bischoff E, Mittemeijer E J. Nanoscale planar faulting in nanocrystalline Ni-W thin films: grain growth, segregation, and residual stress. J Mater Res, 2011, 26: 2558-2573.

[107] Ribarik G, Audebrand N, Palancher H, Ungar T, Louer D. Dislocation densities and crystallite size distributions in nanocrystalline ball-milled fluorides, MF_2 (M = Ca, Sr, Ba and Cd), determined by X-ray diffraction line-profile analysis. J Appl Crystallogr, 2005, 38: 912-926.

[108] Rafaja D, Klemm V, Schreiber G, Knapp M, Kuzel R. Interference phenomena observed by X-ray diffraction in nanocrystalline thin films. J Appl Crystallogr, 2004, 37: 613-620.

[109] Rafaja D, Wustefeld C, Kutzner J, Ehiasarian A P, Sima M, Klemm V, Heger D, Kortus J. Magnetic response of (Cr,Al,Si)N nanocrystallites on the microstructure of Cr-Al-Si-N nanocomposites. Z Kristallogr, 2010, 225: 599-609.

[110] Halder N C, Wagner C N J. Separation of particle size and lattice strain in integral breadth measurements. Acta Crystallogr, 1966, 20(2): 312-313.

[111] Nandi R K, Gupta S P S. The analysis of X-ray diffraction profiles from imperfect solids by an application of convolution relations. J Appl Crystallogr, 1978, 11: 6-9.

[112] Langford J I. A rapid method for analysing the breadths of diffraction and spectral lines using the Voigt function. J Appl Crystallogr, 1978, 11: 10-14.

[113] Delhez R, de Keijser T H, Mittemeijer E J, Langford J I. Size and strain parameters from peak profiles: sense and nonsense. Aust J Phys, 1988, 41: 213-227.

[114] Lucks I, Lamparter P, Mittemeijer E J. Uptake of iron, oxygen and nitrogen in molybdenum during ball milling. Acta Mater, 2001, 49: 2419-2428.

[115] Pratapa S, O'Connor B, Hunter B. A comparative study of single-line and Rietveld strain-size evaluation procedures using MgO ceramics. J Appl Crystallogr, 2002, 35: 155-162.

[116] Mukherjee P, Sarkar A, Barat P, Bandyopadhyay S K, Sen P, Chattopadhyay S K, Chatterjee P, Chatterjee S K, Mitra M K. Deformation characteristics of rolled zirconium alloys: a study by X-ray diffraction line profile analysis. Acta Mater, 2004, 52: 5687-5696.

[117] Zhang Y W, Yang Y, Jin S, Liao C S, Yan C H. Doping effect on the grain size and microstrain in the sol-gel-derived rare earth stabilized zirconia nanocrystalline thin films. J Mater Sci Lett, 2002, 21: 943-946.

[118] Kapoor K, Lahiri D, Rao S V R, Sanyal T, Kashyap B P. X-ray diffraction line profile analysis for defect study in Zr-2.5% Nb material. Bull Mater Sci, 2004, 27: 59-67.

[119] Louer D, Bataille T, Roisnel T, Rodriguez-Carvajal J. A study of nanocrystalline yttrium oxide from diffraction-line-profile analysis: comparison of methods and crystallite growth. Powder Diffr, 2002, 17: 262-269.

[120] Audebrand N, Bourgel C, Louer D. Ex-oxalate magnesium oxide, a strain-free nanopowder studied with diffraction line profile analysis. Powder Diffr, 2006, 21: 190-199.

[121] Rietveld H M. A profile refinement method for nuclear and magnetic structures. J Appl Crystallogr, 1969, 2: 65-71.

[122] Pawley G S. Unit-cell refinement from powder diffraction scans. J Appl Crystallogr, 1981, 14: 357-361.

[123] Toraya H. Whole-powder-pattern fitting without reference to a structural model: application to X-ray powder diffractometer data. J Appl Crystallogr, 1986, 19: 440-447.

[124] LeBail A, Jouanneaux A. A qualitative account for anisotropic broadening in whole-powder-diffraction-pattern fitting by second-rank tensors. J Appl Crystallogr, 1997, 30: 265-271.

[125] de Keijser T H, Mittemeijer E J, Rozendaal H C F. The determination of crystallite-size and lattice-strain parameters in conjunction with the profile-refinement method for the determination of crystal structures. J Appl Crystallogr, 1983, 16: 309-316.

[126] Dong Y H, Scardi P. MarqX: a new program for whole-powder-pattern fitting. J Appl Crystallogr, 2000, 33: 184-189.

[127] Ribarik G, Ungar T, Gubicza J. MWP-fit: a program for multiple whole-profile fitting of diffraction peak profiles by *ab initio* theoretical functions. J Appl Crystallogr, 2001, 34: 669-676.

[128] Scardi P, Leoni M. Fourier modelling of the anisotropic line broadening of X-ray diffraction profiles due to line and plane lattice defects. J Appl Crystallogr, 1999, 32: 671-682.

[129] Scardi P, Leoni M, Dong Y H. Whole diffraction pattern-fitting of polycrystalline fcc materials based on microstructure. Eur Phys J B, 2000, 18: 23-30.

[130] van Berkum J G, Delhez R, de Keijser T, Mittemeijer E J. Characterization of deformation fields around misfitting inclusions in solids by means of diffraction line broadening. Phys Status Solidi A, 1992, 134: 335-350.

[131] Leoni M. Grain surface relaxation and grain interaction in powder diffraction. Mater Sci Forum, 2004, 443-444: 1-8.

[132] Sayers C M. The strain distribution in anisotropic polycrystalline aggregates subjected to an external stress field. Philos Mag A, 1984, 49: 243-262.

[133] Scardi P, Leoni M, Dong Y H. Whole diffraction pattern-fitting of polycrystalline fcc materials based on microstructure. Eur Phys J B, 2000, 18: 23-30.

[134] Ribarik G, Ungar T. Characterization of the microstructure in random and textured

polycrystals and single crystals by diffraction line profile analysis. Mater Sci Eng A: Struct Mater Prop Microstruct Process, 2010, 528: 112-121.

[135] Scardi P, Leoni M. Line profile analysis: pattern modelling versus profile fitting. J Appl Crystallogr, 2006, 39: 24-31.

[136] Debye P, Debye P. Scattering from non-crystalline substances. Ann Phys(Berlin), 1915, 46: 809-823.

[137] Warren B E. X-ray Diffraction. Addison:Addison-Wesley, Reading, 1969.

[138] Beyerlein K R, Snyder R L, Li M, Scardi P. Application of the Debye function to systems of crystallites. Philos Mag, 2010, 90: 3891-3905.

[139] Cervellino A, Giannini C, Guagliardi A. Determination of nanoparticle structure type, size and strain distribution from X-ray data for monatomic fcc-derived non-crystallographic nanoclusters. J Appl Crystallogr, 2003, 36: 1148-1158.

[140] Gierlotka S, Palosz B, Pielaszek R, Stelmakh S, Doyle S, Wroblewski T. Simultaneous analysis of the small- and wide-angle scattering from nanometric SiC based on the *ab initio* pattern simulation. Mater Sci Forum, 1998, 278-281: 106-109.

[141] Pielaszek R, Gierlotka S, Stelmakh S, Grzanka E, Palosz B. X-ray Characterization of Nanostructured Materials. Uetikon-Zuerich: Scitec Publications Ltd, 2002.

[142] Vogel W. X-ray diffraction from clusters. Cryst Res Technol, 1998, 33: 1141-1154.

[143] Bondars B, Gierlotka S, Palosz B, Smekhnov S. Simulation of diffraction pattern of nanometric silicon carbide powders. Mater Sci Forum, 1994, 166: 737-744.

[144] Cervellino A, Giannini C, Guagliardi A. DEBUSSY: a Debye user system for nanocrystalline materials. J Appl Crystallogr, 2010, 43: 1543-1547.

[145] Oddershede J, Christiansen T L, Stahl K. Modelling the X-ray powder diffraction of nitrogen-expanded austenite using the Debye formula. J Appl Crystallogr, 2008, 41: 537-543.

[146] Oddershede J, Nielsen K, Stahl K. Using X-ray powder diffraction and principal component analysis to determine structural properties for bulk samples of muldwall carbon nanotubes. Z Kristallogr, 2007, 222: 186-192.

[147] Beyerlein K, Cervellino A, Leoni M, Snyder R L, Scardi P. Debye equation versus whole powder pattern modelling: real versus reciprocal space modelling of nanomaterials. Z Kristallogr Suppl, 2009, 30: 85-90.

第5章 X射线衍射法分析残余应力

5.1 引　言

　　受制造过程以及随后的热、化学和/或机械表面处理,如表面硬化、渗氮、研磨、喷丸或表面涂层的影响,在生产零件和装配件中不可避免地会产生残余应力,在设计产品机械性能时必须考虑它们的影响。众所周知,目前可以通过所谓的残余应力工程甚至在生产过程中就可以根据残余应力的大小和在零件中的分布对其进行量身定制。但是,设计残余应力状态时,例如,为了延长工具的使用寿命而在工具的近表面形成高应力区域,需要适当的应力分析。

　　残余应力不能直接测量,只能由残余应力对材料产生作用后形成的应变确定。在本章讨论的多晶材料中,基于布拉格定律的衍射方法允许对晶格间距进行直接、无损并设定选择目标物相的测量。因此,它们选取样品表面下不同长度尺度和不同深度的关键位置分析残余应力的分布。原则上,所有三种辐射,即X射线、电子和中子,都可用于衍射应力分析。但是,出于"适当辐射源的可获取性以及方法的普适性"原因,X射线衍射在非破坏性残余应力分析领域占据优先地位。

　　自20世纪30年代Glockner、Schiebold、Hauk等[1-3]在该领域做出开拓性工作以来,Macherauch和Müller[4]引入$\sin^2\psi$方法也许是现代X射线应力分析(XSA)道路上最重要的里程碑,在过去的几十年中已经开发了大量方法,一些特殊挑战重点集中在材料科学领域,如织构和塑性变形的影响或在大块样品的近表面区域和薄膜中的陡峭残余应力梯度的检测。要全面了解"最新技术",读者可阅读本章末尾给出的参考教科书[5-8]、专著和相关评论[9-11]。

　　本章的目的是讲述不同的测量概念和评估程序的应用,以分析机械处理的大块样品的近表面区域和薄膜结构的残余应力分布。分别根据数据采集方法和深度分辨率模式对使用的 XSA 方法进行分类，可用方法显示在图 5.1 中。采集衍射图可用角色散(AD)和能量色散(ED)两种衍射模式，而"实空间"和"拉普拉斯"(Laplace)法代表晶格应变深度剖析的不同概念，应变深度分布是到样品表面距离的函数。从实验获得应变或晶格间距的深度分布图，可以在预设(固定)深度计算残余应力或准连续深度上的应力分布图。图中双向箭头显示不同的方法互为补充，由要解决的特定问题决定如何将衍射和深度分辨率模式适当结合。

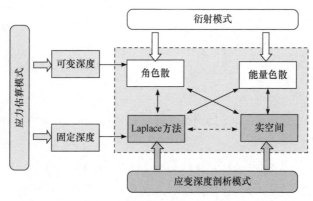

图 5.1   X 射线应力分析中采用不同的衍射数据采集方法和深度分辨率模式

本章编排如下：从 5.2 节简要介绍 XSA 的基本方程式开始，对 AD 和 ED 衍射的基本概念以及实空间和拉普拉斯空间应变深度分析进行了概述。5.3 节中给出不同实验方法的应用实例，以及对深度分辨残余应力分析方面的特殊问题进行评估的程序。应该强调的是，重点不是在材料本身或选编的这些"精彩实验"，而是用于研究的 X 射线技术。因此，本章旨在表明根据对材料不同区域的测试敏感性，需要采用互补测试方法的必要性。5.4 节中给出一些结论性评价。

5.2   近表面 X 射线残余应力分析的原理

5.2.1   基本关系

准各向同性多晶材料近表面区域的 X 射线残余应力分析是基于测量衍射峰的线形 I^{hkl} 以及计算应变 $\varepsilon_{\varphi\psi}^{hkl} = \left(d_{\varphi\psi}^{hkl} - d_0^{hkl} \right) / d_0^{hkl}$ (d_0^{hkl} 表示无应力晶格间距)，其中应变方位角是衍射矢量 $\boldsymbol{g}^{hkl}$ 在样品参考系 $\boldsymbol{S}$ 中的相对方向(图 5.2)，不同方位角构成

角度集 (φ,ψ)。弹性晶格应变 $\varepsilon_{\varphi\psi}^{hkl}=\{\varepsilon_{33}^{L}\}_{\varphi\psi}^{hkl}$（上标 L 表示与实验系 L 有关的分张量）由照射样品体积内的晶体衍射得到，同体积分数内所有晶粒的平均机械应力是 $\langle\sigma_{ij}^{S}\rangle$，二者关系由 XSA 的基本方程式给出：

$$
\begin{aligned}
\varepsilon_{\varphi\psi}^{hkl} &= \{\varepsilon_{33}^{L}\}_{\varphi\psi}^{hkl} \\
&= \frac{1}{2}S_{2}^{hkl}\sin^{2}\psi\left[\langle\sigma_{11}^{S}\rangle\cos^{2}\varphi+\langle\sigma_{22}^{S}\rangle\sin^{2}\varphi+\langle\sigma_{12}^{S}\rangle\sin 2\varphi\right] \\
&\quad +\frac{1}{2}S_{2}^{hkl}\left[\left(\langle\sigma_{13}^{S}\rangle\cos\varphi+\langle\sigma_{23}^{S}\rangle\sin\varphi\right)\sin 2\psi+\langle\sigma_{33}^{S}\rangle\cos^{2}\psi\right] \\
&\quad +S_{1}^{hkl}\left(\langle\sigma_{11}^{S}\rangle+\langle\sigma_{22}^{S}\rangle+\langle\sigma_{33}^{S}\rangle\right)
\end{aligned}
\tag{5.1}
$$

其中，S_{1}^{hkl} 和 $\frac{1}{2}S_{2}^{hkl}$ 是衍射弹性常数(DEC)。对于具有明显晶体学织构且在宏观尺度上各向异性的多晶，引入了应力因子 $F_{ij}(\varphi,\psi,hkl)$ 的概念[12,13]，式(5.1)转变为

$$
\varepsilon_{\varphi\psi}^{hkl}=F_{ij}(\varphi,\psi,hkl)\langle\sigma_{ij}^{S}\rangle
\tag{5.2}
$$

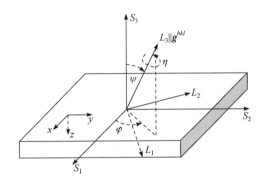

图 5.2　X 射线应力分析的衍射几何

S 和 *L* 分别表示样品参考系和实验测量系；请注意，样品系的正 *z* 轴指向材料的内部；角度集 (φ,ψ) 定义了衍射矢量 $\boldsymbol{g}^{hkl}$ 相对于 *S* 的方向，η 表示样品围绕 $\boldsymbol{g}^{hkl}$ 旋转

下文中省略了上标 *S*，因为这里考虑的所有残余应力是样品参考系 *S* 的。必须强调的是，F_{ij} (与 ε_{ij} 和 σ_{ij} 相反)不是分张量。DEC 和应力因子可以通过实验确定，也可以根据不同晶粒相互作用模型通过理论计算确定，这些模型如 Voigt、Reuss、Hill-Neerfeld、Eshelby/Kroener，Vook/Witt 以及它的反演——特别是对薄膜——可以适当组合这些模型。读者可以参阅如文献[14]和[15]的详细讨论。

5.2.2　衍射数据采集的模式：角色散和能量色散

布拉格方程的 AD 形式为 $n\lambda=2d^{hkl}\sin\theta^{hkl}$。对于固定波长 λ，它将一组间距为

d^{hkl} 的 (hkl) 晶面与布拉格角 θ^{hkl} 相关联。通过使用闪烁计数器以 θ-θ 或 ω-2θ 扫描方式记录衍射图(见图 5.3 中衍射仪的角度设置),或者使用位敏探测器或二维通道影像板,得到关于衍射角 $2\theta^{hkl}$ 的函数衍射峰线形 I^{hkl}。到目前为止,由于提供单色特征辐射的常规 X 射线管的良好性价比及获取便易性,XSA 实验主要在 AD 衍射模式下进行。

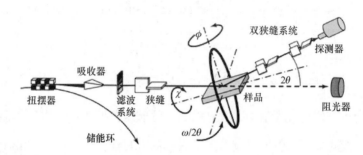

图 5.3　用于色散能谱衍射和残余应力分析的同步辐射白光束装置

衍射角 ϕ 和 χ 分别对应图 5.2 中的方位角 φ 和倾角 ψ,规定衍射矢量在样品系 S 中的方向;ω 和 2θ 分别是样品和检测器围绕垂直于衍射平面轴的旋转角度

与传统的 AD 衍射方法相比,Giessen 和 Gordon[16]开发的 ED 衍射技术是一种相对较年轻的方法。尽管三十年前已经报道了第一批 ED XSA 实验,ED 方法在残余应力分析中的广泛应用离不开第三代同步光源,特别是得益于现代同步辐射使用的便捷性不断提高。在 ED 衍射中,使用具有连续光子能量的白色光束,要测量衍射能谱的布拉格角 θ 和衍射角 2θ,它们可以被自由选择并在测量过程中保持固定。晶格间距 d^{hkl} 与其对应衍射线 E^{hkl} 的关系在能量坐标上有结合能关系式 $E = h\nu = hc/\lambda$(h 是普朗克常量,c 是真空中的光速)和布拉格方程:

$$d^{hkl} = \frac{hc}{2\sin\theta}\frac{1}{E^{hkl}} = \text{constant}\frac{1}{E^{hkl}} \tag{5.3}$$

由式(5.3)可知,晶格应变成为能量的函数:

$$\varepsilon_{\varphi\psi}^{hkl} = \{\varepsilon_{33}^{L}\}_{\varphi\psi}^{hkl} = \frac{d_{\varphi\psi}^{hkl}}{d_0^{hkl}} - 1 = \frac{E_0^{hkl}}{E_{\varphi\psi}^{hkl}} - 1 \tag{5.4}$$

其中,E_0^{hkl} 是与无应变晶格间距 d_0^{hkl} 对应的能量。ED 衍射模式的关键优势是可以在固定几何条件下检测出具有多条衍射线的完整衍射图。从图 5.3 可以看出,同步辐射光束线白色光束实验装置简单明了,仅由少量光学元件组成,如用于光束衰减的吸收器和滤波系统以及控制光束横截面的狭缝系统。由于随机取向的多晶样品有白色光束"4π-发射极"的作用,有必要采用 $\Delta 2\theta < 0.01°$ 双缝系统限制衍射(白色)光束的赤道发散以防止衍射线的几何能量宽化[17]。

关于残余应力和应变的深度分辨分析，ED 衍射的两个特点很重要。首先，由于光子能量不同，每个衍射线 E^{hkl} 中包含的结构信息必须分配给不同的平均信息深度 $\langle z \rangle$。其次，直接从式(5.3)可以将整个衍射光谱通过增加(减少)衍射角 2θ 分别朝较低(较高)方向"压缩"("舒张")能量。这样就可以在一定范围内调整信息深度，并将其调整为表面以下的特定深度区域。

5.2.3　应变深度剖析方法：拉普拉斯和实空间法

5.2.3.1　信息深度的定义

在近表面区域内进行准确的晶格应变深度剖析，需要恰当地定义深度 $\langle z \rangle$，并将从衍射线获得的信息赋予该深度。一般衍射几何如图 5.4 所示。在衍射仪的中心，入射线束和衍射线束在样品上形成固定的照射体积，其形状和大小取决于衍射条件。当对称布置时，入射线束和衍射线束(几乎)具有相同的横截面，采样体积呈菱形，其宽高比取决于布拉格角 θ。样品中只有这部分体积对衍射信号有贡献，以下称为测量体积(参数项标记缩写"gv"即指该体积)。

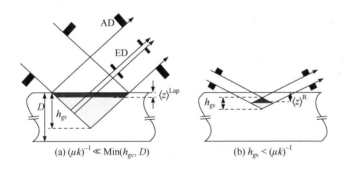

图 5.4　信息深度定义的示意图

(a)拉普拉斯空间深度 $\langle z \rangle^{\mathrm{Lap}}$；(b)实空间深度 $\langle z \rangle^{\mathrm{R}}$；$D$ 表示样品的厚度，h_{gv} 是测量衍射体积的高度；应指出 AD 和 ED 的狭缝不同，通常用来在角色散和能量色散衍射中限制赤道发散衍射光束，详见正文

那么，相对于样品表面的信息深度 $\langle z \rangle$ 由测量体积的质心给出：

$$\langle z \rangle = \frac{\iiint_{V_{\mathrm{gv}}} z\, g(x,y,z,\theta,\psi,\eta)\, \mathrm{e}^{-\mu(E)k(\theta,\psi,\eta)z}\,\mathrm{d}x\mathrm{d}y\mathrm{d}z}{\iiint_{V_{\mathrm{gv}}} g(x,y,z,\theta,\psi,\eta)\, \mathrm{e}^{-\mu(E)k(\theta,\psi,\eta)z}\,\mathrm{d}x\mathrm{d}y\mathrm{d}z} \tag{5.5}$$

其中，尖括号 $\langle \cdots \rangle$ 表示所探测的样品体积。在这个方程中，$g(x,y,z,\theta,\psi,\eta)$ 是由测量体积的形状决定的几何权重函数，其位置参照样品表面，而取向参照样品系 S(参见图 5.2)。考虑 X 射线束穿过物质的衰减，由 Beer-Lambert 定律给出指数权重因子

$e^{-\mu(E)k(\theta,\psi,\eta)z}$，其中 $\mu(E)$ 是有效线性吸收系数，取决于光子能量。k 因子描述衍射几何。如果 α 和 β 分别是入射束、衍射束与样品表面的夹角，则 k 由 $k = (\sin\alpha + \sin\beta)/(\sin\alpha\sin\beta)$ 给出。再根据角度数据集 (θ, ψ, η)（参见图 5.2），k 可变为[18]

$$k(\theta,\psi,\eta) = \frac{2\sin\theta\cos\psi}{\sin^2\theta - \sin^2\psi + \cos^2\theta\sin^2\psi\sin^2\eta} \tag{5.6}$$

其中，样品绕衍射矢量旋转 $\eta = 0°$ 和 $\eta = 90°$ 时分别对应 XSA 的非对称 Ω 模式（$\psi < 0$）和对称 X 模式（参见如 Hauk[19]）。

根据上述一般情况，以预先定义的方式改变信息深度，开发出大量实验方法获得应变深度分布 $\varepsilon_{\varphi\psi}^{hkl}(\langle z\rangle)$，并通过式(5.1)或式(5.2)估算残余应力深度分布 $\sigma_{ij}\langle z\rangle$。可以根据测量体积的高度 h_{gv}（即射线在 z 方向上的有效扩展）与吸收系数和几何因子之积的倒数 $(\mu k)^{-1}$ 之比对深度剖析方法进行分类，具体含义在下一节中说明。从图 5.4 可以看出，有必要区分两种基本情况，接下来的部分将对此进行讨论。

5.2.3.2　拉普拉斯空间中的深度剖析

如果分别与 h_{gv} 和样品厚度 D 相比，$(\mu k)^{-1}$ 都小得多，则描述测量体积形状的几何权重函数 $g(x, y, z, \theta, \psi, \eta)$ 可以省略（即用 1 代替），式(5.5)中 z 的积分上限可以用无穷大代替。对于图 5.4 所示的情况，式(5.5)简化为

$$\langle z\rangle^{\mathrm{Lap}} = \tau(E,\theta,\psi,\eta) = \frac{\int_0^\infty z e^{-\mu(E)k(\theta,\psi,\eta)z}\mathrm{d}z}{\int_0^\infty e^{-\mu(E)k(\theta,\psi,\eta)z}\mathrm{d}z} = \left[\mu(E)k(\theta,\psi,\eta)\right]^{-1} \tag{5.7}$$

平均信息深度 $\langle z\rangle^{\mathrm{Lap}} = \tau = (\mu k)^{-1}$ 是强度-深度分布曲线的重心，它用指数衰减系数作表面下方深度 z 处 $\mathrm{d}z$ 亚层贡献的权重。因为由深度为 τ 的体积产生的衍射强度约等于由(无限)厚样品衍射的总强度的 63% $\left(1 - \dfrac{1}{e}\right)$，$\tau$ 也称为 1/e 信息深度。因此，考虑取决于深度的残余应变和应力，如式(5.2)的 XSA 基本方程式变为[20]

$$\varepsilon_{\varphi\psi}^{hkl}(\tau) = F_{ij}(\varphi,\psi,hkl)\sigma_{ij}(\tau) \tag{5.8}$$

和

$$\varepsilon_{\varphi\psi}^{hkl}(\tau) = \frac{\int_0^\infty \varepsilon_{\varphi\psi}^{hkl}(z)e^{-\frac{z}{\tau}}\mathrm{d}z}{\int_0^\infty e^{-\frac{z}{\tau}}\mathrm{d}z}, \quad \sigma_{ij}(\tau) = \frac{\int_0^\infty \sigma_{ij}(z)e^{-\frac{z}{\tau}}\mathrm{d}z}{\int_0^\infty e^{-\frac{z}{\tau}}\mathrm{d}z} \tag{5.9a,b}$$

上式中晶格应变 $\varepsilon_{\varphi\psi}^{hkl}(\tau)$ 由实验获得，残余应力 $\sigma_{ij}(\tau)$ 由式(5.8)估算，二者分别对应

实空间分布 $\varepsilon_{\varphi\psi}^{hkl}(z)$ 和 $\sigma_{ij}^{S}(z)$ 连同信息深度的倒数、做拉普拉斯变换后除以 τ，即 $\varepsilon_{\varphi\psi}^{hkl}(\tau) = \dfrac{1}{\tau} L\left[\varepsilon_{\varphi\psi}^{hkl}(z); \dfrac{1}{\tau}\right]$ 等。因此，残余应变深度剖析的方法，用到 Beer-Lambert 定律给出的"自然"深度分辨率，被称为拉普拉斯空间，或简称为拉普拉斯方法，此处与之相关的参数项将标有上标"Lap" [如式(5.7)中的 $\langle z \rangle^{\text{Lap}}$]。

假设至少对测量体积内的法向残余应力分量 σ_{33} 大体满足自由表面边界条件 $\sigma_{i3}(z = \tau = 0) \equiv 0 (i = 1, 2, 3)$，则允许由拉普拉斯方法直接快速得出拉普拉斯空间或 τ 空间中剩余的残余应力分量。从方位角至少在 $\varphi = 0°$、$90°$、$180°$ 和 $270°$ 处进行 $\sin^2\psi$ 测量获得应变深度分布 $\varepsilon_{\varphi\psi}^{hkl}(\tau)$，该分布必须应用以下各式：

$$\sigma_{11}(\tau) = \frac{1}{2}\left[f^{+}(\tau) + f^{-}(\tau)\right] \tag{5.10a}$$

$$\sigma_{22}(\tau) = \frac{1}{2}\left[f^{+}(\tau) + f^{-}(\tau)\right] \tag{5.10b}$$

$$\sigma_{13}(\tau) = f_{13}(\tau) \tag{5.10c}$$

$$\sigma_{23}(\tau) = f_{23}(\tau) \tag{5.10d}$$

其中

$$f^{+}(\tau) = \frac{\dfrac{1}{4}\left[\varepsilon_{0\psi}^{hkl}(\tau) + \varepsilon_{90\psi}^{hkl}(\tau) + \varepsilon_{180\psi}^{hkl}(\tau) + \varepsilon_{270\psi}^{hkl}(\tau)\right]}{\dfrac{1}{2}S_{2}^{hkl}\sin^2\psi + 2S_{1}^{hkl}} \tag{5.11a}$$

$$f^{-}(\tau) = \frac{\dfrac{1}{4}\left\{\left[\varepsilon_{0\psi}^{hkl}(\tau) + \varepsilon_{180\psi}^{hkl}(\tau)\right] - \left[\varepsilon_{90\psi}^{hkl}(\tau) + \varepsilon_{270\psi}^{hkl}(\tau)\right]\right\}}{\dfrac{1}{2}S_{2}^{hkl}\sin^2\psi} \tag{5.11b}$$

$$f_{13}(\tau) = \frac{\dfrac{1}{2}\left[\varepsilon_{0\psi}^{hkl}(\tau) - \varepsilon_{180\psi}^{hkl}(\tau)\right]}{\dfrac{1}{2}S_{2}^{hkl}\sin|2\psi|} \tag{5.11c}$$

$$f_{23}(\tau) = \frac{\dfrac{1}{2}\left[\varepsilon_{90\psi}^{hkl}(\tau) - \varepsilon_{270\psi}^{hkl}(\tau)\right]}{\dfrac{1}{2}S_{2}^{hkl}\sin|2\psi|} \tag{5.11d}$$

式(5.10)的右侧包含纯实验信息，而未知的残余应力在左侧。因此，这些方程具有"通用"性质，并且所有实验数据与所使用的辐射和/或 hkl 反射无关，可以汇总为一个"通用"或"总"曲线，它由对应各个信息深度 $\tau(E, \theta, \psi, \eta)$ 的残余应力分量绘成，通过倾斜角 ψ 调整信息深度 τ[21]。由于在 ED 衍射图中同时测量了多个衍射线 E^{hkl}，且在 $\sin^2\psi$ 测量中覆盖的 τ 范围大，ED 衍射模式特别适用于"通用分布图"法[22,23]。

作为 ED 残余应力梯度分析的示例，图 5.5 和图 5.6 为带有随机织构的单轴抛磨 100Cr6 钢板的测量结果。衍射谱图按在 φ = 0°/180°(抛磨方向)和 φ = 90°/270°(横向)两方向上最高 ψ= 84°的对称 X 模式收集。图 5.5 中的 $E^{hkl}_{\varphi\psi}$-$\sin^2\psi$ 曲线显示了近表面残余应力状态的重要信息。对于"低能量"(200)反射，观察到方位角 φ 在 0° 和 180° 之间发生 ψ 分裂，对于"高能量"(321)反射，ψ 分裂消失。这意味着沿抛磨方向出现了 σ_{13} 残余切应力场。同时，在大倾角 ψ 下，$E^{hkl}_{\varphi\psi}$-$\sin^2\psi$ 曲线曲率随能量增加上翘更显著，是典型的具有 σ_{11} 和 σ_{22} 分量陡峭残余压应力梯度的存在特征。

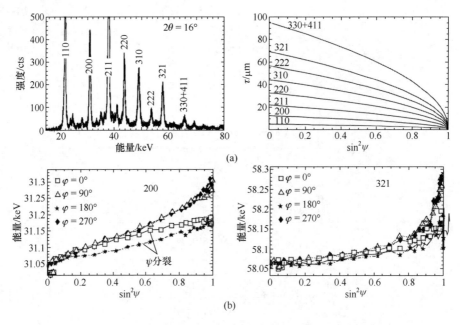

图 5.5 (a)抛磨 100Cr6 钢的 ED 衍射图和 $\sin^2\psi$ 测量时各个反射 E^{hkl} 达到的信息深度 τ；(b)选定衍射的 E^{hkl}-$\sin^2\psi$ 图[17]

包含在 ED 采集 $\sin^2\psi$ 数据中的大量信息可应用各种残余应力评估方法，得出不同近似水平下的残余应力深度曲线。图 5.6(a)显示了面内残余应力 σ_{11} 和 σ_{22} 以及残余剪切应力分量 σ_{13} 和 σ_{23} 的深度分布，通过分别对 $d^{hkl}_{\varphi\psi}$-$\sin^2\psi$ 和

$d_{\varphi\psi}^{hkl}$-$\sin|2\psi|$ 曲线线性回归进行估算。这种近似算法即所谓 AD 衍射多波长法的 ED 改版[24]，由此绘制出从各衍射线 $E_{\varphi\psi}^{hkl}$ 获得的残余应力对平均信息深度 $\left\langle \tau^{hkl} \right\rangle = \dfrac{\left(\tau_{\psi_{\min}}^{hkl} + \tau_{\psi_{\max}}^{hkl} \right)}{2}$ 的关系图。

有关残余应力深度分布的详细信息，请参见上面介绍的"通用分布图"法。图 5.6(b)中的$\sigma(\tau)$曲线比图 5.6(a)更清楚地显示：本例中最大面内残余压应力不是紧邻表面，而是在表面下方约 5 μm 处。

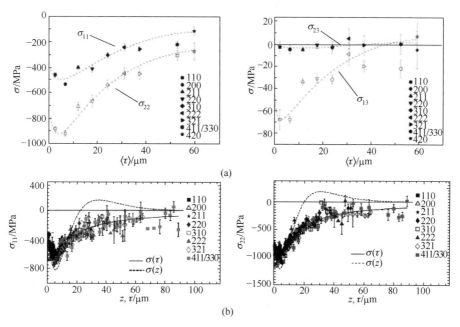

图 5.6 按不同近似水平对图 5.5 的 $\sin^2\psi$ 数据做残余应力分布估算
(a)ED"多波长"法；(b)"通用分布图"法

在这里必须强调使用拉普拉斯法做残余应力深度剖析的评估程序中的两个基本问题。

1) 根据离散的$\sigma_{ii}(\tau)$分布计算实空间(实际)残余应力深度分布 $\sigma_{ii}(z)(i = 1,2)$是一个非常费时的过程。由于所涉及的拉普拉斯数值逆变换(INLT)非常困难[25]，事实证明更适合通过适当的函数方式描述$\sigma_{ii}(z)$分布，这些函数很容易通过式(5.9b)变换到拉普拉斯空间。那么$\sigma_{ii}(\tau)$函数中的未知参数可以通过对通用分布图的最小二乘拟合进行计算。对于图 5.6(b)中的数据拟合计算是通过拟设$\sigma_{ii}(z) = (a_0 + a_1 z)\mathrm{e}^{-a_2 z}$描述实空间面内残余应力深度分布来实现的。

2) 对于薄膜结构的情形，不再满足条件$(\mu k)^{-1} \ll D$(图 5.4)，z 的积分区间超过

薄膜厚度 D。然而，如果 $\tau = (\mu k)^{-1} > D$ 或对于多层膜，信息深度的经典定义失去了其物理意义。5.3.1.1 节介绍了一种克服这些困难的方法。

5.2.3.3　实空间中的深度剖析

如果用小孔径的狭缝系统在赤道(即衍射)平面上限制采样体积的高度，使之与要分析的样品区域的厚度相比有明显较小的值[图 5.4(b)]，则晶格应变分布可以通过测角仪扫描样品来进行深度剖析。这种所谓的(表面穿透)应变扫描方法可以由中子或高能 X 射线在反射或透射几何中实现[26-28]。由于在高能同步加速器衍射中通常使用 $2\theta \approx 5° \sim 20°$ 的小衍射角，菱形采样区宽高比 $w/h = (\tan\theta)^{-1}$ 被极度拉长，达 $10 \sim 20$。因此，如图 5.7 所示，如果采样体积以反射几何的最短对角线长度浸没在样品中(图 5.7 中情形IV)，则 z 可以达到最高分辨率。

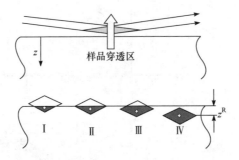

图 5.7　"穿透表面应变扫描"方法的原理

十字叉标记衍射照射体积的(几何)质心位置(用灰色突出显示)；注意，衍射仪圆的中心与采样体积的中心重合

这样，可以测量垂直表面的应变分量 $\varepsilon_{\psi=0}^{hkl}$ 的深度分布。根据式(5.5)取 gv$\langle z \rangle$ 的质心作为信息深度，必须区分两种情况。一方面，如果采样体积没有完全浸没在样品中(图 5.7 中的 I ~ III情况)，质心的位置将靠下向辐照中心偏移；另一方面，如果采样体积完全位于样品内部(情况IV)，则 z 与样品表面的相对距离不影响质心位置。假设信息深度 1/e 远远大于测量体积的高度，则可以忽略式(5.5)中的指数加权函数，信息深度变为

$$\langle z \rangle^{R} = \frac{\iiint_{V_{gv}} z\, g(x, y, z, \theta)\, \mathrm{d}x\mathrm{d}y\mathrm{d}z}{\iiint_{V_{gv}} g(x, y, z, \theta)\, \mathrm{d}x\mathrm{d}y\mathrm{d}z} \tag{5.12}$$

上标 "R" 表示在 "实" 空间或 z 空间进行深度剖析。必须强调的是，当采样体积没有完全浸入样品中时需要进行非常仔细的考虑，因为测量体积的质心位置与衍射仪圆的中心不重合，导致几何上衍射线偏移。文献[29]表明，如果对几何和指数权重函数都做考虑，结合反射和透射几何两种应变扫描方式，测量能获得可

靠结果的最小深度向样品自由表面大幅靠近。

　　"穿透表面应变扫描"的应用示例方法如图 5.8 所示。对于扫描实验，选用通过化学气相沉积(CVD)在 WC(碳化钨)基底上沉积的 16 μm 硬质膜多层体系[30]。从显微照片可以看出，涂层在顶部和底部包含两个 TiCN 子层。三维强度铺叠图包含 30～50 keV 之间的所有衍射线。从基底开始，夹在顶部和底部之间的 Al₂O₃ 子层可以清楚地从 Ⅰ 和 Ⅱ 标记的 TiCN 中区分开来。图 5.8(c)中衍射线分析的结果参考了在 76.2 keV 处 TiCN-220 反射。由于采样体积高度为 13 μm，大于 TiCN 子层之间的距离，积分强度分布模糊。如果各个子层(几乎)位于采样体积的中间，则获得稳定的峰位结果。考虑到几何因素引起的衍射线位移，上、下 TiCN 层之间发现大约有 40 eV 的能量位差ΔE。根据式(5.4)，法线方向的应变变成 $\varepsilon_{\psi}^{hkl} = \left\{\varepsilon_{33}^{S}\right\}^{hkl} = \Delta E^{hkl} / E^{hkl}$ ，约为 5×10^{-4}。

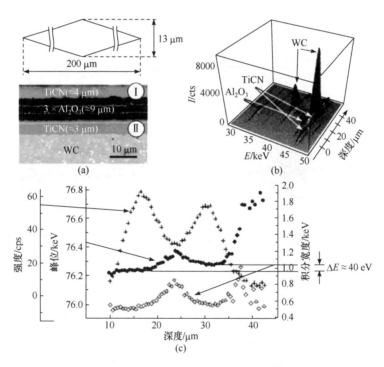

图 5.8　在 CVD 多层膜中的 ED 衍射模式应变扫描[30]

(a)叠层横截面显微照片和采样体积示意图；(b)在 2θ= 6.2°处 ED 测得的衍射图随扫描深度变化的铺叠图；(c)从上到下对 TiCN 子层分别进行深度扫描，评估所获得的 TiCN-220 衍射线；详细信息参见正文

　　必须指出，在 ψ = 0°处进行的穿透表面应变扫描起初仅获得 $d_{\psi=0}^{hkl}\left(\langle z\rangle^{R}\right)$ 晶格

间距的深度分布。通过式(5.4)估算应变深度分布 $\varepsilon_{\psi=0}^{hkl}\left(\langle z\rangle^{\mathrm{R}}\right)$，或者已知无应变的精确晶格间距，通过 XSA 基本方程[式(5.1)]的横向收缩效应估算面内残余应力 $\sigma_{11}\left(\langle z\rangle^{\mathrm{R}}\right)+\sigma_{12}\left(\langle z\rangle^{\mathrm{R}}\right)$ 的总分布。如果不知道足够精确的 d_{0}^{hkl}，只能对残余应力做相对性评估。假设是旋转对称的双轴残余应力状态，面内残余应力在顶部和底部 TiCN 子层之间的差值 $\Delta\sigma_{\|}$ 估算为 $500\sim700$ MPa。

因此，在绝对尺度上进行实空间残余应力深度扫描，需要在衍射矢量相对于样品系的不同方向上测量。但是，如图 5.9 所示，样品无论按 X 模式或 Ω 模式倾转，都会造成深度分辨率的巨大损失，原因是采样体积以倾斜的取向浸入材料中，且描述有效测量体积形状的权重函数 $g(x, y, z, \theta, \psi, \eta)$ 形式复杂。5.3.1.2 节将讨论解决实空间应变深度扫描的晶面不平行于样品表面的问题。

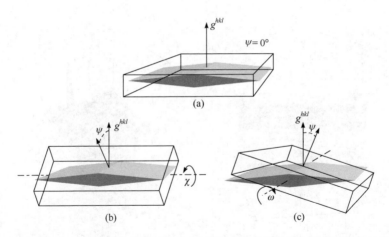

图 5.9　样品相对于固定的采样体积倾转时，有效衍射采样体积与深度分辨率的示意图
(a)样品平行于采样体积($\psi=0°$，穿透表面应变扫描的标准模式)；(b)、(c)样品分别按照 XSA 的 X 模式和Ω模式倾转

5.2.3.4　"固定深度"与"可变深度"方法

在前文中，残余应力/应变梯度分析的 X 射线方法通过信息深度概念 $\langle z\rangle$ 进行分类，$\langle z\rangle$ 被适当地定义为拉普拉斯和实空间方法。所有这些技术共同基于相对于样品参考系在一个或多个 (φ, ψ) 方向上对晶格间距深度分布进行测量。

基于残余应力的估算方式可以做进一步有价值的分类。试图将一些用于标准近表面残余应力/应变梯度分析的重要和经常使用的 XSA 方法进行分类，获得残余应力和应变是在预先定义的信息深度("固定深度"方法，表 5.1)或按"准连续"深度分布("可变深度"方法，表 5.2)，按这样的标准划分为表 5.1 和表 5.2。这些方法是为特殊应用而设计的，如薄的(织构)薄膜中的残余应力分析或成分偏析和残余应力梯度。但是，必须注意的是，在许多情况下，各种技术之间没有清晰的界线，因此用户需要找到适合其特殊问题的合适方法，这也可以通过实验设备来实现。

表 5.1　用于 X 射线残余应力/应变梯度分析的"固定深度"方法

方法	衍射模式	深度分辨率	要点	参考文献
(修正的)多波长	AD、ED	L	用不同的 hkl 和/或不同波长/能量，基于 $\sin^2\psi$ 的残余应力分析，做出面内残余应力 $\sigma_{ii}^S\,(i=1,2)$ 与平均信息深度 $\langle\, \tau^{hkl}\,[\mu(E),\theta]\,\rangle$ 的关系图(本章)	[17]、[23]、[24]
混合模式	AD	L	Ω模式和 Ψ 模式下样品连续倾斜和旋转，基于 $\sin^2\psi$ 的分析，专为具有 $d_0(z)$ 梯度的薄膜而设计	[31]~[35]
ϕ积分/$\cos^2\varphi$	AD	L	恒定 ψ 的情况下变化方位角 φ，适用于纤维织构材料和薄膜	[31]、[36]
低入射角衍射(LIBAD)	AD	L	在固定的低入射角 α 进行 2θ 扫描，适用于无织构或弱织构的薄膜	[36]、[37]
掠入射(GID)	AD	L	全反射临界角 α_c 附近，恒定入射角下的测量，专用于超薄薄膜	[38]
应力扫描	ED	R	在固定采样体积内基于 $\sin^2\psi$ 残余应力分析，适用于多层体系和块体材料(本章)	[39]
剥层法	AD	R	连续剥层后的基于 $\sin^2\psi$ 法的残余应力分析，半破坏方法，适用于梯度厚度范围大的检测，割裂了 $d_0(z)$ 的梯度连续性	[40]、[41]

注："L"和"R"分别表示拉普拉斯和实空间深度分辨率模式；AD 和 ED 分别表示角色散和能量色散衍射模式。

表 5.2　用于 X 射线残余应力/应变梯度分析的"可变深度"方法

方法	衍射模式	深度分辨率	要点	参考文献
(分段的)多项式	AD	L	用合适的模型函数 $\sigma_{ii}^S\,[\tau(\sin\psi)]$ 对 $d_{\varphi\psi}^{hkl}$ 相对 $\sin^2\psi$ 分布的最小二乘拟合，适用于无织构或弱织构材料	[42]、[43]
"通用分布图"	AD、ED	L	从"主图"估算 $\sigma_{ij}^S(\tau)$，在任何衍射模式下获得不同的 hkl 和/或波长/能量(本章)	[17]、[21]、[23]
散射矢量	AD、ED	L	固定(φ,ψ)取向，样品绕衍射矢量旋转，适用于强织构材料，测定 σ_{33}^S 的梯度(本章)	[23]、[44]
表面应变扫描	AD	R	通过固定采样体积平移样品，评估 $\varepsilon_{33}^S(\langle z^R\rangle)$ 的深度分布(本章)	[26]、[27]

5.3 近表面 X 射线残余应力分析高级补充方法

5.3.1 多层膜体系的残余应力深度剖析

5.3.1.1 "等效厚度"概念

在 5.2.3.2 节中，解决了单层膜中定义适当信息深度的问题，薄膜厚度 D 小于 1/e 深度 $\tau = (\mu k)^{-1}$。图 5.10 显示了由交替的 B 子层组成多层膜的一般情况，这些 B 层应同时满足布拉格衍射条件，而不满足衍射条件的子层 A 则根据比尔定律衰减 X 射线。对于这种一般情况，在参考文献[45]中推导出了信息深度 $\langle z \rangle^{\text{Lap}}$ 的表达式：

$$\langle z \rangle^{\text{Lap}} = \frac{\sum_{n=1}^{N}\left\{ e^{-k\sum_{i=1}^{n}\left(\mu^{A}D_{i}^{A}+\mu^{B}D_{i-1}^{B}\right)}\left[\left(z_{2n-1}+\frac{1}{\mu^{B_k}}\right)\left(1-e^{-\mu^{B}kD_{n}^{B}}\right)-D_{n}^{B}e^{-\mu^{B}kD_{n}^{B}}\right]\right\}}{\sum_{n=1}^{N}\left[e^{-k\sum_{i=1}^{n}\left(\mu^{A}D_{i}^{A}+\mu^{B}D_{i-1}^{B}\right)}\left(1-e^{-\mu^{B}kD_{n}^{B}}\right)\right]} \tag{5.13}$$

其中
$$D_{0}^{B} \equiv 0$$

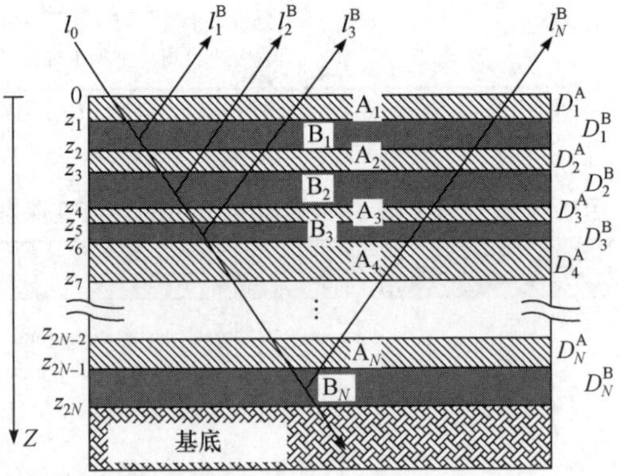

图 5.10　多层膜体系上 X 射线衍射的示意图

涂层由厚度分别为 D_{i}^{A}、D_{i}^{B} $(i=1-N)$的 N 个子层 A 和 B 交替排列组成，分别具有线性吸收系数μ^{A}和μ^{B}，该图显示了 B 类子层的衍射

考虑到 A-B 双层体系，即将厚度为 D^{B} 的衍射膜 B 埋在厚度为 D^{A} 的吸收层 A 下，式(5.13)可简化为

$$\langle z\rangle^{\mathrm{Lap}}=D^{\mathrm{A}}+\left[\frac{1}{\mu^{\mathrm{B}}k(\theta,\psi,\eta)}-\frac{D^{\mathrm{B}}\mathrm{e}^{-\mu^{\mathrm{B}}k(\theta,\psi,\eta)D^{\mathrm{B}}}}{1-\mathrm{e}^{-\mu^{\mathrm{B}}k(\theta,\psi,\eta)D^{\mathrm{B}}}}\right] \tag{5.14}$$

根据该方程，信息深度向更深的区域偏移一个顶层的厚度 D^{A}。方括号项为所谓的有效信息深度[46]，随着 $D^{\mathrm{B}}\cdot\mu^{\mathrm{B}}k$ 的乘积向零减小而偏向几何质心 $D^{\mathrm{B}}/2$。因为指数衰减定律此时可以用线性衰减代替[47]，因此，绘制如由式(5.10)和式(5.11)获得的残余应力关于 $\langle z\rangle^{\mathrm{Lap}}$ 的函数曲线，所得残余应力深度分布终止于衍射层 B 的中间。

　　在某些情况下，在式(5.13)中定义的广义信息深度概念失去了物理意义。试想，例如一个三明治涂层体系 $\mathrm{B_1\text{-}A\text{-}B_2}$，其中 $\mathrm{B_1}$ 和 $\mathrm{B_2}$ 还是衍射子层。研究表明[45]，在这种情况下测量 $\sin^2\psi$ 时，$\langle z\rangle^{\mathrm{Lap}}$ 可能位于两个 B 子层之间，即正好位于吸收子层 A 中。由于这个原因[48]，提出了 $\sigma_{jj}^{(B_i)}(z)\,(j=1,2)$ 应力形式，通过低阶多项式函数描述同时参与衍射的各子层 $\mathrm{B_i}$ 中面内残余应力状态。用"等效厚度"$D_i^{\mathrm{A,eq}}$ 代替吸收子层 $\mathrm{A_i}$ 的实际厚度 D_i^{A}，定义等效厚度与子层 $\mathrm{A_i}$ 的厚度 D_i^{A} 产生的衰减相同，但是现在改用子层 B 的线性吸收系数 μ^{B}，即

$$\mu^{\mathrm{B}}D_i^{\mathrm{A,eq}}=\mu^{\mathrm{A}}D_i^{\mathrm{A}} \tag{5.15}$$

子层 B 的残余应力状态可以在 τ 空间或拉普拉斯空间中以单变量函数表示为 $\tau=(\mu^{\mathrm{B}}k)^{-1}$。对于面内残余应力状态，假设不失一般性的旋转对称性，有

$$\sigma_{\parallel}^{(\mathrm{B})}(\tau)=\sigma_{\parallel}^{(\mathrm{B})}\left(\frac{1}{\mu^{\mathrm{B}}k}\right)$$

$$=\frac{\displaystyle\sum_{n=1}^{N}\left\{\mathrm{e}^{-\mu^{\mathrm{B}}k\left[z_{2n-1}+\left(\frac{\mu^{\mathrm{A}}}{\mu^{\mathrm{B}}}-1\right)\sum_{i=1}^{n}D_i^{\mathrm{A}}\right]}\int_0^{D_n^{\mathrm{B}}}\left[\sigma_{\parallel}^{(B_n)}(z+z_{2n-1})\mathrm{e}^{-\mu^{\mathrm{B}}kz}\right]\mathrm{d}z\right\}}{\displaystyle\frac{1}{\mu^{\mathrm{B}}k}\sum_{n=1}^{N}\left\{\mathrm{e}^{-\mu^{\mathrm{B}}k\left[z_{2n-1}+\left(\frac{\mu^{\mathrm{A}}}{\mu^{\mathrm{B}}}-1\right)\sum_{i=1}^{n}D_i^{\mathrm{A}}\right]}\left(1-\mathrm{e}^{-\mu^{\mathrm{B}}kD_n^{\mathrm{B}}}\right)\right\}} \tag{5.16}$$

通过替换式(5.16)中的上标 A 和 B，可以得出子层 A 的类似表达式。

　　图 5.11 是等效厚度概念的一个应用实例，可以在文献[49]中找到详细信息。研究的多层膜体系是通过 CVD 沉积在硬质合金 WC/Co 切削工具上，由被 TiCN 薄层间隔的三个 $\mathrm{Al_2O_3}$ 子层构成。初步的织构分析表明，$\mathrm{Al_2O_3}$ 相有多个取向的弱纤维织构，TiCN 相有一个较不明显的[112]纤维织构。为了在涂层体系中产生残余压应力，使用氧化铝砂通过湿喷去除涂层顶部的 4 μm 厚的 TiCN 层。获得 $\mathrm{Al_2O_3}$ 相的 d_{ψ}^{116}-$\sin^2\psi$ 图清晰地显示了显著的弯曲，表明顶部 $\mathrm{Al_2O_3}$ 子层内的残余应力分布不均匀。另外，对于 TiCN 相，检测到几乎线性的 $\sin^2\psi$ 分布，表明残余应力在各个子层中分布相当均匀。按照图 5.11 中的 $\sin^2\psi$ 曲线，涂层顶部三个子层的面内残余应力分布使用式(5.16)估算。为了确保最小二乘拟合参数值可靠且尽可能小，

最顶部 Al_2O_3 子层内线性残余应力梯度假定为 $\sigma_\parallel(z) = a_0 + a_1 z$，而下面的子层残余应力状态也假定随厚度变化是均匀的。如果假定最强作用发生在顶部子层中，这种方法对于描述因爆炸过程而形成的残余应力似乎是合理的。

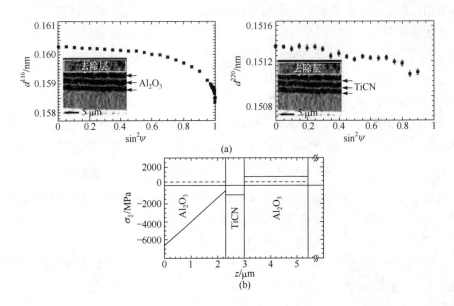

图 5.11　(a)对 WC 片上 Al_2O_3/TiCN 多层 CVD 膜喷丸处理，通过 Cu Kα 辐射的 AD 衍射获得的 d_ψ^{hkl}-$\sin^2\psi$ 关系图；插图的 SEM 剖面照片标出对 $\sin^2\psi$ 图有影响的各个子层；(b)顶部三个子层的面内残余应力分布，Al_2O_3 子层的虚线标记了爆炸前原始态的平均残余应力[49]

从图 5.11(b)可以看出，原始态涂层热致残余拉应力(被随后喷丸去除的顶部 TiCN 子层为+140 MPa，Al_2O_3 相上平均为+360 MPa，见虚线)被顶部两个子层中的残余压应力替代，该压应力必须通过下面子层中的残余拉应力来平衡。由于所研究的涂层系统的厚度较大，实际信息深度仅限于上部三个子层，因此仅观察到第三子层(Al_2O_3)中开始应力补偿。

5.3.1.2　"应力扫描"方法

上一节中的实例暴露了将拉普拉斯方法应用于"多层膜应力"问题时存在的一个缺点：由于无衍射但有吸收的中间子层对射线束的衰减作用，残余应力状态的分析通常仅限于被掩盖的少数几个子层。为了探测位于基底-涂层界面附近的更深子层和涂层区域，引入了 ED 衍射法，这是对 5.2.3.3 节中讨论的应变扫描技术的改进。"应力扫描"方法[30,39]的基本思想如图 5.12 所示。粗略看，实验设置和扫描程序与应变扫描方法非常相似(参见图 5.7)。"应变扫描"和"应力扫描"之间的根本性区别在于：后者是 ED 检测器在不同水平位置收集信号。

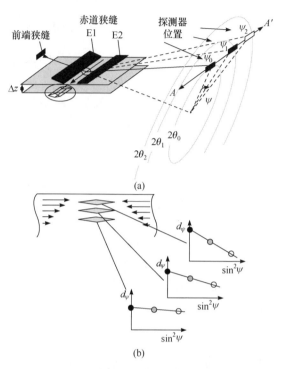

图 5.12　能量色散衍射"应力扫描"方法的示意图[39]
(a)几何布置；(b)z 空间中残余应力深度分布原理[39]；详见正文

从图 5.12 可以理解其工作原理。窄狭缝 E1 和 E2 规定采样体积，衍射强度被狭缝 E2 散射，并与"探测器平移平面"（即与入射光方向垂直的平面，探测器接收狭缝平移来调整衍射角 2θ）相交在水平线 A-A'。从图中所示的德拜-谢乐锥的角度来看，探测器沿 A-A' 线上的任何位置都与角度集($2\theta_i$, ψ_i)关联，其中 θ 是衍射角，ψ 是表面法线与衍射矢量之间的夹角(参见图 5.2)。从($2\theta_0$, $\psi_0 = 0$)开始(对应于垂直平面上的衍射)，可以通过沿 A-A' 线移动探测器来改变采样体积的测量方向，而无需改变衍射仪与样品系的相对方向。因此，可以进行应变深度扫描实验而不会损失不同 ψ 的空间（即深度）分辨率，这允许将 $\sin^2\psi$ 法应用于 d_ψ^{hkl} 数据集，获得表层以下不同深度 $z = \langle z\rangle^R$ 的信息[图 5.12(b)]。

通过应力扫描方法评估晶格应变 ε_ψ^{hkl}，要求在与要研究的样品完全相同的实验条件下测量无应力参考材料，以便精确校准衍射装置。通过以下关系式获得归一化的晶格应变[39]：

$$\varepsilon_\psi^{hkl} = \frac{d_0^{hkl,\mathrm{ref}}}{d_0^{hkl,\mathrm{sample}}} \times \frac{E_\psi^{hkl,\mathrm{ref}}}{E_\psi^{hkl,\mathrm{sample}}} - 1 \tag{5.17}$$

其中，$d_0^{hkl,\mathrm{ref}}$ 和 $d_0^{hkl,\mathrm{sample}}$ 分别是参考标样和样品在无应变时的晶格间距；$E_\psi^{hkl,\mathrm{ref}}$ 和 $E_\psi^{hkl,\mathrm{sample}}$ 分别是与标样的晶格间距 $d_0^{hkl,\mathrm{ref}}$ 和样品的晶格间距 d_ψ^{hkl} 有关的能量位置，它们都是探测器位置对应在倾斜角 ψ 时获得的。

图 5.13～图 5.15 显示了将上述过程应用于多层体系中残余应力分析的一个示例。被研究的两个 CVD 涂层与图 5.11 中的样品有相同的子层序列，但是 Al_2O_3 和 TiCN 的子层厚度比相反，如图 5.13 所示。为了在涂层中产生残余压应力，用氧化铝砂在 2 bar(1 bar = 10^5 Pa)的压力下对每个样品喷砂处理 3 s。ED 应变深度剖析按照图 5.12 中介绍的步骤采用探测器在两个不同的水平位置检测，分别对应于 $\psi = 0°$ 和 57°。

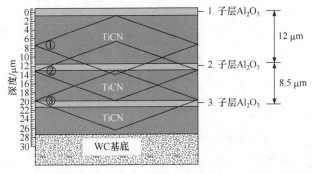

图 5.13　通过"应力扫描"方法研究的多层膜体系的示意图[39]
该图按采样体积的垂直尺寸和子层的真实比例绘制，带圈标号①～③表示衍射仪照射体积的位置，其中 Al_2O_3 子层只有一层有衍射信号

图 5.14 显示，原始态和爆炸态样品之间、两个 ψ 取向之间、被考察的三个 Al_2O_3 子层之间的能量位置差异显著。按文献[50]的建议，校正了图 5.14(a)、(b)中的能量对深度分布的几何效应，后用式(5.17)分别归一化计算晶格应变 $\varepsilon_{\psi=0°}^{012,Al_2O_3}$ 和 $\varepsilon_{\psi=57°}^{024,Al_2O_3}$。

根据平均应变数据，通过 $\sin^2\psi$ 法对三个 Al_2O_3 子层逐层估算面内残余应力 $\langle\sigma_\parallel\rangle^{Al_2O_3}$。图 5.15 显示，爆炸过程的影响显然仅波及上部的两个 Al_2O_3 子层，而底部子层中的残余应力状态在误差范围内保持不变。在顶部的子层中，产生高约 -4500 MPa 的残余压应力，该残余应力与 Al_2O_3 第二子层中观察到的残余拉应力部分平衡。因此，针对宏观残余应力的平衡条件，完整的有效补偿必须包括对 TiCN 子层以及在近表面基底区域中的残余应力状态的讨论，对此本章未做讨论(如参见文献[49])。

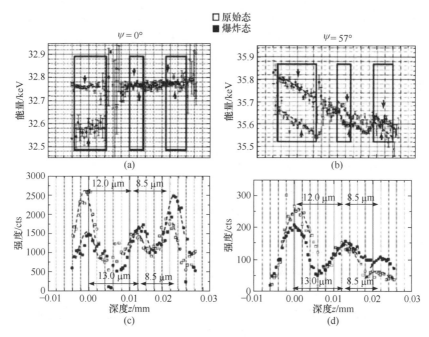

图 5.14　探测器在两个位置扫描样品获得的 Al_2O_3 子层衍射分析结果[39]

这两个位置分别对应于参数集($2\theta = 6.2°$，$\psi = 0°$，012 反射面)[(a)、(c)]和($2\theta = 11.5°$，$\psi = 57°$，024 反射面)[(b)、(d)]；
(a)、(b)中的矩形标记了不重叠的扫描区域，该区域衍射体积仅检测到单一 Al_2O_3 子层，箭头指示强度最大位置

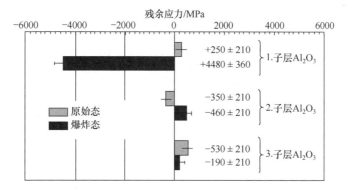

图 5.15　根据图 5.14 中的数据通过图 5.12 中所示的 $\sin^2\psi$ 法估算得出的 Al_2O_3 子层中的平均面内残余应力[39]

5.3.2　表面处理的块体样品中的残余应力梯度评估

5.3.2.1　实空间中的固定深度分析：直接获得$\sigma(z)$

初看，与薄膜或上一节讨论的多层膜相比，厚(块体)样品近表面区域的深度分辨

XSA 似乎不那么复杂。①对于拉普拉斯方法，式(5.7)的信息深度 $\langle z\rangle^{\mathrm{Lap}}=\tau=(\mu k)^{-1}$ 在任何情况下都具有明确定义的物理含义，用拉普拉斯变换 $\sigma(\tau)$ 分析、描述残余应力深度分布有非常简单的形式。②当 gv 非常小，完全浸没在样品中且用实空间法时，可以假定信息深度 $\langle z\rangle^{\mathrm{R}}$ 与它的几何形心重合，因为式(5.5)中指数权重函数的影响变得不太重要[式(5.12)]。

但是，务必牢记：工程师对更实用的实空间残余应力分布 $\sigma(z)$ 较难以解释的拉普拉斯应力 $\sigma(\tau)$ 更为感兴趣，而"残余应力工程"在许多情况下，需要调查大量的样本系列，但因两个原因情况变得不太妙。一方面，拉普拉斯方法允许快速直接地获得 $\sigma(\tau)$ 分布，但是很难将其转换回所需的 $\sigma(z)$ 分布；另一方面，实空间法允许直接获得 $\sigma(z)$ 分布，但是在必要的相关设备上("应力扫描"法情况下)的实验花费非常高，以及样品对准和测量所需的时间非常长。

出于这些原因，似乎有必要开发出充分利用实空间法和拉普拉斯法两种方法的丰富策略。通过"应力扫描"法，下面的示例中将采用一种非破坏性的 XSA 技术来精确分析表面机械处理引起的实空间残余应力深度分布 $\sigma(z)$。将相关结果与通过拉普拉斯法获得的结果进行比较，由 $\sigma(\tau)$ 数据经拉普拉斯逆变换(ILT)估算残余应力深度分布，该过程以非常精细的"应力扫描"法作基础。

所研究的样品是淬火和回火态的 100Cr6 滚动轴承钢，将其抛磨并随后进行喷丸处理，样品处理的详细信息见参考文献[39]和[51]。由于最后的喷丸处理步骤几乎完全掩盖了预抛磨处理，因此发现面内残余应力状态具有旋转对称性。但是，按照 S_1 轴平行于抛磨方向的样品参考系 S 定义，此处所指残余应力分量就是横向分量 σ_{22}。

图 5.16 总结了应力扫描分析的结果。采样体积的高度为 13 μm，有关实验的详情请参阅文献[39]。图 5.16(a)中的归一化应变深度分布 $\varepsilon_{\varphi=90^\circ,\psi}^{hkl}(z)$ 明显依赖于各个倾斜角 ψ。根据图 5.16(b)中的残余应力梯度，横向收缩的作用导致 $\psi=0^\circ$ 时产生正(拉伸)应变，而 $\psi=57^\circ$ 时观察到的负(压缩)应变是压应力状态的直接作用结果。$\psi=40^\circ$ 接近双轴残余应力状态的无应变方向 ψ^*，该方向由 $\sin^2\psi^{*,hkl}=-2S_1^{hkl}/\dfrac{1}{2}S_2^{hkl}$ 给出，在所研究的整个深度范围内应变约为零，因此表明沿法线方向不存在伪宏观残余应力梯度 σ_{33}。

通过将 $\sin^2\psi$ 方法应用于单个数据集 $\left\{\left(\sin^2\psi_i,\varepsilon_{\varphi=90^\circ,\psi_i}^{hkl}\right),\langle z_n\rangle^{\mathrm{R}}\right\}$ ($i=1\sim3$，$n=$ 1–N–测量位置数)，如插图所示，估算出图 5.16(b)的残余应力深度分布。随后通过逐层剥离法对结果进行了验证，显示出在表面以下约 30 μm 处残余压应力明显最大。在大约 90 μm 的深度中，残余应力会改变其符号变为残余拉应力，该残余拉应力必须平衡表面喷丸处理产生的残余压应力。

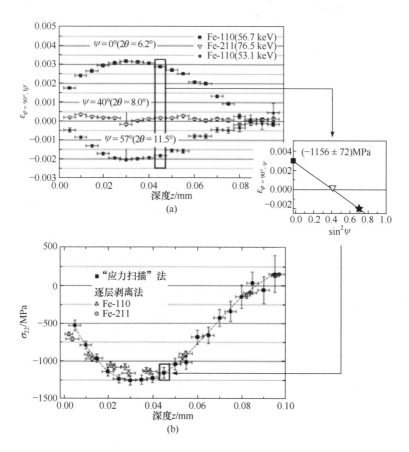

图 5.16　100Cr6 钢抛磨后再喷丸处理,使用"应力扫描"法进行 ED 残余应力(σ_{22}分量)分析[39,51]
(a)对应括号中 2θ 角的三个 ψ 方向归一化晶格应变 $\varepsilon^{hkl}_{\varphi=90°,\psi}(z)$,插图为固定深度处 $\sin^2\psi$ 残余应力估算的示例;(b)
分别通过"应力扫描"法和逐层剥离法评估实空间深度分布 $\sigma_{22}(z)$

5.3.2.2　拉普拉斯空间中的残余应力评估:从$\sigma(\tau)$到$\sigma(z)$

另一测试是在实验室的 AD 衍射仪和同步辐射 ED 衍射仪上都使用 XSA 的 Ψ 对称模式,并分别应用 $\sin^2\psi$ 技术。这样,生成了大量 $d^{hkl}_{\varphi\psi}$-$\sin^2\psi$ 和 $E^{hkl}_{\varphi\psi}$-$\sin^2\psi$ 数据集,用于在拉普拉斯空间不同近似水平上评估残余应力深度分布。运用"修正多波长"方法,对 $\sin^2\psi$ 数据作线性回归分析,而不管 $d^{hkl}_{\varphi\psi}$-$\sin^2\psi$ 分布中是否存在任何非线性因素(请参见图 5.5 和图 5.6),得出图 5.17 中的残余应力深度分布 $\sigma_{22}\left(\left\langle\tau^{hkl}\right\rangle\right)$。与通过"应力扫描"法获得的实空间分布 $\sigma_{22}(z)$相比,该分布的一阶近似梯度相当平坦,并且没有明显的最大值。这两种方法仅限于约 10 μm 的较小深度范围能够保持令人满意的一致结果。

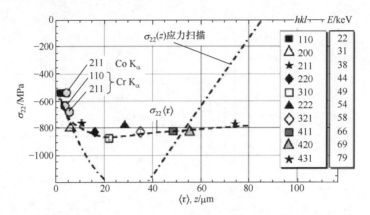

图 5.17　采用"修正多波长"方法对喷丸处理的 100Cr6 钢试样的残余应力分析

在衍射角 $2\theta = 16°$ 处进行相应的 $\sin^2\psi$ 法 ED 测量，图例中的能量表示 ED 衍射图中的 E^{hkl} 线位置；圆圈表示在实验室通过使用不同波长的 AD 衍射测量的残余应力值[51]；作为比较，点划线标记了"应力扫描"法获得的残余应力深度分布(参见图 5.16)

　　为了实现通过"直接"方法("应力扫描"法、逐层剥离法)评估的实空间实际残余应力分布与从拉普拉斯方法"间接"获得的残余应力分布之间良好的一致性，将 5.2.3.2 节介绍的通用图解形式应用于 $\sin^2\psi$ 数据集。根据式(5.10)和式(5.11)，对任意反射 hkl 测量的 $\sin^2\psi$ 曲线中的每个数据点都会产生离散的残余应力值 $\sigma[\tau^{hkl}(\psi_i)]$，其中 $\tau = \langle z \rangle^{\text{Lap}} = (\mu k)^{-1}$ 由式(5.7)给出。如图 5.18 所示，在拉普拉斯应力深度分布方面，$\sin^2\psi$ 数据的通用分布图表达比图 5.17 所示的修正后的多波长图

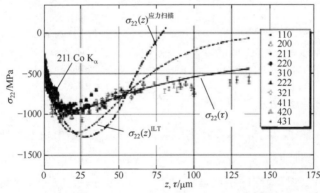

图 5.18　采用"通用分布图"法对喷丸处理的 100Cr6 钢试样的残余应力分析

使用与图 5.17 中相同的 $E_{\varphi\psi}^{hkl}$-$\sin^2\psi$ 数据集，根据 5.2.3.2 节中公式估算；实空间中的残余应力深度分布按指数衰减二阶多项式函数 $\sigma_{22}(z) = \left(a_0 + a_1 z + a_2 z^2\right)\mathrm{e}^{-a_i z}$ 来描述；将其拉普拉斯变换 $\sigma_{22}(\tau) = \dfrac{a_0}{(a_3\tau + 1)} + \dfrac{a_1\tau}{(a_3\tau + 1)^2} + \dfrac{2a_2\tau^2}{(a_3\tau + 1)^3}$ 拟合为离散残余应力数据[39,51]；$\sigma_{22}(z)^{\text{ILT}}$ (ILT 表示拉普拉斯逆变换)表示以此方式获得的实空间残余应力深度分布；有关细节请参见正文

包含更多细节。除了通用分布图包含更多的数据点，这些数据点为离散残余应力深度分布图的最小二乘拟合奠定了基础这个事实外，可获得信息深度也向两个方向扩展，即延伸至样品表面和材料的更深区域。因此，如图 5.6 所示，该图可用于通过 ILT 来计算实空间 $\sigma(z)^{ILT}$ 深度分布图。本例中，图 5.18 说明：在至少约 60 μm 的深度范围内，$\sigma_{22}(z)^{ILT}$ 分布与"应力扫描"法的残余应力深度分布非常吻合，前者是通过将指数衰减二阶多项式函数的拉普拉斯变换拟合通用分布图的数据而获得。在参考文献[51]中讨论了对 ILT 法应用更高阶多项式获得的解的稳定性问题。

5.4　结　　论

多晶材料的 XSA 可以追溯到 20 世纪 30 年代，此后开发出诸多方法来解决材料科学领域的特定问题。由于针对特殊应用而开发和设计的尖端材料的结构复杂性，XSA 面临一系列挑战。多数情况下要分析的残余应力场与化学成分梯度、晶体学的和/或形态学的织构以及微结构交织混杂，因此，将复杂的 X 射线测量和评估技术应用于残余应力分析，至少涉及上述一个或两个问题，如检测强织构和薄膜材料的近表面残余应力场，或将残余应力与成分梯度分离。

但是，没有一种方法可以同时满足上述所有要求。因此，用户必须从众多的文献方法中，仔细确定哪一种方法最适合他本人的技术问题和现有实验设备。本章旨在为那些对研究(表面处理)材料近表面区域残余应力分布感兴趣的材料科学家提供"决策支持"，通过实例讨论阐明迄今为开发深度分辨 XSA 方法的那些可能有效途径。前面几节的结论可以总结如下：

1) 拉普拉斯或实空间方法。使用大多数 X 射线实验室现有常规实验装置可以实现前者，并能相对快速、直接地获得"τ 空间"或"$1/\mu k$ 空间"中的残余应力深度分布 $\sigma(\tau)$。后者能获得在"z 空间"中产生的实际残余应力分布 $\sigma(z)$，但测量非常精细，需要使用同步辐射和复杂的配置。

2) "固定深度"或"可变深度"方法。可以分别使用定义信息深度的拉普拉斯和实空间法来实现这两种方法。前者在预定义深度上可以分离不同的结构梯度(如残余应力和成分)，进行 $\sin^2 \psi$ 分析。后者基于准连续应变深度剖析，改变或不改变测量方向皆可。它们为各种评估程序奠定了基础。

3) AD 或 ED 衍射模式。前者广泛应用，适用于任何配有单色辐射的常规 X 射线管的 X 射线衍射仪。后者需要多色光束，并在固定的衍射条件下产生完整的衍射谱图。使用高能白色同步辐射，即使采用反射几何也可以获得较大的信息深度。

最后，应强调本章讨论的 XSA 法不限于应用在给定材料状态下的非原位实验。如今，人们努力实现甚至是在高温服役、静态周期外部载荷条件下或在薄膜生长期间的深度分辨 XSA 来研究残余应力演化，还有旨在提高实验技术的空间分辨率。但是，对于本章中讨论的多晶衍射方法，最小 gv 尺寸的自然极限是确保衍射谱图质量的晶粒统计性。

(Christoph Genzel，Ingwer A. Denks，Manuela Klaus)

参 考 文 献

[1] Glockner R. Röntgenstrahlung und werkstofforschung. Z Tech Phys, 1934, 15: 421-429.

[2] Schiebold E. Beitrag zur theorie der messungen elastischer spannungen in werkstogen mit hilfe von riintgenstrahlen interferenzen. Berg Hüttenw Monatsh, 1938, 68: 278-295.

[3] Bollenrath F, Hauk V, Osswald E. Röntgenographische spannungsmessungen bei überschreiten der fließgrenze an zugstäben aus unlegiertem stahl. VDI Z, 1939, 83: 129-132.

[4] Macherauch E, Müller P. Das $\sin^2\psi$ verfahren von rontgenographische eigenspannungen. Z Angew Phys, 1961, 13: 305-312.

[5] Birkholz M. Thin Film Analysis by X-ray Scattering. Weinheim: Wiley-VCH Verlag GmbH, 2006.

[6] Noyan I C, Cohen J B. Residual Stress Measurement by Diffraction and Interpretation. New York: Springer, 1987.

[7] Reimers W, Pyzalla A R, Schreyer A, Clemens H. Neutrons and Synchrotron Radiation in Engineering Materials Science. Weinheim: Wiley-VCH Verlag, 2008.

[8] Spieß L, Teichert G, Schwarzer R, Behnken H, Genzel C. Moderne Röntgenbeugung. 2 Auflage. Wiesbaden: Vieweg Teubner, 2009.

[9] Genzel C, Mittemeijer E J, Scardi P. Diffraction Analysis of the Microstructure of Materials. Berlin: Springer, 2003: 473-503.

[10] Noyan I C, Huang T C, York B R. Residual stress/strain analysis in thin films by X-ray diffraction. Crit Rev Solid State Mater Sci, 1995, 20: 125-177.

[11] Welzel U, Ligot J, Lamparter P, Vermeulen A C, Mittemeijer E J. Stress analysis of polycrystalline thin films and surface regions by X-ray diffraction. J Appl Crystallogr, 2004, 38: 1-29.

[12] Dölle H, Hauk V. Einfluß der mechanischen anisotropie des vielkristalls (textur) auf die röntgenographische spannungsermittlung. Int J Mater Res, 1978, 69(6): 410-417.

[13] Dolle H, Hauk V. Evaluation of residual stresses in textured materials by X-rays. Z Metall, 1979, 70: 682-685.

[14] Welzel U, Leoni M, Mittemeijer E J. The determination of stresses in thin films; Modelling elastic grain interaction. Philos Mag, 2003, 83 (5): 603-630.

[15] Welzel U, Mittemeijer E J. Diffraction stress analysis of macroscopically elastically anisotropic specimens: on the concepts of diffraction elastic constants and stress factors. J Appl Phys, 2003, 93 (11): 9001-9011.

[16] Giessen B C, Gordon G E. X-ray diffraction: new high-speed technique based on X-ray spectrography. Science, 1968, 159: 973-975.

[17] Genzel C, Denks I A, Gibmeier J, Klaus M, Wagener G. The materials science synchrotron beamline EDDI for energy-dispersive diffraction analysis. Nucl Instrum Methods Phys Res, Sect A, 2007, 578: 23-33.

[18] Genzel C. Formalism for the evaluation of strongly non-linear surface stress fields by X-ray diffraction performed in the scattering vector mode. Phys Status Solidi A, 1994, 146: 629-637.

[19] Hauk V. Structural and Residual Stress Analysis by Nondestructive Methods. Amsterdam: Elsevier, 1997.

[20] Dolle H, Hauk V. The theoretical effect of multi-axial depth-dependent internal stress distributions on X-ray stress determinations. Hart Tech Mitt, 1979, 34(6): 272-277.

[21] Ruppersberg H, Detemple I, Krier J. Evaluation of strongly nonlinear surface-stress fields $\sigma_{xx}(z)$ and $\sigma_{yy}(z)$ from diffraction experiments. Phys Status Solidi A, 1989, 116: 681-687.

[22] Ruppersberg H, Detemple I. Evaluation of the stress field in a ground steel plate from energy-dispersive X-ray diffraction experiments. Mater Sci Eng, 1993, 161: 41-44.

[23] Genzel C, Stock C, Reimers W. Application of energy-dispersive diffraction to the analysis of multiaxial residual stress fields in the intermediate zone between surface and volume. Mater Sci Eng, 2004, 372: 28-43.

[24] Eigenmann B, Scholtes B, Macherauch E. A multi-wavelength method for X-ray analysis of near surface residual stress states in ceramics. Mat Wiss Werkstofftech, 1990, 21: 257-265.

[25] Craig I J D, Thompson A M. Why Laplace transforms are difficult to invert numerically. Comput Phys, 1994, 8: 648-654.

[26] Webster P J, Mills G, Wang X D, Kang W P, Nolden T M. Impediments to efficient through-surface strain scanning. J Neutron Res, 1996, 3(4): 223-240.

[27] Withers P J, Webster P J. Neutron and synchrotron X-ray strain scanning. Strain, 2001, 37: 19-33.

[28] Withers P J, Preuss M, Webster P J, Hughes D J, Korsunski A M. Residual strain measurement by synchrotron diffraction. Mater Sci Forum, 2002, 404-407: 1-12.

[29] Xiong Y S, Withers P J. A deconvolution method for the reconstruction of underlying profiles measured using large sampling volumes. J Appl Crystallogr, 2006, 39: 410-424.

[30] Denks I A, Klaus M, Genzel C. Determination of real space residual stress distributions $\sigma_{ij}(z)$ of surface treated materials with diffraction methods. Part II: energy dispersive approach. Mater Sci Forum, 2006, 524-525: 37-42.

[31] Ballard B L, Predecki P K, Watkins T R, Kozaczek K J, Braski D N, Hubbard C R. Depth profiling biaxial stresses in sputter deposited molybdenum films; Use of the $\cos2\varphi$ method. Adv X-ray Anal, 1995, 39: 363-370.

[32] Dummer T, Eigenmann B, Stuber M, Leiste H, Lohe D, Muller H, Vohringer O. Depth-resolved X-ray analysis of residual stresses in graded PVD coatings of Ti(C,N). Z Metall, 1999, 90: 780-787.

[33] Tanaka K, Akiniwa Y, Suzuki K, Yanase E, Nishio K, Kusumi Y, Arai K. High-energy X-ray synchrotron radiation analysis of residual-stress distribution of shot-peened steel. Mater Sci Forum, 2002, 404-407: 341-346.

[34] Kumar A, Welzel U, Mittemeijer E J. A method for the non-destructive analysis of gradients of mechanical stresses by X-ray diffraction measurements at fixed penetration/information depths. J Appl Crystallogr, 2006, 39: 633-646.

[35] Erbacher T, Wanner A, Beck T, Vohringer O. X-ray diffraction at constant penetration depth a viable approach for characterizing steep residual stress gradients. J Appl Crystallogr, 2008, 41: 377-385.

[36] Predecki P, Zhu X, Ballard B. Proposed methods for depth profiling of residual stresses using grazing incidence X-ray diffraction (GIXD). Adv X-ray Anal, 1992, 36: 237-245.

[37] van Acker K, de Buyser L, Celis J P, van Houtte P. Characterization of thin nickel electrocoatings by the low-incident-beam-angle diffraction method. J Appl Crystallogr, 1994, 27: 56-66.

[38] Shute C J, Cohen J B. Strain gradients in Al-2% Cu thin films. J Appl Phys, 1991, 70: 2104-2110.

[39] Denks I. Entwicklung einer Eethodik zur Erfassung randschichtnaher Eigenspannungsverteilungen $\sigma(z)$ in polykristallinen Werkstoffen mittels energiedispersiver Diffraktion. Kassel: Universität Kassel, 2008.

[40] Somers M A J, Mittemeijer E J. Development and relaxation of stress in surface layers; Composition and residual stress profiles in γ'-Fe$_4$N$_{1-x}$ layers on α-Fe substrates. Mater Trans, 1990, A21: 189-204.

[41] Anzanza Ricardo C L, D'Incau M, Scardi P. Sub-surface residual stress gradients: advances in laboratory XRD methods. Mater Sci Forum, 2006, 524-525: 25-30.

[42] Leverenz T, Eigenmann B, Macherauch E. The sectioned polynomial method for non-destructive determination of residual stress states in machined ceramic materials with steep subsurface gradients. Z Metall, 1996, 87: 616-625.

[43] Leoni M, Dong Y H, Scardi P. Strain-texture correlation in r.f. magnetron sputtered thin films. Mater Sci Forum, 2000, 321-324: 439-444.

[44] Genzel C, Broda M, Dantz D, Reimers W. A self-consistent method for X-ray diffraction analysis of multiaxial residual-stress fields in the near-surface region of polycrystalline materials. II. Examples. J Appl Crystallogr, 1999, 32: 779-787.

[45] Klaus M, Denks I A, Genzel C. X-ray diffraction analysis of nonuniform residual stress fields $\sigma_{ij}(\tau)$ under difficult conditions. Mater Sci Forum, 2006, 524-525: 601-606.

[46] Delhez R, de Keijser T H, Mittemeijer E J. Role of X-ray diffraction analysis in surface engineering: investigation of microstructure of nitrided iron and steels. Surf Eng, 1987, 3: 331-342.

[47] Genzel C. X-ray residual stress analysis in thin films under grazing incidence: basic aspects and applications. Mater Sci Technol, 2005, 21(1): 10-18.

[48] Klaus M, Genzel C, Holzschuh H. X-ray residual stress analysis in CVD multilayer systems: influence of steep gradients on the line profile shape and -symmetry. Z Kristallogr, 2008, 27: 273-285.

[49] Klaus M, Genzel C, Holzschuh H. Residual stress depth profiling in complex hard coating systems by X-ray diffraction. Thin Solid Films, 2008, 517: 1172-1176.

[50] Denks I A, Genzel C. Improvements in energy dispersive diffraction in respect of residual stress analysis. Mater Sci Forum, 2008, 571-572: 189-195.

[51] Denks I A, Manns T, Genzel C, Scholtes B. An experimental approach to the problem of transforming stress distributions from the LAPLACE-into real space. Z Kristallogr, 2009, 30: 69-74.

第**6**章   中子衍射应力分析

6.1 引　言

如本书第 10 章所述,衍射方法是分析应力、外载应力或残余应力的强大工具。X 射线和中子衍射均可使用。从历史上看,X 射线应力分析比中子应力分析要早得多,后者仅在 20 世纪 80 年代才发展起来[1-3]。与实验室 X 射线源相比,对中子应力分析的兴趣来自中子的高穿透力,即几厘米而不是几十微米。这为分析工件内部而不是表面的残余应力提供了可能性。随着第二、三代同步加速器光源的出现,硬 X 射线已成为固体块材应力分析的强大竞争对手。人们曾以为,硬 X 射线的穿透力强(可与中子媲美)以及同步辐射源亮度极高(数据采集时间短),中子将被淘汰。但是,这并未发生,专用于应力分析的中子仪器也没有缺少使用者。迄今中子应力分析新仪器已投入使用或正在建造中。这意味着通过中子衍射进行应力分析仍然是材料科学中的一项重要技术。以下各节将介绍此技术的基本要素。对更多细节感兴趣的读者可以参考不涉及普通衍射方法,专门讲述中子衍射应力分析的书籍[4,5]。

6.2 技术基础

用于应力分析的中子仪器通常被不严谨地称为中子应变扫描仪。但是,由于这样的仪器不能直接测量应变,而只能测量晶格间距(或 d 间距),所以这种叫法并不确切。在以下各节中,我们解释了试图从测得的 d 间距推导应变时遇到的问题。

与 X 射线一样(第 5 章)，d 间距的测量基于布拉格定律：

$$2d_{hkl}\sin\theta = n\lambda \tag{6.1}$$

其中，d_{hkl} 是具有米勒指数 hkl 的晶面间距；θ 是散射角；λ 是中子波长；n 是一个小整数，在大多数情况下，$n=1$。残余应力或载荷应力将引起很小的 d 间距变化，通常在几倍于 10^{-3} 的范围内。

这些变化将取决于应力的方向，因此 d 值测定必须根据样品的不同方向来施行。在每种情况下，采样的晶格常数都是在入射和衍射光束的平分方向上(图 6.1)。对测得的 d 间距进行应力评估遇到两个问题：①在第一步，计算应变必须扣除无应力时的 d 间距 d_0，但是 d_0 通常不容易获得；②使用不同米勒指数晶面的测量可能会产生截然不同的结果。这两个问题将在以下各节中说明。

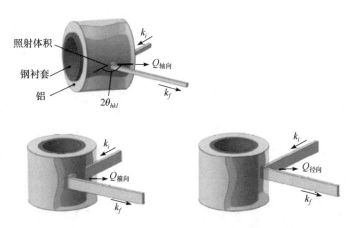

图 6.1　由工件内部的入射光束和衍射光束定义的照射体积示意图

6.2.1　d_0 问题

X 射线应力分析仅限于部件的表面，可以利用垂直于表面方向的应力会消失这一事实(第 5 章)由测得的 d 间距估算出 d_0。但是，中子会探测体相材料的内部应力，而不仅限于表面。结果 d_0 需要分开单独测量确定。有各种方法专用于此目的，但它们并非普遍适用[6,7]。有时可以通过探测样品上预期应力非常低的部分以非常简单的方式确定 d_0。使用最广泛的方法是热处理另一平行样块，且已知这种处理可以完全或至少几乎消除残余应力。该方法不适用于多相材料，因为样品冷却至室温过程中不同相的热膨胀会重新引入残余应力。该方法还有一个缺点可能是必须从工件中切出一块，客户可能不愿意接受这种方案。如果在所研究的横截面中材料的化学成分不相同(如焊件中经常出现的情况)，在不同的位置切出小块是解决 d_0 问题的唯一方案，但显然代价高昂，而且是破坏性的。

如果在样品的整个横截面上进行测量，则 d_0 可以(至少是近似地)从受力平衡中推算出。而在某些情况下很难确定 d_0。颗粒或纤维增强材料就是很好的例子：如前所述，任何形式的热处理只能部分消除残余应力，因为基体材料和增强材料之间的不同热膨胀会导致冷却过程中某特定相的应力。在这种情况下，可能有必要通过化学工艺隔离增强材料。最终如果没有得到可靠的 d_0，这仅会引起残余应力的静压分量不确定性，而所谓的应力偏离值仍然保持不受影响。后者通常比静压分量具有更大的相关性。

6.2.2　宏观应变与微观应变

绝大多数技术上重要的材料是多晶，晶粒尺寸范围从 1 μm 以下到数百微米。衍射实验中，仅探测一小部分晶粒，即那些相对于入射光束和出射光束处于适当取向的部分。这一小部分晶粒的(hkl)晶面对衍射峰的强度有贡献。这些晶粒中观察到的应变(即微观应变)可能不能代表所有晶粒的平均应变(即宏观应变)，有两个原因：①如果所研究的材料是弹性各向异性的，则外加应力施加在平行硬晶轴方向比其在平行软晶轴方向产生的应变小；②如果材料是塑性各向异性，某些晶粒比其他晶粒更早达到屈服点，则释放载荷后会导致晶粒取向相关的残余应力。我们注意到，弹性各向异性通常处理起来不是很麻烦，因为通过选择合适的将应变转换为应力的弹性常数可以大致考虑其影响。但是，塑性各向异性可能是一个真正的问题，因为预测明显的塑性流产生的取向相关应变的理论仍处于起步阶段[8]。如果有理由怀疑应变将在很大程度上取决于晶粒的取向，应至少进行两个不同的 {hkl} 衍射峰测量。我们注意到在这种情况下飞行时间(TOF)谱仪明显优于角色散仪(请参阅以下部分)，它们会自动产生多条反射峰的结果。宏观应变(通常是工程师最感兴趣的)必须通过适当平均各 {hkl} 晶面族的研究结果来获得。

本文中，我们要讲的是单一 {hkl} 晶面族测量，可能有另外不利的原因：如果材料具有强烈的织构，则对于特定的 {hkl} 晶面族，在某些方向上的衍射强度可能非常低。因此，在应变测量之前了解织构将对选择合适的 {hkl} 晶面族很有帮助。

6.2.3　应变张量

样品中给定点的应力状态的完整表征需要确定三个主应力及其在坐标系中的方向。这等于确定了所谓的应力张量的六个分量。中子应力分析原则上能够通过测量至少六个不同方向上的应变来完成此项工作。但是，实际上很少这样做。在绝大多数应用中，仅在三个方向上测量应变，这些方向假定为基于样品几何形状的主应力方向。如图 6.1 所示，主应力方向可以从样品的对称性推断出来。

6.2.4 衍射线宽化

在许多情况下,反射线的宽度受到分辨率的限制。但是,如果材料中的位错密度很高,则可能会导致线宽变大。高位错密度通常是在环境温度下引起塑性流动的冷加工所导致的结果。在旨在确定残余应变分布的测量中,得到的线宽分布的信息是作为副产物。该信息有可能使人们能够定位样品中由于载荷超过屈服点而产生强烈塑性流动的区域。在 6.5.1 节中有一个示例说明此类信息非常有价值。

6.3 仪 器

在本节中,将介绍专门设计用于中子应力分析的主要仪器类型。中子源有两种类型,即稳态源(主要是反应堆)和脉冲源(所谓的散裂源)。对于每种类型的源,已经普遍接受了某种特定的设计,下面将对其进行详细描述。有一个明显的例外,采用截然不同的原理针对稳态源而开发的中子应变扫描仪,本节末尾对此进行了简要介绍。

6.3.1 角色散仪

为反应堆设计的中子应力分析装置非常类似于经典的高分辨率粉末衍射仪,然而使用线束整形元件,仅允许探测大块固体内部深处的一小部分体积。此外,它们还配备了特殊的样品台,可以使样品在 x、y 和 z 方向上移动,精度优于 0.1 mm。此类样品台的更精细版本也允许使样品不仅绕竖直轴旋转,也可绕水平轴旋转。此外,能够容纳质量非常大的,约为 100 kg 量级样品。该类设备的使用呈上升态势。工业应用中子应力分析极大地受益于这种趋势。

专门用于应力分析的角色散中子衍射仪的示意图如图 6.2 所示。因为应变信息被编码在散射角 2θ 中,所以它被称为角色散仪。以下几节将介绍这种仪器的基本元件。

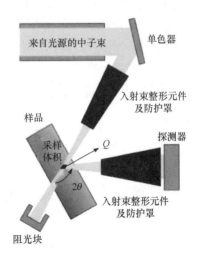

图 6.2 用于应力分析角色散中子衍射仪的示意图

6.3.1.1　单色器

单色器选择中子波长是根据:①反射平面的d间距;②符合布拉格定律[式(6.1)]的出射角$2\theta_m$。现代仪器允许$2\theta_m$连续变化。因此,单个单色器原则上足以选择任何所需的中子波长。但是,还是非常希望有配备两个或更多d间距不同的单色器且单色器可以轻松互换的设备,这样在$2\theta_m$覆盖范围内,既满足良好的波长分辨率,又能使样品具有很高的中子通量。单色器是由大约 0.2°～0.5°镶嵌块组成的单晶,如同经典高分辨率粉末仪所用的或(主要由 Si 制成的)完美弯曲晶体。后者能够在获得良好的波长分辨率的同时将实空间中的光束聚焦到样品某处的一个相当狭窄的区域。两种类型的单色器通常都是垂直聚焦以增加中子强度。我们注意到垂直聚焦不会影响波长分辨率,但会在垂直方向上影响内部探测区域。因此,必须在增加强度(即通量)和保持在垂直方向上准确地限定内部探测区域之间做好权衡。这个问题在下一节将详细讨论。

6.3.1.2　线束整形光学

内部探测区域或采样体积由入射光束和衍射光束的交叉区域定义。最简单的仍被广泛使用的光学组件由尽可能靠近样品的狭缝构成。散射角2θ接近 90°,可以获得最佳的空间分辨率,因此这是中子应变扫描仪的标准配置。狭缝系统简单易调节,可实现所需的空间分辨率。但是,情况并非如图 6.1 所示的那样简单:由于光束的有限发散,随着光源与狭缝的距离增加,半影区的大小增加,由狭缝定义的入射光束和衍射光束逐渐变得模糊不清。如果狭缝的宽度减小到 1 mm 或更小,并且样品太大而无法将狭缝放置在非常近的距离处,则这一问题会变得尤为突出。解决此问题的一种巧妙但成本昂贵的方法是使用由大量中子吸收箔组成的径向准直仪,其布置方式是仅接收来自焦点处明确限定的狭窄区域的中子(图 6.3)[9]。

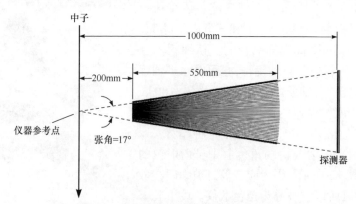

图 6.3　衍射光路上的径向准直仪示意图

在入口和出口处的吸收箔片间距分别为 1.43 mm 和 5.53 mm,焦点处的采样体积侧向尺寸为 2 mm

但是，该解决方案也有其缺点：为了保持仪器的必要灵活性，需要针对不同大小的采样体积和不同长度的焦距使用多个径向准直仪，这不仅非常昂贵，而且每次更换后都需要仔细调整。由于这些原因，径向准直仪大多仅放置在衍射光束中，而由于入射光束相对较小的发散，使用入射光束狭缝更为适合。

近来，另一种已经可用的线束整形光学元件是聚焦中子导向器。这种导向器可以更好地在垂直方向上确定采样体积，同时将焦点位置的中子强度增加 2 倍左右[10]。

6.3.1.3 探测器

近年来，位置敏感二维探测器已成为中子应变扫描仪标准选配。这种探测器不是专门为应变扫描目的而开发的，因此它们所覆盖的角度范围比实际需要的要大得多。通常，仅使用探测器的中心部分探测单一衍射线的一定角度范围，即几度左右。原则上，二维探测器允许同时记录多条衍射线，但在这种情况下，必须在样品和探测器之间使用径向准直仪：只使用狭缝来规定采样体积将导致不同辐照位置的不同衍射线出现随 2θ 角的宽化。

大角度范围的二维探测器在水平方向上很少被利用，而通常会最大限度地在垂直方向上利用它，因为如果水平方向对应于主应力方向则在垂直方向上测量的应变变化很小，这是大多数中子应力分析应用的标准情况。如果散射角偏离 90°，垂直方向大角度采集将导致衍射线在面探测器 xy 平面上的弯曲。这种效应很容易使用现代软件更正。

在介绍了二维探测器优点之后，我们不想忽略其某些不便之处：与标准中子探测器相比，它们肯定需要更多的维护，才能保持较高的灵敏度和较低的噪声水平。

6.3.1.4 附件

如前所述，用于应力测量的中子仪器配备了不仅可以使样品绕竖直轴旋转，还可以在 x、y 和 z 方向上进行高精度位移的样品台。所有动作都须由计算机控制。有关其他轴进一步的旋转同样如此控制。计算机控制对自动测量样品的不同部位是必要的，同时还有另一个原因是当打开线束时便无法打开设备。

现代仪器经常需要加装附件，类似使设备在测量过程中能够施加外部载荷或将样品加热到高温的器件。请注意，如果选材合适，中子束是很容易穿透炉壁的。

6.3.2 飞行时间仪

安装在脉冲源上的用于残余应力分析的 TOF 仪器的设计非常简单(图 6.4)：

通过狭缝细化白光束以限定照射在样品上的体积，再通过放置在两侧互成 90°角的两个二维探测器记录衍射中子。如果仪器所用为非脉冲源，则需要一个额外的元件来将中子束及时切成短束。为此可以使用中子斩波器，但由于开启时间必须较短以达到良好的分辨率，会大大降低中子强度，并且脉冲重复频率较低以避免帧重叠。因此，通常认为 TOF 设备选择稳态源并不好。

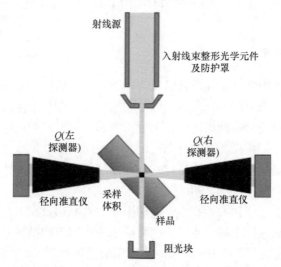

图 6.4　用于中子应力分析的飞行时间衍射仪示意图

　　虽然入射线束因其低发散度而容易被狭缝整形(请注意射线源距仪器很远)，径向准直仪使衍射束的形状更好。对于 TOF 仪器径向准直仪，另一个优点是该器件在整个角度范围(～20°)都能使用，从而加快测量速度：在角色散仪上，当探测器安装在径向准直仪后面时，仪器将仅在衍射线的宽度(典型值通常为 1°)采集中子，TOF 仪器的探测器将在其整个面积范围记录相同数量的中子。传输动量的方向，即应变的记录方向，在角度范围上有些变化，但是如果中心部分对应于主应力方向，记录的应变方向仅发生秒级的偏离中心变化。因此，二维探测器大部分区域包含的信息可以汇集在一起以改善统计性，这将大大加快测量速度。

　　彼此相对的两个探测器对应于应变的两个正交方向，所以可以同时研究两种不同的主应变，进一步加快测量速度。因此，使用脉冲源的 TOF 设备测量残余应变变得非常有效。在这种情况下，我们想重申前面提到的内容，即 TOF 仪器自动获得多条衍射线的信息，可以检测弹性和塑性各向异性效应。另外，这些特点为两相材料的研究节省了时间。

6.3.3 特殊仪器

有一些现代仪器不同于前文的描述。其中一种称为 POLDI，位于提供连续光束的一个散裂源处；另一种称为 FSD，位于杜布纳的脉冲反应堆。我们注意到这个反应堆产生的脉冲长度太大，不能使用 6.3.2 节中述及的那种用于高分辨衍射分析的简单设计方案。两种仪器都在入射光束中放置所谓的傅里叶斩波器。这种装置将中子束切成各种长度的脉冲，一个接着一个地快速运动。这导致大量帧重叠，因此需要进行相关分析将原始数据分解为有意义的频谱。这种设计兼有优缺点，这就是它没有真正流行的原因。有兴趣的读者可参阅参考文献[11]和[12]。

6.4　测试能力

6.4.1 材料种类

可以通过中子应力分析研究所有晶体材料，前提是原子核是相干散射体，仅适度吸收中子。在实践中，该技术适用于现代工程中使用的大多数材料。中子应力分析研究最多的材料不仅包括钢、铝合金、钛和陶瓷，还有硬质合金和颗粒增强材料。

6.4.2 空间分辨率

在中子应力测量中获得的空间分辨率通常约为 10 mm³。原则上，更好的空间分辨率是可行的，但会导致更长的数据采集时间。在有利的情况下，可以将照射体积减小到 1 mm³ 或更小。例如，当研究钢样品(衍射信号强)不超过 10 mm 厚(因此吸收率相对较低)时，照射体积为 1 mm³ 不会导致较长的计数时间(<0.5 h/峰)。如果样品厚得多，如此小的照射体积会导致不合理的长时间计数(每个峰几小时)。对于中子散射性能较差的材料(如 Ti)，情况也是如此。

照射体积形状不一定是立方体，也可以是针状或圆盘，以便在一个或两个方向上获得良好的空间分辨率，同时在其他方向上放宽空间分辨率以加快测量速度。当然，采用这种特殊形状的照射体积取决于事先对样品中应变分布的了解。例如，图 6.1 所示的样品至少在其中心部位，预期在径向上显示出陡峭的应力梯度，而在轴向上显示出很小的应力变化。在特定方向上，针状照射体积的空间分辨率可能会提高到约 0.5 mm。难以实现进一步的改进不仅是因为计数时间越来越长，还因为半影效应会越来越突显，这是由入射和衍射的有限发散度所致，其宽度将随着其与用于限定照射体积狭缝的距离的增加而逐渐变宽。我们注意到线束发散度为 1°(非常典型)时，将在 10 cm 距离处使狭缝的图像模糊成 1.8 mm。由此，必须将狭缝置于距离照射体积仅几厘米处以获得约 0.5 mm 的空间分辨率，其中不包括大块样品的探测。减少线束发散度可改善这种情况，但会以更长的计数时间为代价。在这种情况下，径向准直仪是另一个可选择的对象，但对于 1 mm 甚至更高的空间分辨率而言，成本很高。

6.4.3　穿透深度

穿透材料的中子束将因衍射和吸收而衰减。对于许多材料而言，衍射是主要过程。中子束衰减到其原始值一半的路径长度通常介于 7 mm(钢)和 40 mm(铝)之间。入射光束和衍射光束的总衰减不应超过因子 100，以避免不合理的长时间计数。也就是说，对于钢，样品的最大厚度约为 30 mm，对于铝，则超过 100 mm。Ti 具有较差的散射特性，因为散射的相干部分相对较小，非相干部分(这会增加衰减)相对较大。结果 Ti 样品的最大允许厚度小于钢样品的最大厚度，即约 20 mm。陶瓷的散射特性同样差，因为它们的衍射线通常具有相对较低的结构因子(而简单金属的结构因子达到最大值)。因此，陶瓷样品的最大厚度将接近 Ti。请注意，以上给出的值仅在空间分辨率可以放宽到大约 10 mm^3 甚至以上时应用。如果空间分辨率高达 1 mm^3 时，最大允许厚度仅为这些值的一半左右。

尽管中子的穿透力非常大，但它并不总是足够大，以至于人们无需切割或截取就可以研究工件。显然，切割很容易导致人们感兴趣的残余应力发生部分松弛。针对这种情况，已开发出一种特殊的方法，即反本征应变分析，目的是在未受扰材料中重构残余应力状态[14]。6.5.1 节中给出了一个示例。

6.4.4　准确度

通常的实际目标精度是 $\Delta d/d = 10^{-4}$。使用更好的计数统计数据可以实现更高的准确性，但是很少需要这么高。然而，陶瓷中的应变通常很小，因为其弹性常数大且材料易碎。在这种情况下，精度可推至 $\Delta d/d = 10^{-5}$。$\Delta d/d$ 的不确定度将转换为应力的不确定度，级别为 10 MPa，…，30 MPa。

6.4.5　中子测试能力

中子束机时是一种稀缺商品，这不仅是因为全世界使用的仪器数量非常有限(约 20 座)，还因为这些中子束设备中的任何一部都被许多研究小组在力争得到机时。因此，任何一组数据的测量通常仅能分配到不多于一周的时间，大多数仅有几天时间。与早期使用的中子应力分析通用仪器相比，现代专用仪器的效率得到了极大的提高，可以在几天内获得特定实验的大量数据。尽管在中子应力分析的初期，通常仅沿着样品中的特定线来探索应变分布，但现在在全平面上探索应变是相当普遍的做法。6.5.1 节中显示了一个示例。在其他情况下，仅在相当有限的几个位置测量应变，但是通过几个样品的应变测量，可以找出机械或热处理的各种影响。

6.5 应 用 实 例

6.5.1 钢轨

服役期钢轨中残余应力的累积会导致裂纹的产生和破裂，并可能造成严重的事故。因此，量化车轮和钢轨之间反复滚动接触下产生的残余应力既是必要也是重要的。在参考文献[13]中，使用中子衍射法在一块磨损的英国铁路轨道的横截面中进行三轴残余应变测量。在靠近接触区域的地方观察到局部应力，这表明由不均匀塑性变形引起不对称和复杂的应力分布。衍射峰宽化[半高宽(FWHM)增加]显示出接触诱导塑性。作为该研究结果的一个示例，我们展示了横向残余应变分量的分布以及所研究的轨道顶部实测的 FWHM 分布(图 6.5)。

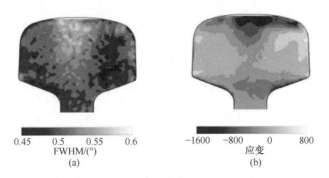

图 6.5　(a)在测量残余应变时发现的衍射峰的宽度(半高宽)；(b)服役后在钢轨上端观察到的残余应变分量在横向上的分布[13]

显然，切片会导致钢轨中的纵向应力松弛，因此与钢轨整个长度中的应力相比，切片中测得的应力得以部分缓解。不过，该研究的作者认为所得结果最终可以通过反本征应变分析用于重建整个钢轨的三维残余应力状态[14]。

6.5.2　焊接件

通过中子应力分析已反复研究了由各种材料制成的焊接件(主要是钢)。由于加热方式的极端性和受热区域的高度局域化,焊接操作通常会在工件中引入大量的残余应力。由此产生的高温和热梯度会引起空间的和瞬时的热膨胀和热收缩,导致热软化材料的不均匀塑性流动。对于变形钢,固态位移相变是失配应变的另一个原因,进而导致冷却后有明显的残余应力。一旦残余拉应力的大小发展到离屈服点不远,焊接零件很容易在服役中失效。实验确定焊接过程产生的残余应力分布可以优化生产过程中的道次数和材料的选择。此外,焊接后热处理以减小残余应力至可接受的水平,其效果也可以用相同的方法检验。为此,通常选择中子衍射不仅是因为它可以方便地探测表面上的残余应力,而且可以探测内部的。例如,沿钢板上单道焊缝纵向测量的残余应力如图 6.6 所示[15]。显然,在焊缝内部及其附近发现相当高的残余应变,而远离焊缝处应变水平很低。

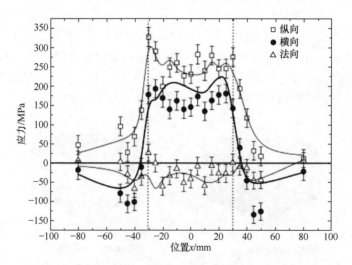

图 6.6　沿焊缝纵向测量的应力[15]

焊缝开始位置($x = -30\,\text{mm}$)和终止位置($x = +30\,\text{mm}$)用垂直虚线标记

6.5.3　陶瓷材料

陶瓷中的残余应力通常很小:它们是不具有大应力的脆性材料,而且其弹性模量也很大。因此,与通常对金属材料来说已足够的精度相比,进行陶瓷材料的应变测量必须还要更高,即远优于 $\Delta d/d = 10^{-4}$。使用高分辨率装置,实现

陶瓷应变测量所需的分辨率确实是可行的。图 6.7 为一例[16]，它显示了在含有玻璃相的氧化铝棒中观察到的残余应变。残余应变是在高温(1100℃)下进行的弯曲蠕变测试中产生的。通过两个参数对数据点拟合得到曲线，两个参数描述了材料在拉伸和压缩过程中的非对称行为。中子应变分析是确定这些参数的一种完美方法。

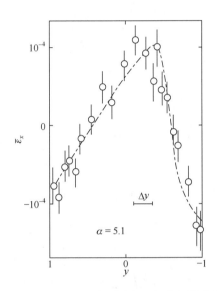

图 6.7　在高温弯曲蠕变实验后，含有玻璃相的氧化铝棒中测得的残余应变[16]
通过数据点的曲线是用两个参数拟合的结果，两个参数描述了材料在拉伸和压缩过程中的非对称行为

6.5.4　复合材料

对于多相材料，衍射应力分析法优于宏观应力技术之处是：可以分别确定每个相的应力。因此，这些衍射法，特别是中子应力分析已被广泛用于表征由热循环或机械循环产生的残余应力。通常选择中子衍射，因为它可对大块材料测量应力，如金属基复合材料(MMC)[17]。

具有低热膨胀系数和高热导率的 MMC 被设计用于电力电子设备中的散热器，以避免发热的半导体与散热器之间发生分层，并保持较高的热通量。将具有高热导率和低热膨胀性的 SiC 或金刚石颗粒嵌入高导电性金属(如 Al、Cu 或 Ag)中。在加工冷却过程中，这些成分之间的热膨胀不同步，产生内部的高应力，从而导致内部界面处的剥离和基体的塑性变形。通过原位中子衍射实验测量 Al-金刚石复合材料热循环过程中内部应力水平的变化，以研究不同工艺技术的增强效应。图 6.8 显示了当使用两种不同类型的 Al(即纯 Al 或 AlSi$_7$合金)作为基体时，热循环过程中 Al 的应力与温度的关系。结论是，AlSi₇ 是更好的选择，因为 Si 将金刚石颗粒连接起来，从而提高了器件的长期稳定性。

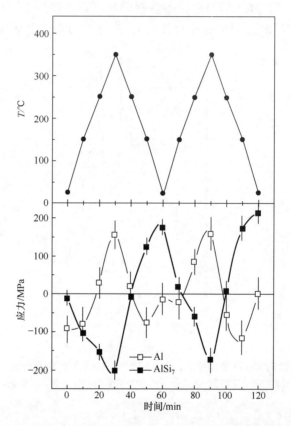

图 6.8　在室温至 350℃ 的两个热循环中，金刚石增强 Al 基复合材料中 Al 的内部应力[17]
注意，在 Al 基体中观察到的应力彼此相反，这取决于基体是纯 Al 还是合金 AlSi₇

(Lothar Pintschovius，Michael Hofmann)

参 考 文 献

[1] Allen A J, Hutchings M T, Windsor, C G, Andreani C. Measurement of internal stress within bulk materials using neutron diffraction. NDT Int, 1981, 14: 249-254.

[2] Pintschovius L, Jung V, Macherauch E, Schafer R, Vohringer O. Determination of residual stress distributions in the interior of technical parts by means of neutron diffraction//Kula E, Weiss V. Residual Stress and Stress Relaxation. New York/London: Plenum Press, 1982: 467-482.

[3] Krawitz A D, Brune J E, Schmank M J. Measurement of stress in the interior of solids with neutrons//Kula E, Weiss V. Residual Stress and Stress Relaxation. New York/London: Plenum

Press, 1982: 139-156.

[4] Fitzpatrick M E, Lodini A. Analysis of Residual Stress by Diffraction using Neutron and Synchrotron Radiation. London/New York: Taylor & Francis, 2003.

[5] Hutchings M T, Withers P J, Holden T M, Lorentzen T. Introduction to the Characterization of Residual Stresses by Neutron Diffraction. London/New York/Singapore: Taylor & Francis, 2003.

[6] Krawitz A D, Winholtz R A. Use of position-dependent stress-free standards for diffraction stress measurements. Mat Sci Eng, 1994, A 185: 123-130.

[7] Hughes D J, James M N, Hattingh D G, Webster P J. The use of combs for evaluation of strain-free references for residual strain measurements by neutron and synchrotron X-ray diffraction. J Neut Res, 2003, 11(4): 289-293.

[8] Dye D, Stone H J, Reed R C. Intergranular and interphase microstresses. Curr Opin Solid State Mater Sci, 2001, 5: 31-37.

[9] Withers P J, Johnson M W, Wright J S. Neutron strain scanning using a radially collimated diffracted beam. Physica, 2000, 292: 273-285.

[10] Rebelo-Kornmeier J, Hofmann M, Garbe U, Ostermann A, Randau C, Repper J, Tekouo W, Seidl G A, Wimpory R C, Schneider R, Brokmeier H G. New developments at materials science diffractometer STRESS-SPEC at FRM II. Adv X-ray Anal, 2009, 52: 209-216.

[11] Balagurov A M, Bokuchava G D, Kuzmin E S, Tamonov A V, Zhuk V V. Neutron RTOF diffractometer FSD for residual stress investigation. Z Kristallogr, 2006, 23: 217-222.

[12] Stuhr U, Spitzer H, Egger J, Hofer A, Rasmussen P, Graf D, Bollhalder A, Schild M, Bauer G, Wagner W. Time-of-flight diffraction with multiple frame overlap: part II: the strain scanner POLDI at PSI. Nucl Instrum Methods Phys Res, 2005, 545: 330-338.

[13] Jun T S, Hofmann F, Belnoue J, Song X, Hofmann M, Korsunsky A M. Triaxial residual strains in a railway rail measured by neutron diffraction. J Strain Anal, 2009, 44: 563-568.

[14] Korsunsky A M, Regino G M, Nowell D. Variational eigenstrain analysis of residual stresses in a welded plate. Int J Solids Struct, 2007, 44: 4574-4591.

[15] Hofmann M, Wimpory R C. NET TG1: residual stress analysis on a single bead weld on a steel plate using neutron diffraction at the new engineering instrument 'STRESS-SPEC'. Int J Press Vessels Pip, 2009, 86: 122-125.

[16] Fett T, Keller K, Missbach M, Munz D, Pintschovius L. Creep parameters of alumina containing a glass phase determined in bending creep tests. J Am Ceram Soc, 1988, 71: 1046-1049.

[17] Schobel M, Altendorfer W, Degischer H P S, Hofmann M, Cloetens P, Vaucher S. Reinforcement architectures and thermal fatigue in diamond particle-reinforced aluminum. Acta Mater, 2010, 58: 6421-6430.

第7章 通过高级衍射方法进行织构分析

7.1 引　言

如本书所述，衍射方法在材料鉴定、晶体结构分析、无序甚至无定形材料的表征以及微结构研究(包括晶粒尺寸、晶粒形状和残余应力)中有广泛应用。本章介绍如何使用现代衍射方法来量化择优取向。多晶中晶粒的择优取向(或织构)是金属、陶瓷、聚合物和岩石的固有特征，并且对如强度、电导率、弹性波传播，尤其是各向异性的物理性能等有影响。通过生产具有特殊织构的材料，可优化性能，这具有广泛的工业意义。一个经典的例子是饮料罐头铝皮。通过使用适当的织构，可以避免制耳并且可以减小壁厚[1]。这一发现的经济意义引发了 20 世纪 60 年代的织构分析革命，并导致了量化方法的发展(如参考文献[2]、[3])。最近，电子设备中所使用的薄膜，如硅半导体(如参考文献[4])、氧化物传感器(如参考文献[5]、[6])或高温超导体(如参考文献[7])，其性能严重依赖晶粒取向。生物材料，如骨头(如参考文献[8])或软体动物外壳(如参考文献[9])具有高度织构，可优化强度、弹性或硬度，可以用来追踪软体动物种群进化史[10]。

多晶材料的取向性并非在金属、陶瓷或骨头而是在岩石中最先被认识到，并被 D'Halloy [11]称为"织构"。地壳中的大多数岩石都具有织构，包括页岩中的黏土矿物，变质片岩中的云母和石英，或火山黑曜岩中斜长石和辉石针。地震学家已经确定了地球深处的大部分组成，包括上层、下层地幔和固态地心，对于地震波速度是各向异性的。这种各向异性归因于对流过程中的织构化。

织构分析的概念，包括织构表达、实验技术和解释，已在一些图书中(如参考文献[12]~[14])进行了综述。在织构研究的现代应用中，对量化晶体取向的需求日益增长，这导致了许多 10 年前还未出现的新技术的发展。其中一些实验，用户必须前往大型设施，但这通常比在实验室中改装仪器更为有效。其他测量，如用扫描电子显微镜(SEM)进行的衍射，已经变得非常实惠，并且在许多机构中都可以使用。本章重点介绍其中的一些新方法，这些新方法在很大程度上依赖于衍射，并通过实验、数据处理和一些应用实例说明它们的特色。

织构的解释必须依赖于晶粒取向特征的定量描述。择优取向分为两种类型：晶体择优取向(CPO)或"织构"和外形择优取向(SPO)。 CPO 描述了晶轴相对于样品坐标的方向，SPO 表征了形态的择优取向。两者可以相关，例如，在片岩中具有片状形态的硅酸盐中或在纤维增强陶瓷中纤维中的情形。许多情形中，事实并非一概如此。在轧制的立方金属中，晶粒形状取决于变形而不是晶体学。

许多方法已用于确定择优取向。光学方法已被地质学家广泛应用，使用装有通用样品台的岩相显微镜来测量单个晶粒中的形态取向和光学方向(如参考文献[15])。冶金学家用反射光显微镜来确定解理和蚀刻坑的取向(如参考文献[16])。随着图像分析的进步，可以通过立体技术定量地自动确定 SPO，甚至可以通过层析成像技术确定其 3D 分布(如参考文献[17]~[19])。

当前，衍射技术被最广泛地用于测量晶体学的择优取向(如参考文献[20]、[21])。配有极图测角仪的 X 射线衍射是一种常规方法，同步辐射 X 射线独具特色。此外，中子衍射有明显的优势，特别是对于大块样品。使用透射电子显微镜(TEM)或 SEM 进行电子衍射越来越引起人们的兴趣，因为它允许人们将微观结构、近邻关系和织构相互关联。

测量取向可以有两种不同的方法。一种是对大量的多晶聚集体求平均值。 极图会收集许多晶粒的信号，但空间信息丢失(如与相邻晶粒的取向差)，而在极图的连续密度分布中，某些取向关系(如单个晶粒的 x、y 和 z 轴关联)也会丢失("鬼影现象"[22])。另一种是测量单个晶体取向。在这种情况下，取向和取向分布(OD)可以明确确定，如果有微观形貌图，可以确定晶粒的位置，并可以评估相邻晶粒之间的关系。但是，与大面积采样方法相比，此类测量方法的统计性是有限的，它们仍主要受限于 2D 截面。

所有织构分析的衍射方法都是根据布拉格定律，该定律表明衍射是由间距为 d 的(hkl)晶面反射产生的。因此，衍射光束的方向取决于晶面的取向。衍射必须服从方程 $2d\sin\theta = \lambda$，其中 2θ 是散射角，λ 是探测辐射源的波长。衍射辐射位于入射线为旋转轴的环绕圆锥上，张角为 4θ，与(hkl)晶面间距 d 和入射线波长对应。二维探测器与衍射锥相交形成"德拜环"，并将衍射强度记录下来[图 7.1(a)]。对于粉末或没有择优取向的聚集体，沿德拜环的衍射强度是均匀的；但对于有织构的材料，则存在系统性的强度变化，如在此示例中由黏土矿物伊利石组成的页岩。如图 7.1(b)所示，该页硅酸盐的薄片$(00l)$择优取向平行于层理面(竖直)。测量这些强度变化，然后用来推断取向模式。

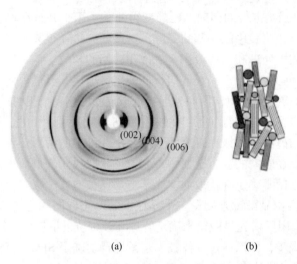

图 7.1　(a)页岩的同步辐射衍射图，沿着德拜环的强度变化说明存在择优取向；
伊利石的晶格基矢晶面(00*l*)取向平行于竖直层理面；(b)微观结构示意图[23]

　　织构分析的目的是获得定量的三维 OD，通常称为 ODF(取向分布函数)，因为它可以表示为连续数学函数。OD 通常将晶粒的取向(轴[100]、[010]和[001])与样品系方向(用 *x*、*y* 和 *z* 轴分别对应轧向、横向和法向)通过三个欧拉角 ϕ_1、Φ 和 ϕ_2[Bunge 惯例[2]，图 7.2(a)]关联起来。欧拉角是使晶体坐标系与样品坐标系重叠的三步旋转操作的角度。对于具有大量晶粒的多晶聚集体，OD 是晶粒在特定方向上的三维分布概率。如果测量单个方向，则将它们放入这个 3D 阵列，然后进行平滑处理。OD 不能用平均衍射技术直接测量，但是有方法可以从测得的极图得到(有关综述，请参见如参考文献[24])。按照欧拉角 ϕ_1、Φ 和 ϕ_2 方式，OD 可以看作是圆柱分布，方位角 ϕ_1 和径向距离 Φ 对应球极图坐标，且轴向距离 ϕ_2 对应晶体的旋转[25]。极图是 OD 沿晶体和样品几何形状决定的复杂路径的投影[图 7.2(b)，上部]。001 极图只是沿圆柱轴的投影。

　　如果测量了多张极图，则可以使用如层析成像法 3D 重构 OD，可用的相应的软件包有 POPLA[26]、BEARTEX[27]、LABOTEX、MTEX[28,29]等。同样，衍射谱中每个 *hkl* 反射的强度与沿某路径方向的取向密度投影成正比[图 7.2(b)，下部]，这一点在以下讨论中具有重要意义。

　　通常将 OD 图和极图都根据随机(均匀)分布的倍数(m.r.d.)归一化表示取向密度。这意味着在 OD(和极图)上的积分为 1.0 m.r.d.时，如果一半的取向高于 1.0，则还有一半低于该值。通常的表达强调高取向密度峰并且将分布反卷积为取向

"分量"。应牢记 OD 中极密度不足(低于 1 m.r.d.)的区域对于理解材料也很重要, 通常它们在数值上占主导, 因此对于计算织构材料的平均性能很关键[30]。例如, 如果 ODF 的最小密度为 0.4 m.r.d., 表示 40%的晶体是随机取向的。

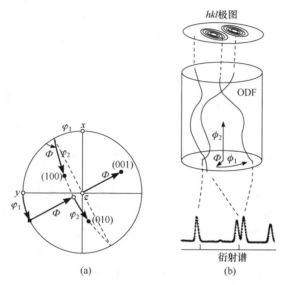

图 7.2　(a)将样品和晶体坐标系关联定义欧拉角 ϕ_1, ⋯, ϕ_2(Bunge 惯例); (b)极图(上部)和衍射谱(下部)强度是 3D 取向分布函数的投影

　　有关高级衍射的方法, 本章中讨论了最近可用于测量多晶 OD 的三种现代技术: 同步辐射 X 射线允许在非常小的体积上进行织构分析, 包括在超高压和高温下的原位测量。中子衍射尤其是脉冲源的飞行时间中子衍射也可以在非环境条件下进行织构测定, 但需要较大样品, 从而提供出色的晶粒统计性。电子背散射衍射(EBSD)形成表面的取向分布图。有几本关于 EBSD 技术的好书(如参考文献[31]、[32]), 本章仅择其要点进行讨论。

7.2　同步辐射 X 射线

7.2.1　一般方法

　　极图测角仪使用的传统 X 射线管会产生强度相对较低的宽线束(~1 mm)。同步辐射是一种强大的, 用于织构研究的新工具。在同步加速器中, 可以产生具有单色或连续波长的高度聚焦的强 X 射线束。使用二维探测器, 如 CCD(电荷耦合器件)相机和高分辨影像板可实现快速可靠的数据采集。衍射图强度以沿德拜环的规律性变化方式立即显示织构的存在，如图 7.1(a)中的页岩所示。而织构的存在明确后，需要进行精心的数据处理来定量确定 OD，并以令人满意的方式解释数据。

同步辐射分析对于散射较弱的化合物(如聚合物和生物材料)以及研究局部织构变化特别有价值。Backstrom 等[33]首次将同步辐射 X 射线用于织构分析。其他早期应用包括对骨骼的织构研究[8]，使用金刚石压砧(DAC)在高压下 [34] 和在高温下(如参考文献[35])进行变形期间织构变化的原位观察。该方法由 Heidelbach 等进一步开发[36]。所有这些早期应用都使用常规方法从极图获得 OD。此后，通过使用 Rietveld 方法对衍射数据进行反卷积，取得了重大进展，同步辐射织构分析已成为常规操作程序。

7.2.2　同步辐射硬 X 射线

图 7.3(a)的透射衍射实验的几何布置显示了入射 X 射线束、样品和张角为 4θ 的德拜圆锥，其中德拜圆锥上分布着来自一组给定晶面的衍射 X 射线。衍射圆锥与探测器相交成一个小圆。使用高能量的优势是穿透性强、吸收低及 2θ 角小。

高能光束线的一个示例是位于阿贡国家实验室的先进光子源(APS)上的 BESSRC 11-ID-C，其单色波长约为 0.1 Å，比常规 X 射线小一个数量级。在此光束线上的典型光束直径为 0.5～1 mm。将厚度最大为 2 mm 的样品板安装在测角仪的金属棒上[图 7.3(b)]。在该光束线上的衍射图像用一个安装在样品后部约 2 m 处的影像板探测器(3450 像素 × 3450 像素)记录。在数据收集过程中，可以在几个点上以递增的方式平移样品，以获得有代表性的平均值。例如，对于 1 mm 的光束、2 mm 的样品厚度和 10 个测试点，分析的体积约为 16 mm³。单幅图在极图上覆盖了一个圆(图 7.4，1)，对于某些应用程序来说已经足够了，但是通

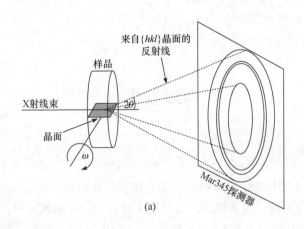

(a)

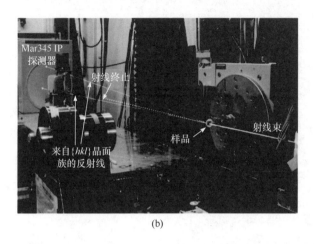

(b)

图 7.3　(a)单色同步辐射 X 射线衍射实验的几何布置；(b)在 APS 的 11-ID-C
光束线上的实验设施

常需要更宽的覆盖范围。在这种情况下，样品绕 y 轴以一定步幅倾斜，如从 0°
到 90°以 ω 的 22.5°增幅倾斜，从而产生五个图像。这
样可以提高极图覆盖范围(图 7.4，1～5)。

　　复杂页岩的衍射图[图 7.5(a)、(b)]显示出强烈的
择优取向。在图 7.5(c)和(d)中择优取向更加明显，其
中图片以方位角为坐标轴绘制为"展开"的 2D 图。
片状硅酸盐相绿泥石、伊利石和高岭石的相对强度变
化更为显著，而方解石和石英的较小。在这些由
Fit2D[37]获得的图片中，很明显样品 1 中的黏土矿物
的织构[图 7.5(a)、(c)]比样品 2[图 7.5(b)、(d)]的弱。

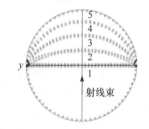

图 7.4　样品倾斜 5 个位置
得到的极图覆盖范围

此外，片状硅酸盐具有平滑的衍射线，而石英和方解石则因大晶粒显示出斑点
花样。

7.2.3　原位高压实验

　　同步辐射 X 射线织构分析的一个特别有趣的应用是通过金刚石压砧(DAC)实
验在超高压下进行变形。在常规衍射几何中，光束沿金刚石轴进入(施压轴向几何)。
如果仅仅关注相的关系，则这是首选的几何布置，因为金刚石沿射线路径的透明
度很高。通常，人们会力图通过将样品浸入气体或液体中获得静压力。如果没有
这样的预防措施，金刚石柱塞不仅会产生约束压力，也会产生偏压力，并且材料
会发生弹性和塑性变形(图 7.6)。在高压下，即使在室温，脆性陶瓷和矿物也会变

得易延展。

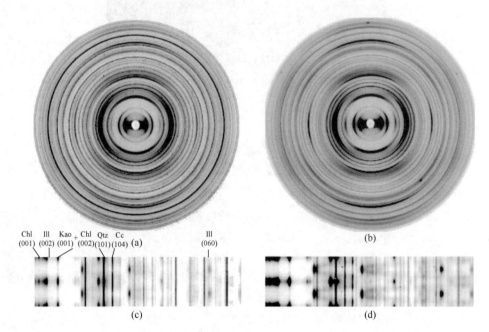

图 7.5   (a)、(b)衍射德拜环花样来自 Benken 的页岩；(c)、(d)按方位角
展开的衍射图显示由织构而导致的强度变化更加明显[38]

Chl 代表绿泥石；Ill 代表伊利石；Kao 代表高岭石；Qtz 代表石英；Cc 代表方解石

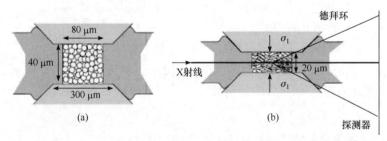

图 7.6   (a)金刚石作柱塞、垫片作样品容器的金刚石压砧几何构造；(b)通过推进金刚石，
样品上产生压应力并变形；在径向衍射几何中，X 射线穿过透明垫片和样品

在径向衍射几何中，光束垂直于施压轴方向通过 DAC[图 7.6(b)]，在这种情况下，衍射德拜环花样记录下整个范围的取向，包括从平行到垂直于施压轴的几乎所有晶面。样品尺寸很小，通常为 20～80 μm，因此与上述页岩实验相比，使用的光束要小得多，但是除此之外，衍射几何布置和探测器系统是相似的。DAC 实验中的径向衍射几何由 Kinsland 和 Bassett 提出[39]，Hemley 等[40]用其研究高达

兆巴级的应力和弹性性能，而最早研究织构演变的是 Wenk 等[41]。

　　与轴向几何相反，在径向几何中，X 射线不仅穿过金刚石和样品，还穿过保持压力的垫片[图 7.6(b)]。因此，衍射信息不仅包含来自样品的衍射，还包含来自垫片和金刚石的衍射。此外，入射的 X 射线穿过样品的外围和中心部分，如果压力、应力和温度存在梯度，则衍射信号是需再做反卷积处理的平均值。为了便于解释衍射图像，需要进行实验设计以使来自垫片材料和梯度的信号最小化。

　　对垫片的选择主要是出于强度和 X 射线透明性的考虑。最好的金属材料是铍(Be)，它可以用于 200GPa 以上的实验[40]。缺点是铍散射很强，其衍射线可能与非常弱的样品衍射线重叠(图 7.7)。将 DAC 沿光束轴倾斜 20°～30°可以减少或消除这种干扰。对于中等压力(< 50 GPa)，可以使用非晶硼粉与环氧树脂混合制成的垫片[42]。如果在 X 射线透明的 Kapton 环中封入一个小圆盘使硼垫圈的尺寸最小化，将特别有效[43]。最近，已经开发出立方氮化硼垫片[44]。毫无疑问，未来将研发更灵活的设计方案。利用目前已有的垫圈几何形状，可以实现的最大应变约为 20%。择优取向通常迅速发展并稳定下来，在进一步压缩时几乎不变。

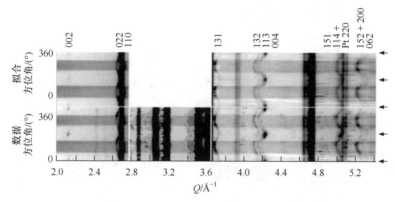

图 7.7　后钙钛矿(ppv)MgSiO₃ 的展开 DAC 图片：上图为 Rietveld 精修拟合，下图为 185 GPa 压力下原位照片[45]

Rietveld 精修时排除了 2.77～3.66Å⁻¹ 区间，因为该区间有 Be 垫圈发出的非常强烈的衍射，而来自样品的信号很少；注意数据和拟合模型之间的出色相关性；直线来自 Be 垫片和用作压力标样的 Pt；ppv 衍射峰被标记，系统强度随方位角的变化显示织构的存在；偏离的压力由峰位随方位角的变化表示，箭头(在 Q 值大或 d 值小处)指出压缩方向

　　MgSiO₃ 后钙钛矿衍射花样比页岩衍射图样更复杂，如 185 GPa 压力下的示例(图 7.7)，因为它既记录了弹性变形(表现为椭圆变形的德拜环)，又记录了表示织构的强度变化。垂直于压缩方向(箭头)的 d 间距较小(相应地衍射角 θ 和 $Q = 2\pi/d$ 较大)。d 间距的这些变化取决于所施加的压应力和单晶的弹性性能。对于众所周知的 MgO 弹性性能，已经观察到偏应力范围为 5～9 GPa(高于 10 GPa 的环压)[34]。对于后钙钛矿压缩至 185 GPa，应力为 11 GPa(图 7.7[45])。

径向 DAC 技术已经大幅改进，包括通过膜的压力-应变远程控制[46]以及同步加热，既有轴向内部激光系统[47]，也有最高 2000 K 的外部电阻炉[48]，以及激光和电阻加热的组合。

虽然可以达到大于 300 GPa 的压力且温度超过 2000 K，DAC 变形实验仍然存在明显的局限性：应变无法独立于压力进行控制，应变通常很小，样品体积很小，并且存在压力和温度梯度。使用"大容量压机"可以避免某些限制，特别是多砧设备，如变形机-DIA(D-DIA，DIA 是日语钻石的首字母缩略词)，用于衍射分析优化[49]。D-DIA 是一种立方多砧压机，可以独立地控制六个砧中的两个。这允许用户准静压地增加压力并施加轴向差应力。与 DAC 相比，它具有的优点是可以用来变形相当大的样品，同时控制并监视压力、应力、温度、应变率和总应变。

图 7.8(a)示意了安置在 APS 的 13-BM-D 光束线上的 D-DIA。波长为 0.23Å 的 X 射线束被两对碳化钨狭缝准直至 200 μm × 200 μm 大小并穿过砧座间隙和样品

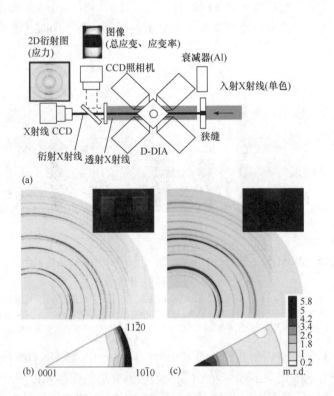

图 7.8　(a)APS 上的 D-DIA 多砧装置示意图[49]，记录衍射图用 X 射线 CCD 照相机，第二个 CCD 照相机记录应变；(b)、(c)Hf 线在室温下的原位变形，织构从线织构(b)开始急剧变化到由机械孪晶化产生的(0001)最大化(c)[50]

部件。同时可用石墨炉加热。衍射花样用 CCD 探测器原位记录。射线成像组件包括钇铝石榴石(YAG)荧光粉和空间分辨率约 0.002 mm 的、用于记录样品长度的 CCD 照相机。在整个实验中，自动程序在收集衍射和射线影像之间切换。通过这种方式可以对织构和晶格应变变化进行原位测量并与宏观应变相关联。可以以各种速度推进活塞对样品进行压缩变形。虽然这种方法相对于 DAC 有很多的优势，但目前其压力限制在 15 GPa 左右，温度仅达 1500K。压缩 Hf 线的应用表明：Hf 线的初织构[图 7.8(b)]由于机械孪晶化而立即发生改变[图 7.8(c)]，通过重新定向 c 轴(0001)得到最佳视角[50]。

7.2.4　从衍射图像到取向分布

使用同步辐射 X 射线所记录的衍射图像比极图包含的信息多得多，因此可以采用另一种不同的方法。在这里，已开发出改进版的 Rietveld 方法，事实证明它非常强大。

Rietveld 方法[51,52]是用来分析粉末衍射谱图的。与依靠单个衍射峰获取结构和织构信息的常规技术相反，Rietveld 方法使用连续谱图，特别适用于具有许多重叠峰的多相样品。它广泛用于从粉末衍射谱图确定混合物的晶体结构或相比例。由模型函数表示衍射谱，该模型函数取决于众多参数，包括仪器的衍射几何和分辨率、散射背景、存在相的体积分数及其晶体结构和微结构。然后使用最小二乘法对这些参数进行优化，以获得模型函数和实验数据之间的最佳拟合。

通常认为粉末中的晶粒是随机取向的，如果不是这样，就无法对强度做出直接解释。以简单分布为假设的经验校正(如参考文献[53])已得到应用，但是对于严格定量的解释，必须考虑完整的取向分布(OD)。因此，一些 Rietveld 方法已经拓展到对织构的考虑，特别是计算机程序 MAUD(使用衍射分析材料[54])和 GSAS(使用一般结构分析体系[55])。 MAUD 用途非常广泛，已用于同步辐射和中子织构分析， 而 GSAS 迄今为止仅限于中子衍射数据的织构分析[56]。

对于 Rietveld 织构分析，有必要先将图像转化为衍射谱，我们简要介绍 MAUD。有多个网站讲述该程序(如 http://www.ing.unitn.it/～maud/tutorial.html, http://eps.berkeley. edu/～wenk/TexturePage/MAUD.htm)。在 Fit2D 中或(最好)直接在 MAUD 中对图像中的方位角扇区(如 10°)积分，得到如图 7.9 所示两个衍射谱，该页岩由 10 个相组成，且有许多重叠衍射峰。每条衍射谱线代表不同取向的晶面。上部的衍射谱对应垂直于层理面的晶面，下部的衍射谱对应平行于层理面的晶面。后者显示了页硅酸盐矿物绿泥石、伊利石和高岭石的高强度(00l)系峰。用于 2θ 分析的范围应选择包括良好分离的强衍射峰，通常发生在低 2θ 角处。

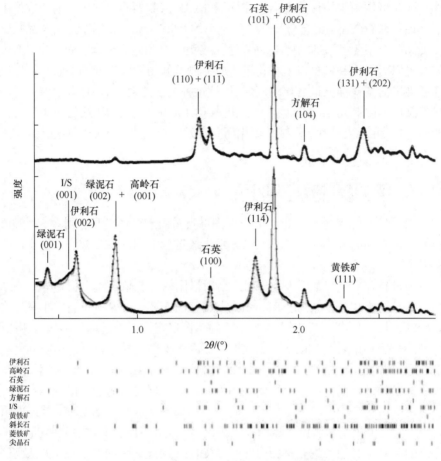

图 7.9   由多相组成的 Mont Terri 页岩的两个衍射谱[39]
下图是页硅酸盐的高强度(00l)反射平行于层理面，上图是垂直于层理面；
实验谱(点)与计算的 Rietveld 拟合谱(线)进行了比较

在分析实际数据之前，必须按照标准方法先对系统进行波长、探测器-样品距离和探测器取向校准。经常使用 CeO_2 和 LaB_6。然后将这些仪器参数应用于未知样品。接下来，必须输入样品中所有相的晶体学数据(包含在 CIF 文件中)及其占比。随后精修这些相参数。Rietveld 分析是循环进行的。第一，精修仪器参数，如探测器的中心和方向、背景参数(每个衍射谱三个)、比例参数(每个衍射谱一个)。比例参数考虑了不同吸收和倾斜后的有效样品体积以及光束强度的波动。第二是提取每个相的体积分数(定量分析)，然后精修结构参数，包括晶格常数。原子坐标、位置占有率和温度系数可以根据实际应用进行修正或保持不变。第三是循环精修微结构特征，如各向同性或各向异性晶粒尺寸[57]和弹性变形(晶格应变)。在最后循环中，最重要的是织构精修。在多数情况下，由 WIMV 改进而来的 EWIMV

算法[22]具有优势。这种不需空间变换的层析成像方法通常优于如谐波算法的傅里叶法。连续三维 OD 以 5°～15°的角分辨率分成不连续的结构单元。最好通过比较实验结果和计算衍射谱评估精修质量。在图 7.9 中，拟合度非常好。图 7.7 还比较了一系列后钙钛矿的 DAC 实验的实验衍射谱(下图)与计算谱(上图)。这里同样拟合得很好。在 $Q = 2.78～3.63$ Å^{-1} 范围内由于存在多种样品组分的干扰反射，因此没有对该区间进行拟合。

然后由 MAUD 导出所有相的 OD，并用 BEARTEX 进行处理[27]。在 BEARTEX 中，MAUD-OD 通常用 7.5°进行平滑过滤以减少 OD 结构单元中的伪峰。如有必要，可以旋转 OD 到有利的方向，并且加上样品对称性。OD 是完整的三维分布函数，用于计算物理性质。由旋转的 OD 可以计算和绘制极图和反极图。图 7.10 显示了页岩中一些矿物的(001)极图，通过对图 7.9 中的衍射谱进行反卷积获得。它们说明黏土矿物伊利石、伊利石-蒙脱石(I/S)和高岭石有强烈择优取向，而石英的织构几乎是随机的[58]。

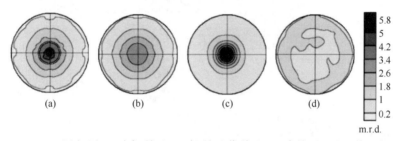

图 7.10 Mont Terri 页岩(图 7.9)中伊利石(a)、伊利石-蒙脱石(b)、高岭石(c)和石英(d)的(001)极图
图示为层理面上的等面积投影；极密度是随机分布的整数倍[39]

MAUD 和 BEARTEX 可以用于所有晶体对称性。然而对单斜晶系有一个忠告。两个程序都使用第一设置(即 z 是特征轴)，并且晶体参数必须符合此约定[59]。增加样品对称性(如在压缩实验的情况下轴向对称)可能会很有用。但是在这种情况下，重要的是要确定在实验中确实满足近似轴向对称性，并且 Rietveld 程序中的样品旋转已正确完成。具有稀疏覆盖范围的单个 2D 图像已经显示可足以得出近似的 3D OD[60,61]。在图 7.11 中说明了 DAC 高压实验的过程。图 7.11(a)显示了极图覆盖率(单个图像)，图 7.11(b)显示了正交钙钛矿的(001)极图。金刚石轴(压缩方向)在极图的中心。基于此，施加了轴对称性[图 7.11(c)]，对于轴对称的样品，可以方便地在压缩方向的反极图中表示织构[图 7.11(d)]。

发生弹性变形的事实使 DAC 数据的 Rietveld 分析变得复杂。可以应用几种应力模型，一些是经验模型，另一些则依赖于单晶弹性性能。织构聚集体的各向异性晶格变形也包含有关弹性的重要信息(如参考文献[62]～[64])和变形机制[65]。如前所述，弹性变形通过相对于压缩方向的 d 间距变化来表示，如图 7.7 中的曲线所示。

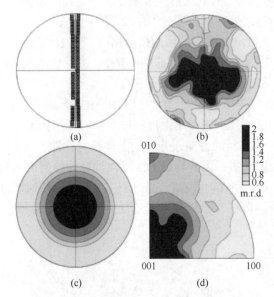

图 7.11　34 GPa 下正交晶系 MgSiO₃钙钛矿的织构[66]
(a)极图覆盖率(单个图像)，金刚石轴(压缩)在极图的中心；(b)未加样品对称的(001)极图；
(c)加轴向对称的(001)极图；(d)施加对称性后在压缩方向的反极图

7.2.5　劳厄技术的新进展

近来，同步辐射取向扫描图技术已出现，该技术依赖于具有大频段能谱和高聚焦度的白光束。用 CCD 照相机以反射或透射几何记录具有 <1 μm 的空间高分辨率的局部劳厄单晶衍射谱图[图 7.12(a)、(b)[67-69]]。然后，这些劳厄花样会自动指标化并提供类似于 EBSD 的局部取向信息。将导出的晶格信息与无应变晶体的理论值进行比较，除了可以得出取向矩阵之外，还可以得到应变张量的偏分量。图 7.12(c)中显示了在陨石撞击过程中由冲击而变形的石英中应变张量的对角线分量图。它们的微应变范围从+2000(拉伸)到–2000(压缩)，对应于 140 MPa 的残余应力[70]。中度变形石英的应变要低得多[71]。该方法的角取向分辨率小于 0.01°，应变分辨率约为 50 微应变单位。该技术的主要局限性在于仅探测具有几十微米穿透深度的表面区域，因而不能获得晶体应力状态的完整信息。通过所谓的 3D XRD 技术，采用更高能量的 X 射线(> 50 keV)按透射方式可以部分解决这一问题。该方法中，光束尺寸应选择与晶粒尺寸相当的数量级。对于指标化的大块晶粒，可以明确获得全应变张量[72]。使用单色辐射的微焦点衍射可研究非常细小的晶粒聚集体中的局部织构，如在破坏的混凝土中发展的钙矾石纹理[73]。

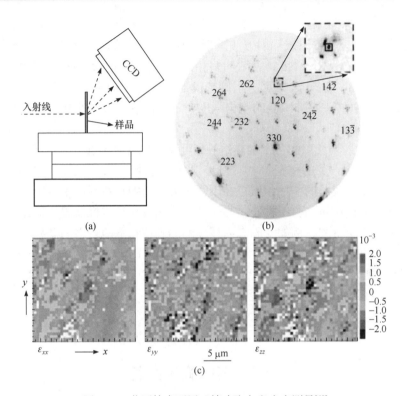

图 7.12　劳厄技术可用于精确取向和应变测量[69]

(a)在 ALS 的 12.3.2 微焦点线束上对薄样品进行透射实验分析；(b)具有星状衍射斑的大变形石英的典型劳厄花样；(c)晶格应变的对角线分量 ε_{xx}、ε_{yy}、ε_{zz} 在薄截面上的几何分布图(单位刻度为 1000 微应变单位)

7.2.6　同步辐射的应用

尽管有大量的机时且数据采集迅速,同步辐射 X 射线织构分析仍然非常有限。毫无疑问,其原因是数据分析的复杂性,这需要晶体学方面的专业知识。尽管衍射图即刻显示出样品中的择优取向(图 7.1),但要获得定量的 OD 和极图(图 7.10 和图 7.11),仍是一条漫长的道路。

最初的定量织构分析使用单个 *hkl* 德拜衍射环的强度变化,将其转换为极密度,然后使用传统方法根据极图计算 ODF(如参考文献[33]、[36]、[74])。通过这些研究,研究人员开始意识到与方向有关的吸收特性、样品体积问题、结合图像分析时仪器的背景函数等问题。只有当 Rietveld 方法出现后,才能对图谱进行全面分析,这首先应用到恐龙骨骼上[75]。

最直接的应用是针对具有轴向对称的样品。在这种情况下,单幅图像将能提供所有获得织构的信息。当以透射方式照射样品,且样品对称轴垂直于光束时,沿着德拜环覆盖了从平行到垂直于对称轴的所有取向[图 7.11(a)]。该方法适用于压缩实验中产生的织构，如三方石英[66]和三斜钙长石[76]。

事实证明，硬 X 射线辐射方法是衍射峰严重重叠的细晶粒多相系统的福音。如果没有同步辐射 Rietveld 方法，对多相共存(图 7.9)和强织构(图 7.10)页岩的研究是难以想象的，该方法揭示了不同来源的页岩之间的巨大复杂性和系统性差异[38,58,77-79]。页岩中页硅酸盐的织构强度介于择优取向很弱的断层泥与织构很强的变质片岩之间[80]。

一些硬 X 射线线束配备了加热熔炉，可以对织构变化进行原位研究，如铜和钛的再结晶[35]和石英的相变[66,81]。但是，对于这种研究，中子衍射是更有利的。

超高压变形实验的应用领域正在不断扩大，特别是在环境不稳定的相中产生织构花样，并通过将实验织构与多晶塑性模拟比较从织构推断出主动变形机制。这些与地球深层有关，例如，固态内核中的 hcp 铁和下地幔中的硅酸盐钙钛矿和后钙钛矿。在地球这些地层上，已经观察到归因于织构的地震各向异性。径向 DAC 分析的矿物包括铁[41,48,82-84]、方镁石/镁硅辉石[34,85-87]、钙钛矿[88-90]和后钙钛矿[45,91-93]。在 D-DIA 上进行了菱铁矿和类似 $CaIrO_3$ 的 $MgSiO_3$ 后钙钛矿较大样品的实验[94]。

7.3　中子衍射

7.3.1　一般性评价

中子衍射织构分析也是以布拉格定律为基础，该定律规定：如果满足条件 $2d_{hkl}\sin\theta = \lambda$，则中子波在晶格平面上衍射。在多晶样品中，相对于入射中子束特定方向的探测器仅记录来自(背景及)满足反射条件的晶面的信号。对于织构样品，如果样品相对于探测器旋转，则整体信号强度通常会发生变化。如果有几个探测器可用，则每个会记录不同取向晶体的衍射。根据不同(hkl)晶面的强度变化，可以重构 OD 图。

对于大多数材料，中子的衰减(即通过散射和吸收降低入射强度)比 X 射线弱一个数量级(图 7.13)。这导致中子的穿透深度为厘米级，而不是 X 射线的毫米级和电子的微米级深度，可以测量直径为 1~10 cm 的大致球形的大样品。对于 X 射线技术，无论是反射几何还是透射几何，通常必须保证较小的入射光束在样品旋转期间不能离开要关注的样品区域，以便直观地解释强度变化。相反，对于中子而言，如果大块试样在旋转过程中不离开较大尺寸的射线束，则始终检测相同体积样品，这是极为有利的。

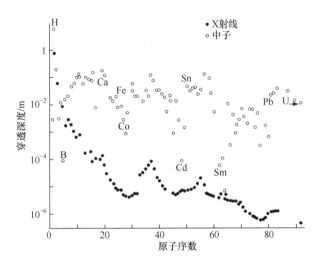

图 7.13 X 射线和中子的穿透深度与原子序数的关系

因为衍射信号是在大体积范围而不是表面上平均,所以晶粒统计比常规 X 射线更好。图 7.14 说明了方解石大理石的这种统计限制,其中用 X 射线极图测角仪以样品平板表面的反射几何[图 7.14(a)]和在立体上的中子衍射[图 7.14(b)]测量极图[95]。X 射线极图显示不规则花样,而中子极图显示对称分布,代表样品的整体取向特征。低吸收也带来其他一些优点:通常不必做强度校正,并且环境样品台(加热、冷却和拉伸)可用于原位观察织构变化。在过去的 20 年中,中子织构分析已在地球科学和材料科学中牢固确立,并已成为许多应用领域中最受欢迎的技术[96]。

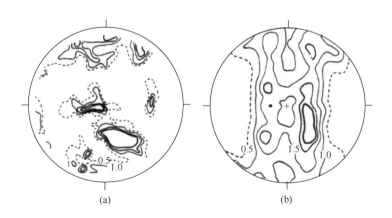

图 7.14 用于变形大理石晶粒长大实验的方解石(0006)极图[95]

(a)常规的 X 射线极图测角仪测量;(b)中子衍射测量

晶体对热中子的弹性散射包括两个部分:核散射和磁散射。核散射是由于中子与原子核之间的相互作用而产生的，其衍射效应与电子对 X 射线的散射相同，但是散射长度的大小不同，因此，衍射峰的相对强度不同。尽管 X 射线散射因子取决于电子数量，并因此随原子序数均匀增加，但中子并没有这种简单的关系，而且低序数元素依赖同位素的中子散射长度可能与较高序数元素的中子散射大小相近(图 7.15)。例如，铀的散射长度与氢和碳的散射长度大致相同(图 7.15)。中子散射或是正的或是负的(一些散射长度为负的，如 ^{1}H 和 ^{48}Ti)。某些元素(如 V)的散射长度很短，因此对中子几乎"不可见"。也就是说，V 只有非常弱的衍射，但非相干散射仍然相当大，这会加强背景信号。Ti(−)和 Al(+)的合金也是如此，那么可以将这些金属用作样品架或用于辅助设备，如原位炉或压力容器。

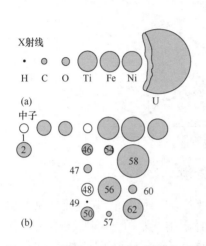

图 7.15　X 射线(a)和中子(b)对某些元素和同位素的散射能力比较

(b)中空心圆圈表示负散射长度，最上面一行的中子是自然同位素丰度

中子相对于 X 射线的低吸收和高穿透性(图 7.13)是中子与物质相互作用弱的表现，其缺点是散射弱，导致计数时间长(数分钟至数小时)，通常需要比较大的样品。X 射线的散射振幅因原子散射因子之故而随着 d 值减小，而中子的散射振幅却不变。这提高了测量小 d 值反射的能力。但是，由于热振动和洛伦兹极化效应，它们的强度仍然较低。

磁散射由于原子核和壳层电子的磁矩之间的偶极相互作用而要比核散射弱。在含磁性元素(如 Mn、Fe)材料中，在衍射谱图中可能出现单纯磁散射的峰，它们可以用于磁极图测量。在组元晶体中表现出磁偶极子的择优取向。如果不存在磁性超结构，那么采用现阶段技术的仪器很难将磁散射与核散射区分开。

中子衍射织构研究既可以在反应堆中采用恒通量热中子，也可以在散裂源中采用脉冲中子。

7.3.2　单色中子

常规的织构实验使用单色辐射，外加 Cu(111)或石墨(0002)单色器，通常选择波长 λ = 1.289Å 和 2.522Å。对于选定的晶面(hkl)，探测器相对于入射光束呈 2θ 角度对正，以满足布拉格定律。通过样品围绕测角仪的两个轴旋转(如以 5°×5°增幅)以覆盖整个取向范围，可以在不同的样品方向上测量强度。扣除背景后，强度与极密度成正比。该方法类似于 X 射线极图测角仪的方法,但优点是不需要散焦校正。

也可以使用位敏探测器,该探测器沿环而不是在某点记录强度。位敏探测器环可以安装在衍射仪上,以便一次记录某个反射晶面取向的整个范围(覆盖一部分德拜衍射锥[97])或连续 2θ 范围[98]。后者尤令人感兴趣,因为它允许同时记录多幅极图,并开启了对衍射谱进行反卷积的可能性,这在重叠峰的情况下很有价值。Laue-Langevin 研究所(ILL)的光束线 D1B 和 D20 可以提供这样的系统。

7.3.3 多色飞行时间中子

另一种同时测量谱图的方法是固定探测器位置,但使用多色中子和一个可以识别中子能量的探测器系统,如通过飞行时间(TOF)方式来测量。由于中子散射微弱且价格昂贵,因此可以通过构建含多个探测器的仪器来更好地利用资源,就像英国迪考特 ISIS 的 GEM(86 个探测器[99])、美国洛斯阿拉莫斯国家实验室散裂中子源的 HIPPO(高压择优取向)(50 个探测器,尽管仅 30 个用于织构测量[100,101])和俄罗斯杜布纳 JINR 上的 SKAT(24 个探测器[102])。在这些仪器中,HIPPO 在织构研究方面的效率最高,我们将以它为例。

HIPPO 探测器以 2θ 角 10°、20°、40°、90°和150°(图 7.16)布置在 5 个支架上,每个探测器记录来自不同取向晶面(hkl)的反射。由于 10°和 20°支架的 d 分辨率较差,因此不用于织构实验。图 7.17 显示了带有 30 个探测器的 40°、90°和 150°支

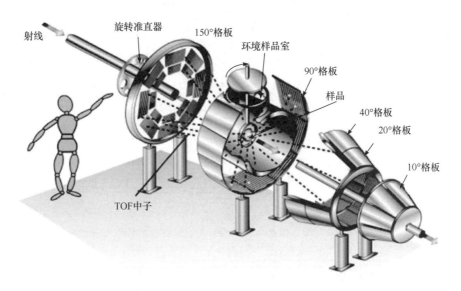

图 7.16 位于洛斯阿拉莫斯国家实验室的 LANSCE 中子飞行时间衍射仪 HIPPO(高压择优取向)
图中人像作为标尺参照

架的极图覆盖范围。每个探测器格板由一组 20～30 个探测器管组成，通常将其信号相加以提供积分强度。这意味着探测器格板覆盖的角度范围为 12°～15°，在某种程度上限制了角度分辨率[101]。

脉冲多色中子和可采用 TOF 方式测量中子并区分其能量的探测器系统的优点是能够同时记录具有多个布拉格峰的整个衍射谱。使用 TOF 中子和多探测器系统，进行定量织构分析所需的样品旋转次数更少。对于使用 HIPPO 进行的典型织构研究，绕单轴旋转就足够了，不再需要两圆测角仪，并简化在非环境条件下测量织构的环境装置构造。绕垂直于入射光束的单轴将样品旋转到几个位置(如 0°、45°、67.5°和 90°)可提供 4 × 30 = 120 张谱图用于后续分析。

如果探测器处于不同的 θ 角，则它们的光谱分辨率也会不同，如图 7.18 所示的石英岩。高角度探测器(150°)具有出色的分辨率，但强度较弱，尤其是在较大的 d 间距下。低角度探测器(如 40°)的分辨率较差，但计数统计很好。结合来自所有探测器的信息，可将每个样品的测量时间缩短至几分钟。请注意，低角度探测器的极图覆盖范围较大(图 7.17，19～30)，而高角度探测器的覆盖范围有限(图 7.17，1～8)。

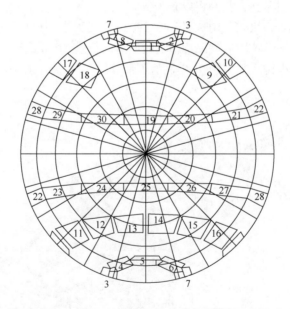

图 7.17　三排(150°、90°和 40°)共布置 30 个探测器的 HIPPO 极图覆盖范围
多边形勾勒出每个探测器的大小[101]，等面积投影

图 7.19 显示了来自十个 90°探测器格板的一系列光谱。相对峰值强度变化(如对 110 和 003 晶面而言)由织构引起。由于样品室的吸收较强，因此两个最低位置的探测器的总强度降低了。

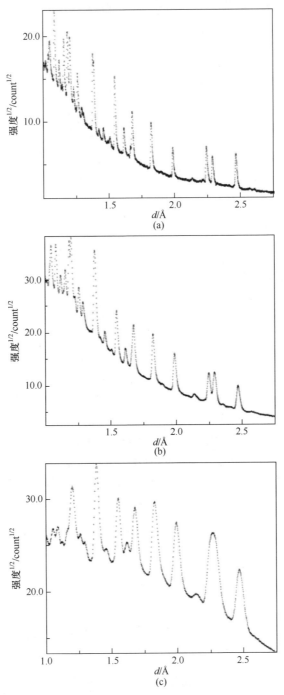

图 7.18 HIPPO 测量石英岩的 TOF 中子衍射光谱[103]

(a)150°探测器带；(b)90°探测器带；(c)40°探测器带；注意强度和分辨率的变化

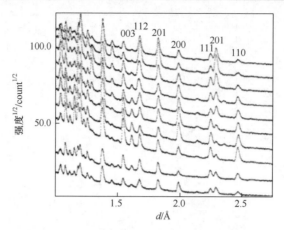

图 7.19　来自 90°探测器格板的石英岩光谱比较图[103]
相对峰值强度的变化取决于织构，如 003 反射等尤其明显

7.3.4　特殊技术

本节简要讨论了一些中子散射技术，这些技术是针对特殊织构应用的，但尚处于探索阶段，未成为常规程序。用于单色辐射的 2D 位敏探测器在某些设施中已得到使用(如 ILL 的 D19 仪器)，主要用于单晶研究，因为它们覆盖了很大一部分倒易空间。这对于织构分析非常有吸引力，因为 2D 衍射谱图显示了多个布拉格峰的部分德拜环，并且可以分析沿环的强度变化以获取织构。缺点是就衍射角和取向空间而言，2D 记录高度失真，很难进行定量数据提取。在这方面，硬 X 射线同步辐射衍射图像要优越得多，并且可以在短时间内获得图谱。

之前研究了将 2D 位敏探测器和 TOF 结合的类似技术[104]。使用单晶衍射仪上可用的 2D 位敏探测器(如 LANSCE 的 SCD)，每个探测器位置都会记录 TOF 光谱，然后可以对 3D xyT 数据阵列进行织构分析。尽管该技术在原理上非常完美，但由于失真和非线性校正，因此数据分析非常复杂。

使用中子应变衍射仪，可以使样品变形并原位记录应力状态下的晶格应变。此类设施(如 ISIS 的 ENGIN-X、JINR 的 EPSILON 和 LANSCE 的 SMARTS)都有两个探测器，用于记录来自垂直和平行于应力加载方向的信号(图 7.20)(如参考文献[105]~[107])。探测器 1 记录垂直于压缩方向晶面的反射，探测器 2 记录平行于压缩方向的。通常这不足以获取全部织构信息，但是尽管如此，还是在方解石[108]和石英[78]上都获得了一些有趣的机械孪晶结果。

7.3.5　TOF 中子的数据分析

在传统方法中，OD 是根据样品几个 hkl 衍射峰的若干取向上的极图测量确定的。如果可获得完整的衍射谱，则仅需不大的极图覆盖率即可采集许多衍射峰。在某种程度上这与根据"反极图"来计算 OD 相应[109]，尽管受到用晶体学覆盖率替换样品覆盖率的限制。如前所述，谱图中每个衍射峰的强度也对应于取向密度的投影，投影沿着取向空间中定义的某路径[图 7.2(b)，下部]。因此，与没有择优取向的聚集体相比，得到二者的相对强度差，可以用来推断织构。

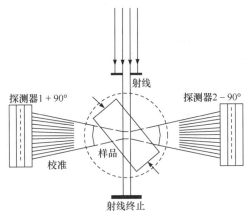

图 7.20　ISIS 的 TOF 应变衍射仪 ENGIN-X 的几何或 LANSCE 的 SMARTS 的几何，仪器带有两个探测器，样品位于应变台上(箭头)

类似于同步辐射衍射图像，TOF 中子衍射数据显然适用于 Rietveld 方法分析，最初也正是针对中子数据开发了 Rietveld 织构分析方法[54,56]。对于低对称化合物如三斜晶系斜长石[110]和衍射峰重叠的多相材料[103, 111, 112]，中子数据 Rietveld 织构分析尤其令人感兴趣。它可以实现高效的数据收集和测量的优化利用，并同时提供多晶的结构和织构信息，以及为晶体结构精修做定量织构校正或进行织构材料的物相定量分析。

总体来讲，TOF 中子谱的 Rietveld 程序不如同步辐射图像复杂。我们将说明用于 HIPPO 衍射仪的方法，其中已设计了特殊的"向导"以使新用户更容易上手(http://eps.berkeley.edu/~wenk/TexturePage/MAUD.htm#MAUDHIPPO)，并且发行了包含许多解释的分解步骤说明[113]。在分析过程中，来自 30 个探测器带和 4 个旋转角度的所有测量谱图被输入，尽管通常仅有某些 d 值范围内(如 1~2.6Å)的信息被用到。一般假定来自探测器格板的数据表示取向空间中的一个点(图 7.17 中的极图覆盖区)。原则上，可以通过分离探测器为单管来提高分辨率，但这将需要更长的计数时间并增加大量的计算。对于大多数变形织构，7.5°~15°分辨率是足够的。

除数据文件外，还必须有一个仪器校准文件，包含将数据文件转换为衍射光谱所需的所有必要信息。仪器科学家定期获取参数文件，通过测量粉末标准品(如Si)获得仪器衍射峰的准确偏差值，同时考虑探测器效率及中子穿过仪器各种组件时的吸收变化。这些比例因子可能相差 2 倍或更多。每个探测器的飞行路径略有不同，需要精修其与平均值的偏差。

数据文件与参数文件一起输入，然后进行四轮精修，如同前述同步辐射 X 射线：①比例因子、背景和仪器参数；②晶体学参数，如相比例、晶格常数、原子坐标和热参数；③微结构参数；④织构精修。对 30 个探测器格板上的 720 个探测管、4136113 个 TOF 通道记录的数据的处理非常复杂，强度也会受到电子不稳定性的影响，并且可能会在整个实验过程中有轻微变化。研究人员必须了解所有可能影响数据质量的伴生现象。

我们对 Rietveld 精修有多大信任程度？第一个指标是将测量值和精修值进行比较的总体 R 因子值[114]。但是，尤其是对于 3D 织构，这个指标不足以显示模型所有可能的缺点。有必要比较测量的和计算出的谱图并评估偏差。图 7.21 显示了90°探测器测量石英岩的二维谱线(平面)对比图，其中下部是测量数据，上部是计算谱图。两图的峰强度及其变化以及背景强度的相似性非常好，使我们确信精修效果很好。

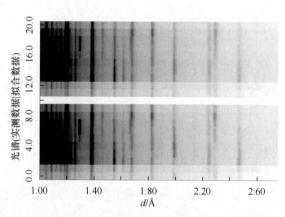

图 7.21　HIPPO 的 90°探测器带的 TOF 对比图谱，代表了石英岩的"平面扫描图"[103]
下部：实验谱图，上部：Rietveld 精修后重新计算的谱图；注意由于吸收和检测器效率不同，每条谱线具有不同的比例因子；由织构引起的强度变化仍然很明显

借助 HIPPO 等多探测器系统以及 Rietveld 数据分析方法，中子织构分析已成为常规手段。无需仪器科学家的干预，在 LANSCE 上自动进样器最多可测量 32个样品。可以在非环境温度、应力和压力下原位测量织构，从而为研究样品代表性体积在如相变或再结晶阶段的织构变化。

通过在 15 个不同的中子衍射设备之间循环测量标准多晶方解石织构样

品[54,56,100,115,116]，评估各种中子织构测量技术的可靠性。它们包括具有单色辐射和点探测器的反应堆、具有位敏探测器的反应堆、脉冲反应堆以及TOF 中子散裂源。通常，在不同设备上对同一样品进行测量的织构非常接近。图 7.22 显示了四个示例。对于具有强衍射强度的极图，与平均值的标准偏差为 0.04～0.06m.r.d.，最大浮动值为 0.2 m.r.d.。对于弱衍射峰，位敏探测器和 TOF 技术优于使用单色中子的单管探测器，由于可以使用积分强度而不是峰强度，因此可以得到更好的计数统计数据。该循环实验的结果表明，如果方便获得中子衍射，则它显然是大块样品织构测量的首选方法。最近，Kern 等[117]研究了由黑云母、石英和斜长石组成的片麻岩样品。通过使用 Rietveld 方法而不是提取峰强度的方法对旧的 JINR SKAT 数据进行了重新分析，并在 LANSCE 的 HIPPO 上重新测量样品[103]。与石灰岩的循环实验[116]

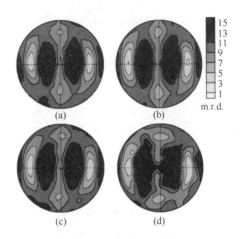

图 7.22　石灰石标准样品实验变形后的方解石(0001)极图，采用循环法评估中子衍射织构测量的可靠性[103]
图示为来自四个中子衍射设备的测量：
(a)带有单色中子的常规反应堆(KFA 的 Julios，于利希)；
(b)带有单色中子和位敏探测器的反应堆(ILL 的 D1B，格勒诺布尔)；(c)TOF 测量脉冲反应堆，单峰提取(位于俄罗斯杜布纳的 SKAT)；
(d)具有 30 个探测器的散裂中子源(LANSCE 的 HIPPO，洛斯阿拉莫斯)，由 Rietveld 方法确定 OD；
等面积投影，线性等高线

相反，这种有很多重叠衍射峰的多矿岩石的结果显示出相当大的差异。利用 Rietveld 方法以及 HIPPO 更好的计数统计性，提高了实测声速和各向异性声速模型的拟合度。

7.3.6　中子的应用

与 X 射线衍射极图和 EBSD 相比，中子衍射的织构分析数量较少。TOF 中子衍射对低对称性晶体(如三斜晶系斜长石[110,118])、大晶粒的粗料、多相材料(包括众多岩石)、原位观察随温度变化的织构和磁性织构较有利。以下各节将讨论一些示例。

7.3.6.1　晶粒统计

如前所述，晶粒统计数据很重要(图 7.14)，中子衍射能分析大体积样品，在表征块材方面具有明显的优势。对已被广泛研究的矿石矿物尤其如此。黄铁矿[119]、黄铜矿[120, 121]、方铅矿[122]、赤铁矿[123, 124]通常是粗晶粒的，只有分析大剂量样品才可提供足够的统计数据。对于铁陨石也有类似的问题，通过中子衍射可以很好地确定 Wiedmanstätten 谱中各相间的取向关系，以及铁纹石 bcc 片晶取向变体的体积分数[125]。

如果织构非常弱，需要大体积测量以获得明确的谱图，则也需要考虑统计问题，如由于陨石撞击的冲击波而变形的石英[126]，或者采自深海的沉积物细晶粒碳酸盐[127]。良好的统计数据对于用作建筑材料的方解石大理石建立各向异性至关重要[128]。由于方解石的各向异性热膨胀，在季节性温度变化过程中，大理石织构的某些方向最容易发生微破裂和剥落，并且对石板的切割应考虑到择优取向。

在材料科学的诸多应用中，希望比较不同仪器对同一样品的测量。在这里，分析体积相同至关重要。SMARTS 应变衍射仪和 HIPPO 织构衍射仪的结合有助于阐明孪晶在六方金属中的作用(如参考文献[129]~[136])。

在形状记忆合金和铁电体中，织构花样与体积有关，而仅对表面进行研究是有问题的。因此，中子衍射是优选方法，如对 NiTi[137]、U7Nb[138]和钛酸盐[74,139-141]等材料。

7.3.6.2　多相矿物岩石

通过中子衍射确定的织构越来越多地用于解释地质变形历史[142]以及解释地壳中的地震各向异性[103, 117, 143-145]。花岗岩是地壳的重要组成部分，经常发生变形。它们包含多个相(主要是石英、斜长石和黑云母)，并且颗粒相当粗大。只有大体积的平均值可以提供足够的统计数据。Pehl 和 Wenk [112]通过 TOF 中子衍射研究了加利福尼亚南部圣罗莎(Santa Rosa)镍铁矿带中的镍铁矿织构，并利用 Rietveld 方法分析了数据。他们观察到了可以用作远古压力仪的机械孪晶的系统花样。使用中子应变衍射仪进行的实验研究表明，孪晶在约 100 MPa 时开始形成[78]。

7.3.6.3　原位实验和相变

中子衍射提供了在低温和高温、压缩和拉伸应力以及施加磁场的情况下原位记录织构变化的可能性，因为可以将附件装置插入大型样品室中(图 7.16)。LANSCE 的 HIPPO 衍射仪具有以下独特之处：与织构测量兼容的熔炉、低温恒温器、压力传感器和过滤装置。

已对金属进行了加热实验，记录了再结晶和相变过程中的织构变化。例如，在锆和钛中，hcp → bcc → hcp 转换中有一个特征性的"织构记忆"[87,146,147]。铁的 bcc → fcc → bcc 转化过程中也存在相似的关系[106]。只有通过这种原位织构测量，我们才能逐步理解相变过程中的各向异性变化，尤其是马氏体转变中的变体选择。

矿物石英是一个特别有趣的例子。573℃以上的三方晶系(α)-石英通过不能进行淬冷的位移型相变转换为六方晶系(β)-石英。相变是可逆的,键的扭曲很小。在向(β)-石英冷却时,每个晶体都可以在两个取向的变体之间进行选择,通过围绕 c 轴旋转 180°实现。在相变过程中,c 轴和 a 轴的方向不会改变,并且这一效应只能在菱方相的极图中看到。通过原位中子衍射实验,已经确定在某些情况下存在完美的记忆,并且织构精确地还原为初始状态,如图 7.23 中菱方相{$10\bar{1}1$}的极图所示。注意,晶面{$10\bar{1}1$}和{$01\bar{1}1$}在结构上不同,并且具有非常不同的弹性刚度,但是具有相同的间距 d 值。因此,它们的衍射谱叠加在一起。Rietveld精修可以基于两个衍射的不同结构因子对它们进行反卷积。石英中的织构记忆归因于相邻晶粒施加的应力的影响。有趣的是,EBSD 研究表明这种记忆与表面无关[81]。

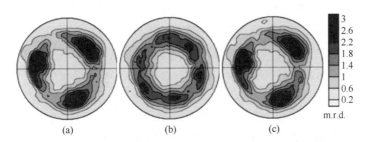

图 7.23 用 HIPPO 进行的原位加热实验:石英岩在(a)500℃、(b)625℃和(c)500℃的 {$10\bar{1}1$} 极图[81] 请注意,在通过三方-六方相变循环后具有完美的织构记忆;等面积投影

低温下的织构确定仍然受到限制。Bennett 等的实验研究[148]记录了六方冰 I 与菱方高压冰 II 不同的织构图案,表明它们具有不同的变形机制。McDaniel[149] 原位测量了 Ih 冰变形期间的织构演变。

通过 HIPPO 上的 CRATES 原位应变台,可以研究变形时织构变化。这已应用于金属[150]和压电材料[139]。

7.3.6.4 磁性织构

到目前为止,我们讨论过中子的独特磁散射。这是 Brockhouse[151]使用中子进行织构分析的最初动机。已经进行了数次尝试来确定磁织构,即磁偶极子的取向(如参考文献[152]和[153])。正如 Bunge[154]总结的那样,磁性材料中可能会出现不同的情况:在退磁的铁磁材料中如立方铁,磁矩可能处于六个⟨100⟩方向中的任何一个取向。在这种情况下,晶体学和磁性织构都是一样的。弱磁场会产生沿某一⟨110⟩方向的择优取向磁矩,破坏了立方晶体的对称性。

7.4 电 子 衍 射

7.4.1 透射电子显微镜

TEM 提供了极好的机会来研究细晶粒聚集体的织构细节。类似于光学显微镜，TEM 提供的有关信息不仅是取向和取向失配度，还有晶粒形状，更重要的是，位错微结构和机械孪晶，揭示活跃的变形机制。物质对电子有非常强烈的吸收，因此只能研究非常薄的膜片。加速电压大于 1 MV 的高压电子显微镜(HVEM)对于织构研究特别有用，因其高穿透率可以研究更大体积(和区域)的样品。在常规的 TEM 中，电子被加速到 100 keV，有效波长是 0.037Å，这即使与硬同步辐射 X 射线相比也非常短。

用 TEM 获得取向信息的一种方法是选区衍射(SAD)。通过离子束减薄、化学剥蚀或电解抛光制备薄膜样品。然后将薄膜移送到电子显微镜中，跟踪取向方位。将光束聚焦在感兴趣的晶粒上，观察和记录微观结构，其后通过标准衍射理论并结合倒易晶格的概念解释所获得的 SAD 花样。为了获得良好的取向，必须倾斜样品。

另一种方法特别适用于相对较厚的完全无变形的金属箔，利用电子的非弹性散射形成叠加在衍射图上的暗带和亮带，即菊池(Kikuchi)线，它们可以被归属于某晶面并指标化，呈现任意晶体取向。它们的间距可用来确定晶面间距，方向可以用来确定晶体的取向，即使晶体不是处于对称的"带轴"方向。通过会聚束微衍射，可以在小于 50 nm 的区域中确定取向。指标化过程已自动化[155,156]，并应用于二维取向图[157,158]。

7.4.2 扫描电子显微镜

局部取向也可以用 SEM 测量，该技术在材料和地球科学领域都已非常流行。Randle 和 Engler[31]以及 Schwartz 等[32]的最新评论提供了对当前技术水平的介绍和评述。与 TEM 不同，SEM 不仅不受超薄区域限制，还可以在相当大的表面范围内确定晶体的取向，Frank[159]已经提出将其作为获取晶体二维取向图的首选方法。

电子束与样品的最上层表面的相互作用产生了衍射图，可以从中确定取向[160, 161]。如果稳定电子束与晶体表面相互作用，则会产生 EBSD 花样[162]。它们与 TEM 中的菊池花样直接相对应，唯一的区别是离开晶体的电子与入射电子束方向相反。EBSD 通常使用灵敏的高分辨率 CCD 照相机记录。如果样品表面法线与入射束呈 70°，则可获得最高强度[图 7.24(b)]。EBSD 花样显示出晶面对称性，如镜像平面和旋转轴[图 7.24(a)]。根据角度关系，可以对这些条带进行指标化，并可以确定取向[163]。每个衍射条带对应于一个(hkl)晶面，并且条带的宽度是晶面间距 d 以及 SEM 加速电压的函数。图 7.25 比较了在 10 kV 和 40 kV 加速电压下收集的 Si 的 EBSD 花样。高电压时，更可能发生荷电和电子束损伤，但花样更清晰。

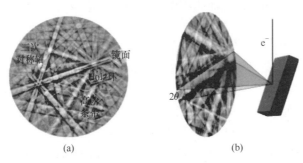

(a)　　　　　　　　　　　(b)

图 7.24　(a)EBSD 显示硅晶体结构的对称性；(b)入射电子束方向与样品呈 70°时的 EBSD 几何[32]

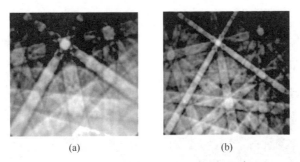

(a)　　　　　　　　　　　(b)

图 7.25　硅在电压为 10 kV(a)和 40 kV(b)时的 EBSD
衍射条带之间的角度相同，但在较高电压下，衍射条带较窄 (由 S. Wright 提供)

当采集平面扫描图时，高精度样品台以小至 100 nm 的步长做平移，或者以小增幅偏转电子束。在每个位置都记录 EBSD 花样，然后通过对整个样品求平均值来记录背景，并从原图像中减去该背景，以规则的衍射线来增强衍射图(图 7.26)。使用 Hough 算法[164]将数字化后的图像由线向点转换，然后自动指标化(如文献[165]~[167])。在现代电镜系统上，每秒可以执行 100 多次测量。由此研制了取向成像显微镜(OIM)，它是早期利用光学万能载物台显微镜对地质材料做取向平面扫描图的现代拓展，被称为轴分布分析

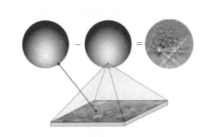

图 7.26　从原始图片(左图)扣除背景(中图)后得到正确的结果(右图)(由 S. Wright 提供)

(achsen verteilungs analyse，AVA[168,169])。

样品制备非常严苛。通常，第一步是机械抛光，然后再通过电解抛光、化学腐蚀或离子剥蚀去除表面损伤[170,171]。由于电子的高吸收性，EBSD 源自表面的薄层，因此对表面结构的质量敏感。对于陶瓷材料，可以喷一层薄薄的碳，以减少电子束产生的荷电，但这会降低图像质量。现代电镜采取低真空操作以最大限度地减少荷电。

由于自动化程序已经在几种可用的商业系统(如 HKL-Oxford 和 TSL-EDAX)实现，EBSD 分析变得快速且使用方便。扫描表面时，产生带有样品坐标和取向的分布图。有关微观组织、织构的信息与用显微镜成像获得数据和极图数据等同。但是，EBSD 平面扫描图的单个取向数据包含更多信息，而大量测量无法获得，特别是晶粒的取向关系和它们之间的取向失配。图 7.27 显示了两个通过实验变形的岩盐的取向分布图，显示了晶粒形状随剪切应变增加而产生的变化，以及亚晶粒的演变，晶粒内的取向差异用颜色变化表示[172]。

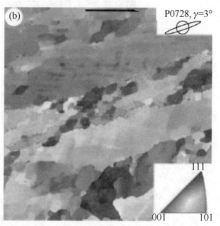

图 7.27　剪切实验后岩盐的取向分布图：(a)$\gamma = 1°$；(b) $\gamma = 3°$
请注意，在大应变下，晶粒因大晶粒中亚晶粒的取向差演化而导致平板化[172]，
颜色表示平行于剪切平面法向的晶体方向，如同(b)中的反极图一样

单次取向测量取决于对表面覆盖的程度，且可以测量的晶粒数目有限。对三斜晶系这个问题很明显，如果织构函数(ODF)的分辨率为 5°，则有 181476(355°/5 × 180°/5 × 355°/5)个测量单元。即使有很多晶粒和随机织构，某些 ODF 单元的晶粒数也将为零，而大多数 ODF 单元将具有一个晶粒，还有两个、三个、四个或更多晶粒的单元，即 ODF 的范围为 0~4m.r.d.。对于更少的晶粒，情况更糟。必须使用较大的单元(较差的角分辨率)，或者必须以正确的统计方式对数据进行平滑处理。对于单个取向(而非平均衍射强度)，以过分高的极密度和 Bunge 提出的大

织构指数 F_2[12]表示统计波动，作为织构强度的整体度量。F_2 等于在整个 ODF 上对取向密度的平方做体积平均积分，主要受尖锐织构峰($\gg 1$ m.r.d.)的影响。Matthies 和 Wagner[173]研究了被测晶粒个数 N 和 F_2 之间的关系，并建立了 $F_2(N)$ 对 $1/N$ 的渐进关系式，可用于确定某样品的平滑函数。对于任何定量分析，必须测量大量的晶粒取向(不仅是 EBSD 系统扫描的数据点!)(图 7.28)。在粗粒样品中，晶粒数被限制在表面部分。因此，EBSD 数据提供了关于织构花样的良好的定性信息，但是通常需要对大块样品进行中子衍射，以获得有关织构强度的定量信息和定量 ODF。在许多已发表的 EBSD 织构分析中，都随意应用了平滑处理(如通过使用谐波或高斯函数拟合方向)，因此所得结果充其量只是半定量的。

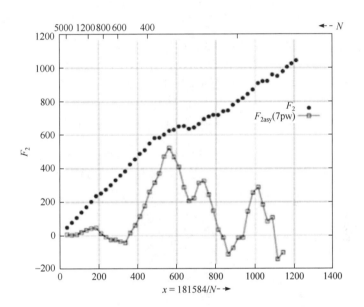

图 7.28 EBSD 测量三斜晶系斜长石 F_2 统计图[110]
织构强度(F_2)-1/N 图，其中 N 是测量取向数，F_{2asy} 是 F_2 的导数

7.4.3 EBSD 的应用

在以下部分中，将回顾 EBSD 织构分析的一些应用，包括取向失配定量分析，SEM 中的原位加热和应变实验(有关原位实验实例的出色综述，请参见参考文献[174])，3D 取向分布图和残余应力分析。

7.4.3.1 取向失配

取向失配可以表示在轴旋转空间中，收集所有成对的晶粒，这些晶粒可以通过绕特定轴的旋转而重合[175]。Morawiec[176]描述了取向失配理论和应用的进展。取向失配图说明取向梯度,量化亚晶形成,可用于解释再结晶机制(如参考文献[177])。在金属(如参考文献[178])、陶瓷(如参考文献[179]、[180])和地矿材料体系(如参考文献[181])中已经建立了取向失配重合度。通过相的结构相似性,Sztwiertnia 等[182] 确定了氧化铝-碳化钨复合材料的特征中间相的晶界。取向失配最适合定义孪晶。

7.4.3.2　原位加热

织构和相关的微观组织变化对于理解相变和再结晶过程至关重要。块材织构数据(如通过中子衍射获得)不包含该信息。EBSD 已广泛用于相变研究(如Gourguez-Lorenzon[183]的评论)。使用显微镜中加热台的原位研究特别令人感兴趣。Humphreys 和 Ferry[184]使用这种加热炉研究了铝和铝合金的再结晶和晶粒长大。他们的方法已经很完善,特别是在数据采集速度更快的现代系统中(如参考文献[185]~[190])。一些研究考察了铁中的晶界迁移率和氧化过程(如[191]~[193])。

有一些在相变过程中织构变化的原位研究。Seward 等[194]研究了钛的 hcp—bcc—hcp 转换,该转变在 880℃发生,并且可以确定单个晶粒的 Burgers 关系[(0001)$\langle 11\bar{2}0 >_{hcp}$ {110}$\rangle 1\bar{1}1 >_{bcc}$],但由于存在大量晶粒生长,无法解释选择性变体。Wright 和 Nowell 详细研究了钴马氏体在 422℃下的 hcp—fcc—hcp 转换[174],证明(0001)hcp$\langle 111 \rangle$fcc 取向关系得以完美保留,并且在几个循环中,没有观察到选择性变体或晶界的结构变化[比较图 7.29 中的(a)和(c)以及(b)和(d)]。

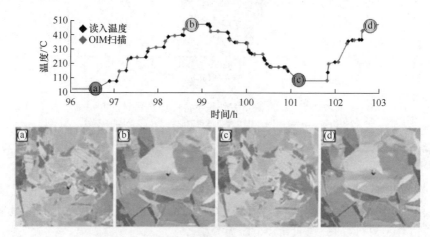

图 7.29　钴 hcp—fcc 转换的 EBSD 原位观察[174]

颜色表示方向;(a)、(c)为 hcp,(b)、(d)为 fcc;注意到有几乎完美的记忆

如第 7.3 节所述,石英在 573℃经历了从三方到六方的相变。图 7.30 显示了加热前后的微观结构。颜色与取向角ϕ_2 有关,它对三方—六方转变(绕 c 轴旋转

180°)敏感,并且对应于力学上的 Dauphiné 孪晶定律。加热后的微观组织[图 7.30(b)]显示出原始晶粒被分裂为孪晶畴[如图 7.30(a)中箭头指示的绿色颗粒被分裂为图 7.30(b)中的绿色和红色晶畴],并具有孪晶取向失配边界(粗黑线),说明这些晶粒已经失去了三方记忆。这与中子衍射证据(图 7.23)相反,后者由于相邻晶粒施加的应力而保持了记忆。这些应力不存在于自由表面中,因此记忆丢失[80]。该例提醒对块体材料进行表面测量时要注意。

图 7.30　石英岩 EBSD 取向测量图[81]

颜色记录了取向角 γ;(a)、(b)分别为加热前及加热到 650℃以上的相同区域;请注意,Dauphiné 孪晶界(粗黑线)的演化将原来的均匀晶粒分成不同晶畴(如红色和绿色);箭头指示了其中一例;正方形侧边是 2mm

7.4.3.3　原位变形

通过应变阶段,可以在变形过程中跟踪单个晶粒的晶格旋转。首先由 Weiland 等[195]应用于铝,从那时起,已经有一些关于晶粒的旋转、亚晶粒的演化、晶界裂纹,以及机械孪晶的研究[196-198]。与相变一样,我们必须意识到,由于不同的二维应力状态和表面效应(如摩擦),仅研究自由表面可能无法代表体相变形过程。

7.4.3.4　3D 分布

标准 EBSD 扫描可提供二维分布图。但是,可以通过使用传统抛光方法去除表面层并重新扫描(如参考文献[199]),或者最近在 SEM 中使用聚焦离子束(FIB)销蚀,将其扩展为三维分布图[200,201](图 7.31)。

7.4.3.5　残余应变分析

在同步辐射衍射图的讨论中,特别是在微焦点劳厄技术的讨论中,我们简要提到了应变分析。由 EBSD 确定的晶粒取向分辨率一般为 0.5°～1°。如果未将数字

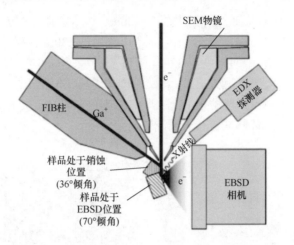

图 7.31　配置 EBSD、EDX 和 FIB 的 SEM 几何布置，可用于 3D 取向分布测量[202]

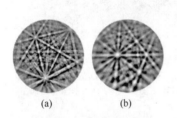

(a)　　　　(b)

图 7.32　未变形(a)和变形(b)锆的 EBSD
请注意，随着位错密度的增加，图像
质量会下降(由 S. Wright 提供)

图像归入统计堆栈，并且在 Hough 变换中应用了较小的统计堆栈，则可以提高此数值。这样就可以实现 <0.1°的分辨率，并使其可能解释晶格畸变的图像。在镍超合金[202]的疲劳裂纹和 Si-SiGe 层界面[203]中已经观测到高达 2000 微应变的晶格应变。该方法提供了令人振奋的机会，可以通过直接分析衍射图来绘制局部应变分布图。塑性应变也以花样质量表示。随着位错数量的增加，EBSD 花样会变差(图 7.32)，并且很难从严重变形的冷加工金属中获得花样。花样质量可以与位错密度相关，从而提供了另一种评估二维局部应变的方法(如参考文献[204])。

7.5　方法比较

织构测量技术的最佳选择取决于许多变量，如设备的可用性、要分析的材料及数据要求。

对于常规的冶金实践以及材料科学和地质学中的许多其他应用，X 射线反射几何极图测角仪通常就足够了。它快速、易于自动化，在购置和维护方面均花费少。只有当衍射峰被充分分开时才能令人满意地测量极图，因此，在地质样品和陶瓷中，X射线衍射通常仅限于正交或更高晶体对称性的单相聚集体。

用TEM进行电子衍射多数情况下很耗时，除了提供晶体取向外，还提供有关微观组织、相邻晶粒之间的相互作用(至少二维)以及晶粒内不均匀性的有价值的信息。这些是解释变形过程的重要数据。TEM分析提供了用于解释织构花样的补充数据，但对于获得OD而言不是很实际。

用SEM在抛光表面上进行EBSD测量已经非常流行，并得到了广泛的应用。织构图案很容易获得，但是它们受到统计限制，在定量解释中需要谨慎。最重要的是，EBSD提供了2D取向图(在某些情况下还提供了3D取向图)，这是获得取向和晶粒形状的相关性以及取向失配的基础。随着最近的发展，EBSD可用图像估计晶格应变。利用加热附件和应变台，可以在电子显微镜中原位观察重结晶、相变和变形过程中的取向变化。SEM-EBSD技术已经成为在费用和付出精力上与X射线衍射分析相当的技术。局限性在于，样品必须充分结晶且缺陷最少，此外，只能评估表面薄层，不能代表体相的情况。

中子衍射有利于确定粗晶粒聚集体中的全极图，并允许确定磁极图。中子的优势在于可以测量体相而不是表面，可以表征粗晶粒材料，可以使用环境附件(加热、冷却和应变)，并且角分辨率比传统的X射线测角仪测得的极图更好。从而可以测量具有许多间隔较密衍射峰的复杂复合材料。使用位敏探测器，尤其是使用TOF，可以记录连续光谱。峰位置的移动可用于确定残余应力，同时强度用以提取织构信息。另一个优势是独特的散射长度，例如，可以看到U基体中的UO颗粒或钢中的SiC。氢化物(如笼形物)中的织构将是未来一个极好的应用。中子的一个缺点是织构测量在大体积上是平均的，并且必须假设其均匀性。而用X射线进行的极图测定通常很简单，并且可以在数小时内获得并处理结果。中子衍射比较麻烦，它要求用户提前几个月为特定的实验编写建议，并且真正使用光束线机时被限制在几天内，通常仅能测量几个选定的典型样品。

同步辐射X射线已取得巨大进展。利用高穿透硬X射线，可以像中子一样分析比较大体积的样品。许多光束线还没有配备能够用于织构分析的、测试范围宽的辅助设备，但这可能会改变。特别有吸引力的是高速数据采集和即时显示图像，可以提供定性结果，便于实时指导实验。这对于在不均匀样品中找到合适的区域或扫描织构的渐变梯度分布很关键。例如，在DAC实验中，通常很难对准小样品。此外，它可以立即识别出样品中重要的择优取向，无需浪费时间进行系统的测量和分析。对于在原位实验中，高速是至关重要的，例如，在中子测量时，因为长时间的数据采集，结构和织构可能会发生变化，测量的结果是经时间平均的织构。

7.6 结 论

本章重点介绍了用于织构分析的衍射方法的最新进展。与衍射的许多应用一样，最终目的不是方法，而是针对特定科学问题获得的结果，而用户通常不是衍射专家。但是最先进的 X 射线、中子和电子衍射方法的确需要专业知识，通过优化实验设置、数据采集和数据处理以获得可靠的结果。这突出了在大型设施上专业、训练有素的光束线人员的重要性。不能过度强调数据处理的复杂性。述评试图总结主要问题，引导读者了解相关问题有进一步见解的文献。织构分析仍然是很重要的研究领域，因为大多数多晶材料、人造的、生物和地矿材料确实显示了择优取向和各向异性的物理特性。

(Hans-Rudolf Wenk)

参 考 文 献

[1] Butler R D, Wilson D V. The role of cup-drawing tests in measuring drawability. J Inst Met, 1962, 90(12): 473-483.

[2] Bunge H J. Zur darstellung allgemeiner texturen. Int J Mater Res, 1965, 56(12): 872-874.

[3] Roe R J. Description of crystallite orientation in polycrystalline materials. Ⅲ. General solution to pole figure inversion. J Appl Phys, 1965, 36(6): 2024-2031.

[4] Wenk H R, Sintubin M, Huang J, Johnson G C, Howe R T. Texture analysis of polycrystalline silicon films. J Appl Phys, 1990, 67: 572-574.

[5] Chateigner D, Wenk H R, Patel A, Todd M, Barber D J. Analysis of preferred orientations in PST and PZT thin films on various substrates. Ferroelectrics, 1998, 19: 121-140.

[6] Prevel M, Lemonnier S, Klein Y, Habert S, Chateigner D, Ouladdiaf B, Noudem J G. Textured $Ca_3Co_4O_9$ thermoelectric oxides by thermoforging process. J Appl Phys, 2005, 98: 093706.

[7] Noudem J G, Meslin S, Horvath D, Harnois C, Chateigner D, Ouladdiaf B, Eve S, Gomina M, Chaud X, Murakami M. Infiltration and top seed growth-textured YBCO bulks with multiple holes. J Am Ceram Soc, 2007, 90: 2784-2790.

[8] Wenk H R, Heidelbach F. Crystal alignment of carbonated apatite in bone and calcified tendon: results from quantitative texture analysis. Bone, 1999, 24(4): 361-369.

[9] Hedegaard C, Wenk H R. Microstructure and texture patterns of mollusc shells. J Molluscan Stud, 1998, 64: 133-136.

[10] Chateigner D, Hedegaard C, Wenk H R. Mollusc shell microstructures and crystallographic textures. J Struct Geol, 2000, 22: 1723-1735.

[11] D'Halloy O J J. Introduction à la Géologie. Paris: Levrault, 1833.

[12] Bunge H J. Texture Analysis in Materials Science Mathematical Methods. London: Butterworths, 1982.

[13] Wenk H R. Preferred Orientation in Deformed Metals and Rocks: an Introduction to Modern Texture Analysis. Orlando:Academic Press, 1985.

[14] Kocks U F, Tomé C N, Wenk H R. Texture and Anisotropy: Preferred Orientations in Polycrystals and Their Effect on Materials Properties. Cambridge: Cambridge University Press, 2000.

[15] Phillips W R. Mineral Optics, Principles and Techniques. San Francisco: Freeman, 1971.

[16] Nauer-Gerhardt C U, Bunge H J. Bunge H J. Orientation determination by optical methods// Experimental Techniques of Texture Analysis Oberursel: Deutsche Gesell Metallkunde, 1986: 125-145.

[17] Herman G T. Image Reconstruction from Projections: the Fundamentals of Computerized Tomography. New York: Academic Press, 1980.

[18] Mees F, Swennen R, van Geet M, Jacobs P. Applications of X-ray Computed Tomography in the Geosciences. Geological Society of London, Special Publication , 2003: 215.

[19] Thovert J F, Salles J, Adler P M. Computerized characterization of the geometry of real porous media: their discretization, analysis and interpretation. J Microsc, 1993, 170: 65-79.

[20] Bunge H J. Experimental Techniques of Texture Analysis. Oberursel: Deutsche Gesellschaft für Metallkunde, 1986.

[21] Wenk H R. Preferred orientations in polycrystals and their effect on materials properties// Kocks U F, Tome C N, Wenk H R. Texture and Anisotropy. Cambridge: Cambridge University Press, 2000: 126-177.

[22] Matthies S, Vinel G W. On the reproduction of the orientation distribution function of texturized samples from reduced pole figures using the conception of a conditional ghost correction. Phys Status Solidi B, 1982, 112: K111-K114.

[23] Wenk H R, Lonardelli I, Franz H, Nihei K, Nakagawa S. Preferred orientation and elastic anisotropy of illite-rich shale. Geophysics, 2007, 72: E69-E75.

[24] Kallend J S. Determination of the orientation distribution from pole figure data//Kocks U F, Tome C N, Wenk H R. Texture and Anisotropy. Cambridge : Cambridge University Press, 2000: 102-125.

[25] Wenk H R, Kocks U F. The representation of orientation distributions. Metall Mater, 1987, 18A: 1083-1092.

[26] Kallend J S, Kocks U F, Rollett A D, Wenk H R. Operational texture analysis. Mater Sci Eng, 1991, A132: 1-11.

[27] Wenk H R, Matthies S, Donovan J, Chateigner D. BEARTEX: a windows-based program system for quantitative texture analysis. J Appl Crystallogr, 1998, 31: 262-269.

[28] Bachmann F, Hielscher R, Schaeben H. Texture analysis with MTEX-free and open source software toolbox. Solid State Phenomena, 2010, 160: 63-68.

[29] Hielscher R, Schaeben H. A novel pole figure inversion method: specification of the MTEX algorithm. J Appl Crystallogr, 2008, 41: 1024-1037.

[30] Matthies S, Pehl J, Wenk H R, Vogel S. Quantitative texture analysis with the HIPPO neutron TOF diffractometer. J Appl Crystallogr, 2005, 38: 462-475.

[31] Randle V, Engler O. Introduction to Texture Analysis: Macrotexture, Microtexture and Orientation Mapping. Philadelphia: Gordon and Breach Science Publishers, 2000.

[32] Schwartz A J, Kumar M, Adams B L, Field D P. Electron Backscatter Diffraction in Materials

Science. Heidelberg: Springer, 2009.

[33] Backstrom S P, Riekel C, Abel S, Lehr H, Wenk H R. Microtexture analysis by synchrotron-radiation X-ray diffraction of nickel-iron alloys prepared by microelectroplating. J Appl Crystallogr, 1996, 29: 118-124.

[34] Merkel S, Wenk H R, Shu J, Shen G, Gillet P, Mao H K, Hemley R J. Deformation of polycrystalline MgO at pressures of the lower mantle. J Geophys Res, 2002, 107 (B11): 2271.

[35] Puig-Molina A, Wenk H R, Berberich F, Graafsma H. Method for in situ texture investigation of recrystallization of Cu and Ti by high-energy synchrotron X-ray diffraction. Z Metallk, 2003, 94: 1199-1205.

[36] Heidelbach F, Riekel C, Wenk H R. Quantitative texture analysis of small domains with synchrotron radiation X-rays. J Appl Crystallogr, 1999, 32: 841-849.

[37] Hammersley A P. Fit2D: V99.129 Reference Manual Version 3.1. Internal Report ESRF-98-HA01, 1998.

[38] Wenk H R, Voltolini M, Mazurek M, van Loon L R, Vinsot A. Preferred orientations and anisotropy in shales: Callovo-Oxfordian shale (France) and opalinus clay (Switzerland). Clays Clay Miner, 2008, 56: 285-306.

[39] Kinsland G L, Bassett W A. Modification of the diamond cell for measuring strain and the strength of materials at pressures up to 300 kilobar. Rev Sci Instrum, 1976, 47: 130-132.

[40] Hemley R J, Mao H K, Shen G, Badro J, Gillet P, Hanfland M, Hausermann D. X-ray imaging of stress and strain of diamond, iron, and tungsten at megabar pressures. Science, 1997, 276: 1242-1245.

[41] Wenk H R, Matthies S, Hemley R J, Mao H K, Shu J. The plastic deformation of iron at pressures of the earth's inner core. Nature, 2000, 405: 1044-1047.

[42] Merkel S, Wenk H R, Shu J, Shen G, Gillet P, Mao H K, Hemley R. Deformation of polycrystalline MgO at pressures of the lower mantle. J Geophys Res, 2002, 107: 2271.

[43] Merkel S, Yagi T. X-ray transparent gasket for diamond anvil cell high pressure experiments. Rev Sci Instrum, 2005, 76: 046109.

[44] Funamori N, Sato T. High-pressure *in situ* density measurement of low-Z noncrystalline materials with a diamond-anvil cell by an X-ray absorption method. Rev Sci Instrum, 2008, 79: 073906.

[45] Miyagi L, Kanitpanyacharoen W, Kaercher P, Lee K K M, Wenk H R. Slip systems in $MgSiO_3$ post-perovskite: implications for D″ anisotropy. Science, 2010, 329: 1639-1641.

[46] Miyagi L, Kunz M, Nasiatka J, Voltolini M, Knight J, Wenk H R. *In situ* phase transformation and deformation of iron at high pressure and temperature. J Appl Phys, 2008, 104: 103510.

[47] Kunz M, Caldwell W A, Miyagi L, Wenk H R. *In situ* laser heating and radial synchrotron X-ray diffraction in a diamond anvil cell. Rev Sci Instrum, 2007, 78: 063907.

[48] Liermann H P, Merkel S, Miyagi L, Wenk H R, Shen G, Cynn H, Evans W J. Experimental

method for *in situ* determination of material textures at simultaneous high pressure and high temperature by means of radial diffraction in the diamond anvil cell. Rev Sci Instrum, 2009, 78: 073904.

[49] Wang Y, Durham W B, Getting I C, Weidner D J. The deformation-DIA: a new apparatus for high temperature triaxial deformation to pressures up to 15 GPa. Rev Sci Instrum, 2003, 74: 3002-3011.

[50] Kanitpanyacharoen W, Merkel S, Miyagi L, Kaercher P, Tomé C N, Wang Y, Wenk H R. Significance of mechanical twinning in hexagonal metals at high pressure. Acta Mater, 2012, 60(1): 430-442.

[51] Rietveld H M. A profile refinement method for nuclear and magnetic structures. J Appl Crystallogr, 1969, 2: 65-71.

[52] Young R A. The Rietveld Method. Oxford: Oxford University Press, 1993.

[53] Dollase W A. Correction of intensities for preferred orientation in power diffractometry: application of the March model. J Appl Crystallogr, 1986, 19: 267-272.

[54] Lutterotti L, Matthies S, Wenk H R, Schultz A J, Richardson J W. Combined texture and structure analysis of deformed limestone from time-of-flight neutron diffraction spectra. J Appl Phys, 1997, 81: 594-600.

[55] Larson A C, von Dreele R B. General structure analysis system (GSAS). Los Alamos National Laboratory: Report LAUR 86-748, 2004.

[56] von Dreele R B. Quantitative texture analysis by Rietveld refinement. J Appl Crystallogr, 1997, 30(4): 517-525.

[57] Popa N C. The (*hkl*) dependence of diffraction-line broadening caused by strain and size for all Laue groups in Rietveld refinement. J Appl Crystallogr, 1998, 31: 176-180.

[58] Wenk H R, Voltolini M, Kern H, Popp H, Mazurek M. Anisotropy in shale from Mont Terri. Leading Edge, 2008, 27: 742-748.

[59] Matthies S, Wenk H R. Transformations for monoclinic crystal symmetry in texture analysis. J Appl Crystallogr, 2009, 42: 564-571.

[60] Ischia G, Wenk H R, Lutterotti L, Berberich F. Quantitative Rietveld texture analysis of zirconium from single synchrotron diffraction images. J Appl Crystallogr, 2005, 38: 377-380.

[61] Speziale S, Lonardelli I, Miyagi L, Pehl J, Tommaseo C E, Wenk H R. Deformation experiments in the diamond-anvil cell: texture in copper to 30 GPa. J Phys: Condens Matter, 2006, 18: S1007-S1020.

[62] Singh A K, Balasingh C, Mao H K, Hemley R J, Shu J F. Analysis of lattice strains measured under nonhydrostatic pressure. J Appl Phys, 1998, 83: 7567-7575.

[63] Lutterotti L, Chateigner D, Ferrari S, Ricote J. Texture, residual stress and structural analysis of thin films using a combined X-ray analysis. Thin Solid Films, 2004, 450: 34-41.

[64] Welzel U, Mittemeyer E J. Diffraction stress analysis of macroscopically elastically anisotropic specimens: on the concepts of diffraction elastic constants and stress factors. J Appl Phys, 2003, 93: 9001-9011.

[65] Merkel S, Tome C, Wenk H R. Modeling analysis of the influence of plasticity on high pressure deformation of hcp-Co. Phys Rev B, 2009, 79: 064110.

[66] Wenk H R, Lonardelli I, Merkel S, Miyagi L, Pehl J, Speziale S, Tommaseo C. Deformation textures produced in diamond anvil experiments, analyzed in radial diffraction geometry. J Phys: Condens Matter, 2006, 18: S933-S947.

[67] Tamura N, MacDowell A A, Celestre R S, Padmore H A, Valek B, Bravman J C, Spolenak R, Brown W L, Marieb T, Fujimoto H, Batterman B W, Patel J R. High spatial resolution grain orientation and strain mapping in thin films using polychromatic submicron X-ray diffraction. Appl Phys Lett, 2002, 80: 3724-3727.

[68] Tamura N, MacDowell A A, Spolenak R, Valek B C, Bravman J C, Brown W L, Celestre R S, Padmore H A, Batterman B V, Patel J R. Scanning X-ray microdiffraction with submicrometer white beam for strain/stress and orientation mapping in thin films. J Synchrotron Radiat, 2003, 10: 137-143.

[69] Kunz M, Tamura N, Chen K, MacDowell A A, Celestre R S, Church M M, Fakra S, Domning E E, Glossinger J M, Kirschman J L, Morrison G Y, Plate D W, Smith B V, Warwick T, Yashchuk V V, Padmore H A, Ustundag E. A dedicated superbend X-ray microdiffraction beamline for materials, geo-, and environmental sciences at the advanced light source. Rev Sci Instrum, 2009, 80: 035108.

[70] Chen K, Kunz M, Tamura N, Wenk H R. Deformation twinning and residual stress in calcite studied with synchrotron polychromatic X-ray microdiffraction. Phys Chem Miner, 2011, 38(6): 491-500.

[71] Kunz M, Chen K, Tamura N, Wenk H R. Evidence for residual elastic strain in deformed natural quartz. Am Mineral, 2009, 94: 1059-1062.

[72] Jakobsen B, Poulsen H F, Lienert U, Pantleon W. Direct determination of elastic strains and dislocation densities in individual subgrains in deformation structures. Acta Mater, 2007, 55: 3421-3430.

[73] Wenk H R, Monteiro P J M, Kunz M, Chen K, Tamura N, Lutterotti L, Dell A J. Preferred orientation of ettringite in concrete fractures. J Appl Crystallogr, 2009, 42: 429-432.

[74] Jones J L, Vogel S C, Slamovich E B, Bowman K J. Quantifying texture in ferroelectric bismuth titanate ceramics. Scr Mater, 2004, 51: 1123-1127.

[75] Lonardelli I, Wenk H R, Goodwin M, Lutterotti L. Texture analysis from synchrotron diffraction images with the Rietveld method: dinosaur tendon and salmon scale. J Synchrotron Res, 2005, 12: 354-360.

[76] Gómez Barreiro J, Lonardelli I, Wenk H R, Dresen G, Rybacki E, Ren Y, Tome C T. Preferred orientation of anorthite deformed experimentally in Newtonian creep. Earth Planet Sci Lett, 2007, 264: 188-207.

[77] Lonardelli I, Wenk H R, Ren Y. Preferred orientation and elastic anisotropy in shales. Geophysics, 2007, 72: D33-D40.

[78] Wenk H R, Bortolotti M, Barton N, Oliver E, Brown D. Dauphine twinning and texture

memory in polycrystalline quartz. Phys Chem Miner, 2007, 34: 599-607.

[79] Kanitpanyacharoen W, Wenk H R, Kets F, Lehr B C, Wirth R. Texture and anisotropy analysis of Qusaiba shales. Geophys Prospect, 2011, 59: 536-556.

[80] Wenk H R, Kanitpanyacharoen W, Ren Y, Voltolini M. Preferred orientation of phyllosilicates: comparison of fault gouge, shale and schist. J Struct Geol, 2010, 32: 478-481.

[81] Wenk H R, Barton N, Bortolotti M, Vogel S, Voltolini M, Lloyd G, Gonzalez G. Dauphin, twinning and texture memory in polycrystalline quartz. Part 3: texture memory during phase transformation. Phys Chem Miner, 2009, 37: 567-583.

[82] Mao W L, Struzhkin V V, Baron A Q R, Tsutsui S, Tommaseo C E, Wenk H R, Chow P, Hu M, Shu J, Hemley R J, Mao H K. Experimental determination of the elasticity of iron at high pressure. J Geophys Res, 2008, 113: B09213.

[83] Merkel S, Wenk H R, Gillet P, Mao H K, Hemley R J. Deformation of polycrystalline iron up to 30 GPa and 1000 K. Phys Earth Planet Inter, 2004, 145: 239-251.

[84] Miyagi L, Nishiyama N, Wang Y, Kubo A, West D V, Cava R J, Duffy T S, Wenk H R. Deformation and texture development in CaIrO$_3$ post-perovskite phase up to 6 GPa and 1300 K. Earth Planet Sci Lett, 2008, 268: 515-525.

[85] Lin J F, Wenk H R, Voltolini M, Speziale S, Shu J, Duffy T. Deformation of lower-mantle ferropericlase (Mg,Fe)O across the electronic spin transition. Phys Chem Miner, 2009, 36: 585-592.

[86] Tommaseo C E, Merkel S, Speziale S, Devine J, Wenk H R. Texture development and elastic stresses in magnesiowustite at high pressure. Phys Chem Miner, 2006, 33: 84-97.

[87] Kaercher P, Speziale S, Miyagi L, Kanitpanyacharoen L, Wenk H R. Crystallographic preferred orientation in wuestite (FeO) through the cubic-to- rhombohedral phase transition. Phys Chem Miner, 2012, 39: 613-626.

[88] Merkel S, Wenk H R, Badro J, Montagnac J, Gillet P, Mao H K, Hemley R J. Deformation of (Mg$_{0.9}$, Fe$_{0.1}$)SiO$_3$ perovskite aggregates up to 32 GPa. Earth Planet Sci Lett, 2003, 209: 351-360.

[89] Wenk H R, Lonardelli I, Williams D. Texture changes in the hcp $\rightarrow$ bcc $\rightarrow$ hcp transformation of zirconium studied *in situ* by neutron diffraction. Acta Mater, 2004, 52: 1899-1907.

[90] Miyagi L, Merkel S, Yagi T, Sata N, Ohishi Y, Wenk H R. Quantitative Rietveld texture analysis of CaSiO$_3$ perovskite deformed in a diamond anvil cell. J Phys: Condens Matter, 2006, 18: 995-1005.

[91] Merkel S, Kubo A, Miyagi L, Speziale S, Duffy T S, Mao H K, Wenk H R. Plastic deformation of MgGeO$_3$ post-perovskite at lower mantle pressures. Science, 206, 311: 644-646.

[92] Merkel S, McNamara A K, Kubo A, Speziale S, Miyagi L, Meng Y, Duffy T S, Wenk H R. Deformation of (Mg,Fe)SiO$_3$ post-perovskite and D anisotropy. Science, 2007, 316: 1729-1732.

[93] Miyagi L, Kanitpanyacharoen W, Stackhouse S, Militzer B, Wenk H R. The enigma of

post-perovskite anisotropy: deformation versus transformation textures. Phys Chem Miner, 2011, 38: 665-678.

[94] Wenk H R, Ischia G, Nishiyama N, Wang Y, Uchida T. Texture development and deformation mechanisms in ringwoodite. Phys Earth Planet Inter, 2005, 152: 191-199.

[95] Wenk H R, Kern H, Schafer W, Will G. Comparison of neutron and X-ray diffraction in texture analysis of deformed carbonate rocks. J Struct Geol, 1984, 6(6): 687-692.

[96] Wenk H R. Reviews in mineralogy and geochemistry//Wenk H R. Neutron Scattering in Earth Sciences. Chantilly: Mineralogical Society of America, 2006: 399-426.

[97] Jensen D J, Leffers T. Fast texture measurements using a position sensitive detector. Text Microstruct, 1989, 10: 361-374.

[98] Bunge H J, Wenk H R, Pannetier J. Neutron diffraction texture analysis using a 2θ-position sensitive detector. Text Microstruct, 1982, 5: 153-170.

[99] Day P, Enderby J E, Williams W G, Chapon L C, Hannon A C, Radaelli P G, Soper A K. Scientific reviews: GEM: the general materials diffractometer at ISIS-multibank capabilities for studying crystalline and disordered materials. Neutron News, 2004, 15(1): 19-23.

[100] Wenk H R, Lutterotti L, Vogel S. Texture analysis with the new HIPPO TOF diffractometer. Nucl Instrum Methods Phys Res, Sect A, 2003, 515: 575-588.

[101] Matthies S, Pehl J, Wenk H R, Vogel S. Quantitative texture analysis with the HIPPO TOF diffractometer. J Appl Cryst, 2005, 38: 462-475.

[102] Ullemeyer K, Spalthoff P, Heinitz J, Isakov N N, Nikitin A N, Weber K. The SKAT texture diffractometer at the pulsed reactor IBR-2 at Dubna: experimental layout and first measurements. Nucl Instrum Methods Phys Res, Sect A, 1998, 412: 80-88.

[103] Wenk H R, Vasin R N, Kern H, Matthies S, Vogel S C, Ivankina T I. Revisiting elastic anisotropy of biotite gneiss from the Outokumpu scientific drill hole based on new texture measurements and texture-based velocity calculations. Tectonophysics, 2012, 570-571: 123-134.

[104] Wenk H R, Larson A C, Vergamini P J, Schultz A J. Time-of-flight measurements of pulsed neutrons and 2D detectors for texture analysis of deformed polycrystals. J Appl Phys, 1991, 70: 2035-2040.

[105] Hutchings M T, Withers P J, Holden T M, Lorentzen T. Introduction to the Characterization of Residual Stress by Neutron Diffraction. Boca Raton: Taylor and Francis, 2005.

[106] Krawitz A D. Introduction to Diffraction in Materials Science and Engineering. New York: John Wiley & Sons, Inc., 2001.

[107] Daymond M R. Reviews in mineralogy and geochemistry//Wenk H R. Neutron Scattering in Earth Sciences. Mineralogical Society of America, 2006: 427-434.

[108] Schofield P F, Covey-Crump S J, Stretton I C, Daymond M R, Knight K S, Holloway R F. Using neutron diffraction measurements to characterize the mechanical properties of polymineralic rocks. Mineral Mag, 2003, 67(5): 967-987.

[109] Morris P R. Reducing the effects of nonuniform pole distribution in inverse pole figure

studies. J Appl Phys, 1959, 30(4): 595-596.

[110] Xie Y, Wenk H R, Matthies S. Plagioclase preferred orientation by TOF neutron diffraction and SEM-EBSD. Tectonophysics, 2003, 370: 269-286.

[111] Wenk H R, Cont L, Xie Y, Lutterotti L, Ratschbacher L, Richardson J. Rietveld texture analysis of Dabie Shan eclogite from TOF neutron diffraction spectra. J Appl Crystallogr, 2001, 34: 442-453.

[112] Pehl J, Wenk H R. Evidence for regional Dauphine twinning in quartz from the Santa Rosa mylonite zone in Southern California. A neutron diffraction study. J Struct Geol, 2005, 27: 1741-1749.

[113] Wenk H R, Lutterotti L, Vogel S C. Rietveld texture analysis from TOF neutron diffraction data. Powder Diffr, 2010, 25: 283-296.

[114] Toby B H. R factors in Rietveld analysis: how good is good enough? Powder Diffr, 2006, 21: 67-70.

[115] Walther K, Ullemeyer K, Heinitz J, Betzl M, Wenk H R. Time-of-flight texture analysis of limestone standard: Dubna results. J Appl Crystallogr, 1995, 28(5): 503-507.

[116] Wenk H R. Standard project for pole-figure determination by neutron diffraction. J Appl Crystallogr, 1991, 24: 920-927.

[117] Kern H, Ivankina T I, Nikitin A N, Lokajicek T, Pros Z. The effect of oriented microcracks and crystallographic and shape preferred orientation on bulk elastic anisotropy of a foliated biotite gneiss from Outokumpu. Tectonophysics, 2008, 457: 143-149.

[118] Ullemeyer K, Helming K, Siegesmund S. Quantitative texture analysis of plagioclase // Bunge H J. Textures of Geological Materials. Oberursel: Deutsche Gesellschaft für Metallkunde, 1994: 93-108.

[119] Siemes H, Zilles D, Cox S F, Merz P, Schaefer W, Will G, Schaeben H, Kunze K. Preferred orientation of experimentally deformed pyrite measured by means of rieutron diffraction. Mineral Mag, 1993, 57(386): 29-43.

[120] Jansen E M, Siemes H, Merz P, Schafer W, Will G, Dahms M. Preferred orientation of experimentally deformed Mt Isa chalcopyrite ore. Mineral Mag, 1993, 57(386): 45-53.

[121] Jansen E M, Brokmeier H G, Siemes H. Neutron texture investigations on natural Mt. Isa chalcopyrite ore—part I : preferred orientation of one and the same chalcopyrite sample before and after experimental deformation. Textures Microstruct, 1970, 26: 167-179.

[122] Skrotzki W, Tamm R, Oertel C G, Roseberg J, Brokmeier H G. Microstructure and texture formation in extruded lead sulfide (galena). J Struct Geol, 2000, 22: 1621-1632.

[123] Hansen A, Chadima M, Cifelli F, Brokmeier H G, Siemes H. Neutron pole figures compared with magnetic preferred orientations of different rock types. Physica B, 2004, 350: 120-122.

[124] Siemes H, Klingenberg B, Rybacki E, Naumann M, Schaefer W, Jansen E, Rosiere C A. Texture, microstructure, and strength of hematite ores experimentally deformed in the temperature range 600~1100℃ and at strain rates between 10^{-4} and 10^{-6} S^{-1}. J Struct Geol, 2003, 25: 1372-1391.

[125] Hofler S, Will G, Hamm H M. Neutron diffraction pole figure measurements on iron meteorites. Earth Planet Sci Lett, 1988, 90: 1-10.

[126] Wenk H R, Lonardelli I, Vogel S C, Tullis J. Dauphine twinning as evidence for an impact origin of preferred orientation in quartzite: an example from Vredefort, South Africa. Geology, 2005, 33: 273-276.

[127] Ratschbacher L, Wetzel A, Brokmeier H G. A neutron goniometer study of the preferred orientation of calcite in fine-grained deep-sea carbonate. Sediment Geol, 1994, 89(3-4): 315-324.

[128] Leiss B, Weiss T. Fabric anisotropy and its influence on physical weathering of different types of Carrara marbles. J Struct Geol, 2000, 22: 1737-1745.

[129] Agnew S R, Toma C N, Brown D W, Holden T M, Vogel S C. Study of slip mechanisms in a magnesium alloy by neutron diffraction and modeling. Scr Mater, 2003, 48: 1003-1008.

[130] Brown D W, Agnew S R, Bourke M A M, Holden T M, Vogel S C, Toma C N. Internal strain and texture evolution during deformation twinning in magnesium. Mater Sci Eng A, 2005, 399(1-2): 1-12.

[131] Carr D G, Ripley M I, Holden T M, Brown D W, Vogel S C. Residual stress measurements in a zircaloy-4 weld by neutron diffraction. Acta Mater, 2004, 52(14): 4083-4091.

[132] Cerreta E, Yablinsky C A, Gray G T Ⅲ, Vogel S C, Brown D W. The influence of grain size and texture on the mechanical response of high purity hafnium. Mater Sci Eng A, 2007, 456: 243-251.

[133] Kaschner G C, Tome C N, Beyerlein I J, Vogel S C, Brown D W, McCabe R J. Role of twinning in the hardening response of zirconium during temperature reloads. Acta Mater, 2006, 54: 2887-2896.

[134] Kaschner G C, Tome C N, McCabe R J, Misra A, Vogel S C, Brown D W. Exploring the dislocation/twin interactions in zirconium. Mater Sci Eng A, 2007, 463: 122-127.

[135] Raghunathan S L, Dashwood R J, Jackson M, Vogel S C, Dye D. The evolution of microtexture and macrotexture during subtransus forging of Ti-10V-2Fe-3Al. Mater Sci Eng A, 2008, 488: 8-15.

[136] Yablinsky C A, Cerreta E K, Gray G T, Brown D W, Vogel S C. The effect of twinning on the work-hardening behavior and microstructural evolution of hafnium. Metall Mater Trans A, 2006, 37A: 1907-1915.

[137] Ye B, Majumdara B S, Dutta I. Texture memory and strain-texture mapping in a NiTi shape memory alloy. Phys Lett, 2007, 91: 061918.

[138] Brown D W, Bourke M A M, Field R D, Hults W L, Teter D F, Thoma D J, Vogel S C. Neutron diffraction study of the deformation mechanisms of the uranium-7 wt.% niobium shape memory alloy. Mater Sci Eng A, 2006, 421: 15-21.

[139] Jones J L, Hoffman M, Vogel S C. Orientation-dependent lattice strains in lead zirconate titanate under mechanical compression by *in situ* neutron diffraction. Physica B: Cond Mat, 2006, 385: 548-551.

[140] Jones J L, Hoffman A M, Vogel S C. Ferroelastic domain switching in lead zirconate titanate measured by *in situ* neutron diffraction. Mech Mater, 2007, 39: 283-290.

[141] Pojprapai S, Jones J L, Hoffman M, Vogel S C. Domain switching under cyclic mechanical loading in lead zirconate titanate. J Am Ceram Soc, 2006, 89: 3567-3569.

[142] Leiss B, Siegesmund S, Weber K. Texture asymmetries as shear sense indicators in naturally deformed mono-and polyphase carbonate rocks. Textures Microstruct, 1999, 33(1-4): 61-74.

[143] Ivankina T I, Kern H, Nikitin A N. Directional dependence of P- and S-wave propagation and polarization in foliated rocks from the Kola superdeep well: evidence from laboratory measurements and calculations based on TOF neutron diffraction. Tectonophysics, 2005, 407: 25-42.

[144] Siegesmund S, Helming K, Kruse R. Complete texture analysis of a deformed amphibolite: comparison between neutron diffraction and U-stage data. J Struct Geol, 1994, 16(1): 131-142.

[145] Ullemeyer K, Siegesmund S, Rasolofosaon P N J, Behrmann J H. Experimental and texture-derived P-wave anisotropy of principal rocks from the TRANSALP traverse: an aid for the interpretation of seismic field data. Tectonophysics, 2006, 414: 97-116.

[146] Bhattacharyya D, Viswanathan G B, Vogel S C, Williams D J, Venkatesh V, Fraser H L. A study of the mechanism of α to β phase transformation by tracking texture evolution with temperature in Ti-6Al-4V using neutron diffraction. Scr Mater, 2006, 54: 231-236.

[147] Lonardelli I, Gey N, Wenk H R, Humbert M, Vogel S C, Lutterotti L. In situ observation of texture evolution during $\alpha \rightarrow \beta$ and $\alpha \rightarrow \beta$ phase transformations in titanium alloys investigated by neutron diffraction. Acta Mater, 2007, 55: 5718-5727.

[148] Bennett K, Wenk H R, Durham W B, Stern L A, Kirby S H. Preferred crystallographic orientation in the ice Ⅰ → Ⅱ transformation and the flow of ice Ⅱ. Philos Mag A, 1997, 76: 413-435.

[149] McDaniel S. In situ deformation apparatus for time-of-flight neutron diffraction: texture development of polycrystalline ice Ih. Rev Sci Instrum, 2006, 77: 093902.

[150] Hartig C, Vogel S C, Mecking H. In-situ measurement of texture and elastic strains with HIPPO-CRATES. Mater Sci Eng A, 2006, 437: 145-150.

[151] Brockhouse B N. The initial magnetization of nickel under tension. Canad J Phys, 1953, 31(3): 339-355.

[152] Birsan M, Szpunar J A, Tun Z, Root J H. Magnetic texture determination using nonpolarized neutron diffraction. Phys Rev B, 1996, 53: 6412-6417.

[153] Zink U, Brokmeier H G, Bunge H J. Neutron texture measurement with applied magnetic field. Phys B: Condens Matter, 1997, 234-236: 980-982.

[154] Bunge H J. Texture and magnetic properties. Textures Microstruct, 1989, 11: 75-91.

[155] Schwarzer R A. Advances in crystal orientation mapping with the SEM and TEM. Ultramicroscopy, 1997, 67: 19-24.

[156] Zaefferer S, Schwarzer R A. Automated measurement of single grain orientations in the TEM. Z Metallk, 1994, 85: 585-591.

[157] Dingley D J. Extension of orientation mapping to the transmission electron microscope. Mater Sci Forum, 2005, 495-497: 225-230.

[158] Rauch R E, Duft A. Orientation maps derived from TEM diffraction patterns collected with an external CCD camera. Mater Sci Forum, 2005, 495-497: 197-202.

[159] Frank F C. Orientation mapping. Metall Trans A, 1988, 19A: 403-408.

[160] Dingley D J. A comparison of different techniques for the SEM. Scanning Electron Microsc, 1981, 4: 273-286.

[161] Schwarzer R A, Weiland H. Texture analysis by the measurement of individual grain orientations: electron microscopical methods and application on dual-phase steel. Textures Microstruc, 1970, 8: 443-456.

[162] Venables J A, Harland C J. Electron back-scattering patterns—a new technique for obtaining crystallographic information in the scanning electron microscope. Philos Mag, 1973, 27: 1193-1200.

[163] Dingley D J, Randle V. Microtexture determination by electron backscatter diffraction. J Mater Sci, 1992, 27: 4545-4566.

[164] Illingworth J, Kittler J. A survey of the Hough transform. Comput Vis Graph Image Process, 1988, 44: 87-116.

[165] Wright S I, Adams B L. Automatic analysis of electron backscatter diffraction patterns. Metall Trans A, 1992, 23: 759-767.

[166] Adams B L, Wright S I, Kunze K. Orientation imaging: the emergence of a new microscopy. Metall Trans, 1993, 24A: 819-831.

[167] Kunze K, Wright S I, Adams B L, Dingley D J. Advances in automatic EBSP single orientation measurements. Textures Microstruc, 1970, 20: 41-54.

[168] Sander B, Sander B. Einführung in die Gefügekunde der Geologischen Körper. Vol. 2. Vienna: Springer, 1950.

[169] Wenk H R, Trommsdorff V. Koordinatentransformation, mittelbare orientierung, nachbarwinkelstatistik: gefgekundliehe rechenprogramme mit beispielen. Beitr Mineral Petrogr, 1965, 11(6): 559-585.

[170] Katrakova D, Mucklich F. Specimen preparation for electron backscatter diffraction: part 1: metals. Pract Metall, 2001, 38: 547-565.

[171] Katrakova D, Mucklich F. Specimen preparation for electron backscatter diffraction (EBSD): part Ⅱ: ceramics. Pract Metall, 2002, 39: 644-662.

[172] Wenk H R, Armann M, Burlini L, Kunze K, Bortolotti M. Large strain shearing of halite: experimental and theoretical evidence for dynamic texture changes. Earth Planet Sci Lett, 2009, 280: 205-210.

[173] Matthies S, Wagner F. On a 1/n law in texture related single orientation analysis. Phys Status Solidi B, 1996, 196: K11-K15.

[174] Wright S I, Nowell M M. A review of *in situ* EBSD studies//Schwartz A J, Kumar M, Adams B L, et al. Electron Backscatter Diffraction in Materials Science. Springer-Verlag, 2009: 329-337.

[175] Adams B L, Zhao J, Grimmer H. Discussion of the representation of intercrystalline misorientation in cubic materials. Acta Crystallogr Sect A, 1990, 46: 620-622.

[176] Morawiec A. Orientations and Rotations: Computations in Crystallographic Textures (Engineering Materials and Processes). Berlin: Springer-Verlag, 2003.

[177] Heidelbach F, Wenk H R, Chen S R, Pospiech J, Wright S I. Orientation and misorientation characteristics of annealed, rolled and recrystallized copper. Mater Sci Eng A, 1996, 215: 39-49.

[178] Grimmer H, Kunze K. Twinning by reticular pseudo-merohedry in trigonal, tetragonal and hexagonal crystals. Acta Crystallogr Sect A, 2004, 60: 220-232.

[179] Saylor D M, Morawiec A, Adams B L, Rohrer G S. Misorientation dependence of the grain boundary energy in magnesia. Interface Sci, 2000, 8: 131-140.

[180] Saylor D M, Morawiec A, Rohrer G S. Distribution of grain boundaries in magnesia as a function of five macroscopic parameters. Acta Mater, 2003, 51: 3663-3674.

[181] Wheeler J, Prior D J, Jiang Z, Spiess R, Trimby P W. The petrological significance of misorientations between grains. Contrib Mineral Petrol, 2001, 141: 109-124.

[182] Sztwiertnia K, Faryna M, Sawina G. Quantitative misorientation characteristics of interphase boundaries in composites. J Microsc, 2006, 224: 4-7.

[183] Gourguez-Lorenzon A F. Application of electron backscatter diffraction to the study of phase transformations: present and possible future. J Microsc, 2009, 233(3): 460-473.

[184] Humphreys F J, Ferry M. Combined *in-situ* annealing and EBSD of deformed aluminium alloys. Mater Sci Forum, 1996, 217-222: 529-534.

[185] Hurley P J, Humphreys F J. A study of recrystallization in single-phase aluminium using *in-situ* annealing in the scanning electron microscope. J Microsc, 2004, 213: 225-234.

[186] Kajihara K, Matsumoto K, Matsumoto K. *In situ* SEM-EBSP observations of recrystallization texture formation in Al-3mass% Mg alloy. Mater Sci Forum, 2006, 519-521: 1579-1584.

[187] Lens A, Maurice C, Driver J H. Grain boundary mobilities during recrystallization of Al-Mn alloys as measured by *in situ* annealing experiments. Mater Sci Eng A, 2005, 403: 144-153.

[188] Piazolo S, Sursaeva V G, Prior D J. Grain growth in Al: first results from a combined study of bulk and *in-situ* experiments using a columnar structured Al foil. Mater Sci Forum, 2004, 467-470: 935-940.

[189] Taheri M L, Rollett A D, Weiland H. *In-situ* quantification of solute effects on grain boundary mobility and character in aluminum alloys during recrystallization. Mater Sci Forum, 2004, 467-470: 997-1002.

[190] Takata N, Ikeda K, Nakashima H, Tsuji N. *In-situ* EBSP analysis of grain boundary migration during recrystallization in pure aluminum foils. Mater Sci Forum, 2007, 558-559: 351-356.

[191] Nakamichi H, Humphreys F J, Bate P S, Brough I. *In-situ* EBSD observation of the recrystallization of an IF steel at high temperature. Mater Sci Orum, 2007, 550: 441-446.

[192] Poter B, Parezanovic I, Spiegel M. *In-situ* scanning electron microscopy and electron

backscatter diffraction investigation on the oxidation of pure iron. Mater High Temp, 2005, 22: 185-194.

[193] Seaton N C A, Prior D J. Nucleation during recrystallisation in Ti-SULC steel. Mater Sci Forum, 2004, 467-470: 93-98.

[194] Seward G G E, Celotto S, Prior D J, Wheeler J, Pond R C. *In situ* SEM-EBSD observations of the hcp to bcc phase transformation in commercially pure titanium. Acta Mater, 2004, 52: 821-832.

[195] Weiland H, Field D P, Adams B L. *In-situ* observation of deformation processes by OIM// Liang Z, Zuo L, Chu Y. Proceedings of the 11th International Conference on Textures of Materials. Beijing: International Academic Publishers, 1996: 1414-1419.

[196] Bjerkaas H, Fjeldbo S K, Roven H J, Hjelen J, Chiron R, Furu T. Study of microstructure and texture evolution using *in-situ* EBSD investigations and SE imaging in SEM. Mater Sci Forum, 2006, 519-521: 809-814.

[197] Han J H, Baeck S M, Oh K H, Chung Y H. Orientation correction method of distorted samples during *in situ* deformations using a high resolution EBSD. Mater Sci Forum, 2002, 408(1): 203-208.

[198] Tatschl A, Kolednik O. On the experimental characterization of crystal plasticity in polycrystals. Mater Sci Eng A, 2003, 342: 152-168.

[199] King W E, Stolken J S, Kumar M, Schwartz A J. Strategies for analyzing EBSD datasets// Schwartz A J, Kumarm M, Adams B L. Electron Backscatter Diffraction in Materials Science. New York: Kluwer Academic/Plenum Publishers, 2000: 153-165.

[200] Michael J R. Gallium phase formation in Cu during 30kV Ga+ FIB milling. Microsc Microanal, 2006, 12(S02): 1248-1249.

[201] Zaefferer S, Wright S I, Raabe D. Three-dimensional orientation microscopy in a focused ion beam-scanning electron microscope: a new dimension of microstructure characterization. Metall Mater Trans, 2008, 39A: 374-389.

[202] Wilkinson A J, Meaden G, Dingley D J. High-resolution elastic strain measurement from electron backscatter diffraction patterns: new levels of sensitivity. Ultramicroscopy, 2006, 106: 307-313.

[203] Wilkinson A J, Meaden G, Dingley D J. High resolution mapping of strains and rotations using electron backscatter diffraction. Mater Sci Technol, 2006, 22: 1271-1278.

[204] Wright S I, Nowell M M. EBSD image quality mapping. Microsc Microanal, 2006, 12: 72-84.

第**8**章 材料表面 X 射线衍射方法

8.1 引　言

自 1912 年首次展示[1]以来，X 射线衍射(XRD)已成为确定块体晶体结构的主要技术。实际上生长单晶的唯一目的就是确定单元结构，对于生物大分子尤其如此，并且蛋白质晶体学是一种高度成熟的自动化方法，已在全世界所有同步辐射源中大规模应用。因此，将相同技术应用于表面和界面的结构确定似乎完全合乎逻辑。本章将讨论表面敏感的 XRD 方法，该方法可通过表面和界面[表面 X 射线衍射(SXRD)]或信息深度可调节的近表面区域[掠入射 X 射线衍射(GIXRD)]这两种方式的任意一种提供晶体学信息。此外，还讨论了 X 射线反射率测量技术(XRR)，它提供了纳米膜层结构的几何形状。

然而，直到 1981 年才进行了第一次 SXRD 实验[2]。原因主要是 X 射线散射非常弱。与块状晶体相比，最表面原子层的散射强度仅约为 1/1000000，因此需要非常强的 X 射线源。使用旋转阳极 X 射线源进行实验几乎不可能，直到 20 世纪 80 年代无比强大的同步辐射 X 射线出现，SXRD 才迅速发展起来。对于"普通"表面，强度不再是问题，表面 X 射线晶体学是针对表面和界面以及外延、有序膜层的原子级表征的标准技术。

除了可以从表面和界面获得晶体学信息外，还可以利用 XRR 原理开发 X 射线的光学特性。它用于研究纳米膜层结构和界面的厚度、密度和形态，不受其内部晶体结构的影响，正如 Parratt 在 20 世纪 50 年代提出的[3]。目前，XRR 是表征表面、界面和膜层结构的标准技术，这些表面、界面和膜层结构是纳米结构器件和涂层材料的一部分；同步辐射和实验室 X 射线源都可以用于 XRR。

随着同步辐射的出现，另一种表面敏感的 XRD 技术变为现实，即在表面结构研究中引入深度可调技术，具有从几纳米到微米尺度的可调信息深度。这项技术称为掠入射 X 射线衍射，结合了在全外反射条件下产生的倏逝波原理和来自原子面的布拉格散射[4]。通过改变入射角和出射角，信息深度可以在从近表面到块体内部的广泛深度范围内进行调节，方便对比一些特殊现象，例如，在同一实验中材料靠近表面与内部相的过渡。

如果块体(体相)成千上万的膜层同时产生 X 射线散射信号，似乎很难从中将表面信号剥离出来，但是下面我们将解释在倒易空间中的适当位置这是可能被观察到的("傅里叶过滤")。体相衍射点仅限于倒易球面上，但表面或界面的二维尺寸性质会引起散射杆状化。通过观察这些杆并避免体相的布拉格峰，获得表面敏感信息。

当远离全外反射条件和体相布拉格反射区时，X 射线具有低散射截面。X 射线的这一重要性质使运动学衍射理论生效。它将 X 射线与电子区分开来，电子的散射截面大得多，因此需要应用动力学(或多次)散射理论。这一点已经使 XRD 成为块体晶体学的主流。SXRD 在表面晶体学中未占主导地位，部分原因是其他几种技术在 SXRD 成为常规方法之前就已经开发了，特别是低能电子衍射(LEED)这一强大的技术。电子的产额高，表面敏感性出色，但即使对于表面，多次散射也使数据分析复杂化。尽管如此，LEED 已成熟并用于许多表面的结构确定。从实验角度看 LEED 易于实现，但在数据分析过程中难度较大，而 SXRD 则正好相反。

对于 XRR，运动学理论在接近全外反射的角度时不再有效，但是可以使用为电磁波开发的光学公式直接处理 X 射线的镜面反射。菲涅耳公式的应用代表了对散射过程的完全动力学化处理，对于涉及许多层的更复杂的非均质结构也同样易于处理[5]。对于 GIXRD，采用的处理形式是将倏逝波的出现视为菲涅耳公式中的光学现象。通过运动学衍射理论处理来自整个表面上有序结构的衍射过程。GIXRD 的总体构架基于扭曲波的玻恩(Born)近似。

表面敏感的 XRD 技术变得越来越重要的原因有两个：首先，所研究的表面和界面变得越来越复杂，并且通常超出了电子衍射所需的多次散射分析的能力。其次，也是最重要的一点，X 射线可以更便利地在非真空环境中使用(由于其较大的穿透深度)，而其他表面晶体学技术无法在这种条件下应用。因此，SXRD 已应用在固/固、固/液和固/气界面的研究。中子具有类似的低散射截面，但是缺乏足够强度的辐射源，这使表面中子晶体学几乎不可能实现。这并不意味着 SXRD 可以用于所有界面。为了获得可测量的信号，要求(几乎)完美光滑的界面，在许多情况下妨碍了它的应用。

除晶体学外，SXRD 还可用于确定表面的有序特性，这是所有衍射技术共有的功能。对于这类应用，要进行反射峰的线形分析：尖峰表示高度有序的表面，宽峰则表示无序的表面。以这种方式观察到了表面相变，如粗大化和熔化，以及晶体生长过程中的形态变化。在这种情况下，运动学散射不是特别有优势，因为线形不受动力学影响，因此只要能将样品置于真空中，基于电子的技术也适用。

在本节中，将讨论 XRD 的原理。图 8.1 为散射实验的示意图。当波长为λ的 X 射线波矢 k_i 照射样品时，被样品中位置 r 处密度为$\rho(r)$的电子散射[6]。波矢为 k_f 的光子以散射角ϕ离开样品，并被远离样品的探测器记录下来。这里我们考虑的都是弹性散射，在散射过程中散射光子的能量(和波长)不会改变。换句话说，入射波矢量$|k_i|$的大小等于出射波矢量$|k_f|$的大小，因此 $k_{i(f)}=|k_i|=|k_f|=2\pi/\lambda$。波矢差 q 定义为

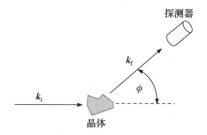

图 8.1 典型散射实验的示意图
单色光束撞击具有电子密度$\rho(r)$的样品，入射波矢量用 k_i 表示，在相对于入射束角度ϕ方向上检测到出射波矢量 k_f，其强度包含有关电子密度空间分布的信息

$$q = k_f - k_i \qquad (8.1)$$

其中，$q=|q|=2k_{i(f)}\sin\dfrac{\phi}{2}=\dfrac{4\pi}{\lambda}\sin\dfrac{\phi}{2}$。这里我们讨论两种极限情况的 XRD：在第一种情况下，样品(表面、界面、薄膜)被认为是由界面分层的膜层组成，膜层具有均一电子密度和不同的折射率 n。X 射线被视为电磁波，在界面处必须遵循麦克斯韦方程，满足边界条件。以这种方式处理 XRR 考虑了所有反射和透射波场，得到的是电磁波场边界问题的精确解[5]。在第二种极端情况下，假设 X 射线束与样品的相互作用很弱，以至于可以排除多次衍射事件。这种所谓的运动学近似意味着对来自晶体原子或分子等的周期性排列的结构可以直接计算衍射强度。

8.2 X 射线反射率

XRR 是表征层状结构的亚纳米分辨率标准技术。在镜面反射率实验中，表面满足对称反射条件，反射强度为入射角α_i的函数($\alpha_i=\alpha_f$；图 8.2)。X 射线在折射率为 n 的物质与真空之间的界面处发生折射。

由于 X 射线能量高，故 n 略小于 1，由式(8.2)给出：

$$n = 1 - \delta - i\beta \qquad (8.2)$$

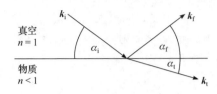

图 8.2　在真空与折射率为 n 的分层介质之间的界面处的 X 射线反射和折射

当 $\alpha_i = 0$ 时发生全外反射；根据斯涅耳定律，全外反射的入射角为 $\cos\alpha_c = n$

其中

$$\delta = \frac{\lambda^2 r_e \rho_e}{2\pi} \tag{8.3}$$

$$\beta = \frac{\lambda\mu}{4\pi} \tag{8.4}$$

其中，ρ_e 是电子数密度；μ 是线性吸收系数。反射光束的角度 α_f 等于入射角 α_i，而透射光束的角度 α_t 由斯涅耳定律求出

$$\cos\alpha_i = n\cos\alpha_t \tag{8.5}$$

因为 $n < 1$，所以存在一个 α_i 的极限角度，α_i 小于这个极限临界角时发生全反射。该临界角 α_c 由 $\cos\alpha_i = n$ 得到。忽略吸收(并利用 α_c 很小这一事实)，有

$$\alpha_c = \sqrt{2\delta} = \lambda\sqrt{\frac{r_e \rho_e}{2\pi}} \tag{8.6}$$

例如，对于 Ge 和波长为 1 Å，α_c 等于 $0.20°(3.6\ \text{mrad})$。

在有限小角度范围内，反射和透射光束的强度由菲涅耳方程给出：

$$R_F = \left|\frac{\alpha_i - \alpha_t}{\alpha_i + \alpha_t}\right|^2 \tag{8.7}$$

$$T_F = \left|\frac{2\alpha_i}{\alpha_i + \alpha_t}\right|^2 \tag{8.8}$$

一般而言，其中 α_t 是一个复数，使用斯涅耳方程可以从式(8.9)推导：

$$\alpha_t^2 = \alpha_i^2 - \alpha_c^2 - 2i\beta \tag{8.9}$$

然后从式(8.10)求出 α_t 实部或振幅：

$$|\alpha_t|^2 = \sqrt{(\alpha_i^2 - \alpha_c^2)^2 + 4\beta^2} \tag{8.10}$$

使用该方法可得到反射率：

$$R_F = \frac{\alpha_i^2 + |\alpha_t|^2 - \sqrt{2}\alpha_i\sqrt{|\alpha_t|^2 + \alpha_i^2 - \alpha_c^2}}{\alpha_i^2 + |\alpha_t|^2 + \sqrt{2}\alpha_i\sqrt{|\alpha_t|^2 + \alpha_i^2 - \alpha_c^2}} \tag{8.11}$$

图 8.3 中的实线是 Ge 在 $\lambda = 1$ Å 时的反射率。忽略吸收($\beta = 0$)，则为图中的虚线。在这种情况下，对于 $\alpha_i \leqslant \alpha_c$，$R = 1$。该图显示，吸收仅对非常接近临界角的反射率产生影响。

从式(8.11)可以直接确定菲涅耳反射率 $R_F = rr^*$ 的两种极限情况。对于 $\alpha_i \to 0$，有 $R_F = 1$(全反射)；对于 $\alpha_i \gg \alpha_c$，则 $R_F \propto \alpha_i^{-4}$，表明反射率随入射角的增加而迅速

下降。如 8.4 节所述，振幅透射率对于基于倏逝波的技术很重要。

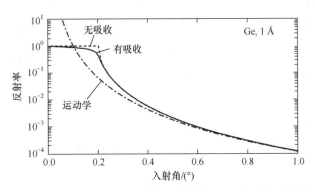

图 8.3　较小入射角时 Ge 的反射率，其中折射效应很重要；低于临界角 0.20°时，
反射率接近于 1；角度大于约三倍临界角时，运动学理论代替动力学理论

另外，不完美(粗糙)界面导致反射率更快地降低，对此可做定量考量。对于多层体系，必须采用递归("Parratt")公式，包括每个界面处的反射和透射振幅。例如，图 8.4(a)中的 XRR 曲线，膜层是在 Al_2O_3 基底、20.3 nm 厚的 Nb 缓冲层上部，通过超高真空条件生长获得的 24.4 nm 厚铬层。氧化时会形成 4.4 nm 厚的氧

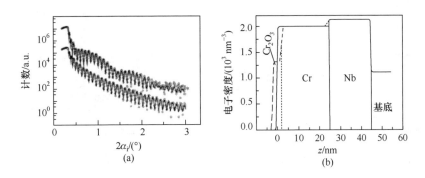

图 8.4　(a)Cr 层/Nb 缓冲层/Al_2O_3 基底体系上氧化前(上)、后(下)的 X 射线反射率曲线；空心圆代表数据点，实线是考虑了每处界面的反射和透射振幅、按照 Parratt 公式拟合数据；Cr 表面和 Nb/Al_2O_3 界面的 X 射线反射相干对应短周期调制强度；请注意，由于 Cr 和 Nb 的电子密度非常相似，因此拟合对它们的单层厚度不太敏感，它们的层厚需要通过布拉格散射来确定；氧化后的曲线上出现由氧化层产生的一个额外振荡；(b)通过拟合(a)中的反射率曲线获得的电子密度分布；Cr 层的总厚度减小了，与此同时形成 4.4 nm 厚、电子密度不同的 Cr 氧化层

化层，这会引起反射强度的跳动。数据的拟合(实线)使人们可以重建平均电子密度曲线，该曲线是垂直于表面的深度 z 的函数[图 8.4(b)]。铬层的典型粗糙度为 0.4 nm，Al_2O_3 基底的典型粗糙度为 0.12 nm。根据反射率测量，该层的厚度、密度和界面粗糙度可以独立于材料的晶体结构来确定。

　　第二个示例中，讨论了使用更高能量光子(70 keV，相对常用的是 10～20 keV)对深埋在 Al_2O_3 层下的液/固界面表征的方法。图 8.5(a)为 Al_2O_3 与液态汞之间界面的反射率曲线。该曲线在 $q_z = 1.7$Å^{-1} 处表现出明显的最大值，其中 q_z 表示垂直于界面的动量传输。在图 8.5(b)中，绘制了拟合的电子密度分布图：在 Al_2O_3(负 z 值)和液态汞(正 z 值)之间的界面处，电子密度在实空间中以特征频率进行调制，引起反射率曲线中的观察最大值。实验很好地证明了所谓的层界效应，这是固/液界面的普遍现象。

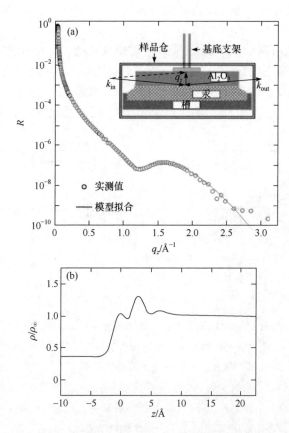

图 8.5　(a)高能 X 射线测得的液态汞/蓝宝石界面的 X 射线反射率曲线，该曲线的拟合是根据(b)中电子密度分布，插图为实验装置示意图；(b)垂直于表面的归一化电子密度分布(ρ_∞代表液态汞电子密度)[7]

8.3　低维材料的布拉格散射(晶体截断杆散射)

8.3.1　薄膜衍射

本节我们考虑由周期性排列原子(外延膜或被表面截断的单晶)引起的 X 射线运动学衍射(忽略多次散射过程)。在最简单的近似中，将入射波处理成平面波并被一个电荷散射形成波矢为 k 的球形出射波。散射强度在所谓的(运动学的)玻恩近似[5,6]范围内，简单地表达为电子密度分布 $\rho(r)$ 的傅里叶变换平方:

$$I(\boldsymbol{q}) \propto \left| \int \rho(\boldsymbol{r}) \exp(\mathrm{i}\boldsymbol{q} \cdot \boldsymbol{r}) \mathrm{d}^3 r \right|^2 \tag{8.12}$$

3D 晶体结构由三个晶格矢量 $\boldsymbol{a}_1$、$\boldsymbol{a}_2$、$\boldsymbol{a}_3$ 和三个夹角 α、β、γ 定义，对于立方结构，夹角为 90°。使用这些晶格基矢，晶体的电子密度可以表示为

$$\rho(\boldsymbol{r}') = \sum_{n=(0,0,0)}^{N=(N_1,N_2,N_3)} \rho_{\mathrm{cell}}(\boldsymbol{r} + \boldsymbol{R}_n), \quad \boldsymbol{R}_n = n_1 \boldsymbol{a}_1 + n_2 \boldsymbol{a}_2 + n_3 \boldsymbol{a}_3 \tag{8.13}$$

其中，ρ_{cell} 是一个晶胞的电子密度; N_j(j=1,2,3)是整个晶体在三个方向上的晶胞数。由式(8.12)和式(8.13)可以写出:

$$
\begin{aligned}
I(\boldsymbol{q}) &\propto \left| \sum_n^N \int \rho_{\mathrm{cell}}(\boldsymbol{r} + \boldsymbol{R}_n) \exp(\mathrm{i}\boldsymbol{q} \cdot \boldsymbol{r}) \mathrm{d}^3 r \right|^2 \\
&= \left| \int_{\mathrm{unit\ cell}} \rho(\boldsymbol{r}) \mathrm{d}^3 r \right|^2 \left| \sum_n^N \int \exp(-\mathrm{i}\boldsymbol{q} \cdot \boldsymbol{R}_n) \mathrm{d}^3 r \right|^2
\end{aligned} \tag{8.14}
$$

函数 F 称为结构因子，是晶胞电子密度的傅里叶变换，作为 q 的函数而缓慢变化。做几何求和，可以将式(8.14)简化为

$$
\begin{aligned}
I(\boldsymbol{q}) &\propto |F(\boldsymbol{q})|^2 \left| \sum_{n_1 n_2 n_3}^{N_1 N_2 N_3} \exp\left(-\mathrm{i}\boldsymbol{q} \cdot [n_1 \boldsymbol{a}_1 + n_2 \boldsymbol{a}_2 + n_3 \boldsymbol{a}_3]\right) \right|^2 \\
&\propto |F(\boldsymbol{q})|^2 \prod_{j=1}^{3} \frac{\sin^2\left(\dfrac{1}{2} N_j \boldsymbol{q} \cdot \boldsymbol{a}_j\right)}{\sin^2\left(\dfrac{1}{2} \boldsymbol{q} \cdot \boldsymbol{a}_j\right)}
\end{aligned} \tag{8.15}
$$

式(8.15)表明，散射强度由上述的结构因子和称为劳厄函数的乘积表达式组成。劳厄函数显然有最大值，前提是满足所谓的布拉格条件，即

$$q_{Bragg} = 2\pi h \frac{a_2 \cdot a_3}{a_1 \cdot (a_2 \cdot a_3)} + 2\pi k \frac{a_3 \cdot a_1}{a_1 \cdot (a_2 \cdot a_3)} + 2\pi l \frac{a_1 \cdot a_2}{a_1 \cdot (a_2 \cdot a_3)}$$

$$= 2\pi h a_1^* + 2\pi k a_2^* + 2\pi l a_3^* = G_{hkl}, \quad G_{hkl} = \frac{2\pi}{d_{hkl}} \tag{8.16}$$

其中，$h, k, l \in Z$。整数 h、k 和 l 称为衍射或劳厄指数，a_1^*、a_2^*、a_3^* 是倒易晶格基矢。每个倒易晶格矢量 G_{hkl} 垂直于实空间一组原子间距为 d_{hkl} 的(hkl)晶面。对于大晶体(如对于非常大的 N_1、N_2 和 N_3)，在 q_{Bragg} 处的布拉格峰非常强，类似于狭窄的 δ 函数峰。

对于 a_1、a_2 在表面上且 a_3 垂直于表面的薄膜，N_1 和 N_2 大小无限，而 N_3 有限。结合式(8.16)，式 (8.15)变形为

$$I(q) \propto |F(q)|^2 \frac{\sin^2\left(\frac{N_3 \pi l}{2}\right)}{\sin^2\left(\frac{\pi l}{2}\right)} \cdot \delta(q_\parallel - G_\parallel) \tag{8.17}$$

其中，$q_\parallel$ 和 $G_\parallel$ 分别是表面中的动量传输分量和倒易晶格矢量。显然，在表平面中必须满足布拉格条件，而沿着垂直于表面的倒易晶轴 l 散射强度振荡减弱。例如，图 8.6 是铬外延薄膜(110)面反射的 l 扫描。中心布拉格峰侧伴随着所谓的劳厄振荡，人们能够从该振荡精确地确定铬薄膜的原子层数 N_3。从振荡的衰减可以进一步地确定膜层的晶体粗糙度。

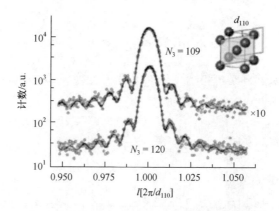

图 8.6　氧化前(下曲线)和氧化后(上曲线)Cr 的(110)布拉格反射

散射强度(空心圆)是垂直于表面的动量传输的函数，单位为倒易晶格矢量 $2\pi/d_{110}$ 的幅值，其中 d_{110}=2.036Å；d_{110} 是体心立方(bcc)铬的(110)面间距(插图)；实线是根据式(8.17)拟合的结果，两侧振荡是由有限层数 N_3 = 120 的 Cr 散射引起的，氧化后会减少 11 个原子层(上部曲线)

8.3.2 半无限体系的表面衍射

首先，如块材结构一样，我们将计算表面完美平坦晶体的衍射振幅。该计算似乎与上面对单晶薄膜所做的计算非常相似，但此处的求和为 0 到 $-\infty$。入射的 X 射线束将稍被晶体吸收，因此最表层的强度将比底层的强度大一些。沿 x 和 y 方向，所有贡献都相同。现在，所有晶胞的总和变为

$$E = E_0 \sum_{n_1, n_2} e^{2\pi i (hn_1 + kn_2)} \sum_{n_3 = -\infty}^{0} e^{2\pi i l n_3} e^{\alpha n_3} F_{hkl}^{u} \tag{8.18}$$

其中，α 是衰减因子；E_0 是包含所有求和项的前置因子。第一项和与薄膜的相同，沿 (hk) 衍射杆方向产生倒易空间强度。第二项和描述了单个柱的贡献，该柱与体相晶胞有等同结构因子 F_{hkl}^{u}，并考虑了吸收和适当的相位因子。分开计算第二项和，得

$$F_{hkl}^{bulk} = \sum_{n_3 = -\infty}^{0} e^{2\pi i l n_3} e^{\alpha n_3} F_{hkl}^{u} = \frac{F_{hkl}^{u}}{1 - e^{-2\pi i l} e^{-\alpha}} \tag{8.19}$$

强度与以下平方式成正比：

$$\left| F_{hkl}^{bulk} \right|^2 = \frac{\left| F_{hkl}^{u} \right|^2}{\left(1 - e^{-\alpha} \right)^2 + 4e^{-\alpha} \sin^2 \pi l} \tag{8.20}$$

吸收仅在块材布拉格峰附近有影响；如果忽略它，则有简单振幅形式：

$$\left| F_{hkl}^{bulk} \right| \approx \left| \frac{F_{hkl}^{u}}{2 \sin \pi l} \right| \tag{8.21}$$

即单个晶胞的振幅 $| F_{hkl}^{u} |$ 乘以因子 $|2\sin\pi l|^{-1}$。对所谓的晶体截断杆(CTR)来说，衍射指数 (hk) 是整数[8]，而指数 l 是连续实数。对于某个 CTR，振幅(亦即强度)会沿着杆方向强烈调制。实空间和倒易空间的情况如图 8.7 所示。当 l 为整数，即在体相布拉格峰的位置，振幅值达到高水平。但是因为存在平坦的表面，所以产生一个弱散射的拖尾，它连接着体相布拉格峰。正好在两个布拉格峰之间，即在本例中为 $l = 0.5 + n$，因子 $| 2 \sin\pi l |^{-1}$ 等于 1/2。因此，在所谓的"反布拉格"位置，连续层的贡献恰好相位相反，结构因子的振幅等于块材的半个晶胞振幅。

式(8.21)表明，每个 l 的整数值应出现 CTR 振幅的最大值。但是这是不正确的，因为还要考虑体相晶胞的结构因子。由于晶体结构的对称性，一些整数 l 值可能与振幅的最大值不对应，倒易杆上两个连续的体相反射之间的 l 间隔有可能是如 2 或 3。图 8.8 是对 Si(111) 表面计算的这种倒易杆的示例。

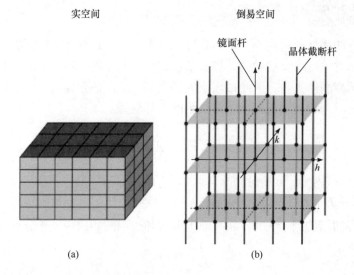

实空间   **倒易空间**

图 8.7   平坦表面晶体的实空间(a)和倒易空间(b)
倒易空间由晶体截断杆组成，也就是衍射杆，其中体相布拉格强峰被强度渐弱的拖尾相连；
镜面杆或(00)杆没有面内动量传输

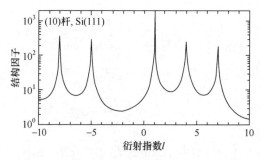

图 8.8   Si(111)的(10)晶体截断杆
由于晶胞的内部结构，并非 l 的所有整数值都对应于体相布拉格峰

8.3.2.1   表面弛豫

通常，晶体不会终止于与体相结构相同的完美平坦表面(否则，表面科学将变得不那么有趣了)。 取而代之的是，表层可能会弛豫、被重构、变粗糙，或者可能同时发生这几种情况。为了计算这种一般情况下的衍射振幅，我们继续对所有独立的影响运用(运动学)求和策略。现在可以很方便地将晶体分为体相和表面部分(图 8.9):

$$E = E_0 \sum_{n_1, n_2} e^{2\pi i (hn_1 + kn_2)} \left[\sum_{n_3 = -\infty}^{0} e^{2\pi i l n_3} e^{\alpha n_3} F_{hkl}^{u} + \sum_j f_j e^{-M_j} e^{2\pi i (hx_j + ky_j + lz_j)} \right] \quad (8.22)$$

最左边的求和再次产生倒易空间的杆结构。括号中的第一项求和是体相晶体结构部分，因此与上一节中的结果相同，得出了体相结构因子 $F_{hkl}^{\ddot{u}}$ [式(8.19)]。顶部各层的所有贡献形成了表面贡献：

$$F_{hkl}^{surf} = \sum_j f_j e^{-M_j} e^{-2\pi i(hx_j+ky_j+lz_j)} \tag{8.23}$$

其中假设表面是平坦的。e^{-M_j} 项描述了德拜-沃勒热因子，该因子在表面区域可能与体相的值不同。总结构因子为体相和表面贡献的相干和：

$$F_{hkl}^{tot} = F_{hkl}^{bulk} + F_{hkl}^{surf} \tag{8.24}$$

强度与结构因子平方成正比：

$$I \propto \left| F_{hkl}^{tot} \right|^2 = \left| F_{hkl}^{bulk} + F_{hkl}^{surf} \right|^2 \tag{8.25}$$

如果表面结构与体相不同，则表面贡献将改变总结构因子振幅。在评估体相和表面的贡献时，必须定义相位一致，这意味着需要为体相和表面选择共同的原点(和晶格)。通常选择靠近表面的原点[图 8.10(a)]。

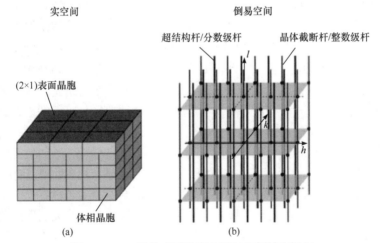

图 8.9　(2×1)重构表面的实空间(a)和倒易空间(b)

实空间中两倍大的周期性使得倒易空间中周期为实空间中的 1/2，并导致分数级杆(在此示例中为 1/2 级)或没有布拉格峰

现在，根据表面是否重构，可能会出现两种不同的情况。当表面不重构时，可以选择体相相同的晶胞。按照 LEED 约定，该晶胞用坐标表达，x、y 为表平面。z 方向并不总是垂直于该平面(这取决于晶体结构)，而 l 方向却总是垂直的。倒易空间将类似于图 8.7 中所示，但沿杆的振幅将取决于表面结构的细节，如弛豫量。图 8.10(b)计算了一个简单立方晶的倒易杆线形，其表层间距收缩了 10%。杆的线形严重偏离以体相结构终结的表面线形，意味着从总测量线形来看，该技术是表

面灵敏的。尽管数千层的体相原子被辐照后仍发生强烈的干涉，因在体相衍射峰之间仅有半层能发挥有效作用，其与表面层发生干涉。

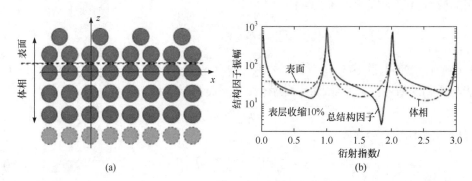

图 8.10   晶体表面的示意图，其中体相结构层与弛豫和/或重构的最顶层分开处理

8.3.2.2   表面重构和傅里叶方法

第二种可能发生的情况是表面重构。这样，表面晶胞将是体相晶胞的倍数，通常使用这个更大的表面胞作为单胞。以此单胞为参照，所有杆的 h、k 指数均为整数，但对应于更大的表面周期性反射(超结构反射)，体相的贡献 F_{hkl}^{u} 将会为零。之所以如此是因为重构的晶胞包含若干个较小的体相晶胞，在超结构反射中这些晶胞的贡献正好相位相反[9]。换一种方法，也可以继续使用原先的体相晶胞。这在实验和分析过程中通常不太方便，但是原则上这种选择是可行的。在这种情况下，超结构反射将具有 h 和/或 k 的分数值，并且相应的杆被称为分数级杆。在这种情况下，具有整数(hk)值的杆是我们之前讨论的 CTR。在出版资料中，超结构反射通常使用分数级指数，因为这样一来就可以立即清楚地显示是在处理表面反射。

由于单胞有两种选择，因此同一类型的杆可以有不同的名称：对应于体相周期性的杆称为晶体截断杆或整数级杆，而对应于重构表面的较大周期性的杆称为超结构杆或分数级杆。无论命名习惯如何，实空间和倒易空间的重构表面皆由这两种类型的杆组成，如图 8.9 所示。分数级杆不包含体相贡献，因此，在倒易空间的这些位置上，即使 X 射线束可能会深深穿透体相晶体，反射也仅包含来自表面的信息。这是傅里叶过滤的清晰实例。沿分数级杆的幅度变化取决于参与重构的层数，但始终小于 CTR 的幅度变化。

例如，图 8.11(a)[10]中给出了 CoGa(100)基底上的超薄外延 Ga 氧化物层的实验结构因子，在 CoGa(100)最表面的两个畴中形成(2×1)超结构。通过拟合整个数据集，可以获得图 8.11(b)中的结构模型。氧化物层沿 CTR 产生特征强度调制。整数 l 值的布拉格反射如图 8.9(a)所示，通过 CTR 互连。图 8.11(a)下部是沿着这种 CTR 的特征强度分布：在两布拉格反射之间存在一定的强度，可以对其分析以获得表面和界面结构上的晶体学信息。

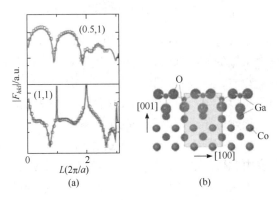

图 8.11　(a)在可控氧化条件下，CoGa(100)单晶表面形成超薄 Ga 氧化物膜后其表面杆(上图)和晶体截断杆(下图)的结构因子(空心圆：数据点)，红线是对应(b)图中的结构模型的拟合结果，表面杆呈现出很强的强度调制，这表明(2×1)重构涉及多层原子；(b)CoGa(100)上的(2×1)表面氧化物层的结构模型，该层结构由一个氧离子双层构成，在四面体位点上的 Ga 有四个最邻近的氧，在截断的八面体位点上有五个最邻近的氧；表面处的 Ga 原子严重偏离其体相位置，并且每隔一个原子位移半个 CoGa 晶胞，CoGa 形成 CsCl 型结构的有序合金，其中一种原子位于晶胞的顶角，另一种位于晶胞的中心

　　结构模型精修确实需要一个好的初始模型，但这并不总是可实现的：通常人们想确定的结构是未知的！幸运的是，由于 XRD 的运动学性质，人们可以使用强大的傅里叶方法直接从数据中获取结构信息，正如在块体晶体学中所做的。通过对散射强度进行式(8.12)的傅里叶逆变换，可以证明[6]：

$$\rho(r) = \frac{1}{V_u} \sum_{hkl} F_{hkl} e^{-2\pi i G_{hkl} \cdot r} \tag{8.26}$$

其中，V_u 是单胞的体积。这就是说，电子密度可以写成用结构因子作为膨胀系数的傅里叶级数。但是，这需要知道结构因子的振幅和相位，而在实验上(通常)只有振幅可知。这就是衍射中的相位问题。在块体晶体学中，已经设计出几种方法来解决该问题，但是很少在表面晶体学中使用这些方法，因为这种方法需要比通常可用的数据更大和更准确的数据集，而另一方面，表面晶体学问题往往会比块体要简单。已知的块状晶体结构已经为相关的表面问题提供了一些基本知识。

　　在相位不知道的情况下，仍然可以使用如下定义的帕特森函数或自相关函数：

$$P(r) = \int_{\text{unit cell}} \rho(r) \rho(r + r') dr' \tag{8.27}$$

帕特森函数显示与原子间距矢量等值的所有 r 中的最大值。就结构因子振幅而言，可以表示成：

$$P(r) = \frac{1}{V_u} \sum_{hkl} |F_{hkl}|^2 \cos(2\pi G_{hkl} \cdot r) \tag{8.28}$$

对于给定的数据集，计算帕特森函数很简单。仅使用 $l \approx 0$ 的数据(面内数据)，就可以得出电子密度投影的帕特森值，这对于确定表面结构是有用的。当对重构的表面使用帕特森函数时，可以将求和限制为仅对分数级反射。这样，虽然帕特森函数会失真，但是可以保证所有信息都仅来自表面。事实证明，仅有这种分数级帕特森函数的最大值对应于真正的原子间距矢量[11]。

例如，图 8.12(a)为仅使用 Ge(100)-(2×1)-Sb 表面的 14 个面内分数级反射计算的帕特森函数，以及由此得出的结构模型[12]。对应于 Sb-Sb 二聚体的原子间距矢量清晰可见，与对该表面的预计一样。但是，矢量Ⅲ表示的最大值的确提供了新信息。该矢量从基底原子指向 Sb 原子。由于此处的帕特森值仅基于分数级数据，只有基底原子离开其体相位置发生位移才可以看到，因此，我们得出的结论是，在精修方案中需要包括该位移。

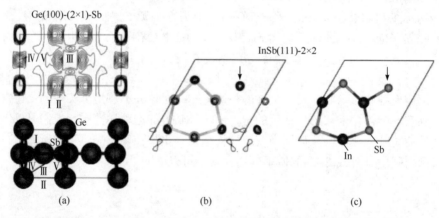

图 8.12　(a)采用在 Ge(100)-(2×1)-Sb 上测量的分数级反射以及相应的结构模型，计算出的帕特森函数等高线图；等高线图中的不同最大值对应于模型中的原子间距矢量，矢量Ⅲ是 Ge 原子从其体相位置位移的直接证据[12]；(b)InSb(111)-2×2 表面的电子密度差图，该图根据变形的六边形模型与实验数据间的差计算得出，清楚地显示出箭头指示的额外原子；(c)最终模型在此位置包含一个 Sb 原子，原子的识别只能从全谱结构精修中得出[13]

另一种傅里叶方法是电子密度差图。如果模型对数据提供了合理但不完全令人满意的拟合，则可以假定模型结构因子的相位近似于实验时的相位。实验和模

型之间的电子密度差约为

$$\Delta\rho(r) = \sum_{hkl}\left(\left|F_{hkl,\text{exp}}\right| - \left|F_{hkl,\text{model}}\right|\right)e^{-2\pi i H\cdot r - i\varphi_{hkl,\text{model}}} \tag{8.29}$$

其中，$\varphi_{hkl,\text{model}}$ 是模型结构因子的相位。Bohr 等[13]研究了 InSb(111)-2×2 表面，是该方法应用的一个早期的完美例子。从垂直零动量传输附近测得的 16 个分数级反射的数据集中，他们使用帕特森函数得出变形的六边形是表面结构中的关键结构成分。然而，拟合度还不令人满意。图 8.12(b)、(c)为该体系的计算电子密度差图，显示该模型需要一个额外的原子，并且还指明了该原子的位置。随后对该模型进行全谱精修，为图中所示的结构提供了令人满意的拟合。可以在文献[11]、[14]、[15]中找到有关更广泛的应用示例的评论。

8.3.2.3　表面粗糙度

到目前为止，我们考虑的都是平坦且有序的表面，但实际上，表面可能很粗糙[图 8.13(a)]。简单增添各种贡献的方法仍然有效，但是现在需要在每层添加每个原子的占位率 θ_j。那么，表面结构因子的更一般形式是

$$F_{hkl}^{\text{surf}} = \sum_j f_j\theta_j e^{-M_j}e^{-2\pi i\left(hx_j + ky_j + lz_j\right)} \tag{8.30}$$

为了计算总结构因子，将该结构因子加到体相结构因子中，后者描述了具有完全占位率的晶体部分。对于不同的粗糙度模型(如泊松、高斯)，作为高度函数的 θ_j 具有不同的分布特征[16]。利用指数粗糙度模型得到一个特别简单的结果，其中第一层占位率等于 β；第二层占位率等于 β^2；等等。对于简单立方晶系，该 β 粗糙度模型的总结构因子为[8]

$$F_{hkl}^{\text{rough}} = \frac{1-\beta}{\sqrt{1+\beta^2 - 2\beta\cos 2\pi l}}F_{hkl}^{\text{tot}} \tag{8.31}$$

因此，振幅可以通过前置因子进行修正，从而简化了总振幅的计算。图 8.13(b)显示了不同 β 值对杆的线形影响：粗糙度会导致布拉格峰之间的振幅降低。由于开始时强度较小，因此表面粗糙度会使得从背景中无法区分出杆的尾部强度。

总之，可以从 SXRD 实验中获得以下信息：
1) 原子位置，分辨率达皮米级的表面/界面结构；
2) 使用 Z(原子序数)衬度的表面成分；
3) 外延层的厚度；
4) 重叠层相对于基底的(记录)位置；
5) 表面/界面粗糙度；
6) 表面原子的热振动幅度。

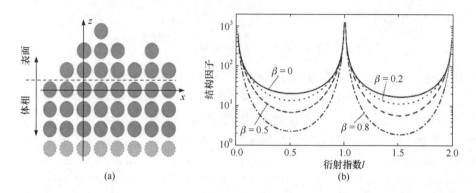

图 8.13 (a)粗糙表面示意图，作为表面结构因子一部分的表面层具有分数占位率，体相部分从占位率不受影响的晶体开始；(b)简单立方模型的结构因子振幅是粗糙度参数 β 的函数； $\beta = 0$ 对应于一个平坦的表面，对于其他所有 β 值，振幅下降，最大下降处恰好发生在体相布拉格峰中间

通常，所有可用的其他实验和理论信息都用作拟合的输入，因为与晶胞中原子数量相当的体相晶体结构分析相比，在表面晶体学中从实验中仅获得较少数量的结构因子。

8.3.2.4 邻接表面

通过 8.3.2 节的总结，我们发现衍射杆垂直于表面，但是如果表面由于切割或生长而取向错位，会发生什么呢？ 要得出这个问题的一般答案，一种简便方法是使用所谓的晶体形状函数 $s(r)$，而不是某个求和运算[17]。在计算散射振幅的通用公式[式(8.12)]中，可以将电子密度表示为一个单胞 $\rho_u(r)$ 中所有阵点的电子密度卷积：

$$\rho(r) = [\rho_u(r) * \sum_{n_1, n_2, n_3} \delta(r - R_n)]s(r) \tag{8.32}$$

其中，*表示卷积；$R_n = n_1 a_1 + n_2 a_2 + n_3 a_3$，是晶格矢量。如果 r 在晶体内部，$s(r)$ 的值为 1；在外部则为 0。对指数 n_1、n_2 和 n_3 在 ±∞ 范围内求和，因为晶体形状函数将电子密度限制在实际晶体内。如果没有 $s(r)$，则晶体的形状由指数的特定边界来描述(就像我们到目前为止所做的那样)。将式(8.12)替换成这种表达形式，得到散射振幅为[17]

$$E(Q) \propto \left[\sum_{hkl} F(Q)\delta(Q - G)\right] \times S(Q) = \sum_{hkl} F_{hkl}S(Q - G) \tag{8.33}$$

其中，G 是倒易晶格矢量，此处省略了各种不相关的前置因子。该表达式表明，散射振幅被限定在倒易空间中的 $\boldsymbol{G}$ 点上，具有由结构因子 F_{hkl} 给出的权重和由晶体形状函数 $S(\boldsymbol{Q})$ 的傅里叶变换卷积确定的形状。

可以将其应用于平坦晶体，为方便起见，忽略了面内方向。假设表面法线正好精确沿 z 方向，则沿法线的晶体形状函数可以表示为

$$s(z) = \begin{cases} e^{-z/\mu_p} & z \leqslant 0 \\ 0 & z > 0 \end{cases} \tag{8.34}$$

其中，μ_p 是振幅穿透深度。进行傅里叶变换，得到

$$S(q_\perp) = \frac{1}{-iq_\perp + 1/\mu_p} \tag{8.35}$$

将其代入式(8.33)，忽略有限的穿透深度，得到

$$E(\boldsymbol{Q}) \propto \sum_{hkl} \frac{F_{hkl}}{-i(q_\perp - \boldsymbol{G}_\perp)} S(q_\parallel - \boldsymbol{G}_\parallel) \tag{8.36}$$

这样我们发现，对于平坦的表面，每个晶格点阵在垂直于该表面的方向上都有一条拖尾，其振幅仅为体相布拉格峰的 $1/(q_\perp - \boldsymbol{G}_\perp)$ 倍。

这种推导是完全普适的，因此对于误切的表面，可以得出相同的结果：如果该表面可以用陡峭的阶梯函数描述，则拖尾垂直于表面。这就是问题所在：误切表面的实际晶体形状将取决于台阶分布，而衍射杆的方向也取决于该分布[18]。图 8.14 对此做了示意性说明，图 8.14(a)和(b)示出了上述讨论情形。在原子尺度上，图 8.14(b)的表面将由一排间距完全规则的阶梯组成。在这种情况下，这些杆

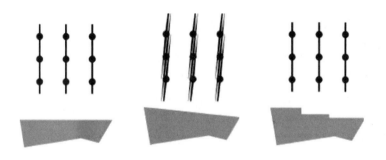

(a) 无错配取向平坦表面　　(b) 规则错配取向台阶　　(c) 不规则错配取向台阶

图 8.14　衍射杆的方向原则上垂直于晶体表面，但实际方向取决于表面的平滑度和台阶相关性：(a)无错配取向的平坦表面的理想情况；(b)表面台阶之间具有完全规则的原子间距，在这种情况下，杆垂直于平均表面，可以观察到分裂峰；(c)具有不规则(宏观)台阶的表面，杆的取向垂直于平台

的确垂直于表面的平均方向，并且可以观察到分裂的峰形，因为在布拉格峰之间存在多个拖尾[19]。但是，如果台阶之间不相关，则衍射杆不垂直于平均表面，而是精确地沿着平台的法线方向，见图 8.14(c)。对于有限相关的台阶，将观察到图 8.14(b)和(c)的混合情况，并且观察到倾斜和非倾斜台阶。大多数晶体表面有一些小的错向，但不同的(宏观)台阶之间没有相关性。这对应于图 8.14(c)，其衍射杆精确地沿晶体学 l 方向。

式(8.35)的形式也便于理解表面粗糙度的影响[19]。如果表面不是完全平坦的，则形状函数不如阶梯函数陡峭。相比平坦表面的 $1/q$ 拖尾，这种晶体形状函数傅里叶变换的拖尾将更快地下降。因此，表面粗糙度总是使强度沿 CTR 降低。

8.3.2.5 生长的二层粗糙度模型研究

本节将讨论 SXRD，这是一种据称可以研究原子级生长过程的强大方法。图 8.15 显示了一个具有两个膜层的表面，下面的一层(状态 0)覆盖率为 $1-\theta$，上层(状态 1)的覆盖率为 θ。这是一个由覆盖率为 θ 的岛构成的平坦表面模型。上下两层的结构因子为

$$F_0 = F_{hkl} \text{ 和 } F_1 = F_{hkl} e^{2\pi i l} \tag{8.37}$$

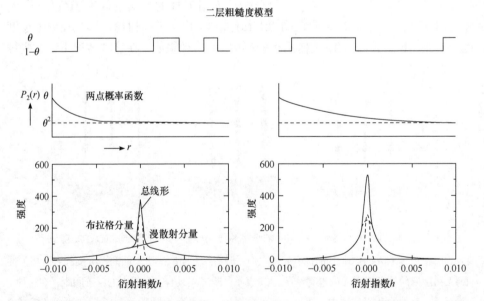

图 8.15 仅涉及两个膜层的表面粗糙度模型；特征岛的大小对应于特定的相关长度，并产生两部分线形；对于一定的覆盖率 θ，布拉格峰的尖锐部分的高度是恒定的，但是漫散射部分的宽度取决于相关长度：左边体系的短，右边的长

该体系的单点概率函数为 P_1，即找到某一状态的概率为

$$P_1(0) = 1 - \theta \text{ 和 } P_1(1) = \theta \tag{8.38}$$

由此，可以将两点概率函数定义为[20]

$$P_2(N,M,r) = P_1(N)\delta_{N,M}c(r) + P_1(N)P_1(M)\left[1 - c(r)\right] \tag{8.39}$$

其中，$c(r)$ 是一个相关函数。第一项描述表面上的相关性，在此例中，它等于落在岛上或台阶上的概率。第二项描述了 P_2 的随机部分：对于分离大的情况，两个状态的联合概率是单个概率的积。

对于两级体系，有四个项的和，可以将它们分为有和没有相关函数 $c(r)$ 的项。没有 $c(r)$ 的项对应于尖峰部分，将其称为布拉格分量 I_B；有 $c(r)$ 的项对应宽峰，称为漫散射分量 I_D。各分量为

$$I_B(h,k) = |F_{hkl}|^2 [1 - 2\theta(1-\theta)(1-\cos 2\pi l)]\delta(h)\delta(k) \tag{8.40}$$

和

$$I_D(h,k) = \frac{1}{a_1 a_2}|F_{hkl}|^2 2\theta(1-\theta)(1-\cos 2\pi l)\int c(x,y)e^{2\pi i(hx/a_1 + ky/a_2)}\mathrm{d}x\mathrm{d}y \tag{8.41}$$

总线形是这两个分量的和，相对权重取决于 θ 和 l。布拉格分量在数学上是 δ 函数，但实际上会因仪器和样品的缺陷而宽化。漫散射分量的形状取决于相关函数的形式。可能有多种形式，但两种常见的形式是指数相关函数(形成洛伦兹线形)和高斯相关函数(形成高斯线形)。人们还可以使用相关函数来描述择优距离(如岛-岛相关性)或面内各向异性[21]。

在实验上，通常通过使探测器有足够宽的接收角，以便在某个方向上进行积分。使用指数相关函数：

$$c(r) = e^{-r/L} \tag{8.42}$$

设相关长度为 L，并假设积分沿探测器的 k 方向，有

$$I_B(h) = |F_{hkl}|^2 [1 - 2\theta(1-\theta)(1-\cos 2\pi l)]\delta(h) \tag{8.43}$$

和

$$I_D(h) = |F_{hkl}|^2 2\theta(1-\theta)(1-\cos 2\pi l)\frac{2}{a_1 L}\frac{1}{L^{-2} + (2\pi h/a_1)^2} \tag{8.44}$$

漫散射分量是洛伦兹型，其半高宽 $\Delta h_{\text{fwhm}} = a_1/\pi L$。图 8.15 说明了不同相关长度的线形变化。表面的相关长度可以从实验峰宽确定：

$$L = \frac{2}{\Delta q_{\text{fwhm}}} \tag{8.45}$$

在文献中，使用了由 q 来计算 L 的不同表达式，如 $2\pi/\Delta q$。如果想将 L 与实际距

离进行比较，则当然需要正确的表达式，对于洛伦兹线形，式(8.44)是正确的。

这两个分量的相对权重取决于 l，见图 8.16。靠近体相布拉格峰，以尖锐的布拉格分量为主，在 $l=0.5$ 附近，漫散射分量的相对贡献最大。对于此处讨论的简单立方二级体系，漫散射贡献的绝对值实际上是恒定的，因为 $|F_{hkl}|^2$ 与 $(1-\cos2\pi l)$ 的乘积等于 0.5(忽略吸收)，但对于更一般的粗糙度模型是错误的。布拉格分量随粗糙度增加而减小的结果类似于 8.3.2.2 节中讨论的多级 β 模型。在这里，我们(隐含性地)忽略了粗糙度的相关性，因此忽略了漫散射分量。在这两种计算中，布拉格分量的强度计算都是简单地根据其占位率权重将不同水平加和。

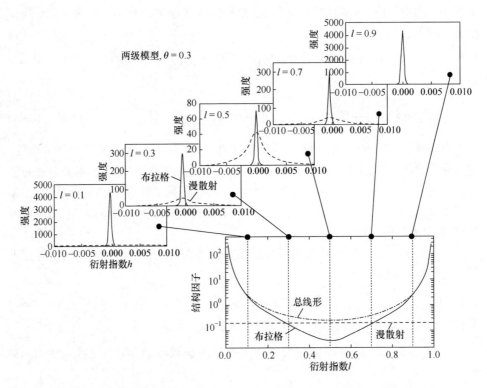

图 8.16　$\theta=0.3$ 的两级模型的晶体截断杆；沿着杆，布拉格分量和漫散射分量的相对权重会发生变化；如果两个分量都被积分，则总积分强度即结构因子振幅与粗糙度无关；在实践中，通常只能测量布拉格分量，导致杆的拖尾强度丢失

图 8.17 说明了反布拉格位置 $l=0.5$ 的线形对 θ 的依赖性。这两个分量的行为恰好相反：对于光滑的表面，布拉格分量最大，而漫散射分量最小，反之亦然。两级模型可以用来简单地模拟晶体的完美逐层生长：开始是平表面，岛覆盖率线性增加，直到 $\theta=1$，表面光滑，此过程可以反复重复。这样，观察到一个振荡的

X 射线信号, 具有单层周期, 类似于反射高能电子衍射(RHEED)振荡[22]。在几种材料的外延生长过程中已经观察到这种 X 射线振荡[23]。在最大粗糙度($\theta = 0.5$)下, 仅测量到了漫散射分量, 但是它通常太宽以至于与背景无法区分, 因此不可见。然后, 仅由布拉格分量确定振幅。振幅大小取决于 l 值: 对于 $l = 0.5$, 达到最大; 对于不同的 l 值, 信号不会变为零。

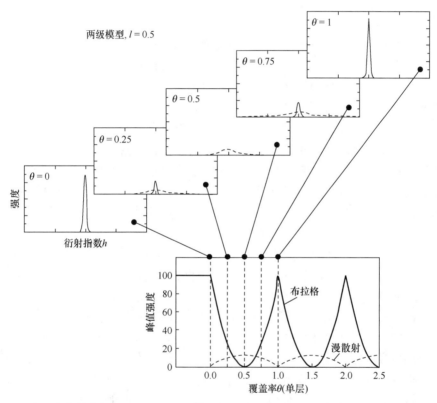

图 8.17 在反布拉格位置 $l = 0.5$ 处, 两级模型的两分量线形与覆盖率 θ 的关系; 对于光滑的表面(θ 为 0 或 1), 仅存在尖锐的分量; 对于 $\theta = 0.5$, 仅存在漫散射分量, 对于中间值, 峰形包含两部分; 峰强曲线呈抛物线形状, 每层重复一次振荡; 漫散射峰可能太宽, 即相关长度太小, 以至于相对于背景看不到其贡献(在图中被忽略了)

如果还在 h 方向上对两个分量进行积分, 将有

$$I_{\mathrm{B}} = \left| F_{hkl} \right|^2 [1 - 2\theta(1-\theta)(1-\cos 2\pi l)] \tag{8.46}$$

和

$$I_{\mathrm{D}} = \left| F_{hkl} \right|^2 2\theta(1-\theta)(1-\cos 2\pi l) \tag{8.47}$$

从中我们发现两个分量的总和等于结构因子的平方:

$$I_{tot} = I_B + I_D = |F_{hkl}|^2 \tag{8.48}$$

这意味着如果对峰形全积分，则表面粗糙度不会起作用。这一点是否可能强烈取决于相关长度，即粗糙度的类型。如果粗糙度不相关，则该漫散峰形会变得很宽，以至于无法从背景中分辨出，只能测到布拉格分量。如果相关长度很大，则漫散峰形与布拉格分量无法区分，并且在相应的长度范围内表面是光滑的。

8.3.2.6 界面衍射

可以在几种情况下分离体相部分和表面部分对总散射幅度的贡献，甚至不局限于上述真空中的晶体。原则上，所有非体相部分都可以包含在表面贡献中。例如，可以用这种方法处理包含几层和几种原子的异质外延膜[24]。如果薄膜与基底晶体非公度，则除了镜面倒易杆外，其他各种杆之间都不会发生干涉。对于与液体接触的晶体，液体也可能对信号产生影响，但这种影响强烈取决于所研究的倒易杆。图 8.18 为晶体表面单层的三种可能情况。为简单起见，假定表面没有重构，因此仅存在整数级杆。图 8.18(a)显示了上一节中处理过的情况：晶体上表面非常有序。式(8.29)完全适用，并且杆线形很容易计算。但是，图 8.18(b)中的情况却大不相同。现在，假设单层是真正的 2D 液体。在这种情况下，该层将不会影响不同的杆(镜面杆除外)，因为液体没有面内傅里叶分量。镜面杆对横向有序不敏感，因此液层将可见(假设它是平坦的)。此外，还会有漫散射贡献，因为就像 3D 液体一样，2D 液体将具有特征性的原子-原子间距，对应于对相关函数的最大值。对于 3D 液体，这会导致在倒易空间中、对应于特征距离处形成一个强度各向同性的球体。对于 2D 情况，(原子)对相关形成漫散射柱体，如图 8.18(b)所示。最后，图 8.18(c)显示了介于前两种之间的情况。通常，人们可能会期望液体既没有完全有序也没有完全混乱。在这种准液体层中的部分有序导致面内动量传输对杆的贡献很小；面内动量传输越小，贡献越大。因此，在这里也可以预计液体对镜面杆的贡献最强。液体中的对相关性将再次导致柱体漫散射，但是与基底的相互作用可以使强度各向异性[25]。使用式(8.29)中的各向异性德拜-沃勒因子(如有必要，还包括部分占位率)能够方便地描述液体层的有序特性[26]：

$$e^{-M_j} = e^{-B_{j,\parallel}Q_\parallel^2/(16\pi^2)} e^{-B_{j,\perp}Q_\perp^2/(16\pi^2)} \tag{8.49}$$

其中，$B_\parallel$ 和 $B_\perp$ 分别是沿平行和垂直方向的德拜-沃勒因子。B 与均方热振动振幅 $\langle u^2 \rangle$ 有关：

$$B = 8\pi^2 \langle u^2 \rangle \tag{8.50}$$

图 8.18 中的情况都对应一个较小的 $B_\perp$ 值。2D 液体的 $B_\parallel$ "无限"大，准液体的 $B_\parallel$ 值大，固体的很小。因此，液体原子和固体表面原子之间的唯一区别是德拜-沃勒因子的值。计算表面结构因子时，其他各方面将按相同方式处理。

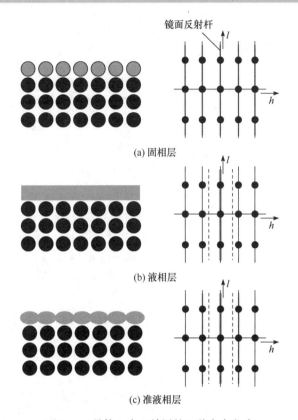

(a) 固相层

(b) 液相层

(c) 准液相层

图 8.18　晶体上表面单层的三种有序方式

(a)完全有序的固相层，其中该层对所有基底衍射倒易杆都有作用；(b)完全液相层，仅对镜面倒易杆有贡献；(c)有序性介于(a)、(b)之间的层，由于面内动量传输增加，其对基底倒易杆的贡献迅速减小；(b)和(c)中的垂直虚线表示源自液体中的对相关漫散射柱体

　　研究固/液界面结构的一个例子是水溶液在磷酸二氢钾(KH_2PO_4，KDP)的 {101}表面接触的实验，如图 8.19 所示。从理论上讲，该表面有两个可能的接触端，上部接触层为 $H_2PO_4^-$ 层或 K^+ 层[27]。这两个接触端产生的倒易杆形状非常不同，可以轻松计算出来，见图 8.19。使用单一标度因子与实验数据进行比较，结果表明只有 K^+ 接触端与实验数据具有良好的一致性。可以通过在最上面的两层引入弛豫来提高这种一致性。这是结构精修的一个示例：弛豫在拟合过程中用作参数，并且发现 K^+ 和 $H_2PO_4^-$ 层的弛豫分别为(0.10 ± 0.05) Å 和(0.04 ± 0.05) Å。

　　XRD 还用于研究液体表面。在该情况下不存在晶体，大体如同图 8.18(b)没有块状晶体的情况。在倒易空间中，将仅出现镜面杆和漫散射。表面有序可能会以分层的形式出现，这可以从沿镜面杆的强度分布中检测到。有关该应用的更多详细信息，请参见文献[28]。

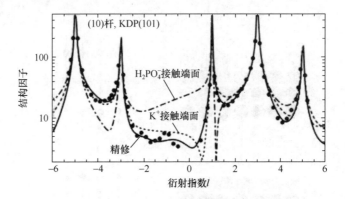

图 8.19 水溶液中 KDP(101)晶面的(10)倒易杆；实心点是实验数据，点划线是对 $H_2PO_4^-$接触端面的计算结果，虚线是对 K^+接触端面的计算结果，而实线是对结构精修后(包括最顶层的弛豫)得出的模型计算结果[27]

8.3.2.7 镜面反射杆

没有面内动量传输的倒易杆(00)或镜面杆是一种特殊情况。这类杆的反射率为

$$R_{00l} = \frac{r_e^2 \lambda^2 P}{A_u^2 \sin^2 \alpha_i} | F_{00l} |^2 \tag{8.51}$$

其中，r_e 是经典电子半径；λ 是 X 射线波长；P 是极化因子；α_i 是入射角；A_u 是表面晶胞的面积。在下一节中，将这种运动学结果与动力学散射的结果进行比较，这已在 8.2 节中讨论。

对于较大的 α_i 值，可以从式(8.51)直接导出以下表达式：

$$R_F = \left(\frac{\alpha_c}{2\alpha_i} \right)^4 \quad (\alpha_i \gg \alpha_c) \tag{8.52}$$

使用 α_c 表达式和以下关系式：

$$\rho_e = \frac{|F_{000}|}{V_u} = \frac{|F_{000}|}{A_u a_3} \tag{8.53}$$

其中，V_u 是单位单胞体积，a_3 是垂直方向上的晶格常数，我们可以将反射率表示为

$$R_F = \frac{\lambda^4 r_e^2 |F_{000}|^2}{16\pi^2 \alpha_i^4 A_u^2 a_3^2} \quad (\alpha_i \gg \alpha_c) \tag{8.54}$$

对于较小的 α_i 和 l 值，这的确与运动学结果相同，由于 $P = 1$(极化因子)，$\sin\alpha_i \approx \alpha_i$，并且由沿 CTR 的结构因子表达式：

$$|R_{00l}|^2 \approx \frac{|F_{000}|^2}{4\sin^2\pi l} \tag{8.55}$$

使用 $l = 2a_3\sin\alpha_i/\lambda$ 导出 R_{00l} 的表达式[式(8.51)]。动力学反射率在图 8.20 中以虚线表示。正如预期的那样，在临界角附近，动力学理论和运动学理论之间存在很大差异，但是对于较大的入射角，这两个理论会迅速接近。对于临界角的三倍，强度差约为 10%，对应的结构因子振幅误差为 5%。在该角度上，反射率约为 10^{-3}，这样的话，多次散射效应的确应该小。

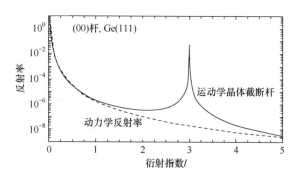

图 8.20　动力学和运动学理论计算得出的 Ge(111)的镜面反射杆；这里动力学理论
忽略了晶体结构，因此不会重现布拉格衍射峰

如 8.2 节所述的动力学理论为掠入射提供了精确的结果。另外，对于大角度入射，该理论不再有效，因为推导过程中，晶体被视为具有连续电子密度的厚块。对于较大的散射角，晶体的原子性质变得非常重要。图 8.20 显示了更宽范围内的反射率，现将其作为衍射指数 l 的函数进行绘图。动力学理论无法预测在 $l = 3$ 时的布拉格衍射峰[这是体相晶胞的(111)反射]，因此该处需要采用运动学方法。有可能发展出一种包括晶体原子结构的动力学理论，但这对其应用几乎没有实际结果[29]。

图 8.20 还表明，运动学理论计算出的反射率在体相布拉格峰附近接近 1，因此可以预计动力学效应在这里非常重要，就像在临界角附近一样。但是，这种影响仅在非常接近布拉格峰的地方发生，因为当 $l = 2.99$ 时，反射率已经低于 0.001。因此，对于距布拉格峰 $\Delta l = 0.01$ 的位置，动力学效应并不重要；对于杆上的表面敏感部分，这种效应可以完全忽略。在临界角附近，动力学效应有更大的延展($\Delta l \approx$ 0.07)，因为在小角度下散射更强。

作为一例，图 8.21(a)显示了在 $SrTiO_3$ 上超导体 $YBaCuO_4$ 生长过程中的镜面反射杆。在沉积了半个 $YBaCuO_4$ 晶胞后，生长被中断。衍射信号包含有关表面形态和原子层结构的信息[图 8.21(b)]。

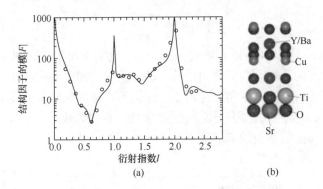

图 8.21　(a)在 SrTiO₃(100)基底上沉积了半个 YBaCuO₄晶胞后的镜面杆，
实线是根据式(8.18)拟合的数据；(b)沉积了半个晶胞后的结构模型[30]

8.4　掠入射 X 射线衍射

对于小的入射角 α_i 和/或出射角 α_f(与全外反射的临界角 α_c 同数量级)和有限的面内动量传输 $\boldsymbol{q}_\parallel$，入射光束和出射光束都具有强烈的折射作用，衍射强度不能再用运动学近似的方式处理。必须用畸变玻恩近似波替代，它包括完全动力学性质的入射波和出射波的折射效应，以及运动学近似的衍射过程本身。对于散射强度，可以得出以下一般表达式[4]：

$$I(\boldsymbol{q}') \propto \left|T(\alpha_i)\right|^2 \times \left|S(\boldsymbol{q}')\right|^2 \times \left|T(\alpha_f)\right|^2 \tag{8.56}$$

其中，$T(\alpha_i, \alpha_f) = tt^*$[式(8.8)]，分别表示入射光束和出射光束的光学透射函数，图 8.22(a)中是其关于入射角或出射角的函数曲线。请注意，由于 X 射线光路的互易性，式(8.56)对 α_i 和 α_f 是对称的。$S(\boldsymbol{q}')$ 表示任何衍射过程的运动学结构振幅，如来自近表面晶格的布拉格散射、小角度散射或间隙原子漫散射。$\boldsymbol{q}'$ 表示材料内部的动量传输。

接下来，讨论透射光束中的动力学衍射效应。沿垂直方向(即 z 方向)的透射振幅为

$$E_{t,z} = E_0 \mathrm{e}^{iK\sin\alpha_t z} \approx E_0 \mathrm{e}^{iK\alpha_t z} \tag{8.57}$$

假设它很小并且 K 对应于入射波矢量的大小。相应的强度是

$$I_{t,z} = I_0 \mathrm{e}^{-2K\mathrm{Im}\{\alpha_t\}z} \tag{8.58}$$

因此，强度取决于 α_t 的虚部。穿透深度 Λ 定义为

$$I_{t,z} = I_0 \mathrm{e}^{-z/\Lambda} \tag{8.59}$$

也可表示成

$$\Lambda^{-1} = -2K\mathrm{Im}\{\alpha_t\} \tag{8.60}$$

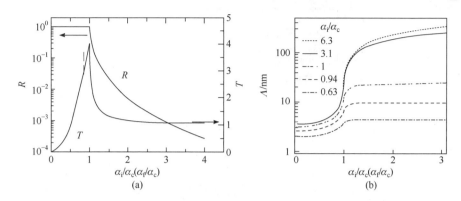

图 8.22　(a)根据式(8.7)和式(8.8)，菲涅耳反射率 R(左纵轴)和透射函数 T(右纵轴)是入射角 α_i 和
出射角 α_f 的函数；在全外反射临界角 α_c 处 T 增大到最高值 4，超过临界角 α_c 后反射率
急速下降；(b)10keV 能量光辐照 Nb，在不同出射角条件下，信息深度 Λ 是入射角的函数；
在 $\alpha_i = 0$ 的极限处，信息深度 Λ 仅几纳米，是材料的一种性质；当出射角小于 α_c 时，
信息深度在某特定值内

使用式(8.59)确定 $\mathrm{Im}\{\alpha_t\}$，得出了穿透深度的以下表达式：

$$\Lambda^{-1} = \sqrt{2}K\sqrt{|\alpha_t|^2 - \alpha_i^2 + \alpha_c^2} = \sqrt{2}K\sqrt{\sqrt{(\alpha_i^2 - \alpha_c^2)^2 + 4\beta^2} - \alpha_i^2 + \alpha_c^2} \qquad (8.61)$$

在 $\lambda = 1.23$ Å 的光源辐照 Nb 条件下，该函数曲线如图 8.22(b)所示。当角度大时，
穿透深度取决于吸收率。当低于临界角时，穿透深度大幅下降，此时会发生全反
射，并且倏逝波在晶体表面传播。

对于 GIXRD 最重要的是，衍射信号 $S(q')$ 的深度分辨率可以从纳米到微米，这
取决于图 8.22(b)中 α_i 和 α_f 的选择。它可以用来研究一些基本问题，如表面引起的
无序现象，如图 8.23 所示的 Al(110)表面预熔融。图 8.23(a)中的实线是根据
式 (8.56)拟合的。

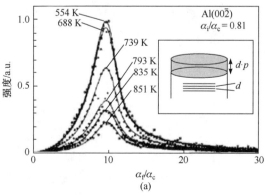

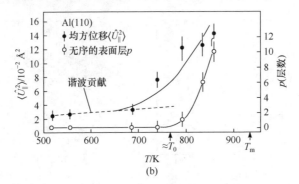

图 8.23　通过掠入射 X 射线衍射研究了 Al(110)的表面熔融：(a)α_f/α_c= 0.81 时的 Al(00$\bar{2}$) 面内反射的 α_f 峰形随样品温度的变化(图中的点为测试数据)，根据拟合结果(实线)，可以确定准液体层的数量 p 和均方原子位移 $\langle \hat{U}_\parallel^2 \rangle$；(b)温度高于 T_0 = 770 K 时形成了无序的准液体层，此温度远低于体相熔融温度(T_m = 933 K)，该层的厚度以 Al(110)层间距离(2.9 Å)为单位给出，由热振动而导致的均方原子位移 $\langle \hat{U}_\parallel^2 \rangle$ 在低于 T_0 便开始增加，预示表面熔融过程[31]

　　以信息深度固定在 10 nm 的测量为例，形成自然氧化层过程中氧溶解在表面 Nb 中，如图 8.24 所示[32]。氧原子位于金属 Nb 基体内的八面体位点上，探测到

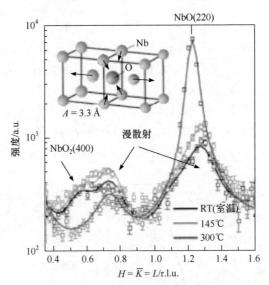

图 8.24　沿表面的(1, -1,1)晶面方向进行倒易点阵扫描；可以识别出由间隙氧原子引起的 2/3(1, -1,1) 和 4/3(1, -1,1) 处的漫散衍射信号，以及来自外延层 NbO$_2$ 和 NbO 的布拉格衍射信号；在给定温度下的真空退火期间，NbO$_2$ 和部分间隙氧原子转变为 NbO；插图：八面体位置的间隙氧原子将最近邻位置的 Nb 原子推开 0.42 Å；缺陷部位周围的局部弛豫行为引起了所观察到的漫散射

其所发射出的近表面漫散射，这些氧原子在 2 nm 厚的非晶 Nb 氧化层下。

另外，观察到来自不同相的外延氧化层布拉格衍射信号，证明该技术能将面内动量传输的高分辨性与深度可调的灵敏性相结合。

8.5　实验几何

在针对几种情况计算了表面敏感的衍射信号之后，我们现在讨论如何通过实验确定这些信号。通用的实验几何如图 8.25 所示。入射和出射 X 射线的方向必须保持某种关系，以使动量传输 q 指向衍射杆。图中未显示样品环境，但可以从简单的空气、超高真空[33]、外延生长[34]和高压[35]，甚至到液体[36]变化。在实验中，样品和探测器都需要精确定位和(如需要)预先扫描。这是通过使用有足够自由度的衍射仪来选择具有特定入射角(或出射角)的特定反射面(hkl)来实现的。因此最小自由度为 4，这为表面衍射仪的几种不同配置留下余地。流行的衍射几何是 z 轴[37]、(2 + 2)[38]和(2 + 3)[39]衍射仪。它们的不同之处在于分配在探测器和样品之间自由度或其共享方式的区别。在所有情况下，自由度的精度至少为 0.01°。从概念上讲，最简单的衍射几何是 z 轴几何，如图 8.25 所示，它具有定义入射角的公共旋转圆 α，一个用于设置样品极角的旋转轴(ω)，一个沿着面内方向的探测器圆 δ，以及一个沿面外方向的 γ。在该几何中，出射角等于 γ。对于其他衍射仪几何，入射角和出射角通常由圆的组合确定。(2 + 3)几何完全等同于 z 轴几何，但是不同的设计可以具有实用上的优势[39]。除了这些主要的自由度，实验设置还包含旋转，以使样品的表面法线与衍射仪的主轴对齐，移动平台将样品定位在 X 射线束中。图 8.25 显示了水平散射几何，即表面法线在垂直平面中的几何，但也使

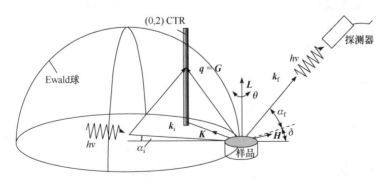

图 8.25　z 轴模式下的表面 X 射线衍射[11]

α_i 和 α_f 分别表示入射光束相对于表面的入射角和衍射光束的出射角；样品绕其表面法线旋转角度 θ，通过不同 l 值的晶体截断杆与 Ewald 球面相交，使样品的倒易晶格矢量 G 满足布拉格条件；为了从实空间变换到倒易空间，仅需要三个独立的角运动；为了建立一个特殊的变换，通常选择一个固定的入射角

用垂直散射几何。根据所使用的几何和探测模式(点探测器与 2D 探测器),可以应用不同的校正因子来校正几何效应、极化以及从实空间到倒易空间的变换。有兴趣的读者可以参考文献[40]及该文献中的参考文献。

8.6 展　望

表面和界面敏感的 XRD 技术已经成熟,并且在世界上所有主要的同步加速器中都可以找到相关设施。人们已经很好地理解了工作原理,并且该技术已被广泛应用到不同环境下的各种体系中。SXRD 可用于表面晶体学和确定界面的有序性。早期实验专注于面内数据,求解表面的投影结构,但此后,改进的设备允许完整数据集的测量,包括大垂直动量传输。因此, LEED(真空下标准表面晶体学工具)最初的面外分辨率缺陷已消失[41]。

即使技术(SXRD、GIXRD、XRR)相对成熟,但仍在不断发展;新的样品环境被探索,如用极硬 X 射线穿透重质量材料的厚层[42]。纳米科学的发展也影响了 XRD 技术及仪器:较小的样品需要较小的光束和更好的样品处理。调查表明,样品不断增加的结构复杂性是一个明显的趋势[43]。早期的实验是针对具有很少自由度的简单体系,但现在正在研究复杂分子的膜,如自组装单层膜[44]。这种体系有较大的晶胞,并且通常对辐射损伤敏感。大晶胞需要测量更多的反射,而辐射损伤则要求在更短的时间内完成。随着新一代噪声低、效率高的面探测器的发展,快速实验已成为可能[45]。这样的探测器允许在静止衍射几何中进行数据采集,即无需扫描,因为包括背景在内的整个图谱都被测量。结合细小而强烈的 X 射线束,单个反射峰将大约在 1 s 内完成测量,这比正常摇摆扫描速度快 10~100 倍[46]。再结合快速衍射仪和数据采集系统,例如,30 个独立反射杆的全谱可以在 1 min 内测量完,那么在 10~30 min 时间内可测量更大数量的杆。这至少比目前的常规速度快 1 个数量级。在扫描模式下,面探测器或连续扫描也可以加快数据获取速度。

快速获取大数据集的趋势对数据处理分析提出更高要求。提高数据分析能力固然可能,但需要大家共同努力。解析复杂的结构将需要超出目前常规使用的分析工具。异常散射,一种块体衍射中广泛使用的技术很少在表面晶体学中使用[47],但未来可能会更频繁地使用它,特别是在快速获取额外数据集时。几个小组正在开发特殊的分析方法,包括直接法和使用文献[48]中的提取块体反射峰相位的方法。如果有大量准确的数据可用,那么这种方法效果最佳,而这确实正变得可能。

样品的制备仍然是瓶颈。现在,在同步辐射光束实验机时中,制备样品占比仍很大,如果采集速度更快,则样品制备所花时间只会成为更大的瓶颈。不幸的是，用同步加速器源来检查样品质量没有真正的替代选择。实验室光源缺乏所需的强度，而其他技术对晶体完美度的敏感性与 X 射线不同。FM(原子力显微镜)和 STM(扫描隧道显微镜)非常重要，只有通过这些技术观察到的具有大阶梯的样品才有可能产生强衍射杆。

与块体晶体学相比，特别是与蛋白质晶体学相比，表面敏感 XRD 仍在处理从晶体学角度来看一些很简单的问题，且很少自动化。后者主要是由样品类型多样化和测量样品环境的不同引起的。在更长时期内，蛋白质晶体学和表面衍射技术之间可能部分交叠。许多蛋白质 3D 结晶不易，而 2D 晶体是一种求解结构的可能途径。首先，这需要 2D 蛋白质晶体的生长方面有重要进展，但对于 SXRD 的数据采集和分析，可能会成为重要的推动力。此外，将来可能会使用 $10\sim100$ nm 大小的聚焦 X 射线束对多晶的纳米结构和技术上相关的"真实"表面进行空间分辨的表面和界面结构研究[49]。

(Andreas Stierle，Elias Vlieg)

参 考 文 献

[1] Friedrich W, Knipping P, von Laue M. Sitzungsberichte Bayerische Akademie der Wissenschaften zu München, 1912: 363.

[2] Eisenberger P, Marra W C. X-ray diffraction study of the Ge (001) reconstructed surface. Phys Rev Lett, 1981, 46: 1081.

[3] Parratt L G. Surface studies of solids by total reflection of X-rays. Phys Rev, 1954, 95(2): 359.

[4] Dosch H. Critical Phenomena at Surfaces and Interfaces. Springer Tracts in Modern Physics. Berlin: Springer, 1992: 126.

[5] Born M, Wolf W. Principles of Optics. Cambridge: Cambridge University Press, 1999.

[6] Warren B E. X-ray Diffraction. New York: Dover Publications Inc., 1990.

[7] Tamam L, Pontoni D, Hofmann T, Ocko B M, Reichert H, Deutsch M. Atomic-scale structure of a liquid metal-insulator interface. J Phys Chem Lett, 2010, 1: 1041-1045.

[8] Robinson I K. Crystal truncation rods and surface roughness. Phys Rev B, 1986, 33: 3830-3836.

[9] Vlieg E, van der Veen J F, Gurman S J, Norris C, Macdonald J E. X-ray diffraction from rough, relaxed and reconstructed surfaces. Surf Sci, 1989, 210: 301-321.

[10] Vlad A, Stierle A, Marsman M, Kresse G, Costina I, Dosch H, Schmid M, Varga P. Metastable surface oxide on CoGa(100): structure and stability. Phys Rev B, 2010, 81: 115402.

[11] Feidenhans'l R. Surface structure determination by X-ray diffraction. Surf Sci Rep, 1989, 10: 105-188.

[12] Lohmeier M, van der Vegt H A, van Silfhout R G, Vlieg E, Thornton J M C, Macdonald J E, Scholte P M L O. Asymmetrical dimers on the Ge(001)-2 × 1-Sb surface observed using

X-ray diffraction. Surf Sci, 1992, 275: 190-200.

[13] Bohr J, Feidenhans'l R, Nielsen M, Toney M F, Johnson R L, Robinson I K. Model-independent structure determination of the InSb(111) 2×2 surface with use of synchrotron X-ray diffraction. Phys Rev Lett, 1985, 54: 1275-1278.

[14] Robinson I K. Surface Cystallography//Brown G S, Moncton D E. Handbook on Synchrotron Radiation. Amsterdam: NorthHolland, 1991: 221.

[15] (a) Robinson I K, Tweet D J. Surface X-ray diffraction. Rep Prog Phys, 1992, 55: 599-651; (b) Renaud G. Oxide surfaces and metal/oxide interfaces studied by grazing incidence X-ray scattering. Surf Sci Rep, 1998, 32: 1; (c) Vlieg E. Interfacial structures versus dynamics//Liu X Y, de Yoreo J J. Nanoscale Structure and Assembly at Solid-Fluid Interfaces. Boston: Kluwer, 2004: 31; (d) Fenter P, Sturchio N C. Mineral-water interfacial structures revealed by synchrotron X-ray scattering. Prog Surf Sci, 2004, 77: 171.

[16] (a) Stearns D G. The scattering of X-rays from nonideal multilayer structures. J Appl Phys, 1989, 65: 491-506; (b) Lohmeier M, de Vries S A, Custer J S, Vlieg E, Finney M S, Priolo F, Battaglia A. Interface roughness during thermal and ion-induced regrowth of amorphous layers on Si(001). Appl Phys Lett, 1994, 64: 1803-1805.

[17] Cowley J M. Diffraction Physics. Amsterdam: North-Holland, 1984.

[18] Pukite P R, Lent C S, Cohen P I. Diffraction from stepped surfaces. II. Arbitrary terrace distributions. Surf Sci, 1985, 161: 39-68.

[19] (a) Munkholm A, Brennan S. Influence of miscut on crystal truncation rod scattering. J Appl Cryst, 1999, 32: 143-153; (b) Brennan S, Stephenson G B, Fuoss P H, Kisker D W, Lavoie C, Evans-Lutterodt K W. Silicon-induced faceting of vicinal GaAs(001). J Appl Phys, 2000, 88: 3367-3376.

[20] Andrews S R, Cowley R A. Scattering of X-rays from crystal surfaces. J Phys C: Solid State Phys, 1985, 18: 6427-6439.

[21] van der Vegt H A, Huisman W J, Howes P B, Vlieg E. The effect of Sb on the nucleation and growth of Ag on Ag(100). Surf Sci, 1995, 330: 101-112.

[22] (a) Neave J H, Joyce B A, Dobson P J, Norton N. Dynamics of film growth of GaAs by MBE from RHEED observations. Appl Phys A, 1983, 31: 1-8; (b) van Hove J M, Lent C S, Pukite P R, Cohen P I. Damped oscillations in reflection high energy electron diffraction during GaAs MBE. J Vac Sci Technol, 1983, B, 1: 741-746.

[23] (a) Vlieg E, Denier van der Gon A W, van der Veen J F, Macdonald J E, Norris C. Surface X-ray scattering during crystal growth: Ge on Ge(111). Phys Rev Lett, 1988, 61: 2241-2244; (b) van der Vegt H A, van Pinxteren H M, Lohmeier M, Vlieg E, Thornton J M C. Surfactant-induced layer-by-layer growth of Ag on Ag(111). Phys Rev Lett, 1992, 68: 3335-3338.

[24] (a) Robinson I K, Tung R T. X-ray interference method for studying interface structures. Phys Rev B, 1988, 38: 3632-3635; (b) Lohmeier M, Huisman W J, Vlieg E, Nishiyama A, Nicklin C L, Turner T S. Interface structure of Si(111)-($\sqrt{3} \times \sqrt{3}$)R30°-ErSi$_{2-x}$. Surf Sci, 1996, 345: 247-260.

[25] (a) Grey F, Feidenhans'l R, Pedersen J S, Nielsen M, Johnson RL. Pb/Ge(111) 1×1: an anisotropic two-dimensional liquid. Phys Rev B, 1990, 41: 9519-9522; (b) Kaminksi D, Poodt P, Aret E, Radenovic N, Vlieg E. Observation of a liquid phase with an orthorhombic orientational order. Phys Rev Lett, 2006, 96: 056102.

[26] Reedijk M F, Arsic J, Hollander F F A, de Vries S A, Vlieg E. Liquid order at the interface of KDP crystals with water: evidence for icelike layers. Phys Rev Lett, 2003, 90: 066103.

[27] de Vries S A, Goedtkindt P, Bennett S L, Huisman W J, Zwanenburg M J, Smilgies D M, de Yoreo J J, van Enckevort W J P, Bennema P, Vlieg E. Surface atomic structure of KDP crystals in aqueous solution: an explanation of the growth shape. Phys Rev Lett, 1998, 80: 2229-2232.

[28] Penfold J. The structure of the surface of pure liquids. Rep Prog Phys, 2001, 64: 777-814.

[29] (a) Nakatani S, Takahashi T. Dynamical treatment of X-ray reflection from crystal surfaces. Surf Sci, 1994, 311: 433-439; (b) Gau T S, Chang S L. Solving the intensity problem of surface X-ray diffraction using dynamical theory. Phys Lett A, 1994, 196(3-4): 223-228.

[30] Vonk V, Driessen K J I, Huijben M, Rijnders G, Blank D H A, Rogalla H, Harkema S, Graafsma H. Initial structure and growth dynamics of $YBa_2Cu_3O_{7-\delta}$ during pulsed laser deposition. Phys Rev Lett, 2007, 99(19): 196106.

[31] Dosch H. Premelting at the (110) surface of Al and Pb. What do we understand today? Physica B, 1994, 198: 78-82.

[32] Delheusy M, Stierle A, Kasper N, Kurta R P, Vlad A, Dosch H, Antoine C, Resta A, Lundgren E, Andersen J. X-ray investigation of subsurface interstitial oxygen at Nb/oxide interfaces. Appl Phys Lett, 2008, 92: 101911.

[33] Fuoss P H, Robinson I K. Apparatus for X-ray diffraction in ultrahigh vacuum. Nucl Instrum Methods, 1984, 222: 171-176.

[34] Vlieg E, van't Ent A, de Jongh A P, Neerings H, van der Veen J F. An ultrahigh-vacuum chamber for surface X-ray diffraction combined with MBE. Nucl Instrum Methods A, 1987, 262: 522-527.

[35] Peters K F, Walker C J, Steadman P, Robach O, Isern H, Ferrer S. Adsorption of carbon monoxide on Ni(110) above atmospheric pressure investigated with surface X-ray diffraction. Phys Rev Lett, 2001, 86: 5325-5328.

[36] Samant M G, Toney M F, Borges G L, Blum L, Melroy O R. Grazing incidence X-ray diffraction of lead monolayers at a silver (111) and gold (111) electrode/electrolyte interface. J Phys Chem, 1988, 92(1): 220-225.

[37] Bloch J M. Angle and index calculations for a 'z-axis' X-ray diffractometer. J Appl Cryst, 1985, 18: 33-36.

[38] Evans-Lutterodt K W, Tang M T. Angle calculations for a '2 + 2' surface X-ray diffractometer. J Appl Cryst, 1995, 28: 318-326.

[39] Vlieg E. A (2+3)-type surface diffractometer: mergence of the z-axis and (2+2)-type geometries. J Appl Cryst, 1998, 31: 198-203.

[40] Vlieg E. Photon-based methods: X-ray diffraction from surfaces and interfaces//Wandelt K.

Surface and Interface Science. New York: John Wiley & Sons, Inc, 2013: 375-425.

[41] Vlieg E, Robinson I K, Kern K. Relaxations in the missing-row structure of the (1×2) reconstructed surfaces of Au(110) and Pt(110). Surf Sci, 1990, 233: 248-254.

[42] Ramsteiner I B, Schops A, Phillipp F, Kelsch M, Reichert H, Dosch H, Honkimaki V. High-energy X-ray and transmission electron microscopy study of structural transformations in Ti-V. Phys Rev B, 2006, 73: 24204.

[43] Pedio M, Felici R, Torrelles X, Rudolf P, Capozi M, Rius J, Ferrer S. Study of C-60/Au(110)-p(6×5) reconstruction from in-plane X-ray diffraction data. Phys Rev Lett, 2000, 85: 1040-1043.

[44] Torrelles X, Barrena E, Munuera C, Rius J, Ferrer S, Ocal C. New insights in the c(4×2) reconstruction of hexadecanethiol on Au(111) revealed by grazing incidence X-ray diffraction. Langmuir, 2004, 20: 9396-9402.

[45] Schleputz C M, Herger R, Willmott P R, Patterson B D, Bunk O, Bronnimann C, Henrich B, Hulsen G, Eikenberry E F. Improved data acquisition in grazing-incidence X-ray scattering experiments using a pixel detector. Acta Cryst A, 2005, 61: 418-425.

[46] Vlieg E. Integrated intensities using a six-circle surface X-ray diffractometer. J Appl Cryst, 1997, 30: 532-543.

[47] Tweet D J, Akimoto K, Tatsumi T, Hirosawa I, Mizuki J, Matsui J. Direct observation of Ge and Si ordering at the Si/B/Ge$_x$Si$_{1-x}$(111) interface by anomalous X-ray diffraction. Phys Rev B, 1992, 69: 2236-2239.

[48] (a) Saldin D K, Harder R J, Shneerson V L, Moritz W. Phase retrieval methods for surface X-ray diffraction. J Phys: Condens Matter, 2001, 13: 10689-10707; (b) Torrelles X, Rius J, Hirnet A, Moritz W, Pedio M, Felici R, Rudolf P, Capozi M, Boscherini F, Heun S, Meuller B H, Ferrer S. Real examples of surface reconstructions determined by direct methods. J Phys: Condens Matter, 2002, 14: 4075-4086; (c) Marks L D, Erdman N, Subramanian A. Crystallographic direct methods for surfaces. J Phys: Condens Matter, 2001, 13: 10677-10687.

[49] Schroer C G, Boye P, Feldkamp J M, Patommel J, Samberg D, Schropp A, Schwab A, Stephan S, Falkenberg G, Wellenreuther G, Reimers N. Hard X-ray nanoprobe at beamline P06 at PETRA Ⅲ. Nucl Instrum Methods Phys Res Sect A, 2010, 616: 93-97.

第**9**章 | 不完美氧化物外延膜的微纳米结构

过去几年中，出于技术上更多是学术上的原因[1,2]，对合成和表征氧化物薄膜的特性已做出了重要的努力。尤其是由于纳米尺寸材料的小尺寸而出现了新的性能，因此引起了极大的关注[3]。但是，尽管兴趣盎然，对生长高质量氧化物膜拥有的技术诀窍却远远不如常见的III-V族材料或Si-Ge合金。因此，最初为分析后者这类材料而开发的方法不能直接应用于分析不太完美的材料，如氧化物乃至氮化物和碳化物。X射线衍射(XRD)尤其如此，已经发展了最详尽的(动力学)理论来分析高度完美材料，如上述半导体材料。不幸的是，氧化物材料所表现出的结构缺陷(晶界、面缺陷、镶嵌性等)仍极难纳入衍射动力学理论中[4]。

在这种情况下，倾向于采用最初为分析随机取向的多晶材料(即粉末或陶瓷)而开发的方法。这些方法基于衍射的运动学理论，并依赖于对XRD峰的宽度或其傅里叶变换的分析(第4章)。这些方法通常需要用人为选定的函数(如高斯、洛伦兹或Voigt函数)拟合XRD峰，并可以提取唯象的物理量，如平均相干衍射畴大小和均方根应变。这些方法已经成功地应用于外延膜的研究[5-9]。但是，必须意识到，这些方法所基于的假设(在多晶样品的情况下是合理的)在外延膜的情况下并不一定非要满足。其中最重要的一个假设可能是：对随机取向的多晶样品，衍射强度在垂直于散射矢量 Q 的平面中被平均(这导致了所谓的柱模型[10])。显然，如果计算和实验曲线之间的一致性不能令人满意，则必须禁止使用分析函数。实际上可能经常出现这样的结果，即外延薄膜的XRD峰出现或多或少明显的厚度条纹(由于有限的薄膜厚度)和/或不对称峰(由于不均匀的应变弛豫)。

因此，不完美外延膜的研究需要开发合适的分析方法，这是本章的主题。9.1节简述XRD的运动学基础理论。然后，介绍一个模型，该模型考虑到晶粒尺寸/形状和尺寸/形状分布(9.2节)以及空间和晶粒内部应变场的统计特性(9.3节)，可以描述倒易空间中的强度分布(倒易空间图，RSM)。9.4节介绍该模型的应用。最后，在9.5节讨论了应变梯度导致不对称峰形的情况。

9.1   衍射振幅和强度

9.1.1   衍射振幅

在本节中，我们简略地回顾了运动学衍射理论架构中衍射振幅和衍射强度的表达式。该理论也称为第一玻恩近似，它忽略了多次散射事件，只要晶体足够小或散射过程的强度相对较弱，该理论就有效[11]。这里所讲的不完美材料可以轻松地满足这些条件。此外，运动学理论可以更轻松地处理衍射振幅和强度的表达式。

在该理论框架内，总衍射振幅是样品中每个散射体的散射振幅的简单加和，考虑到由于光程差产生相位移，即

$$E(\boldsymbol{Q}) = \sum_n F_Q(\boldsymbol{r}_n)\,\Omega(\boldsymbol{r}_n)\,\exp(\mathrm{i}\boldsymbol{Q}\boldsymbol{r}_n) \tag{9.1}$$

其中，$F_Q(\boldsymbol{r}_n)$是单个晶胞的散射振幅(结构因子)；$\boldsymbol{Q}$是散射矢量($Q = 4\pi\sin\theta/\lambda$，其中$\theta$是散射角，而$\lambda$是辐射的波长)；$\boldsymbol{r}_n$是第$n$个晶胞的位置向量。对晶体中的所有晶胞进行求和。当$\boldsymbol{r}_n$指向相干衍射畴内(即晶粒内)时，所谓的形状因子$\Omega(\boldsymbol{r}_n)$等于1，否则为0。式(9.1)是一个傅里叶级数，可以分解为两个不同的部分：一个描述级数$\delta(\boldsymbol{Q}-\boldsymbol{g})$的周期性(其中$\delta$是狄拉克函数，$\boldsymbol{g}$为周期)，另一个描述包络函数[$A(\boldsymbol{Q})$，为$F_Q(\boldsymbol{r}_n)\Omega(\boldsymbol{r}_n)$乘积的傅里叶变换]：$E(\boldsymbol{Q}) = \sum_g A(\boldsymbol{Q}) \times \delta(\boldsymbol{Q}-\boldsymbol{g})$。

最终得

$$E(\boldsymbol{Q}) = \sum_g \int (\mathrm{d}\boldsymbol{r})\cdot F_Q(\boldsymbol{r})\,\Omega(\boldsymbol{r})\exp\left[\mathrm{i}(\boldsymbol{Q}-\boldsymbol{g})\boldsymbol{r}\right] \tag{9.2}$$

式(9.2)表明，衍射振幅位于由矢量$\boldsymbol{g}$给出的坐标点(倒易晶格点)周围，并且振幅分布的形状由积分项给出。

现在让我们假设每个晶胞从其正常位置偏移了$\boldsymbol{u}_n$。在式(9.1)中，相位项变为$\exp[\mathrm{i}\boldsymbol{Q}(\boldsymbol{r}_n+\boldsymbol{u}_n)]$。在小位移近似中[12]，有$(\boldsymbol{Q}-\boldsymbol{g})\boldsymbol{u}_n \ll 1$，因此$\boldsymbol{Q}\cdot\boldsymbol{u}_n \approx \boldsymbol{g}\cdot\boldsymbol{u}_n$，式(9.2)变为

$$E(\boldsymbol{Q}) = \sum_g \int (\mathrm{d}\boldsymbol{r})\cdot F_Q(\boldsymbol{r})\,\Omega(\boldsymbol{r})\exp[\mathrm{i}\boldsymbol{g}\boldsymbol{u}(\boldsymbol{r})]\exp(\mathrm{i}\boldsymbol{g}\boldsymbol{r}) \tag{9.3}$$

其中，$\boldsymbol{q} = \boldsymbol{Q}-\boldsymbol{g}$是约简散射矢量。

9.1.2   衍射强度

在下文中，着重于介绍倒易晶格矢量$\boldsymbol{g} = \boldsymbol{h}$的反射。那么衍射强度根据$I(\boldsymbol{Q}) =$

$E(\boldsymbol{Q}) \cdot E(\boldsymbol{Q})^*$ 进行计算。使用先前的方程式，并假设结构因子与 $\boldsymbol{r}$ 无关(即忽略成分波动)，得到

$$I(\boldsymbol{Q}) = \left|F(\boldsymbol{Q})\right|^2 \int d\boldsymbol{r} \cdot \int d\Delta\boldsymbol{r} \cdot (\boldsymbol{r})\Omega(\boldsymbol{r} + \Delta\boldsymbol{r})$$
$$\times \exp\left\{i\boldsymbol{h}\left[\boldsymbol{u}(\boldsymbol{r} + \Delta\boldsymbol{r}) - \boldsymbol{u}(\boldsymbol{r})\right]\right\}\exp(i\boldsymbol{q}\Delta\boldsymbol{r}) \tag{9.4}$$

从晶格位移的角度来看，应假设薄膜在统计上是同质的，也就是说，在薄膜的任何位置(由位置矢量 $\boldsymbol{r}$ 给出)，函数 $\boldsymbol{u}(\boldsymbol{r} + \Delta\boldsymbol{r}) - \boldsymbol{u}(\boldsymbol{r})$ 在统计学上保持不变，并且仅取决于相关向量 $\Delta\boldsymbol{r}$。在这种情况下，对于具体的位置矢量 $\Delta\boldsymbol{r}$，原点的选择不重要，因此隐含在指数中的 $\boldsymbol{u}(\boldsymbol{r} + \Delta\boldsymbol{r}) - \boldsymbol{u}(\boldsymbol{r})$ 可以用其所有可能原点上的平均值代替。该假设很重要，因为它可以将由晶粒尺寸和形状(含在 Ω 项)与由缺陷(含在 $\boldsymbol{u}$ 项)引起的衍射效应分开，以下将做介绍。该假设的一个明显缺点是排除了应变梯度的情形，因为在这类情况下，应变 $\boldsymbol{u}(\boldsymbol{r} + \Delta\boldsymbol{r}) - \boldsymbol{u}(\boldsymbol{r})/\Delta\boldsymbol{r}$ 显然取决于位置 $\boldsymbol{r}$。最终，晶格倒易点 $\boldsymbol{h}$ 附近的衍射强度为

$$I(\boldsymbol{Q}) = \left|F(\boldsymbol{Q})\right|^2 \int d\Delta\boldsymbol{r} \cdot V(\Delta\boldsymbol{r})G(\Delta\boldsymbol{r})\exp(i\boldsymbol{q}\Delta\boldsymbol{r}) \tag{9.5a}$$

其中

$$G(\Delta\boldsymbol{r}) = \left\langle \exp\left\{i\boldsymbol{h}\left[\boldsymbol{u}(\Delta\boldsymbol{r}) - \boldsymbol{u}(0)\right]\right\}\right\rangle \tag{9.5b}$$

$$V(\Delta\boldsymbol{r}) = \Omega(\Delta\boldsymbol{r}) \times \Omega(-\Delta\boldsymbol{r}) = \int d\boldsymbol{r} \cdot \Omega(\Delta\boldsymbol{r})\Omega(\boldsymbol{r} + \Delta\boldsymbol{r}) \tag{9.5c}$$

由此看来，衍射强度是两个项乘积的傅里叶变换：相关体积 $V(\Delta\boldsymbol{r})$ 仅取决于构成薄膜的晶粒的大小和形状，对相关函数 $G(\Delta\boldsymbol{r})$ 仅取决于结构缺陷的存在引起的晶格位移。计算相关体积 $V(\Delta\boldsymbol{r})$ 相对容易，因为它仅依赖于几何上的考虑(晶粒的形状和形状变化)。另一方面，$G(\Delta\boldsymbol{r})$ 的评估不太简单，因为它取决于所隐含缺陷的性质。

在下文中，按照通常的表示法，选择 z 轴垂直于薄膜表面，x 轴包含在薄膜平面中，以便 (x, z) 平面与探测平面重合，因此 y 轴垂直于探测平面。所有进一步的推演都是基于式(9.5)；但是，必须记住，在实际中，用于记录实验数据的衍射仪也会影响衍射强度分布的形状。因此，式(9.5)必须与衍射仪的分辨率函数 $R(\boldsymbol{q})$ 进行卷积[13]。因为式(9.5)是傅里叶变换，卷积计算是通过直接将式(9.5)中的被积函数乘以 $R(\boldsymbol{q})$ 的反傅里叶变换。我们还考虑到这样一个事实，在大多数实验室 X 射线衍射仪上，入射 X 射线束未在与探测平面相垂直的平面内准直。因此，探测器上记录的强度是沿 q_y 方向的所有衍射强度的非相干加和。该积分写作 $\int dq_y \cdot \exp(ip_y y)$，实际对应狄拉克函数 $\delta(y)$，其中 y 是相关矢量 $\Delta\boldsymbol{r} = (x, y, z)^T$ 的对应坐标。最后，衍射强度可以表示成

$$I(\boldsymbol{Q}) = \iint \mathrm{d}x\,\mathrm{d}z \cdot \tilde{R}(x,0,z)V(x,0,z)G(x,0,z)\exp[\mathrm{i}(q_x x + q_z z)] \tag{9.6}$$

$V(x,0,z)$项在 9.3 节中讨论，而 $G(x,0,z)$项在 9.4 节中讨论。

9.2 相 关 体 积

9.2.1 晶粒尺寸和形状

如式(9.5c)所示，相关体积是晶粒形状因子的自相关函数。该函数可以在几何上解释如下：相关体积对应于具有 Ω 形状的晶粒和该晶粒偏移了 Δr 之后二者之间交叠的公共体积[14]。在这种情况下，Δr 被约束在检测平面内，即 $\Delta r =(x, 0, z)^{\mathrm{T}}$ [式 (9.6)]。这种简单的解释可以对各种晶粒形状计算 $V(x, 0, z)$。例如，考虑具有平行于(x,z)平面且尺寸为 $X \times Y \times Z$ 的平行六面体形状的晶粒(图 9.1)。

通过此几何解释，直接得到众所周知的结果：当$|x| < X$，$|y| < Y$ 和$|z| < Z$ 时，$V(x, y, z) = (X-|x|)(Y-|y|)(Z-|z|)$；以及当$|x| > X$，$|y| > Y$ 或$|z| > Z$ 时，$V(x, y, z)= 0$(此即三维劳厄函数的傅里叶变换)。当 $y = 0$ 时，强度与 Y 成正比，即与 y 方向上的晶面数成正比，因此在散射过程中，可以将样品视为分割开的(x, z)晶面，它们的衍射彼此不相干。这类似于粉末衍射[10]中提到的柱模型。因为是垂直于 $\boldsymbol{Q}$ 的二维积分，人们在粉末衍射中称之为柱而非面。这是对 q_y

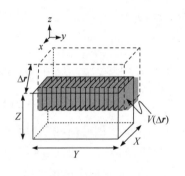

图 9.1 平行六面体晶粒的相关体积 (灰色区域)和(x, z)晶面示意图

积分的直接结果。在这种情况下，通过沿 y 方向光束很少碰撞来确保积分进行，但也可能是由于薄膜镶嵌块。

构成薄膜的晶粒通常是高度各向异性的。因此，对其描述至少需要二维参数：面内尺寸 D 和面外尺寸，厚度 t 记为高宽比 f 的函数，$t = fD$。如果在膜厚方向上衍射是相干的，则 t 对应于膜厚度，否则 t 仅对应于面外方向上的晶粒尺寸。在下文中，我们将考虑棱柱形晶粒，以便可以将许多实验案例的相关体积表示为两个多项式的乘积：

$$V(x,0,z) = \left(b_2 D^2 + b_1 D + b_0\right)\left(c_1 D + c_0\right) \tag{9.7}$$

其中，当$|z| < t$ 时，$c_0 = -|z|$且 $c_1 = f$；否则为 0[此即 $t^2 \mathrm{sinc}^2(q_z t/2)$的傅里叶变换]。系数 b_n 取决于晶粒形状及其相对于探测平面的方向(以角度ϕ计量)。在表 9.1

和表 9.2 中, 列举了平行六面体和六方棱柱形的 b_n 系数(文献[15]中列举了其他形状的)。

表 9.1　面内尺寸为 $D \times \alpha D$ 的平行六面体晶粒的 b_n 系数

	$\phi[\pi] \leqslant \pi/2$		$\phi[\pi] > \pi/2$	
b_2	α		α	
b_1	$-x(\alpha\cos\phi + \sin\phi)$		$-x(\alpha\sin\phi + \cos\phi)$	
b_0	$x^2 \cos\phi \sin\phi$		$x^2 \cos\phi \sin\phi$	
	$\phi \leqslant \mathrm{atan}\,\alpha$	$\phi > \mathrm{atan}\,\alpha$	$\phi \leqslant \pi - \mathrm{atan}\,\alpha$	$\phi > \pi - \mathrm{atan}\,\alpha$
k	$1/\cos\phi$	$\alpha/\sin\phi$	$\alpha/\cos\phi$	$1/\sin\phi$

注: 标记 $\phi[x]$ 表示 ϕ 对 x 求模。

表 9.2　六方晶粒边长 D 的 b_n 系数

	$x \leqslant D\sqrt{3}/(\cos\phi[\pi/3] + \sqrt{3}\,\sin\phi[\pi/3])$		$x > D\sqrt{3}/(\cos\phi[\pi/3] + \sqrt{3}\,\sin\phi[\pi/3])$	
b_2	$3\sqrt{3}/2$		$2\sqrt{3}$	
b_1	$-2x\cos\phi[\pi/3]$		$-x\sqrt{3}\,(\sin\phi[\pi/3] + \sqrt{3}\,\cos\phi[\pi/3])$	
b_0	$-x^2\sqrt{3}\,\{\sin^2\phi[\pi/3]-(1/3)\cos^2\phi[\pi/3]\}/2$		$x^2\cos\phi[\pi/3](\cos\phi[\pi/3] + \sqrt{3}\,\sin\phi[\pi/3])/\sqrt{3}$	
	$\phi[\pi/3] \leqslant \pi/6$	$\phi[\pi/3] > \pi/6$	$\phi[\pi/3] \leqslant \pi/6$	$\phi[\pi/3] > \pi/6$
k	$\sqrt{\sqrt{3}/\cos\phi[\pi/3]}$	$2\cos(\phi[\pi/3] - \pi/6)$	$\sqrt{\sqrt{3}/\cos\phi[\pi/3]}$	$2\cos(\phi[\pi/3]-\pi/6)$

在两个不同 ϕ 取向上考察每种晶粒形状, 图 9.2 是计算的 RSM。所有晶粒具有 20 nm × 20 nm × 20 nm 的相同体积和相同厚度。在面外方向上, sinc^2 函数的厚度(干涉)条纹清晰可见, 并且与面内方向无关。在面内方向上, 仅当 $\phi = 0°$ 时, 即当平行六面体平行于衍射平面时, 平行六面体完美的 sinc^2 条纹才可见。对于其他方向或晶粒形状, 条纹结构受相关体积内 (x, z) 晶面尺寸变化的影响很大。对于在 $\phi = 0°$ 处的六方棱柱形, 仍然可以看到条纹, 但对于其他方向几乎没有条纹。因此, 条纹消失并不一定意味着存在晶格无序或晶粒尺寸的波动。它可能只是由晶粒的形状引起的。原则上, 积分的边界为 $\pm\infty$。但是, 由于相关体积超出 x 和 z 的某值域时下降到零(这可以直接从图 9.1 中理解), 出于实际需要, 使用这些有限边界是有用的。在面外方向上, 该边界等于厚度 $\pm t$, 而在面内方向上, 它取决于晶粒尺寸和角度 ϕ, 将边界记为 $\pm kD$(k 在表 9.1 和表 9.2 中给出。)

9.2.2　晶粒尺寸波动

实际上, 构成薄膜的所有晶粒都不可能具有相同的大小。因此, 对衍射强度的正确描述必须考虑晶粒尺寸的波动。这里由于允许改变相干衍射畴的大小, 因此总的衍射强度是由不同畴的衍射强度相加而得出的。记 $p(D)$ 为尺寸介于 $D\sim(D + \mathrm{d}D)$ 之间的晶粒的概率，有

$$\langle I(q_x,q_z)\rangle = \int \mathrm{d}D \cdot p(D) I(q_x,q_z)$$

使用式(9.5)，得到

$$\langle I(q_x,q_z)\rangle = \iint \mathrm{d}x\mathrm{d}z \cdot \tilde{R}(x,0,z)\langle V(x,0,z)\rangle \\ \times G(x,0,z)\exp\left[\mathrm{i}(q_x x + q_z z)\right] \tag{9.8a}$$

其中

$$\langle V(x,0,z)\rangle = \int_{D_{\min}}^{\infty} \mathrm{d}D \times p(D) V(x,0,z) \tag{9.8b}$$

在式(9.8b)中，有 $D_{\min} = \max(x/k, z/f)$，并且假设对相关函数 $G(x, 0, z)$ 与晶粒尺寸无关。从晶格应变的观点来看，以前我们假设统计学上薄膜是均匀的(9.1 节)，因此后一个假设是合理的。但是，如果事实证明 $G(x, 0, z)$ 的确是 D 的函数，则衍射强度不能表示成两个独立项(大小/形状和应变)的乘积，式(9.7)不成立。式(9.7)平均相关体积可以被更一般地表示为

$$\langle V(x,0,z)\rangle = \sum_{n=0}^{3} a_n \int_{D_{\min}}^{\infty} \mathrm{d}D \times p(D) D^n$$

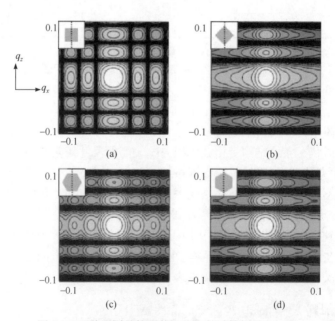

图 9.2　两种不同晶粒形状和取向的计算倒易空间图

(a)$\phi = 0°$的四方棱柱；(b)$\phi = 45°$的四方棱柱；(c)$\phi = 0°$的六方棱柱；(d)$\phi = 30°$的六方棱柱；所有晶粒具有相同的体积(20 nm × 20 nm × 20 nm)和相同的厚度，插图表示晶粒相对于探测平面的面内取向(虚线)

其中，a_n 是式(9.7)扩展后得到的三次多项式的系数，即 $a_3 = b_2 c_1$，$a_2 = b_2 c_0 + b_1 c_1$，$a_1 = b_1 c_0 + b_0 c_1$ 和 $a_0 = c_0$。此方程最大的优势是可以针对不同的概率密度函数 $p(D)$ 轻松地计算出解析解。在这里，我们给出了对数正态分布的解(文献[15]介绍了其他有价值的分布，如高斯分布或一般直方图分布)，已知在某些纳米粒子系统中出现了对数正态分布[16]：

$$\left\langle V\left(x,0,z\right)\right\rangle = \frac{1}{2}\sum_{n=0}^{3} a_n \exp\left(n\mu_{LN} + n^2\frac{\sigma_{LN}^2}{2}\right)\mathrm{erfc}\left(\frac{\ln D_{min} - \mu_{LN} - n\sigma_{LN}^2}{\sqrt{\sqrt{2}\sigma_{LN}}}\right) \quad (9.9)$$

其中，μ_{LN} 和 σ_{LN}^2 分别是对数正态平均值和对数正态方差，它们分别由 $\mu = \exp(\mu_{LN} + \sigma_{LN}^2/2)$ 和 $\sigma^2 = \exp(2\mu_{LN} + \sigma_{LN}^2)[\exp(\sigma_{LN}^2)-1]$ 与它们对应的正态式相关。值得一提的是，在粉末衍射领域也得到了类似的结果[17]。

尺寸波动增大情形的计算 RSM 见图 9.3。尺寸分布对 RSM 的影响更容易被晶粒的平行六面体形状证明，因此，我们仅展示这种特殊情况的结果。但是，对于其他形状也观察到类似的效果。当标准偏差 σ 增加时，最显著的特征是相对倒易晶格的中心点沿径向方向的厚度条纹变宽。偏离布拉格衍射位置大的，加宽更为明显，以至于因增加 σ，高阶条纹完全模糊[图 9.3(b)、(c)]。对于较高的 σ 值[图 9.3(c)、(d)]，条纹彻底衰减，并且主峰明显比 $\sigma = 0$ 的窄。

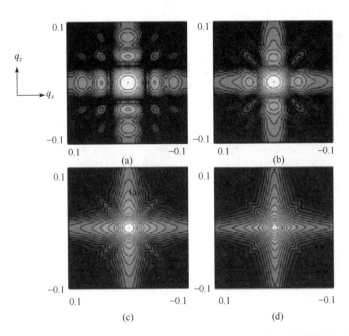

图 9.3 尺寸波动增大时，平均边长 $\mu = 20$ nm 的四方棱柱的计算倒易空间图

(a)$\sigma = \mu/12$；(b) $\sigma = \mu/6$；(c) $\sigma = \mu/3$；(d) $\sigma = \mu/2$

9.2.3 晶粒形状起伏

在上一例中，晶粒尺寸变化是在晶粒形状恒定的条件下发生的，即高宽比 $f = t/D$ 保持恒定。但是，在某些情况下，t 和 D 的尺寸可能彼此独立地变化。例如，当面内和面外尺寸是由两个独立的生长机制(如沉积后经热处理退火的薄膜[18])产生时，就出现这种情况。因此需要 $p(t)$ 和 $p(D)$ 两个尺寸分布，处理过程同上，得到：

$$\langle I(q_x, q_z) \rangle = \iint \mathrm{d}x\mathrm{d}z \cdot \tilde{R}(x,0,z)\langle V(x,0)\rangle\langle V(z)\rangle G(x,0,z)\exp\left[\mathrm{i}(q_x x + q_z z)\right] \quad (9.10a)$$

其中

$$\langle V(x,0)\rangle = \int_{x/k}^{\infty} \mathrm{d}D \cdot p(D) \cdot V(x,0) \quad (9.10b)$$

$$\langle V(z)\rangle = \int_{z}^{\infty} \mathrm{d}t \cdot p(t) \cdot V(z) \quad (9.10c)$$

类似于式(9.9)，假设两个对数正态分布，可以写出式(9.10b)和式(9.10c)：

$$\langle V(x,0)\rangle = \frac{1}{2}\sum_{n=0}^{2} b_n \exp\left(n\mu_{D,\mathrm{LN}} + n^2 \frac{\sigma_{D,\mathrm{LN}}^2}{2} \right) \mathrm{erfc}\left(\frac{\ln D_{\min} - \mu_{D,\mathrm{LN}} - n\sigma_{D,\mathrm{LN}}^2}{\sqrt{2}\sigma_{D,\mathrm{LN}}} \right)$$

$$\langle V(z)\rangle = \frac{1}{2}\sum_{n=0}^{1} c_n \exp\left(n\mu_{t,\mathrm{LN}} + n^2 \frac{\sigma_{t,\mathrm{LN}}^2}{2} \right) \mathrm{erfc}\left(\frac{\ln t_{\min} - \mu_{t,\mathrm{LN}} - n\sigma_{t,\mathrm{LN}}^2}{\sqrt{2}\sigma_{t,\mathrm{LN}}} \right)$$

图 9.4 为计算的 RSM，其参数与图 9.3 中的相同。这似乎表明，条纹结构对同时存在尺寸和形状波动高度敏感。实际上，由于在面内和面外方向上有两个独立地起作用的分布，所以现在沿这两个方向而不是径向方向形成条纹宽化。特别是在此情况下完全没有平行于平行六面体的对角线的斜条纹。图 9.4(e)、(f)显示了尺寸波动各向异性的薄膜的计算图。图 9.4(e)对应薄膜的面外尺寸波动很大($\sigma_t = \mu/3$)，而面内波动可以忽略不计；图 9.4(f)对应面内尺寸波动很大且面外波动可以忽略不计的薄膜。由于实际的 RSM 通常在 q_z 方向上显示出明显的厚度条纹，而在 q_x 方向上没有观察到这种条纹，因此对图 9.4(f)的情形有特别的期待。

上面介绍的所有计算仅涉及对二维傅里叶变换的简单估算，并且对尺寸和形状波动的考察没有显著增加计算时间。因此，通过对计算和观察到的 RSM 比较，有可能获得有关薄膜纳米结构的定量信息，包括晶粒大小、形状及其分布。然而，在大多数情况下，薄膜还表现出晶格应变，如果需要可靠的结果，应考虑这一点。这是下一节的主题。

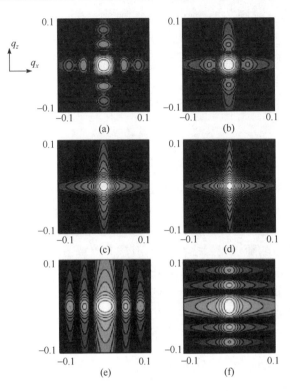

图 9.4　由平行六面体晶粒构成的薄膜的对数正态分布倒易空间图

边的平均尺寸为 $\mu_D \times \mu_D \times \mu_t (\mu_D = \mu_t = 20\ \mathrm{nm})$，且标准偏差 σ_D 和 σ_t 增大；(a) $\sigma_D = \sigma_t = \mu/12$；(b) $\sigma_D = \sigma_t = \mu/6$；(c) $\sigma_D = \sigma_t = \mu/3$；(d) $\sigma_D = \sigma_t = \mu/2$；(e) $\sigma_D = \mu/12$，$\sigma_t = \mu/3$；(f) $\sigma_D = \mu/3$；$\sigma_t = \mu/12$

9.3　晶格应变

9.3.1　统计性

描述应变诱发效应需要估算对相关函数 $G(x, 0, z)$[式(9.5)]：

$$G(x,0,z) = \left\langle \exp\left\{ \mathrm{i} \boldsymbol{h}\left[\boldsymbol{u}(x,z) - \boldsymbol{u}(0) \right] \right\} \right\rangle_{(x,z)} \tag{9.11}$$

下标 (x, z) 表示已在所有 (x, z) 平面上取平均。与主要基于几何考虑的 $V(x, 0, z)$ 估算相反，$G(x,0,z)$ 的估算不太直接，因为它与缺陷引起的位移场有直接关系。氧化物材料的一个重要问题是，[与如金属或半导体(Ⅲ-Ⅴ或Ⅳ-Ⅳ)材料相比]其缺陷结构通常难以察觉，并且氧化物材料可能表现出不同类型的高密度缺陷。例如，氧和阳离子非化学计量比、面缺陷和位错这些同时并存，在氧化物体系的研究中并不罕见[19,20]。对这些材料中应变状态的"微观"描述(即通过考虑与每种缺陷类型相关的位移场)是极其困难的。这里我们宁愿选择重新建立唯象应变状态的描述,这样就不需要知道所研究材料的缺陷结构。这种方法的明显缺点是得到的唯象参数可能无法直接在物理基础上解释。

接下来,使用标准的小位移近似值,以便可以将位移降到一阶。例如,得到 u_x 分量:

$$u_x(x,0,z) - u_x(0) = \frac{\partial u_x}{\partial x}x + \frac{\partial u_x}{\partial z}z = e_{xx}x + e_{zz}z \tag{9.12}$$

其中, e_{ij} 是应变张量的分量。下一节将对这些项进行更详细的描述。我们首先看一下空间平均值⟨·⟩的估算。考虑到晶体中某点 r 上的位移差 $u(x, 0, z)-u(0)$ 是晶体中所有缺陷引起的全部位移的总和,因此通常必须借助中心极限定理,该定理指出,相同分布的随机变量之和(具有有限方差)收敛于正态分布。这种方法非常普遍[10,12]。其主要缺点是对 XRD 峰的预测为高斯形,但经常会遇到非高斯峰形[21-24]。为了克服这一困难,最近我们建议[24,25]利用广义中心极限定理,其中有限方差的约束被舍弃[26,27]。在这种情况下,相同分布的随机变量的总和收敛为莱维(Lévy)稳定分布。该分布没有一般的近似公式,通常用其特征函数来定义[28]:

$$\tilde{L}_{\gamma,\eta}(k) = \langle \exp(ikx) \rangle = \int dx \cdot L_{\gamma,\eta}(x)\exp(ikx) \tag{9.13a}$$

和

$$\ln\tilde{L}_{\gamma,\eta} = i\mu^0 k - \frac{1}{2}\sigma^\gamma |k|^\gamma \left[1 - i\eta\frac{k}{|k|}\omega_\gamma(k)\right] \tag{9.13b}$$

如果 $\gamma \neq 1$, 则 $\omega_\gamma(k) = \tan(\pi\gamma/2)[(v|k|)^{1-\gamma}-1]$, 如果 $\gamma = 1$, 则 $\omega_\gamma(k)=(2/\pi)\ln(v|k|)$。该分布是四个参数的函数: $\mu^0 \in]-\infty, \infty[$, 与分布的模有关; $\sigma \in [0, \infty[$, 是其特征宽度(高斯分布情形的方根差或洛伦兹函数情形的半高宽); $\gamma \in]0,2]$, 是一个形状参数(例如, $\gamma = 2$ 对应高斯形, $\gamma = 1$ 对应洛伦兹形等); $\eta \in [-1,1]$, 是一个不对称参数。图 9.5 是这些参数取不同的值时得到的几种分布。

为了简化表示法,我们仅考虑对称分布(事实上实际遇到的绝大多数情况都是如此)。使用式(9.12)和式(9.13)的 a、b, $G(x, 0, z)$ 最终可以表示为

$$G(x,0,z) = \exp\left\{i\left[\overline{e}_{xx}h_x x + \overline{e}_{zz}h_z z + \overline{e}_{xz}^{(S)}(h_x z + h_z x) + \overline{e}_{xz}^{(R)}(h_x z - h_z x)\right]\right\}$$

$$\times \exp\left\{-\frac{1}{2}\left[\varepsilon_{xx}^\gamma |h_x x|^\gamma + \varepsilon_z^\gamma |h_z z|^\gamma + \varepsilon_{xz}^{(S)\gamma}|h_x x + h_z z|^\gamma + \varepsilon_{xz}^{(R)\gamma}|h_z z + h_z x|^\gamma\right]\right\}$$

$$\tag{9.14}$$

其中, $\overline{e}_{ij}$ 是均匀应变张量的分量(对应 e_{ij} 分布的模); ε_{ij} 是非均匀应变张量的分量(对应 e_{ij} 分布的特征宽度)。指数(S)和(R)分别是指剪切分量和转动分量:

$$e_{xz}^{(S)} = \frac{1}{2}\left(e_{xz} + e_{zx}\right) \text{ 和 } e_{xz}^{(R)} = \frac{1}{2}\left(e_{xz} + e_{zx}\right)$$

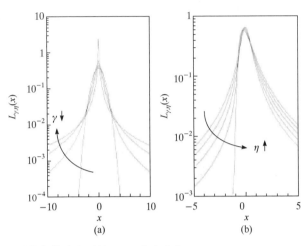

图 9.5 (a)形状参数减小时的 Lévy 稳定分布($\gamma = 2$，$\gamma = 1.5$，$\gamma = 1$，$\gamma = 0.5$)；

(b)不对称参数增大时的 Lévy 稳定分布($\eta = 0$，$\eta = 0.25$，$\eta = 0.5$，$\eta = 0.75$，$\eta = 1$)

分别对应于纯剪切应变和刚性转动。对于对称反射，式(9.14)可简化为

$$G(x,0,z) = \exp\left\{i\left[\overline{e}_{zz}h_z z + \left(\overline{e}_{xz}^{(C)} - \overline{e}_{xz}^{(R)}\right)h_z x\right]\right\}$$

$$\times \exp\left\{-\frac{1}{2}\left[\varepsilon_{zz}^{\gamma}|h_z z|^{\gamma} + \left(\varepsilon_{xz}^{(C)\gamma} + \varepsilon_{xz}^{(R)\gamma}\right)|h_z x|^{\gamma}\right]\right\} \tag{9.15}$$

由式(9.15)推导出一些众所周知的结果：

1) $\overline{e}_{zz}$ 项(面外均匀应变)引起沿 Q_z 方向的峰位移 $\overline{e}_{zz} \times h_z$。

2) $\overline{e}_{xz}^{(C)} - \overline{e}_{xz}^{(R)} = \overline{e}_{zz}$ 项给出垂直 Q_z 的位移 $\overline{e}_{zx} \times h_z$。

3) ε_{zz} 项(面外非均匀应变)引起沿 Q_z 的宽化。

4) $\varepsilon_{xz}^{(C)} + \varepsilon_{xz}^{(R)}$ 项(非均匀剪切和转动)引起垂直于 $Q_z \cdot \varepsilon_{xz}^{(R)}$ 的宽化，对应镶嵌块。

最后，必须强调以下几点：

1) 在对称分布的情况下，μ^0 对应于算术平均值 $\langle x \rangle$。

2) 当$\gamma = 2$ 时(高斯分布)，ε_{ij} 项对应于均方根应变。

9.3.2 空间性

如上所述，对对称反射的横向峰形(Q_x)分析有助于获得非均匀分量 $\varepsilon_{xz}^{(C)} + \varepsilon_{xz}^{(R)}$。现在有大量的实例显示这些 Q_x 扫描谱由高而尖锐的布拉格(相干)峰和漫散射展宽

峰叠加而成。对于氧化物，可以在文献[24]、[29]~[35]中找到许多实验示例。在文献[25]中引用了其他示例。在 Krivoglaz 的理论框架内可以理解这种现象[36]：相干峰来自晶体材料固有的长程有序，而展宽峰来自位移 $u(r)$ 的短程相关性。在高斯应变分布的情况下，相干峰的强度会因为所谓的静态德拜-沃勒因子 $R = |\langle \exp(ihu) \rangle|^2$ 而降低。这两种叠加峰形在薄膜中频频出现(与块体材料或单晶相比)的原因解释如下[37]：在薄膜中，空间平均 $\langle . \rangle$ 被有限的薄膜厚度截断，因此即使对于(第二类)缺陷(若是块体材料，则 $R = 0$)，静态的德拜-沃勒因子也不会降为零。关于这种效应最详尽的描述是失配位错[37-39]。在这里提出一种更通用的方法，不需要对所涉及缺陷的性质有确切的了解。

让我们来看一个对称反射的 Q_x 扫描。在不失一般性的前提下，仅考虑镶嵌的影响(即 $\varepsilon_{xz}^{(C)} = 0$)，并假设晶面总体垂直于 z 轴(即 $\overline{e}_{zx} = 0$)。那么式(9.15)简化为

$$G(x,0,z) = \exp\left(-\frac{1}{2}\varepsilon_{xz}^{\gamma}|h_z x|^{\gamma}\right) \tag{9.16}$$

对于 $\gamma = 2$(高斯应变分布)，我们得到了众所周知的结果，在粉末衍射谱中，它被称为衍射线形的应变致傅里叶系数[10]。再来看乘积 $\varepsilon_{xz}^2 \times x^2$，与式(9.11)比较，可知该项对应位移差 $u_z(x) - u_z(0)$ 的方差。的确，在小位移情况下，$u_z(x) - u_z(0) = [\partial u_z(x)/\partial x] \times x$，因此：

$$\sigma^2(x) = \left\langle [u_z(x) - u_z(0)]^2 \right\rangle = \left\langle \left[\frac{\partial u_z(x)}{\partial x}\right]^2 \right\rangle x^2$$

$$= \left\langle e_{xz}^2 \right\rangle x^2 = \varepsilon_{xz}^2 x^2$$

方差也可演化为下式：

$$\sigma^2(x) = \left\langle [u_z(x) - u_z(0)]^2 \right\rangle = 2\left\langle u_z^2 \right\rangle - 2\left\langle u_z(x)u_z(0) \right\rangle$$

$$= \sigma_{\infty}[1 - r(x)]$$

其中，$\sigma_{\infty}^2 = 2\left\langle u_z^2 \right\rangle$ 是无序度，而 $r(x) = \left\langle u_z(x)u_z(0) \right\rangle / \left\langle u_z^2 \right\rangle$ 是位移的相关函数。可以讨论两种极端情况。首先，对于不相关的位移，$r(x) = 0$，G 函数与空间变量 x 无关，并且如上所述，相干布拉格峰的强度仅降低了 $\exp(-h_z^2 \sigma_{\infty}^2/2)$。其次，相反情况下，即完全的相关位移，可以写出 $r(x) = 1-(x/\xi)^2$，故有 $\sigma(x) = (\sigma_{\infty}/\xi) \times x$，其中 ξ 是位移相关长度。我们得到与式(9.16)完全相同的结果。其中 $\varepsilon_{xz} = \sigma(x)/x = \sigma_{\infty}/\xi$。这产生一个宽的漫散峰。

为了说明两分量(相干和漫射)线形，Miceli 等[21,40]建议将 ξ 解释为截止长度。因此，当 $x \ll \xi$ 时，位移是相关的，这样 $\sigma(x) = \varepsilon_{xz} \times x$(会产生宽的漫散峰)，而当 $x \gg \xi$ 时，位移是不相关的且 $\sigma(x) = \sigma_{\infty}$(产生布拉格尖峰)。在描述缺陷诱发效应时 $\sigma(x)$ 的行为似乎必不可少。我们建议将 $\sigma(x)$ 表示为[25]

$$\sigma(x) = \sigma_\infty \left\{ 1 - \exp\left[-\left(\frac{x}{\xi}\right)^{1/w} \right] \right\}^{Hw} \tag{9.17}$$

该公式满足了上述要求。的确，当 $x \gg \xi$ 时，$\sigma(x) = \sigma_\infty$，而当 $x \ll \xi$ 时，$\sigma(x) = \sigma_\infty$ $(x/\xi)^H$。参数 H 取决于缺陷的性质。当 $H = 1$ 时，得到与上文 $\varepsilon_{xz} = \sigma_\infty/\xi$ 相同的结果。当 $H \neq 1$ 时，非均匀应变与空间坐标 x 有非线性关系，即 $\varepsilon_{xz} = \sigma_\infty/(\xi^H x^{1-H})$。例如，对应 $H = 0.5$ 形状的衍射峰形已被报道，是来自随机取向位错引起的应变场[41-43]。参数 w 调整相关-非相关区之间过渡区的宽度。图 9.6 中给出了不同 w 值条件下，$\sigma(x)$ 和 $\varepsilon_{xz}(x)$ 关于 x 的曲线。

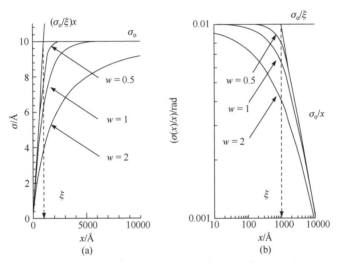

图 9.6　(a)不同 w 值的 $\sigma(x)$-x 的关系曲线；(b)对于不同的 w 值，$\varepsilon_{xz} = \sigma(x)/x$-$x$ 曲线
在两种情况下，$H = 1$，$\varepsilon_{xz} = \sigma_\infty/\xi = 10^{-2}$，$\xi = 1000\ \text{Å}$

使用式(9.8)、式(9.15)和式(9.17)可以描述范围广泛的衍射图。计算图谱如图 9.7 所示，其中 $\gamma = 2$，$H = 1$，$w = 1$，并假设 $D = 500\ \text{nm}$ 的立方晶体。在每个图中，绘制了对应于不同反射级($h = 1\ \text{Å}^{-1}$、$2\ \text{Å}^{-1}$、$4\ \text{Å}^{-1}$ 和 $8\ \text{Å}^{-1}$)的几个峰形。每个图对应于不同水平的无序($\sigma_\infty = \varepsilon_{xz} \times \xi$)。在图 9.7(a)中，$\varepsilon_{xz} = 10^{-3}$，并且变形被限制在截止长度 $\xi = 10\ \text{nm}$ 的区域中。对于较小的衍射矢量 h($1\ \text{Å}^{-1}$ 和 $2\ \text{Å}^{-1}$)，线形对应变不敏感。只有当 h 取较大值时才会有明显的效应，清晰显示两个分量线形。随后，无序水平的增加可以通过两种方式发生：通过应变畴的扩展，或者通过应变畴内的应变水平的增大。图 9.7(b)、(c)分别对应每种情况。图 9.7(b)是镶嵌晶体的常规行为表现，其中峰宽线性依赖于 h 且没有相干峰。在图 9.7(c)中，低 h 时清楚地观察到两分量线形，而高 h 时恢复了镶嵌晶体的行为。进一步的细节可以在文献[25]中找到。

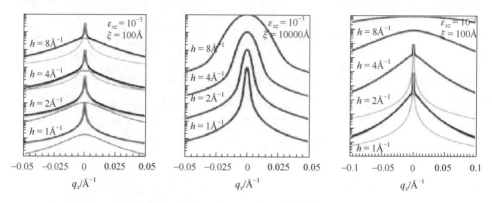

图 9.7　不同无序水平的计算曲线(黑线)

(a)$\varepsilon_{xz} = 10^{-3}$ 和 $\xi = 100$ Å; (b) $\varepsilon_{xz} = 10^{-3}$ 和 $\xi = 10000$ Å; (c)$\varepsilon_{xz} = 10^{-2}$ 和 $\xi = 100$ Å;深灰线表示漫散分量,
浅灰线表示相干分量

9.4　应 用 实 例

　　针对溶胶-凝胶法在(0001)蓝宝石基底上沉积生长(001)外延氧化钇稳定的氧化锆(YSZ)纳米颗粒,考察了以上模型的适用性。图 9.8(a)是在实验室衍射仪上记录的YSZ (002)反射的RSM[44]。图 9.8(c)是样品的典型原子力显微镜(AFM)图像。结果表明,纳米颗粒为大致圆柱形,厚度 t 约为 20 nm,直径 D 约为 150 nm。为

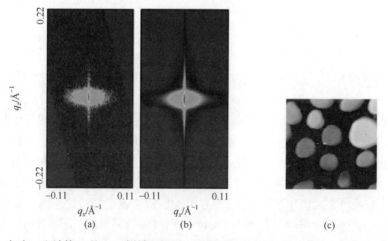

图 9.8　实验(a)和计算(b)的(002)倒易空间图,对应于(001) YSZ 外延岛;(c)岛的 AFM 图像
(图像尺寸= 1 μm × 1 μm)

了提取 RSM 中包含的微米和纳米结构信息，做出以下假设：使用六方棱柱近似粒子的形状，具有正态厚度分布，对数正态直径分布，并且应变状态通过式(9.15)和式(9.17)描述。使用式(9.10)计算总强度分布，结果显示在图 9.8(b)中。

从该模拟获得的结构参数如图 9.9 所示。简而言之，岛的平均厚度为 18 nm，分布的标准偏差为 5 nm[图 9.9(a)]，而岛直径为 127nm，标准偏差为 18 nm[图 9.9(b)]。这些值与 AFM 获得的形态学参数非常吻合。与 AFM 相比，XRD 的主要优势在于其包括数千个粒子的贡献，从而具有出色的统计代表性。对图 9.9(c)的分析表明，应变被限制在 17 nm 宽的区域内，该值与岛的厚度相对应(即应变场的横向扩展由厚度确定)。超过 $\xi \approx 17$ nm 时，晶格无序恒定，这引起晶格应变[$\varepsilon_{xz}(x) = \sigma(x)/x$]连续下降。值得注意的是，这种行为是失配位错引起的应变场的特征[40]。最后，可以通过检查从 RSM 提取的两个连续(00l)反射[(002)和(004)]的选定扫描来验证模拟的质量。图 9.10 显示了该模型可以完美拟合数据。特别是 Q_z 扫描的条纹结构以及 Q_x 扫描的两分量线形状都得到了完美的再现。

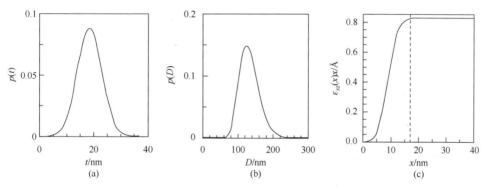

图 9.9　通过模拟获得的(a)厚度、(b)直径和(c)畸变[$\sigma(x) = \varepsilon_{xz}(x)x$]分布

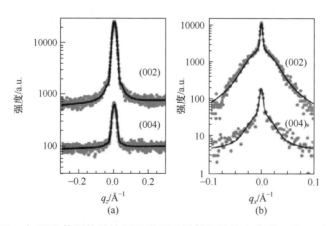

图 9.10　由 YSZ 外延粒子的(002)和(004)反射记录的 Q_z 扫描(a)和 Q_x 扫描(b)

灰色线：数据；黑色线：模拟

9.5　应变梯度

9.5.1　背景

在本节中，简要地讨论应变梯度的情况，这对外延膜的情形尤其重要。薄膜中的应变梯度可能是由生长过程中沉积条件的变化、不均匀的应变弛豫或界面处优先存在的缺陷(如失配位错[45])引起的。处理应变梯度时的主要问题是：三维统计均匀性条件明显不满足[这需要对式(9.4)做推导，9.2 节]，因为在这种情况下，面外应变 $u(z + \Delta z)- u(z)/\Delta z$ 是 z 的显函数。但是，仍然可以假定二维(面内)统计均匀性，因此可以分别考虑面外和面内强度分布。面内强度分布的计算如上所述[用式(9.9)]，而面外强度分布可表示为

$$I(q_z) = \left| F(\boldsymbol{Q}) \int dz \cdot \langle \Omega(z) \rangle \exp\left[i\boldsymbol{h} \cdot \boldsymbol{u}(z) \right] \exp(iq_z z) \right|^2 \tag{9.18}$$

其中，平均形状因子 $\langle \Omega(z) \rangle$ 的计算方式与相关体积的计算方式相似(9.2 节和 9.3 节)，从而包括厚度波动[46]。

9.5.2　应变分布反演

对式(9.18)的检验表明，位移分布，即函数 $\boldsymbol{u}(z) = f(z)$，不能从衍射强度的简单反演中直接获得，充其量只能获得 $\boldsymbol{u}(z + \Delta z)-\boldsymbol{u}(z) = f(\Delta z)$。这就是所谓的相位问题，通常使用以下方法之一解决。最复杂的方法是基于衍射振幅的数学性质(特别是运动学散射理论中，衍射振幅是电子密度的傅里叶变换这一事实)，可以使用高级的"相位反演"算法来复现振幅的相位[47-49]。这类方法的主要优点是它们不依赖于任何先验模型，并且所获得的解决方案原则上是明确的。缺点是它们的形式更复杂。另一种更常用的方法是将计算出的强度分布与观测数据拟合。在这种情况下，可以在动力学理论的框架内(使用 Takagi-Taupin 方程[50-53])或使用运动学理论[式(9.18)]来计算衍射强度。无论采用哪种理论，两种方法都存在一个共同的问题：如果已知缺陷结构，则可以使用物理上合理的模型来模拟应变分布[54-56]。相反，如果缺陷结构是未知的，也就是说，应变分布没有"假想"模型，那么通常会选择任意函数[57]。然而，在两种情况下，即使获得了良好的拟合，如果所选的应变分布函数与应变分布的实际形状不匹配，那么结果的有效性显然也值得怀疑。近来将简便的最小二乘拟合与独立建模方法结合起来[46,58]。

在后一种方法中，位移分布被分解为三次 B 样条基函数：

$$u(z) = \sum_{i-1}^{N} w_i B_{i,3}(z) \tag{9.19}$$

其中，w_i 是三次函数的第 i 个 B 样条的权重；$B_{i,3}(z)$、N 是用来计算 $u(z)$ 所选择的结数。方程式隐含性地假定位移是由三次样条函数正确描述的。这种假设有双重优点。首先，三次样条具有两个连续的导数，因此可以避免急剧变化。其次，对于给定的结数，三次样条以最小曲率插值，因此避免了在实验数据反转时可能遇到的非物理振荡。这个方法明显的缺点是不适合确有如预期的 $u(z)$ 突然变化体系，如多层膜的情况，每个界面都存在晶格常数[即 $u(z)$]的突变。在这种情况下，必须使用另一种方法[59]。三次 B 样条基函数的另一个有趣特点是其灵活的适用性：对位移分布细节可提供的程度高低完全取决于结数。增加结数则提供微小特征化 $u(z)$ 的能力增强，但同时也增加了 $u(z)$ 呈现剧烈振荡的可能性。相反，减少结数可导致 $u(z)$ 变得平滑，但增加了丢失微小细节的可能性。因此，必须谨慎选择结数，以便与所研究问题适配。图 9.11 显示了 B 样条的基函数图和相关的位移分布。

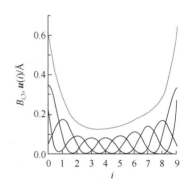

图 9.11 三次 B 样条基函数(黑色曲线)和相关的位移轮廓(灰色曲线)的示例图

9.5.3 示例

上面介绍的方法已用于测定通过金属有机化学气相沉积法在(001) $SrTiO_3$ 基底上生长的 $SmNiO_3$ 膜中的应变曲线[19]。XRD 在欧洲同步辐射(ESRF，法国格勒诺布尔)BM2 线站上完成。数据拟合采用了三种不同的模型。第一个模型假设薄膜/基底的衍射是相干的，而忽略了厚度波动。这种情况对应于通常模型，且对完美结构有效。第二个模型包括厚度波动(这里使用正态分布)。第三个模型假定薄膜/基底衍射不相干，且有厚度波动。图 9.12 显示了三种模拟[标记为(1)~(3)]。插图(A)和(B)中给出了峰左、右拖尾的放大图。这三个模型都很好地拟合了峰的中心部分，主要差异在峰形的拖尾处。模型(1)显然无法重现条纹结构；尤其是左侧的条纹反相。添加厚度变化后略微改善了右侧的一致性(尽管条纹略有相移)，但模拟显然是不可接受的。最后一个模型(3)的一致性最好。在整个角度范围条纹结构都能很好地重复。薄膜厚度是 84 nm，厚度波动为 1 nm。在这种情况下，由薄膜和基底衍射的波之间的相干性损失可能归因于在薄膜/基底界面处存在失配位错[46]。

从模拟中获得的应变分布如图 9.12(b)所示。在界面附近，薄膜处于拉伸应变，这是由于界面上存在氧空位[20]。在 5～20nm 之间是压应变，这是对面内拉伸应变(1.6%)的响应，表明该区域没有氧空位。随后的振荡有些难以解释。但是，观察到的振荡很可能是由沉积过程中氧气压力的不稳定所致。

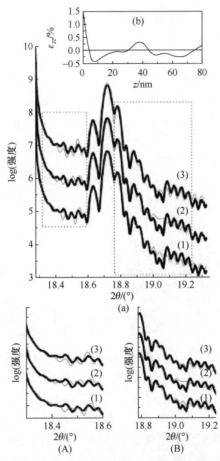

图 9.12　(a)在 $SrTiO_3$ 上外延生长 $SmNiO_3$ 的(002)衍射曲线，从(1)到(3)标记的曲线分别对应使用模型(1)、模型(2)和模型(3)，粗曲线代表实验数据，细曲线代表拟合曲线；(b)模拟应变分布图；插图(A)为左尾部的放大图；插图(B)为右尾部的放大图

9.6　结　论

关于氧化物薄膜的微米和纳米结构的详细信息可以通过高分辨率的倒易空间

扫描以及衍射强度分布的数值模拟获得。简单的几何考虑正好说明了纳米粒子尺寸和形状以及尺寸和形状分布的影响。为了描述薄膜所包含的应变场的统计性和空间性，已开发出一种唯象方法(即与所涉及缺陷的性质无关)。最后，使用 B 样条函数可以发现贯穿薄膜厚度的应变梯度分布。

(Alexandre Boulle，Florine Conchon，René Guinebretière)

参 考 文 献

[1] Chambers S A. Epitaxial growth and properties of thin film oxides. Surf Sci Rep, 2000, 39: 105-180.

[2] Norton D P. Synthesis and properties of epitaxial electronic oxide thin-film materials. Mater Sci Eng, R, 2004, 43: 139-247.

[3] Fernandez-Garcia M, Martinez-Arias A, Hanson J C, Rodriguez J A. nanostructured oxides in chemistry: characterization and properties. Chem Rev, 2004, 104: 4063-4104.

[4] Pavlov K M, Punegov V I. Statistical dynamical theory of X-ray diffraction in the Bragg case: application to triple-crystal diffractometry. Acta Crystallogr Sect A, 2000, 56: 227-234.

[5] Kirste L, Pavlov K M, Mudie S T, Punegov V I, Herres N. Analysis of the mosaic structure of an ordered (Al,Ga) N layer. J Appl Crystallogr, 2005, 38: 183-192.

[6] Babkevich A Y, Cowley R A, Mason N J, Weller S, Stunault A. X-ray scattering from dislocation arrays in GaSb. J Phys: Condens Matter, 2002, 14: 13505-13528.

[7] Ratnikov V, Kyutt R, Shubina T, Paskova T, Valcheva E, Monemar B. Bragg and Laue X-ray diffraction study of dislocations in thick hydride vapor phase epitaxy GaN films. J Appl Phys, 2000, 88: 6252-6259.

[8] Boulle A, Legrand C, Guinebretiére R, Mercurio J P, Dauger A. X-ray diffraction line broadening by stacking faults in $SrBi_2Nb_2O_9/SrTiO_3$ epitaxial thin films. Thin Solid Films, 2001, 391: 42-46.

[9] Boulle A, Canale L, Guinebretiére R, Girault-Di Bin C, Dauger A. Defect structure of pulsed laser deposited $LiNbO_3/Al_2O_3$ layers determined by X-ray diffraction reciprocal space mapping. Thin Solid Films, 2003, 425: 55-62.

[10] Warren B E. X-ray Diffraction. Addison: Addison-Wesley, 1969.

[11] Authier A. Dynamical Theory of X-ray Diffraction, IUCr Monographs on Crystallography. Oxford: Oxford University Press, 2005.

[12] Pietsch U, Holy V, Baumbach T. High Resolution X-ray Scattering: from Thin Films to Lateral Nanostructures. Berlin: Springer-Verlag, 2004.

[13] Nesterets Y I, Punegov V I. The statistical kinematical theory of X-ray diffraction as applied to reciprocal-space mapping. Acta Crystallogr Sect A, 2000, 56: 540-548.

[14] James R W. The Optical Principles of the Diffraction of X-rays. London: G. Bell and Sons Ltd, 1967.

[15] Boulle A, Conchon F, Guinebretiere R. Reciprocal-space mapping of epitaxic thin films with crystallite size and shape polydispersity. Acta Crystallgor Sect A, 2006, 62: 11-20.

[16] Kiss L B, Soderlund J, Niklasson G A, Granqvist C G. New approach to the origin of lognormal size distributions of nanoparticles. Nanotechnology, 1999, 10: 25-28.

[17] Scardi P, Leoni M. Diffraction line profiles from polydisperse crystalline systems. Acta Crystallogr Sect A, 2001, 57: 604-613.

[18] Thompson C V. Grain growth in thin films. Annu Rev Mater Sci, 1990, 20(1): 245-268.

[19] Conchon F, Boulle A, Guinebretiére R, Girardot C, Pignard S, Kreisel J, Weiss F, Dooryhee E, Hodeau J L. Effect of tensile and compressive strains on the transport properties of $SmNiO_3$ layers epitaxially grown on (001) $SrTiO_3$ and $LaAlO_3$ substrates. Appl Phys Lett, 2007, 91: 192110.

[20] Conchon F, Boulle A, Guinebretiere R, Dooryhee E, Girardot C, Pignard S, Weiss F, Kreisel J, Libralesso L, Lee T L. Investigation of strain relaxation mechanisms and transport properties in epitaxial $SmNiO_3$ films. J Appl Phys, 2008, 103: 12350.

[21] Miceli P F, Palmstrøm C J. X-ray scattering from rotational disorder in epitaxial films: an unconventional mosaic crystal. Phys Rev B, 1995, 51: 5506-5509.

[22] Zhu Q, Botchkarev A, Kim W, Aktas O, Salvador A, Sverdlov B, Morkoc H, Tsen S C Y, Smith D J. Structural properties of GaN films grown on sapphire by molecular beam epitaxy. Appl Phys Lett, 1996, 68: 1141-1143.

[23] Wildes A R, Cowley R A, Ward R C C, Wells M R, Jansen C, Wireen L, Hill J P. The structure of epitaxially grown thin films: a study of niobium on sapphire. J Phys: Condens Matter, 1998, 10: L631-L637.

[24] Boulle A, Guinebretiere R, Dauger A. Highly localized strain fields due to planar defects in epitaxial $SrBi_2Nb_2O_9$ thin films. J Appl Phys, 2005, 97: 073503.

[25] Boulle A, Guinebretiere R, Dauger A. Phenomenological analysis of heterogeneous strain fields in epitaxial thin films using X-ray scattering. J Phys D: Appl Phys, 2005, 38: 3907-3920.

[26] Feller W. An Introduction to Probability Theory and its Applications. New York: John Wiley & Sons, Inc., 1970.

[27] Montroll E W, Schlesinger M F. Maximum entropy formalism, fractals, scaling phenomena, and $1/f$ noise: a tale of tails. J Stat Phys, 1983, 32: 209-230.

[28] Nolan J P. Parameterizations and modes of stable distributions. Stat Prob Lett, 1998, 38(2): 187-195.

[29] Becht M, Wang F, Wen J G, Morishita T. Evolution of the microstructure of oxide thin films. J Cryst Growth, 1997, 170: 799-802.

[30] Castel X, Guilloux-Viry M, Perrin A, Lesueur J, Lalu F. High crystalline quality CeO_2 buffer layers epitaxied on (1102) sapphire for $YBa_2Cu_3O_7$ thin films. J Cryst Growth, 1998, 187: 211-220.

[31] Zaitsev A G, Ockenfuss G, Guggi D, Wordenweber R, Kruger U. Structural perfection of (001) CeO_2 thin films on (1102) sapphire. J Appl Phys, 1997, 81: 3069-3072.

[32] Cho M H, Ko D H, Choi Y K, Lyo I W, Jeong K, Kim T G, Song J H, Whang C N. Structural characteristics of Y_2O_3 films grown on oxidized Si(111) surface. J Appl Phys, 2001, 89: 1647-1652.

[33] Lin W J, Hatton P D, Baudenbacher F, Santiso J. A high-resolution synchrotron X-ray scattering study of the surface and interface structures of YBa2Cu3Ox thin films. Physica B, 1998, 248: 56-61.

[34] Nashimoto K, Fork D K, Anderson G B. Solid phase epitaxial growth of sol-gel derived Pb(Zr,Ti)O3 thin films on SrTiO3 and MgO. Appl Phys Lett, 1995, 66: 822-824.

[35] Hur T B, Hwang Y H, Kim H, et al. Study of the structural evolution in ZnO thin film by *in situ* synchrotron X-ray scattering. J Appl Phys, 2004, 96(3): 1740-1742.

[36] Krivoglaz M A. Theory of X-ray and Thermal Neutron Scattering by Real Crystals. New York: Plenum, 1969.

[37] Barabash R I, Donner W, Dosch H. X-ray scattering from misfit dislocations in heteroepitaxial films: the case of Nb(110) on Al2O3. Appl Phys Lett, 2001, 78: 443-445.

[38] Li K, Miceli P F, Lavoie C, Tiedje T, Kavanagh K L. X-ray diffuse scattering from misfit dislocation at buried interface. Mater Res Soc Symp Proc, 2001, 673: P491.

[39] Kaganer V M, Kohler R, Schmidbauer M, Opitz R, Jenichen B. X-ray diffraction peaks due to misfit dislocations in heteroepitaxial structures. Phys Rev B, 1997, 55: 1793-1810.

[40] Miceli P F, Weatherwax J, Krenstel T, Palmstrøm C J. Specular and diffuse reflectivity from thin films containing misfit dislocations. Physica B, 1996, 221: 230-234.

[41] Rothman R L, Cohen J B. X-ray study of faulting in b.c.c. metals and alloys. J Appl Phys, 1971, 42: 971-979.

[42] Adler T, Houska C R. Simplifications in the X-ray line-shape analysis. J Appl Phys, 1979, 50: 3282-3287.

[43] Balzar D.Voigt-function model in diffraction line-broadening analysis//Snyder R L, Fiala J, Bunge H J. Defect and Microstructure Analysis by Diffraction. Oxford: Oxford University Press, 1999: 94-126.

[44] Boulle A, Masson O, Guinebretiere R, Lecomte A, Dauger A. A high-resolution X-ray diffractometer for the study of imperfect materials. J Appl Crystallogr, 2002, 35: 606-614.

[45] Nicola L, van der Giessen E, Gurtin M E. Effect of defect energy on strain-gradient predictions of confined single-crystal plasticity. J Mech Phys Sol, 2005, 53: 1280-1294.

[46] Boulle A, Conchon F, Guinebretiere R. Strain profiles in thin films: influence of a coherently diffracting substrate and thickness fluctuations. J Appl Crystallogr, 2009, 42: 85-92.

[47] Nikulin A Y. Phase-retrieval X-ray diffractometry: a tool for unambiguous characterization of crystalline materials. Recent Res Dev Appl Phys, 1998, 1: 1-21.

[48] Vartanyants I, Ern C, Donner W, Dosch H, Caliebe W. Strain profiles in epitaxial films from X-ray Bragg diffraction phases. Appl Phys Lett, 2000, 77: 3929-3931.

[49] van der Veen F, Pfeiffer F. Coherent X-ray scattering. J Phys: Condens Matter, 2004, 16: 5003-5030.

[50] Bartels W J, Hornstra J, Lobeek D J W. X-ray diffraction of multilayers and superlattices. Acta Crystallogr Sect A, 1986, 42: 539-545.

[51] Halliwell M A G, Lyons M H, Hill M J. The interpretation of X-ray rocking curves from Ⅲ-Ⅴ semiconductor device structures. J Cryst Growth, 1984, 68: 523-531.

[52] Takagi S. A dynamical theory of diffraction for a distorted crystal. J Phys Soc Jpn, 1969, 26: 1239-1253.

[53] Taupin D. Théorie dynamique de la diffraction des rayons X par les cristaux déformés. Bull Soc Franc Minér Crist, 1964, 87(4): 469-511.

[54] Hironaka Y, Yazaki A, Saito F, Nakamura K G, Takenaka H, Yoshida M. Evolving shock-wave profiles measured in a silicon crystal by picosecond time-resolved X-ray diffraction. Appl Phys Lett, 2000, 77: 1967-1969.

[55] Klappe J G E, Fewster P F. Fitting of rocking curves from ion-implanted semiconductors. J Appl Crystallogr, 1994, 27: 103-110.

[56] Milita S, Servidori M. X-ray rocking-curve analysis of crystals with buried amorphous layers. Case of ion-implanted silicon. J Appl Crystallogr, 1995, 28: 666-672.

[57] Steinfort A J, Scholte P M L O, Ettema A, Tuinstra F, Nielsen M, Landemark E, Smilgies D M. Strain in nanoscale germanium hut clusters on Si(001) studied by X-ray diffraction. Phys Rev Lett, 1996, 77: 2009-2012.

[58] Boulle A, Masson O, Guinebretiere R, Dauger A. A new method for the determination of strain profiles in epitaxic thin films using X-ray diffraction. J Appl Crystallogr, 2003, 36: 1424-1431.

[59] Dilanian R A, Nikulin A Y, Darahanau A V, Hester J, Zaumseil P. Application of phase-retrieval X-ray diffractometry to carbon doped SiGe(C)/Si(C) superlattice structures. II. High resolution reconstruction using neural network root finder technique. J App Phys, 2006, 99: 113526.

第 三 部 分

相分析和相变

第10章 Rietveld 法定量相分析

10.1 引　言

在分析科学中，粉末衍射最常见的用途是鉴定感兴趣的样品中晶体的成分或相。该方法在成分分析方面的广泛应用源于：衍射谱是直接由相的晶体结构产生。但是，一旦确定了多相样品中相的性质，衍射专家问的下一个问题通常是"每个相含量有多少？"

衍射数据定量相分析(QPA)的数学基础已经牢固建立，在理想情况下，QPA应该是相对简单的科学。但因有大量的影响因素，其中大多数是实验性的，可能会使结果的准确性降低。其中一些如峰位和峰强测量的准确性、重叠峰的分辨率以及计数统计信息，与仪器的几何形状和数据收集条件有关，而其他误差源则来自与样品相关的问题。后者包括如择优取向(PO)(观测的相对强度与预期的随机取向粉末相对强度发生偏离)、晶粒尺寸和应变宽化(导致峰重叠加剧)和微吸收(相吸收入射光和衍射光的强烈能力被低估，误为弱吸收相)的影响。微吸收仍然是精确QPA的最大障碍，并且在 X 射线衍射中比中子衍射更为明显。

本章提供了来自衍射数据的 QPA 方法的一些背景知识。在国际晶体学联合会(IUCr)粉末衍射委员会(CPD)的主持下进行的 QPA 循环实验表明[1,2]：87%的参与者采集了实验室 X 射线衍射数据，而大多数参与者(75%)使用全谱模式，尤其是基于 Rietveld [3]的方法来分析其数据。

与传统的单峰法相比，Rietveld 法有可能产生更准确的结果。结果的改善源于以下事实：①图谱中所有的峰均对分析有所贡献，无论重叠程度如何；②通过对所有衍射峰进行处理，可以最大限度地减少一些与样品相关的因素(如 PO)的影响。使用某些(如峰宽和形状函数的)残差校正模型有助于进一步改善分析。

尽管 Rietveld 技术最初是为了精修晶体结构而开发的，但包含非结构信息的其他有用参数也可能使分析人员感兴趣，须精修这些参数以确保实测谱和计算谱有最佳拟合。具体可能包括与晶粒尺寸和应变有关的峰宽和峰形参数，或可能与晶体形态有关的 PO 参数。但是，目前本章感兴趣的多相混合物中相的含量则与 Rietveld 比例因子有关。

较早的文献[4-8]中对传统的"单峰"方法进行了广泛介绍，此外，Zevin 和 Kimmel 对该领域进行了详尽回顾[9]，读者可以从中获得更多详细介绍。由于 QPA 中 Rietveld 法的广泛使用，本章仅着重于 Rietveld 全谱方法的使用。数学理论讲述了各种改进方法，旨在获得与其说是相对不如说是绝对的相含量，并进行了详细讨论。还针对选定的几个 QPA 问题，介绍了一些研究和应用案例。

10.2　数 学 理 论

10.2.1　基于 Rietveld 的方法

Rietveld 方法使用模型来计算衍射图，然后将其与实测的数据进行比较，再通过最小二乘法来最小化计算与实测谱图之间的差值。模型中使用的精修参数为分析人员提供了相组分的晶体结构、晶粒尺寸和应变，尤其是其相对比例的信息。Rietveld 比例因子是每个组分对图谱的贡献因子，与相组分的相对含量有关，可用于做相的定量分析。

使用布拉格-布伦塔诺几何衍射仪，在无限厚①的平板样品上测量的多相混合物中 α 相的积分强度 I 由式(10.1)给出：

$$
I_{(hkl)\alpha} = \left(\frac{I_0 \lambda^3}{32\pi r} \frac{e^4}{m_e^2 c^4} \right) \times \left\{ \frac{M_{hkl}}{2V_\alpha^2} \left| F_{(hkl)\alpha} \right|^2 \times \left(\frac{1 + \cos^2 2\theta \cos^2 2\theta_m}{\sin^2 \theta \cos \theta} \right) \right.
$$
$$
\left. \times \exp\left[-2B \left(\frac{\sin \theta}{\lambda} \right)^2 \right] \right\} \times \frac{W_\alpha}{\rho_\alpha \mu_m^*}
$$

$$(10.1)$$

其中，I_0 是入射光束强度；e 是电子的电荷；m_e 是电子的质量；r 是从散射电子到

---

① 术语无限厚是指 X 射线被样品完全吸收，且多余的厚度对测量强度没有更多的贡献。但是 X 射线吸收是指数衰减的，所以没有无限厚样品真实存在。实际样品厚度常被定义为能提供理论无限厚样品的 99%强度的厚度。

探测器的距离；c 是光速；M_{hkl} 和 F_{hkl} 分别是 hkl 反射的多重性因子和结构因子；V 是单位晶胞体积；θ 和 θ_m 分别是 hkl 反射和单色器的衍射角；B 是平均原子位移参数(ADP)；W_α 和 ρ_α 分别是相 α 的质量分数和密度；μ_m^* 是整个样品的质量吸收系数。

仪器相关参数和取决于相的参数可以独立组合起来，分别定义为 C_1 和 C_2：

$$C_1 = \frac{I_0 \lambda^3}{32\pi r} \frac{e^4}{m_e^2 c^4} \tag{10.2}$$

$$C_2 = \frac{M_{hkl}}{2} \left| F_{(hkl)\alpha} \right|^2 \times \left(\frac{1 + \cos^2 2\theta \cos^2 2\theta_m}{\sin^2 \theta \cos \theta} \right) \times \exp\left[-2B \left(\frac{\sin\theta}{\lambda} \right)^2 \right] \tag{10.3}$$

那么式(10.1)简化为

$$I_{(hkl)\alpha} = C_1 \times C_2 \times \frac{W_\alpha}{\rho_\alpha} \times \frac{1}{\mu_m^*} \times \frac{1}{V_\alpha^2} \tag{10.4}$$

将各常数合并成一个常数 K，并令 $I_{(hkl)\alpha}$ 等于每个相的 Rietveld 总比例因子，可将 S_α 定义为

$$S_\alpha = \frac{K}{V_\alpha^2} \times \frac{W_\alpha}{\rho_\alpha} \times \frac{1}{\mu_m^*} \tag{10.5}$$

由于式(10.5)中含质量分数信息，因此可以重新整理导出 W_α：

$$W_\alpha = \frac{S_\alpha \rho_\alpha V_\alpha^2 \mu_m^*}{K} \tag{10.6}$$

K 作"实验常数"使用，使 W_α 变为绝对量值。O'Connor 和 Raven[10] 已经证明 K 仅取决于仪器条件，并且与个别相和总的样品相关参数无关。因此，对于给定的仪器配置，单次测量就足以确定 K。

对于每个相，可以从式(10.7)计算密度 ρ_α：

$$\rho_\alpha = 1.6604^{①} \times \frac{ZM_\alpha}{V_\alpha} \tag{10.7}$$

其中，ZM 是晶胞的质量(Z 是晶胞中的分子数，M 是分子量)；V 是晶胞的体积。

将式(10.7)代入式(10.6)中并重新整理，得

$$W_\alpha = \frac{S_\alpha (ZMV)_\alpha \mu_m^*}{K} \tag{10.8}$$

式中，$(ZMV)_\alpha$ 是 α 相的"校准常数"，可以单独从已发表的或已精修的晶体结构

---

① $1.6604 = 1024/6.022 \times 10^{23}$ 将 ρ 由 AMU/Å^3 转换为 g/cm^3。

信息中计算得出。K 的测定可通过：①测量纯标准物质相或单独测量实际问题所涉及的未知混合物；②使用样品中存在的某一已知含量相。只要所有仪器条件与测定 K 时所用的条件相同，以这种方式计算出的 K 值将适用于后续测量的校准。在许多应用中，这种方法很重要，因为它会在实验误差的范围内得出绝对相含量，此后称为外标法。尽管使用样品中的某一相来确定 K 可能被视为一种内标法，但在某些应用中，包括在原位研究中，此相可以通过如分解或溶解从体系中除去。但是，对于随后确定相含量 K 值仍然有效。

式(10.8)可直接用来分析可获得详细晶体结构信息的那些相。对于只有部分结构可用的相(如晶胞已指标化但没有原子坐标或占位因子)，可以使用所关注的相与被充分表征过、含量已知的标准物质的混合物来推导出 ZMV 经验值[11]。通过使用式(10.6)，也可以对部分结构可用的相做 QPA 分析，但需要通过直接测量获得的相的密度估值。

式(10.6)和式(10.8)所包含方法的局限性是：需要测量 K 和估算质量吸收系数 μ_m^*(包括用于确定 K 值的样品的以及每个感兴趣的样品的)。但是好处在于：可获得绝对而不是相对相含量，这使其在许多分析情况下都值得尝试。

μ_m^* 的值可以根据每个元素(或相)的理论质量吸收系数(μ_j^*)与样品中该元素(或相)的质量分数(W_j)的乘积之和计算得出。元素组成可以通过如 X 射线荧光 (XRF)测量来确定，并且使用这种方法比使用相成分更准确，因为它考虑了无定形材料，尽管这些无定形材料在衍射谱图中没有相应的峰，但仍然对质量吸收系数有影响：

$$\mu_m^* = \sum_{j=1}^{n} \mu_j^* W_j \tag{10.9}$$

对 K 的测量和对 μ_m^* 的测量或计算必不可少，这会增加整个实验的难度，须通过多种方式避免。对于简单的两相混合物，其中两个相 α 和 β 都是完全结晶的，它们的质量分数 W_α 和 W_β 之和等于 1，可以表示为[12]

$$W_\alpha = \frac{W_\alpha}{W_\alpha + W_\beta} \tag{10.10}$$

将式(10.10)中的相 α 和 β 代入式(10.8)可得到：

$$W_\alpha = \frac{S_\alpha (ZMV)_\alpha}{S_\alpha (ZMV)_\alpha + S_\beta (ZMV)_\beta} \tag{10.11}$$

或者，在多相样品中，将已知含量为 W_s 的内标 s 加到样品中，并采用式(10.8)计算分析相和内标相关系之比：

$$W_\alpha = W_s \times \frac{S_\alpha (ZMV)_\alpha}{S_s (ZMV)_s} \tag{10.12}$$

式(10.12)中包含的方法也可以用来获得绝对相含量 $W_{\alpha\,(absolute)}$，此后称为内标法。使用绝对相含量的好处之一是能够通过式(10.13)估算任何非晶相和/或未知相 $W_{(unknown)}$ 的存在和数量：

$$W_{(unknown)} = 1.0 - \sum_{k=1}^{n} W_{k(absolute)} \tag{10.13}$$

Chung[13,14]的矩阵冲洗法使用了附加约束，即所有相都是已知的并且包含在分析中。这种限制的结果是将分析的质量分数加入假定的晶体成分浓度(通常为 1)中。Hill 和 Howard[15]及 Bish 和 Howard [12]已将矩阵冲洗法应用于 Rietveld 分析场合，并表明 n 相混合物中相 α 的质量分数由下面关系式给出[①]：

$$W_\alpha = \frac{S_\alpha (ZMV)_\alpha}{\sum_{k=1}^{n} S_k (ZMV)_k} \tag{10.14}$$

在 QPA 中使用式(10.14)再次避免了测量仪器校准常数和估算样品质量吸收系数的必要性。但是，该方法将分析的质量分数之和归一化为 1。这种方法虽然在基于 Rietveld 的 QPA 中使用最广泛，并且几乎被普遍编写到 Rietveld 分析程序中，但只能产生正确的相对相含量。如果样品包含非晶相和/或少量未鉴定的结晶相，则分析的质量分数将被高估。例如，在原位研究中推导反应动力学时，如果需要绝对相含量，则必须使用绝对相含量的分析方法。

10.2.2　准确度提高

Madsen 和 Scarlett[8]详细讨论了在 QPA 精度和准确度估算中涉及的诸多问题。总之，Rietveld 分析软件产生的误差仅代表实测的和计算的图谱之间的数学拟合精度，而不代表整体的分析准确性。Madsen 和 Scarlett[8]证明，尽管 Rietveld 法衍生的误差可能很小，但 QPA 结果可能会受到样品相关效应(如微吸收)的严重影响，这在检查精修的结果或残差图时均不明显。虽然可以通过重复分析并报告重复平均值的标准偏差来获得精度水平，但仅通过对衍射数据的分析不能获得对准确度的估计。在这种情况下，必须求助于独立测量。例如，可以从 QPA 结果和每个相的已知(或测量)成分计算出样品的总化学含量。然后可以将这些值与从化学分析技术(如 XRF 光谱法)得出的值进行比较。计算和测量化学成分之间的任何差异通

---

　① Bish 和 Howard 运用矩阵冲洗法时保留使用了相密度，但本质上与 Hill 和 Howard 方法相同。

常都可以归因于衍射数据分析中与样品相关的问题。

有多种方法可以逐步提高准确度。IUCr CPD 在对三相组成的八种不同成分混合物做 QPA 循环法[1]分析时，总结了从参与者那里获得的结果。每个相的浓度水平为 1.2 wt%～94.8 wt%(wt%表示质量分数，后同)。研究中所使用的材料[刚玉(α-Al$_2$O$_3$)、红锌矿(ZnO)和萤石(CaF$_2$)]提供了一个相对"简单"的分析体系，以确定在理想条件下可以达到的准确度和精度。该样品被命名为"样品 1"，分"A"到"H"几个不同成分。

这里，使用的样品含有一定浓度范围的同相物质，以评估哪种方法能够提高准确度。情况并不像当初人们设想的那样。在许多矿物体系中，有相同或非常近似组成的矿物在矿体或生产线的不同地方浓度变化很大。使用高浓度的感兴趣矿物质样品来提高与物相相关的参数稳定性，会提高那些仅含有少量相的样品的总体准确度。

用铜靶、常规布拉格-布伦塔诺衍射仪，对混合物样品 1A～1G(由于 1H 基本上是 1G 的重复，故省略)进行 XRD 数据采集。每步计数时间为 4.0 s、1.0 s 和 0.2 s，来评估谱图计数统计数据对分析的总体影响。

数据以两种不同的方式进行分析。第一种方式涉及对每个数据集的常规、单独的 Rietveld 分析，使用基本参数方法对衍射峰建模[16]，使用嵌入 TOPAS 软件的 Rietveld 分析方法[17]。这种方法将实测峰形中的仪器和样品成分分开。使用标样确定仪器对图谱的影响，已知该标样没有样品相关问题(即峰宽化)。然后固定仪器参数以分析未知数据。在这些分析中，精修的全局参数包括背景、衍射仪 2θ 零点偏移和样品偏移。对于当前的三个相，精修的参数包括 Rietveld 比例因子、晶胞和 ADP、晶粒尺寸和微应变。Madsen 和 Scarlett[8]详细介绍了这种方法。

由于所有混合物都是使用相同的原料制备的，因此可以合理地预期，对于每个相，所有样品的晶胞尺寸、晶体学参数以及晶粒尺寸和应变都相同。在第二种方式中，同时分析所有数据集，并在所有数据集中将这些参数限制为相同的值。另外，对于所有数据集，一些与仪器相关的参数(如衍射仪 2θ 零点偏移)也被约束为同一值。数据集的特定参数，如谱图背景、样品偏移以及每个相的 Rietveld 比例因子，都可以独立定义。

第二种方式的一些重要优势包括：①减少了要精修的参数总数，从而改善实测值与参数的比值；②相的浓度参数稳定，否则相的浓度可能因太低而不能支持其独立地精修。对应的一个例子是刚玉 ADP 的精修。对于 X 射线辐射，刚玉具有最低的平均散射能力，因此在三相中的实测强度最低。在刚玉浓度低的情况下，数据不太可能支持对 Al 和 O 的 ADP 的精修。由于这些参数的精修是对刚玉浓度高达约 95 wt%的样品进行的，因此精修保持稳定性和物理真实性。在这种受限制的参数分析中，分别获得了 Al 和 O 的 ADP 的精修值 0.33(1)Å^2 和 0.30(1)Å^2。这些与 Pillet 等[18]和 Riello 等[19]报道的数值非常吻合。

表 10.1 总结了使用这些"单独"和"组合"分析得出的比较结果。通过计算所有 21 个测定值(7 个样品 × 每个样品中的 3 个相)的 $\sum\varDelta^2$ (其中 $\varDelta$= 测得的质量–称量值),可以实现对结果的总体估计。结果表明,对于更长的单步计数时间(4.0 s/步),准确度仅获得很小的提高,使用组合分析法时获得的略低的 $\sum\varDelta^2$ 证明了这一点。但是,当数据质量不太好时(如使用 0.2 s/步),使用组合分析方法可以显著改善 $\sum\varDelta^2$。在许多分析系统中,包括原位研究和在线衍射分析,通常需要使用较短的计数时间才能解决样品中随时间变化的问题,因此可能会降低数据质量。

表 10.1　定量相分析中来自 IUCr CPD 循环法的样品 1 的 7 个样品(1A~1G)的组合和单独分析的结果

类型	单步计数时间/s	R_{wp}	参数个数	$\sum\varDelta^2$	$\sum\varDelta^2$ 比值
组合分析	4.0	8.23	90	0.143	—
单独分析	4.0	7.86	198	0.170	1.19
组合分析	1.0	10.65	90	0.386	—
单独分析	1.0	10.31	198	0.525	1.36
组合分析	0.2	20.38	90	0.489	—
单独分析	0.2	20.17	198	0.815	1.67

注:R_{wp} 是总权重峰形 R 因子;$\sum\varDelta^2$ 是 21 次测定(7 个样品 ×3 个相)的测量浓度与已知(称量)浓度之间差的平方和;比值列中的值是单独/组合的 $\sum\varDelta^2$ 的比值。

在数据分析过程中,Stinton 和 Evans[20]更进一步将附加约束引入这种组合方法。这一过程中,他们使用了参数化方法,其中:①同时分析序列中的所有数据集;②外部参数(通常是所施加的温度)被用来进一步约束相关参数。他们合理地假设,在主相变期间,与物相有关的某些参数(如晶胞尺寸)只会作为所施加参数的函数以均匀且可预测的方式变化。他们不是单独精修每个数据集的晶胞尺寸,而是根据有效描述膨胀或收缩(热)系数的方程计算晶胞尺寸,从而进一步减小了参数与观测值的比值,并提高了精修过程的稳定性。但是,开发这种方法通常需要在开始单独运行变化的约束参数模型。

10.2.3　与热参数的关系

IUCr CPD 物相循环分析[1,2]识别出参与者的错误之一是:在 Rietveld 分析中使用了不正确的结构参数模型。几个参与者为 ADP 输入了不适当的值(例如,对本研究中简单而高度有序的相结构,选择了比正常预期大得多的值),且至少有一例,将该值设置为 0.0 Å^2。其他参与者报道的分析结果中,ADP 被精修为负值,这在物理上是不切实际的。

如果高 ADP 存在的话，其作用是可降低从中到高 2θ 角度范围的观察衍射强度。因此，ADP 值的选定(或精修)与 Rietveld 比例因子之间以及由此得出的 QPA 之间将具有高度的相关性。图 10.1 显示，刚玉中 Al 和 O 的 ADP 与刚玉 Rietveld 比例因子之间存在随 2θ 范围变化的相关性。在 2θ 的左端截止值处，此相关值的范围在 60%～80% 之间，导致 ADP 的精修值不稳定。

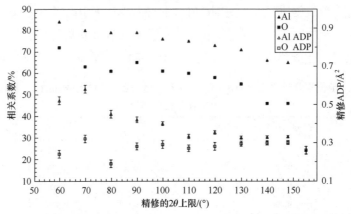

图 10.1　刚玉样品 1B(刚玉 94.3wt%)的 Al 和 O 原子位移参数(ADP)的精修值
与其 Rietveld 比例因子的相关系数

实心符号(上部)是相关系数(左轴)，而空心符号(下部)是精修的 ADP(右轴)；2θ=155°时 ADP 值是 Riello 等[19]发布的数据；可注意到，Riello 等给出的 Al 和 O 原子 ADP 数值几乎相等，在图中仅显示为一个点

为了测试各种 ADP 值对分析确定相含量的影响，采用刚玉中 Al 和 O 的各种 ADP 固定值(0.1 Å^2、0.5 Å^2 和 0.7 Å^2)，设定 2θ 上限为 80° 和 148°，重复了 10.2.2 节的同步精修。图 10.2 和表 10.2 显示了与精修 ADP 相比，不精修所确定的刚玉

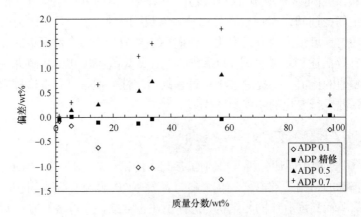

图 10.2　不同刚玉原子位移参数下刚玉的分析浓度偏差
精修的 2θ 上限为 148°

浓度的偏差。应该注意的是，虽然采用上限为 148° 的精修的 Al 和 O 的 ADP(分别为 0.33 Å² 和 0.30 Å²)与已公布的值吻合很好，但上限为 80° 的 ADP 严重偏离(0.45 Å² 和 0.19 Å²)。与 ADP 正确值的微小偏差会导致所确定的相含量出现很大误差。在使用低 ADP 值的情况下，刚玉的相含量被低估了(表 10.2 中的负 $\sum \Delta_{cor}$ 反映了这一点)，而高 ADP 值则导致含量的高估。

表 10.2　组合分析结果与刚玉原子位移参数的关系

Al 和 O 的 ADP/Å²	2θ 的上限/(°)	$\sum \Delta_{cor}$ (只考虑刚玉)	$\sum \Delta^2$ (考虑所有相)
0.10	148	−4.44	6.68
	80	−3.03	4.58
已精修	148	−0.29	0.14
0.33(1) Al	80	0.45	1.43
0.30(1) O			
0.50	148	2.77	2.71
	80	2.13	2.75
0.70	148	5.97	12.12
	80	4.66	8.22

注：$\sum \Delta^2$ 是 21 次测定(7 个样品 × 3 个相)的测量浓度与已知(称量)浓度之间差的平方和；$\sum \Delta_{cor}$ 是仅考虑刚玉的(测量−称量)值的总和。

当使用 0.5 Å² 的 ADP 值时，分析相含量的偏差高达 1wt%。对于像刚玉这样良好有序的氧化物结构，分析人员可以合理地接受和使用已报道的如此量级的 ADP 值。但是，为了获得最高水平的准确度，可能有必要使用纯物质相(或至少以感兴趣的相为主要成分)样品的高 2θ 范围的衍射数据来精修结构参数。对任何参数的精修都必须有数据支持，在这种前提下，使用 2θ 上限为 80° 的刚玉 ADP 精修会降低而非提高准确度。

10.3　在矿物和材料研究中的应用

10.3.1　水热溶液的结晶物

在 Webster 等[21] 的近期工作中，采用拜耳法从铝土矿中提取铝，通过成核和晶体生长机理及动力学的研究着重阐述了 10.2.1 节中一些方法的优缺点。具体而言，实验采用的合成拜耳液由载有铝的苛性溶液组成，并添加了若干晶种材料。$Al(OH)_3$ 的几种多晶型化合物(三水铝石、拜耳石和诺水铝石)从溶液中析出结晶至晶种材料上。结晶速率和相比例取决于所使用的样品条件，包括溶液中的 Al 和苛性碱浓度以及样品温度。

花了大约 3 h 的时间，在澳大利亚同步辐射①的粉末衍射光束线上收集 X 射线衍射数据，以追踪结晶的机理和速率。衍射仪安装了 Mython 检测器[22]，可以同时收集 2θ 范围达到 80° 的衍射图。使用波长 0.826 Å 来确保光束完全穿透样品。样品环境是用热吹风机将一个 1 mm 的石英玻璃毛细管加热至 60~75℃(Madsen 等[23]报道)。

作者使用 TOPAS 软件对数据进行了分析[17]。采用基本参数法[16]，并使用 NIST SRM660 LaB_6 标样的标准线形确定仪器的经验宽度和形状。对于研究中的样品，精修的参数包括 2θ 零点偏移、背景以及每个相的 Rietveld 比例因子、晶粒尺寸和应变及晶胞尺寸。

在反应的每个阶段，使用了许多不同的方法获得相含量。最开始使用式(10.14)推算出 QPA。许多 Rietveld 分析程序第一个输出的估算值是相含量。图 10.3 显示了添加针铁矿($FeOOH$)作为晶种的原位反应结果。

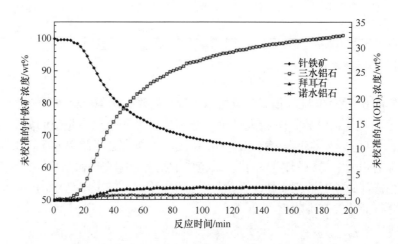

图 10.3　Webster 等[21]的晶种实验中的定量相分析结果

图中结果使用式(10.14)中的 Hill-Howard[15]关系式计算得出；请注意，随着溶液中结晶的 $Al(OH)_3$(右轴)多晶型增加，针铁矿表观浓度降低(左轴)

在反应开始时，当任何 $Al(OH)_3$ 多晶型产物结晶之前，图 10.3 显示针铁矿晶种浓度为 100 wt%，因为它是此时唯一的相。在形成三水铝石、拜耳石和诺水铝石时，针铁矿的浓度逐渐降低至约 65 wt%，反应结束时 $Al(OH)_3$ 总浓度达到约 35 wt%。但是，这些数据与下列事实矛盾：①针铁矿不太可能在该系统中溶解或以其他方

---

① 澳大利亚同步辐射机时授予号 AS091/PD1035。

式消耗；②已知样品中添加了针铁矿；③从溶液中获得的 Al 总量。在本例中，QPA 的问题源于以下事实：分析中仅考虑了结晶相，而且式(10.14)将其分析的质量分数之和归一化为 1。但是，反应开始时在溶液中的铝会在初始孕育期后的整个反应过程中连续形成结晶相。为了克服 QPA 结果中的异常现象，有必要整体考虑样品，即在整个实验过程中 X 射线束照射到的固体和液体两种相的浓度。

在该样品中，浓度为 14.13 wt%的针铁矿晶种浆料被注入到样品毛细管中。如果假设在这种环境下，针铁矿是不活泼的，便在反应过程中不会改变其浓度，那么它可以有效地用作内标确定 Al(OH)$_3$ 的绝对浓度。使用内标或"加标"方法得出的 QPA 结果如图 10.4 所示。

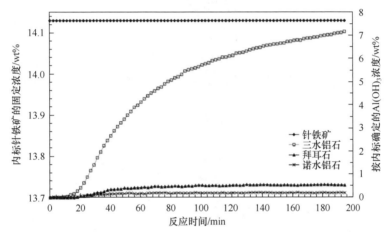

图 10.4 Webster 等[21]的晶种实验中的定量相分析结果
由式(10.12)中的关系计算得出绝对相含量；针
铁矿浓度(左轴)固定在反应开始时的已知添加量处(14.13 wt%)

现在将针铁矿的浓度固定在反应开始时的已知添加量处，然后用作内标。将 Al(OH)$_3$ 的多晶型化合物浓度定为绝对比例，从而可以推导不同温度下反应的相对速率。

但是，如果对针铁矿的活泼性尚存疑问，则有必要使用体现在式(10.8)中的外标方法。在这种情况下，仪器常数 K 的值可以使用 Rietveld 比例因子 ZMV 以及已知的针铁矿添加量通过重新整理式(10.8)进行推导计算。该计算对前几个数据集的针铁矿比例因子进行了平均，以使由计数统计引入的任何可能误差最小化。由于反应过程中毛细管中样品的总体化学含量不变，因此在确定 K 值和所有后续分析中，样品吸收质量系数 μ_m^* 设置为任意的统一值，这样 X 射线束的衰减在反应过程中不会改变。

　　这项实验工作是在澳大利亚同步加速器上进行的,该系统每 12 h 会提高一次电子存储环电流。在这段时间间隔,电流及入射光束强度都会衰减,从而导致仪器配置发生变化。这需要修改 K 值再随后进行含量计算,以补偿修正后的式(10.8)中入射强度的变化

$$W_{\alpha i} = \frac{S_{\alpha i}(ZMV)_\alpha \mu_m^*}{K} \times \frac{I_0}{I_i} \qquad (10.15)$$

其中,I_0 和 I_i 分别是运行开始时和采集数据集 i 时的监测器计数(或电子存储环电流)。

　　尽管可以将观测到的强度校正为监测器计数,但这可能会对 Rietveld 分析引入误差,因为加权通常基于观测计数。因此,最好校正计算谱图。图 10.5 显示了从式(10.15)得出的 QPA 结果。在这种情况下,$Al(OH)_3$ 多晶型化合物的浓度类似于图 10.4 中的浓度。但是,由于相含量是使用外标方法得出的,因此现在可以监测针铁矿浓度的任何变化。图 10.5 显示了随着反应的进行,针铁矿浓度有少量系统性的降低。在反应结束时,针铁矿浓度似乎比开始时的浓度低约 1%。

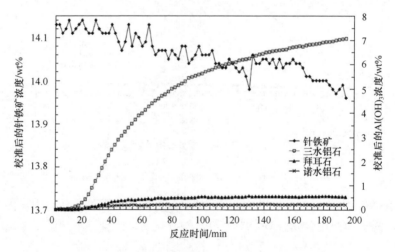

图 10.5　Webster 等[21]的晶种实验中的定量相分析结果
由式(10.15)推导出绝对含量值;注意反应期间针铁矿浓度(左轴)略有下降

　　这种显著的下降可能由多种原因引起,包括:①对光束强度变化的校正不佳;②固体材料在毛细管中四处滑动造成一些颗粒移出 X 射线束。另外,还可能是针铁矿被其核上形成的 $Al(OH)_3$ 相覆盖"遮蔽"。这种针铁矿衍射峰强度下降可以用来计算 $Al(OH)_3$ 相的平均厚度,得出该层约为 5.5 μm[假设三水铝石的线性吸收系数(LAC)为 9.5 cm^{-1}],反应结束时的整体粒径约为 11 μm(针铁矿颗粒约为 0.2 μm × 2 μm,因此对整体粒径没有显著影响)。

10.3.2　能量色散衍射

与传统角色散衍射(ADD)使用单色辐射源收集数据相反，能量色散衍射(EDD)使用多色辐射收集数据。对此类数据的分析需要了解影响观测衍射谱图的因素，尤其是影响强度的因素，并在分析中包含对这些因素的校正。使用白色同步辐射光束收集 EDD 数据时，样品相对于入射 X 射线束的安置方式见图 10.6。入射光束和准直的衍射光束相交区域为样品的测试"有效体积"。样品安装在 *XYZ* 载物台上，该载物台可以进行 3D 分布成像。

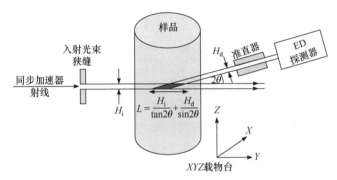

图 10.6　层析能量色散衍射成像(TEDDI)的实验装置
有效区域的长度 *L*(菱形)由与入射和衍射光束高度(分别为 H_i 和 H_d)和衍射角(2θ)相关的函数给出[24, 25]

EDD 模式与传统 ADD 数据的不同之处在于：①每个衍射峰都是由不同的能量产生的；②入射光束的能量强度呈非线性分布。因此，必须调整计算峰的相对强度以匹配入射光谱的强度线形。此外，强度的分布还可因样品对入射和衍射 X 射线的吸收以及探测器的光谱响应而改变[26]。再加上数据是按能量而非衍射角收集的，这意味着基于 Rietveld 的定量方法无法直接应用。

对于 ADD，通过使用固定的入射波长(λ)和扫描衍射角(θ)来得到衍射平面的间距 *d*，这样满足布拉格定律：

$$\lambda = 2d\sin\theta \tag{10.16}$$

然而，某一特定波长(单位：Å)的能量(单位：keV)可以用普朗克常量($h = 6.626068 \times 10^{-34}$ J/s)和光速($c = 2.998 \times 10^8$ m/s)来表示：

$$E_{keV} = \frac{hc}{\lambda} \times 6.24 \times 10^{25} = \frac{12.396}{\lambda} \tag{10.17}$$

将重新整理的式(10.17)代入式(10.16)：

$$E_{\text{keV}} = \frac{6.2}{d\sin\theta} \tag{10.18}$$

现在，通过使用 θ 值固定的探测器和"扫描"能量以映射 d 来满足布拉格定律。在这里述及的工作中，仪器(16.4 工作站，Daresbury SRS)[①]具有三个含固定 2θ 角的 ED 探测器，2θ 角分别约在 $2°$、$4°$ 和 $6°$，这样每个探测器测量的 d 值范围不同但相互重叠。

大多数 Rietveld 分析软件包无法直接分析 EDD 的能量数据。为此，由式(10.18)将 EDD 数据转换为 d 值[27]，然后使用 LeBail 等[28]的方法通过确定峰位和晶胞参数进行分析。但是，这种方法不允许对测量强度进行建模，因此无法进行详细的结构或定量分析。Ballirano 和 Caminiti[29]通过将数据归一化到入射光谱并校正样品的吸收能力，将这种方法扩展到了基于实验室的 EDD 中。那么可以使用"虚拟"波长将其转换为传统的 ADD 数据。这种方法需要采集直射光以确定其光谱分布。而高强度的同步辐射光源会损坏探测器，所以这并非总能实现。

TOPAS 软件[17]中包含的另一种方法是直接在能量空间中分析数据，并针对以下因素建立经验模型：①入射光束的强度与能量特性和探测器响应的关系；②光路中样品和空气吸收的综合效应。这可以通过单个不对称函数(如对数正态曲线)开发仪器强度函数来模拟这些综合效应[26,30]。然而，使用标准材料对仪器组件的强度函数进行校准可以至少使一部分函数限制为可测量的参数，其余部分与样品的物理参数相关联。Glazer 等[31]也考虑了扩展幂函数，该幂函数需要使用两个单独的函数来描述峰值前后的强度函数，但是这种方法对于全谱分析不是特别方便。

使用已知吸收特性的标准材料获得的数据，可以分别对经强度校正的仪器组件进行建模。随后校正的吸收分量可以独立于此函数进行建模，并与其他与样品相关的参数一起进行精修。

仪器组件强度校正(I_{corr1})的典型模型是简单的高斯函数：

$$I_{\text{corr1}} = a \times \exp\left\{-0.5 \times \left[(E - E_0)/b\right]^2\right\} \tag{10.19}$$

其中，E 是能量；a、E_0 和 b 分别是与峰的高度、位置和宽度有关的可精修参数。

可以用一个函数 μt 模拟由样品线吸收 LAC 引起的强度变化，该函数包含了样品 LAC 和样品中光束的路径长度 t：

$$\mu t = c \times \exp(-d \times E) \tag{10.20}$$

其中，E 是能量；c 和 d 是可精修的参数。

μt 效应使观察强度分布偏向较高的能量，因为较低的能量更易被样品大量吸收。此处所述的校正形式是通过对 IUCr QPA 循环法[1]的样品 1 各种成分的 LAC

---

① Daresbury SRS 线束机时授予号 46104。

的计算值与能量的关系图进行建模而确定的。该样品系列包含刚玉、氟化物和红锌矿三相混合的各种比例，因此具有宽泛的 LAC 值。一旦测定了 μt，可以使用以下方法得出样品相关的强度校正值：

$$I_{corr2} = \exp(-\mu t) \tag{10.21}$$

这种吸收校正不会考虑到吸收边的存在，吸收边在含有高原子序数元素的样品中是较为严重的。这些吸收边将以能量函数的形式进一步改变强度分布。这种校正的幅度大小将取决于存在的高原子序数元素的类型和数量，并可以作为附加项合并到式(10.20)中。

　　然后通过这两个函数的乘积来定标峰的计算强度：

$$I_{corr\_total} = I_{corr1} \times I_{corr2} \tag{10.22}$$

这些校正的函数形式如图 10.7 所示。该复合强度关于能量函数的关系式与线束站对仪器的描述非常吻合，该描述称"……20～100 keV 的可用能量范围，最大强度在 40～60 keV 的范围内。"

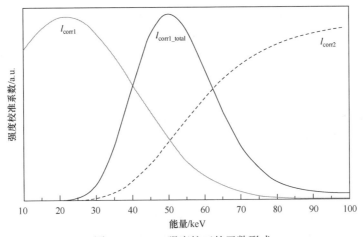

图 10.7　EDD 强度校正的函数形式

图中显示了入射光束强度分布 I_{corr1}(纯灰色)、样品吸收效应 I_{corr2}(表示为光束透射率)(虚线)和整体强度校正 I_{corr_total}(纯黑色)

　　式(10.19)的仪器参数可以通过精修一组相对 LAC 已知的数据来确定，以便限制强度校正吸收分量。可以使用 Stinton 和 Evans[20]的"表面分析"方法同时精修多个数据集。一旦确定了仪器参数，就可以固定它们，对后续在相同条件下收集的数据使用它们进行精修。然后，对每个感兴趣样品将吸收参数作为分析的一部分进行精修。

10.3.2.1　EDD 在惰性阳极法生产轻金属研究中的应用

　　最近的实验[24, 32]已经将 EDD 技术应用于监测熔融盐电化学过程中发生的变化。 这项工作的背景源于对轻金属(如铝和钛)需求的增加以及要求低排放的金属提炼工艺的全球大趋势[33]。熔融盐电解沉积是这些金属的一种常见生产方法，并且正在进行大量研究来改善这些过程的能源效率和环境影响。

正在研究的一种可行方案是用所谓的"惰性阳极"代替传统的碳阳极，其通常由导电的金属氧化物相组成。使用惰性阳极的好处是：①代替了传统电池中产生的二氧化碳，它们在反应过程中仅在阳极上放出氧气；②它们本身没有被消耗，因此不需要定期更换。对于通常在约 1000℃的熔融 $CaCl_2$ 中进行的钛电解沉积工艺，其电池反应式如下：

$$TiO_2 + 4e^- \xrightarrow[\text{阴极}]{} Ti + 2O^{2-} \tag{10.23}$$

$$2O^{2-} \xrightarrow[\text{阳极}]{} O_2 + 4e^- \tag{10.24}$$

$$TiO_2 \xrightarrow[\text{总反应}]{} Ti + O_2 \tag{10.25}$$

然而，惰性阳极并不是真正惰性的，并且在电化学电池中会或多或少地发生反应。该反应可能有一点有利之处：由于在阳极表面上形成氧化层，从而为体相提供了保护。但是，它仍然必须薄到足以保持导电性，否则阳极会失效。这些表面层的性质及其形成方式是大量研究工作的主题[34]。对于熔融盐电化学，在整个电解过程中会连续监测电池电压和电流的变化，但是对这些变化的解释通常基于循环结束时对电极的事后检查。这种检查过程通常引入实质性的物理变化，如显微镜观察所需的切割和抛光。样品的这种物理制备可能会引入假象，从而会错误显示电解过程中的情况。即使没有引起这种变化，这种观察也仅代表实验的最终状态，而没有揭示达到该状态的机制。原位观察将消除这些问题，并在实验过程中提供有关工件状态的实时信息。

使用衍射方法的原位观察对惰性阳极的研究极具吸引力，因为它可以实时显示阳极表面的结构变化，从而将这些变化与电极上的传统观察联系起来。在此类实验的设计中，重要的是，观察结果的科学性不应受到测量技术的干扰。也就是说，在这种情况下，不能为了适应衍射实验，一味改变电化学电池，以至于它不再代表实际情况。为了实现该目标，需要采用穿透力非常强的辐射源来观察工作电池内的阳极。高能白光束同步辐射，如 EDD 中使用的，是合适的辐射源。迄今为止，此类实验已成为对"冷冻"电池(工作一段时间后冷却)[24, 32]正常操作条件下的实验前奏序曲。Jackson 等[35]已经在工作电池上进行了类似的实验，观察对象是阴极而不是阳极。

该研究中的冷冻电池用于生产钛金属，并使用了惰性氧化钛阳极。阳极由 Ebonex™ 制备，其中包含 Magnéli 相(Ti_nO_{2n-1}，在这种情况下，$n = 4$、5、6)的混合物。将每个阳极浸入熔融的电解质中，在该实验中，电解质包含氯化钙($CaCl_2$)

和少量的氧化钙(CaO)杂质，且冻结之前在约 1000℃的温度下循环一段时间。在同步加速器上，对阳极进行线扫描，以识别和确定在阳极上形成的任何膜层的厚度。在动态实验中，电池将是静态的，可变参数将是电解时间，而不是横跨阳极的距离。

本案例中使用的冷冻电池，衍射区的横截面积约为 1 mm × 10 mm，样品以 0.1 mm 的增量移动。每个线扫描相互有重叠区，产生横跨阳极的、多个线扫描组成的数据集。图 10.8 显示了三个探测器之一采集的电池循环 10 min 时累积的 EDD 谱图。阳极外侧的金红石层清晰可见，其厚度可以直接从这些图中得出。分析数据集并提取 QPA，以便计算每个点的金红石层厚度。这是通过将测得的金红石的质量分数转换为体积分数，然后使用阳极的已知厚度层来确定其厚度。图 10.9 显示了这些计算结果，其是对不同循环时间的电池计算以及后续剖切后的非原位分析结果[36]。显示的误差线基于计算的金红石质量分数和测量的阳极厚度的标准偏差，并不表示测量的真实准确性。非原位结果来自：①使用光学显微镜图像观察估算；②对阳极进行剖切后计算的 QPA 和采用 EDD 方法直接确认的准确度。

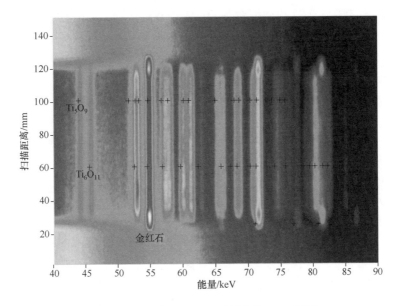

图 10.8　电池循环 10 min 时累积的 EDD 谱图

数据以三维坐标图显示，从强度轴上向下俯视，x 轴是能量(单位为 keV)，y 轴是沿阳极的扫描距离(单位为 mm)；十字标记表示重要相的峰位置；　请注意，金红石层的厚度可以通过初次测量金红石相和 Magnéli 相之间沿 y 轴的差异来估算

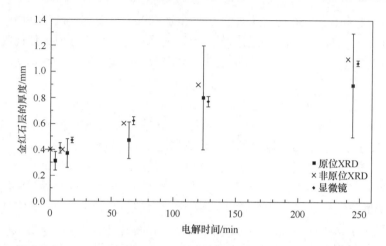

图 10.9　由①原位 EDD 定量相分析(黑色方块)、②非原位 ADD 定量相分析(×字)和③光学显微镜(黑菱形块)计算得到的金红石层厚度；非原位 ADD 和光学显微镜结果取自 Rowles 等[36]

10.3.3　矿物勘探中的定量相分析

石油矿产勘探工业密切依赖对勘探钻芯中各种矿物类型的鉴别，并在可能的情况下进行定量化，以帮助确定有价值的矿体所在位置。有许多用于鉴定矿物学的传统技术，包括：

1) 使用所选样品的薄切片进行光学岩相显微学检验。薄切片可能会花费大量时间进行准备和分析，并且检验结果取决于分析人员的主观经验。

2) 规范性计算是根据每个相的假定组成，将总化学成分分配给各种矿物。此方法适用于比较简单的体系，但当许多混合物中具有相似化学组成的相时可能会变得不稳定。不能用于组成相同的矿物(如多晶型物)。

3) 再次根据假定成分组成，使用电子束技术进行化学微分析，以确定观察相的相对体积分数。为准备预期种类的矿物库，投入成本很高，并且通常对于细颗粒材料(尤其是黏土矿物)不是特别适用。

4) 红外(IR)技术由于其便携性、高速以及可以直接从清洁的钻头或钻探部分进行测量的能力，在矿物勘探环境中越来越受欢迎。但是，由于红外光束只能穿透 $1\sim2$ μm，因此它是一种表面分析技术，最多只能提供半定量分析。为了有效地工作，该方法需要使用其他技术(如基于衍射的 QPA)进行校准。

X 射线粉末衍射是基于实验室 B-B 几何衍射仪器的最常用相鉴别和定量应用技术。进行勘探分析时，需要在高通量环境中的快速周转，这通常意味着一些与样品和物相相关的问题未解决得像精确 QPA 那样彻底。

Rietveld 软件的高级用户界面的出现使得采用 XRD 数据进行 QPA 计算更易

于实现，但当操作人员不太熟悉所分析材料的复杂性或所使用的分析过程时通常会导致"黑箱"效应，从而可能导致错误。

以下是对勘探样品分析中遇到的一些主要问题的简要说明。这些问题中许多是所有衍射分析共有的，而其他一些则是矿物学上的特有问题。

10.3.3.1　粒子统计性

为了从粉末样品中收集可再现的强度，材料需要足够细，以使足够大量的颗粒能够产生晶粒的随机分布[37]。这可以通过使用更大的样品架和在数据收集过程中旋转样品来改善。尽管这将有助于增加参与衍射的颗粒数量，但如有大单晶，这些措施不一定会克服择优取向。改善颗粒统计数据的最佳方法是通过研磨将颗粒尺寸减小(通常 < 10 μm)。鉴于矿物学样品经常包含硬度不同的相，因此可以优先减小软质相的尺寸。详细的讨论可以在文献[8]、[38]~[41]中找到。

10.3.3.2　择优取向

矿物勘探中遇到的许多相都有不同的劈裂面。当将样品压入平板样品架时，在垂直于劈裂方向上，不可避免地出现从轻到重的择优取向(PO)。通常，旋转样品对 B-B 几何的 PO 几乎没有影响，但是可以通过研磨将其降低到一定程度。也可以通过几种制备技术将其显著降低或几乎消除，包括轻轻地背向或侧向加载到粗糙的表面、使用毛细管几何或干燥喷雾[42]。Rietveld 方法可以在一定程度上对PO 的影响进行建模，但是当没有足够的峰可靠地拟合模型时，应特别小心，特别是对微量相。March 模型[43,44]要求用户提供 PO 晶向和该晶向上有关晶粒取向度的精修参数。PO 校正的另一种形式是将极密度扩展为一系列对称的球谐函数[45,46]。但是，这种校正将大量参数引入 Rietveld 精修，因此仅适用于含量相对高的相[47]。由于这些校正模型通常只是近似值，因此如果存在严重的 PO，最好是重新装样品并重新收集数据，而不要坚持使用包含大强度偏差的数据。

10.3.3.3　微吸收

当存在微吸收时，它是实现高精度 QPA 的最大障碍，特别是对于 X 射线衍射数据。研磨可能会削弱这种效应，但过度研磨会导致结构破坏、衍射峰宽化和结构转变。Brindley 模型[48]可用于部分校正微吸收效应，并已编码到大多数Rietveld 分析软件中。但是，该模型的适用性有限，这取决于感兴趣的相和样品之间的粒径和 LAC 的差异。Brindley 模型假设相由大小均一的球形颗粒组成。对于真实的矿物样品，这是不现实的假设，许多用户经常选定粒径来得到"偏爱的"结果。当前使用微吸收校正模型需要格外谨慎，因为它们通常会降低而不是提高总体精度。再次建议，最好细研或改变波长以降低吸收衬度后，重新收集数据，而不是坚持使用不良数据。值得注意的是，由于中子在常见材料中的高穿透力，因此在使用中子衍射(ND)收集的数据中很少观察到微吸收作用。对怀疑存在微吸收的一组样品，应从选定样品中收集 ND 数据来获得独立测量。X 射线和中子衍射的 QPA 的比较应能提供微吸收效应的某种度量。

10.3.3.4　矿物类型和多晶型的鉴别

在进行定量相分析之前，必须先对其进行鉴别。尽管这似乎不值得一提，但是某些矿物类型仅凭衍射数据难以明确鉴别，尤其是当它们含量低时。这种例子有云母族中片状硅酸盐，其一般通式为 $X_2Y_{4\sim6}Z_8O_{20}(OH, F)_4$，其中 X = K、Na 或 Ca；Y = Al、Mg 或 Fe；Z = Si、Al 或 Fe。

常见的云母包括黑云母、金云母、锂云母、白云母和方石，它们全都以在 10 Å 左右相对较强的(001)峰为特征。通常，这足以表明是否存在云母族矿物，但基于 Rietveld 的 QPA 需要更详细的结构信息。当同相的不同多晶型在样品中共同存在时(通常这是由同层堆叠排列发生变化所致)，会进一步增加复杂性，这种效应在云母和其他黏土矿中非常常见。

对云母浓度高且峰重叠最少的样品，在其 XRD 谱图中相对容易区分多晶型(图 10.10)。但是通常情况并非总是如此，它可能需要通过如筛分、沉降、磁选或重力分离或化学萃取来浓缩感兴趣的相。对分离样品收集衍射数据不仅有助于相鉴别，而且可以精修一些结构参数。此外，对样品中的萃取物进行称重分析可对基于衍射的 QPA 结果进行部分验证。

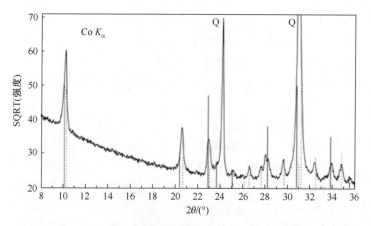

图 10.10　白云母多晶型混合物 2M₁(虚线)和 1M(实线)的 XRD 图
Q 是石英主反射峰的位置

10.3.3.5　元素置换和固溶体

许多成岩矿物在形成过程中根据周围的元素、温度和压力条件呈现出大范围的元素置换。在火成岩中，长石矿物是含量最高且变化最大的矿物。它们通常根据化学方法进行分类，典型三元系有 $NaAlSi_3O_8$(钠长石，记作 Ab)-$KAlSi_3O_8$(钾长石，记作 Or)-$CaAl_2Si_2O_8$(钙长石，记作 An)。碱长石的成分在 $NaAlSi_3O_8$ 和 $KAlSi_3O_8$ 之间，斜长石在 $NaAlSi_3O_8$ 和 $CaAl_2Si_2O_8$ 之间。也可以根据结晶温度和随后的受热过程从结构的角度定义它们。保留其高温结构形式的长石被称为高长石(如钠长石，高温)；类似地，低长石要么在低温下形成，要么在较高温度下缓慢冷却(如钠长石，低温)。更为复杂的是，Al-Si 和 Na-K 的排序可能会产生晶体对称性的变化。

大多数长石是单斜晶系或三斜晶系的中等晶胞大小，从而会产生许多衍射峰，导致高度的峰重叠。因此，长石的精确相鉴定对于准确的 QPA 至关重要，否则微量相的衍射强度可能被高估或低估。或许需要高分辨率实验室或同步加速器衍射来精确区分各种长石相。另外，使用如电子束技术的微区化学可以帮助详细表征各个相。

假定确切的结构细节将由形成过程中存在的条件决定，则已发表的晶体结构很少与当前正在分析的相完美匹配。在可能的情况下，应该对纯净或高度浓缩的样品进行结构精修，以产生最准确的 QPA。

10.3.3.6　峰的严重重叠

有时，可能会出现一个相的一系列衍射峰与另一个相的紧密重叠的情况。矿物勘探中有一个常见例子，当黄铁矿(FeS_2)和闪锌矿(ZnS)同时存在时，它们都具有立方结构、相似的晶胞大小(黄铁矿和闪锌矿分别为 $a = 5.418$ Å 和 5.406 Å)，并且在衍射谱图中，四个最强的闪锌矿峰与黄铁矿峰重叠。幸运的是，黄铁矿可以通过其第三强峰(约 2.42 Å 处)确定，而闪锌矿没有该峰。通常通过化学分析或样品的 Rietveld 分析和残差图的仔细检查后，怀疑存在闪锌矿。如果闪锌矿存在，则在约 3.13 Å 处的峰将显示出残差强度。

另一个不清晰的相鉴别问题是含有萤石(CaF_2)的斑铜矿(Cu_5FeS_4)，在约 3.16 Å 和 1.93 Å 处的两个最强峰几乎完全重叠。这个问题与黄铁矿和闪锌矿相似，因为 3.16 Å 处的峰，萤石的比斑铜矿的强。但是，它们通常仅以微量到痕量存在，并且强度差异很难区分。由于斑铜矿的峰宽通常比萤石宽得多，因此鉴定更加复杂。克服这一难题的一种方法是对相对纯净的矿物相的峰进行建模。这再一次可能需要通过化学或物理方法分离各个相。之后，再在相同仪器条件下测量混合样品，将峰形和晶胞固定即可。

10.3.3.7   结晶性差的成分

结晶性差的成分(通常称为非晶、无衍射或纳米尺寸的材料)，是指在衍射谱图中产生宽强度峰或宽带的任何物质，如水、玻璃、不透明硅石、羟基氧化铁(如三水铁矿)、羟基硫酸铁(如施韦特曼铁矿)和有机物(如煤、腐殖质)这些物质。在被发现之前它们就以很高的浓度存在，因此很难定量分析。一旦出现宽峰，常用背景函数或者宽的单峰(完全未包含在定量分析中)模型进行拟合。如果使用式(10.14)对结晶相定量，那么它们的值将被高估。为了确定绝对相含量，倾向于使用式(10.8)或式(10.12)中包含的方法。

通过在 SIROQUANT[49]和 TOPAS[17]软件中创建所谓的 hkl 相或在 TOPAS 中创建衍射峰相，可以在定量过程中容纳一些结晶性较差的相，这些相要么没有晶体结构，要么只有有限的晶体结构信息可用。有关分析方法的更多详细信息，请参见 Scarlett 和 Madsen[11]以及 Madsen 和 Scarlett[8]。

10.3.3.8   黏土和无序结构

许多天然矿物显示出无序的结构，但没有比黏土矿物族更复杂的了，在黏土矿物族中，几乎所有成员的结构都具有某种无序的形式。黏土是含有四面体和八面体片层的层状硅酸盐。理想情况下，四面体片层由 Si^{4+}组成，八面体片层包含 Al^{3+}，其余片层由氧和羟基组成。四面体片层中取代 Si 的三价阳离子(即 Al^{3+}和 Fe^{3+})和八面体层中取代 Al 的二价阳离子(即 Mg^{2+}和 Fe^{2+})导致电荷不平衡。通过在片层之间插入层间阳离子可以消除这种不平衡，在某些情况下，层间阳离子易于交换且经常夹有水分子。

根据四面体与八面体片层的比例，将黏土分为两种主要类型。它们根据其层间电荷或单位分子式电荷大致分为几类。这些大类根据八面体片层的占有率进一步分为亚类。当三分之二的八面体位点被阳离子占据时，它们被称为二八面体；当所有三个八面体的位点都被阳离子占据时，它们被称为三八面体。最终种类划分通常由亚类内的化学成分来判别。

另一类(或称为层间或层间化)黏土矿物是由两个或多个离散黏土品种的单晶畴混合而成的。累托石(二八面体云母/二八面体蒙脱石)和柯绿泥石(三八面体蒙脱石/三八面体绿泥石)是常见的普通 50/50 混合层状黏土矿物。不规则混合层黏土通常用连字符将不同矿物名称连接来称呼，如伊利石-蒙脱石、绿泥石-蒙脱石、云母-蛭石和高岭土-蒙脱石。迄今为止，伊利石-蒙脱石是混合层黏土中含量和种类最多、分布最广的。由于它们的变化与石油的产生、迁移和收集有关，对其研究也是最多的[50]。

当需要确定存在哪种特定矿物时，要克服重重困难从可用数据库中选择正确的结构。可能有必要重新单独进行其他测量，如 DTA(差热分析)/TGA、宏观和微观化学分析及光学显微镜成像，以明确地识别各个相。即使采取了所有这些预防措施，数据库中也可能根本不包含与要分析样品中存在的相正好匹配的条目。

10.3.4　雷诺杯

对无序黏土矿物进行精确定量分析对于石油勘探行业尤为重要，这促使创立了雷诺杯大赛 (2000 年)(http://www.clays.org/SOCIETY%20AWARDS/RCintro.html)。该比赛以 Bob Reynolds 博士的名字命名，以表彰他在定量黏土矿物学方面的开拓性工作以及对黏土科学的杰出贡献。雷诺杯与之前的定量循环法[1, 2, 51]不同，因为样品是代表沉积岩真实成分的纯矿物标准品合成混合物[52-54]。邀请参赛者使用他们可用的任何技术进行定量分析。

2002 年的第一届雷诺杯比赛[52]包括 40 组样品，其中 3 个合成沉积岩样品，分别代表泥岩、砂/粉砂岩和含黏土碳酸盐。每个样品均由 13 种黏土和非黏土矿物的已知混合物组成。返回率仅 38%(15 名参与者)，表明极有可能遇到了很高的难度。15 名中只有 4 名参与者使用 Rietveld 方法作为主要的定量方法，但第一名和第三名使用 Autoquant/BGMN[55-57]Rietveld 软件。通常，排名较高的参与者正确地确定了所有或大多数相。相反，表现最差的参与者未能识别相或给出了错误判断。毫不奇怪，黏土矿物是报告的最大误差来源。

第二届雷诺杯比赛在 2004 年举办[53]，分配了 60 组样品，样品是 11 种或 12 种矿物组成的黏土和非黏土的混合物。使用基于 Rietveld 的技术作为主要定量方法，共有 19 名参与者返回了 35 套结果(58%)。前三名中的两个(包括第一名)使用了 Rietveld 分析程序。同样，靠前的名次来自更好的定性分析。但是，在黏土矿物学方面比以前的竞赛具有更大的挑战性，因为将层状伊利石-蒙脱石和三八面体蒙脱石添加到了混合物中。这导致一些参与者错误地将三八面体皂石判断为坡缕石，而另一些参与者将其误认为蒙脱石。令人不安的是，一些参赛者通过自动搜索/匹配程序报告了包含奇怪微量相的、很长的列表，但从矿物学上讲显然是不可能的。

2006 年第三届雷诺杯比赛[54]，64 组样品有 37 位参与者返回结果(58%)。迄今为止，这届竞赛难度最大，两个样品包含 17 种黏土和非黏土相的混合物，其中一个样品是伊利石、伊利石-蒙脱石和蒙脱石的混合物，另一个样品包含白云母、海绿石-蒙脱石和绿脱石。第三个样品仅包含 10 个相，但包含大量的低结晶蛋白石-CT 以及高锌尖晶石和三八面体蒙脱石(皂石)。

用于量化的技术包括单峰和全谱 XRD 方法，以及粒度分离、化学分析、SEM/TEM EDX、TGDTA-DSC 和穆斯堡尔光谱学。对于那些使用 XRD 的人来说，Rietveld 方法仍然是大多数参与者(54%)的首选技术，因为它被认为易于使用且不依赖矿物质标准。第一名和第二名参加者使用非 Rietveld 技术，而第三名参加者使用 Autoquant/BGMN 软件。在接下来的 10 名参赛者中，有 7 名也使用了基于 Rietveld 的方法。使用 Rietveld 技术的参赛者也均匀地分布在其他名次，包括三个最差的成绩，这表明参与者的专业水平差异很大。

无论使用哪种技术，只有对所有矿物质都进行了正确鉴定，才能成功进行定量分析。偏离这一点将最终导致不正确的比例，并在结果中引入偏差。强烈建议使用补充技术，如元素分析、电子和光学显微镜及粒度(即黏土)分离。高质量衍射谱图的收集，无论在分辨率还是强度方面，对于准确定性定量分析也是必不可少的。由于环境湿度会影响蒙脱石和层状黏土的层间距，因此对含有膨胀黏土的样品需要格外小心。

在处理无序黏土矿物的疑难问题方面，Rietveld 方法的应用得到不断发展[11,49]。普通黏土矿物类型的数据库正在逐步扩大，以包含更多的无序相和层间化合物。传统 Rietveld 方法的新近改进允许对无序 XRD 谱图直接建模[58,59]，并有望进一步提高该技术的准确性。但是，使用 Rietveld 方法准确定量复杂矿物混合物的能力高度依赖于明确的相鉴别，因此与使用者的专业知识直接相关。由于参数之间可能存在高度的相关性，因此要达到精确定量分析，Rietveld 软件的下面这些潜力是必需的：将误差最小化；仔细检查不仅包括 R 因子，而且包括整体和单个相的计算模式；所有精修的参数值及相关矩阵。与样品和物相相关的问题(如 PO 和微吸收)需要在数据收集之前被最小化，而不是使用软件模型进行校正，而这些模型通常只是近似值。使用独立校验，如通过比较实测和计算的样品化学成分，可以进一步提高 QPA 结果的可信度。

10.3.5　由 QPA 衍生的动力学在新型材料设计中的使用

10.3.5.1　使用 QPA 进行材料体系优化的方法

传统材料科学努力寻找和优化开发新型材料的方法通常依靠系统地变化和比较工艺参数，如反应物成分、温度、压力、应力或化学环境等。这种用矩阵优化的方法通常很耗时，因此会极大地增加新型材料的开发或确证成本。对于更详细的分析，如确定参数趋势和/或确定反应动力学(如 Avrami 参数、Arrhenius 速率方程式)，这种研发还需要在反应后进行微结构分析，最终确定工艺参数和最终物理性能之间的趋势。更苛刻地讲，对于许多新材料体系的最佳工艺参数所知甚少，微结构的精修仅次于杂质相的鉴别，如果杂质相存在，则对最终物理性能造成不利影响。

有人提出可以采用时间分辨定量相分析(TRQPA)准确确定瞬态杂质相的初始成核和中间生长。通过关联这些杂质相的形成环境条件，可以达到较高的最终相纯度。最近，该方法已应用于新型材料的合成优化。

10.3.5.2　新型材料 $M_{n+1}AX_n$ 相的设计和合成优化

MAX 相($M_{n+1}AX_n$)，也称为 Nowotny 或 Hägg 相，其中 M 为前期过渡金属，A 为 ⅢA 或 ⅣA 族元素，X 为 C 或 N，构成战略类材料超过 100 种，兼有广泛的金属和陶瓷性能[60]。在这些材料中，Ti_3SiC_2 已成为研究最广泛的实例，最近十年来发表了 300 多篇有关其结构、合成和性能的研究论文。尽管其他组合的研究较少，但有确凿的证据表明它们的性能与 Ti_3SiC_2 非常相似[61]。

MAX 相已通过多种技术生产[62-66]，但历史上最高纯度和最大密度的相是通过在 1600℃下进行热等静压(HIP)2～4 h[61, 67]实现的。当使用这些固态制造技术时，已通过对反应物和产物相的非原位分析对合成进行了优化，通常会显示出残留的二次相，如 $Ti_5Si_3(C_x)$ 和 TiC_x。不幸的是，这两种二元化合物的物理性质与 Ti_3SiC_2 和其他 MAX 相所需的物理性能明显不同。

开发一种替代 HIP 合成 MAX 相技术的动力来自 HIP 相对较高的成本。HIP 尽管成功地提高了相纯度(>90 wt%)，却付出了极高的制造成本。考察一下合成 Ti_3SiC_2 时最常使用的反应物，很明显，形成 Ti_3SiC_2 所需的大部分热能可以直接从元素粉末的放热反应获得。该技术通常称为自蔓延高温合成(SHS)或燃烧合成，它依赖于将反应物快速升高至反应点火温度 T_{ig}。点燃后，反应所需的剩余能量由 SHS 放热反应提供。这个反应实验的难度在于：通常燃烧温度超过 2000℃，但反应完全程度随样品的厚度而变化，最终表面和内部体相的纯度也相应变化。

在 Laue-Langevin 研究所(ILL)的 D20 中子衍射仪上，对 SHS 处理过程中的 Ti_3SiC_2 进行了 QPA 的原位数据收集。实现了 0.9 s(0.5 s 采集 + 0.4 s 下载数据)的时间分辨率，该超快反应过程中的机理被确定为经过 5 个不同阶段，SHS 点火发生后，完全反应时间 <60 s。简言之，这 5 个阶段是：①反应物的预热；②α-Ti→β-Ti 相变；③形成 TiC_x 和 $Ti_5Si_3(C_x)$ 的预点火；④形成中间单相 $TiC_x(Si)$；⑤产物相 $Ti_5Si_3C_2$ 最终形核长大。据报道[68]，反应是由 α-Ti→β-Ti 的放热相变引发的，这一相变在图 10.11 的时间分辨衍射数据中得到了明确的证实。

使用 0.5 s 的采集时间，收集到足够的衍射强度以进行完整的 QPA。在图 10.12 中显示了反应物、中间相和生成相的质量分数，并绘制了其对时间的函数。该数据的最显著特征是中间单相 $TiC_x(Si)$，在 SHS 反应开始后仅持续 6 s。使用 D20 提供的高通量来确认该中间相与碳化钛(TiC)是同质结构，但含有大量溶解的 Si[68]。

在 Ti_3SiC_2 的 SHS 反应中，原位衍射的意义在于证明 MAX 相直接从中间相 $TiC_x(Si)$ 析出。还发现相纯度与其他 SHS 参数有关，最明显的是加热速率。这与 Wu 等[60,69]的观察一致，据报道：在烧结反应合成过程中，Ti_3SiC_2 的沉淀被逐步抑制，因为随着 x 趋于 1，Si 通过 TiC_x 的迁移率降低。因此，提出碳空位的优先有序化速率限制反应速率的机制。通过比较 TiC_x(无序)、TiC_x(有序)和 Ti_3(A)C_2 结构，可以发现空位有序化的重要性。如图 10.13 所示，TiC_x 结构(空间群 $Fm3m$) 的结构单元，即 Ti_6C 八面体，是有序 TiC_x 和 Ti_3(A)C_2 结构片层的共有结构。此外，这些结构中心之间的差异在于 Ti_6C 层的堆叠顺序和取向上，另外还有 MAX 相材料的主族元素插入层。

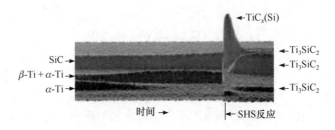

图 10.11　三维中子衍射数据投影图，显示了 α-Ti→β-Ti 相变、SHS 反应点火、形成中间相 TiC_x(Si)、产物相 Ti_3SiC_2 最终沉淀析出

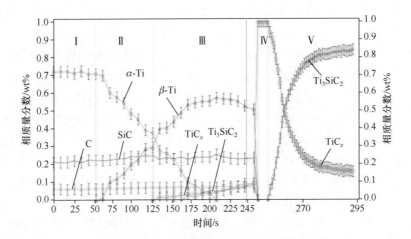

图 10.12　将 3Ti + SiC + C 作为反应物，生成相成分含量随 SHS 反应时序的变化；采用直接沉淀法由中间单体相形成 Ti_3SiC_2

因此，提出可以通过将主族元素插入到亚化学计量化合物的空位间隙中来实现 MAX 相合成的想法。例如，将硅插入到亚化学计量的 TiC_x 中即可合成碳化钛硅。唯一的制约条件是使 C/Ti 比与最终 MAX 相中存在的 C/Ti 比相匹配，对于 Ti_3SiC_2，C/Ti 比为 0.67。为了确认这一假设，对 $3TiC_{0.67}$ + Al 反应应用时间分辨 QPA。图 10.14 说明了这一过程。

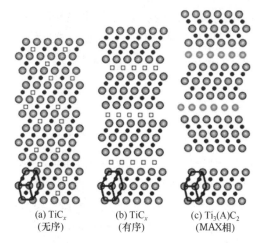

(a) TiC$_x$ (b) TiC$_x$ (c) Ti$_3$(A)C$_2$
（无序）   （有序）   （MAX相）

图 10.13 无序 TiC$_x$(a)、有序 TiC$_x$(b)和 Ti$_3$(A)C$_2$ MAX 相(c)的结构比较，说明了每个独特化合物的潜在转化顺序

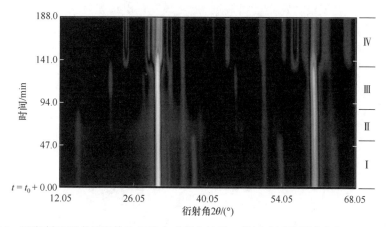

图 10.14 用定制的固态前驱体和铝粉合成碳化钛铝：使用法国格勒诺布尔 Laue-Langevin 研究所(ILL)的 D20 衍射仪以 1 min 的时间分辨率获得的原位衍射[68]

如图 10.14 所示，反应顺序如下：

1) 阶段 I：将反应物粉末以 10℃/min 加热，在衍射峰中产生热位移；反映了晶胞尺寸的变化，这些变化可以作为热膨胀系数的函数进行精修。

2) 阶段 II：从铝在 660℃熔化开始，相应的漫散射背景强度不断增强。

3) 阶段 III：当熔化的铝产生的漫散射背景强度恢复到与初始反应物的相等水平时，阶段 II 减弱。在这一反应阶段，由于超晶格的反射随时间流逝而形成，因此清楚地确认了间隙碳原子的有序化。

4) 阶段Ⅳ：此时，前期超晶格反射消失，伴随 MAX 产物相(Ti_3AlC_2)的析出。

Ti_3AlC_2 散射强度的增加与生成产物的形核和生长过程一致。使用固态前驱体优化 Ti_3AlC_2 和 Ti_3SiC_2 的反应顺序，已成功降低了这些材料的处理时间和温度。举例来说，在 $3TiC_{0.67} + Al \longrightarrow Ti_3AlC_2$ 反应中，合成温度降至 $< 950℃$，比常规技术低 $500℃$。

10.3.5.3　使用 QPA 的原位差热分析(DTA)

进一步考察衍射信息对于反应顺序的认识至关重要。特别是，使用 Rietveld 精修参数来监控每个相的时间分辨结构演化。在修正每个相的晶格常数时，确定了环境冷却引起的异常偏离[70]。如图 10.15 所示，冷却过程中的初始偏离与产物相的沉淀有关。使用已知的热膨胀系数，这些晶格常数可用于确定冷却过程中样品的有效温度点。使用速率公式[式(10.26)]，可以对样品的环境冷却进行建模：

$$T_{cal} = T_0 + \alpha \times \exp\left[-t\left(\beta_0 - \beta_1 t^m\right)\right] \tag{10.26}$$

其中，T_{cal} 是计算温度；T_0 是参考温度；α、β_0、β_1 和 m 是定义冷却速率的拟合参数；t 是时间。通过 Avrami 动力学函数[式(10.27)]建模 Ti_3SiC_2 相的质量分数。对热漂移的解释是，碳化钛硅(Ti_3SiC_2)沉淀相从中间相的析出具有轻微的放热。

$$f = 1 - \exp(-Ct^n) \tag{10.27}$$

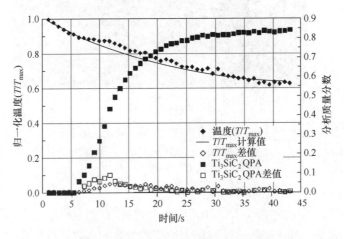

图 10.15　在 0.9 s 的时间分辨率下，评估 SHS 反应过程中碳化钛硅的沉淀点的原位差热分析[温度(左轴)已归一化到点火温度(T_{max})]

通过式(10.27)的微分和引入适当的热常数，形成产物相时所释放热量(ΔH_R)的释放速率可以表示为

$$\frac{\mathrm{d}T_\mathrm{R}}{\mathrm{d}t} = nC\frac{\Delta H_\mathrm{R}}{c_\mathrm{p}}t^{n-1}\times\exp(-Ct^n) \tag{10.28}$$

其中，T_R 是放热沉淀反应温度；c_p 是各相的热容。通过式(10.28)的数值积分，在 SHS 反应过程中，Ti_3SiC_2 从中间相 $TiC_x(Si)$ 析出，形成热 $H_\mathrm{R} = -76$ kJ/mol。在从 SHS 燃烧温度冷却时，Ti_3SiC_2 相直接析出过程表明中间相的均匀性是确保所得 Ti_3SiC_2 的相纯度的重要因素。这符合已知的纯 TiC_x 中的碳空位有序化理论，并揭示了有序化与合成机理之间的联系。已观察到，如果加热速率太慢，则燃烧温度将不足以实现完全反应，并导致中间相 TiC_x 残留和 $Ti_5Si_3(C_x)$ 相的碳浓度再次出现 $x\to 1.0$。

10.4　结　　论

使用衍射方法确定相含量的意义在于：实测数据直接来自每个相的晶体结构，而非诸如总化学测量的二次参数。定量相估算的方法充满了困难，其中许多是实验性的或来自样品相关问题。但是，相含量信息在许多领域中都是有价值的，包括：① 矿物勘探，其中主要矿物的类型和数量可作为贵重微量矿物的线索指示；② 矿物提炼，其中工艺线的性能由矿物学而不是常用的化学估算值决定；③ 原位研究，其中可以研究施加外部变量引起的相演化机理和动力学；④ 优化先进材料的生产条件。

(Ian C. Madsen，Nicola V. Y. Scarlett，Daniel P. Riley，Mark D. Raven)

参 考 文 献

[1] Madsen I C, Scarlett N V Y, Cranswick L M D, Lwin T. Outcomes of the international union of crystallography commission on powder diffraction round robin on quantitative phase analysis: samples 1a to 1h. J Appl Crystallogr, 2001, 34 (4): 409-426.

[2] Scarlett N V Y, Madsen I C, Cranswick L M D, Lwin T, Groleau E, Stephenson G, Aylmore M, Agron-Olshina N. Outcomes of the international union of crystallography commission on powder diffraction round robin on quantitative phase analysis: samples 2, 3, 4, synthetic bauxite, natural granodiorite and pharmaceuticals. J Appl Crystallogr, 2002, 35 (4): 383-400.

[3] Rietveld H M. A profile refinement method for nuclear and magnetic structures. J Appl Crystallogr, 1969, 2: 65-71.

[4] Cullity B D. Elements of X-ray Diffraction. 2nd ed. Addison: Addison-Wesley Publishing Company, 1978: 555.

[5] Klug H P, Alexander L E. X-ray Diffraction Procedures: for Polycrystalline and Amorphous Materials. New York: John Wiley & Sons, Inc.,1974: 966.

[6] Jenkins R, Snyder R L. Introduction to X-ray Powder Diffractometry. Addison: Wiley-

Interscience, 1996.

[7] Chung F H, Smith D K. The practice of diffraction analysis//Chung F H, Smith D K. Industrial Applications of X-ray Diffraction. New York: Marcel Dekker, 2000.

[8] Madsen I C, Scarlett N V Y. Quantitative phase analysis//Dinnebier R E, Billinge S L J. Powder Diffraction: Theory and Practice. Cambridge: RSC Publishing, 2008: 298-331.

[9] Zevin L S, Kimmel G. Quantitative X-ray Diffractometry. New York: Springer-Verlag Inc., 1995.

[10] O'Connor B H, Raven M D. Application of the Rietveld refinement procedure in assaying powdered mixtures. Powder Diffr, 1988, 3(1): 2-6.

[11] Scarlett N V Y, Madsen I C. Quantification of phases with partial or no known crystal structures. Powder Diffr, 2006, 21(4): 278-284.

[12] Bish D L, Howard S A. Quantitative phase analysis using the Rietveld method. J Appl Crystallogr, 1988, 21(2): 86-91.

[13] Chung F H. Quantitative interpretation of X-ray diffraction patterns of mixtures. I. Matrix-flushing method for quantitative multicomponent analysis. J Appl Crystallogr, 1974, 7: 519-525.

[14] Chung F H. Quantitative interpretation of X-ray diffraction patterns of mixtures. II. Adiabatic principle of X-ray diffraction analysis of mixtures. J Appl Crystallogr, 1974, 7: 526-531.

[15] Hill R J, Howard C J. Quantitative phase analysis from neutron powder diffraction data using the Rietveld method. J Appl Crystallogr, 1987, 20: 467-474.

[16] Cheary R W, Coelho A A. A fundamental parameters approach to X-ray line-profile fitting. J Appl Crystallogr, 1992, 25(2): 109-121.

[17] Karlsruhe B A. TOPAS V4.2: General profile and structure analysis software for powder diffraction data. Bruker AXS, 2009.

[18] Pillet S, Souhassou M, Lecomte C, Schwarz K, Blaha P, Rérat M, Lichanot A, Roversi P. Recovering experimental and theoretical electron densities in corundum using the multipolar model: IUCr multipole refinement project. Acta Crystallogr Sect A, 2001, 57: 290-303.

[19] Riello P, Canton P, Fagherazzi G. Calibration of the monochromator bandpass function for the X-ray Rietveld analysis. Powder Diffr, 1997, 12(3): 160-168.

[20] Stinton G W, Evans J S O. Parametric Rietveld refinement. J Appl Crystallogr, 2007, 40(1): 87-95.

[21] Webster N A S, Madsen I C, Loan M J, Knott R B, Naim F, Wallwork K S, Kimpton J A. An investigation of goethite-seeded Al(OH)$_3$ precipitation using *in situ* X-ray diffraction and Rietveld-based quantitative phase analysis. J Appl Crystallogr, 2010, 43: 466-472.

[22] Schmitt B, Bronnimann C, Eikenberry E F, Gozzo F, Hormann C, Horisberger R, Patterson B. Mythen detector system. Nucl Instrum Methods Phys Res, Sec A, 2003, 501: 267-272.

[23] Madsen I C, Scarlett N V Y, Whittington B I. Pressure acid leaching of nickel laterite ores: an *in situ* diffraction study of the mechanism and rate of reaction. J Appl Crystallogr, 2005, 38(6): 927-933.

[24] Scarlett N V Y, Madsen I C, Evans J S O, Coelho A A, McGregor K, Rowles M R, Lanyon M R, Urban A J. Energy-dispersive diffraction studies of inert anodes. J Appl Crystallogr, 2009, 42: 502-512.

[25] Barnes P, Colston S, Craster B, Hall C, Jupe A, Jacques S, Cockcroft J, Morgan S, Johnson M, O'Connor D, Bellotto M. Time- and space-resolved dynamic studies on ceramic and cementitious materials. J Synchrotron Radiat, 2000, 7: 167-177.

[26] Bordas J, Glazer A M, Howard C J, Bourdillon A J. Energy-dispersive diffraction from polycrystalline materials using synchrotron radiation [NaCl and KCl]. Philos Mag, 1977, 35(2): 311-323.

[27] Larson A C, von Dreele R B. GSAS. Report LAUR 86-748. New Mexico: Los Alamos National Laboratory, 1985.

[28] Le Bail A, Duroy H, Fourquet J L. *Ab-initio* structure determination of $LiSbWO_6$ by X-ray powder diffraction. Mater Res Bull, 1988, 23: 447-452.

[29] Ballirano P, Caminiti R. Rietveld refinements on laboratory energy dispersive X-ray diffraction (EDXD) data. J Appl Crystallogr, 2001, 34: 757-762.

[30] Buras B, Gerward L, Glazer A M, Hidaka M, Staun Olsen J. Quantitative structural studies by means of the energy-dispersive method with X-rays from a storage ring. J Appl Crystallogr, 1979, 12: 531-536.

[31] Glazer A M, Hidaka M, Bordas J. Energy-dispersive powder profile refinement using synchrotron radiation. J Appl Crystallogr, 1978, 11: 165-172.

[32] McGregor K, Snook G A, Scarlett N V Y, Urban A J, Lanyon M R, Madsen I C. *In situ* analysis methods for electrowinning in chloride and fluoride baths. Light Met, 2009, 2: 435-441.

[33] Kvande H. Galasiu I, Galasiu R, Thonstad J. Inert electrodes in aluminum electrolysis cells//Inert Anodes for Aluminium Electrolysis. Dusseldorf: AluminiumVerlag, 2007: 3-14.

[34] McGregor K, Frazer E J, Urban A J, Pownceby M I, Deutscher R L. Development of inert anode materials for electrowinning in calcium chloride melts. ECS Trans, 2006, 2(3): 369-380.

[35] Jackson B K, Dye D, Inman D, Bhagat R, Talling R J, Raghunathan S L, Jackson M, Dashwood R J. Characterization of the FFC Cambridge process for NiTi production using *in situ* X-ray synchrotron diffraction. J Electrochem Soc, 2010, 157 (4): E57-E63.

[36] Rowles M R, Scarlett N V Y, Madsen I C, McGregor K. Characterization of rutile passivation layers formed on magneli-phase titanium oxide inert anodes. J Appl Crystallogr, 2011, 44: 853-857.

[37] Jenkins R, Fawcet T G, Smith D K, Visser J W, Morris M C, Frevel L K. Sample preparation methods in X-ray powder diffraction. Methods and Practices Manual, International Centre for Diffraction Data, Cambridge, 2006.

[38] Elton N J, Salt P D. Particle statistics in quantitative X-ray diffractometry. Powder Diffr, 1996, 11(3): 218-229.

[39] Smith D K. Particle statistics and whole-pattern methods in quantitative X-ray powder diffraction analysis. Adv X-ray Anal, 1991, 35(A): 1-15.

[40] Buhrke V E, Jenkins R, Smith D K. A Practical Guide for the Preparation of Specimens for X-ray Fluorescence and X-ray Diffraction Analysis. New York: Wiley-VCH Verlag GmbH, 1998.

[41] Hill R J, Madsen I C. Sample preparation, instrument selection and data collection//David W, Shankland K, Mc Cusker L B, Baerlocher C. Structure Determination from Powder Diffraction Data. Oxford: Oxford University Press, 2002: 98-116.

[42] Hillier S. Use of an air brush to spray dry samples for X-ray powder diffraction. Clay Miner, 1999, 34 (1): 127-135.

[43] March A. Mathematische theorie der regelung nach der korngestah bei affiner deformation. Z Kristallogr, 1932, 81(1-6): 285-297.

[44] Dollase W A. Correction of intensities for preferred orientation in power diffractometry: application of the March model. J Appl Crystallogr, 1986, 19: 267-272.

[45] Popa N C. Texture in Rietveld refinement. J Appl Crystallogr, 1992, 25: 611-616.

[46] Jarvinen M. Application of symmetrized harmonics expansion to correction of the preferred orientation effect. J Appl Crystallogr, 1993, 26: 525-531.

[47] Monecke T, Kohler S, Kleeberg R, Herzig P M, Gemmel J B. Quantitative phase-analysis by the Rietveld method using X-ray powder-diffraction data: application to the study of alteration halos associated with volcanic-rock-hosted massive sulfide deposits. Can Mineral, 2001, 39: 1617-1633.

[48] Brindley G W. XLV. The effect of grain or particle size on X-ray reflections from mixed powders and alloys, considered in relation to the quantitative determination of crystalline substances by X-ray methods. Philos Mag, 1945, 36(256): 347-369.

[49] Taylor J C. Computer programs for standardless quantitative analysis of minerals using the full powder diffraction profile. Powder Diffr, 1991, 6(1): 2-9.

[50] Bruce C H. Smectite dehydration: its relation to structural development and hydrocarbon accumulation in northern Gulf of Mexico basin. AAPG Bulletin, 1984, 68(6): 673-683.

[51] Ottner F, Gier S, Kuderna M, Schwaighofer B. Results of an inter-laboratory comparison of methods for quantitative clay analysis. Appl Clay Sci, 2000, 17 (5): 223-243.

[52] McCarty D K. Quantitative Mineral Analysis of Clay-Bearing Mixtures: the "Reynolds Cup" Contest, International Union of Crystallography-Commission on Powder Diffraction-Newsletter No.27, 2002: 27.

[53] Kleeberg R. Results of the Second Reynolds Cup Contest in Quantitative Mineral Analysis, International Union of Crystallography-Commission on Powder Diffraction-Newsletter No.30, (30), 2005: 22-26.

[54] Omotoso O, McCarty D K, Hillier S, Kleeberg R. Some successful approaches to quantitative mineral analysis as revealed by the 3rd Reynolds Cup contest. Clays Clay Miner, 2006, 54(6): 748-760.

[55] Bergmann J, Kleeberg R, Taut T. A new structure refinement and quantitative phase analysis

method based on predetermined true peak profiles. Z Kristallogr Suppl, 1994: 580.

[56] Bergmann J, Friedel P, Kleeberg R. BGMN: a new fundamental parameters based Rietveld program for laboratory X-ray sources; its use in quantitative analysis and structure investigations. IUCr Commission on Powder Diffraction Newsletter, 1998, 20: 5-8.

[57] Taut T, Kleeberg R, Bergmann J. The new seifert Rietveld program and its application to quantitative phase analysis. ⅩⅦ Conference on Applied Crystallography, Poland. Singapore: World Scientific, 1997.

[58] Treacy M M J, Newsam J M, Deem M W. A general recursion method for calculating diffracted intensities from crystals containing planar faults. Proc R Soc Lond, 1991, A433: 499-520.

[59] Ufer K, Kleeberg R, Bergmann J, Curtius H, Dohrmann R. Refining real structure parameters of disordered layer structures within the Rietveld method. Z Kristallogr, 2008, 27: 151-158.

[60] Wu E, Kisi E H, Kennedy S J, Studer A J. *In situ* neutron powder diffraction study of Ti_3SiC_2 synthesis. J Am Ceram Soc, 2001, 84 (11): 2281-2288.

[61] El-Raghy T, Barsoum M W, Zavaliangos A, Kalidindi S R. Processing and mechanical properties of Ti_3SiC_2: Ⅱ, effect of grain size and deformation temperature. J Am Ceram Soc, 1999, 82: 2855-2860.

[62] Goto T, Hirai T. Chemically vapor deposited Ti_3SiC_2. Mater Res Bull, 1987, 22: 1195-1201.

[63] Pampuch R, Lis J, Piekarczyk J, Stobierski L. Ti_3SiC_2: based materials produced by self-propagating high-temperature synthesis(SHS) and ceramic processing. J Mater Synth Process, 1993, 1(2): 93-100.

[64] Barsoum M W, El-Raghy T. Synthesis and characterization of a remarkable ceramic: Ti_3SiC_2. J Am Ceram Soc, 1996, 79 (7): 1953-1956.

[65] Goesmann F, Wenzel R, Schmid-Fetzer R. Preparation of Ti_3SiC_2 by electron-beam-ignited solid-state reaction. J Am Ceram Soc, 1998, 81 (11): 3025-3028.

[66] Feng A, Orling T, Munir Z A. Field-activated pressure-assisted combustion synthesis of polycrystalline Ti_3SiC_2. J Mater Res, 1999, 14 (3): 925-939.

[67] El-Raghy T, Barsoum M W. Processing and mechanical properties of Ti_3SiC_2: Ⅰ, reaction path and microstructure evolution. J Am Ceram Soc, 1999, 82 (10): 2849-2854.

[68] Riley D P, Kisi E H, Hansen T C, Hewat A W. Self-propagating high-temperature synthesis of Ti_3SiC_2: Ⅰ, ultra-high-speed neutron diffraction study of the reaction mechanism. J Am Ceram Soc, 2002, 85: 2417-2424.

[69] Wu E, Kisi E H, Riley D P. Intermediate phases in Ti_3SiC_2 synthesis from Ti/SiC/C mixtures studied by time-resolved neutron diffraction. J Am Ceram Soc, 2002, 85 (12): 3084-3086.

[70] Kisi E H, Riley D P. Diffraction thermometry and differential thermal analysis. J Appl Crystallogr, 2002, 35: 664-668.

第 **11** 章　粉末衍射分析固体相变和其他随时间变化过程的动力学

11.1　引　言

粉末衍射分析[①]是化学、物理、矿物学和材料科学中最常用的实验方法之一，使用 X 射线或中子表征固态晶体样品的晶体结构、相组成和微结构(晶体缺陷)状态；另见本书的第 2、4 和 10 章。

假设在一定条件下稳定或足够亚稳定的一个样品可被一组外部状态变量表征[1]，最经常考虑的变量可以是温度、压力、某些组元的化学势、光强度等。当这些外部状态变量中的一个或多个发生变化时，样品的状态通常或多或少会迅速变化。当然，如果温度和/或压力发生变化，则会发生自然膨胀或压缩。这种现象可以通过粉末衍射法定量测量，从而确定热膨胀张量和/或压缩张量。

除了样品状态实际上是自发的变化外，外部状态变量的变化也可能会引发可逆或不可逆的非瞬时变化。其中，非瞬时过程如下(对于更系统的分类，请参见11.5 节)：

1) 一个相的(多晶型)相变/转化为相同组成的另一相。固体的局部和整体组成保持不变。

2) 多相混合物中相含量的变化，如在固态沉淀或溶解或其他固-固"反应"等过程中发生的情况。这些过程涉及固体成分的局部变化，而固体的总成分保持恒定。

---

① 粉末衍射是指多晶样品的衍射分析，并不是必须是粉末。

3) 固相与流体相(气相或液相)的"反应"，被固相吸收，或成分变化时的固相分解。包括：①新相形成；②仅不断改变现有相的组成；③这些过程不仅涉及固体成分的局部变化，而且涉及其总成分的局部变化。

4) 试样的缺陷密度/微结构的变化。这可能包括点、线和面缺陷密度的变化，因此也涉及回复、再结晶和晶粒长大。如 1)所述，固体的局部和总体组成保持不变。

1)、2)和 3)中①涵盖的过程可以用术语"相变"来概括。3)中②和 4)中的过程通常不被该概念所涵盖；然而，如在传统教科书中会作为相变来讨论[2, 3]，并且通过粉末衍射技术研究它们是一个重要的议题。因此，在本章中考虑相变及固体中其他动力学过程似乎是合理的。为简单起见，在本章的许多地方，"过程"或"动力学过程"这两个词包含相变和其他动力学过程。

在追踪固体动力学过程的研究中，粉末衍射法可以发挥重要作用。尤其是，不仅可以表征过程的开始和结束状态，而且可以根据相变/过程的进展确定样品状态的变化。此类数据对于理解过程的路径至关重要，例如，是否涉及中间相。那么，在某些恒定(或变化)的外部变量下，过程的进度通常作为时间的函数，被定量确定。这种类型的测量可以获取过程的动力学。

如果上述过程结束，过程中记录了粉末衍射数据，则称为原位实验。相反，如果在过程某一选定时刻终止该过程，对样品被"冻住"状态进行研究，则称为非原位实验[通常停止该过程意味着将样品在高温(HT)淬火]。特别是，X 射线源(同步加速器、自由电子激光)和中子源(高通量反应堆或散裂中子源)的功率不断提高，并且常规实验室 X 射线源的仪器越来越复杂，使得对相变和其他过程的进程进行原位研究在近年来越来越方便。因此，以原位粉末衍射分析为基础的、有关过程的进程研究文献大量涌现，尤其是动力学研究的文献报道。

较早发表了一些涉及"过程时间分辨"(主要是原位)衍射研究的综述。Riekel[4]主要讨论非均质化学反应，包括其在层状化合物中的动力学。Pannétier[5]回顾了时间依赖的中子粉末衍射技术，但没有特别关注特定的物质类别。Auffrédic 等[6]、Benard 等[7]和 Epple[8]重点讨论了粉末衍射法和热分析法[差热分析(DTA)、差示扫描量热法(DSC)、热重法(TG)]的互补性。前两篇文献[6]、[7]还强调了利用实验室设备(X 射线管)进行相应的、与过程相关的粉末衍射实验的可能性，Evans 和 Radosavljević Evans 也进行了这方面工作[9]。Moron[10]、Cheetham 和 Wilkinson[11]、Isnard[12,13]、Parise 等[14]、Norby[15]和 Wilson 等[16]对时间分辨衍射研究做了进一步的评论，涉及将中子和同步辐射 X 射线衍射分析应用于固体过程。在特殊材料或某类化合物的相变和过程(部分还侧重于特殊的技术)方面的工作有：Kuhs 和 Hansen[17]处理水中的冰和气化水合物；Redfern[18]的研究涉及矿物的有序-无序动力学过程；Leineweber 和 Mittemeijer[19]利用晶格常数变化研究了各种 $Ni_{1+\delta}$ Sn 合金的有序-无序动力学；O'Hare 等[20,21]研究了通过水热合成制备微孔材料以及层状受体中的插层过程；Depmeier[22]研究了沸石和笼状包合物的脱水和水合行为；Engelke 等[23]研究在溶剂热条件下晶体的生长和化合物的转化；Sutton[24]和 Jiang[25]对金属玻璃的结晶进行了研究，以及 Perrillat 就矿物转化的原位时间分辨进行了研究[26]。

本章着重于过程时间分辨粉末衍射数据的应用，将其作为定量追踪相应过程动力学的基础，特别强调了对观察到的动力学进行定量建模的具体方法。与上述大多数早期综述相反，也会明确包括对非原位粉末衍射实验的动力学分析。

首先，11.2 节总结了基本的动力学方法。然后，在 11.3 节中讨论了适合评估"过程动力学"的粉末衍射谱图特征。11.4 节提供了关于原位与非原位方法的讨论。最后，在 11.5 节中介绍了不同类型的动力学过程分析的示例，随后在 11.6 节中作了总结。

11.2 动力学概念

11.2.1 过程速率

大量被研究的"过程"涉及样品通过形核和长大方式部分或全部体积转化为新相[3,27-33]。这种相变通常通过所谓的转变分数 f（转化的体积分数；也可以将 f 定义为转化的质量或摩尔分数；11.2.3.2 节）来追踪，f 的大小在 0 到 1 之间。但是，对于包含在 11.1 节清单列表中的诸多情形，不能将相变样品细分为未转化和已转化的体积部分，因此，在这种情况下自然无法确定已转化的体积/摩尔/质量分数 f。例如，这涉及收敛的均质有序(11.2.3.5 节；11.1 节给出的第一种情形)或晶粒/畴粗化或点缺陷密度的变化(请参见 11.2 节；11.1 节中的第四种情形)。对于此类情况，可以参照转化分数类似定义"转化度"。在下文中，动力学分析基于对实验上可直接获取的参数 p 的解释，该参数表征了过程的进展，过程进展在某些情况下可能与转化分数 f 相同。

一般而言，通过实验工作测量某些时间依赖的物理参数 p 以示踪运动学过程，进而量化所考察过程的进展。这就要求 p 随着过程的进展而具有特征性和单调性的变化。"特征性"意味着参数 p 的值对系统状态以及过程进程具有特征(唯一)性。这也意味着如果样品被施以的外部状态变量(如淬火)与过程速率相较变化足够快(请参见 11.4 节中的复杂性，可能与这种情况不完全吻合)，参数 p 值不应该改变。在过程完成时，p 将达到某个平衡值 p_{end}，对应于设定的某一外部状态变量。

基于这种性质的参数 p，可以将过程的某些速率[比较图 11.1(a)]定义为

$$\left.\frac{dp}{dt}\right|_S = \left.\frac{dp}{dt}\right|_{F,p} = \left.\frac{dp}{dt}\right|_{T,F',p} \tag{11.1}$$

其中，下标 S 代表样品的状态。"S"相关的变量可以分为施加的外部状态变量 F(温度 T、压力 P 等)和过程进度(由 p 值给出)。温度 T 在动力学过程研究中通常具有显著的作用，因此在式(11.1)中被单独标识出来，与包含在 F' 中更多的状态变量形成对比。实际上，在以下列表中，温度被明确地视为外部状态变量(默认情况下，其他外部状态变量保持恒定，除非特别关注其他外部参数)。此外，如果没有另外说明，则在该过程中将温度视为恒定，即等温过程。

通过追踪在不同温度下随时间变化的物理参数 p 值，评估固态的动力学过程，这可能会遇到许多复杂情况：

1) 在给定的温度下，p 值从 p_{start} 变为 p_{end}，但 p_{end} 可能取决于 T，这表明在所研究的温度范围内，平衡状态随 T 而变化。

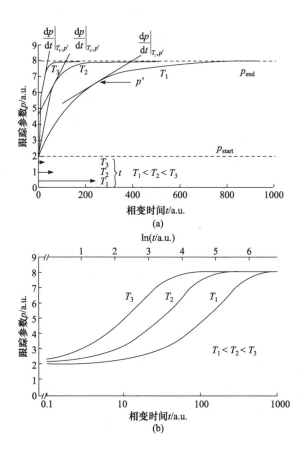

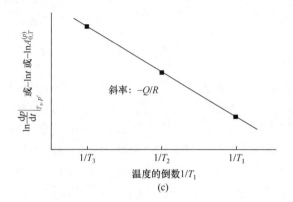

(c)

图 11.1　(a)跟踪参数 p 随时间 t 的典型演化过程，参数 p 从 p_{start}(t=0 时)到 p_{end}($t=\infty$ 时)的过程中，在三个不同的恒定温度下，过程速率(包含与跟踪参数 p 无关的活化能 Q)对温度的依赖关系属于阿伦尼乌斯型，标出了各温度下到达 $p = p'$ 时的过程速率及其所需时间；(b)将(a)图的时间轴取为对数坐标(p-ln$t$)，这样三条曲线可比性更强，式(11.6)中的温度相关项 $A_{0,T}^{(p)}$ 确定了三条曲线之间的距离；(c)根据式(11.4)的 $p = p'$ 时过程速率以及根据式(11.5)的过程时间或根据式(11.6)的 $A_{0,T}^{(p)}$ 项绘制的阿伦尼乌斯型图

　　2) 假设可以测量多个跟踪参数，如 p_1 和 p_2。如果必须唯一地确定过程的进度，例如，当 p_1 一定时，则必须通过双射函数将 p_2 的数值与 p_1 耦合(请注意，如上所述，两个量随着过程进度单调变化)。这意味着 p_2 是 p_1 的唯一函数，与过程的温度 T 无关[图 11.2(a)]。这样 p_2 唯一地描述了该过程的进度。相反，如果从点

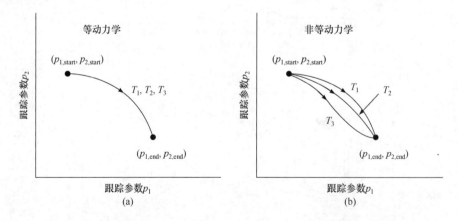

图 11.2　等动力学过程(a)和非等动力学过程(b)的跟踪参数 p_1 和 p_2 的演变
请注意，对于非等动力学过程，点($p_{1,end}$, $p_{2,end}$)可能取决于温度

$(p_{1,\text{start}}, p_{2,\text{start}})$到点$(p_{1,\text{end}}, p_{2,\text{end}})$的路径在$p_1$-$p_2$图中取决于温度[图 11.2(b)]，那么表明：$p_1$和$p_2$都不唯一地(即对于变量$T$确定样品的内部状态，从而也不能确定过程的进度。

如果满足条件 1)但不满足条件 2)，则可以说是非等动力学过程。

对许多(但非全部)等动力学过程，反应速率可以写成(不同变量的)乘积[2,34]①：

$$\frac{\mathrm{d}p}{\mathrm{d}t}\Big|_{F',p}=g^{(p)}(p)k(T) \tag{11.2}$$

其中，$g^{(p)}(p)$是过程进度的纯函数，由变量p量化；$k(T)$是进程速率常数，是纯温度函数。也就是说，当$g^{(p)}(p)$接近 0 时，式(11.2)的p_{end}必定与T无关。此外，如果考虑两个跟踪参数p_1和p_2，它们在式(11.2)中的相应函数是$g^{(p_1)}(p_1)$和$g^{(p_2)}(p_2)$，它们的双射特性通过$p_1=p_1'$和$p_2=p_2'$两阶段的过程速率之比进行阐明：

$$\frac{\mathrm{d}p_1/\mathrm{d}t|_{F,p_1'}}{\mathrm{d}p_2/\mathrm{d}t|_{p_1'}}=\frac{g^{(p_1')}(p_1')}{g^{(p_2')}(p_2')} \tag{11.3}$$

式(11.3)隐含表示p_1-p_2图中路径的导数与T无关[图 11.2(a)]。

本章的其余部分安排如下。在 11.2.2 节中讨论过程速率与温度的关系。在 11.2.3 节中讨论在恒定温度下(等温过程)过程速率与过程时间的关系。11.2.4 节讨论以非等温方式研究动力学过程的特殊之处。

11.2.2　温度依赖的过程速率

根据式(11.2)，温度依赖的过程速率由含温度变量的因子$k(T)$给出。在此基础上，可以推导一种简单的方法，由过程速率与温度关系确定动力学参数，将其作为活化能。此类方法在 11.2.2.1 节和 11.2.2.2 节中介绍。

11.2.2.1　温度依赖的阿伦尼乌斯型速率常数$k(T)$

如果动力学过程的驱动力足够大，则$k(T)$可以写为阿伦尼乌斯因子，因此有[参见式(11.2)]

$$\frac{\mathrm{d}p}{\mathrm{d}t}\Big|_{T,p}=g^{(p)}(p)k_0\exp\left(-\frac{Q}{RT}\right) \tag{11.4}$$

---

① 注意等动力学相变的概念可以拓延到跟踪参数p与f相同的情况，也可参见文献[33]中的方程式(9.21)～式(9.24)。

其中，Q 是激活能，它与 p 值给出的过程进度无关[1]。如果对于不同的 T 可以确定 $p = p'$ 时的 dp/dt[图 11.1(a)]，则 $\ln(dp/dt)|_{T,p=p'}$ 对 $1/T$ 的阿伦尼乌斯图[图 11.1(c)]中，斜率为 $-Q/R$，而 $\ln\left[k_0 g^{(p)}(p')\right]$ 为纵坐标截距[2]。dp/dt 的计算涉及对 $p(t)$ 数据的微分，通常易于出现实验性离散，因此处理过程可能相当不精确。

确定 Q 的一些替代方法(如参考文献[27])是利用较大 p 范围内的 p-t 数据。例如，式(11.4)可以从 p_{start} 开始积分，得到:

$$\ln\left[\int_{p_{start}}^{p'} \frac{dp}{g^{(p)}(p)}\right] + \frac{Q}{RT} = \ln t \tag{11.5}$$

从状态 p_{start} 开始达到 $p = p'$ 这个特征状态值所需的过程时间的负对数对过程温度的倒数 $1/T$ 作图，得到斜率为 $-Q/R$ 的一条直线[图 11.1(a)、(c)]。

(对于恒定的 Q)推演此过程可以通过从某一 p_{start} 出发并绘制 p 与过程时间对数 $\ln t$ 的关系图[35][3]。不同温度下得到的曲线是同构的，并且相互之间各自在 $\ln t$ 轴上移动。不需要借助过程的动力学模型，意味着特定的 p' 对式(11.5)左侧的积分具有依赖性，可以通过拟合函数描述 $\ln t$ 的演变以确定激活能，例如，使用以下多项式描述 $\ln t$:

$$\ln t = A_3^{(p)} p^3 + A_2^{(p)} p^2 + A_1^{(p)} p + A_{0,T}^{(p)} = \ln\left[\int_{p_{start}}^{p} \frac{dp}{g^{(p)}(p)}\right] + \frac{Q}{RT} \tag{11.6}$$

其中，拟合系数 $A_i^{(p)}$ ($i = 1,2,3,\cdots$)与 T 无关、$A_{0,T}^{(p)}$ 与 T 相关，确保了拟合曲线的同构性。 对于不同的过程温度，拟合的 $A_{0,T}^{(p)}$ 的负值与 $1/T$ 的关系图将产生一条以 $-Q/R$ 为斜率的直线[图 11.1(b)、(c)]。

11.2.2.2 非阿伦尼乌斯型动力学过程

过程速率并不总是像式(11.4)表现为阿伦尼乌斯型温度依赖性，如小驱动力的情况就是例外。如果系统的平衡状态在所考察的温度范围内与 T 有关，则必然发生与式(11.4)的偏离(参见 11.2.1 节中的第 1)点)。在温度 T_t 下发生 $\alpha \rightleftharpoons \beta$ 多晶型转变的系统达到平衡状态时，这种偏离很容易变得合理。假设高温(HT)β 相可淬火至低温(LT)状态。然后，在 $T \ll T_t$ 的温度下对已淬火的 β 相退火，可以容易地

---

① 理论上，激活能也可以与 p 相关，但是此时式(11.2)中的变量无法相互独立。

② 不借助特殊速率公式是无法明确给出 k_0 值的，因为 $g' = gA$ 和 $k' = kA$ 是相同速率的变形表达式，其中 A 是与 p 和 T 无关的常数。

③ p-$\ln t$ 曲线的同构性的确也导致了 $k(T)$ 值的不确定性(见文献[27])。

想到式(11.4)是有效的，其中 p 是多晶型 α 相的体积分数 f，即 $p = f$。对于 $f < 1$，在式(11.2)中 $g^{(f)}(f)$ 及 $k(T)$ 均为正。

当温度为 T_t 时，两相都处于平衡状态，因此对于任意的 f 值，净反应速率必须为 0。因此，在 $T = T_t$ 时，式(11.4)无效[请注意，只有在 $k_0 = 0$ 的情况下，$k(T) = k_0\exp(-Q/RT)$ 才能为零，但这是不可能的，因为要记住 $T \ll T_t$ 时，有 $\mathrm{d}f/\mathrm{d}t > 0$，请参见上文]。实际上，相变速率作为 T 的函数直到 T 接近 T_t 时也是连续变化的，但需要与式(11.4)不一致的温度依赖关系。在 T_t 之上，这种相变速率将变为负值。

的确，过程速率通常取决于过程的"驱动力"。驱动力强烈依赖于温度。作为一例，考察上文所述的 $\beta \to \alpha$ 多晶型相变，与 α 相的生长相关的 α/β 界面移动速率的众所周知的表达式如下[2,3]：

$$v(T) = v_0 \exp\left(-\frac{\Delta G_{\beta \to \alpha}^{a}}{RT}\right)\left[1 - \exp\left(\frac{\Delta G_{\beta \to \alpha}}{RT}\right)\right] \tag{11.7}$$

其中，v_0 是该指数式的前置因子；$\Delta G_{\beta \to \alpha}^{a}$ 是激活的吉布斯能量，通常简单地与激活能 Q 相关联，$\Delta G_{\beta \to \alpha} = G_\alpha - G_\beta$ 是与 $\beta \to \alpha$ 相变相关的吉布斯能量变化。$-\Delta G_{\beta \to \alpha} = G_{\text{begin}} - G_{\text{end}}$ 被定义为 $\beta \to \alpha$ 相变的驱动力。

当温度远远低于 T_t 时，$-\Delta G_{\beta \to \alpha}$ 的绝对值会很大，因此温度依赖的界面移动速率变为

$$v(T) = v_0 \exp\left(-\frac{Q}{RT}\right) \tag{11.8}$$

这与阿伦尼乌斯型温度依赖的 α 相生长相吻合。但是，在接近 T_t 的情况下，如果 $\Delta G_{\beta \to \alpha}$ 小，则式(11.7)可近似为

$$v(T) = v_0 \exp\left(-\frac{Q}{RT}\right)\left(-\Delta G_{\beta \to \alpha}\right) \tag{11.9}$$

其中，$\Delta G_{\beta \to \alpha}(T) = \Delta H_{\beta \to \alpha}(T_t) \times (T_t - T)/T_t$ 近似式成立，且 $\Delta H_{\beta \to \alpha}(T_t)$ 是相应的相变焓。接近 T_t 时，$\Delta G_{\beta \to \alpha}(T)$ 的值，即驱动力，将比阿伦尼乌斯因子 $\exp(-Q/RT)$ 随 T 变化更明显，因此从纯阿伦尼乌斯型温度依赖的过程速率出发而得到的动力学分析会产生错误，如 11.2.2.1 节所述，甚至得到完全不切实际的激活能值[36-38]。甚至阿伦尼乌斯型图在有限的温度范围内表现出看似线性的关系也是如此，尽管该图是根据过程速率与温度关系的测量而确定[38]。

11.2.3　等温传导过程的速率定律

对于一些特定类型的过程，跟踪参数 p 的时间依赖性可以根据速率定律来表

述。在式(11.2)(11.2.1 节)有效的情况下，这些速率公式可以得出 $g^{(p)}(p)$ 的表达式。对于提取某些类型的动力学数据，不必非要有明确的 $g^{(p)}(p)$ 公式，如确定激活能的过程，请参见 11.2.2.1 节。但是，在式(11.2)无效的情况下，特别是在非等动力学过程的情况下，必须确定合适的速率公式，以弄清动力学过程，如确定激活能。

11.2.3.1 均质过程的 m 级动力学

众所周知 m 级反应动力学发生在均相态的分子气相或化学溶液中。在固相中相近的均质过程很少见(见下文)。对于 m 级过程，其速率为

$$\frac{\mathrm{d}p}{\mathrm{d}t}\Big|_{T,P} = -k(T)(p - p_{\mathrm{end}})^m \tag{11.10}$$

其中，m 是过程的级数。如果 p_{end} 和 m 与 T 无关，则式(11.10)与式(11.2)兼容。此外，经常可以假设 k 的阿伦尼乌斯型温度依赖关系为 $k(T) = k_0\exp(-Q/RT)$。

式(11.10)对于 $m \neq 1$ 可以积分，得到：

$$\frac{1}{1-m}\left[\frac{1}{(p - p_{\mathrm{end}})^{m-1}} - \frac{1}{(p_{\mathrm{start}} - p_{\mathrm{end}})^{m-1}}\right] = -k(T) \times t \tag{11.11a}$$

而对于 $m = 1$ 有

$$\ln\left(\frac{p - p_{\mathrm{end}}}{p_{\mathrm{start}} - p_{\mathrm{end}}}\right) = -k(T) \times t \tag{11.11b}$$

根据实验的 p-t 数据，原则上可以通过 $k(T)$ 拟合确定 m 和 p_{end}。但是，众所周知，对于不同的 m 也存在式(11.11)的线性化方案。该方案可用于图形化地说明所采用的速率公式的有效性并以图形方式确定 k。例如，对于 $m = 1$，$\ln(p-p_{\mathrm{end}})$ 对 t 作图会产生一条以 $-k(T)$ 为斜率的直线。

在少数情况下，均相固体中发生的过程显示出与式(11.10)和式(11.11b)($m = 1$)相容的动力学特性。如果 p 与某些位点的占据有关联，向平衡有序状态的均质化过程可能会按照一级反应速率公式的方式而发生(11.2.3.5 节)。应该注意的是，如果 p 与相变分数 f 相关，则一级反应动力学可以看作是 $n = 1$ 的 Johnson-Mehl-Avrami-Kolmogorov(JMAK)动力学的特例(11.2.3.2 节)。

11.2.3.2 非均质相变动力学的 Johnson-Mehl-Avrami-Kolmogorov 模型

JMAK 模型被广泛使用(也被滥用；请参见参考文献[33]的 6.11 节)在固体中通过成核和生长而发生的异质相变。最初，JMAK 模型适用于 100%的体积以异质方式从起始状态转变为最终状态的情况。在这种情况下，将相变的进程视为所谓的相变(体积)分数 $f = V_{\mathrm{trans}}/V$，其范围为 0 到 1，其中 V 是样品的体积，V_{trans} 是样品中相变部分的体积。JMAK 模型也适用于只有一部分体积发生相变的情况，如在沉

淀反应中。在这种情况下，可以将相变后的(体积)分数修正为 $f = V_{trans}/V_{trans, end}$，其中 $V_{trans, end}$ 对应于平衡状态下($t \to \infty$)的相变体积。相变后的分数通常表示为(取 $f = p$)：

$$f = 1 - \exp\left[-\left(k(T) \times t\right)^{n}\right] \tag{11.12}$$

其中，k 是速率常数；n 是 Avrami/生长指数(见下文)。注意，在式(11.12)中有时会使用 $k' = k^{n}$。式(11.12)的微分形式为

$$\frac{df}{dt} = nk(T)(1-f)\left[-\ln(1-f)\right]^{(n-1)/n} \tag{11.13}$$

仅当对成核、生长和碰撞过程的某些限制得到满足时，JMAK 方法才严格有效[31, 33]，并且仅在这些情况下，n 独立于 T 和 f 或 t[如式(11.2)的有效性所要求]。那么，众所周知的 Avrami 图 $\ln[-\ln(1-f)]$-$\ln t$ 产生一条直线，其中 n 为斜率，$\ln k(T)$ 为该直线与横坐标的截距(图 11.3)。

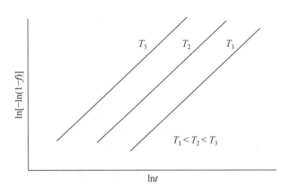

图 11.3　Avrami 图：在三个不同的恒定退火温度下，相变分数对相变时间的对数

直线的斜率对应式(11.12)和式(11.13)中的 n，$\ln k(T)$ 是横坐标截距；直线的平行特性暗示温度独立于 n，与 JMAK 动力学的一般假设相容

因成核和生长而发生的相变的速率常数 $k(T)$ 经常(但不总是)遵循阿伦尼乌斯型温度依赖形式 $k = k_0 \exp(-Q_{eff}/RT)$，其中激活能 Q_{eff} 是与成核和生长过程相关的有效激活能的平均值[31, 39]。如果满足 JMAK 方程有效性的边界条件，则 n、k_0 和 Q 是与 T 和 f 无关的常数。

在 JMAK 模型有效的情况下(见上文)，实验确定的 Avrami 指数 n 的值可能与成核(位点饱和、连续成核等)和生长(如界面或扩散控制的生长)混合的特殊模型相关，其中成核和生长的次级过程可以具有不同的激活能。

但是，如果未满足其边界条件的有效性，JMAK 动力学通常也用作描述相变动力学的工具(请参阅本节的开头)。更精确的模型可以分别考虑成核、生长和碰撞的各种模型(JMAK 方程假定随机分散的核各向同性地生长)以更好地描述实验数据。这种相变动力学的模型，可以根据依赖 f 和 T 的 Q_{eff}、k_0 和 n 的值来进行解

释。它们可以可靠地解释所确定的动力学参数：请参见参考文献[31]、[33]、[40]中讨论的"模块化方法"。

11.2.3.3　晶粒生长和奥斯特瓦尔德熟化

两种动力学过程表现出相当的相似性：①单相多晶微结构中的晶粒生长[41,42]；②固态或液态基体中某相(沉淀物)的颗粒的奥斯特瓦尔德熟化[43,44]，基体组成不同于沉淀物。在这两种情况下，式(11.2)中 p(此后用符号 s 代替)取为晶粒(情况①)或颗粒(情况②)的平均尺寸，动力学公式为

$$s = \left[k(T)t + s_{\text{start}}^j \right]^{1/j} \tag{11.14}$$

其中，$k(T)$ 是阿伦乌斯型速率常数；指数 j 通常在 2～3 之间，其中 $j=2$ 时对应理论预测晶粒生长，$j=3$ 时对应奥斯特瓦尔德熟化。在后一种情况下，方程(11.14)被称为 Lifshitz-Slyozov-Wagner(LSW)动力学。对式(11.14)进行微分，则过程速率的表达式为 s 的函数：

$$\frac{\mathrm{d}s}{\mathrm{d}t} = \frac{k(T)}{js^{j-1}} \tag{11.15}$$

晶粒生长和奥斯特瓦尔德熟化是 $s_{\text{end}} = \infty$ 的生长过程。如果 j 为常数，则可以通过阿伦乌斯型曲线 $\ln k(T)$-$1/T$ 的估算，经拟合确定 $k(T)$ 的值，得出$-Q/R$ 作为斜率的直线以拟合该图中的数据。请注意，如果 s_{start} 与实验中某个阶段的 s 的平均值相比较小，则式(11.14)(即对于超出和等于该阶段的时间)简化为 $s^j = k(T) \times t$，绘制 $\ln s$-$\ln t$ 图足以确定 k 和 j：拟合数据的直线斜率对应于 $1/j$，而横坐标截距对应于 $(1/j)\ln k(T)$。

11.2.3.4　控制体积扩散的过程

许多固体中不同过程的速率由(长程)扩散控制。其中包括具有不同于基体组成的相的生长。应该认识到，如果这种生长过程与成核过程一起发生，则整体的总动力学速率不一定受体积扩散的控制(参见 11.2.3.2 节中的有效激活能)。

在这里，考虑样品与流体(气体或液体)相互作用时发生的长程扩散。假设固态基体与流体反应，通过形成与基体相成分不同的表面层或均匀改变表面附近成分(富集溶质)的方式，使基体表面区域发生改变。在这些情况下，可以将形成的表面层的厚度、基体中的扩散区的范围或浓度变化量视为由参数 p 表征的过程进度。如果表面层的厚度或扩散区的深度比体系/样品/基体的尺寸小，则描述溶质向基体中扩散的菲克(第二)定律可以应用玻耳兹曼变换[45]。在这种情况下，p 有

$$p = \sqrt{2k(T) \times t + p_{\text{start}}^2} \tag{11.16a}$$

当 $p_{start} = 0$ 时，式(11.16a)简化为

$$p = \sqrt{2k(T)t} \tag{11.16b}$$

其中，$k(T)$ 与扩散物质(溶质)的扩散系数 D 成正比。对式(11.16)进行微分：

$$\frac{dp}{dt} = \frac{k(T)}{p} \tag{11.17}$$

如果不能应用玻尔兹曼变换，则存在更复杂的关系，例如，与扩散(生长)区域的尺寸相比，基体的厚度有限。在这种情况下，必须明确考虑扩散几何形状，以得出适当的过程速率定律。

11.2.3.5　有序-无序相关的过程

有序-无序现象以均质化或非均质化过程出现在许多固态晶体相中[46]。有序产生是由于特定类型的原子或空位(占位有序)、择优取向的分子单元(择优有序)或优先置换的原子或原子团(置换有序)对某些原子位点的优先占用。有序-无序过程与"通常"的多晶型转变之间的主要区别在于，前一过程的结构变化原则上可以在晶粒内均匀发生，而后一过程的相变发生在不断迁移的母相/生成相的界面上。但是，有序和无序转变也可以通过成核和生长而异质地发生。在这种情况下，可以应用11.2.3.2 节中描述的动力学概念。

由于本章关注的是粉末衍射研究中的现象，因此重点关注长程有序现象。短程有序状态的改变通常仅引起漫散射的变化，很难通过多晶粉末衍射来检测，故在此不予考虑。为了简单起见，以占位有序-无序现象为例说明有序-无序现象。

考虑包含两种晶体学上不等价位点("亚晶格") Ⅰ 和 Ⅱ 的晶体。为了简单起见，在此假定每个单胞中的这些(每种类型)位点的数量相等。两个原子 A 和 B 一起出现并完全占据位点 Ⅰ 和 Ⅱ；A/B 原子比等于 1。请注意，A 或 B 也可能对应于空位。假设最稳定的"基态"对应于 A 原子在位点 Ⅰ 上和 B 在位点 Ⅱ 上，分别表示为 $A^{Ⅰ}$ 和 $B^{Ⅱ}$。在升高温度时，可以以一定的焓为代价生成构型熵(吉布斯能量最小化将得到最佳熵)，发生 A 和 B 的位点交换：

$$A^{Ⅰ} + B^{Ⅱ} \longrightarrow A^{Ⅱ} + B^{Ⅰ} \tag{11.18}$$

如果 $A^{Ⅱ}$ 和 $B^{Ⅰ}$(即位于"错误"位点上的 A 和 B 原子：反位原子)的分数很小，则可以认为 $A^{Ⅱ}$ 和 $B^{Ⅰ}$ 实质上是不相互作用的、热力学点缺陷。如果它们的浓度变大，则缺陷之间的相互作用就会越来越多，这是由热力学模型(如朗道理论或物理激励模型，如 Gorski-Bragg-Williams 模型、准化学模型和团簇变分法[46,47])描述的有序或无序现象。

从晶体结构对称性的观点出发，必须区分两种不同的情况，这导致本质上不

同的有序现象。这两种情况有时被称为收敛和非收敛有序(或无序)[48]。仅在收敛情况下，才可能发生具有晶体结构对称性变化的有序-无序相变/转变。因此，在平衡条件下，对称性变化发生在特定温度 T_t，在该温度以上，两个位点(Ⅰ和Ⅱ)被高对称性高温(HT)相等概率占据。在这种情况下，温度升高时发生有序→无序相变的原因是随着温度升高，位点Ⅰ和Ⅱ的(有效)能量差减小。在 T_t 温度下，该能量差通过连续或不连续减小而最终消失。在任一情况下，如果能量差变为零(在 T_t 时)，则两个位点都由 A 和 B 原子以相等概率填充。在非收敛情况下，Ⅰ和Ⅱ位点本质上是不等价的，即使两个位置都由 A 和 B 以相等概率填充。因此，不会发生具有对称性变化的相变。在这种情况下，无序将持续增加到 $T→∞$。

有序程度随时间的变化可以通过各种实验方式观察到。对收敛有序体系，从在 T_t 之上稳定的无序相开始到形成长程有序相(无序→有序转变)可以有不同的方式。如果转变(一级)在 T_t 不连续，则样品从刚好 T_t 以上降到(刚好，见下文)T_t 以下淬火，会以消耗无序相为代价促进有序相的成核和生长，这一过程可以在 JMAK 型公式的框架内来描述(11.2.3.2 节)。但是，如果有序-无序转变是连续的(不是一级)，则有序可以连续发生，也就是说，没有成核阶段，长程有序的程度均匀增加。如果无序状态材料经淬火(温度从刚好高于 T_t 降到 T_t^- 以下)而在温度 T_t 发生一级有序-无序转变，其中 $T_t^-<T_t$(T_t^- 是所谓的调幅有序温度)，则均匀增加有序程度也能发生。这种发生在 $T< T_t^-$ 的均匀有序称为调幅有序[49, 50]。

收敛的有序体系(无论是否经历调幅有序)都将出现畴：通常，在无序→有序转变中形成的长程有序相由小的反相畴或孪晶畴组成(取决于从无序到有序相的对称下降特征[51])。在有序后的粗化阶段(可能发生有序和粗化的重叠)，这些畴随退火时间的增加而长大/粗化。同晶粒长大一样(11.2.3.3 节)，可以用式(11.14)(指数 $j = 2$)描述这种畴的粗化[52]。

对有序-无序现象动力学的一般描述相当复杂。早期一些简单的动力学理论已发表在经典著作中[53]。更一般方法发表在后来的著作中[54-57]；这些方法考虑了针对有序或无序的原子跃迁的驱动力，它是从有序或无序转变的热力学模型推导得到的，表现为阿伦尼乌斯型动力学。对这些理论的详细介绍超出了本章的范围。

在非收敛有序体系中(没有发生畴的形成)或收敛有序的粗畴材料中，长程有序度变化的动力学可以相当简单：这样可以通过改变样品的温度(对于收敛有序体系，$T<T_t$)来诱导(通常很小的)有序变化，例如，对最初在 T_1 达到平衡的样品在温度 T_2(通常为 $T_2 < T_1$)进行退火。在这种情况下，长程有序度会向其平衡值连续且均匀地变化(若 $T_2 < T_1$，则增加)。 在这种情况下，经常可以通过一级(弛豫)动力学很好地描述有序度的变化率[同式(11.11b)]：

$$\ln\left(\frac{p - p_{\text{end}}}{p_{\text{start}} - p_{\text{end}}}\right) = -k(T) \times t \tag{11.11b}$$

其中，p 现在是一个适当定义的有序参数，或者仅仅是相关位点的占有率；p_{end} 对应与温度或多或少有关的平衡态有序。速率常数 k 的倒数 $\tau = 1/k$ 通常也被称为弛豫时间。

如果(在收敛的有序体系中)有序范围的变化发生在 T_t 以下，并且平衡态的有序实际上与温度无关，则 k 可能表现出纯阿伦尼乌斯型行为，激活能与有序转变的原子(跃迁)过程有关。对于置换合金，这通常包含空位运动的激活能[55]。

从 $T < T_t$ 开始到接近 T_t，式(11.11b)都适用，与直觉相违，$k(T)$会随着 T 的增加而强烈降低(弛豫时间 τ 相应地增加；速率"减慢")。这一现象可解释为：接近 T_t 时，对温度依赖的有序过程驱动力($-\Delta G$)变得更为重要[这与式(11.8)后的讨论一致]。因此，接近 T_t 时，阿伦尼乌斯法对温度有关的有序速率无效[58-60]。

11.2.4　非等温传导过程的速率定律

用于测定动力学参数的大多数与过程时间有关的粉末衍射研究都是在等温条件下进行的(根据 11.2.3 节)。尽管如此，通过分析受控于温度变化的过程，也可以获得动力学信息。从实验的角度来看，这在动力学分析的某些情况下可能是有利的(请参见下文)。

非等温动力学最常见的方法是采用恒定的加热或冷却速率进行分析，即所谓的等时退火。等时退火尤其适用于热分析方法，如 DSC、DTA、膨胀法和 TG，并经常与这些方法结合使用提取动力学信息[33]。

在向 p_{end} 的进程中，许多过程的速率会大大降低。如果进行等温过程，则可能难以(以实验方式、定量地)跟踪过程直至完成。可以通过在过程中连续升高温度来解决此类实验问题(只要 p_{end} 在所施加的温度范围内不变)。而且，等时加热通常比开始等温退火时所需的阶梯升温更可行，而实际上这种阶梯升温不可能无限快。

原则上，从一系列采用不同加热/冷却速率的等时实验中，可以提取出与从一系列采用不同退火温度的等温实验中相同数量的信息，只是数据评估可能会更加复杂[31]。特别是，对于过程速率具有阿伦尼乌斯型温度依赖性的过程(11.2.2.1 节)，存在若干从等时处理中提取动力学数据的方法，其中全都涉及将 $\exp(-Q/RT)$ 对 T 的积分做近似处理，即所谓的温度积分[30,31]。所列举的方法一部分专门设计用于提取激活能，而无需特别求助于速率定律[61-64]；同时，其他方法也允许确定与速率定律有关的其他动力学参数，如 11.2.3 节[31]中所述。

还应该注意的是，除了等时加热外，周期性的加热/冷却(周期Δt)也可用于可逆过程的研究(或者，可以周期性地调整另一个外部变量，如电场)。由于动力学过程也将周期性地对温度的周期性变化做出反应，因此，所考量的以 p 衡量的过程进度将周期性地变化。通过在 $N\Delta t + \delta t$ 时周期性地测量 $p(0 \leqslant \delta t < \Delta t$ 且 N 为整数；此处通过周期性地测量衍射谱图)，可以提高每个 $p(\delta t)$ 值的数据质量。由于很少用于多晶材料的衍射[65]，这种"频闪"技术的细节不在本章的讨论范围内。

11.3　通过粉末衍射跟踪过程动力学

欲对过程动力学进行量化和分析，需要对实验可测量的量 p 的过程进展特性进行过程-时间的相关性测定(见 11.2.1 节)。参数 p 可以是相变后的(体积)分数 f、晶粒尺寸 s 或有序状态相关量，如 11.2.3 节所示。在许多情况下，无法直接测量这类与特定的动力学模型有直接关系的具体参量，如 p_1，但是有另一个更唯象化的参数(如 p_2)可以通过实验测定。如果过程是等动力学的且 p_1 是 p_2 的唯一函数，那么根据 p_2，可以评估如激活能这样的动力学过程参数，如 11.2.2.1 节所述。在这种情况下，甚至可以明确给出所应用的动力学速率公式中出现的跟踪参数 p_1 和实际现象中的跟踪参数 p_2 之间的物理关系。例如，在 $p_1 = f$ 的异质相变中，通常应用的关系是

$$f = p_1 = \frac{p_2 - p_{2,\text{start}}}{p_{2,\text{end}} - p_{2,\text{start}}} \tag{11.19}$$

如果 $p_1 = f$ 和 p_2 相互之间保持线性关系，则该式在任何情况下都是有效的。

各种(与粉末衍射法相比)看似简单的实验方法，如 DTA、DSC(跟踪参数：吸收/释放的热量)、TG(参见上文；跟踪参数：质量变化)、膨胀法(跟踪参数：特定长度变化)及阻抗法(跟踪参数：电导率)都可以应用跟踪参数 p。所有这些方法可能比粉末衍射更容易和更快捷，特别是如果必须在原位进行动力学测量(11.4 节)。然而，粉末衍射还是经常用于研究过程动力学。这有两个原因。第一个原因是实用性：在许多研究过程中，例如，在固态化学中，经常需要根据晶体结构和稳定性条件来研究未知的固态相和化合物及其相变，这种探索通常主要是通过包括粉末衍射技术在内的衍射方法来实现的。那么，如果需要表征研究中的过程动力学，显然可以通过相同的方法(粉末衍射)追踪该动力学过程。第二个同样重要的原因是，"简单"方法通常只适用于单个参数 p 的测量，在过程进行中可能不会发生很大变化。相反，粉末衍射可提供大量信息(既可在混合相中，也可在某特定相中使用)，这些信息包括以下内容[5]：

1) 与晶格常数及宏观应变相联系的反射峰位置。

2) 与参与衍射的相的原子晶体结构有关的积分反射强度,包括长程有序状态。这些强度取决于(如相变或多相混合物中)相的体积分数、择优取向的程度及消光效应。

3) 线宽和线形除了受仪器分辨率的影响外,还与有限的晶粒(畴)尺寸、微应变、层错等这些广义缺陷有关。

4) 背景不仅来自样品中的非晶,而且来自样品结晶相中可能的无序所引起的漫散射的影响。

过程时间分辨的、过程相变相关的粉末衍射数据通常是在衍射角 2θ 一定角度范围内的强度-衍射角数据,使用恒定的 2θ 角度步长来测量。这些数据原则上可以像"正常"粉末衍射数据那样,通过从单峰或多峰拟合方法,再到基于程序的全谱拟合方法(如 Rietveld 精修)进行评估分析[66]。后一种方法最初是设计用于晶体结构精修的,并且也适合表征线宽效应(请参见第 4 章)。

在评估与过程进度相关的粉末衍射数据时有三个问题:

1) 通常必须评估许多非常相似的粉末衍射谱图,以从每个谱图中提取跟踪参数 p 的值。如果必须通过 Rietveld 精修或相关方法来逐一评估这些谱图,这会成为烦琐的过程。但是,有可以进行批处理的、评估粉末衍射谱图的软件包[67]。

2) 特别是对于原位测量,相对较短测量时间的每个谱图都必须要求足够高的时间分辨率。与经常应用的非环境条件因素一样,这会影响所记录衍射谱图的质量。这在 $p(t)$ 演化过程中会造成相当大的数据离散。在这种情况下,特别地,可以通过减少 p 与其他精修参数的相关性来提高 p 值提取准确性。例如,可以将通常需要精修的参数值(除 p 以外的参数)适当"固定",以确保它们在过程中不会变化。

3) 更复杂的过程包括同时评估多个谱图,对这些谱图中的某些参数(同样是那些在过程中不会发生变化的参数)进行精修,所有谱图只有一个共用参数。"参数化 Rietveld 精修"[68]的概念更向前迈进一步。在此过程中,也是同时评估了几种谱图。但是,与其提取与每个谱图有关的单个 p 值,不如根据不同的谱图直接精修与某一动力学模型相关的参数(如速率常数 k)。本书第 2 章提供了有关参数化 Rietveld 精修的更多详细信息。

11.4 原位和非原位测量模式比较

直觉上,人们会期望在过程进行时通过测量参数 p 来研究过程的动力学。这种实验方法称为原位方法。那么必须足够频繁地(即在很小的时间间隔内)对 p 进行测量，以跟踪其过程与时间的相关性。此外，在某测量时间点 t，每次测量参数 p 所花的时间 Δt_{meas} 必须很小，以便可以忽略 Δt_{meas} 期间 p 的变化(见 11.3 节)。

该过程的动力学也可以采用非原位方法进行追踪。在这种情况下，将样品进行一段时间的处理(如在恒定温度下退火)，所期望的过程在此期间发生。此后，外部状态变量(之一)的突然变化(通常通过淬火到低温，但也可能通过环境化学势的变化)以某种方式终止了该过程。随后，通常在环境条件下进行 p 的测量。可以使用一个样品在几个不同时间段的连续处理(退火)来进行这种非原位分析，每段时间结束后都终止该过程(淬火)并测量 p，或每次测量使用一个(退火)处理过一次的不同样品。最早的粉末衍射过程动力学研究就是通过这种非原位方法完成的(11.5.1.1 节)。

原位实验比非原位实验无疑在实验要求上更高，因为确保过程运行的外部环境状态变量(温度、化学势)必须与粉末衍射实验的边界条件相匹配，此外，对于每个连续的测量，还必须在有限的时间内完成(请参见上文)。对于如何优化原位测量过程的样品环境，请参见 11.5 节中的示例以及 11.1 节中列出的评论。如果可以进行原位实验且可以很好地控制外部状态变量(温度、压力、化学势)，那么原位实验就比非原位实验耗时少得多。此外，如果无法终止(淬火)过程，这是非原位实验所必需的，则原位实验是追踪该过程的唯一方法。

鉴于原位实验可能的复杂性，考虑在不同温度下进行等温退火时追踪记录过程的情况(如测定激活能)。在此情况下，并非每一个看起来适合追踪过程的可测量参数 p^* 必然满足对跟踪参数的要求，即在测量过程的某一阶段 p^* 测量值是独立于温度的。例如，当 p^* 是某一相的一个晶格常数(在所考察的过程中发生变化)时，则可能是这种情况。此时，由于(不可避免的)热膨胀，膨胀过程引起的变化会叠加在晶格常数的变化上。因此，这种情况测得的 p^* 不能唯一地代表过程的进展。注意，如果始终在环境温度下以非原位方式进行 p(晶格常数)的测量，则不会出现此问题。

上述问题在有序化过程中已经得到了一定程度的细致处理，有序化过程是 HT-$Ni_{1.50}Sn$ 相在退火过程中形成 LT-$Ni_{1.50}Sn$ 相[35]，其过程动力学是通过非原位和原位方法共同确定的。晶格常数 a 和 c 是通过在某些退火温度下退火时间的函数确定的。全部非原位测量都是在环境温度下对不同退火温度处理后 a 和 c 随退火时间的变化来进行的。a 和 c 似乎都可以视为与退火温度无关的跟踪参数：两个晶格常数都接近普遍的最终值 a_{end} 和 c_{end}，并且所有退火温度下 $c(a)$ 的函数演化都是相同的[图 11.4(a)暗示过程的等动力学性质]。对于不同退火温度，在原位实验过程中测量的 a 和 c 并非如此。由于沿 a 和 c 方向的热膨胀不同，$c(a)$ 的函数演化取决于测量晶格常数时的温度(这里等同于过程发生的温度)。这也涉及 a_{start} 和 c_{start} 以及 a_{end} 和 c_{end}[图 11.4(b)]，其中，由于在相变开始时相变过程很快，尤其是 a_{start}

和 c_{start} 并不确切知道(原则上,a_{end} 和 c_{end} 可以在平衡条件下测出)。

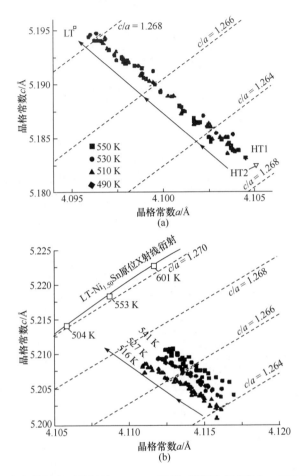

图 11.4 在各种温度下进行的 HT→LT 无序-有序相变过程中,HT-Ni$_{1.50}$Sn 或

伪六方晶系 LT-Ni$_{1.50}$Sn 的 c 随 a 的变化

(a)在环境温度下测量的非原位数据;(b)在相应退火温度下测量的原位数据

为了减少非原位和原位实验数据点的实验离散性,采用晶格常数轴比 c/a 代替单独的晶格常数 a 和 c[①]。如果在原位实验的退火温度范围内,热膨胀是各向同性的,通过计算$(c/a)_\xi$(标注 ξ 表示在退火温度范围内的测量值),则沿 a 和 c 方向的热膨胀效应就会抵消。在所考察的研究中已充分证明了这一点[35]。于是$(c/a)_\xi$ 具备了跟踪参数的性质,该参数唯一地表示该过程的进度。单独的 a_ξ 和 c_ξ 受到热

---

① 数据离散性下降是因为 a、c 测量值的正相关性。

膨胀的影响(请参见上文)，因此不能视为可用的跟踪参数。那么接下来有：在任何情况下，根据非原位实验确定的$(c/a)_0$(标注 0 表示在室温下的测量值)都适合用作跟踪参数。

为了避免在使用式(11.6)进行数据评估的过程中拟合参数 A_i 之间存在过大的相关性，用式(11.19)将$(c/a)_\xi$和$(c/a)_0$映射到辅助的相变分数/转变程度坐标$f_{(c/a)_0}$ 和 $\tilde{f}_{(c/a)_\xi}$ 上(图 11.5)。由于没有可靠的$(c/a)_\xi$值可用(请参阅上文)，计算 $\tilde{f}_{(c/a)_\xi}$ 使用了$(c/a)_{0,\text{start}}$和$(c/a)_{0,\text{end}}$。用式(11.6)的$A_0^{(p)}$评估数据，由 $p = f_{(c/a)_0}$ 和 $p = \tilde{f}_{(c/a)_\xi}$ 推导出相同的激活能。然而，尽管是同一过程的动力学，但 $p = f_{(c/a)_0}$ 和 $p = \tilde{f}_{(c/a)_\xi}$ 的 $A_i^{(p)}$ 系数却截然不同。如上所述，该差异是由环境温度和退火温度范围ξ之间的热膨胀各向异性引起的。这导致相同的 $f_{(c/a)_0}$ 和 $\tilde{f}_{(c/a)_\xi}$ 值[分别使用$(c/a)_{0,\text{ start}}$ 和 $(c/a)_{0,\text{ end}}$(参

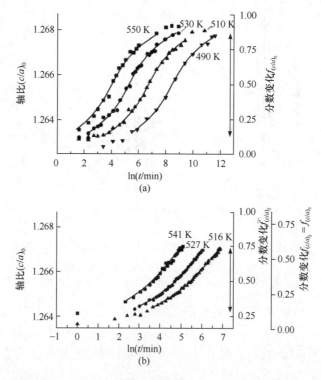

图 11.5　在各种温度下发生 HT→LT 无序-有序相变时，HT-Ni$_{1.50}$Sn 或伪六方晶系 LT-Ni$_{1.50}$Sn 的$(c/a)_0$(非原位数据)(a)和$(c/a)_\xi$(原位数据)(b)与处理时间的关系；曲线之间的间距如 11.2.2.1 节所述，是根据活化能分析的；另请参见 11.4 节末尾的讨论

见上文)的值与使用$(c/a)_0$ 和$(c/a)_\xi$ 的值计算得到的]表现出不相同的变化进度。令式(11.6)的中间部分(对于 $p = f_{(c/a)_0}$ 和 $p = \tilde{f}_{(c/a)_\xi}$)两个值都相等，并使用 $f_{(c/a)_0}$ 和 $\tilde{f}_{(c/a)_\xi}$ 之间的线性关系，据此对原位数据可以确定相变的"真实"进度[图 11.5(b)中的第二个右横坐标]。通过对非原位和原位实验动力学的比较，还得到了 $(c/a)_{\xi,start}$ 和 $(c/a)_{\xi,end}$ 的值。

11.5　动力学过程的类型和实例

在本节中，列举了使用粉末衍射研究固体中相变和其他过程动力学的实例。固体中的过程分为以下几类：固体中无传质的过程(11.5.1 节)、材料交换的传质过程仅在固体中进行(11.5.2 节)以及固体与其接触的流体介质(气体、液体)之间的质量交换传质过程(11.5.3 节)。

11.5.1　固体的局域成分保留不变

一组简单的固态-固态相变过程就是在该过程中样品的局部成分保持不变。因此，不需要考虑如扩散之类的长程传质现象，仅发生短程局部原子跳跃。

11.5.1.1　重构，$\alpha \to \beta$ 多晶型转变

"重构"这个词在这里用来指在 α 和 β 多晶型之间不存在结构关联，结果发生某种程度 $\alpha \to \beta$ 连续相变/过程，即某种意义上如 11.5.1.2 节和 11.5.1.3 节中讨论的案例。这暗示着相变过程的每个状态下，粉末衍射谱图是(在当时温度、压力等条件下) α 和 β 多晶型化合物的互不相干衍射谱图的叠加，可以根据谱图的衍射峰积分强度推算出体积/质量/摩尔分数(11.3 节)。本节中提到的所有研究均使用此方法。

当两相之间不存在长距离的传质且不存在简单的晶体结构关系时，意味着发生相变是通过形核和生成相颗粒的界面受控生长，直到材料完全转变为止。11.2.3.2 节中描述的过程动力学可能适用于这种类型的异质相变。

大量研究涉及锐钛矿$(TiO_2) \to$ 金红石(TiO_2)的转化，包括一些最早期通过(非原位)X 射线粉末衍射进行的固态动力学研究[69,70]，(当然，当时)使用的是光管 X 射线。用先前推导的公式，根据锐钛矿和金红石的(发生在相似的衍射角上)强反射的积分强度计算出转化分数[71]。动力学数据最初采用二级动力学建模[69][即式(11.10)和式(11.11a)中 $m = 2$]。此类动力学应仅适用于均相过程。在后期工作中，的确已考虑到大量特殊的、异质反应动力学(包括 JMAK 型动力学)，尤其要考虑的不仅是

杂质和微观结构，还包括机械活化对相变动力学的影响[72-79]。在这些工作中，有时也采用更先进的 Rietveld 方法(使用整个衍射谱图)来确定相变分数，而不是使用文献 [71]的公式，该公式使用两个独立反射峰的积分强度。从锐钛矿多晶型化合物开始向金红石转变的研究较少[80,81]。此外，使用光管产生的 X 射线进行的非原位粉末衍射研究包括在高压下 GeO_2 的石英型→金红石型转变[82]。

从 20 世纪 80 年代开始，越来越多的原位研究报道了多晶型转化。Cs_2CdI_4 的 $\beta \rightarrow \alpha$ 相变研究是早期的实例之一[83]，在粉末衍射仪上利用光管产生的 X 射线(在环境温度下)进行原位实验，但是使用位敏探测器同时记录了整个谱图。采用 X 射线(管)衍射仪进行的其他研究涉及各种二价阳离子酞菁配合物的多晶型相变 [84]和吡乙酰胺的多晶型相变[85]。

随着高强度同步辐射源和中子源的发展，在 20 世纪 90 年代中期原位跟踪粉末衍射谱图变化更为"普遍"。在此基础上，采用 JMAK 型公式描述相变分数 f 与时间的关系[基于反射峰面积(通常由 Rietveld 方法确定)]，对大多数等温相变动力学进行了评估。

原位等温中子衍射研究的例子包括 NaCl 型 RbI $\rightleftharpoons$ CsCl 型 RbI 相变[86](即双向的，在高压环境温度和 240K 的条件下发生的相变)、NaCl 型 KBr $\rightleftharpoons$ CsCl 型 KBr 相变[87]、刚好在平衡转变温度以上锰的 $\alpha \rightarrow \beta$ 相变[88](图 11.6)、高密度非晶态水向低密度非晶态水的转变(不使用布拉格反射，而是使用两相对应的漫散射强度)[89]。

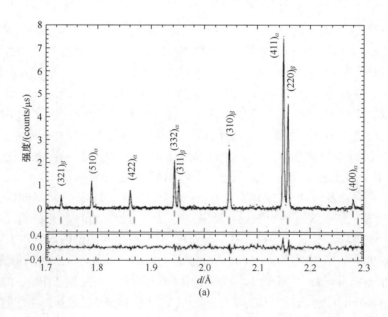

(a)

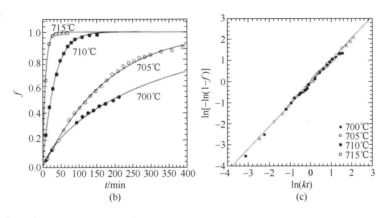

图 11.6　恰好在平衡转变温度以上发生的锰 $\alpha \to \beta$ 相变原位中子粉末衍射分析[88]

(a)在 710℃保温 50 min，粉末衍射数据(散点)以及计算峰形和残差曲线(底部)，Rietveld 精修计算同时考虑了 α 和 β 相；上排的衍射棒图代表 α 相，下排代表 β 相；精修相分数用来确定转变分数 f；(b)转变分数值 f(散点)；对应不同温度)随时间的变化，根据式(11.12)进行拟合(实线)；(c)Avrami 型修正图因在时间轴中包含了由(b)图拟合所得的速率常数 k，从而所有温度下的演变都趋于线性一致

此外，利用同步辐射进行的原位等温研究的例子包括 $NiZr_2$ 金属玻璃在形成具有相同成分的(介稳定)金属间化合物时的晶化过程[90]、NaCl 型的"Ⅰ"型 $NH_4Cl \rightleftharpoons CsCl$ 型的"Ⅱ"型 NH_4Cl 相变[91]、各种二价阳离子酞菁配合物的多晶型相变[92,93]、$Cs_3Sb_2I_9$ 从二聚体到层状结构的相变[94]，以及高压下石英型 $GeO_2 \to$ 金红石型 GeO_2 转变[95](另请参见上面引用的参考文献[82])。

11.5.1.2　有序-无序特征的多晶型转变和相关过程

与 11.5.1.1 节中处理的"常规"多晶相变相似，原则上有序-无序相关的相变会表现出"两相"异质的情形。在无序→有序相变情况下，无序相 α 的衍射峰将消失，取而代之是出现有序相 α' 的衍射峰。然而，关于 α 单相(无序态)以某种方式逐渐连续地转变为 α'(有序态)的报道有很多。即使有序-无序相变(无论任何方向)非均质地发生，通常在相变过程中仍保留了有序相和无序相晶体结构的共同特征，相变是通过如原子跃迁而持续进行的。这会导致有序相和无序相之间固定的相对取向。在衍射实验中，这将使发生相变样品的有序和无序部分产生联合相干散射。

在 CuAu 体系中，针对有序的 $L1_2$(Cu_3Au 型)$\rightleftharpoons Cu_{0.75}Au_{0.25}$ 固溶体和 $L1_0$(CuAu 型)$\rightleftharpoons Cu_{0.5}Au_{0.5}$ 固溶体的一级相变进行了大量的有序-无序动力学研究。使用同步辐射进行的两项原位、等温粉末衍射研究请参见参考文献[96]和[97]。在这两项研究中，均从比平衡转变温度 T_t(11.2.3.5 节)高的温度淬火到低于 T_t 的各种温度。在淬火后的温度下，以时间分辨的方式不仅记录到超结构的衍射峰积分强度和峰形的变化，而且(对于 CuAu)还捕捉到无序→有序相变过程中的基本衍射。两项研究中还观察到随着过冷度的增加，从形核生长模式向调幅模式的转变(11.2.3.5 节)。

对于 $Ni_{1.50}Sn$ 和 $Ni_{1.35}Sn$ 间隙式合金[19,35,98,99]，在无序→有序相变之后是晶格常数的微量变化。激活能通过式(11.6)来估算。原位实验是在同步辐射源上进行的，同时在实验室密封管光源上进行非原位实验(关于非原位和原位数据的比较，请参见 11.4 节)。

在对超结构反射峰相对强度变化的衍射研究基础上，发现 $Pb(Sc_{1/2}M_{1/2})O_3$ 钙钛矿(M = Nb, Ta)中 Sc^{3+} 对 M^{5+} 的占位有序通过形核和生长而非均质发生[100]。对于这种情况，使用光管 X 射线源进行非原位实验。

通常基于有序影响的衍射峰(如在收敛有序体系中的超结构反射)积分强度的分析，研究非收敛有序相或大晶畴收敛有序相中长程有序度变化的动力学。类似研究包括：非原位 X 射线衍射研究收敛有序 $BaAl_2Ge_2O_8$ 长石[101]；原位中子衍射研究非收敛有序 Ni-Mg 橄榄石($Mg_{1-x}Ni_xSiO_4$)[102]和非收敛有序尖晶石 $MgAl_2O_4$[103]。在某些情况下，长程有序变化仅产生很小的超结构弱衍射变化，追踪晶格常数变化变得更适合追踪长程有序变化。例如，对 Ni 在 $LT'-Ni_{1.35}Sn$ 合金中的有序变化[19]、N 在 $\varepsilon-Fe_3N$ 中的有序变化[104]都进行了非原位研究，对 O 在 $ZrW_{1-x}Mo_xO_8$ 中的有序变化进行了原位研究[105,106]。对于 $LT'-Ni_{1.35}Sn$ 合金，特别强调考虑(等温)退火温度与 p_{end} 状态的关系(根据环境温度下的晶格常数测量)。

无序→有序转变产生反相畴或孪晶畴，可以通过观察超结构衍射峰宽(的减弱)或卫星反射峰随时间-温度程序的变化追踪它们的粗化过程。然后根据式(11.14)和式(11.15)进行动力学分析[①]。非原位研究的案例包括 $^{62}Ni_3Fe$(中子衍射)[107]、$Ni_{1.50}Sn$[98]和 Cu_3Au[108](都是 X 射线衍射)。原位研究的案例有 TiC_{1-x}(中子衍射)和 CuAu[97](原位同步辐射 X 射线衍射；上面已经提到)。

11.5.1.3　同素异构特征的多晶型转变

与有序-无序相变类似，多晶型相变构成了一组特殊的同素异构转变。它们在两个(或多个)调制结构之间发生，构成晶体结构的平行晶面层存在一种(或几种)不同的相对堆叠方式。尽管所有已知的多晶型相变都是不连续的一级特征(从朗道定律角度看[109])，但如同有序-无序现象，晶体结构改变经常(仅)是通过局部晶体结构的变化来实现的，此时这些层的取向得以保留。这样，对于有序-无序相变，

---

① 有效晶粒/畴尺寸由 $s = K\lambda(\beta\cos\theta)^{-1}$ 计算，其中 2θ 是衍射角，β 是尺寸宽化引起的 2θ 的积分宽度，λ 是衍射所用辐射波长，K 是由晶粒/畴的形状及其尺寸分布决定的、量级为 1 的系数。

在相变样品中常会发生两多晶型的(相对)取向固定(参见 11.5.1.2 节)。衍射实验期间，这会使相变样品中的未相变和相变部分之间发生相干散射。而且，频繁相变的材料是高度面缺陷的。不同多晶型的相干性和面缺陷导致复杂的衍射效应。结果，相变材料的衍射谱图不是开始和结束状态对应谱图的简单线性叠加，通常可以假想为重构相变的情况(参见 11.5.1.1 节中的示例)。因此，为了获得相变分数值，对完成部分多晶型转变的衍射谱图进行评估要比对重构相变更为复杂。由于无法提供通用有效程序，因此每个实验方案都必须单独设计。

通过非原位 X 射线衍射测量，从最初的 C14-HfCr$_2$ HT 淬火相开始，在较低的温度退火(C15 多晶型稳定)，研究了 Laves 相变 C14-HfCr$_2$(→C36-HfCr$_2$)→C15-HfCr$_2$[110]。动力学分析是在 C14-HfCr$_2$ 直接转化为 C15-HfCr$_2$ 的温度范围内进行的，其间没有产生 C36 型中间相[111]。与前一段讨论一致，粉末衍射谱图受到面缺陷的强烈影响，没有分别属于多晶型 C14 型和 C15 型的明显(非相干)衍射"次级谱"。取而代之的是从 C14 型到高度缺陷的 C15 型的一系列连续变化衍射谱图(图 11.7)。相变过程主要通过使用晶格常数来跟踪，采用环境温度下非原位测量的轴比 $1/2(c/a)_{C14}$①。该轴比对应构成 Laves 相的各层间距和层中最短平移之比。此轴比也可对立方系 C15 型定义，则取定值 $(2/3)^{1/2}$。假设 C14 型和 C15 型堆垛比例分数线性地取决于 c/a，将对应一系列退火温度的数据映射到转变分数坐标上，使用式(11.6)进行评估，得到多晶型转变激活能[111]。

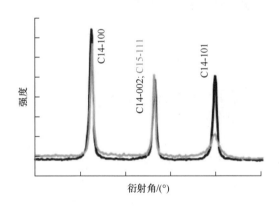

图 11.7　XRD(Cu K$_{\alpha_1}$ 辐射源)衍射谱的细节

1420℃平衡的 C14-HfCr$_2$ 相淬火(黑色线)，再在 1050℃退火 15h 引起向 C15-HfCr$_2$ 相的第一阶段转变(灰色线)，没有分别对应两多晶型且分离明显的峰，衍射谱是 C14 型、C15 型的畴联合相干散射；注意：C14-002/C15-111 和 C14-100(用于相变跟踪)峰位移动揭示了晶格常数 c 增加、a 减小，此外，注意退火态的 C14-101 峰明显宽化；全谱和更多详情参见文献[111]

① 本书中，两个选定衍射峰的积分强度之比(大部分未受衍射峰宽化影响)也可用来跟踪相变。这些数据最终比基于晶格常数的数据准确度低、精度差。

11.5.1.4　晶粒长大

晶体的尺寸(约 < 150 nm)可以通过分析粉末衍射谱图中衍射线宽来确定(参见 319 页脚注①)。因此，该方法非常适合分析包含小晶粒的材料生长，如纳米晶体材料。

铁纳米晶的原位同步辐射粉末衍射研究[112]，通过使用式(11.14)对等温退火晶粒尺寸进行评估，对于非常小的晶粒采用不常用的 $j = 1$(线性)生长揭示晶粒生长动力学(图 11.8)。这一点是由过度的晶界形核体积作用所致。只有在粗化后晶粒尺寸增加时，晶粒变化才符合式(11.14)中更常见的 $j = 2$。

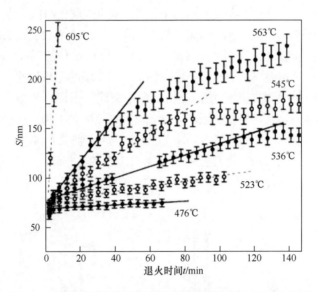

图 11.8　在等温退火下观察到的球磨铸铁晶粒尺寸的演变[112]
这是根据原位测量布拉格反射的展宽而推导得出

罕见的非等温研究案例之一是通过粉末衍射法原位研究动力学过程，使用光管 X 射线，观测不同前驱体分解形成的 ZnO 粗化(以恒定速率加热)[113](11.5.3 节)。为此，结合温度依赖的阿伦尼乌斯型速率常数，按照式(11.15)描述了晶粒生长动力学(图 11.9)。参考文献[113]也报道了非原位等温实验。

11.5.2　孤立固态体系中的局域浓度变化

11.5.2.1　沉淀过程

由均质基体开始的沉淀/分解过程是受形核和生长支配的。完全沉淀后，发生奥斯特瓦尔德熟化。根据非原位衍射分析，利用光管 X 射线对 Al-Si 合金[114]中的

Si(富 Si 相)和 Al-Mg 合金中的 β' 金属间化合物[115]进行了详细研究。各种退火温度下，跟踪富 Al 基体晶格常数随着时间的变化。结果表明，晶格常数变化不仅是由于基体的溶质耗竭，而且由沉淀相与富 Al 基体之间的热致失配(从退火温度冷却/淬火)引起。通过逐个考察这些晶格常数的影响因素，分析了沉淀过程的动力学，得出了富 Al 基质中溶质原子扩散所需的激活能值。

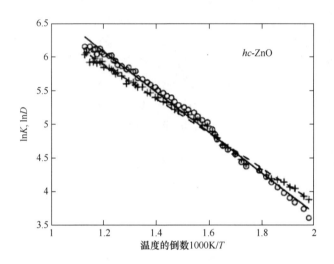

图 11.9　由 $Zn_5(OH)_6(CO_3)_2$ 前驱体生成的六方 ZnO 的晶粒生长，在 25℃/h 恒定加热速率(等时加热)下通过 X 射线衍射原位追踪；在特定晶体学方向上的晶体尺寸对数作为温度倒数的函数：空心圆代表(沿 c 轴)高度，十字线代表假定的圆柱形微晶的直径(垂直于 c 轴)；拟合线的斜率用于确定激活能[113]

通过原位中子衍射分析研究了 Ni 基 SC16 高温高强合金中 γ' 沉淀相的形成[116]。在这种情况下，通过 γ' 相的衍射峰强度与基体(γ)相和 γ' 相衍射峰强度之和的比来追踪相变的进程。在此基础上，采用 JMAK 方法[见式(11.12)]描述了在恒定温度下已相变分数的演变过程。随后，根据速率常数相关的阿伦尼乌斯公式与温度相关的沉淀驱动力联合解释了相变速率的温度相关性。意识到如果退火温度接近 γ' 沉淀相的固溶温度，则温度对驱动力的影响非常严重(本例属此情况)，意味着较小驱动力下即可发生沉淀(11.2.2.2 节)。

11.5.2.2　不同相之间的固态反应

可以通过粉末衍射研究不同固相反应生成单一产物相的情况。因此，采用原位同步辐射粉末衍射，跟踪随时间变化的等温演变，研究 $Na_2C_2 + Pd$ 粉末混合物中 Na_2PdC_2 的形成，由 Rietveld 方法确定相分数[117]。可以采用 JMAK 动力学评估已相变分数的演变[见式(11.12)]。根据阿伦尼乌斯型方法评估确定速率常数 k。Avrami 指数 n 值的诠释表明产物相以扩散控制方式生长。

使用同步辐射原位衍射分析研究 Ti-Al 多层膜中 Ti-Al 金属间化合物的形成[118]。研究样品在恒定加热速率(等时退火)下的衍射花样演变,并记录不同相反射峰的积分强度变化。通过类 Kissinger 方法[33, 61, 62]评估了最大相变速率数据及形成不同 Ti-Al 相的激活能值。

采用同步辐射衍射分析法,通过跟踪反射峰积分强度研究硅基底上 Ni[13 at% Pt(at%表示原子分数,后同)]层等温退火过程中 NiSi 的生长。使用不同退火温度的数据,根据式(11.17),采用扩散控制生长得出膜层生长的(有效)激活能值[119]。

对等温退火 Nb-Cu-Sn "前驱线" (Cu-Sn 合金中含 Nb 细丝)进行原位中子衍射[120],研究超导 Nb_3Sn 相的形成(图 11.10)。由 Rietveld 精修确定反射峰积分强度,得到 Nb_3Sn 相随退火时间改变的质量分数,采用了速率常数 k-温度相关的阿伦尼乌斯型 JMAK 方法[见式(11.12)]。

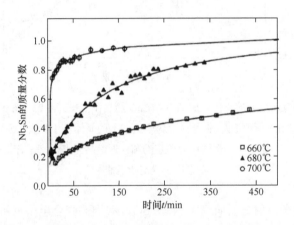

图 11.10   Nb-Cu-Sn "前驱线" 在图中所示温度下等温退火,形成 Nb_3Sn 的质量分数随时间的演变,实线代表按照 JMAK 方法[式(11.12)]拟合的结果[120]

11.5.3   与流体物质反应的固体成分变化

通过粉末衍射法研究多种固体与其周围液相或气相发生物质交换的过程。无论固体中是否形成新相和/或新相消失,固体的整体成分都将改变。

γ-AlOO(H, D)粉末与含 D_2O 气氛在恒定温度下进行 D 与 H 接触交换,这种相当简单的情形没有新相出现。通过原位中子衍射峰的积分强度研究该过程[121]。对于中子,H 和 D 的相干散射长度符号相反,固体中 D 的含量强烈影响布拉格反射的结构因子,因此,D 替换 H 会对积分强度产生强烈影响。从纯 γ-AlOOH 出发,

D 含量对时间平方根的线性依赖关系[式(11.16b)]可根据扩散控制的 D 对 H 交换速率来解释。

固体与流体介质的大多数交换过程导致新相形成。例如，变化 N_2 气氛条件下分解 UN_2/U_2N_3，因失去 N 首先引起晶格常数增加[122]。最终形成了一个新的 UN 相。由 Rietveld 精修确定体积分数的变化，并用("伪")一级动力学[见式(11.11b)]进行了解释。11.2.3.1 节中曾提醒读者注意，非均质过程不应发生经典的 m 级动力学。在文献[122]介绍的工作中，可能是一种类似于 JMAK、Avrami 系数接近 $n = 1$ 的动力学过程[见式(11.12)]。

其他的物质交换反应例子，如 $CdCO_3 \longrightarrow CdO + CO_2$[123]和 $CaSO_4 \cdot 2H_2O \longrightarrow CaSO_4 \cdot 1/2H_2O + 3/2H_2O$[124](图 11.11)，都(基于反射峰积分强度)通过跟踪转化固体的相含量开展原位和等温研究，并采用具有阿伦尼乌斯型速率常数-温度关系的类 JMAK 方法来解释其动力学。请注意，在分解反应过程中，(通常)气体的形成以及原始相和产物相之间的大体积失配都会使新旧两相的晶粒变形和分散，因此最初获得的产物相的特征是细小且有缺陷的晶粒，在其后进一步热处理时趋于粗化/烧结。文献[123]观察到生成的 CdO 出现这种粗化，文献[113]中用于研究粗化的纳米晶 ZnO(11.5.1.4 节)也是来自对不同前驱体的此类分解。

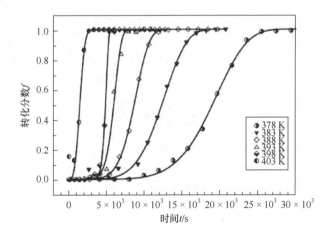

图 11.11　石膏分解过程($CaSO_4 \cdot 2H_2O \rightarrow CaSO_4 \cdot 1/2H_2O + 3/2H_2O$)中转化分数 f 的演化[124]
实线是根据 JMAK 方法[式(11.12)]来拟合的数据结果

另一类涉及与流体(此处主要为液体)交换物质的过程是插入层间材料的分子或离子。通过原位同步辐射衍射分析研究此类材料的等温过程。相分数的演变是基于粉末衍射谱图中特定反射峰的积分强度。动力学的解释通常基于 JMAK 方程[见式 11.12)]。此类分析的例子有：锂盐嵌入 γ-$Al(OH)_3$ 形成相应的双羟基层[125]，

二茂钴 $Co(\eta\text{-}C_5H_5)_2$ 嵌入层状金属二卤化物中[126]，或锂嵌入 Cr_4TiSe_8 中 [127]。注意，嵌入过程会在新相的形成中发生，也可以通过成分的连续变化，如上述文献 [121]中的 $\gamma\text{-}AlOOH$ 中的 H/D 置换，因此衍射谱图不会出现插入层和未插入层相的独立反射。请注意，在提到的嵌入过程例子中，衍射花样的变化非常复杂，至少对于一些反射峰，出现影响严重的谱线宽化。这很可能是在这些示例中未采用 Rietveld 精修的原因。

最后的说明也适用于遇到均质过程(如给定相连续发生成分变化)和异质相变(形成新相)同时发生的例子。在这项研究中，芳族分子在内部扩散并从 MFI 沸石粉末中脱附。采用 X 射线粉末衍射和光管 X 射线源对这些过程进行了等温原位研究[128]。分子在沸石中扩散的动力学模型[见式(11.16)]被用于数据分析。

11.6 结 论

通过粉末衍射技术(即多晶衍射法)研究动力学过程在晶体学、固态物理和化学以及材料科学中发挥着巨大作用。高强度中子的出现,特别是同步辐射(X 射线)源与位敏探测器的结合,使得高通量数据采集与必要的样品环境结合起来,实现对感兴趣过程的原位研究,尽管非原位研究仍是必要的。(粉末)衍射用于动力学过程研究的突出优点是其提供特定相的有关晶体结构和微结构信息的独特能力,因此,也可以追踪非常微妙的过程(如有序过程),而其他实验技术很难实现。

(Andreas Leineweber，Eric J. Mittemeijer)

参 考 文 献

[1] Hillert M. Phase Equilibria, Phase Diagrams and Phase Transformations—Their Thermodynamic Basis. Cambridge: Cambridge University Press, 1998.

[2] Christian J W. The Theory of Transformations in Metals and Alloys. Oxford: Pergamon Press, 2002.

[3] Porter D A, Easterling K E, Sherif M Y. Phase Transformations in Metals and Alloys. New York: CRC Press, 2009.

[4] Riekel C. Kinetic studies of chemical reactions: inferences from structural and related observations on intercalation compounds. Prog Solid State Chem, 1980, 13: 89-117.

[5] Pannetier J. Time-resolved neutron powder diffraction. Chem Scr, 1986, 26: 131-139.

[6] Auffrédic J P, Plévert J, Louër D. Time-resolved X-ray powder diffractometry as a complementary thermal analysis method. J Therm Anal Calorim, 1991, 37(8): 1727-1736.

[7] Benard P, Auffredic J P, Louer D. Dynamic studies from laboratory X-rays. Mater Sci Forum, 1996, 228-231: 325-334.

[8] Epple M. Applications of temperature-resolved diffraction methods in thermal analysis. J Therm Anal Calorim, 1994, 42(2-3): 559-593.

[9] Evans J S O, Radosavljević Evans I. Beyond classical applications of powder diffraction. Chem Soc Rev, 2004, 33(8): 539-547.

[10] Moron M C. Dynamic neutron and synchrotron X-ray powder diffraction methods in the study of chemical processes. J Mater Chem, 2000, 10: 2617-2627.

[11] Cheetham A K, Wilkinson A P. Synchrotron X-ray and neutron diffraction studies in solid-state chemistry. Angew Chem Int Edit in English, 1992, 31(12): 1557-1570.

[12] Isnard O. Real-time neutron diffraction and scattering and *in-situ* studies. J Phys IV France, 2003, 103: 133-171.

[13] Isnard O. A review of *in situ* and/or time resolved neutron scattering. C R Phys, 2007, 8: 789-805.

[14] Parise J B, Cahill C L, Lee Y. Dynamic powder crystallography with synchrotron X-ray sources. Can Miner, 2000, 38(4): 777-800.

[15] Norby P. *In-situ* time resolved synchrotron powder diffraction studies of syntheses and chemical reactions. Mater Sci Forum, 1996, 228-231: 147-152.

[16] Wilson C C, Smith R I. Pulse neutron diffraction: new opportunities in time-resolved crystallography//Helliwell J R, Rentzepis P M. Time-Resolved Diffraction. Oxford Series on Synchrotron Radiation. Vol. 2. Oxford: Oxford Science Publications, 1997: 401-435.

[17] Kuhs W F, Hansen T C. Time-resolved neutron diffraction studies with emphasis on water ices and gas hydrates. Rev Mineral Geochem, 2006, 63(1): 171-204.

[18] Redfern S A T. Neutron powder diffraction studies of order-disorder phase transitions and kinetics. Rev Mineral Geochem, 2006, 63(1): 145-170.

[19] Leineweber A, Mittemeijer E J. The use of lattice-parameter changes to trace the kinetics of phase transformations powder-diffraction analysis of disorder-order transformations in Ni 1+δ Sn. Z Kristallogr, 2007, 222: 150-159.

[20] O'Hare D, Evans J S O, Francis R L, Halasyamani P S, Norby P, Hanson J. Time-resolved, *in situ* X-ray diffraction studies of the hydrothermal syntheses of microporous materials. Micropor Mesopor Mater, 1998, 21: 253-262.

[21] O'Hare D, Evans J S O, Fogg A, O'Brien S. Time-resolved, *in situ* X-ray diffraction studies of intercalation in lamellar hosts. Polyhedron, 2000, 19: 297-305.

[22] Depmeier W. Some examples of temperature and time resolved studies of the dehydration and hydration behavior of zeolites and clathrates. Part Part Syst Char, 2009, 26: 138-150.

[23] Engelke L, Schaefer M, Porsch F, Bensch W. *In-situ* energy-dispersive X-ray diffraction studies of crystal growth and compound conversion under solvothermal conditions. Eur J Inorg Chem, 2003: 506-513.

[24] Sutton M. Time-resolved X-ray diffraction studies of crystallization in metallic glasses. Mater Sci Eng A, 1994, 178: 265-270.

[25] Jiang J Z. Phase transformations in metallic glasses. Mater Sci Forum, 2004, 443-444: 211-216.

[26] Perrillat J P. Kinetics of high-pressure mineral phase transformations using *in situ* time-resolved X-ray diffraction in the Paris-Edinburgh cell: a practical guide for data acquisition and treatment. Mineral Mag, 2008, 72: 683-695.

[27] Avrami M. Kinetics of phase change. Ⅰ. General theory. J Chem Phys, 1939, 7(12): 1103-1112.

[28] Avrami M. Granulation, phase change, and microstructure kinetics of phase change. Ⅲ. J Chem Phys, 1941, 9(2): 177-184.

[29] Burke J. The Kinetics of Phase Transformations in Metals. Oxford: Pergamon Press, 1965.

[30] Starink M J. Analysis of aluminium based alloys by calorimetry: quantitative analysis of reactions and reaction kinetics. Int Mater Rev, 2004, 49(3-4): 191-226.

[31] Liu F, Sommer F, Bos C, Mittemeijer E J.Analysis of solid state phase transformation kinetics: models and recipes. Int Mater Rev, 2007, 52: 193-212.

[32] Brown W E, Dollimore D, Galwey A K. Reactions in the solid state// Bamford C H, Tipper C F H. Chemical Kinetics. Amsterdam: Elsevier, 1980.

[33] Mittemeijer E J. Fundamentals of Materials Science. Heidelberg: Springer, 2010.

[34] Cahn J W. Transformation kinetics during continuous cooling. Acta Metall, 1956, 4(6): 572-575.

[35] Leineweber A, Mittemeijer E J, Knapp M, Baehtz C. Kinetics of ordering in $Ni_{1.50}Sn$ ('Ni_3Sn_2') as revealed by the variation of the lattice parameters upon annealing. Philos Mag, 2007, 87: 1821-1844.

[36] Berkenpas M B, Barnard J A, Ramanujan R V, Aaronson H I. A critique of activation energies for nucleation growth and overall transformation kinetics. Scr Metall, 1986, 20: 323–328.

[37] Starink M J. On the applicability of isoconversion methods for obtaining the activation energy of reactions within a temperature-dependent equilibrium state. J Mater Sci, 1997, 32: 6505-6512.

[38] Baumann W, Leineweber A, Mittemeijer E J. Failure of Kissinger(-like) methods for determination of the activation energy of phase transformations in the vicinity of the equilibrium phase-transformation temperature. J Mater Sci, 2010, 45: 6075-6082.

[39] Kempen A T W, Sommer F, Mittemeijer E J. Determination and interpretation of isothermal and non-isothermal transformation kinetics; the effective activation energies in terms of nucleation and growth. J Mater Sci, 2002, 37: 1321-1332.

[40] Liu F, Sommer F, Mittemeijer E J. An analytical model for isothermal and isochronal transformation kinetics. J Mater Sci, 2004, 39: 1621-1634.

[41] Hillert M. On the theory of normal and abnormal grain growth. Acta Metall, 1965, 13(3): 227-238.

[42] Rollett A, Humphreys F J, Hatherly M. Recrystallization and Related Annealing Phenomena. Oxford: Pergamon Press, 2004.

[43] Lifshitz I M, Slyozov V V. The kinetics of precipitation from supersaturated solid solutions. J Phys Chem Solids, 1961, 19(1-2): 35-50.

[44] Wagner C. Theory of precipitate change by redissolution. Z Elektrochem, 1961, 65: 581-591.

[45] Philibert J. Atom Movements, Diffusion and Mass Transport in Solids. Les Éditions de Physique, 1991.

[46] Parsonage N G, Stavely L A K. Disorder in Crystals. Oxford: Clarendon Press, 1979.

[47] de Fontaine D. Configurational thermodynamics of solid solutions. Solid State Phys, 1979, 34: 73-274.

[48] Thompson J B, Jr. Chemical reactions in crystals. Am Mineral, 1969, 54(3-4): 341-375.

[49] Cook H E. Continuous transformations. Mater Sci Eng, 1976, 25: 127-134.

[50] Soffa W A, Laughlin D E. Decomposition and ordering processes involving thermodynamically first order order → disorder transformations. Acta Metall, 1989, 37: 3019-3028.

[51] Wondratschek H, Jeitschko W. Twin domains and antiphase domains. Acta Crystallogr Sect A, 1976, 32: 664-666.

[52] Allen S M, Cahn J W. A microscopic theory for antiphase boundary motion and its application to antiphase domain coarsening. Acta Metall, 1979, 27: 1085-1095.

[53] Bragg W L, Williams E J. The effect of thermal agitation on atomic arrangement in alloys. Proc R Soc A, 1934, 145(855): 699-730.

[54] Dienes G J. Kinetics of order-disorder transformations. Acta Metall, 1955, 3(6): 549-557.

[55] Vineyard G H. Theory of order-disorder kinetics. Phys Rev, 1956, 102(4): 981.

[56] Sato H, Kikuchi R. Kinetics of order-disorder transformations in alloys. Acta Metall, 1976, 24: 797-809.

[57] Carpenter M A, Salje E. Time-dependent Landau theory for order/disorder processes in minerals. Mineral Mag, 1989, 53(372): 483-504.

[58] Collins M F, Teh H C. Neutron-scattering observations of critical slowing down of an ising system. Phys Rev Lett, 1973, 30: 781-784.

[59] Kozubski R. Long-range order kinetics in Ni$_3$Al-based intermetallic compounds with L1(2)-type superstructure. Prog Mater Sci, 1997, 41: 1-59.

[60] Mohri T. Pseudo-critical slowing down within the cluster variation method and the path probability method. Modell Simul Sci Eng, 2000, 8: 239-249.

[61] Kissinger H E. Reaction kinetics in differential thermal analysis. Anal Chem, 1957, 29(11): 1702-1706.

[62] Mittemeijer E J. Analysis of the kinetics of phase transformations. J Mater Sci, 1992, 27(15): 3977-3987.

[63] Ozawa T. Kinetic analysis of derivative curves in thermal analysis. J Therm Anal, 1970, 2(3): 301-324.

[64] Tanaka H. Thermal analysis and kinetics of solid state reactions. Thermochim Acta, 1995, 267: 29-44.

[65] Eckold G, Gibhardth H, Caspary D, Elter P, Elisbihani K. Stroboscopic neutron diffraction from spatially modulated systems. Z Kristallogr, 2003, 218: 144-153.

[66] Rietveld H M. A profile refinement method for nuclear and magnetic structures. J Appl Crystallogr, 1969, 2: 65-71.

[67] Zeitler T R, Toby B H. Parallel processing for Rietveld refinement. J Appl Crystallogr, 2002, 35: 191-195.

[68] Stinton G W, Evans J S O. Parametric Rietveld refinement. J Appl Crystallgr, 2007, 40: 87-95.

[69] Czanderna A W, Rao C N R, Honig J M. The anatase-rutile transition. Part 1. Kinetics of the transformation of pure anatase. Trans Faraday Soc, 1958, 54: 1069-1073.

[70] Rao C N R. Kinetics and thermodynamics of the crystal structure transformation of spectroscopically pure anatase to rutile. Can J Chem, 1961, 39(3): 498-500.

[71] Spurr R A, Myers H. Quantitative analysis of anatase-rutile mixtures with an X-ray diffractometer. Anal Chem, 1957, 29(5): 760-762.

[72] Gribb A A, Banfield J F. Particle size effects on transformation kinetics and phase stability in nanocrystalline TiO_2. Am Mineral, 1997, 82(7-8): 717-728.

[73] Borkar S A, Dharwadkar S R. Temperatures and kinetics of anatase to rutile transformation in doped TiO_2 heated in microwave field. J Therm Anal Calorim, 2004, 78(3): 761-767.

[74] Kumar K N P, Keizer K, Burggraaf A J. Textural evolution and phase transformation in titania membranes: part 1. Unsupported membranes. J Mater Chem, 1993, 3(11): 1141-1149.

[75] Heald E F, Weiss C W. Kinetics and mechanism of the anatase/rutile transformation, as catalyzed by ferric oxide and reducing conditions. Am Mineral, 1972, 57(1-2): 10-23.

[76] Hsiang H I, Lin S C. Effects of aging on nanocrystalline anatase-to-rutile phase transformation kinetics. Ceram Int, 2008, 34(3): 557-561.

[77] Napolitano E, Mulas G, Enzo S, Delogu F. Kinetics of mechanically induced anatase-to-rutile phase transformations under inelastic impact conditions. Acta Mater, 2010, 58: 3798-3804.

[78] Delogu F. A mechanistic study of TiO_2 anatase-to-rutile phase transformation under mechanical processing conditions. J Alloys Compd, 2009, 468: 22–27.

[79] Shannon R D, Pask J A. Kinetics of the anatase-rutile transformation. J Am Ceram Soc, 1965, 48(8): 391-398.

[80] Li J G, Ishigaki T. Brookite→rutile phase transformation of TiO_2 studied with monodispersed particles. Acta Mater, 2004, 52: 5143-5150.

[81] Huberty J, Xu H. Kinetics study on phase transformation from titania polymorph brookite to rutile. J Solid State Chem, 2008, 181: 508-514.

[82] Zeto R J, Roy R.The concept of inert anodes for aluminum electrolysis//Mitchell J W, Devries R C, Roberts R W, Cannon P. Proceedings of the 6th International Symposium on the Reactivity of Solids. Schenectady: Wiley-Interscience, 1968: 803-813.

[83] Plevert J, Auffredic J P, Louer M, Louer D. Time-resolved study by X-ray powder diffraction with position-sensitive detector: rate of the β-Cs_2CdI_4 transformation and the effect of preferred orientation. J Mater Sci, 1989, 24: 1913-1918.

[84] Ballirano P, Caminiti R. Kinetics of α-PcCu→β-PcCu isothermal conversion in air and thermal behavior of β-PcCu from *in situ* real-time laboratory parallel-beam X-ray powder

diffraction. J Phys Chem A, 2009, 113: 7774-7778.

[85] Ceolin R, Agafonov V, Louer D, Dzyabchenko V A, Toscani S, Cense J M.　Phenomenology of polymorphism, Ⅲ: p, TDiagram and stability of piracetam polymorphs. J Solid State Chem, 1996, 122(1): 186-194.

[86] Hamaya N, Yamada Y, Axe J D, Belanger D P, Shapiro S M. Neutron scattering study of the nucleation and growth process at the pressure-induced first-order phase transformation of RbI. Phys Rev B, 1986, 33: 7770-7776.

[87] Skelton E F, Quadri S B, Webb A W, Lee C W, Krikland J P. Improved system for energy-dispersive X-ray diffraction with synchrotron radiation. Rev Sci Instrum, 1983, 54: 403-409.

[88] Stewart J R, Cywinski R. Real-time kinetic neutron powder diffraction study of the phase transition from α-Mn to β-Mn. J Phys: Condens Matter, 1999, 11: 7095-7102.

[89] Koza M M, Schober H, Fischer H E, Hansen T, Fujara F. Kinetics of the high- to low-density amorphous water transition. J Phys: Condens Matter, 2003, 15: 321-332.

[90] Brauer S, Strom-Olsen J O, Sutton M, Yang Y S, Zaluska A, Stephenson G B, Koster U. *In situ* X-ray studies of rapid crystallization of amorphous NiZr$_2$. Phys Rev B, 1992, 45: 7704-7715.

[91] Clark S M, Doorhyee E. A quantitative kinetic study of the Ⅰ to or form Ⅱ phase transition of ammonium chloride. J Phys: Condens Matter, 1992, 4: 8969-8974.

[92] Ballirano P, Caminiti R, Ercolani C, Maras A, Orru M A. X-ray powder diffraction structure reinvestigation of the α and β forms of cobalt phthalocyanine and kinetics of the $\alpha \rightarrow \beta$ phase transition. J Am Chem Soc, 1998, 120: 12798-12807.

[93] Muller M, Dinnebier R E, Jansen M, Wiedemann S, Plug C. Kinetic analysis of the phase transformation from α- to β-copper phthalocyanine: a case study for sequential and parametric Rietveld refinements. Powder Diffr, 2009, 24: 191-199.

[94] Yamada K, Sera H, Sawada S, Tada H, Okuda T, Tanaka H. Reconstructive phase transformation and kinetics of Cs$_3$Sb$_2$I$_9$ by means of Rietveld analysis of X-ray diffraction and I-127 NQR. J Solid State Chem, 1997, 134: 319-325.

[95] Yamanaka T, Sugiyama K, Ogata K. Kinetic study of the GeO$_2$ transition under high pressures using synchrotron X-radiation. J Appl Crystallogr, 1992, 25: 11-15.

[96] Ludwig K F, Stephenson G B, Jordan-Sweet J L, Mainville J, Yang Y S, Jr. Sutton M, Jr. Nucleated and continuous ordering in Cu$_3$Au. Phys Rev Lett, 1988, 61: 1859-1862.

[97] Malis O, Ludwig K F, Jr. Kinetics of phase transitions in equiatomic CuAu. Phys Rev B, 1999, 60: 14675-14682.

[98] Leineweber A, Mittemeijer E J. The evaluation of the kinetics of ordering processes in Ni$_{1+\delta}$Sn (δ =0.35, 0.50) by X-ray powder diffraction. Z Kristallogr Suppl, 2006, 23: 351-356.

[99] Leineweber A. Ordered and disordered states in NiAs/Ni$_2$ in-type Ni$_{1+\delta}$Sn: crystallography and order formation. Int J Mater Res, 2011, 102: 861-873.

[100] Stenger C G F, Burggraaf A J. Order-disorder reactions in the ferroelectric perovskites

$Pb(Sc_{1/2}Nb_{1/2})O_3$ and $Pb(Sc_{1/2}Ta_{1/2}) O_3$. I . Kinetics of the ordering process. Phys Status Solidi A, 1980, 61: 275-285.

[101] Malcherek T, Kroll H, Salje E K H. Al,Ge cation ordering in $BaAl_2Ge_2O_8$-feldspar: monodomain ordering kinetics. Phys Chem Miner, 2000, 27: 203-212.

[102] Henderson C M B, Redfern S A T, Smith R I, Knight K S, Charnock J M. Composition and temperature dependence of cation ordering in Ni-Mg olivine solid solutions: a time-of-flight neutron powder diffraction and EXAFS study. Am Mineral, 2001, 86(10): 1170-1187.

[103] Redfern S A T, Harrison R J, O'Neill H St C, Wood D R R. Thermodynamics and kinetics of cation ordering in $MgAl_2O_4$ spinel up to $1600°C$ from *in situ* neutron diffraction. Am Mineral, 1999, 84(3): 299-310.

[104] Leineweber A. Mobility of nitrogen in ε-Fe_3N below $150°C$: the activation energy for reordering. Acta Mater, 2007, 55: 6651-6658.

[105] Allen S, Evans J S O. The kinetics of low-temperature oxygen migration in $ZrWMoO_8$. J Mater Chem, 2004, 14: 151-156.

[106] Evans J S O, Hanson P A, Ibberson R M, Duan N, Kameswari U, Sleight A W. Low-temperature oxygen migration and negative thermal expansion in $ZrW_{2-x}Mo_xO_8$. J Am Chem Soc, 2000, 122: 8694-8699.

[107] Gomankov V I, Puzey I M, Loshmanov A A. Structural and magnetic states of Ni3Mn-Ni3Si macro- and microcrystalline alloys. Phys Met Metall, 1996, 2: 134-136.

[108] Hashimoto T, Nishimura K, Takeuchi Y. Dynamics on transitional ordering process in Cu_3Au alloy from disordered state to ordered state. J Phys Soc Jpn, 1978, 45: 1127-1135.

[109] Toledano J C, Toledano P. The Landau Theory of Phase Transitions. Singapore: World Scientific, 1987.

[110] Aufrecht J, Leineweber A, Duppel V, Mittemeijer E J. Polytypic transformations of the $HfCr_2$ Laves phase—Part I : structural evolution as a function of temperature, time and composition. Intermet, 2011, 19: 1428-1441.

[111] Aufrecht J, Leineweber A, Mittemeijer E J. Polytypic transformations of the $HfCr_2$ Laves phase—Part II : kinetics of the polymorphic C14→C15 transformation. Intermet, 2011, 19: 1442-1447.

[112] Krill C E, Helfen L, Michels D, Natter H, Fitch A, Masson O, Birringer R. Size-dependent grain-growth kinetics observed in nanocrystalline Fe. Phys Rev Lett, 2001, 86: 842-845.

[113] Audebrand N, Auffredic J P, Louer D. X-ray diffraction study of the early stages of the growth of nanoscale zinc oxide crystallites obtained from thermal decomposition of four precursors. General concepts on precursor-dependent microstructural properties. Chem Mater., 1998, 10: 2450-2461.

[114] van Mourik P, Mittemeijer E J, de Keijser T H. On precipitation in rapidly solidified aluminium-silicon alloys. J Mater Sci, 1983, 18: 2706-2720.

[115] van Mourik P, Maaswinkel N M, de Keijser T H, Mittemeijer E J. Precipitation in liquid-quenched Al-Mg alloys; a study using X-ray diffraction line shift and line broadening. J Mater Sci, 1989, 24: 3779-3786.

[116] Bruno G, Pinto H C. Precipitation kinetics of γ′ phase in nickel base superalloy SC16: an *in situ* neutron diffraction study. Mater Sci Tech, 2003, 19(5): 567-572.

[117] Ruschewitz U, Bahtz C, Knapp M. On the kineties of the formation of Na_2PdC_2. Z Anorg Allg Chem, 2003, 629: 1581-1584.

[118] Lucadamo G, Barmak K, Lavoie C, Cabral C, Michaelsen C, Jr. Metastable and equilibrium phase formation in sputter-deposited Ti/Al multilayer thin films. J Appl Phys, 2002, 91: 9575-9583.

[119] Putero M, Ehouarne L, Ziegler E, Mangelick D. First silicide formed by reaction of Ni(13% Pt) films with Si(100): nature and kinetics by *in-situ* X-ray reflectivity and diffraction. Scr Mater, 2010, 63: 24-27.

[120] Al-Jawad M, Manuel P, Ritter C, Kilcoyne S H. Kinetic neutron diffraction study of Nb_3Sn phase formation in superconducting wires. J Phys: Condens Matter, 2006, 18: 1449-1457.

[121] Christensen A N, Lehmann M S, Convert P. Deuteration of crystalline hydroxides. Hydrogen bonds of g-AlOO(H, D) and g-FeOO(H, D). Acta Chem Scand, 1982, 36: 303-308.

[122] Silva C W C, Yeamans C B, Sattelberger A P, Hartmann T, Cerefice G S, Czerwinski K R. Reaction sequence and kinetics of uranium nitride decomposition. Inorg Chem, 2009, 48: 10635-10642.

[123] Schoonover J R, Lin S H. Time resolved X-ray diffraction of the thermal decomposition of $CdCO_3$ powders using synchrotron radiation. J Solid State Chem, 1988, 76: 143-159.

[124] Ballirano P, Melis E. Thermal behaviour and kinetics of dehydration of gypsum in air from *in situ* real-time laboratory parallel-beam X-ray powder diffraction. Phys Chem Miner, 2009, 36: 391-402.

[125] Fogg A M, O'Hare D. Study of the intercalation of lithium salt in gibbsite using time-resolved *in situ* X-ray diffraction. Chem Mater, 1999, 11: 1771-1775.

[126] Evans J S O, Price S J, Wong H V, O'Hare D. Kinetic study of the intercalation of cobaltocene by layered metal dichalcogenides with time-resolved *in situ* X-ray powder diffraction. J Am Chem Soc, 1998, 120: 10837-10846.

[127] Behrens M, Kiebach R, Ophey J, Riemenschneider O, Bensch W. The reaction mechanism of a complex intercalation system: *in situ* X-ray diffraction studies of the chemical and electrochemical lithium intercalation in Cr_4TiSe_8. Chem Eur J, 2006, 12: 6348-6355.

[128] Mentzen B F. Time-resolved powder diffraction as an analytical tool for diffusion studies in microporous topologies. J Appl Crystallogr, 1988, 21: 266-271.

第 四 部 分

衍射方法和仪器

第12章 实验室 X 射线粉末衍射仪：发展及案例

12.1 引言：历史简介

粉末衍射，即多晶材料的衍射分析，是一种无损测试方法，广泛用于物相定性定量分析、(理想)晶体结构确定，尤其是(不完美晶体)微结构分析。尽管从出现到今天已经过去了一个多世纪，粉末衍射技术并没有停止发展和进步：它是一门充满活力的学科，一方面不断进行仪器和方法学的改进，另一方面，可以成功解决日益复杂的问题(案例参见近期的欧洲粉末衍射会议论文集[1]，近几期《晶体学杂志》(德文)概述了最新发展[2,3]；另见参考文献[4])。

X 射线粉末衍射是作为一门独立学科"诞生"的，可以归功于 1916 年在德国哥廷根大学的 P. 德拜(荷兰)和 P. 谢乐(瑞士)[5,6]，以及 1917 年在通用电气研究实验室[斯克内克塔迪(Schenectady)，美国纽约]的 A. W. 赫耳(美国)[7](另见参考文献[8])(值得一提的是，这些发明者相互独立，直到第一次世界大战结束才意识到其他人的工作)。德拜、谢乐和赫耳提出方法的共同点是：用透射几何研究粉末样品。赫耳使用 X 射线感光胶片，既做了平面布置(如文献[7]中的图所示)，也做了柱筒布置。德拜和谢乐只采用柱筒布置。柱筒布置让人联想起"德拜-谢乐几何"(有时也被公平地称为德拜-谢乐-赫耳几何)相机，甚至现代衍射仪仍在沿用。早在 1921 年[9]，采用电离室作为探测器的初级"衍射仪"就已用于粉末衍射测量，1935 年左右使用盖革-米勒计数器[10]作为探测器，更早在 1913 年布拉格父子制造了"光谱仪"[11-13]，这已非常接近现代衍射仪的设计(布拉格父子使用"光谱仪"这个词命名仪器是因为他们测量了由波长或由晶体晶面间距改变而造成的衍射角的变化；

对于后者，如今该仪器被称为衍射仪)。对于粉末研究，这些早期的衍射仪有一个主要缺点：缺少聚焦几何(因此衍射强度很低)。

在德拜和谢乐发表论文之后，西曼[14]、鲍林 [15]和布伦塔诺[16-19]很快分别独立地通过采用聚焦几何来极大地提高粉末衍射测量的分辨率和效率：这带来基于聚焦技术的专门相机和衍射仪的发展。今天，西曼-鲍林尤其是布拉格-布伦塔诺(准)聚焦几何仍在使用。

20 世纪上半叶照相机技术占主导地位，即通过 X 射线敏感胶片记录衍射强度：特别是德拜-谢乐、纪尼叶[20]和纪尼叶-德·沃夫[21]照相机是大多数衍射实验室中的"主力军"。衍射仪的演变是逐渐经过最初的点(即零维)探测器、后来的位敏(一维)探测器(始于 1950 年[22,23])过渡到随后几年的布拉格-布伦塔诺准聚焦衍射仪，并成为粉末衍射测量的主要设备。

高性能实验室粉末衍射仪的更进一步开发可以归功于 X 射线光学元件，如 X 射线反射镜(见文献[24]和[25]及其中的参考文献)和 X 射线多毛细管准直器(也称为 X 射线透镜；见参考文献[26]～[30])，这使得实验室衍射仪可以有效地使用平行光几何。

由于多晶块体材料的微观结构通常在宏观上是各向异性的和/或不均匀的，因此通过 X 射线分析对其进行表征需要改变衍射矢量相对于参考样品架的取向(如见参考文献[31])。采用平行光几何的衍射仪特别适合这种情况，因其可以提供不变的仪器线宽，即仪器线宽与衍射矢量-参考样品架的相对取向无关。这样显著降低了基于聚焦几何衍射仪中因倾斜样品而引起的仪器偏差，如离焦。此外，平行光衍射仪对离焦和因样品相对于衍射仪转轴偏离、粗糙样品表面或样品透明度造成的峰位移动不敏感(如见参考文献[32]～[34])。

当前，正在进行的仪器开发涉及亮度更高的实验室 X 射线源、大测量角范围的一维和二维探测器装置，以及为提高分辨率和强度的调谐光学元件(如单色器)。

表 12.1 列出了粉末衍射仪发展的历史节点。

表 12.1　粉末衍射仪器里程碑

年份	成就	主要发明人	参考文献	备注
1916/1917	发明粉末衍射	P. 德拜和 P. 谢乐 A. W. 赫耳	DS: [5]、[6] H: [7]、[8]	DS: 圆柱胶片，透射样品 H: 平板胶片和圆柱胶片，透射样品
1919/1920	聚焦几何粉末衍射	H. 西曼/H. 鲍林	[14]、[15]	聚焦原理相同的独立发明
1919～1925	聚焦几何粉末衍射	J. C. M. 布伦塔诺	[16]～[19]	—
1921	粉末衍射光谱仪(衍射仪)	W. H. 布拉格	[9]	配备电离室；无光子计数器

续表

年份	成就	主要发明人	参考文献	备注
1931	约翰单色器	H. H. 约翰	[35]	聚焦单色器：不完美聚焦
1933~1934	约翰逊单色器	T. 约翰逊	[36]、[37]	聚焦单色器：完美聚焦
1935	配备盖革-米勒计数器的衍射仪	D. P. 勒盖里	[10]	非聚焦几何
1937	粉末纪尼叶相机	A. 纪尼叶	[20]	—
1948	纪尼叶-德·沃夫相机	P. M. 德·沃夫	[21]	分辨率优化相机
1945~	研发布拉格-布伦塔诺商业衍射仪	H. 弗里德曼 W. 帕里什 W. H. 哈尔 U. W. 阿恩特 R. A. 史密斯	[22]、[23]、[38]	北美飞利浦公司和通用电气公司将衍射仪商业化
1968	能量色散衍射	B. G. 吉森, G. E. 戈登	[39]	—
1981	扫描位敏探测器	H. 戈贝尔	[40]	—
1989	佩尔捷冷却固态 Si 探测器	D. L. 比什, S. J. 奇佩拉	[41]	—
20 世纪 90 年代后期	实验室粉末衍射仪中使用多毛细管准直器	M. A. 库马霍夫	[42]及其中文献	—
20 世纪 90 年代后期	实验室粉末衍射仪中使用 X 射线反射镜	M. 舒斯特, H. 戈贝尔	[43]及其中文献	—

12.2　实验室 X 射线粉末衍射：仪器

12.2.1　概述

表 12.2 概述了用于实验室粉末衍射测量的不同配置。次级分类为相机和衍射仪：相机通常不包括在特定角度范围内移动记录衍射谱图的部件，而衍射仪是采用点探测器、一维探测器或二维探测器在一定衍射角范围内扫描。

表 12.2　实验室衍射仪采用的衍射几何

相机				
	样品	探测器	聚焦/偏离	备注
德拜-谢乐(12.2.3 节)	棒或毛细管，透射	圆柱胶片或影像板	非聚焦条件	有限分辨率
针孔(12.2.4 节)	透射或反射	平板胶片或影像板	非聚焦条件	有限角度范围
纪尼叶，纪尼叶-德·沃夫(12.2.5.1 节)	平板样品，反射或透射	胶片或影像板	聚焦条件	—
衍射仪				
	样品	探测器	聚集/偏离	备注
德拜-谢乐(12.2.3 节)	棒或毛细管，透射	点或线探测器	非聚焦条件	有限分辨率
西曼-鲍林(12.2.5.1 节)	平板样品，反射或透射	点或线探测器	聚焦条件	—
布拉格-布伦塔诺(12.2.5.2 节)	平板样品，反射	点或线探测器	聚焦条件	—
平行光束(12.2.7 节)	无特别要求，反射或透射	点探测器	非聚焦条件	不变仪器展宽
微衍射(12.2.8.2 节)	平板样品，通常反射	点、线或二维探测器	非聚焦条件	—

表 12.3 尝试列出特定的 X 射线衍射装置对于粉末衍射中各种可能分析的适用性。

表 12.3　实验室粉末衍射几何应用

分析	相机			衍射仪				
	德拜-谢乐	纪尼叶	针孔	德拜-谢乐	西曼-鲍林	布拉格-布伦塔诺	平行光束	微衍射
结构测定	o	+	o	+	+	++	+	o
结构精修	o	+	o	+	++	++	+	o
定性分析	+	+	+	+	++	++	+	+
定量分析	+	+	o	+	++	++	+	+
应力分析					o	+	++	+
织构分析			o				++	+
谱线宽化分析—粉末	o	+	o	+	++	++	+	o
谱线宽化分析—各向异性的样品				o	o	o	++	+
原位表征	++	++		+	+	+	+	o

注：表中的特定衍射几何对某类型分析的适用程度标识，o 非常不适合→+++非常适合，灰影区表示无法应用。

　　在以下各节中，在对实验室 X 射线源和单色化进行了一般性介绍之后，进一步按照衍射几何分节介绍。

12.2.2　实验室 X 射线源的单色化

12.2.2.1　X 射线源

　　X 射线密封管理所当然是衍射实验室产生 X 射线的主要元件，可以在教科书中找到丰富的相关信息(如参考文献[44]～[46])。关于衍射测量的 X 射线源，近年来出现了两个显著的发展：①旋转阳极光管的可靠性和易于维护性大有提高，因此其使用比以前要广泛得多(见参考文献[47])；②微聚焦 X 射线管成功研制，配合专门光路，即使低功率下(典型的功率 < 100 W，见参考文献[25]、[48]及其中所列参考文献)也能提供高亮度。

　　可惜的是，由于阳极得到的大部分能量(约占 99%)都转化为热量，因此，从焦点导出的热量无论对 X 射线密封管还是旋转阳极光管都达到了实际的上限：即使采用最先进的阳极冷却方法(如使用更大直径的旋转阳极、更小尺寸的焦点等)，最大额定负载功率(即阳极表面单位平方功率)也无法进一步提高。对于传统的细焦点密封管，实际的负载上限通常在 300～500 W/mm^2 范围内，而对于旋转阳极光管，则达 10000 W/mm^2(见参考文献[45])。

　　为了克服经典 X 射线源的这种固有技术局限性，可以采用两种方法。①正在逐步开发中的微型同步辐射光源[49]。常规同步辐射光源的 X 射线是通过一束带电粒子(通常是电子)在磁场控制的存储环中以几乎光速循环加速的方式产生的，而激光束与电子相互作用并由此加速电子的方式也可以激发 X 射线的产生，同时此类微型同步加速器所需的电子循环空间可能仅需常规同步加速器的约 1/200，也就是说，微型同步辐射光源将(仅)占据一个几十平方米面积的实验室空间。可惜的是，亮度、光通量等数据尚不能清晰、详细地估计。②除了考虑使电子与固态阳极碰撞之外，还可以考虑与除固态以外的其他形式的聚集态物质碰撞。使用液态金属射流作为液态阳极似乎是一个有前途的方法[50-52]。与目前可用的最出色的实验室 X 射线源(即微聚焦密封管，特别是微聚焦旋转阳极)相比，有望使光源的亮度增加一个数量级以上，目前该理念已商业化。

12.2.2.2　单色化/过滤

　　实验室 X 射线粉末衍射(与同步辐射源的 X 射线粉末衍射不同，可参见如参考文献[53])几乎都是采用单色辐射源进行的，即以角度色散模式进行(对于能量色散实验室衍射测量，请参阅 12.2.8.3 节)。由于所有 X 射线管都会发射连续光谱，并有多个离散波长的峰，因此需要进行单色化和/或过滤。这可以通过：①滤片；

②单色器和其他合适的能量色散光学器件(如 X 射线反射镜)(另请参见 12.2.7.2 节);
③能量色散探测器来实现。由于滤片和单色器是实验室的标准配置,因此在本章中对它们的使用仅做几点说明。

滤片的使用旨在选择特定阳极的 $K_{\alpha_{1,2}}$ 辐射,通常会导致 $K_{\alpha_{1,2}}$ 辐射的强度降低约 50%,这样使 K_β 谱线的残留强度非常小(见参考文献[45];该文献对过滤片放置在入射束或是衍射束也做了说明)。

平面晶体可以用作单色器让来自阳极的 X 射线照射到晶体上。通过调整适当的衍射角,通常可以获得由 $K_{\alpha_{1,2}}$ 线组成的单色光束(严格来说,获得同时包含 K_{α_1} 和 K_{α_2} 波长的双色光;为了简单起见,讨论中排除了卫星束,如 K_{α_3} 辐射;详情见参考文献[45]),而将楔块或狭缝放置在距单色器合适的距离处甚至可以达到 K_{α_1} 单色化。衍射束通常还包含选定波长 λ 的谐波,即 $\lambda/2$、$\lambda/3$ 等。只有使用可忽略二阶(和更高阶)反射的晶体,如(111)氟化物晶体,才能抑制谐波。高次谐波通常只起次要的作用,并且可以通过脉冲高度分辨器(见参考文献[54])来降低和/或通过选择适当管电压(决定韧致辐射的下限波长)来完全消除。

粉末衍射的聚焦几何用到点(或线)源,因此,入射光单色器应为聚焦类型。虽然按曲率半径 R 将晶体弯曲成圆柱无法完美地使光束聚焦在半径为 $R/2$ 的圆上("约翰单色器"[35]),但通过将晶体按半径 R 弯曲,并研磨其表面使之与半径为 $R/2$ 的圆相切则可以实现完美的聚焦("约翰逊单色器"[36,55])。后一种单色器特别是在纪尼叶相机(通常使用石英晶体)和高分辨率粉末衍射仪(通常使用 Ge 晶体,其效率更高)中得到了应用,这样在衍射研究中只有 K_{α_1} 辐射。有关 Si 和 Ge 单色器的比较,请参见参考文献[56]。这种约翰逊单色器的典型能量带通约为 20 eV(相应的波长带通约 0.004 Å)。针对不对称几何的一个变种(即光管会聚入射束到单色器的距离小于会聚衍射束到单色器的距离;这允许将单色器直接安装在光管罩上)称为纪尼叶-约翰逊单色器。

因衍射束单色器在有效抑制背景方面(如由荧光辐射引起的)的特殊优势,其在衍射仪中得到了广泛的应用。这些衍射束单色器通常为约翰型(另见参考文献[57]),由高度取向的热解石墨(HOPG)制成。石墨(002)单色器的典型带通约为 500 eV(对应约 0.1 Å 的波长带通;请参见参考文献[45]和[54])。只有平行光布置才使用平板单色器[58]。对于不同(类型)单色器的比较,另请参见参考文献[59]和[60]。

能量色散探测器以前在实验室 X 射线衍射测量上的应用相当有限。只能使用专用的探测器才能获得良好的能量分辨率。尽管经常使用的正比计数器与脉冲高度识别器相结合,可以在一定程度上抑制不想要的辐射,但是它们的能量分辨率不足以区分波长接近于测量所用特征线波长的辐射(例如,将 Cu K_β 与 Cu K_α 辐射分开)。固态探测器可以获得足够好的能量分辨率(约 ≤ 300 eV,对应于约 0.06 Å 的波长带通,与衍射束热解石墨单色器提供的能量分辨率相当或比其更好),如 Si(Li)

探测器[41](另见参考文献[61]和其中的参考文献)。可以获得大约 250 eV 的能量分辨率，这足以抑制 K_β 辐射和荧光辐射(如采用 Cu K_α 辐射研究铁基材料)。这些探测器需要冷却到远低于环境的温度以降低噪声，这通常是通过在探测器上安装液氮(LN_2)冷却的冷指来实现的。在衍射仪上需要安装笨重的 LN_2 储罐，因此阻碍了这种固态探测器在衍射测量中的广泛应用[62,63]。大约 10 年前佩尔捷冷却器取代 LN_2 冷却器已在检测器上得到商业应用，这使得 Si(Li)探测器在粉末衍射中的应用更加广泛[64]。Si(Li)探测器的主要优点是光子计数效率高和能量调节方便。但是，由于显著的死时间效应，Si(Li)探测器允许的最大计数率不高(通常 $< 20 \times 10^3$ cps)。因此，应使用自动衰减器(可能具有多个衰减级别，如 1、10、100、1000)来拓展此类探测器的动态范围。

12.2.3 德拜-谢乐(-赫耳)几何

在德拜和谢乐[5]以及赫耳[7]各自独立提出的配置中，(通常是通过滤片产生的)单色 X 射线束照射在位于圆柱形胶片中心的一个多晶小样品上(注意，赫耳提出的配置除了圆柱胶片外，还有平板胶片)，胶片与衍射锥相交(图 12.1)。该方法的主要优点是：①实验装置简单(也考虑到非环境、原位测量或对空气敏感样品的测量)；②所需的粉末量少(即使是毫克级也足够)；③几乎完整覆盖了整个衍射角范围[如果使用胶片或最近使用的位敏探测器(PSD)；另见下文]；④因样品可旋转而降低对择优取向的敏感性。其主要缺点是：①有限的衍射角分辨率；②较低的衍射强度；③随衍射角变化，样品的吸收可变，会影响峰形和强度。

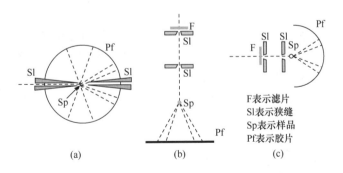

图 12.1 德拜和谢乐(a)(参见参考文献[5])、赫耳[(b)(参见参考文献[7])
和(c)(参见参考文献[8])]使用的衍射装置示意图

德拜和谢乐使用的装置包括狭缝，对入射光束和透射光束形成光束导管，抑制相机内的背景辐射；(a)和(c)中所示的装置使用线聚焦光源，而(b)所示的装置使用点聚焦光源；(b)这种几何产生了 12.2.4 节中讨论的 "针孔方法"

最初此方法使用频繁(如参考文献[65])，随后其应用减少。首先是纪尼叶型和纪尼叶-德·沃夫型聚焦相机的兴起；20 世纪 40 年代后，能够记录粉末衍射谱图的衍射仪强劲发展起来，允许直接、定量地测量强度。然而，正如最近情况所显示的那样，在常规的布拉格-布伦塔诺聚焦衍射仪上采用德拜-谢乐几何已被证明对某些情况下的 Rietveld 分析是有利的(即避免了由择优取向和样品透明造成峰形畸变的影响)[66,67]。而且，弯曲且覆盖较大衍射角范围的位敏探测器的出现(参见如参考文献[68]~[71])以及同步辐射的应用(参见如参考文献[72])都再次引发对德拜-谢乐衍射几何的兴趣(有关深入介绍和更多参考，另请参见参考文献[33])。

如今，粉末衍射实验室采用具有点探测器或位敏探测器的德拜-谢乐型衍射仪在毛细管中进行空气敏感样品、非环境衍射测量，以及尤其是吸收能力较弱样品的结构研究(Rietveld 分析和解析结构，如参考文献[73]~[75])。

12.2.4 针孔单色技术

在最初由赫耳建议的配置中，X 射线束照射一个多晶小样品，该样品放置在平板胶片(或圆柱胶片；但本节中不考虑此情况)前[7][图 12.1(b)]。以此原理为基础，开发出了正向和背向反射方法，其中入射单色 X 射线束置于样品的前面(背向反射)或后面(正向反射)且垂直于平板胶片。由于 X 射线束通过小针孔准直，形成圆形、横截面小的光束，因此使用了"针孔技术"这个名称，但有时也称为透射(对正向衍射而言)或"平板胶片"技术。

正向和背向反射方法的优点是可以记录整个衍射圆(衍射锥与胶片的交截)。因此，可以方便地(至少定性地)研究沿衍射圆强度变化的择优取向效应。这些方法的主要局限性是只能记录远低于(对于正向反射)或高于(对于背向反射)$90°$ 2θ 角的衍射。

背向反射法的一个特殊优点是不需要穿透整个样品(参见如参考文献[76])，因此可以研究块体样品[77]。实际上，早期工作中采用的背向反射法可以被看作是现代便携式应力仪的前身(参见参考文献[78]和[79])。

值得注意的是，使用高能 X 射线和二维探测器的现代同步辐射线束的许多布置基本上都采用正向反射法(另见第 14 章)。

12.2.5 (准)聚焦几何

12.2.3 节和 12.2.4 节中讨论的衍射几何的主要缺点是对单色化处理过的 X 射线的利用效率不高：实现良好的角分辨率需要使用细准直光束，因为样品的辐照面积/体积对于角分辨率至关重要。因此，毫不犹豫地仅将来自 X 射线源(光管)的发散 X 射线立体角中的小部分留下用于衍射测量。可以通过使用聚焦几何来避免强度损失，落在样品表面一定长度范围内不同点上的 X 射线束原本各自独立且发散，聚焦几何将这些发散射线束理想地会聚到探测器所放置的那个点上(或对线焦几何来说会聚到一条线上)。由于通常仅大致满足此条件(例如，因为通常不使用理想的弯曲样品；实际使用平板样品)，因此该几何通常称为准聚焦几何。

12.2.5.1　西曼-鲍林几何

在德拜和谢乐发表论文后不久，西曼[14]和鲍林[15]各自意识到，通过采用聚焦几何可以极大地提高粉末衍射测量的分辨率和强度效率：光源、探测器和样品表面位于同一个圆上时，即所谓的聚焦圆[即对于横向延伸的样品，样品表面应弯曲；见图 12.2(a)]，就可以理想地聚焦由单色点光源发射的发散光束。由于样品通常为平板状，与聚焦圆不相切，因此对于样品那些不在聚焦圆上的部分，聚焦不完美，故称其为准聚焦。通常使用垂直于衍射圆平面(即图 12.2 中的画图平面)的线焦光源。在这种情况下，所有与线焦垂直的赤道截面(平行于衍射圆平面的截面)都满足聚焦条件。轴向发散(X 射线在垂直于衍射圆平面方向上的分量)的影响必须通过轴向索拉狭缝来限制。在西曼-鲍林几何中，X 射线源和样品处于固定位置。衍射强度由 X 射线感光胶片或合适的探测器记录。沿聚焦圆移动探测器时，必须旋转点探测器使之随时面向样品[图 12.2(b)]。

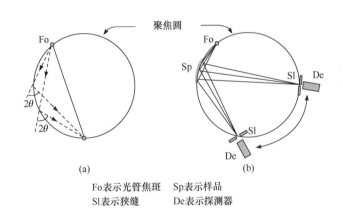

聚焦圆

(a)　　　　(b)

Fo表示光管焦斑　　Sp表示样品
Sl表示狭缝　　　　De表示探测器

图 12.2　西曼-鲍林聚焦几何：西曼-鲍林衍射仪的原理(a)和草图(b)

西曼-鲍林几何的优点是利用 X 射线的高效性和良好的分辨率，同时也有两个主要缺点：难以测量低衍射角区域；并且如果使用 X 射线感光胶片(或位敏探测器)，反射束方向相对胶片(或探测器表面)的角度引起随衍射角而改变的衍射线宽化。因此，该方法从未像德拜-谢乐-赫耳方法那样广泛地使用。但是，聚焦晶体单色器和西曼-鲍林几何结合的布置已被应用于不同的相机，如纪尼叶相机[20]和由德·沃夫[21]及 Hofmann 和 Jagodzinski[80]改进的装置。

将点探测器与西曼-鲍林几何结合使用可以消除上述西曼-鲍林胶片方法的后一个缺点(参考文献[81]～[84])。此外,与布拉格-布伦塔诺衍射仪(参见 12.2.5.2 节)相比,它可以同时聚焦所有反射。这样就可以使用多个探测器来同时扫描图谱的各个部分,从而减少记录时间,或者对样品施行某种时间-温度程序,并同时记录来自样品中不同相的多个反射来追踪固态反应。此外,对于原位研究,保持在相同位置固定静止的样品简化了仪器装置。

为了研究或多或少随机取向的多晶薄膜,西曼-鲍林布置比常规的布拉格-布伦塔诺布置更合适,因为可以小角度固定入射束。这样 X 射线在薄膜中的行进路径加长,从而可能对(非常薄的)薄膜(薄至几十纳米的厚度)进行衍射研究[85,86]。

尽管具有上述优点,但如今西曼-鲍林几何的使用并不广泛。机械上较复杂的布置[即使探测器沿圆弧移动,从而使探测器面对样品;参见图 12.2(b)]造成该几何的普及程度降低。

出现替代 X 射线感光胶片的影像板后,人们再次对纪尼叶-德·沃夫相机产生兴趣。合适的影像板扫描仪可以在几分钟内获得数字化衍射图。另外,已经出现将影像板扫描仪集成到相机中的装置[87]。

12.2.5.2 布拉格-布伦塔诺几何

粉末衍射仪的布拉格-布伦塔诺几何无疑是准聚焦最广泛的应用方法。布伦塔诺在 20 世纪 20 年代就已经提出了聚焦原理[17](另见参考文献[16]和[18]),并应用于具有 X 射线感光胶片的相机中,但直到 1946 年布伦塔诺才讨论将其用于衍射仪中[88]。大约在这个时候,衍射仪的商业化生产已经开始。开拓性工作在海军研究实验室(华盛顿)[38]进行(另见参考文献[89]和[90];图 12.3)。1949 年帕里什提出了构造原理[22]。这种"帕里什"垂直衍射仪是由北美飞利浦公司商业化生产的,名为 Norelco(通用电气公司有类似的衍射仪)。类似的装置已经具有入射束弯晶石英单色器,1949 年也由哈尔等报道[23]。后一种设计基于剑桥的尤尼康仪器股份有限公司提供的光谱仪。W. H. 布拉格早在 1921 年就提出这种几何[9],类似"电离光谱仪"的反射几何,最初旨在研究单晶[11-13],后因布拉格和布伦

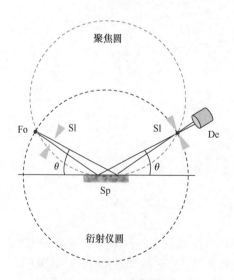

Fo表示光管焦斑　　Sp表示样品
Sl表示狭缝　　　　De表示探测器

图 12.3　布拉格-布伦塔诺几何
为了清晰,未标出轴向索拉狭缝

塔诺的努力而得以持续发展，如今通常被称为布拉格-布伦塔诺几何。

对于布拉格-布伦塔诺几何(图 12.3)，入射角等于出射角，聚焦圆的直径随衍射角连续变化[参见图 12.2(a)]，样品位于衍射圆中心，X 射线光管和探测器围绕这个中心旋转。由于样品通常为平板状，因此与聚焦圆不相切，这样对于样品那些不在聚焦圆上的部分，会发生不完全聚焦，因此被称为准聚焦(同样也适用于西曼-鲍林衍射仪中的平板样品；参见 12.2.5.1 节)。通常，线焦光源垂直于衍射平面(即图 12.3 中的图面)。在这种情况下，所有垂直于线焦的赤道截面(平行于衍射平面的截面)都将满足聚焦条件。请注意，与西曼-鲍林几何相反，(准)聚焦时刻仅在一个衍射角上采集数据。对于西曼-鲍林几何，轴向发散的影响必须通过轴向索拉狭缝来限制。

布拉格-布伦塔诺几何(理想情况下)要求使用点探测器(对于胶片记录，布伦塔诺最初建议使用掩模，这样仅允许在理想聚焦条件附近的狭窄角度范围内感光胶片)。由于发明了一维(1D) PSD，大大缩短了获取衍射图所需的时间。这种探测器用在 X 射线衍射仪上的早期版本是静止模式[例如，可以同时记录在某个角度范围内(如 10° 2θ)的任一衍射角处的强度]，出现在 20 世纪 70 年代末。这些探测器基于与经典正比计数器相同的检测原理。确定在检测丝线上发生电离的位置是利用延迟线(阳极)终端的脉冲引发时间，延迟线先是使用电阻电容(RC)编码[91,92]，后来使用电感电容(LC)编码[93]。还提出了弯曲的一维 PSD[68,71]，但是由于聚焦条件限制了覆盖大角度范围探测器的使用(即在理想情况下，仅对弯曲探测器上的一点满足聚焦条件，图 12.3)；因此，弯曲探测器主要用于德拜-谢乐几何；见 12.2.3 节。扫描 PSD 出现后，一维 PSD 得到了更广泛的使用，它结合了快速数据采集，可扫描整个衍射角范围[40](有关 PSD 的概述，请另见参考文献[94])。在分辨率和方便性方面，PSD 更进一步的发展仰赖于 21 世纪之交发明的条带半导体探测器(参见参考文献[95]～[97]和其中的参考文献)，该技术很快被商业化并不仅在实验室，也在同步辐射衍射仪上被广泛应用[98]。在此应注意，二维半导体探测器早于上述 1D "条带" 探测器的发明(12.2.8.1 节)；粉末衍射测量不需要 2D 数据采集，而 1D 设计极大地简化了制造过程及下游电子设备。

对于布拉格-布伦塔诺衍射仪，按照灵敏度、分辨率和/或数据采集速度的优化方式，可能有许多不同的配置变化。单色化的类型是一个主要选择，它有三种可能(请另见 12.2.2 节)：①K_β滤片；②衍射束单色器；③入射束单色器。使用约翰逊型入射束单色器(也请参见 12.2.2 节)可以实现最佳的单色化，这可以使用 K_{α_1}辐射进行衍射测量[99]。由于单色化而带来相当大的强度损失，以及相对严格的准直性和稳定性问题，这些单色器尚未得到广泛应用(如见参考文献[100])。考虑到测量时间，现在可以使用合适的 PSD 来补偿(甚至过分补偿)强度损失[96,97]。这种衍射仪配置可以提供高质量的衍射图，具有出色的分辨率和较短的数据采集时间。

有关使用不同单色器和滤片辐射测量的比较，请参见参考文献[101]。有关德拜-谢乐几何(参见 12.2.3 节)、平行光几何(参见 12.2.7 节)和布拉格-布伦塔诺几何的比较，请参见参考文献[102]。

12.2.6　(准)聚焦几何的仪器偏差

目前粉末衍射仪常用线焦 X 射线，基于布拉格-布伦塔诺准聚焦几何。以下关于仪器偏差的讨论也适用于大多数西曼-鲍林衍射仪。鉴于西曼-鲍林衍射仪的使用较少，本章主要讨论布拉格-布伦塔诺衍射仪。

布拉格-布伦塔诺衍射仪准直后，会引起衍射线很小的仪器宽化：入射束 K_{α_1} 线在低衍射角(如 $2\theta \approx 40°$)处的最小固有半高宽通常约为 $0.05° \, 2\theta$，且很大程度上取决于光学元件的几何参数，如接收狭缝宽度、索拉狭缝的轴向发散度限制等。在更高的衍射角处，由于所使用的特征辐射的波长色散，固有半高宽逐渐增加(在 $2\theta \approx 100°$时约为 $0.2° \, 2\theta$)。

当样品在衍射仪中倾斜时，仪器宽化会急剧增加，当 ψ 倾斜(即绕由衍射平面和试样表面的交线定义的轴倾斜；有时称为侧倾法)或 ω 倾斜(即绕与衍射平面垂直，且与样品衍射角轴平行的轴倾斜；有时会被称为等倾法)时，结果失去了准聚焦条件，即发生了"散焦"。散焦可以通过使用聚焦点光源和合适的准直器来减轻，但不能完全消除。因此，布拉格-布伦塔诺衍射仪不适用于必须通过倾斜和旋转样品来改变衍射矢量与样品参考框架相对方向的衍射研究，例如，用于残余应力[103]、晶体织构[104]以及多晶块体显微组织的宏观各向异性研究[31,105]。

如果样品安装不当(即离开聚焦圆)，导致表面粗糙或 X 射线束穿透样品的深度很大，也会违反准聚焦条件。所有情况下衍射强度都来自偏离理想聚焦位置的一部分样品。因此，不正确的安装、表面粗糙度大及样品透明度高会导致明显的散焦效果。

12.2.7　平行光几何

(准)聚焦衍射仪传统上用于实验室 X 射线粉末衍射，因为它有效地利用了 X 射线管发出的发散 X 射线束和出色的角分辨率(请参阅 12.2.5 节)。由于缺少适合 X 射线的光学元件，平行入射光束(原则上是德拜-谢乐和针孔方法所要求的)的使用并不顺利：因为 X 射线在固体物质中的折射率非常接近 1，无法为 X 射线构造传统(类似用于可见光)的透镜。专用单色器的出现能使平行光束产生，但是强度急剧下降。因此，在实验室中，使用晶体单色器的平行光衍射测量最初仅限于研究单晶和外延层的高分辨率配置(参见参考文献[106]和其中的参考文献)。

在使用同步加速器产生 X 射线普及之后，使用平行光衍射研究多晶样品的好处很快被意识到(参见参考文献[107]~[112]和此处的参考文献)。同步加速器产生的高强度 X 射线("同步辐射")可以远远超过使用单色器带来的强度损失。早期实验是在功能"兼用的"第一代同步加速器(即最初为粒子物理研究等而建造的同步加速器，如意大利弗拉斯卡蒂国家实验室的 ADONE；请参见参考文献[111]；也请参见参考文献[113])上进行的。它在波长/能量的可调谐性和高分辨率方面表现出同步辐射的巨大潜力。然而，第一代同步加速器的寄生性(见上文)运行通常意味着同步辐射的输出受到严格限制，这激发了第二代专用同步加速器光源的建设：特别是在 1981~2008 年之间运行的"同步辐射源"(SRS, 英国达斯伯里), (也)是一家世界上致力于开发专用于粉末衍射的同步加速器辐射源的前沿机构(请参见参考文献[113]和 http://www.lightsources.org/cms/?pid=1000098)。

只有发明了比上述单色器光通量更高的光学元件后，使用实验室平行光束衍射才获得了动力，这些元件被称为多毛细管准直器(也称为 X 射线透镜，即使工作原理与镜头无关；请参阅后面的内容)和 X 射线反射镜。在 12.2.7.1 节和 12.2.7.2 节中讨论了这些设备，对多毛细管准直器和 X 射线反射镜性能和应用的比较，请参见 12.2.7.3 节。图 12.4 为在入射束光路中安装 X 射线透镜或 X 射线反射镜的平行光衍射仪的典型装置。

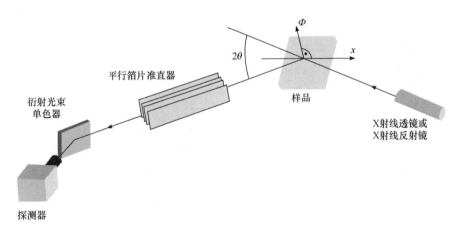

图 12.4　点聚焦平行光衍射仪的典型装置

可以通过 X 射线透镜或 X 射线反射镜使入射光束平行(这里 X 射线透镜也称为多毛细管准直器)；
平行箔片准直器可确保衍射光路中的平行光几何

12.2.7.1　多毛细管准直器

使用多毛细管将平行的 X 射线束引导到样品，其通量比使用(晶体)单色器(见上文)更高，这一想法可以追溯到 20 世纪 50 年代[114]。毛细管用于同步辐射光源，不仅实现准直，而且可将 X 射线聚焦到一个小点(如参考文献[115]~[117])。类似今天平行光准直器的器件开发始于 20 世纪 80 年代的苏联；真正的锥形机是在 20 世纪 90 年代出现的[26](有关更详细信息，另见参考文献[42]、[58]及其中的参考文献)。

X 射线透镜由数百万根中空玻璃纤维(毛细管)组成。辐射源产生的 X 射线被其内壁多次全反射导引通过这些毛细管。X 射线穿过空气(或真空)与固体物质之间的界面而发生全反射(即固体物质的折射率略小于 1)是可能的，与可见光穿过固体和空气(或真空)之间的界面时发生的全反射相反。旧式的器件和中子束准直器基于嵌入金属网的单毛细管或多毛细管纤维，而对于现代实验光学，毛细管纤维沿其整个长度方向密集排列(所谓的单体式"Kumakhov 光学元件")，并逐渐变细，形成所需的形状。可以根据用户对 X 射线束聚焦或准直的需要进行定制，有圆形、正方形或六边形横截面的锥形和弯曲毛细管。光束的残余发散度由临界角(即辐射能量和构成毛细管材料的折射率)以及毛细管的直径、长度确定。市售的多毛细管准直器发出的平行光束的典型直径范围为 5~10 mm。入射光束的实际大小通常由透镜出口的狭缝或针孔进行调整[30,58]。根据毛细管的长度、直径以及全反射的临界角，可以产生残余发散度约为 0.3°的(准)平行光束(用于 Cu K$_\alpha$辐射)。残余发散度是辐射能量的函数：对于较低的能量，发散度变大；而对于较大的能量，发散度变小(参见如参考文献[118])。

毛细管器件也可以用作角度和能量过滤器，因为临界角之外不发生全反射是取决于能量的。有关多毛细管准直器特性的详细讨论，请读者参考文献[58]。

12.2.7.2　X 射线反射镜

X 射线反射镜是基于适当弯曲表面上的 X 射线全反射或人工多层膜的布拉格衍射[119,120]。1948 年基于全反射提出了一种原始的镜面装置，即 Kirkpatrick-Baez(KB)几何[121]，旨在 X 射线光学成像。20 世纪 30 年代研究了沉积在基底上的人工膜层结构的布拉格衍射。研究(Au 和 Cu)多层膜的目的是提供用于测量 X 射线波长的光栅，但是环境温度下的互扩散破坏了多层膜，为解决这个问题，衍生出了一种测定固态扩散速率的方法[122,123]。

20 世纪 90 年代出现了抛物线形或椭圆形的弯曲 X 射线多层膜反射镜，成为一种利用布拉格衍射在一个方向上准直或聚焦发散 X 射线束("一维镜")的有效工具，用于实验室 X 射线衍射测量(参见参考文献[24]、[25]、[43]、[124]及其中的参考文献)。反射镜的多层结构由双层单元(通常几十层)堆叠而成，其位置相关的周期(一个单元的长度/双层)为几纳米(图 12.5)。

每个双层都由一层重质材料(如钨)和一层轻质材料(如碳)组成。重材质层是反射层，而轻质材料用作隔离层。该双层单元厚度的作用与晶体单色器的晶面间距的作用相当。因此，X 射线多层反射镜既可以对光束进行整形，又可以用作单色器(典型的 2θ 布拉格角度为 0.5°到几度)。与单色器晶体相比，多层反射镜可以调节多层膜的层周期性。与全反射镜相比，多层反射镜具有更高的效率和额外的单色化优势。实际上，全反射镜在实验室粉末衍射中没有应用。在粉末衍射中使用"反射镜"这个概念(与下文有关)意味着基于使用多层膜布拉格衍射。

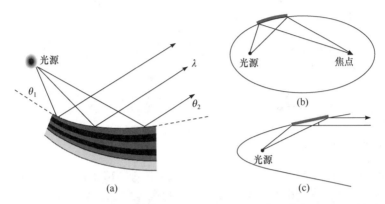

图 12.5　(a)用于光束准直的渐变抛物面弯曲多层反射镜的工作示意图，θ_1 和 θ_2 是对于波长为 λ 的辐射反射镜上不同点处的布拉格角；(b)椭圆镜用于聚焦几何光源，会聚点位于相应椭球的焦点上；(c)平行光几何的抛物线反射镜(准直镜)[125]

　　反射镜的曲率(通过椭圆形或抛物线形)规定约束反射镜的光束分别是聚焦还是平行[参见图 12.5(b)、(c)]。必须在镜子上的每个位置调整多层膜的周期(等于一个单元长度)以满足布拉格反射条件(因此，人们称其为"渐变"多层镜)。图 12.5(a)中的示意图(以夸张的方式)显示了周期的梯度和镜面形状(曲率)，它们共同调整了每个位置的布拉格条件，从而使镜面反射出平行光束。反射镜的几何形状是为点聚焦源或线聚焦源设计的，"线"的方向垂直于反射镜的衍射平面[图 12.5(a)中的图面]。

　　对于点聚焦源，需要双重聚焦或双重准直。就是说，需要在(第一个)镜子的衍射平面内和与之垂直的平面(可能存在的第二个反射镜的衍射面)聚焦或准直。这可以通过将 KB 几何与多层膜镜配合使用来实现，其中两个相交(90°)镜串行安装；即聚焦或准直需要两个连续的反射[121]。另一种可能布置是 Montel 几何，其中反射镜并排安装在 90°的侧面[126]。新开发的点聚焦几何是所谓的单反射多层膜反射镜[125]。如今，最先进的基底抛光和整形技术提供了制造弯曲的渐变多层膜镜的可能性，从而可以实现点聚焦或准直。这是通过具有多层膜周期一维渐变的两个曲面获得的，如图 12.6 所示。单反射准直多层膜反射镜具有(前后和左右)两个相互垂直的呈抛物线形的面，即抛物面，因此只需要一个布拉格反射镜便能同时在水平和垂直方向上准直 X 射线，而非基于 KB 和 Montel 几何的前后两个布拉格反射镜。反射镜在衍射面上的聚焦或准直与单曲面反射镜完全相同,而弧矢聚焦则通过基底的整形来实现(因此,不需要二维渐变)[125]。

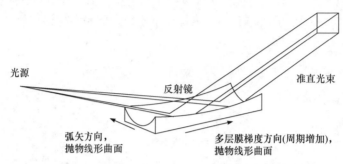

图 12.6　单反射准直镜示意图[125]

X 射线来自点光源(左)

使用单反射镜具有许多优点[125]:①避免 KB 或 Montel 系统中的第二个反射镜引起的强度损失,与传统反射镜相比,射线强度可能会显著增加。②可以通过单反射几何允许的更大的采集角来获得进一步的强度增强:在 KB 光学系统中,特别是对于小光源,第二个反射镜距离光源较远,其采集角(即光源中产生的光束被反射镜所捕获的立体角)比光源附近的第一个反射镜要小得多[25]。与单反射光学器件相比,通过 KB 光学器件后射线强度降低。③仅靠反射镜形状就决定了垂直于衍射平面的弧矢聚焦。一个重要结果是可得到的光源尺寸仅在一个维度上受到多层膜摇摆曲线宽度的限制。在弧矢方向上,光源尺寸公差可以更大,这样允许更高的强度。④与双重反射几何相比,一个实用的优点是镜子准直和紧凑的光学设计更加容易。

12.2.7.3　X 射线反射镜与 X 射线透镜的比较讨论

两种用于形成平行入射光的镜子都有一定的优点和缺点,这取决于对所研究样品要采用的测量类型。下面介绍几种仪器参数的比较讨论。这可以帮助读者确定对特定的应用需要使用哪种类型的衍射几何和主要光学器件。

1) 强度。当使用传统的 X 射线密封管[类型为 KFF(短焦距)或 LFF(长焦距)]作为 X 射线源时,用 X 射线透镜获得的入射光强度远高于 X 射线反射镜的:因为平行光的准直是通过(数百万根)空心玻璃纤维内壁上 X 射线的多次全反射来实现的,所以 X 射线透镜对阳极产生的光子的采集量(捕获立体角)要比反射镜大得多,后者通过渐变多层膜的布拉格反射使 X 射线准直。在 X 射线反射镜中,串行 KB 配置会导致额外的强度损失,因为第二个反射镜离光源较远,捕获立体角比第一个反射镜小(12.2.7.2 节)。为了提高来自 X 射线反射镜的光强度，必须使用高亮度光源，即与旋转阳极靶相当的高功率微(点)焦斑。如果有这样的光源，则使用 X 射线反射镜仍可获得 10^9 个光子/(s · mm^2)的光子通量。

2) 光束尺寸/横截面。入射光的理想横截面取决于样品和实验的类型。当需要大范围的衍射信息时，必须优先使用 X 射线透镜，因为它们能够在通常 5 mm × 5 mm 和 10 mm × 10 mm 之间的横截面上进行平行光束准直，而实验室衍射仪用 X 射线反射镜仅在约 1 mm × 1 mm 的横截面上准直。使用如此小横截面的入射光束会产生一个所谓"晶粒统计性"的问题[127-129]。特别是对于粗颗粒的样品，较小的平行光束尺寸可能导致对衍射信号有贡献的晶粒数量太少(这个缺陷可以通过将样品振荡或旋转来部分缓解)。X 射线反射镜产生的较小光束残余发散度会加剧这一问题(请参阅下文)。

总体来讲，如果需要从样品上的一个小区域获取衍射信息(这种实验称为"微区衍射")，则首选 X 射线反射镜与微聚焦光源结合使用。通过使用合适的针孔准直器，可以进一步减小光束尺寸，而强度降低并不太大(参见参考文献[130]用于陶瓷-金属钎焊接头的残余应力的局部测量)。实际上，使用 X 射线反射镜可以达到 100 μm 的光束尺寸。

3) 光束发散度。与对光束尺寸的要求相似，理想光束发散度取决于所要研究的样品和实验类型。多毛细管准直器(X 射线透镜)所能达到的最小发散度等于透镜材料对整个外部反射的临界角的两倍。从这个意义上讲，X 射线透镜的光束质量远远落后于 X 射线反射镜获得的光束质量。对于 Cu K$_\alpha$辐射，X 射线反射镜产生的准直光束通常只有 0.8 mrad 的发散度。特别是对于掠入射实验，这种发散度是可接受的。

在控制穿透深度[131]的测量中，入射光束的发散度应最小，因为入射角度是决定穿透深度的参数之一[131]。正如上面"光束尺寸"中已经讨论的那样，当入射光束的发散度非常低时，"晶粒统计性"会成为一个问题。但是，如果所研究的样品仅限于细晶粒材料(如多晶薄膜)，则晶粒尺寸通常足够小。由于 X 射线透镜的发散度比准直 X 射线反射镜的发散度大一个数量级(请参见上文)，X 射线透镜特别适用于使用具有大晶粒尺寸的样品的实验，因此从相对大的晶粒取向范围获得衍射信息。

4) 单色化。借助平行光束衍射准直，X 射线多层膜反射镜也可以用作单色器。通常，要对它们进行调整，以使 K$_\beta$ 和"轫致辐射"被反射镜(充分)抑制，这样准直光束主要由用于辐射的 K$_{\alpha_1}$ 和 K$_{\alpha_2}$ 组成(K$_\beta$占比通常 < 0.3%)。

如果使用 X 射线透镜，则必须额外安装滤片或单色器，以去除轫致辐射、K$_\beta$ 和其他寄生辐射成分(阳极污染导致的钨 L 系线)，这会导致强度的再次损失。

5) 角分辨率。平行光衍射仪的角分辨率主要由：①入射束光学元件准直的入射束发散度；②衍射束光学元件的接收角决定。对于相同的衍射束光学几何，鉴于准直光束的残余发散度，显然采用反射镜的实验室平行光衍射仪比采用透镜具有更好的角分辨率(请参阅上面有关光束发散的讨论)。

12.2.7.4 平行光几何的仪器偏差

平行光衍射仪的仪器偏差已经通过实验、计算/模拟进行了研究。在平行光几何中，事实证明，衍射线的位置和形状实际上与衍射矢量相对于样品参考系的方向无关(请参见如图 12.7)。但是，衍射线的积分强度取决于样品的倾斜角度，并且取决于横向尺寸有限的样品表面轮廓，还取决于样品的旋转角度[30]；它受仪器偏差的影响，因为入射光束宽于样品表面或者是由于探测器的横向尺寸太小而仅记录了衍射光束的一部分(图 12.8)。为了纠正这种假象，可以对样品倾斜时积分强度的损失进行校正[30,132]。注意，积分强度不受散焦的影响，也就是说，在倾斜样品时衍射线变宽，这与基于(准)聚焦几何形状的衍射仪的情况一样。

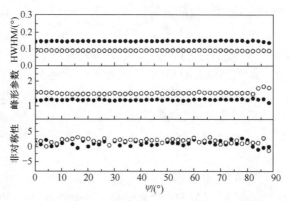

图 12.7 通过拟合 Pearson Ⅶ分裂函数对各向同性钨参考粉末样品测量获得反射峰的参数，测量用平行光衍射仪配备有二维准直镜(Cu Kα辐射)：钨(110)($2\theta \approx 40°$，实心圆)和(321)($2\theta \approx 130°$，空心圆)峰的半高宽(HWHM)、峰形参数和非对称性随样品侧倾角 ψ 的变化(测量使用 Bruker AXS D8 Discover 衍射仪)；结果表明，仪器宽化与衍射矢量相对于样品参考系的方向无关，这与(准)聚焦几何不同，后者的衍射线宽将随着 ψ 从 0° 的增大而显著增加[125]；误差线的大小与标记大小相近，因此被省略

通常，只要样品不倾斜，最先进的实验室平行光衍射仪的分辨率低于采用(准)聚焦几何的衍射仪的分辨率。但是，为了通过 X 射线衍射研究材料的各向异性微观结构，有必要在非零的几个倾斜(和旋转)角度进行 XRD 分析。对于此类分析，在任何情况下都应使用平行光衍射仪，因为在(准)聚焦几何中，样品的倾斜会导

致新的仪器宽化(由于散焦)和衍射角分辨率的显著降低。

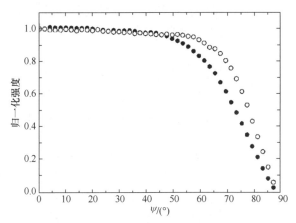

图 12.8 钨(110)($2\theta \approx 40°$，实心圆)和(321)($2\theta \approx 130°$，空心圆)衍射峰的强度随样品侧倾角 ψ 的变化，测量用平行光衍射仪配备有二维准直镜(Cu K$_\alpha$辐射)；误差线因其大小与标记符大小相近而被省略(测量使用 Bruker AXS D8 Discover 衍射仪)；对各向同性、无织构的样品，无仪器偏差时测量强度应该是恒定的；由于入射束宽于样品表面和探测器过小的横向尺寸，只收集到部分衍射束而带来仪器强度损失，因此图中强度随侧倾角 ψ 变化

12.2.8 近期的最新发展

12.2.8.1 二维探测器

实际上，早期用于粉末衍射测量的"探测器"是"二维"的：对 X 射线衍射强度敏感的胶片用来记录二维衍射图。除了赫耳[7]提出的方法涉及 X 射线平板照相胶片外(参考文献[44]；参见图 12.1；后来通常被称为正向反射法，而没有明确提及赫耳的早期工作；参见 12.2.3 节)，总体趋势是通过在垂直于衍射角方向的较小角度范围内对强度进行积分，从二维强度分布中直接演算出一维衍射图。

显然 X 射线感光胶片的(后继)替代品是影像板，它不需要暗室处理。影像板曝光后，必须将其传送(通常手动)到读取系统。虽然在单晶衍射工作中使用了自动影像板探测系统(即自动从曝光位置移到读取位置)，但在(实验室)粉末衍射分析中使用影像板基本上仅限于提取一维衍射图[87]。影像板探测的积分特性(即在长时间段内采集数据并在另外的操作中进行读取)因背景噪声较高，故在低计数率下效率较低。积分电荷耦合器件(CCD)探测器也是如此，该探测器必须容纳高强度的信号，是单晶衍射分析的标准设备[133](另请参见参考文献[134]和其中的参考文献)。由于 CCD 探测器的应用实际上仅限于单晶衍射工作，因此本章不再进一步讨论。

光子计数(二维)面探测器(即单个 X 射线光子转换为电脉冲)以低计数率提供了高计数效率，因此非常适合实验室粉末衍射测量。这样的(二维)面探测器通常是平面的，即使出现了带有曲率表面(球形或圆柱形)的某些变种。弯曲探测器旨在用于固定的样品-探测器距离，而平板探测器可以用于不同的样品-探测器距离：较远的样品-探测器距离下具有较高的分辨率，而较近的样品-探测器距离下则具有较大的角度覆盖范围。

通常使用的探测器基本上是一维位敏正比计数器的二维变种，称为多丝正比计数器(MWPC)(即包含交叉的探测丝阵列)(如参考文献[135]；另请参见参考文献[134]及其中的参考文献)；这种探测器由布鲁克 AXS 商业化为 Hi-Star 探测器。该探测器具有较大的检测面积(直径为 10 cm)、单光子的灵敏度、良好的空间分辨率和低噪声。但是，死时间效应限制了最大计数率(典型最大值约为 1000 cps/mm²)。试图提高最大可接受计数率的尝试导致了所谓的"微间隙"探测器的发展，也就是说，减小探测器阴极到阳极的间距以减小死时间的影响[这些探测器包括气体电子倍增器(GEM)[136]、微条带气室(MSGC)[137]、微间隙室(MGC)[138]、CompteurÁ Trou-孔计数器(CAT)[139]和微孔结构气体(MICROMEGAS)[140]探测器；有关详细信息请参见参考文献[134]]。电阻阳极技术已实现了最新改进，该技术可减少探测器在高计数率工作时的火花和放电。与 MWPC 探测器(该探测器已由布鲁克 AXS 开发出 VANTEC-2000 型商业款)相比，这些探测器具有更大的动态范围。

最新一代的二维探测器是基于半导体技术的，它涉及混合半导体探测器，其中带有电极的二维阵列检测元件与几何匹配的读取电子通道阵列发生电接触[141-144]。这种探测器最初是为高能物理应用而开发的，因为它们的低噪声和出色的空间分辨率，也被用于替代医疗领域中射线照相胶片。实际上，有一种商用探测器是由 CERN 原创的，在 Medipix 计划中力图将 CERN 为大型强子对撞机实验开发的探测器技术[145]进一步推广到其他科学领域。此外，基于本段上文所述的原理，并行开发了商用探测器[146,147]。

使用二维探测器需要专用的 X 射线光学装置，通常采用点焦光源。由于是二维检测，聚焦几何(二维检测不存在该几何)和用于平行光几何的索拉狭缝都不可用。因此，通常采用圆形横截面的平行准直光束，类似德拜-谢乐几何，但针对反射(非透射)样品。

由于在入射光路(即光管焦点和试样之间的路径)上的光束强度量级比衍射光路上的高，因此在入射光路上发生明显的空气散射。通常在点探测器或一维探测器与样品之间放置防散射狭缝来抑制这种散射。空气散射所引起的二维衍射背景可以通过在入射光路中使用合适的准直器或真空光导管来减轻。最简单的设置，入射光路由针孔狭缝准直器管和 Kβ 滤片构成。衍射光路(即样品和探测器之间的路径)完全打开，用锥形防散射罩来排除非样品表面的 X 射线进入探测器，从而抑制背景水平。对于样品-探测器距离大和较长波长的光束，容易产生较大的散射，从而在空气中衰减，因此使用 He 填充或真空衍射光路可能是有益的。

二维衍射测量的角分辨率在很大程度上取决于照射样品表面积的大小：为了提高分辨率(即使仪器衍射线的宽度尽可能小)，照射面积必须很小，因此希望有较小的光束横截面。通过使用针孔可以实现较小的光束横截面，但使用专用的 X 射线反射镜和单毛细管光学器件(请参见参考文献[134])更好，与针孔相比，它们的强度增益相当大。

二维衍射测量已在粉末衍射分析中得到应用，如物相(主要是定性分析)、晶体织构(取向)和残余应力分析。此外，如今小角 X 射线散射系统经常配备二维探测器。

由于探测器上的每个点都对应于衍射向量的特定方向和长度，因此对于二维衍射测量，衍射向量的方向和长度必须被严格地分配给探测器上的每个点。已经设计出了积分和专用的计算程序，可以高效地使用二维衍射图[148,149]。作为例子，一维衍射图可以通过将某长度但取向不同的衍射矢量的强度相加来获得。

12.2.8.2　微区衍射

微区衍射测量可研究一个小样品或样品的一小部分。因此，微区衍射测量可对(横向)不均匀(如成分组成、晶格应变、择优取向等)的样品进行位置分辨研究。专用入射光准直器可以限制样品中很小区域的衍射信息。可以实现从亚毫米范围到几十微米的光束直径。典型的相关入射光学系统由专用的 X 射线反射镜与针孔准直器或单/多毛细管准直器("透镜")组合而成[118,150-156]。微区衍射固有衍射强度低，二维探测器因其在大立体角上高效收集衍射强度而对测量十分有益。

12.2.8.3　能量色散衍射

能量色散 X 射线衍射(EDXRD)于 20 世纪 70 年代问世，因为在这之前还没有能量色散探测器，因此它的出现要晚于角色散 X 射线衍射[39,157]。在飞行时间中子衍射发明不久，就出现了 EDXRD(参见参考文献[158]及其中的参考文献)。EDXRD 发展的主要驱动力是希望提高数据采集速率。此外，EDXRD 不需要使用探测器进行扫描：可以固定入射和衍射光路。这使得 EDXRD 特别适用于快速数据收集的需要(请参见第 11 章)和/或在光路上施加实验边界条件(如在高压衍射中)的原位研究。

就仪器偏差对最大衍射线的位置和宽度的影响而言，EDXRD 与常规角色散 X 射线衍射有很大的不同，见参考文献[159](另请参见参考文献[160])。入射光的光谱强度分布的测量对于反射峰积分强度的定量分析至关重要，参考文献[161]对此有详细讨论：这种实验室 EDXRD 被应用于晶体结构的 Rietveld 精修[162]、相分析[163,164]、各种原位研究(如参考文献[165]和[166])和衍射应力分析(如参考文献[167])。

　　EDXRD 的主要优点是实验机械装置简单(固定的入射光和衍射光路)和快速的数据采集。但是，即使是现代 EDXRD 的应用，可达到的分辨率(在倒易空间中)也远低于传统的角分辨 X 射线衍射仪。

12.3　案　例

12.3.1　平行光衍射法

12.3.1.1　高亮度、平行光实验室 X 射线源

　　用于实验室粉末衍射的单反射准直 X 射线反射镜(FOX2D Cu12_INF, Xenocs 法国萨瑟纳日)最近开创性地与高亮度旋转阳极 X 射线源(布鲁克 TXS)结合使用[125]。FOX2D 准直单反射镜在距光源 120 mm 的焦距处，有效光斑尺寸达 0.1 mm × 0.1 mm，因此与常规操作功率为 1.0 kW(50 kV、20 mA)旋转阳极 X 射线源的(投影)焦距尺寸相当[尽管旋转阳极峰值功率可能为 1.2 kW(50 kV、24 mA)，但灯丝寿命缩短]。通过记录单晶硅参考样品的摇摆曲线，实验确定准直入射光的(赤道)残余发散度为 0.060°($\approx$ 1 mrad)[125]。射线示踪计算表明，与以前使用的 KB 设置相比，单反射的亮度增益约为 5。通过对 Al_2O_3 标样[标准参考材料 SRM 1976a，由美国国家标准技术研究所(NIST)提供]粉末衍射实验研究，发现实际的(积分)强度增益更大，超过了 14[125](图 12.9)。

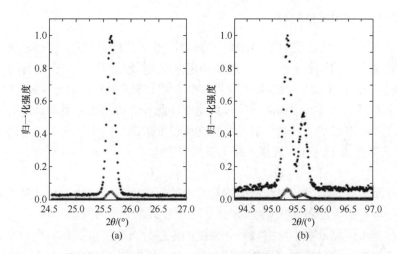

图 12.9　在旋转阳极(Cu K_α)靶、K-B 几何(空心圆)或单反射镜(实心圆)条件下测量 Al_2O_3 标准参考样品(详见正文)得到的衍射峰[125]

(a) (012)峰；(b) (226)峰

已证实使用单反射镜可以实现 10^9 个光子/(s·mm²)的光子通量，这样实验室衍射仪的入射强度与第二代同步辐射光束线具有可比性，尽管角分辨率较低[125,168]。

12.3.1.2 应用

与(准)聚焦几何相比，平行光几何的主要优点是强度增加，并且没有与散焦效应有关的仪器偏差(对于试样倾斜)，尽管代价是仪器的总体线宽较大(请参阅12.2.7 节)。这些优点使得平行光衍射特别适合原位分析[169-172]、各向异性样品(如薄膜)的研究[173,174]、衍射角相对较低的应力测量，以及较小入射角和控制穿透深度的测量[175,176]。

1) 原位测量。在实验室 X 射线衍射装置上日常的原位测量是使用加热/冷却腔室[177,178](如请参见图 12.10)和在机械负载下进行的非环境测量(强度测试和四点弯曲[179])。显然原位测量是需要高强度的(因此测量时间短)，只有平行光几何才能消除与样品位移有关的仪器偏差。因此，由温度变化带来的热膨胀或机械载荷而引起的试样表面位移可忽略不计；通常进行粗略校正即可，以确保在被照射表面区域不会发生较大的变化。没有仪器偏差影响衍射线的位置，这样便可以用于给定样品的(无应变)晶格常数热膨胀测定或用参考物质进行原位温度校准[178]。

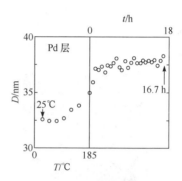

图 12.10 厚 50 nm Pd 层的晶粒尺寸 D 与加热温度 T 的关系[请注意，在两个不同的样品倾斜角对 Pd(111)反射峰进行测量，以确定晶粒尺寸和机械应力，测量耗时大约 22 min，并且等温均质化 5 min]；图左侧为室温至185℃的加热过程，图右侧为随后的 185℃等温退火 16.7 h 的过程；Pd 纳米晶的生长始于100℃左右，与块体样品的粗大晶相比，是较低的晶粒生长起始温度；XRD 原位应力(此处未显示)和晶粒尺寸测量可直接确定过多的晶界体积量[171]

2) 低衍射角的应力测量。传统上，应力衍射测量是在尽可能大的衍射角(通常 $2\theta > 100°$)下进行的，因为与应力相关的峰位移(在 2θ 尺度上与 $\tan\theta$ 成正比)被最大化，并且在高衍射角下与(不完美)聚焦几何相关的仪器偏差最小化[103]。但是，对于薄膜使用低角度反射可能会更好，因为它们的强度要高得多(如请见图 12.10)。此外，对于强织构的试样，可能需要在应力分析中结合几种 *hkl* 反射的晶格应变数据(晶面族法)[103]。在这种情况下，应力分析可以从几乎没有偏差的平行光几何中获得很大收益，因为可以将低角度反射真实地纳入分析中(如请参见参考文献[180])。

3) 小束斑截面测量。由 X 射线反射镜调制的平行光具有高亮度和相当小的横截面(见 12.2.7.2 节)。通过使用合适的针孔准直器,可以进一步减小横截面,而强度降低不多(如对于陶瓷-金属钎焊接头的残余应力的局部测量,请参见参考文献[130])。使用 X 射线反射镜实际可以达到 100 μm 的束斑大小。

4) 小入射角和控制穿透深度的测量。对于非常薄的相邻表面层,可以使用小角度入射光来对样品性能特征(如残余应力和晶体织构)进行 X 射线衍射测量:将有效采样量限制在样品表面附近相对较小的深度区域,那么与传统 X 射线衍射方法相比,此方法获得更高的样品表面衍射强度。这对下面两种情况可能有用:①当分析必须限制在样品最外层时,或者当薄膜与基底可能会发生峰重叠的问题时,进行 X 射线衍射分析时必须将有效的穿透深度限制为规定的较小值;②通过改变入射角和/或波长以实现不同有效穿透深度下的衍射测量,分析梯度薄膜[103] (最新示例请见图 12.11)。

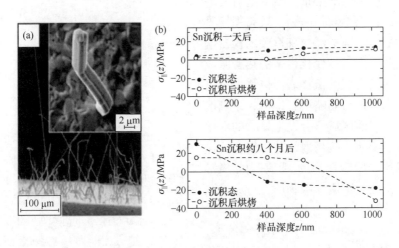

图 12.11   (a)在 Sn 涂层表面生长的 Sn 晶须的扫描电子显微照片;(b)Sn 沉积态、沉积后烘烤一天(上部)和烘烤八个月(下部)样品的应力-深度分布曲线($\sigma_\parallel$表示平行于表面的应力);后烘烤处理(在 150℃下 1 h)用于工业生产中以减少晶须的形成;研究首次显示从表面 Sn 层向基底界面的负应力梯度变化对于 Sn 晶须生长具有决定作用;由于这样的应力梯度,促进了垂直于表面/界面的 Sn 原子向表面迁移,因此晶须生长是应力释放机制;的确后烘烤样品[无负应力梯度;参见(b)]未显示晶须形成[181]

在小的入射角下进行测量需要平坦的样品表面,样品对中控制良好(即必须非常准确地知道入射角),以及入射光的赤道发散角与入射角相比足够小。特别是,不能直接评估不可忽略的赤道发散的影响,这一仪器问题迄今仅引起了很少的关注。在这种情况下,使用 X 射线反射镜特别有益,因为与 X 射线透镜相比,赤道残余发散要低得多。有关详细信息，请参阅参考文献[131]。

12.3.2　二维衍射法

与常规点探测器的衍射测量相比，使用面探测器进行二维衍射测量的根本好处是可以同时收集一系列(非赤道)取向和有一定长度的衍射矢量。这样能够以相对较短的数据采集时间记录衍射图，从而使原位研究具有出色的时间分辨率。单张二维衍射图像包含所研究样品的大量信息(两个相关案例请参见图 12.12)。①衍射环的斑点显示了被照射晶粒数量：对于样品(照射体积中的)粗晶粒，甚至可以观察到离散的斑点；但细晶粒的样品会出现完全连续的强度分布[参见图 12.12(a)、(b)]。②沿着衍射环的强度变化显示了样品中所考察相的晶体织构：织构样品发生特征强度变化[图 12.12(b)]。③使用专用的积分程序(即通过将某一长度的、不同取向的衍射矢量进行强度求和)，可以在较短的采集时间内获得具有良好统计性的一维衍射图。这样可以有效地检出微量相，等等。

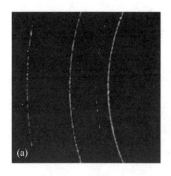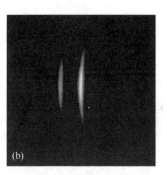

图 12.12　(a)使用 Cu Kα辐射记录的 Al₂O₃ 参考样品(烧结刚玉，SRM 1976，由国家标准技术研究所提供)的二维衍射截面图，Al₂O₃衍射线衍射角范围在 $2\theta \approx 25°$ 和 $2\theta \approx 53°$ 之间；衍射环上不明显的斑点表明，在衍射体积中仅包含有限数量的晶粒，衍射环上的均衡(平均)强度分布表明没有晶体织构；(b)使用 Cu Kα辐射记录的 Si 基底上 Ni/Pd 双层薄膜(每层厚度仅 50 nm)的二维衍射截面图，显示的是 Ni 和 Pd(111)的反射；连续的强度分布表明在衍射体积中包含大量的晶粒(纳米尺寸的晶粒)；沿衍射环的强度变化是由两层均具有明显的{111}纤维织构所致，当衍射矢量垂直于样品表面(图中水平)时，会出现最大强度

图 12.13 显示了可以使用二维衍射测量的最新研究实例，揭示了室温时效过程中 Sn 涂层中晶粒随时间的转动变化。

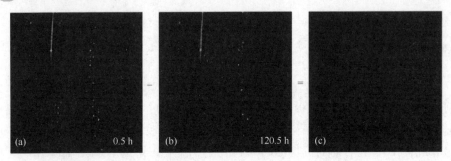

图 12.13　通过在铜基底上进行电沉积制备的 Sn 涂层[(a)沉积后 0.5h 和(b)室温时效 120.5 h，使用 Cu Kα辐射，采集范围在 $2\theta \approx 53°$ 和 $2\theta \approx 83°$之间]的二维衍射图；连续衍射环是由 Cu 基底引起的；衍射环斑点是由 Sn 涂层引起的；从(a)图中扣除(b)图得到(c)所示的差值谱；(c)中所示的强度变化表明，Sn 涂层室温时效后，Sn 晶粒会发生再取向；这对于理解无铅 Sn 焊料中的晶须形成现象具有重大意义，这在微电子工业中是一个重要的问题(另请参见图 12.11)

(Udo Welzel，Eric J. Mittemeijer)

参 考 文 献

[1] Palosz B, Rius J, Welzel U. 11th European Powder Diffraction Conference. Z Kristallogr, 2009, 30: ix-495.

[2] Mittemeijer E J, Welzel, U, Kuzel R. State of the art of powder diffraction. Z Kristallogr, 2007, 222(3-4): III-209.

[3] Fuess H, Scardi P, Welzel U. 12th European Powder Diffraction Conference (EPDIC 12). Z Kristallogr, 2010, 225 (12): V -624.

[4] Mittemeijer E J, Scardi P. Diffraction Analysis of the Microstructure of Materials. New York: Springer-Verlag, 2004.

[5] Debye P, Scherrer P. Interference of irregularly oriented particles in X-rays. Phys Ziet, 1916, 17: 277-283.

[6] Debye P, Scherrer P. Nachrichten von der Gesellschaft der Wissenschaften zu Göttingen. Math Phys Kl, 1916: 16-26.

[7] Hull A W. A new method of X-ray crystal analysis. Phys Rev, 1917, 10(6): 661.

[8] Hull A W. A new method of chemical analysis. J Am Chem Soc, 1919, 41(8): 1168-1175.

[9] Bragg W H. Application of the ionisation spectrometer to the determination of the structure of minute crystals. Proc Phys Soc London, 1920, 33(1): 222.

[10] LeGalley D P. A type of Geiger-Müller counter suitable for the measurement of diffracted Mo K X-rays. Rev Sci Instrum, 1935, 6(9): 279-283.

[11] Bragg W H, Bragg W L. The reflection of X-rays by crystals. Proc R Soc London, Ser A, 1913, 88(605): 428-438.

[12] Bragg W H. The reflection of X-rays by crystals. Nature, 1913, 91(2280): 477.

[13] Bragg W H. X-rays and crystals. Nature, 1913, 90(2256): 572.

[14] Seemann H. Eine fokussierende röntgenspektroskopische anordnung für kristallpulver. Ann Phys, 1919, 364(13): 455-464.

[15] Bohlin H. Eine neue anordnung für röntgenkristallographische untersuchungen von kristallpulver. Ann Phys, 1920, 366(5): 421-439.

[16] Brentano J C M. Monochromateur pour rayons Röntgen. Arch Sci Phys Nat, 1917, 44: 66-68.

[17] Brentano J. A new method of crystal powder analysis by X-rays. Nature, 1923, 112(2818): 652-653.

[18] Brentano J. Focussing method of crystal powder analysis by X-rays. Proc Phys Soc London, 1924, 37(1): 184.

[19] Brentano J C M. Sur un dispositif pour l'analyse spectrographique de la structure des substances à l'état de particules désordonnées par les rayons Röntgen. Arch Sci Phys Nat, 1919: 550-552.

[20] Guinier A. A dispositive permitting the obtention of diffraction diagrams of intense crystalline powders with monochromatic radiation. CR Hebd Seances Acad Sci, 1937, 204: 1115-1116.

[21] de Wolff P M. Multiple guinier cameras. Acta Crystallogr, 1948, 1(4): 207-211.

[22] Parrish W. X-ray powder diffraction analysis film and Geiger counter techniques. Science, 1949, 110(2858): 368-371.

[23] Hall W H, Arndt U W, Smith R A. A Geiger counter spectrometer for the measurement of Debye-Scherrer line shapes. Proc Phys Soc Sect A, 1949, 62(10): 631.

[24] Schuster M, Gobel H. Parallel-beam coupling into channel-cut monochromators using curved graded multilayers. J Phys D, 1995, 28(4 A): 270.

[25] Jiang L, Al-Mosheky Z, Grupido N. Basic principle and performance characteristics of multilayer beam conditioning optics. Powder Diffr, 2002, 17(2): 81-93.

[26] Kumakhov M A, Komarov F F. Multiple Reflection from surface X-ray optics. Physics Reports, 1990, 191(5): 289-350.

[27] Kogan V A, Bethke J. X-ray optics for materials research. Materials Science Forum, 1998, 278: 227-235.

[28] Scardi P, Setti S, Leoni M. Multicapitilary optics for materials science study//Delhez R, Mittemeijer E J. European Powder Diffraction. Zurich-Uetikon: Trans Tech Publications Ltd, 2000: 162.

[29] Schields P J, Gibson D M, Gibson W M, Gao N, Huang H, Ponomarev I Y. Overview of polycapillary X-ray optics. Powder Diffr, 2002, 17(2): 70-80.

[30] Welzel U, Leoni M. Use of polycapillary X-ray lenses in the X-ray diffraction measurement of texture. J Appl Crystallogr, 2002, 35(2): 196-206.

[31] Welzel U, Mittemeijer E J. The analysis of homogeneously and inhomogeneously anisotropic microstructures by X-ray diffraction. Powder Diffr, 2005, 20(4): 376-392.

[32] Fitch A N. High resolution powder diffraction studies of polycrystalline materials. Nucl

Instrum Methods Phys Res Sect B, 1995, 97(1-4): 63-69.

[33] Guinebretière R, Boulle A, Masson O, et al. Instrumental aspects in X-ray diffraction on polycrystalline materials. Powder Diffr, 2005, 20(4): 294-305.

[34] Vermeulen A C. The sensitivity of focusing, parallel beam and mixed optics to alignment errors in XRD residual stress measurements. Materials Science Forum, 2005, 490: 131-136.

[35] Johann H H. Die erzeugung lichtstarker röntgensperktrem mithilfe von konkavkristallen. Z Phys, 1931, 69: 185.

[36] Johansson T. Selektive fokussierung der röntgenstrahlen. Naturwissenschaften, 1932, 20(41): 758-759.

[37] Johansson T. Über ein neuartiges, genau fokussierendes röntgenspektrometer. Z Physik, 1933, 82(7-8): 507-528.

[38] Friedman H. Geiger counter spectrometer for industrial research. Electronics, 1945, 18: 132 .

[39] Giessen B C, Gordon G E. X-ray diffraction: new high-speed technique based on X-ray spectrography. Science, 1968, 159(3818): 973-975.

[40] Göbel H E. The use and accuracy of continuously scanning position-sensitive detector data in X-ray powder diffraction. Adv X-ray Anal, 1980, 24: 123-138.

[41] Bish D L, Chipera S J. Comparison of a solid-state Si detector to a conventional scintillation detector-monochromator system in X-ray powder diffraction analysis. Powder Diffr, 1989, 4(3): 137-143.

[42] Kumakhov M A. Capillary optics and their use in X-ray analysis. X-ray Spectrom, 2000, 29(5): 343-348.

[43] Schuster M, Gobel H. Application of graded multilayer optics in X-ray diffraction //Gilfrich J V, Noyan I C, Jenkins R, Huang T C, Snyder R L, Smith D K, Zaitz M A, Predecki P. Advance X-Ray Analysis. New York: Plenum Press, 1995.

[44] Klug H P, Alexander L E. X-ray Diffraction Procedures for Polycrystalline and Amorphous Materials. Hoboken: John Wiley & Sons, Inc., 1974.

[45] Jenkins R, Snyder R L. Introduction to X-ray Powder Diffractometry. Hoboken: John Wiley & Sons, Inc., 1996.

[46] Cullity B D, Stock S R. Elements of X-ray Diffraction. Hoboken: Prentice Hall, 2001.

[47] Welzel U. Breakthroughs in understanding elastic grain interaction and whisker formation made possible by advances in X-ray powder diffraction. Int J Mater Res, 2011, 102(7): 846-860.

[48] Arndt U W. Instrumentation in X-ray crystallography: past, present and future. Notes Rec R Soc Lond, 2001, 55(3): 457-472.

[49] Lyncean Technologies. http://www.lynceantech.com. 2011.

[50] Hemberg O, Otendal M, Hertz H M. Liquid-metal-jet anode electron-impact X-ray source. Appl Phys Lett, 2003, 83(7): 1483-1485.

[51] Otendal M, Tuohimaa T, Hertz H M. Stability and debris in high-brightness liquid-metal-jet-anode microfocus X-ray sources. J Appl Phys, 2007, 101: 026102.

[52] Otendal M, Tuohimaa T, Vogt U, Hertz H M. A 9 keV electron-impact liquid-gallium-jet X-ray source. Rev Sci Instrum, 2008, 79(1): 016102.

[53] Clark S M. Thirty years of energy-dispersive powder diffraction. Crystallogr Rev, 2002, 8(2-4): 57-92.

[54] Bish D L, Post J E. Modern Powder Diffraction. Washington: Mineralogical Society of America, 1989.

[55] DuMond J W M, Kirkpatrick H A. The multiple crystal X-ray spectrograph. Rev Sci Instrum, 1930, 1(2): 88-105.

[56] Frey F, Weiner K L. Focusing X-ray monochromators of Si and Ge single crystals. J Appl Crystallography, 1974, 7(2): 250-253.

[57] Lang A R. Diffracted-beam monochromatization techniques in X-ray diffractometry. Rev Sci Instrum, 1956, 27(1): 17-25.

[58] Leoni M, Welzel U, Scardi P. Polycapillary optics for materials science studies: instrumental effects and their correction. J Res Nat Inst Stand Technol, 2004, 109(1): 27.

[59] Broll N. Monochromatization on the X-ray diffractometer. Analusis, 1983, 11(1): 36-41.

[60] Renninger M. Absolutvergleich der stärksten röntgenstrahl-reflexe verschiedener kristalle. Z Kristallogr, 1956, 107(5-6): 464-470.

[61] Jenkins R. Problems in the derivation of d-values from experimental digital XRD patterns// Bish D L, Post J E. Modern Powder Diffraction. The Mineralogical Society of America, 1989: 19.

[62] Drever J I, Fitzgerald R W. Fluorescence elimination in X-ray diffractometry with solid state detectors. Mater Res Bull, 1970, 5(2): 101-107.

[63] Carpenter D, Thatcher J. Evaluation of the energy dispersive detector as a detector-filter system for the X-ray diffractometer//Birks L S, Barrett C S, Newkirk J B, Ruud C O. Advances in X-ray Analysis. New York: Plenum Press, 1973: 322-335.

[64] Fischer A H, Weirauch D, Schwarzer R A. Peltier-cooled solid state drift-chamber detector for energy-dispersive X-ray pole figure measurement and texture mapping. Mater Sci Forum, 1998, 273(2): 263.

[65] Buerger M J. The design of X-ray powder cameras. J Appl Phys, 1945, 16(9): 501-510.

[66] Thompson P, Wood I G. X-ray Rietveld refinement using Debye-Scherrer geometry. J Appl Crystallogr, 1983, 16(5): 458-472.

[67] Madse I C, Hill R J. Rietveld analysis using para-focusing and Debye-Scherrer geometry data collected with a Bragg-Brentano diffractometer. Z Kristallogr, 1991, 196(1-4): 73-92.

[68] Wölfel E R. A novel curved position-sensitive proportional counter for X-ray diffractometry. J App Crystallogr, 1983, 16(3): 341-348.

[69] Evain M, Deniard P, Jouanneaux A, Brec R. Potential of the INEL X-ray position-sensitive detector: a general study of the Debye-Scherrer setting. J Appl Crystallogr, 1993, 26(4): 563-569.

[70] Ballon J, Comparat V, Pouxe J. The blade chamber: a solution for curved gaseous detectors. Nucl Instrum Methods Phys Res, 1983, 217(1-2): 213-216.

[71] Ortendahl D, Perez-Mendez V, Stoker J, et al. One dimensional curved wire chamber for powder X-ray crystallography. Nucl Instrum Methods, 1978, 156(1-2): 53-56.

[72] Bergamaschi A, Cervellino A, Dinapoli R, Gozzo F, Henrich B, Johnson I, Kraft P, Mozzanica A, Schmitt B, Shi X. The MYTHEN detector for X-ray powder diffraction experiments at the Swiss Light Source. J Synchrotron Radiat, 2010, 17(5): 653-668.

[73] Ståhl K, Thomasson R. Using CPS120 (curved position-sensitive detector covering 120) powder diffraction data in Rietveld analysis. The dehydration process in the zeolite thomsonite. J Appl Crystallogr, 1992, 25(2): 251-258.

[74] Louër D, Louër M, Touboul M. Crystal structure determination of lithium diborate hydrate, $LiB_2O_3(OH) \cdot H_2O$, from X-ray powder diffraction data collected with a curved position-sensitive detector. J Appl Crystallography, 1992, 25(5): 617-623.

[75] Lambert S, Guillet F. Application of the X-ray tracing method to powder diffraction line profiles. J Appl Crystallogr, 2008, 41(1): 153-160.

[76] Sachs G, Weerts J. Die gitterkonstanten der gold-silberlegierungen. Z Phys, 1930, 60(7-8): 481-490.

[77] Regler F. Neue methode zur untersuchung von faserstrukturen und zum nachweis von inneren spannungen an technischen werkstücken. Z Phys, 1931, 71(5): 371-388.

[78] Thomas D E. The measurement of stress by X-rays. J Sci Instrum, 1941, 18(7): 135.

[79] Thomas D E. Measurement of stress by means of X-rays. J Appl Phys, 1948, 19(2): 190-193.

[80] Hofmann E G, Jagodzinski H Z. Ein neue hochavflösende röntgenfeinstruktur anlage mit verbessertem fokussierenden momochromtor und feinfokusrühre. Metallkd, 1955, 46: 601-609.

[81] Wassermann G, Wiewiorowsky J Z. Über ein Geiger-zählrohr-goniometer nach dem Seemann-Bohlin-prinzip. Metallkd, 1953, 44: 567-570.

[82] Segmüller A. Die bestimmung von glanzwinkeln, linienbreiten und intensitäten der Röntgen-interferenzen mit einem Geiger-Zählrohr-goniometer nach dem Seemann-Bohlin- prinzip. Metallkd, 1957, 48(8): 448-454.

[83] Parrish W, Mack M. Seemann-bohlin X-ray diffractometry. Ⅰ.Instrumentation. Acta Crystallogr, 1967, 23(5): 687-692.

[84] Mack M, Parrish W. Seemann-Bohlin X-ray diffractometry. Ⅱ. Comparison of aberrations and intensity with conventional diffractometer. Acta Crystallogr, 1967, 23(5): 693-700.

[85] Feder R, Berry B S. Seeman-Bohlin X-ray diffractometer for thin films. J Appl Crystallogr, 1970, 3(5): 372-379.

[86] Parrish W. Characterization of thin films by X-ray diffractometry. J Vac Sci Technol, 1973, 10(1): 277.

[87] Stahl K. The Huber G670 imaging-plate Guinier camera tested on beamline I711 at the MAX Ⅱ synchrotron. J Appl Crystallogr, 2000, 33(2): 394-396.

[88] Brentano J C M. Parafocusing properties of microcrystalline powder layers in X-ray diffraction applied to the design of X-ray goniometers. J Appl Phys, 1946, 17(6): 420-434.

[89] Hamacher E A, Parrish W. Improved Geiger counter spectrometer. Am Mineral, 1948,

33(11-1): 760-761.

[90] Parrish W, Gordon S G. Precise angular control of quartz-cutting with X-rays. Am Mineral, 1945, 30(5-6): 326-346.

[91] Borkowski C J, Kopp M K. New type of position-sensitive detectors of ionizing radiation using risetime measurement. Rev Sci Instrum, 1968, 39(10): 1515-1522.

[92] Gabriel A, Dupont Y. A position sensitive proportional detector for X-ray crystallography. Rev Sci Instrum, 1972, 43(11): 1600-1602.

[93] Gabriel A. Position sensitive X-ray detector. Rev Sci Instrum, 1977, 48(10): 1303-1305.

[94] Arndt U W. X-ray position-sensitive detectors. J Appl Crystallogr, 1986, 19(3): 145-163.

[95] Fauth F, Bronnimann C, Auderset H, Maehlum G, Pattison P, Patterson B. Towards microstrip detectors for synchrotron powder diffraction facilities. Nucl Instrum Methods Phys Res Sect A, 2000, 439(1): 138-146.

[96] Paszkowicz W. Bragg-Brentano Diffractometer Equipped with a Focusing Monochromator and a Strip Detector. Singapore: World Scientific Publ Co Pte Ltd, 2004.

[97] Paszkowicz W. Application of a powder diffractometer equipped with a strip detector and Johansson monochromator to phase analysis and structure refinement. Nucl Instrum Methods Phys Res Sect A, 2005, 551(1): 162-177.

[98] Schmitt B, Bronnimann C, Eikenberry E F, Gozzo F, Hormann C, Horisberger R, Patterson B. Mythen detector system. Nucl Instrum Methods Phys Res Sect A, 2003, 501(1): 267-272.

[99] Louër D, Langford J I. Peak shape and resolution in conventional diffractometry with monochromatic X-rays. J Appl Crystallogr, 1988, 21(5): 430-437.

[100] Wunschel M, Dinnebier R E, van Smaalen S. Long term stability of a modern powder diffractometer. Powder Diffr, 2001, 16(3): 149-152.

[101] Oetzel M, Heger G. Laboratory X-ray powder diffraction: a comparison of different geometries with special attention to the usage of the Cu K_α doublet. J Appl Crystallogr, 1999, 32(4): 799-807.

[102] Reiss C A. Comparison of optical elements for X-ray powder diffraction analysis in para-focusing and parallel beam geometries.Mater Sci Forum, 2001, 378-381: 218-223.

[103] Welzel U, Ligot J, Lamparter P, Vermeulen A C, Mittemeijer E J. Stress analysis of polycrystalline thin films and surface regions by X-ray diffraction. J Appl Crystallogr, 2005, 38(1): 1-29.

[104] Wenk H R, van Houtte P. Texture and anisotropy. Rep Prog Phys, 2004, 67(8): 1367.

[105] Mittemeijer E J, Welzel U Z. The "state of the art" of the diffraction analysis of crystallite size and lattice strain.Kristallogr, 2008, 223: 552.

[106] Bartels W J. Characterization of thin layers on perfect crystals with a multipurpose high resolution X-ray diffractometer. J Vac Sci Technol B, 1983, 1(2): 338-345.

[107] Cox D E, Hastings J B, Thomlinson W, Prewitt C T. Application of synchrotron radiation to high resolution powder diffraction and Rietveld refinement. Nucl Instrum Methods Phys Res, 1983, 208(1-3): 573-578.

[108] Parrish W, Hart M, Huang T C. Synchrotron X-ray polycrystalline diffractometry. J Appl Crystallogr, 1986, 19(2): 92-100.

[109] Parrish W, Hart M. Advantages of synchrotron radiation for polycrystalline diffractometry. Z Kristallogr, 1987, 179: 161.

[110] Hastings J B, Thomlinson W, Cox D E. Synchrotron X-ray powder diffraction. J Appl Crystallogr, 1984, 17(2): 85-95.

[111] Thompson P, Glazer A M, Albinati A, Worgan J S. A pilot study of the use and unfocused monochromatic radiation from a storage ring in powder diffraction. J Appl Crystallogr, 1981, 14(5): 315-320.

[112] Parrish W. Advances in synchrotron X-ray polycrystalline diffraction. Aust J Phys, 1988, 41(2): 101-112.

[113] Thompson A C, Vaughan D. X-ray Data Booklet: Center for X-ray Optics and Advanced Light Source. 2001.

[114] Hirsch P B, Kellar J N. An X-ray micro-beam technique: I : collimation. Proc Phys Soc. London Sect B, 1951, 64(5): 369.

[115] Thiel D J, Stern E A, Bilderback D H, Lewis A. Focusing of synchrotron radiation using tapered glass capillaries. Physica B, 1989, 158(1-3): 314-316.

[116] Thiel D J, Bilderback D H, Lewis A, Stern E A, Rich T. Guiding and concentrating hard X-rays by using a flexible hollow-core tapered glass fiber. Applied Optics, 1992, 31(7): 987-992.

[117] Bilderback D H, Hoffman S A, Thiel D J. Nanometer spatial resolution achieved in hard X-ray imaging and Laue diffraction experiments. Science, 1994, 263(5144): 201-203.

[118] Sun T X, Ding X L, Liu Z G, Zhang M R. Quasi-parallel X-ray microbeam obtained using a combined system of polycapillary optics. Nucl Instrum Methods Phys Res, Sect A, 2007, 577: 437.

[119] Barbee T W, Jr. Multilayers for X-ray optics. Opt Eng, 1986, 25(8): 898-915.

[120] Arndt U W. Focusing optics for laboratory sources in X-ray crystallography. J Appl Crystallogr, 1990, 23(3): 161-168.

[121] Kirkpatrick P, Baez A V. Formation of optical images by X-rays. JOSA, 1948, 38(9): 766-774.

[122] DuMond J W M, Youtz J P. Selective X-ray diffraction from artificially stratified metal films deposited by evaporation. Phys Rev, 1935, 48(8): 703.

[123] DuMond J, Youtz J P. An X-ray method of determining rates of diffusion in the solid state. J Appl Phys, 1940, 11(5): 357-365.

[124] Schuster M, Gobel H, Brugemann L, Bahr D, Burgazy F, Michaelsen C, Stormer M, Ricardo P, Dietsch R, Holz T, Mai H. Laterally graded multilayer optics for X-ray analysis// Mac Donald C A, Goldberg K A, Maldonado J R, Chen Mayer H H, Vernon S P. EUV, X-ray, and Neutron Optics and Sources. Bellingham: SPIE-The International Society for Optical Engineering, 1999: 183.

[125] Wohlschlögel M, Schülli T U, Lantz B, Welzel U. Application of a single-reflection collimating multilayer optic for X-ray diffraction experiments employing parallel-beam geometry. J Appl Crystallogr, 2008, 41(1): 124-133.

[126] Montel M. Aberrations du premier ordre des systèmes catoptriques asymétriques application au microscope X à réflexion totale. Opt Acta, 1954, 1(3): 117-126.

[127] Alexander L, Klug H P, Kummer E. Statistical factors affecting the intensity of X-rays diffracted by crystalline powders. J Appl Phys, 1948, 19(8): 742-753.

[128] de Wolff P M, Taylor J M, Parrish W. Experimental study of effect of crystallite size statistics on X-ray diffractometer intensities. J Appl Phys, 1959, 30(1): 63-69.

[129] Ida T, Goto T, Hibino H. Evaluation of particle statistics in powder diffractometry by a spinner-scan method. J Appl Crystallogr, 2009, 42(4): 597-606.

[130] Galli M, Botsis J, Janczak-Rusch J, Maier G, Welzel U. Characterization of the residual stresses and strength of ceramic-metal braze joints. J Eng Mater Technol, 2009, 131(2): 021004.

[131] Kumar A, Welzel U, Mittemeijer E J. A method for the non-destructive analysis of gradients of mechanical stresses by X-ray diffraction measurements at fixed penetration/information depths. J Appl Crystallogr, 2006, 39(5): 633-646.

[132] Leoni M, Welzel U, Scardi P. Polycapillary optics for materials science studies: instrumental effects and their correction. J Res Nat Inst Stand Technol, 2004, 109(1): 27.

[133] Garg A B, Sinha A, Vijayakumar V, Godwal B K, Sikka S K. Performance of a CCD Detector Using Rotating Anode Generator for X-ray Diffraction Studies at Ambient and High Pressure Conditions. Hyderabad: Universities Press India Ltd, 1999.

[134] He B B. Two-Dimensional X-ray Diffraction. Hoboken: John Wiley & Sons, Inc., 2009.

[135] Kheiker D M, Andrianova M E, Sul'yanov S N, et al. An X-ray powder-pattern diffractometer with a two-dimensional parallax-free proportional chamber, a sharp-focusing X-ray tube, and a focusing collimator. Ind Lab, 2000, 66(11): 729-733.

[136] Orthen A, Wagner H, Martoiu S, Amenitsch H, Bernstorff S, Besch H J, Menk R H, Nurdan K, Rappolt M, Walenta A H, Werthenbach U. Development of a two-dimensional virtual-pixel X-ray imaging detector for time-resolved structure research. J Synchrotron Radiat, 2004, 11(2): 177-186.

[137] Oed A. Position-sensitive detector with microstrip anode for electron multiplication with gases. Nucl Instrum Methods Phys Res Sect A, 1988, 263(2-3): 351-359.

[138] Angelini F, Bellazzini R, Brez A, Massai M M, Raffo R, Spandre G, Spezziga M A. The micro-gap chamber. Nucl Instrum Methods Phys Res Sect A, 1993, 335(1-2): 69-77.

[139] Bartol F, Bordessoule M, Chaplier G, Lemonnier M, Megtert S. The CAT pixel proportional gas counter detector. J Phys III, 1996, 6(3): 337-347.

[140] Charpak G, Derre J, Giomataris Y, Rebourgeard P. Micromegas, a multipurpose gaseous detector. Nucl Instrum Methods Phys Res Sect A, 2002, 478(1-2): 26-36.

[141] Barna S L, Shepherd J A, Wixted R L, Tate M W, Rodricks B, Gruner S M. Development of

a fast pixel array detector for use in microsecond time-resolved X-ray//Rentzepis P M. Time-Resolved Electron and X-ray Diffraction. Bellingham: SPIE-The International Society for Optical Engineering, 1995: 301.

[142] Eikenberry E F, Barna S L, Tate M W, Rossi G, Wixted R L, Sellin P J, Gruner S M. A pixel-array detector for time-resolved X-ray diffraction. J Synchrotron Radiat, 1998, 5(3): 252-255.

[143] Manolopoulos S, Bates R, Bushnell-Wye G, Campbell M, Derbyshire G, Farrow R, Heijne E, O'Shea V, Raine C, Smith K M. X-ray powder diffraction with hybrid semiconductor pixel detectors. J Synchrotron Radiat, 1999, 6(2): 112-115.

[144] Bérar J F, Blanquart L, Boudet N, Breugnon P, Caillot B, Clemens J C, Delpierre P, Koudobine I, Mouget C, Potheau R, Valin I. A pixel detector with large dynamic range for high photon counting rates. J Appl Crystallogr, 2002, 35(4): 471-476.

[145] Bethke K, de Vries R, Kogan V, Vasterink J, Verbruggen R, Kidd P, Fewster P, Bethke J. Applications and new developments in X-ray materials analysis with MEDIPIX2. Nucl Instrum Methods Phys Res Sect A, 2006, 563(1): 209-214.

[146] Taguchi T. A new position sensitive area detector for high-speed and high-sensitivity X-ray Diffraction analysis. Powder Diffr, 2006, 21(2): 97-101.

[147] Taguchi T, Brönnimann C, Eikenberry E F. Next generation X-ray detectors for in-house XRD. Powder Diffr, 2008, 23(2): 101-105.

[148] Sulyanov S N, Popov A N, Kheiker D M. Using a two-dimensional detector for X-ray powder diffractometry. J Appl Crystallogr, 1994, 27(6): 934-942.

[149] He B B. Introduction to two-dimensional X-ray diffraction. Powder Diffr, 2003, 18(2): 71-85.

[150] Ungar T, Langford J I., Cernik R J, Voros G, Pflaumer R, Oszlanyi G, Kovacs I. Microbeam X-ray diffraction studies of structural properties of polycrystalline metals by means of synchrotron radiation. Mater Sci Eng A, 1998, 247(1-2): 81-87.

[151] Schields P J, Ponomarev I Y, Gao N, Ortega R B. Comparison of diffraction intensity using a monocapillary optic and pinhole collimators in a microdiffractometer with a curved image-plate. Powder Diffr, 2002, 17(2): 94-98.

[152] Simova V, Bezdicka P, Hradilova J, Hradil D, Grygar T. X-ray powder microdiffraction for routine analysis of paintings. Powder Diffr, 2005, 20(3): 224-229.

[153] MacDonald C A, Owens S M, Gibson W M. Polycapillary X-ray optics for microdiffraction. J Appl Crystallogr, 1999, 32(2): 160-167.

[154] Papaioannou D, Spino J. A microbeam collimator for high resolution X-ray diffraction investigations with conventional diffractometers. Rev Sci Instrum, 2002, 73(7): 2659-2665.

[155] Zhou W, Mahato D N, MacDonald C A. Analysis of powder X-ray diffraction resolution using collimating and focusing polycapillary optics. Thin Solid Films, 2010, 518(18):

5047-5056.

[156] Tissot R G. Microdiffraction applications utilizing a two-dimensional proportional detector. Powder Diffr, 2003, 18(2): 86-90.

[157] Cole H. Bragg's law and energy sensitive detectors. J Appl Crystallogr, 1970, 3(5): 405-406.

[158] Buras B, Leciejewicz J. A new method for neutron diffraction crystal structure investigations. Phys Status Solidi, 1964, 4: 349.

[159] Wilson A J C. Note on the aberrations of a fixed-angle energy-dispersive powder diffractometer. J Appl Crystallogr, 1973, 6(3): 230-237.

[160] Fukamachi T, Hosoya S, Terasaki O. The precision of interplanar distances measured by an energy-dispersive diffractometer. J Appl Crystallogr, 1973, 6(2): 117-122.

[161] Uno R, Ishigaki J. Determination of the spectral intensity distribution of the incident beam in energy-dispersive X-ray diffractometry. J Appl Crystallogr, 1984, 17(3): 154-158.

[162] Ballirano P, Caminiti R. Rietveld refinements on laboratory energy dispersive X-ray diffraction (EDXD) data. J Appl Crystallogr, 2001, 34(6): 757-762.

[163] Escarate P, Bailo D, Guesalaga A, Albertini V R. Energy dispersive X-ray diffraction spectroscopy for rapid estimation of calcite in copper ores. Miner Eng, 2009, 22(6): 566-571.

[164] O'Dwyer J N, Tickner J R. Quantitative mineral phase analysis of dry powders using energy-dispersive X-ray diffraction. Appl Radiat Isot, 2008, 66(10): 1359-1362.

[165] Isopo A, Albertini V R. An original laboratory X-ray diffraction method for in situ investigations on the water dynamics in a fuel cell proton exchange membrane. Journal of Power Sources, 2008, 184(1): 23-28.

[166] Garrity D J, Jenneson P M, Vincent S M. Transmission geometry X-ray diffraction for materials research. Nucl Instrum Methods Phys Res Sect A, 2007, 580(1): 412-415.

[167] Bechtoldt C J, Placious R C, Boettinger W J, Kuriyama M. X-ray residual stress mapping in industrial materials by energy dispersive diffractometry. Adv X-ray Anal, 1981, 25: 329-338.

[168] Eiper E, Martinschitz K J, Gerlach J W, Lackner J M, Zizak I, Darowski N, Keckes J Z. X-ray elastic constants determined by the combination of sin2ψ and substrate-curvature methods. Metallkd, 2005, 96: 1069.

[169] Kuru Y, Wohlschlögel M, Welzel U, Mittemeijer E J. Crystallite size dependence of the coefficient of thermal expansion of metals. Appl Phys Lett, 2007, 90(24): 243113.

[170] Kuru Y, Wohlschlögel M, Welzel U, Mittemeijer E J. Interdiffusion and stress development in Cu-Pd thin film diffusion couples. Thin Solid Films, 2008, 516(21): 7615-7626.

[171] Kuru Y, Wohlschlogel M, Welzel U, Mittemeijer E J. Large excess volume in grain boundaries of stressed, nanocrystalline metallic thin films: its effect on grain-growth kinetics. Appl Phys Lett, 2009, 95(16): 163112.

[172] Sheng J, Welzel U, Mittemeijer E J. Nonmonotonic crystallite-size dependence of the lattice parameter of nanocrystalline nickel. Appl Phys Lett, 2010, 97(15): 153109.

[173] Zhao Y H, Welzel U, van Lier J, Mittemeijer E J. X-ray diffraction analysis of the

anisotropic nature of the structural imperfections in a sputter-deposited TiO_2/Ti_3Al bilayer. Thin Solid Films, 2006, 514(1-2): 110-119.

[174] Chakraborty J, Welzel U, Mittemeijer E J. Interdiffusion, phase formation, and stress development in Cu-Pd thin-film diffusion couples: interface thermodynamics and mechanisms. J Appl Phys, 2008, 103(11): 113512.

[175] Wohlschlögel M, Baumann W, Welzel U, Mittemeijer E J. Determination of depth gradients of grain interaction and stress in Cu thin films. J Appl Crystallogr, 2008, 41(6): 1067-1075.

[176] Wohlschlögel M, Welzel U, Mittemeijer E J. Residual stress and strain-free lattice-parameter depth profiles in a γ'-Fe_4N_{1-x} layer on an α-Fe substrate measured by X-ray diffraction stress analysis at constant information depth. J Mater Res, 2009, 24(4): 1342-1352.

[177] Resel R, Tamas E, Sonderegger B, Hofbauer P, Keckes J. A heating stage up to 1173 K for X-ray diffraction studies in the whole orientation space. J Appl Crystallogr, 2003, 36(1): 80-85.

[178] Wohlschlogel M, Welzel U, Maier G, Mittemeijer E J. Calibration of a heating/cooling chamber for X-ray diffraction measurements of mechanical stress and crystallographic texture. J Appl Crystallography, 2006, 39(2): 194-201.

[179] Ortolani M, Azanza Ricardo C L, Scardi P. Measurement of stress factors and residual stress of a film by *in situ* X-ray diffraction during four-point bending. J Appl Crystallogr, 2009, 42(6): 1102-1109.

[180] Welzel U, Mittemeijer E J. Applicability of the crystallite group method to fibre textured specimens. Materials Science Forum, 2004, 443: 131-136.

[181] Sobiech M, Welzel U, Mittemeijer E J, Hugel W, Seekamp A. Driving force for Sn whisker growth in the system Cu-Sn. Appl Phys Lett, 2008, 93(1): 011906.

第13章 NIST 参考标样校准实验室 X 射线衍射设备

13.1 引　言

　　实验室 X 射线粉末衍射仪因其诸多优点成为主要的表征设备，可为一系列技术领域提供关键数据。可以通过 θ-2θ 扫描，一次收集一组连续的 hkl 反射。实际的数据采集过程可以通过使用发散光束照射大量的衍射晶粒来实现。分析对象通常是被压实成平板状的细小晶粒。这种方式适用于多种材料，适时地为各种应用提供所需的定性分析。此外，使用更高级的数据分析方法，可以获取大量的定量信息。然而，实验室衍射仪的准聚焦光学系统有一个缺陷，即产生的谱图线形颇为复杂。尽管可以使用高级数据分析方法对各种偏差进行建模并兼顾实测衍射峰形和峰位，但对大量仪器效应还是缺乏足够的了解，因而无法可靠地进行仪器性能的预先建模。当仪器设置不正确时，分析工作可能会更加混乱，因为由此产生的误差会被卷积到已很复杂的现有偏差中。因此，通常很难辨别问题的起源，结果更糟糕。避免这些问题的首选方法是使用参考标样(SRM)来校准现有的仪器，并校验其性能。下面介绍各种方法，其中 NIST(美国国家标准技术研究所)SRM 可用于辨别测量误差的来源以及正确表征和校验仪器性能。

　　本章讨论的软件包括商业和公用程序，其中一些用于 NIST SRM 的认证。除了 NIST 宣称的那些可用商购资源外[①]，我们希望强调的是，本章中介绍的某些软

---

　　① 某些商用设备、仪器或材料为了完善实验程序也是这样标识规定的。但这并不意味着 NIST 推荐和认可这种标识行为，也不意味着有标识的设备和材料就是最好的。

件也是方法首创者与代码和/或数据分析策略开发者之间长期合作各自开发的。要讨论的软件包括 GSAS[1]、帕纳科的软件 HighScore Plus[2]及布鲁克的软件 TOPAS[3]和 EVA[4]。

13.2　仪器线形函数

仪器线形函数(IPF)描述了衍射峰形状，它是仪器的固有响应，并赋予该仪器采集的任何数据中。当然，它是所用辐射源、仪器几何和配置、狭缝尺寸等的函数。在这里，仅考虑实验室布拉格-布伦塔诺 X 射线发散束粉末衍射仪(XRPD)，准聚焦几何，采用阳极靶光管线光源，如图 13.1 和图 13.2 所示。图中绘制了决定衍射仪分辨率的各种光学元件和尺寸。图 13.1 示出了在衍射平面或赤道平面内的测角仪运行和光学元件。通常，在这种衍射仪上安装石墨型、(样品)后端衍射束单色器。该单色器允许衍射束约 200 eV 的能量带通，并以所使用辐射源能量为中心向两侧横跨 100 eV，从而滤除到达探测器的荧光和其他杂散辐射。另外，也可以在入射光侧放置单色器。这种布置总是比后端单色器的能量带通小得多，而且光束对中复杂且困难。我们在这里讨论利用约翰逊聚焦光学元件[5]的入射光束单色器(IBM)。约翰逊光学元件将提供"单色" X 射线源，同时保留图 13.1 和图 13.2 的布拉格-布伦塔诺几何的发散光束。图 13.2 主要说明了仪器正确对中所需的条件。在本章中，都是用光学元件的"宽度"和"长度"这两个词。"宽度"是指

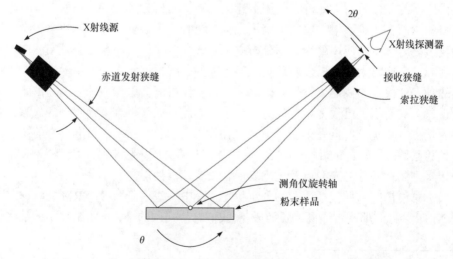

图 13.1　布拉格-布伦塔诺 X 射线衍射仪运行和光学元件的示意图

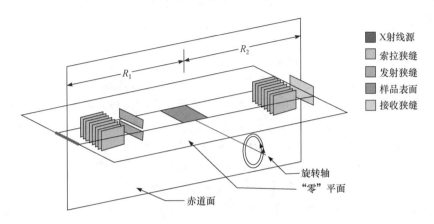

图 13.2　实现正确对中的 X 射线衍射仪所需的条件

① 光源到样品的距离等于样品到接收狭缝的距离($R_1 = R_2$)；② X 射线线斑、样品和接收狭缝在衍射平面内同心；
③ 测角仪的旋转轴是同轴的；④ X 射线线斑、样品表面、接收狭缝和测角仪旋转轴共面，在"零"平面内，θ 角和 2θ 角为零；⑤ 入射光束在赤道面和"零"平面内居中

在赤道平面的延伸；例如，入射光束狭缝的宽度是 1 mm。"长度"一词用于表示平行于测角仪旋转轴或"零"平面的物理尺寸，如图 13.2 所示；例如，入射光束狭缝的长度是 12 mm。

虽然实现仪器正确对中的方法不是本章的主题，但对这些条件内容还是应当做些介绍。读者可以参考图 13.2：第一个条件，测角仪半径定义为由旋转轴到光源的距离 R_1，且等于由旋转轴到接收狭缝的距离 R_2。这是正确聚焦的必要条件，通常是使用标尺测定的，并保证标称衍射仪半径 R = 200 mm 的最大允许误差(R ± 0.25)mm。第二个问题涉及组件在衍射平面或赤道平面内的对中。使用校正装置和直尺可以确保这一条件，操作时可以关闭 X 射线；同样，对于光源长度为 8～12 mm 的线聚焦，沿赤道平面的最大允许误差为 ± 0.25 mm。第三个问题是测角仪旋转轴的同心度。这个问题没有被充分重视。然而，最终用户也不能对此做太多控制。轴心率的测量需要构造精巧的刚性机构，该机构必须能够测量 1～2 μm 的位移和几秒的弧度。同心度误差将以类似于样品位移的方式影响 XRPD 数据；因此，5 μm 的同心度误差就要引起注意。然而，更糟糕的是，测角仪运行时两轴间会发生某种程度的进动。在这种情况下，机器的性能将无法使用已建立的模型进行描述。第四个条件确定了测角仪的零度角。安装在样品位置上的光学元件形成一个矩形"通道"，其宽度为 20～40 μm、长度为 10 mm、光路长度为 5 cm，并结合线形拟合，可以实现不确定度为 $\theta(\omega)$、2θ 为 ± 0.001° 的零度角测量。高质量地确定零度角后，在随后的数据分析中将不会对其进行精修。第五个问题是入射光狭缝的对准，是通过扫描(衰减的)直接光束来完成的。如果仪器配备有可变发散狭缝，则重要的是在多个设置条件下进行评估，因为发散角的变化会改变光

束中线位置。

粉末衍射中实测的线形包括来自仪器光学系统(称为几何线形)、发射光谱和样品，是所有贡献的卷积，在图 13.3 中以图解方式显示了发散光束 XRPD。在某一实验中，通常样品贡献可以占主导地位。但是，我们这里的讨论不会过多考虑它。表 13.1 列出了构成几何线形的要素。从技术上讲，最后两项(样品的透明度和 Z 位移)均不影响几何线形。它们是样品或其安装方式而非仪器的函数。假设它们对峰形位置有影响，在任何"全谱"数据分析中考虑这两个偏差都是至关重要的，其包含的模型明确是 2θ 角的函数。几何线形和发射光谱的卷积形成 IPF。正如下文要讨论的，这两种贡献本质上都是相当复杂的，这导致了众所周知的布拉格-布伦塔诺设备的 IPF 复杂性。这种复杂性以及 Cu 靶有限的 q 空间(动量空间)范围，促使结构解析和精修学界，以及在数据分析程序开发方面的专业人员朝着使用同步辐射和中子源的方向发展。的确，本章讨论的模型和分析函数的重点部分都是为此开发的，更适合这类非常规光源的粉末衍射仪。

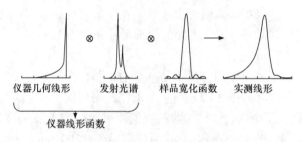

图 13.3　图解表达 XRPD 峰形的卷积

表 13.1　IPF 几何配置形成的偏差列表

偏差	控制参数	影响
X 射线源宽度(w_x)	光源包角：$\dfrac{w_x}{R}$	对称宽化
接收狭缝宽度(w_r)	狭缝包角：$\dfrac{w_r}{R}$	对称宽化
平板样品误差/赤道发散	发散狭缝的角度：α	随着 2θ 的减小，不对称宽化偏向低角度
轴向发散		约低于 110°时：不对称宽化随着 2θ 的下降而偏向低角度，其他随着 2θ 的增加而偏向高角度
情形 1：无索拉狭缝	相对于测角仪半径(R)，X 射线源的轴向长度(L_x)、样品的轴向长度(L_s)和接收狭缝的轴向长度(L_r)	
情形 2：索拉狭缝限定发散角	入射线索拉狭缝接收角Δ_I和衍射线索拉狭缝接收角Δ_D	

偏差	控制参数	影响
样品透明度	与衍射仪半径相关的穿透系数 $\frac{1}{\mu R}$	随着 $\sin\theta$ 变化，不对称宽化偏向低角度
样品在 Z 方向上的偏移	试样表面到测角仪旋转轴的距离	与 $1/\cos\theta$ 相关的线形位移

通过考察表 13.1 中列出的偏差来考虑几何线形。表中前两项是光源和接收狭缝宽度，仅引起对称宽化，不随 2θ 角改变，通常用"脉冲"或"礼帽"函数进行描述。平板样品误差由赤道平面上的散焦所致。从图 13.1 可以看到，对于不在测角仪中心线上的任何光束，R_1 不等于 R_2。狭缝对平板样品偏差的影响程度与狭缝的大小成正比，如图 13.4 所示。其与 2θ 角的函数关系(即 $1/\tan\theta$)如图 13.5 所示。平板样品误差导致随 2θ 变小，非对称峰形向低角度延伸。当然，对于固定狭缝，这种偏差与 2θ 的函数关系如图 13.5 所示；而使用可变狭缝则加强其与 2θ 角的依赖关系。

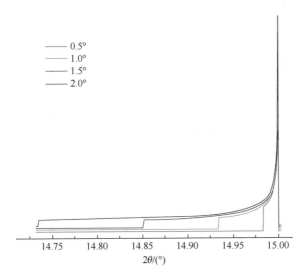

图 13.4　平板样品误差与入射狭缝尺寸的关系($R = 217\,\mathrm{mm}$)

Cheary 和 Coelho[6,7]在表 13.1 中"情形 1"和"情形 2"的衍射几何条件下表征了轴向发散效应。"情形 1"是 X 射线轴向发散度仅受光路宽度或光管灯丝长度、接收狭缝及样品尺寸限制的情形。这些参数在误差函数中对应的值分别为 12 mm、15 mm 和 15 mm，如图 13.6 所示；有人指出，$2\theta = 15°$时，2θ 线形宽化几乎是整整 1°。图 13.6 中其余的图是"情形 2"的情况，其中轴向发散受到入射和衍射光路包含的索拉狭缝的限制。必须考虑后置石墨单色器的影响。它将使衍射光的路径长度增加 10～15 cm，从而大大减小轴向发散效应，有效地起到索拉狭缝的作用。此外，Cheary 和 Cline[8]确信，使用后置单色器时，加衍射光路索拉狭缝将使强度降低为原来的 1/3，这样实现的轻微分辨率提高价值不大。图 13.6 中所示的发散角(由 TOPAS 给出)实际上是入射和出射光路索拉狭缝形成的双角发散。这与公认的、由 Klug 和 Alexander [9]提出的单角定义不同。图 13.6 中的 "5.0°主、次索拉狭缝" 偏差线形与带有索拉狭缝和后置单色器的仪器相对应。假如按双角发散规格限定，两个 2.3°索拉狭缝配置所获线形实际上有相当高的准直度。图 13.7 所示为两个 2.3°索拉狭缝的偏差线形与 2θ 的函数关系。在 2θ 约为 100°以下时，该效应随 2θ 的减小而增加。在 2θ 为 100°处观察到近似对称性，此后随 2θ 增大高角度不对称性增加。与样品对 X 射线束的透明度相关的线形偏差如图 13.8 所示。图示该效应在 2θ 为 90°处最大。实测的线形向低 2θ 角侧不对称宽化；该效应在 2θ 为 90°的两侧对称性地下降。

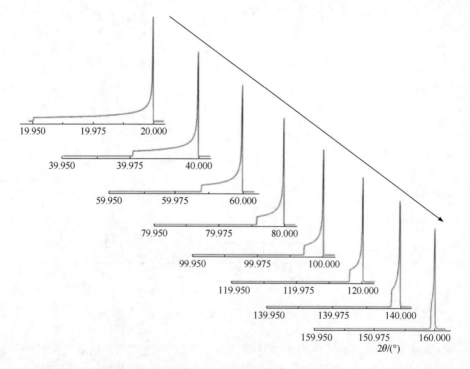

图 13.5 平板样品误差偏差线形与 2θ 的函数关系(入射狭缝 1°、$R = 217$ mm)

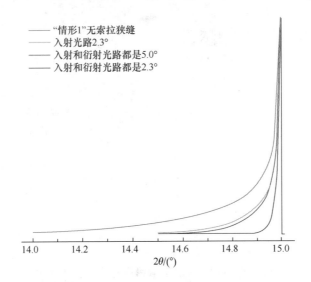

图 13.6　几种不同轴向发散水平的发散偏差线形

"情形 1" (也见表 13.1) 是按光源长度 12 mm、样品和接收狭缝长度 15 mm 计算的；其余三个模拟是"情形 2"，
$R = 217$ mm，由索拉狭缝限制轴向发散

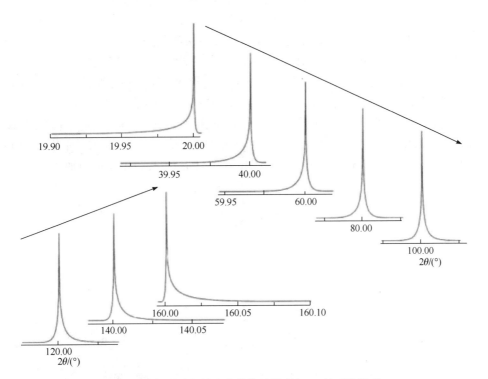

图 13.7　2.3°主、次索拉狭缝的轴向发散偏差线形与 2θ 的函数关系($R = 217$ mm)

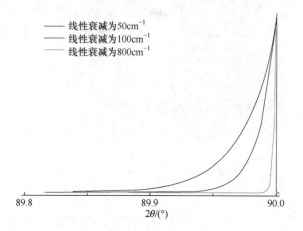

图 13.8　当 $2\theta=90°$(吸收效应最大处)时，对应 SRM 676a 和 640d($50\ \text{cm}^{-1}$)、1976a($100\ \text{cm}^{-1}$)及 660b($800\ \text{cm}^{-1}$)的线性衰减偏差线形($R=217\ \text{mm}$)

　　图 13.3 所示的波长线形或发射光谱为衍射测量提供了国际单位制(SI)的可溯源性[10]。Hölzer 等给出了目前公认的 Cu K_{α} 辐射发射光谱的特征[11]，如图 13.9 所示。该光谱是用四个洛伦兹峰形函数(PSF)建模的；两个较大的分别是主 K_{α_1} 和 K_{α_2} 峰形，两个较小的略向大波长侧偏移，以解决实测的线形不对称性。图 13.9 的数据是在波长空间中，并以色散关系转换为 2θ 空间。这是通过布拉格方程微分 $\mathrm{d}\theta/\mathrm{d}\lambda$ 来获得的。结果中的主项是 $\tan\theta$，它导致众所周知的波长线形沿 2θ 的"延伸"。稍比 K_{α_1} 线波长小的地方形成一系列较弱(约占 K_{α_1} 的 1%)的卫星线[12]，有时也称为 K_{α_3} 线，它们是用单个洛伦兹峰形建模的。Bergmann 等报道的"光管拖尾"[13]严格来说是绝大多数实验室衍射仪发射 X 射线时的一种伪影；在技术上它与 Cu 的发射光谱无关。X 射线管工作时，离轴的一部分电子也被加速，与阳

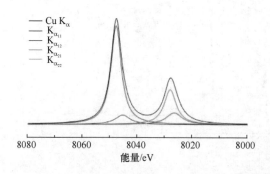

图 13.9　Hölzer 等给出实测的 Cu K_{α}辐射发射光谱[11]
用四个洛伦兹峰形(两个主要峰形和一对较小的峰形)来说明不对称性

极作用产生非所需波长的 X 射线。它们不在准聚焦 X 射线光学元件的预期轨迹之内，并在线形两侧沿 K_{α_3} 线方向产生"拖尾"，如图 13.10 所示。最终，后置单色器中使用的热解石墨晶体带宽线形不是"礼帽"函数。因此，安装后置单色器将对实测的发射光谱，即对 Cu $K_{\alpha_1}/K_{\alpha_2}$ 之比有影响。

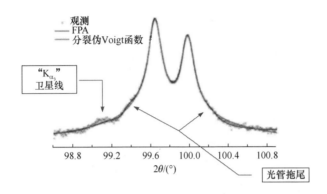

图 13.10　K_{α_3} 线和"光管拖尾"对实测线形的影响
两种拟合法：基本参数法(FPA，包含拖尾特征)和分裂伪 Voigt PSF(不包含拖尾)

约翰逊 IBM 可大大消除 K_{α_2}、K_{α_3} 和光管拖尾对实测线形的影响，从而大幅简化 IPF 的复杂性；轫致辐射也被消除。此外，IBM 的加入将使入射光路的长度增加 25～30 cm。这将大大降低轴向发散对实测线形的影响。所使用的晶体几乎都是 Ge(111)，并经研磨、弯曲成约翰逊聚焦几何形状。它们可以是对称的，其中"a"(光源到晶体的距离)和"b"(晶体到焦点的距离)相等，在这种情况下，将达到 8 eV 量级的带通。它们从 Cu K_α 发射光谱中"切"出 K_{α_1} 线的中央部分，可能是其原始宽度的 70%。这将产生相当高分辨率的对称线形，或减小半高宽(FWHM)值(其他参数相等)。晶体也可以是不对称布置，"a"约为"b"的 60%。这些光学元件将达到大约 15 eV 量级的带通，此时，更好的 K_{α_1} 线部分将以较高的强度通过，但分辨率较低。

使用 IBM 的潜在缺点涉及其产生的"K_{α_1}"发射光谱性质，这可能会妨碍使用基于对所述光谱准确数学描述的数据分析方法。约翰逊光学元件所需的弯曲半径通常是通过将晶体夹持在弯曲表面上来实现的。这将使该光学元件在衍射晶体的整个表面上产生"鞍形"畸变。即使是"完美"的聚焦晶体也会对衍射光束施加一个未被表征的、略显高斯型的能量过滤。但是，具有"鞍形"畸变的光学元件将产生更加复杂的不对称发射光谱。对这种实际照射到样品的发射光谱进行数学描述，可能存在很大问题。但是，现代光学通过将晶体黏合成一定的形状以实现弯曲，从而获得曲率极佳的光学元件。图 13.11 图解说明了用这种最佳晶体收集的数据,其中单晶硅的 333 反射作为分析器。在此实验中,使用非常细的 0.05 mm

入射和接收狭缝以获得近似平行光条件。可以用几个高斯线形的卷积对图13.11(a)的实测对称发射线形进行建模。图 13.11(b)显示仅有微弱的 K_{α_2} 透过，位于光学元件焦点处的防散射狭缝的准确对中对于实现这一高性能至关重要。但是，正如下文将要说明的，使用任何约翰逊光学元件消除 K_{α_2} 谱线，对于用分析型 PSF 拟合实测峰将大有裨益。

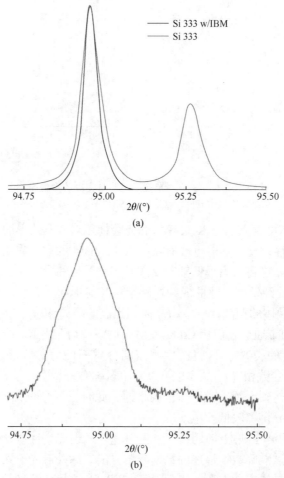

图 13.11 约翰逊光学器件对 Cu Kα 发射光谱的影响
(a) 在 Si 333 单晶反射、0.05 mm 入射和接收狭缝光学器件上收集的数据；
(b)来自仅有约翰逊光学器件的数据，对数坐标

13.3 SRM、仪器和数据收集程序

NIST 拥有一套 SRM，适用于粉末衍射设备的校准和测量。根据校准的不同

特征，尽管有一定程度的重叠，它们可以分为几类：峰位、线形、仪器响应和定量分析。粉末 SRM 认证是采用大量的固定原料，通常由几千克组成，认证前要均匀化、翻整并装瓶。对大量瓶装样品进行抽样认证测量。每个批次的具体数量取决于预期的销售率、每单位物料的质量以及 5～7 年认证间隔的利润。当认证的库存用尽时，将对 SRM 重新进行认证，并附上后缀字母，然后对其进行索引。因此，SRM 640d[14]是 SRM 640 的第五次认证，该认证最早始于 1973 年。每次重新认证 SRM 制品的微观结构特征和/或认证程序本身都将发生变化(改进)。

　　为了了解 SRM 在 XRPD 测量和设备校准中的作用，简要讨论 SRM 的随附文件很有帮助[15-17]。NIST SRM 在国际上被称为认证参考材料(CRM)。SRM 附有一份分析证书(CoA)，该证书包含认证和非认证的量值(通常标记为数据)及其不确定度。认证的量值由 NIST 的计量溯源性追溯至测量单位——通常与 SI 直接关联。NIST 将非认证的量值(在 NIST CoA 中缺少认证条项)定义为 NIST 对真实值的最佳估计值，而没有对所有已知或可疑的偏差来源进行充分调查。认证和非认证量值均带有复合的扩展不确定度($k = 2$)。扩展不确定度定义为给定认证值的组合标准不确定度值乘以覆盖因子 $k(=2)$。组合标准不确定度是通过应用不确定度的传递定律和常规术语("均方根"法"结合"不确定度来源)来确定的。NIST 认证量值的显著特点是考虑了仪器测量的所有不确定度；这包括来自计量溯源链的不确定度。NIST 定义的不确定度有两种：A 型和 B 型。A 型是通过统计方法确定的，例如，一组测量的标准偏差。B 型的评估通常是基于科学判断，并使用实验可能出现的所有偏差信息。对 B 型不确定度的评价、技术溯源和估值大小是 NIST X 射线计量研究的主要议题。

　　实际上，XRPD 的 SRM 认证计量主要用于 XRPD 测量系统的校准——无论在售后仪器维护或是最终用户周期校准期间。如同上述认证测量结果，校准测量结果实施中包含随机和系统两类误差。通过校准可以纠正系统测量误差或所谓的仪器偏差。在采集校准数据的过程中，执行多次测量或计数时间较长的测量(可能相当于 XRPD 多次扫描)很重要。至少这将允许对随机误差进行定性评估，因此可以剥离出系统测量误差部分。校准是一个多步骤的过程：首先，将现场仪器数据与已认证的量值相关联。这是通过认证计量数据计算完成的，认证计量数据被视为欲校准"测量方法"的一个"理想"数据集。这里的"方法"将包括仪器及其配置设置和随后测量中用到的数据分析方法。然后，在"方法"规定的条件下重新对 SRM 采集并分析数据集。最后，通过将"理想"数据集与所测得的数据集进行比较，将生成一条校准曲线。这将建立对仪器数据的校正以生成校准的测量结果。对于 XRPD，此校正的形式通常表现为视在 2θ 偏移校准函数。也可能通过比较"理想"与实测的仪器响应，显示仪器出现的机械、光学或电气故障。当然，这需要进一步的检测和维修，而不是简单地应用校准曲线。

描述大量测量数据变化的随机测量误差，可以通过在更长的时间段内重复进行测量并计算数据的方差来估算。此外，一段时间后人们可以重新校准系统，查看给定仪器的系统偏差的方差，即仪器的漂移率。人们还必须研究随机误差和系统偏差方差随环境变量(如环境温度和功率波动)变化的敏感性。这种系统误差的方差，再加上之前的随机误差方差和认证量值不确定度，构成了该仪器测量的不确定度。这可以应用于给定仪器的所有测量。但是，这样的现场研究将需要数年才能完成。取而代之的是，制造商通常提供商用 XRPD 测量系统的仪器测量不确定度，并警示声明需要通过执行工厂规则定期校准。通过这样的研究确定的仪器测量不确定度总是比 NIST 认证的量值大得多，因为它们包含仪器测量误差(系统的和随机的)和认证的量值不确定度。

此处讨论的 NIST 粉末 SRM 为 640d(硅)、660b(六硼化镧)[18]、1976a(烧结氧化铝片)[19]和 676a(氧化铝)[20]。粉末中最普遍的测量问题是衍射线位置。经认证可解决峰位校准问题的 SRM(如 SRM 640d 和 660b)，其晶格常数按 SI 可追溯的方式进行认证。SRM 1976a 是国际衍射数据中心(ICDD)循环法的产物，涉及衍射强度与 2θ 角、"仪器灵敏度"或仪器响应的关系[21]。SRM 1976a 已通过 Cu K$_\alpha$ 辐射在 2θ 全谱范围内对 14 条衍射峰的相对强度值进行了认证。SRM 676a 是一种定量分析 SRM，已通过相纯度检验[22]。 SRM 1976a 和 676a 均未经过晶格常数认证；晶格常数作为辅助(非认证)数据提供。预计更新的这类 SRM 将通过晶格常数认证。

尽管 SRM 640 的早期版本并非设计为用作线形标准，而是适用于 IPF 的测定，但 640c 和 640d 的原料均已以最大限度地减小样品引起线宽的方式制备。这些粉末由单晶颗粒组成，将其粉碎后进行退火[23]。它们的晶粒尺寸分布(由激光散射确定)的最大概率尺寸出现在约 4 μm，其中高于 8 μm 和低于 2.5 μm(痕量低于 1 μm)的均占 10%。对于 Cu K$_\alpha$ 辐射，硅的线性衰减为 148 cm^{-1}，是一个相对较低的值。SRM 660(x)由六硼化镧组成，在尺寸和微应变宽化方面均表现出最低水平。目前的 SRM 660b 适用于中子实验，相比 660a，其微应变宽化显示出轻微的减小(仅使用同步辐射通过高分辨率衍射可以检测到)。对于 Cu K$_\alpha$ 辐射，六硼化镧具有 1125 cm^{-1} 的线性衰减，这是一个非常高的值。SRM 660(x)的高线性衰减实际上消除了样品透明度对实测数据的影响；这样，与其他 SRM 相比，可以更准确地对布拉格-布伦塔诺几何评估 IPF。SRM 660 系列粉末由晶粒尺寸约为 1 μm 的颗粒聚集而成，660a 的晶粒尺寸分布集中在约 8 μm，660b 集中在约 10 μm。

1976a 是烧结氧化铝片；这种形式消除了装样方式对收集 SRM 衍射数据的影响。制备 SRM 1976 和 1976a 的氧化铝粉末由煅烧至约 1500℃高温的"片状"氧化铝组成。煅烧产生的纯 α-氧化铝相粉末具有片状晶体形态，直径约为 10 μm，厚度为 2~3 μm，这些 SRM 呈现织构取向。压片是对 3%~5%的钙长石玻璃基体进行液相烧结,并热压得到理论密度约为 97%的压坯。制造这些压片的热压操作产生一个奇特结果:压片微结构具有轴对称织构,故可在数据采集过程中旋转样品。此外,随着烧结压片的冷却,钙长石的黏度稳定增加,在约 800℃凝固。这样在冷却过程中晶粒可以运动,至少直到 800℃为止,减轻了本应在晶粒之间形成的微应变。当然,这种微应变是氧化铝的各向异性热膨胀行为的结果。但是,尽管有这种应变松弛机制,SRM 1976a 仍显示出可分辨的高斯微应变宽化。SRM 1976a 是在定制的单次生产过程中制造的,因此其织构比 SRM 1976 更均匀。这一点反映在 1976a 认证的相对强度值的不确定度范围小得多。SRM 676a 由细晶粒、等轴、高纯相的 α-氧化铝粉末组成,不会显示出择优取向;其颗粒直径约 1.5 μm,尺寸分布宽且中心为 75 nm。这样,它显示出相当大的,与 $1/\cos\theta$ 相关的洛伦兹尺寸宽化。

使用布拉格-布伦塔诺几何测试粉末样品并进行分析是一个非常简单的过程,通常需要 20～30 min。目的是使表面光滑、平坦的粉末密实度最大化。样品表面位置的 5 μm 位移误差将对收集的数据产生显著影响。侧装法可相对轻松地实现平整表面,然而使压块的密度最大化可能会出现问题。顶装法可以使用玻璃板或玻璃棒压实,操作者可以透过玻璃观察样品表面,并实时确定装样结果的好坏。某些粉末(如 SRM 640d)会随着玻璃板在样品表面上往复刮平而在样品槽中"流动"。其他如 SRM 676a,则完全不流动。可以将它们"倒入"到样品槽中,并一次"挤压"密实。为完成高质量的装样,可能需要多次尝试。润湿角小、黏度低的环氧树脂(如用于高真空操作的市售真空泄漏密封剂——环氧树脂)可装好样后渗入压块,从而获得稳定的样品,即使经一定程度的粗暴处理后仍可使用。

本章中讨论的衍射仪是由 NIST 制造的具有常规光学布置的仪器,但它还具有这类常规设备的几个特殊功能。该仪器被制作成能够采集最高质量的测量数据。这一结果不仅与 SRM 的认证一致,而且对于现代数据分析方法的严格评估也必不可少。该仪器的精髓在于出色的测角仪组件,具备角度测量的复现性和准确性,以及标准的、经过严格调试的光学元件。将光管罩和入射光束光学元件安装在可移动平台上,该平台通过构成半动态安装座的锥形销定位。该功能允许在各种光学几何之间进行快速切换。图 13.12 中显示的是常规几何的仪器设置,而图 13.13 显示了使用约翰逊 IBM 的设置。来自这两个配置的数据是本章讨论的主题。

具有 θ-2θ 几何的测角仪组件包括一对 Huber 420 旋转台,它通过蜗轮驱动齿环。旋转台与水平旋转轴同心安装,可以进行样品自旋/更换。两旋转台都装有 Heidenhain 光学编码器,可以在 ± 0.00028°[1 arc-s(弧秒)]范围内精确测量齿环的角度。台子由五相步进电机驱动,θ 台和 2θ 台分别使用 10∶1、5∶1 齿轮减速器,产生 0.0002°和 0.0004°的步长。制造商对 Huber 420 旋转台的规格要求是偏心度 < 3μm、摆动范围 < 0.0008°(3 arc-s)。必须开发专用夹具装配测角仪组件,使两个

420旋转台与其旋转轴的同心度(偏心度)和平行度(摆动)对正。结果是装配体的整体偏心度和摆动都满足每个台子的规范要求。这样,测角仪装配体异常坚固,可提供θ和2θ角度的高精度测量和控制。

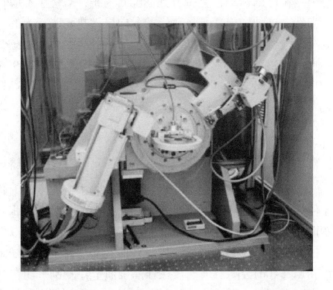

图 13.12　由 NIST 设计和制造的常规 X 射线发散束粉末衍射仪

图 13.13　由 NIST 制造的配有约翰逊 IBM 的粉末衍射仪

仪器的光学元件、后置石墨单色器、样品旋转台、样品更换器(未显示)、X射线发生器和光管罩最初采用的是 Siemens D5000 衍射仪的配件(约 1992 年)。配有 IBM 光学装置，D500 光管罩和 Huber 光学定位器结合使用；Ge(111)光学晶体由 Crismatec 制造。两种配置都包括入射光可变发散狭缝、防散射狭缝和闪烁探测器。如图 13.12 和图 13.13 所示，连接到样品旋转台的电缆柔性驱动旋转台。样品旋转台驱动电机放在远离样品和仪器的位置，以阻隔电机产生的热量。仪器安装在实验室光学平台上，温度波动控制在 ± 0.1℃。操作控制软件是用 LabVIEW 编写的。来自光学编码器的测量角度值以真正的 *x-y* 数据格式记录。

在长光路细聚焦的传统几何配置中，2.2 kW 铜靶光管的工作功率为 1.8 kW。光管的光源尺寸约为 12 mm × 0.04 mm，而测角仪的半径为 217.5 mm。为了收集本章讨论的数据，使用标称 0.9°可变散射狭缝。这样光束宽度或样品上的标称尺寸为 20 mm，远远小于 25 mm 的样品尺寸。索拉狭缝的发散角为 2.2°，双角为 4.4°，限定了入射光束的轴向发散角。将一个 2 mm 的防散射狭缝放置在 0.2 mm(0.05°)接收狭缝的前面约 113 mm 处。包括后置单色器在内的散射光路总长度约为 330 mm。这种布置代表了一种中等分辨率条件，应用范围相当广泛，因此是合理的仪器校准和检定的起码配置。使用入射光束单色器(IBM)：细聚焦几何的 1.5 kW 铜靶光管的工作功率为 1.2 kW。光管的光源尺寸约为 8 mm × 0.04 mm。可变散射狭缝也设置为 0.9°，接收狭缝为 0.2 mm(0.05°)。接收光路装有 2°索拉狭缝。光路总长度约为 480 mm。

下面报道的数据是使用两种策略收集的，采集角度范围都涵盖了仪器可提供的全部 2θ 范围，并且在采集范围内 SRM 都有 *hkl* 反射峰。首先，仅在表 13.2 所示的 SRM 660b 有反射峰的位置收集数据。这是对 SRM 660b 和 640d 进行认证测量而收集数据的方式。其次，涉及固定步长和计数时间的简单连续扫描。仅在有峰的位置上收集数据，消除了花费在背景上的采集时间，并且可以优化每个峰的计数时间和步长。另外，由于强度和 FWHM 都相对于 2θ 系统地变化，因此通过在几个区间收集数据可以在某种程度上提高效率。人们普遍认为，步长选择应该在高于 FWHM 的位置至少保证收集五个数据点，以获得足够好质量的 Rietveld 分析数据[24-26]。但是，这并不是说有任何门槛值。通过适当的数据分析，收集更小步长的数据可以对 IPF 进行更好的表征。对本章所报道的仪器和配置，按表 13.2 的工作时间参数将至少有 8~10 个高于 FWHM 的数据点。选择计数时间以获得每个峰的统一计数。应当指出，可能不值得花时间高质量地收集 LaB$_6$ 的 222 峰数据，因为它强度低且靠近其他强度较高的峰；但是，400 峰不应这样。选择工作时间参数可以是一个反复过程。将每个峰扫描的总宽度设置为在该峰两侧至少明显包含 0.3°的 2θ 背景。除了 SRM 676a 的数据外，其他所讨论的连续扫描均以 2θ 步长 0.008°和 4 s 的计数时间进行收集，从而需要大约 24 h 的扫描时间。676a 的扫描以 2θ 步长 0.01°和 5 s 的计数时间收集。

表 13.2　用于收集 SRM 660b 认证数据的工作时间参数(包括操作测角仪的"开销时间")

hkl	起始角/(°)	终止角/(°)	步长/(°)	计数时间/s	全峰扫描时间/min
100	20.3	22.2	0.01	4	15.8
110	29.1	31.4	0.01	4	19.2
111	36.4	38.4	0.01	5	20.0
200	42.7	44.4	0.01	9	28.3
210	48	50	0.008	5	25.0
211	53.2	54.896	0.008	9	35.3
220	62.5	64.204	0.008	21	78.1
300	70.9	72.7	0.008	8	35.6
310	70.9	72.7	0.008	12	48.7
311	75	76.904	0.008	17	71.4
222	79.3	80.804	0.008	89	282.0
320	83	84.904	0.008	28	115.0
321	86.9	88.9	0.008	14	62.5
400	95	96.704	0.008	78	280.4
410	98.6	100.8	0.008	18	87.1
330	102.7	104.9	0.008	22	105.4
331	106.9	108.9	0.008	52	176.7
420	111.1	113.1	0.01	37	126.7
421	115.3	117.6	0.01	18	72.8
332	119.9	122.1	0.01	36	135.7
422	129.6	131.796	0.012	60	186.1
500	134.9	137.396	0.012	51	180.3
510	140.5	144	0.014	14	62.5
511	147.5	150.908	0.016	28	103.0
				总时间/h	40.0

13.4　数据分析方法

　　数据分析程序可以使用对实测数据合理拟合的、完全非物理的函数，也可以专门使用函数对某些实验物理特征构建特殊模型。采用非物理方法对仪器性能进行参数化处理，最好是使对仪器性能的描述能达到准物理水平。图 13.14 说明了用于评估仪器性能的两个最常用指标来源。第一个是线形的实测 2θ 最高位置与由认证标样的晶格常数计算出的 *hkl* 反射位置之间的差值。该差值对 2θ 作图得 $\Delta 2\theta$ 曲线，图 13.15 为典型示例之一。图 13.14 也显示了 FWHM，定义为扣除背景后最大强度值一半处的峰宽度。FWHM 对 2θ 作图可以得出如图 13.16 所示的结果。此外，可以绘制左、右侧 FWHM 值(图 13.17)以及线形形状参数与 2θ 的关系图，以描述仪器的性能。

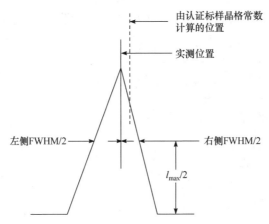

图 13.14　粉末衍射线形图示意了峰位和半高宽特征

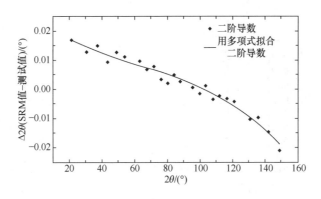

图 13.15　$\Delta 2\theta$ 曲线说明了峰位偏移为 2θ 的函数，峰位的确定是通过二阶导数算法和用三次多项式来拟合的差值数据(SRM 值–测试值)(数据来自 SRM 660b)

仪器检定所使用的方法和 SRM 取决于分析哪种样品以及后续分析的复杂性。显然，用户的期望也是一个因素。根据图 13.15 进行简单的校准后，即可轻松进行定性分析和晶格常数精修。这些数据用多项式拟合，然后做成可用于后续未知样品分析的 2θ 误差校正。此外，使用这种校准方法，图 13.15 曲线的实际形式在很大程度上是无关紧要的。但是，这样的校准曲线可以揭示很多有关仪器状态的信息。随着数据分析方法的不断完善，物理模型趋向于取代 PSF 分析。因此，仪器的检定变得更加复杂，因为操作人员必须确保仪器的性能与所使用的模型相符。也就是说，必须严格评估图 13.15 所示的数据形式。使用图 13.15 和图 13.16 所示的数据进行系统的仪器检定，将使人们有能力以合理的方式使用先进方法，并获得可以信服的结果。先进方法虽然使用起来比较复杂且需要进行大量的仪器检定过程，但能为用户提供更宽广的样品表征和更小的测量不确定度。

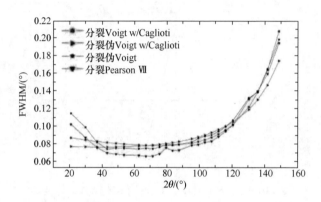

图 13.16　从 SRM 660b 获得的各种分裂 PSF(约束和未约束)的 FWHM 数据

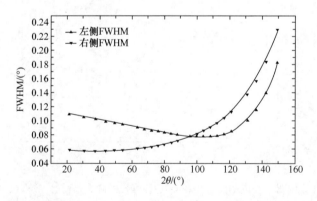

图 13.17　由 Caglioti 函数约束的分裂 Voigt PSF 得到的 SRM 660b 左侧、右侧 FWHM 数据

　　自从自动粉末衍射仪问世以来，用于 XRPD 数据分析的计算量最少的方法是基于一阶或二阶导数算法。这些方法将原始数据中测量的衍射峰局部最大强度处的 2θ 值记为峰位。常用软件会提供"调节"参数，以便这些算法运算时可对原始数据的噪声水平、步长和峰宽做优化。这些方法已经非常成熟，并提供了一种

快速、可靠的数据分析手段，以完成定性分析和晶格常数精修。然而，它们仅提供了峰顶的位置信息。通过这种方法对衍射仪进行校准，仅对同样方法定峰位的分析是可信的。

　　峰形拟合结合 PSF 分析可以提高准确性；全部峰形被用于分析，而不仅仅是峰顶附近的区域。应该注意的是，按照一阶和二阶导数算法得出的信息是实测最大强度对应的 2θ 位置，尽管峰形拟合也自然地提供 FWHM 值。从 13.2 节中对 IPF 的讨论以及对图 13.15～图 13.17 的粗略回顾可以看出：布拉格-布伦塔诺衍射仪的线形形状非常复杂。仅在 2θ 角有限区域内线形对称，并且其 FWHM 差异显著。线形不对称的程度和方向也随 2θ 的变化而显著变化。此外，考虑到发射光谱的洛伦兹性质，以及在高角度角色散效应占主体，可以预期峰形洛伦兹特性随 2θ 而增加。尽管用高斯和洛伦兹的 PSF 对 IPF 建模在物理上是有效的，但仅靠这些分析函数不能拟合 IPF 的复杂性并产生有用的结果。然而，将这两个函数和随 2θ 而变化的参数组合，已经为从布拉格-布伦塔诺衍射仪获得的数据提供了可靠的拟合结果，并已被广泛地集成到 Rietveld 结构精修软件程序中。Voigt 函数是高斯与洛伦兹函数的卷积，而伪 Voigt 只是两者的和。精修参数包括 FWHM 值和形状参数，形状参数表明高斯与洛伦兹特性的比率。Voigt 函数是真正的卷积，也是更理想的 PSF，因为它在物理上更真实；伪 Voigt 函数的优势是计算量小，并且已证明两个 PSF 之间的差异是最小的[27]，尽管这不是普遍成立的。

　　单独精修线形峰形会导致可精修参数数量过多，并且在分析复杂图谱时总是会引起不稳定。将参数加以约束，使其遵循 2θ 的某种函数形式可以解决该问题。Caglioti 函数[28]是为恒定波长中子粉末衍射制定的，并已被整合到许多 Rietveld 代码中，也可用于 XRPD 数据。它用于限制高斯峰形的 FWHM 对 Voigt 或伪 Voigt PSF 的影响：

$$\text{FWHM}^2 = U\tan\theta^2 + V\tan\theta + W \tag{13.1}$$

其中，可精修的参数为 U、V 和 W。可以看到 U 项对应于样品的微应变展宽和 IPF 的角色散分量引起的展宽。在 GSAS 中，包含了一个附加项 GP(以 $1/\cos\theta$ 表示)以表达高斯型尺寸宽化。GSAS 中的洛伦兹 FWHM 可表示为

$$\text{FWHM} = \frac{\text{LX}}{\cos\theta} + \text{LY}\tan\theta \tag{13.2}$$

其中，LX 和 LY 是可精修的参数。此处 LX 随尺寸增大而变化，而 LY 是洛伦兹微应变和角色散项。鉴于发射光谱用洛伦兹峰形描述，我们希望 LY 项能对角色散效应建模。在 HighScore Plus 程序代码中，洛伦兹的贡献变化为

$$\text{FWHM} = \gamma_1 + \gamma_2 2\theta + \gamma_3 2\theta^2 \tag{13.3}$$

其中，γ_1、γ_2 和 γ_3 是可精修的参数。γ_1、γ_2 和 γ_3 作为 Caglioti 函数的替代方案被提

出,可以说它们更适合描述来自布拉格-布伦塔诺衍射仪的FWHM数据[5,8]。但是,许多代码中并没有包含它们。

可以通过使用分裂峰形来拟合实测峰中的不对称性,分别使用独立的形状参数和FWHM值来精修PSF的两侧。这种方法肯定会提高实测的拟合质量。但是,它是经验性的,并且与基于导数的峰定位算法一样,将最大强度的点作为峰位。在物理上更有效的方法是对峰形不对称的来源建模。Finger等[29]的轴向发散模型已在各种Rietveld程序中得到了广泛实施。该模型用来模拟同步辐射粉末衍射实验的轴向发散效应,其中入射光束基本平行。S/L 和 H/L 这两个可精修参数分别是指样品和接收狭缝在轴向上的长度相对于测角仪半径的比率。因此,它们定义了衍射光束的轴向发散水平。该模型与布拉格-布伦塔诺衍射仪的光学元件不完全对应,后者的入射光束和衍射光束均有轴向发散。但是,它确实为此类数据提供了有效拟合。与仅用PSF相比,使用这种模型能得到峰位和/或晶格常数,进而对相关偏差效应进行"校正"。因此,使用模型得到的结果不能与简单表征实测峰形的经验方法直接进行比较。在进行布拉格-布伦塔诺实验时,采用Finger模型的"校正"并不严格正确。然而,无论具体采用哪种衍射光学元件,轴向发散对一级近似的影响都是普遍的。使用Finger模型可以更准确地评估"真实"峰位,从而确定晶格常数。

第三个常用的PSF是Hall等[30]提出的用于X射线线形拟合的Pearson Ⅶ,即分裂的Pearson Ⅶ。没有使用该PSF的先验物理依据。可精修的参数由FWHM和指数 m 组成。指数 m 的范围可从1(对应洛伦兹PSF近似)到∞(趋近高斯函数)。由于缺乏使用此PSF的明确物理依据,因此Rietveld分析软件中很少使用它。

图13.3所示的基于卷积的峰形拟合是1954年提出的[9],表13.1所示的许多偏差函数公式是由Wilson推导的[31]。但是,由于计算能力的局限性,直到1992年Cheary和Coelho[32]的工作才实现了完全基本参数法(FPA)。公众可通过公共程序Xfit和后来的KoalaRiet[33]以及更新的商业程序TOPAS接触到FPA。其他可使用的FPA程序,最著名的是BGMN[34]。在FPA中,仅用洛伦兹函数来描述发射光谱,除此之外没有其他PSF,通常不精修光谱的峰形。所有其他观测数据都通过使用模型函数来表征,并会产生实验性描述参数。通过对这些参数相对于已知值或期望值的评估来确定分析的合理性。由于不同技术结果的根本差异,很难将FPA的结果与PSF方法的结果进行直接比较。例如,不能直接从TOPAS采用的FPA获得FWHM值。

实际上,TOPAS和BGMN中的模型是专门为分析实验室布拉格-布伦塔诺几何衍射仪中的数据而开发的。的确,人们希望使用这些分析方法将得出尽可能低的残差项,残差项代表了计算值和实测值之间的差异。但是,在结构解析/精修学界内部存在着一种共识,只要正确确定了实测的强度(实测的结构因子),对峰形本身的拟合精度就不是至关重要的问题。NIST 开发 X 射线计量程序的主要兴趣点在于将 FPA 专门用于制定 SRM 的认证规程。正如已经讨论过的，影响衍射线形状的各种偏差使得实测的峰形最大值不一定与衍射(hkl)晶面的间距 d 相对应(除非也许在有限的 2θ 区间内)，这里强调了要实现可信的晶格常数数值，需要实测线形模型是物理有效的。经验表明，通过使用 FPA 模型获得的精修参数可以用作"反馈回路"，以切断设备的问题和异常。

对仪器响应或作为 2θ 的函数的衍射强度的评估，可以使用 SRM 1976a 标样通过较常规的数据分析方法来完成。通常通过线形拟合从测试仪器获得峰强度的测量值，并将其与认证值进行比较。使用 Rietveld 方法，可以利用强度敏感参数(如晶体结构参数和洛伦兹极化因子)评估仪器响应。通过 Rietveld 分析获得的晶体结构参数，可作为有效且独立可验证的手段来鉴定仪器性能。通过使用标样，人们可验证精修参数的范围是否合理，检定仪器性能和提供未知样的可信度。考察 Rietveld 分析中所得值将提供一种有效识别误差的方法，该误差在整个 2θ 范围内变化平滑。然而，在有限的 2θ 区域内的误差可能很难通过全谱方法来辨别。这些应使用二阶导数或峰形拟合的方法进行探查。SRM 676a 根据仪器响应和对合理结构参数的复现能力来进行仪器检定。SRM 676a 氧化铝标样与硅或六硼化镧标样相比对称性低、无规取向性好，因此非常适合此项工作。它提供了大量的衍射线和完善的结构参数。对 SRM 660b 的 Rietveld 分析将按照特定线形代码项的方式生成 IPF，并检验仪器与该峰位相关的特定性能和分析工作是否正常。

13.5　仪器检定和校验

图 13.15 中显示了从 SRM 660b 的连续扫描中获得的$\Delta2\theta$曲线。y 值是从认证 660b 的晶格常数计算出的峰位与从原始数据通过二阶导数的定峰位算法得到的峰位之间的差值。对该差值数据用三次多项式拟合。定峰位算法得到的峰位是每个峰形的最高强度。因此，图 13.15 中绘制的位置是独立确定的。显然，该数据是平滑的单调曲线，没有特别大的离散。不连续性或非单调通常表示设备存在机械问题，如零件松动或测角仪组装问题，当然，或者也可能是定峰位算法错误。此外，考虑到实测值与三次多项式拟合曲线之间的偏离呈随机或"礼帽"分布，且最大 2θ 偏移为 ±0.0025°；进一步证明该设备是正常的。根据 13.2 节介绍的偏差函数，可以很容易地解释数据的变化趋势：在较小 2θ 角处，由于平板样品误差和轴向发散的影响，峰形会向低角度移动。曲线在 2θ 约 100°处穿过零点，该点峰形对称性大幅增加。随着角度增大，发射光谱的不对称性抵消了在低角度更显著的平板样品误差不对称性。在更高的 2θ 角处，由于轴向发散和发射光谱的

不对称性的共同作用，峰形向高角度偏移。因此，图 13.15 符合可产生用 FPA 法完成数据分析的设备。通过调节索拉和接收狭缝发散度、测角仪半径的大小等，控制仪器分辨率相应增加或降低，图 13.15 的曲线将分别变得"平坦"或更"陡峭"。假定数据符合性好，$\Delta 2\theta$ 曲线整体合理，我们使用三次多项式拟合作为参照，以此来判断其他技术的优缺点。

还应注意，图 13.15 的数据和方法是粉末衍射的"最易实现目标"。通过内部或外部标样方法，可以使用类似于图 13.15 的数据来校正未知峰的位置。将曲线进行多项式拟合，并将其用作校正标准以校正后续未知物的峰位。但是，外标法不能像内标法那样考虑到样品位移或样品透明度的影响，内标法需将标样混合到未知物中。无论其形式如何，这两种方法均可以校正仪器偏差；图 13.15 曲线的性质与是否对应物理误差无关。对数据形式的要求是只要连续即可，允许用低阶多项式建模。与 ICDD 联合进行的研究表明，使用内标法通常可以得出高达 10^4 的准确结果[35]。Fawcett 等[36]证明了使用标样(绝大多数的分析是通过内部或外部标样法进行的)与大量使用 ICDD 数据库中的高质量"加星"图谱之间的直接关系。通过这些最基本方法和 SRM 的使用，业界开展最常规 XRPD 分析(定性分析)的整体能力得到了极大提高。

图 13.16～图 13.20 中的 $\Delta 2\theta$ 和 FWHM 数据是用几个 PSF 做线形拟合得到的，使用的原始数据与图 13.15 相同。对称 Voigt 线形的数据如图 13.18 所示，否则使用分裂的 PSF 进行拟合，峰位定为分裂点，大概在峰顶。分裂峰拟合时，将 Caglioti 函数分别应用于左侧、右侧 FWHM 值。用五到七项 Chebyshev 多项式对这些精修谱图的背景进行建模。图 13.18 数据没有使用约束拟合线形，而图 13.19 则应用了 Caglioti 函数。图 13.16 的 FWHM 数据是在使用和未使用 Caglioti 函数的条件下产生的。精修"拟合优度" (GoF)[也为$(chi^2)^{1/2}$ 或 R_{wp}/R_{exp}]残差项的范围为 1.6～

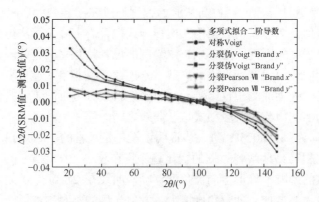

图 13.18　不加任何约束的情况下，对 SRM 660b 数据拟合得到的 2θ-$\Delta 2\theta$ 曲线的比较

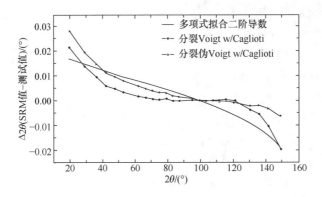

图 13.19　用 Caglioti 函数约束拟合参数进行线形拟合得到的 2θ-$\Delta2\theta$ 曲线

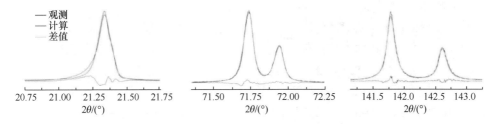

图 13.20　使用 Caglioti 函数约束的分裂 Voigt PSF 进行拟合

1.9,无约束精修对数据的拟合度略有改善。图 13.20 说明了典型结果的拟合质量；这些受约束分析得到的 GoF 值更高。然而,正如将要证明的那样,尤其是对 FWHM,约束更强的精修往往参数更合理。

　　首先考虑图 13.18 的数据：以对称 Voigt 线形的结果作参照,不出意外,在线形最对称的中间角度区拟合很好。有人发现用伪 Voigt PSF 时,本节使用的两个商业软件分析软件包 "Brand x" 与 "Brand y" 之间存在差异。在低角度区, 二者急剧分离, 仅在 2θ 为 100° 处汇合。显然, 表面上相同的 PSF 和最小化算法(Marquardt)运行时, 微细之别可能导致结果的巨大差异。使用 PSF 分析时, 在两个程序之间没有发现这类性质的差异。对于峰位, 使用分裂 Voigt PSF 的结果与分裂伪 Voigt 的类似(未显示)。可预测, 线形不对称会在低角和高角侧带来困难。采用一个伪 Voigt 函数和采用两个 Pearson Ⅶ PSF 运行都会出现 "过度不对称" 的行为；所计算的线形以及由此得到的峰位在低角度(2θ 低于 100°)时向低角度移动, 并在高角度(2θ 大于 100°)时向高角度移动。

　　图 13.19 的数据表明, 与 Caglioti 函数结合使用时, Voigt 和伪 Voigt 得出了不同的峰位结果。尽管伪 Voigt 在极端的 2θ 角情况下会严重失效, 但两组结果都

倾向于围绕正确的值振荡。考虑图 13.19 的数据和图 13.20 的拟合,可以将图 13.19 的 Voigt 数据计算定出的峰位差与图 13.20 所示的实测的峰形相关联。需要仔细检查拟合质量,以评价线形拟合结果的可靠性。图 13.18 和图 13.19 的数据表明,用 PSF 拟合这些数据线形,最大 2θ 峰位误差 0.015° 是合理的。从某种程度上说,通过使用这些 PSF 确定峰位的困难可以归因于 Cu $K_{\alpha_1}/K_{\alpha_2}$ 双峰,因为它被角色散"拉开"了。谱图可以划分为三个区,每个区都会以不同的方式影响拟合过程: 低 2θ 角范围(其中线形可以看作带有肩峰),中部 2θ 角范围或大概 2θ 为 40°~110°(该区段线形可以看作是双峰),以及高角度区(是两个明显不同的峰)。线形不对称的方向和严重程度显然对这"三个区段"的处理造成困难。

FWHM 值如图 13.16 所示。同样,无约束 FWHM 值离散不大且连续,这证实了测角仪配置操作的合理性。基本趋势也与仪器的光学特性一致: 2θ 低时,观察到 FWHM 的增大是由平板样品和轴向发散偏差引起的;而 2θ 高时,角度色散占主导地位,且 FWHM 显著增加。随着仪器分辨率的下降,低 2θ 时的 FWHM 变宽程度会增加,反之亦然。但是,角度色散效应与仪器分辨率的关系不密切。高 2θ 时的 FWHM 值在不同的仪器配置之间不会有很大变化。从查看图 13.20 的结果来看,对 Voigt PSF 施加 Caglioti 约束会使 FWHM 观测值的拟合更合理。Caglioti 函数的 U、V 和 W 项以某种变化方式构成了图 13.16 的数据形式: U 项以 $\tan\theta$ 形式代表角色散的贡献,W 项代表"基线",而 V 项与 2θ 中部区段的 FWHM 值下降有关。因此,U 和 W 项精修应为正值,而 V 项应趋向负值。在这些分析中,确实获得了负的 V 值;V 应该约束为负值或设置为零,因为正 V 值是无物理意义的。但是,对于高分辨率配置的仪器,$V = 0$ 的值是完全合理的,因为低 2θ 角 FWHM 的变宽趋势将得到抑制。

在上述三个 2θ 区段,图 13.16 所示的数据在很大程度上与角色散的不良影响相关。当使用 Pearson Ⅶ 函数时,这些影响尤为明显: 在低 2θ 区段 FWHM 值偏高,在中 2θ 区段偏低,而在高 2θ 区段可获得可靠的值。使用 Caglioti 函数可以有效地减少偏离合理 FWHM 的极端值。该函数对数据的 FWHM 影响更大,对峰位则相反,毫不奇怪其对峰位最多只是间接影响。使用有 Caglioti 约束的 Voigt PSF 可以可靠地表征仪器的性能。Voigt 和伪 Voigt PSF 之间存在明显的差异,尤其是在高 2θ 角时,Voigt 提供的结果更可信。图 13.17 显示了 SRM 660 标样使用 Caglioti 约束的分裂 Voigt PSF 的左侧、右侧 FWHM 值。因 13.2 节中所讨论的原因,图 13.17 中所示的线形不对称程度、方向和分界点与预期相符,也与先前讨论的来自 SRM 660b 标样的数据结果一致。

图 13.21 显示了用有 Caglioti 约束的分裂 Voigt PSF 拟合 SRM 640d、1976a 和 660b 获得的 FWHM 数据。首先讨论具有最低 FWHM 值的 660b 数据集。在 SRM660b 认证中,FPA 分析采用 $1/\cos\theta$ 型的洛伦兹 FWHM,表达尺寸引起的宽

化；显示的晶畴尺寸约为 0.7 μm。代表微应变的 tanθ 项精修结果为零。然后对超高质量的 SRM 660b 数据进行 FPA 分析，整个数据采集过程大约 65h，在 FWHM 以上有 20 个数据采集点，得到了 1.0 μm 的晶粒尺寸，同样没有微应变。对于压制的 LaB$_6$ 标样(压实率为 60%～70%)，其固有线性衰减为 1125 cm^{-1}，压制后约为 800 cm^{-1}。因此，如图 13.8 所示，SRM 660b 的样品透明度对 FWHM 的影响非常小。同样，对 SRM 640d 标样进行认证，采用的 FPA 分析包括上述尺寸和微应变项；获得了 0.6μm 的较小晶粒尺寸，同时微应变宽化很小。但是，硅的线性衰减系数为 148 cm^{-1}，压块后变为约 100 cm^{-1}。压块样品的透明度会引起显著宽化，图 13.8 显示了 100 cm^{-1} 的影响。因此，可以预期这三种效应结合在一起，SRM 640d 标样将在整个 2θ 范围内出现较小程度的宽化。最后，氧化铝的线性衰减系数为 126 cm^{-1}。但是，SRM 1976a 是烧结的高密度压实体，126 cm^{-1} 对 SRM 1976a 算是一个合理的值。1976a 的 FPA 分析表明，晶畴尺寸为 1 μm，但高斯微应变宽化的幅度很大；因此，观察到如图 13.21 的 FWHM 随着 2θ 增加的情形。我们得出的结论是，图 13.21 中显示的三个 SRM 的 FWHM 数据均符合预期，可针对特定情况从中选择最适合的 SRM。需要补充的是，由于许多 SRM 1976a 峰是重叠的，因此拟合线形以确定 IPF 很复杂，但由于使用了 Caglioti 函数，这一现象在图 13.21 中并不明显。

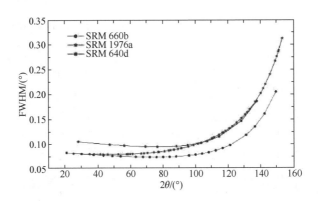

图 13.21　Caglioti 函数约束分裂 Voigt PSF 拟合 SRM 660b、640d 和 1976a 标样的 FHWM 数据

当用约翰逊 IBM 简化 IP 时，PSF 分析可提供出色的拟合效果，图 13.22 显示了对(高质量)扫描数据应用分裂 Pearson Ⅶ PSF 的拟合质量。与 Voigt 或伪 Voigt PSF 相比，PearsonⅦ PSF 总是可以对 IBM 数据提供更好的拟合。请注意，线形不对称性与先前讨论的趋势相同，但由于入射光路长度的延长以及由此导致的轴向发散效应的减小，不对称程度却大大降低。图 13.23 显示了按照图 13.18 所述的

过程获得的Δ2θ曲线。确实，它们的趋势在很大程度上与图 13.18 相似；峰位发生偏移是因为拟合线形表现出过高的不对称度。但有两点值得提醒。第一点是报告峰位的差异小于常规数据的一半。的确，可以说提供了更准确的线形拟合结果。第二点是无约束的伪 Voigt 和 Voigt(未显示)PSF 在高角度区完全出错。错误的性质与其他拟合大不相同，报告峰位偏移方向相反，在 2θ 为 100°以上向低角度偏移。后者可以通过使用更高质量的扫描数据在某种程度上缓解。IBM 对 FWHM 测定的改善如图 13.24 所示，其中可以看出伪 Voigt 和 Pearson Ⅶ得出 FWHM 值在系统方法上有所不同，但这种差异程度很小。相对于用伪 Voigt PSF 拟合的传统数据所得结果而言，这些峰值扫描数据的优点在于谱图中没有"鼓包"和"起伏"。图 13.24 中使用 Caglioti 函数的结果表明，FWHM 数据的噪声会被有效地"平滑"，但高角度区有严重偏差。

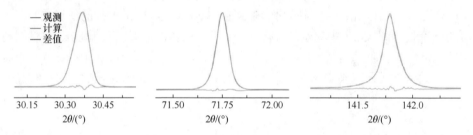

图 13.22　分裂 Pearson Ⅶ PSF 拟合由约翰逊 IBM 几何采集 SRM 660b 标样的数据

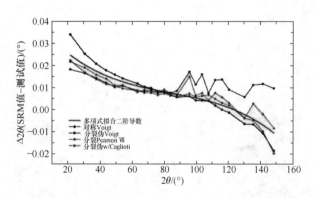

图 13.23　配置约翰逊 IBM 的 NIST 设备的Δ2θ曲线
显示了二阶导数和各种峰形拟合方法的结果比较；数据来自 SRM 660b

使用 Thompson、Cox 和 Hastings(TCH)[37]伪 Voigt PSF(GSAS 中的"类型 3")公式，通过 GSAS 和 TOPAS 对这些 SRM 660b 标样数据进行了分析。TCH 公式允许直接精修高斯和洛伦兹的 FWHM 值。使用 Caglioti 函数和 Finger 模型；洛伦

兹项受如式(13.2)约束。S/L 和 H/L 项密切相关；精修 S/L 项，同时手动调节 H/L 项以使其与 S/L 几乎相等。其他精修参数包括样品移位和透明度、Chebyshev 背景多项式项(通常为 5～7)、比例因子、"0"型洛伦兹极化项(GSAS)、Cu $K_{\alpha_1}/K_{\alpha_2}$ 比以及结构参数。通过这种策略，以样品移位和透明度偏差函数与 Finger 不对称模型一起对图 13.15 的数据进行建模。鉴于 Finger 模型并不完全适用于实验室数据，样品偏移和透明度的精修值可能无物理意义。但是，它们将正确给出样品高度 Z 和透明度的相对值。TOPAS 中样品透明度的模型是图 13.8 所示的不对称函数，而 GSAS 模型则包含一个 $\sin2\theta$ 的峰形位移。TOPAS 的 TCH/Finger 公式能够重复认证晶格常数，精修 GoF 为 1.5；GSAS 得到的 GoF 值为 1.85。TOPAS 在 2θ 中段区域(70°～90°)拟合效果提高最显著，该区域的透明效应最大。这些结果表明 TCH/Finger 公式可信。

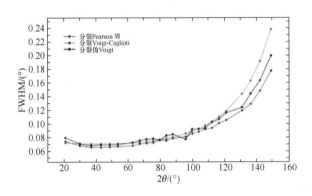

图 13.24　在配置约翰逊 IBM 的 NIST 设备上收集的 SRM 660b 的 FWHM 数据
比较了各种峰形拟合和数据收集方法的结果

　　由 SRM 660b 标样确定的峰形参数 GU、GV、GW、LX、LY、S/L 和 H/L 构成 IPF，并在后续精修中固定或用作"底层"信息[38]。如前所述，GV 应精修至负值以实现分析的物理有效性；否则将其设置为零。仅使用 GW、LX 和 LY 参数描述了该设备的 IPF。在后续分析中，GP、GU、LX 和 LY 项的精修分别代表样品的高斯尺寸和微应变宽化以及洛伦兹尺寸和微应变的宽化，从而得出微结构信息。趋向于比 IPF 小的参数固定在 IPF 值。在无初始值条件下精修不对称参数，但通常不会有太大变化，也不会显著提高拟合的质量。尽管对 SRM 660b 的分析可以验证仪器的峰形形状和峰位，但也需要评估与衍射强度有关的参数。然而，对高对称性材料(如硅和六硼化镧)的数据进行强度参数方面的精修会导致某种程度的不稳定性，也许是因为衍射线的数目相对较少。使用 SRM 676a 解决了这一难题。图 13.25 显示了分析过程。洛伦兹极化因子精修到一个可靠的值，结构参数也落在 SRM 676a 高 q 区认证实验的结果范围内[22]。

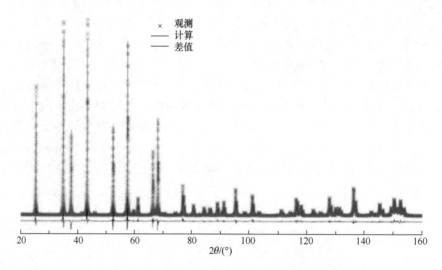

图 13.25　SRM 676a 氧化铝的 Rietveld 分析

很难比较 FPA 分析结果和 PSF 分析结果，因为 FPA 使用的模型是描述实验的精修参数，而 PSF 分析得到的是描述线形峰形的精修参数。然而，图 13.26 说明使用 FPA 数据分析方法获得的拟合质量比图 13.20 中的 PSF 分析有很大提高。此外，对 SRM 660b 标样进行连续扫描的 FPA 分析的 GoF 残余误差项为 1.08，而使用分裂伪 Voigt 和分裂 Pearson Ⅶ PSF 对同一数据进行分析的相应值分别为 1.65 和 1.43(三种分析都采用 TOPAS 软件)。FPA 方法可以解释实测线形的细节，而 PSF 分析无法期望达到相应的拟合质量。

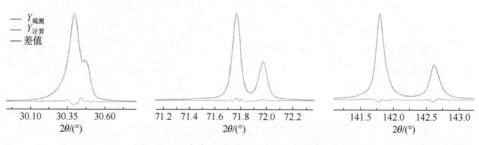

图 13.26　来自 SRM 660b 的 FPA 数据拟合

FPA 和 Rietveld 分析的精修策略都基于这样的前提，即仅对知之最少的参数进行精修。包括如测角仪零度角、发散狭缝和接收狭缝大小属于完全确定的参数。

相反，不好确定的参数包括后置单色器对发射光谱的影响和轴向发散的程度。因此，图 13.26 所示的精修含有 K_{α_2} 及卫星峰的位置和强度。限定洛伦兹线形的 $K_{\alpha_{21}}$ 和 $K_{\alpha_{22}}$ 的相对位置和强度比，以保留整体线形的 Holzer 特征。典型的其他精修分析参数还包括比例因子、对背景建模的 Chebyshev 多项式、晶格常数、代表"光管拖尾"的位置和强度的项、"全"轴向发散模式中入射束和衍射束的单个索拉狭缝、样品移位和透明度、结构参数及尺寸和微应变宽化。

对上述 SRM 660b 的超高质量扫描数据还进行了一些其他精修，以研究不常精修的参数，其中包括入射束和衍射束的狭缝尺寸；从已知情况来看，这些值变化很小，并且对残余误差项的影响也小。研究的另一个问题与"情形 2"索拉狭缝的精修策略有关。从技术上讲，带有索拉狭缝的入射光束的轴向发散小于衍射光束的，后者因单色器加长光路长度而增加发散。经几种策略研究后，与入射、衍射两光束应用单一发散度值的策略相比，其中某些策略可能在图形上更为精确，但拟合质量的残余误差方面没有任何改善。

使用这些超高质量数据进行的另一项分析表明，Holzer 报道的 Cu K_α发射光谱的宽度比该数据拟合最好结果约宽 20%。在这些分析中，两对卫星峰 $K_{\alpha_{11}}$ 和 $K_{\alpha_{21}}$ 以及 $K_{\alpha_{21}}$ 和 $K_{\alpha_{22}}$ 的 FWHM 受到约束，以保持它们总体形状不变。K_{α_2} 双线的位置和强度也在上述限制条件下精修。经过广泛研究，确认来自后置单色器的性能影响。使用(333)面单晶硅样品的衍射研究了几种单色器晶体。在过去的 15 年中制造的石墨晶体得出的结果相同：甚至经过精心的对中程序，它们的确将发射光谱的宽度削减了约 20%。还会使衍射线 2θ位置发生约 $0.01°$的改变。因此，必须在安装了单色器的情况下确定测角仪的零度角。现在，在 FPA 分析中，将 Holzer 发射光谱"降低宽度"、受约束的 K_{α_2} 谱线的强度和位置用作可精修的参数。应当指出的是，这些宽度变化是按 $\tan\theta$ 发生角色散，如同微应变一样。只能使用"无微应变"样品来分析单色器对发射光谱的影响。

使用 SRM 1976a 来验证仪器响应时，需要确定测试仪器 14 个峰形的衍射强度，并将其与认证值进行比较。图 13.27 说明了如何使用各种数据分析技术完成这项工作。所有工作均使用相同的原始数据。除了分裂 Pearson Ⅶ PSF 以外，所有方法均得到可接受的结果。这项工作的目标是确定 SRM 1976a 衍射线的强度。可以看出，如果要确定峰位或 FWHM，当强度有问题时，使用不受约束的 PSF 要比以前其他分析的问题少得多。使用 GSAS 软件，通过六次球谐函数对织构进行建模，进行 Rietveld 图谱拟合。报道的相对强度数据是用 GSAS 的 REFLIST 程序根据观察到的结构因子计算得出的。该法与 SRM 1976a 的认证方法相同，除了认证数据的收集是在配备 IBM、样品旋转台/进样器和 MBraun 位敏探测器(PSD)的 Siemens D500 上完成的以外。实际上，该仪器是本章所讨论仪器的前身，其配置类似于本章讨论的某替代品。借助 IBM 和 PSD，D500 为该认证提供了理想的数据，由 IBM 提供了可用于 PSF 分析拟合的线形峰形，并且 PSD 提供了极好的数据收集率和不受任何颗粒计数统计干扰的谱图数据。

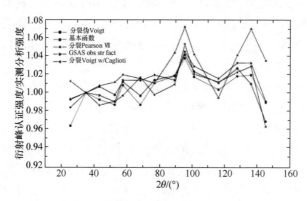

图 13.27   仪器对 SRM 1976a 的定量分析
用几种 PSF 分析数据

图 13.27 数据集的共性变化趋势尚无法解释，但很可能是由于 SRM 原料中轻微的织构不均匀性；图 13.27 的分析是对通用数据集进行的。对这些方法中的任何一种而言，背景建模都是至关重要的。必须放大拟合图谱的强度坐标，以检验背景拟合是否正确。使问题复杂化的是在 2θ 约 25°处观察到的与钙长石玻璃基体相相关、弱的非晶峰。某些程序允许插入非晶的宽峰，或者使用 11～13 项 Chebyshev 多项式。这些项要保持在最少的数量以防止背景函数干扰峰形建模。最后，将 K_β 滤片与 PSD 一起使用，这对于 SRM 1976a 验证仪器响应可能会出现问题。这样的滤片通常会在峰的低能量一侧的背景中产生吸收边。使用高计数率的 PSD，可能导致非常明显的吸收边，甚至造成背景拟合困难，因此错误地确定了峰形强度。

13.6   结   论

已经证明，使用 NIST SRM 和基础数据分析程序可以高效定性分析和精修晶格常数，准确度达到 10^4。由于 Cu $K_{\alpha_1}/K_{\alpha_2}$ 线形特征的角色散效应和线形不对称性，使用无约束 PSF 分析进行拟合可能会出现问题，认可结果之前必须仔细检查拟合。Caglioti 函数可解决该问题，并提高 FWHM 值的可靠性；但在峰位精修准确性方面的提高作用值得怀疑。与伪 Voigt 相比，Voigt 函数为 FWHM 提供了更可信的值；这两个 PSF 在无约束条件下使用得到的峰位数据相同。入射束约翰逊单色器配置可通过使用 PSF 分析完成高质量的衍射数据拟合。TCH/Finger 模型得到的线形结果可信。使用 FPA 进行数据建模可为布拉格-布伦塔诺 XRPD 的观测结果提供最佳拟合。

(James P. Cline，David Black，Donald Windover，Albert Henins)

参 考 文 献

[1] Larson A C, von Dreele R B. General Structure Analysis System (GSAS). Los Alamos: Los Alamos National Laboratory, 2003.

[2] HighScore Plus Software, V3.04, PANalytical BV, Almelo, the Netherlands.

[3] TOPAS General Profile and Structure Analysis Software for Powder Diffraction Data, V4.2, Bruker AXS GmbH, Karlsruhe, Germany.

[4] Diffrac^{plus} EVA, Search Match Software for Powder Diffraction Data, V14, Bruker AXS GmbH, Karlsruhe, Germany.

[5] Louër D, Langford J I. Peak shape and resolution in conventional diffractometry with monochromatic X-rays. J Appl Crystallogr, 1988, 21(5): 430-437.

[6] Cheary R W, Coelho A A. Axial divergence in a conventional X-ray powder diffractometer. I. Theoretical foundations. J Appl Crystallogr, 1998, 31(6): 851-861.

[7] Cheary R W, Coelho A A. Axial divergence in a conventional X-ray powder diffractometer. II. Implementation and comparison with experiment. J Appl Crystallogr, 1998, 31: 862-868.

[8] Cheary R W, Cline J P. An analysis of the effect of different instrumental conditions on the shapes of X-ray powder line profiles. Adv X-ray Anal, 1994, 38: 75-82.

[9] Klug H P, Alexander L E. X-ray Diffraction Procedures. 2nd ed. Hoboken: John Wiley & Sons, Inc., 1974.

[10] Kessler C. Bureau International des Poids et Mesures. 2006.

[11] Hölzer G, Fritsch M, Deutsch M, Härtwig J, Förster E. $K_{\alpha_{1,2}}$ and $K_{\beta_{1,3}}$ X-ray emission lines of the 3 D transition metals. Phys Rev A, 1997, 56(6): 4554.

[12] Maskil N, Deutsch M. X-ray K_α satellites of copper. Phys Rev A, 1988, 38(7): 3467.

[13] Bergmann J, Kleeberg R, Haase A, Breidenstein B. Residual stress measurements on laser beam welds in aluminium by X-ray diffraction methods //Böttger A J, Delhez R, Mittemeijer E J. Proceedings of the 5 th European Conference on Residual Stresses (ECRS-5). Stafa-Zurich: Trans Tech Publications, 2000: 347-349, 303-308.

[14] SRM 640d. Silicon Powder Line Position and Line Shape Standard for Powder Diffraction. Gaithersburg: National Institute of Standards and Technology，U. S. Department of Commerce, 2010.

[15] Taylor B N, Kuyatt C E. Guidelines for Evaluating and Expressing the Uncertainty of NIST Measurement Results. Washington: U.S. Government Printing Office, 1994.

[16] Joint Committee for Guides in Metrology (JCGM/WG 1). Guide to the Expression of Uncertainty in Measurement (GUM). http://www.bipm.org/ en/publications/guides/ gum.html. 2012.

[17] Joint Committee for Guides to Metrology (JCGM/WG 2). International Vocabulary of Metrology(VIM): Basic and General Concepts and Associated Terms. http://www.bipm.org/en/publications/guides/vim.html. 2012.

[18] SRM 660b. Lanthanum Hexaboride Powder Line Position and Line Shape Standard for Powder Diffraction. Gaithersburg: National Institute of Standards and Technology, U.S. Department of Commerce, 2010.

[19] SRM 1976a. Instrument Response Standard for X-ray Powder Diffraction. Gaithersburg: National Institute of Standards and Technology, U.S. Department of Commerce, 2008.

[20] SRM 676a. Alumina Internal Standard for Quantitative Analysis by X-ray Powder Diffraction. Gaithersburg: National Institute of Standards and Technology, U.S. Department of Commerce, 2008.

[21] Jenkins R. Round robin on powder diffractometer sensitivity. Gaithersburg: NIST, 1992.

[22] Cline J P, von Dreele R B, Winburn R, Stephens P W, Filliben J J. Addressing the amorphous content issue in quantitative phase analysis: the certification of NIST standard reference material 676a. Acta Crystallogr Sect A, 2011, 67(4): 357-367.

[23] van Berkum J G M, Sprong G J M, de Keijser T H, Delhez R, Sonneveld E J. The optimum standard specimen for X-ray diffraction line-profile analysis. Powder Diffr, 1995, 10(2): 129-139.

[24] Rietveld H M. Line profiles of neutron powder-diffraction peaks for structure refinement. Acta Crystallogr, 1967, 22(1): 151-152.

[25] Rietveld H M. A profile refinement method for nuclear and magnetic structures. J Appl Crystallogr, 1969, 2(2): 65-71.

[26] McCusker L B, von Dreele R B, Cox D E, Louer D. Rietveld refinement guidelines. J appl Crystallogr, 1999, 32(1): 36-50.

[27] Hastings J B, Thomlinson W, Cox D E. Synchrotron X-ray powder diffraction. J Appl Crystallogr, 1984, 17(2): 85-95.

[28] Caglioti G, Paoletti A, Ricci F P. Choice of collimators for a crystal spectrometer for neutron diffraction. Nucl Instrum, 1958, 3(4): 223-228.

[29] Finger L W, Cox D E, Jephcoat A P. A correction for powder diffraction peak asymmetry due to axial divergence. J Appl Crystallogr, 1994, 27(6): 892-900.

[30] Hall M M, Veeraraghavan V G, Rubin H, Winchell P G. The approximation of symmetric X-ray peaks by pearson type Ⅶ distributions. J Appl Crystallogr, 1977, 10(1): 66-68.

[31] Wilson A J C. Mathematical Theory of X-ray Powder Diffractometry. New York: Gordon & Breach, 1963.

[32] Cheary R W, Coelho A. A fundamental parameters approach to X-ray line-profile fitting. J Appl Crystallogr, 1992, 25(2): 109-121.

[33] Cheary R W, Coelho A A. Software: Xfit. Koalariet CCP14 Library, 1996.

[34] Bergmann J, Peter Friedel P, Kleeberg R. BGMN: a new fundamental parameters based Rietveld program for laboratory X-ray sources, it's use in quantitative analysis and structure investigations, CPD newsletter No. 20. Commission of Powder Diffraction, International Union of Crystallography, 1998: 5-8.

[35] Edmonds J, Majumdar A J. Methods and practices in X-ray powder diffraction. 1989.

[36] Fawcett T G, Kabbekodu S N, Faber J, Needham F, McClune F. Powder diffraction databases-evaluating experimental methods and techniques in X-ray diffraction using 280 000 data sets in the powder diffraction file. Powder Diffr, 2004, 19(1): 20-25.

[37] Thompson P, Cox D E, Hastings J B. Rietveld refinement of Debye-Scherrer synchrotron X-ray data from Al_2O_3. J Appl Crystallogr, 1987, 20(2): 79-83.

[38] Cline J P. Parameters defining instrument performance and NIST reference materials//Chung F H, Smith D K. Industrial Applications of X-ray Diffraction. New York: Marcel Dekker, Inc., 2000: 903-917.

第 14 章 同步辐射衍射：功能、仪器和案例

14.1 引　言

1947 年对人工同步辐射的确证[1]推动了一场持续到今天的科学革命。在过去的六十年中，作为大多数 X 射线实验的指标，X 射线的光亮度[ph/(s·mm^2·mrad^2·eV)]呈指数增加，同步辐射的时间平均光亮度比最亮的实验室光源高 11～14 个数量级；脉冲辐射的亮度又大了 10 个数量级(图 14.1)。光亮度的这种惊人增加激发了新的衍射技术，这些新技术对实验室光源来说是梦寐以求的，从而推动了 X 射线光学技术的革命，对同步辐射衍射科学和实验室 X 射线衍射都产生了影响。

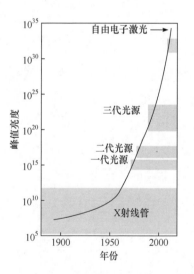

图 14.1　同步辐射源的峰值亮度与时间的关系

同步辐射源提供的独特能力促使近70个主要的同步辐射设施建成，这些重要的同步辐射源遍布全球。可以从网上获得世界同步辐射源名单[2]。对同步辐射源的需求如此迫切以至于使新设施的选址成为当下的争议焦点。例如，同步辐射的选址政策已导致科学家 18 个月大罢工和法国科学部长离职的严重后果，最终促使 SOLEIL 同步加速器诞生。私营企业的巨大贡献帮助确保了英国 Diamond 和韩国浦项光源的选址，最后一刻利益攸关的政策为澳大利亚同步辐射确定了地点。此外，同步辐射 X 射线对衍射科学带来的改观促使人们大力开发具有类似功能的实验室光源。这些工作包括尝试基于具有反康普

顿散射[3]或轫致辐射靶[4]的电子加速器，以及基于激光等离子体[5]和液态靶光源小型同步加速器的建立。同步辐射源除了亮度可变外，还有其他一些特性，为衍射科学提供了新的机遇。同步辐射源的特性可以总结如下：

1) 同步辐射源亮度超高，其时间平均亮度比高性能实验室光源的可调亮度高14 个数量级，而最新一代脉冲光源的亮度更高，至约 24 个数量级(图 14.1)。

2) 同步辐射源高度准直，这有助于高效利用光束通量，允许表面和界面衍射，并利用了许多新颖的聚焦方案。

3) 同步辐射源是可调的，这可以探测来自不同元素散射衬度变化的衍射，和/或将光谱与衍射结合起来以提供有关材料性能的新细节。X 射线能量可调性还允许在滤片、探测器和其他衍射元件的吸收衬度变化方面加以强大的技术利用，以改善衍射测量结果。

4) 同步辐射源是偏振光源，并且可以控制偏振以研究磁性结构和自旋各向异性或改善信噪比。

5) 同步辐射源是固有的脉冲源，其时间结构可用于研究从毫秒到飞秒的动态时域。

6) 专用的同步辐射源往往具有较小的光源尺寸、较长的线束长度和较高的亮度。这些属性提供了相干的 X 射线照明，从根本上实现了新的衍射方法，从而对基于无透镜衍射成像技术的超高分辨结构成像和基于 X 射线"散斑"(speckle)的结构动力学方法产生了影响。

除了这些主要优点外，同步辐射源还非常稳定，具有经过精心设计的基础设施、强大的光束诊断能力以及技术领域集中的人力资源，这些都是难以在普通实验室环境中实现的。

在本章中，简略地探讨了产生上述重要属性的基础物理学。然后，介绍上述特性如何使衍射能力发生革命性变化，并给出一些同步辐射衍射科学的简单案例，包括新出现的同步辐射能力将如何影响衍射科学继续革新。

14.2 同步辐射源的基础物理学

14.2.1 辐射源存储环

带电粒子(如电子)沿垂直其加速的方向辐射电磁辐射[图 14.2(a)]。在相对论性粒子沿其加速度切向运动时,产生的辐射称为同步辐射,在运动方向上高度准直,主要在运动平面内偏振[图 14.2(b)]。由于辐射沿其速度方向轴准直，每个电子的辐射都能以短脉冲形式在远处观察到。短脉冲来源于磁场中局部圆周运动轨道中的电子。由于脉冲持续时间短，局部圆周运动轨道中的相对论性带电粒子形成宽带通本征辐射(图 14.3)，其特征能量与电子能量的三次方成正比，且与曲率半径成反比：

$$hv_{c}(\text{keV}) = 2.218\frac{E^{3}(\text{GeV})}{\rho(\text{m})} \tag{14.1}$$

其中，hv_c 是单位为千电子伏特的 X 射线能量(1 keV = 10^3 eV)；E 是以兆电子伏特(1 GeV = 10^9 eV)为单位的电子能量；ρ 是二极磁铁的曲率半径，单位为 m。我们看到，第三代同步加速器中常用的 3 GeV 电子以 0.999999986 倍光速运动。

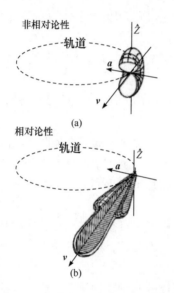

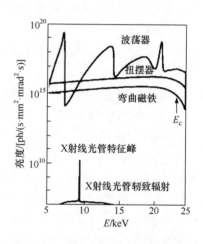

图 14.2 (a)来自非相对论性带电粒子的辐射在垂直于加速度的方向上达到峰值；(b)相对论性带电粒子垂直其运动方向加速时的辐射沿其瞬时运动方向高度准直

图 14.3 与实验室光源相比，现代同步辐射源强度非常高且带通宽；辐射临界能量 E_c 的大小与电子能量三次方成正比；波荡器产生的辐射具有能量函数的某些结构，在特定波长的光源亮度比弯曲磁铁或扭摆器的高出几个数量级

如上所述，同步辐射或相对论性轫致辐射是最早在同步加速器中被发现的，它具有变化的电子能量，并因此产生随时间变化的临界能量[式(14.1)]，因此命名为"同步辐射"。但是，现代专用 X 射线源的"存储环"，即将电子注入精密真空系统中，装有构成电子轨道的磁周期结构插件和旨在补偿辐射损失的射频(RF)加速器，因此可以将电子固定在工作能量附近长时间地存储。当电子绕存储环运动时，它们的路径被二极磁铁弯曲成闭合轨道。同步辐射是偶极子磁场内沿

局部半径切向发射的。第一代同步辐射源是基本粒子物理学加速器上的寄生设备。这类光源通常具有较大尺寸，其亮度受到限制。在专门用于同步辐射研究的第二代存储环中，人们意识到，较小的光源尺寸和发散度会极大地增加光束的亮度，可开展包括 X 射线衍射在内的许多实验。因此，第二代光源设计采用特殊的光学器件实现电子束尺寸及其发散度的最小化，原理是电子阻尼最大化机制和平均轨道激发波动最小化机制。此外，第二代光源通常采用巧妙的"扭摆"技巧来增加光通量和光束亮度。使用平面扭摆器时，弯曲的磁体偶极之间的直线节中产生交替的偶极场，从而来回"扭摆"

图 14.4　来自扭摆器 n 极的辐射
叠加在一起，因此有效通量增加 n 倍

光束，使光束返回其原始路径。使用这些器件，偶极场交替叠加，对于 n 极扭摆器，光束强度沿轴向增加了 n 倍(图 14.4)。

除平面扭摆器外，还有其他装置可以插入直线节以产生特殊类型的 X 射线束。这些所谓的插入件中最重要的是波荡器，其中一系列磁体发出的辐射之间产生相干作用，使辐射的光谱/角度分布发生改变，从而提供更高亮度的准单色 X 射线束。人们认识到在合适的条件下插入件可以产生更亮的光束，由此促成了基于波荡器的第三代光源的研制。图 14.5 给出了第一代、第二代和第三代 X 射线源关键特征的定性比较，图 14.3 给出了来自弯曲磁铁、扭摆器和波荡器的光谱比较。

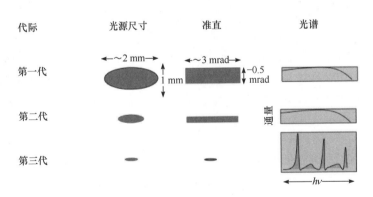

图 14.5　第一代、第二代和第三代同步辐射光源尺寸、准直尺寸和光谱

存储环的时间结构也是储存环物理学的一个简单结果。在存储环内，电子通过 RF 腔时被加速，循环电子的辐射能量损失被 RF 腔补偿。电子在过多或过少的 RF 腔能量加速作用下，自然地被收集到围绕存储环运转的、与 RF 腔频率同步的"束团"中。例如，在图 14.6(a)中，RF 腔产生一个振荡电场，当电子通过腔室时，该电场可以加速或减速电子。如果 RF 腔频率与环中电子的轨道频率协调

一致，那么在 RF 周期中，加速电子就有两次机会与环中电子平均能量损耗匹配 [图 14.6(a)]。因为相对论性电子的速度接近光速，且存储环偶极磁体的曲率半径随能量增大，所以电子环绕存储环的时间与其能量成正比；如果电子能量太高，则电子会沿着更长的路径运动，因此需要更长的时间才能返回到 RF 腔；如果能量太低，则路径较短，返回 RF 腔更早。因此，电子到达"稳定"的循环点附近是自校正的，而到达非稳定循环点附近的电子则具有正确的平均加速度，但是不稳定。由于环中电子能量损失和通过 RF 腔加速的动态变化，存储的电子以短束的形式聚集，在任何时候都可以在环中分布[图 14.6(b)]。可能的束团数和每个束团的电子数取决于存储环的设计详情及其操作策略。然而，最重要的是，当电子束团穿过偶极子或插入件磁场时，X 射线强度被赋予了脉冲结构。

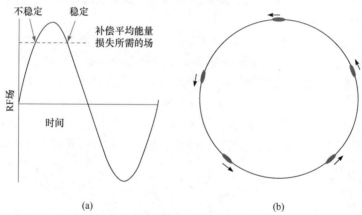

(a)   (b)

图 14.6   (a)电子在存储环中平均能量损失由通过存储环 RF 腔的加速度补偿，如果电子绕环运行，达到射频振荡的稳定点附近，则与理想电子能量的很小偏差改变电子绕环运行的时间，较高能量的电子需要更长的时间才能环绕一圈，因此，到达 RF 腔的时间晚、加速程度小；(b)结果导致电子稳定地存储在绕环运行的"束团"中

随着电子束团的密度增加，由于电子-电子散射和其他效应，束团的总体尺寸也随之增加。因此，通常需要在存储环可以承受的总电流、束团数和束大小之间做权衡；更多的束团提供更大的电流，但是脉冲之间的时间更短，并且任何一个束团中的电子过多导致光束尺寸大大增加。

14.2.2   自由电子激光和其他新兴的 X 射线源

在过去的十年中，另一种同步辐射光源开始出现：自由电子激光源。这些装置基于超长波荡器，波荡器的场将电子束聚成超小微束，并产生相干辐射。因为此时微束中 n 个电子的辐射强度不再与 n 而是与 n^2 成正比，所以这些装置的脉冲亮度能够非常高。例如，最近在加利福尼亚州帕洛阿尔托开通的线性相干光源(LCLS)[6]具有约 100 fs 脉冲，其峰值亮度比第三代 X 射线同步加速器高 10 个数量级，能量高达约 8 keV。

同水平的其他 X 射线源还包括所谓的能量回收直线加速器(ERL)[7]，该直线加速器避免了存储环中电子的辐射现象而导致的光束尺寸统计性累积，因为该光束仅一次性穿过一系列插入件。如果不是利用了超导 RF 腔有效地回收和再利用能量来加速每个新束团，那么将电子加速到高能所消耗的功率将是非常巨大的。这些光源甚至比最先进的第三代同步辐射源具有更高的亮度，并且高度相干。

如上所述，同步辐射源的特性自然是取决于电子加速器和相对论性带电粒子的特性。简洁的讨论旨在对同步辐射独特性质的起源进行简单的定性评估，关于光源属性的更完整描述包括光束密度、偏振和其他特性的方程式，见文献[8]～[10]。

14.3　采用高亮度光源的衍射应用

高亮度光源可对小体积样品和/或弱散射过程进行高分辨率的实际测量。应用范围从非均质样品的微束探测到动力学过程较慢的材料动力学和相变趋势测量。在以下各节中，将探讨利用高亮度和准直性良好的同步辐射源开展的一些新的衍射研究领域。

14.3.1　微衍射

高亮度光源可以实现空间分辨衍射研究，而这对于实验室光源是完全不切实际的。例如，对于小 X 射线束，聚焦到样品上的光通量 F 与光束面积 s^2、光束发散度的平方 d^2 和光源亮度 B 成正比：

$$F \propto Bs^2d^2 \tag{14.2}$$

通过 X 射线光学限制了可会聚的发散束[11]，故此会聚在样品上的通量与 Bs^2 成正比。由于第三代同步辐射源比最强大的实验室光源还要明亮 11～14 个数量级，因此从理论上讲，同步辐射微衍射可探测样品的大小比实验室样品的要小 5～7 个数量级。这就是说，0.1 nm(0.01 nm²)大小的同步辐射 X 射线束的通量应该可以与 0.1～1 mm(0.01～1 mm²)大小的实验室光束的一样。

在实践中，尚无已知方法可以将光束聚焦到 1 nm 的大小，但是正朝着这一目标努力。例如，聚焦光学正在迅速发展(图 14.7)，近来已实现了 10 nm 以下的尺寸[12]。这样小的束斑在实际材料非均质性的衍射研究中有重要应用，指导缺陷行为和自组装新理论建立。针对非均质变形、断裂和三维(3 D)晶粒长大等材料基本问题的应用无疑会彻底改变我们对材料行为的理解，并有望指引新的材料测试动力学理论方向。非破坏性地解决纳米材料和复杂材料中非均质结构问题的能力，对于我们理解新型材料也至关重要。特别是，在约 30 fm 晶胞分辨率下，微衍射独具在亚微米体积内无损扫描 3 D 晶体结构的能力。

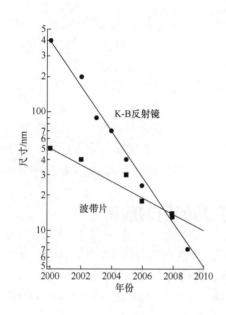

图 14.7　X 射线光学使硬 X 射线束

尺寸正在迅速减小，最近已突破 10 nm 限制；除了波带片和 K-B 反射镜光学之外，复合折射光学、相息光学器件、聚光毛细管和波导光学器件还可以形成适合衍射实验的小束斑(亚微米)硬 X 射线束

需要特殊的装置来实现同步辐射 X 射线衍射的超大空间极限。图 14.8 示意给出了三种常见方法。图 14.8(a)所示为一种使用光学元件产生微小单色光束照射在样品上的微衍射工作站。精密的样品定位/对准系统可将样品移动到小的 X 射线束下，并将样品调整到满足局部布拉格条件。X 射线灵敏的面探测器系统会收集样品衍射信号。该方法对于测量样品近表面的微弱特征以及研究已知的晶体学取向、微小应变和晶体学倾角特别有效。一个特别有力的例证是在先进光子源(APS)的光束线 26-ID 上的硬 X 射线纳米探针[13]。该探针使用先进的波带片聚焦技术形成一个约 30 nm 的斑点，用于纳米衍射研究。

另一种方法[图 14.8(b)]是将多色光聚焦在样品上。用多色光照射的样品体积元会产生重叠的劳厄花样，由 X 射线灵敏的面探测器记录下来。对于薄膜，当样品在光束下移动时，劳厄花样的变化可反映局部晶体结构的横向变化。对于非薄膜样品，可以通过所谓的差分孔径显微术[14]分辨结构随深度的变化。这种方法对于研究未知的晶体取向和应变这些微弱的近表面特征特别有用[15]。通过专门设计的单色器[16]，带有消色差光学元件的光束线可以在多色和单色光束之间转换，或者可以使用兼有单色和多色光优点的能量扫描法。APS 的 34-ID-E 站使用该策略[17]。

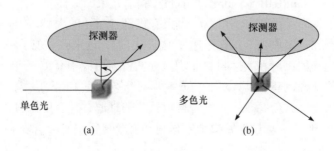

(a)　　　　　　　(b)

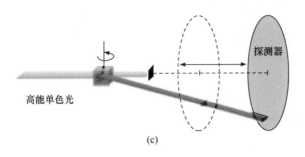

(c)

图 14.8　实现晶体结构空间分辨扫描的各种方法

(a) 双会聚单色光透射探测样品的晶体结构，对于单色光，必须调整样品方向，以满足局部布拉格条件；(b) 对于多色光，每个与光束相交的亚晶粒形成劳厄花样；(c) 准直 X 射线束照射在样品上，面探测器记录衍射峰强度，旋转样品时，每个晶粒都会随着旋转有多个布拉格反射瞬间出现和消失，通过准直系统将探测器处的散射强度映射回溯到样品，并且可以使用层析成像方法确定样品晶粒的形状

　　另一种方法[图 14.8(c)]将 X 射线束进行一维聚焦，结合使用 X 射线灵敏的面探测器的空间分辨率和样品旋转来映射 3 D 晶体结构。当样品旋转时，由 X 射线束照射的晶粒的各种晶面反射会先后满足和不满足布拉格条件。衍射光产生对被照射的、满足布拉格条件的一部分晶粒的投影。当与高能 X 射线结合使用时，样品中的每个晶粒在样品的一维旋转过程中多次满足布拉格条件。这些反射被 X 射线灵敏的面探测器记录。此外，光束会穿入样品很深。晶粒的多个投影可用于重构样品的晶界。多个位置的探测器允许进行三向追踪定位，以进一步精准确定晶粒的形状。这种方法可以快速测量样品深处的晶体结构，并可用于时间分辨测量[18]。

　　微衍射所需的一维或二维微束可以使用毛细管透镜[图 14.9(a)]或装有 K-B 反射

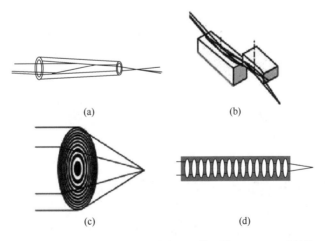

图 14.9　微聚焦方式选择：(a)玻璃毛细管透镜；(b)K-B 反射镜；
(c)波带片；(d)复合折射光学镜

镜[图 14.9(b)]、波带片[图 14.9(c)]或复合折射光学镜[图 14.9(d)]的成像光学元件来形成。毛细管和反射镜可消色差，它们对于多色或能量扫描微衍射方法尤为重要。

除了上面概述的策略外，还有基于通道板、能量扫描技术和其他变化的策略。在文献[19]的第 11、19 和 20 章，Reimers 等对这些方法进行了更全面的介绍。

由于可探测的布拉格衍射峰的数量与波长的三次方成反比，因此大多数微衍射系统针对 8～20 keV 范围内的 X 射线能量进行了优化。40～60 keV 高能束越来越多地用于大型样品的研究。

除了聚焦光学方面的惊人提高外，对 X 射线灵敏的面探测器正在迅速发展，具有更高的 X 射线灵敏度、更低的噪声、更大的像素数量和更快的读出速度。这些进步使得更复杂的实验具有更好的信噪比。微束研究的兴趣转向对蛋白质晶体的研究。微束对蛋白质晶体具有几个重要的优势，包括减少样品镶嵌，通过单个晶体中多个体积收集数据的方法更有效地利用了珍贵的晶体，以及减少初级光电子逸出的可能损害。尽管 X 射线微衍射应用呈指数增长，但在这里我们仅给出两个简单的案例说明同步辐射源可以进行的测量。

14.3.1.1 微衍射案例 1：应力驱动的锡晶须生长

在焊料中使用铅造成的环境和健康问题，促使人们采用基于锡合金的新型焊料。这些合金是传统的铅基焊料的良好替代品，但还存在在铜上的锡薄膜自发生长晶须的严重缺陷。锡晶须造成电气元件短路，进而导致主要系统发生故障[20-22]。尽管人们花了 50 年的时间来理解锡晶须生长的机制，然而直到最近主导理论仍未验证。

现在可以通过三维空间分辨微衍射研究锡晶须生长前期、中期和后期的局域晶体学，以及对锡膜中的应变进行锡生长理论方面的严苛测试。例如，Sobiech 等[23]最近报道了晶须附近锡膜中应变梯度的测量。测量是基于 APS 光源 34-ID-E 光束线的多色微探针[17]完成的。图 14.10 中示意了多色微探针。该类装置的 K-B 消色差反射镜将光束聚焦到亚微米尺寸。通过使用贴近样品表面扫描的丝线来充当差分孔径，沿入射光束产生的重叠劳厄花样被重构[14]。如图 14.11 所示，可以测量锡膜的局部晶体学取向和亚晶粒体内的局部应变。这种新的无损检测信息与 Sobiech 等[24]提出的模型相符。其中，锡晶须的生长与(锡铜)金属间化合物在锡膜中形成并产生应变梯度有关。最近，由锡膜测量得到了晶须生长前期和生长期间的应变分布。这些测量可以用来确定锡膜中的应变梯度是晶须生长的诱因还是晶须生长的结果。

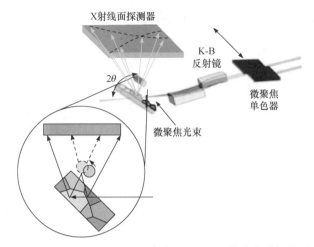

图 14.10 先进光子源(APS)的光束线 34-ID-E 上的多色微探针示意图

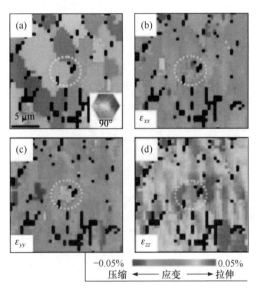

图 14.11 锡晶须根部附近的晶体学取向(a)和应变张量分量[(b)~(d)][23]
测量是非破坏性的，锡晶须的位置被圈出

14.3.1.2 微衍射案例 2：离子注入硅的损伤

在离子注入过程中,离子被引入到晶格中,并且原始晶格中的原子发生位移,从而导致原子空位(缺失原子)和间隙(正常原子晶格位点之间的原子)形成。Yoon、Larson 及其同事[25]研究了注入硅离子的单晶硅中空位和间隙的空间分布。实验使用小的微聚焦 X 射线束来测量布拉格峰附近的局部散射(图 14.12)。如图 14.13(a)所示,间隙原子和空位在散射方式上的表现具有大致相反的特征,从而可以定量表征残余间隙和空位分布随样品深度的变化。

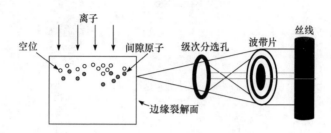

图 14.12　左侧：测量单晶硅离子注入时的空位和间隙原子分布的几何布置；右侧：设置抑制
穿过波带片的未聚焦 X 射线形成的背景[25]

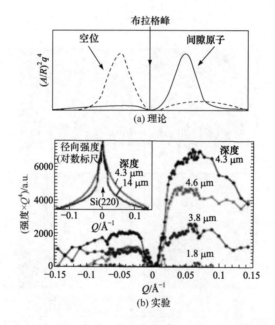

图 14.13　(a)和(b)的理论和实验漫散射，显示了从空位富集到
间隙富集的变化是距原始表面深度的函数[26]

实验的几何布置如图 14.12 所示。该实验将注入离子的单晶裂解以暴露出与原始表面垂直的面。使用波带片将单色光束聚焦成 $1\mu m^2$ 的光束，照射到表面以下的各个深度位置。尽管光束穿透了几十微米进入样品，但它与样品原始表面平行对齐，以便均匀覆盖在表面下恒定深度处的一定体积上。然后，聚焦光束扫描样品原始表面下各个深度区域的近布拉格漫散射(图 14.12 和图 14.13)。

特别值得注意的是测量使用一根丝线(图 14.12)来阻挡未聚焦的 X 射线,否则这些 X 射线也会通过级次分选孔。波带片的聚焦效率通常小于 40%。尽管级次分选孔剔除了更高级次的聚焦 X 射线,但是大部分直射光仍将穿过级次分选孔。这部分 X 射线照射的面积较大,平均深度达到原始注入表面以下的许多层,要不然会污染所测得的缺陷分布。如果没有强大的同步辐射光,这些测量将无法进行。

14.3.1.3　微衍射其他应用

微衍射的其他应用包括测量半导体材料中的应变[27,28]、研究 2D 和 3D 晶粒生长[29]及测量变形结构[30]。由于几乎所有材料的性能都受缺陷的分布不均匀性及其自我组织性影响,因此微衍射方法必将对我们理解材料的行为、预测和设计高性能材料的能力产生越来越重要的影响。

微衍射对于在极端环境下测量样品也至关重要。例如,高压研究正在发生革命,通过使用金刚石砧座和微聚焦强 X 射线束来研究材料在极端温度和压力下的相图(例如,参见 2009 年 11 月号《同步辐射杂志》特刊,专门研究高压同步辐射科学[31])。

14.3.2　表面和界面的衍射

正如同步辐射 X 射线微衍射研究微米材料结构发生的革命性进步一样,同步辐射也正在通过掠入射或其他方法彻底改变表面和界面结构的研究。通常,掠入射衍射需要束斑小、高度准直的光束,并且由于来自表面和界面的衍射通常较弱,因此高亮度光源是必要的。尽管研究表面和界面的技术有多种,我们仅简略地介绍两个例子:①截断杆散射(TRS)[32-34];②研究 LB 膜相变的表面散射[35]。在一种情况下,表面和界面研究使用体相布拉格反射附近的微弱漫散射杆。在另一种情况下,利用近全外反射和全外反射进行有效的近表面散射,测量低 Z 值薄膜的面内和面外结构。

14.3.2.1　表面衍射案例 1:截断杆散射

TRS 是公认的量化表面和界面粗糙度的强大方法。它的特征是从垂直于样品的界面/表面的体相布拉格反射向外延伸的条带(图 14.14)。截断杆的形状和衰减率可用于了解块状晶体结构的终止突变性。终止越突然,TRS 的衰减就越慢。可以从简单的傅里叶变换参数中了解该行为特点。

众所周知,如参考文献[36],代表晶体 X 射线散射的倒易空间强度与电子密度有三维傅里叶变换关系:

$$I(\boldsymbol{q}) \propto \varepsilon\varepsilon^* = \left| \int_{-\infty}^{\infty} \int_{-\infty}^{\infty} \int_{-\infty}^{\infty} \rho(\boldsymbol{r}) \mathrm{e}^{\mathrm{i}2\pi(\boldsymbol{q}\cdot\boldsymbol{r})} \mathrm{d}V \right|^2 \tag{14.3}$$

其中，$I(\boldsymbol{q})$是位于倒易矢量$\boldsymbol{q} = \dfrac{\boldsymbol{s}-\boldsymbol{s}_0}{\lambda}$处的散射强度；$\varepsilon$是电场强度；$\rho(\boldsymbol{r})$是电子密度(关于实空间中位置$\boldsymbol{r}$的函数)；$\lambda$是 X 射线的波长；$\boldsymbol{s}$和$\boldsymbol{s}_0$分别是散射和入射 X 射线单位向量。由于电场强度遵循傅里叶变换，因此可以利用傅里叶变换理论的强大法则来理解终止表面的散射。尤其是傅里叶变换$\hat{h}(\xi)$，定义为$h(x) = f(x)g(x)$的函数积，是每个被乘函数傅里叶变换的卷积：

$$\hat{f}(\xi) \quad 和 \quad \hat{g}(\xi)$$

$$\hat{h}(\xi) = \hat{f}(\xi) \otimes \hat{g}(\xi) \tag{14.4}$$

式(14.4)可用于了解颗粒尺寸、表面和截断特征的影响，并与反傅里叶卷积变换一起，为晶体学提供推导结构因子的替代方法。

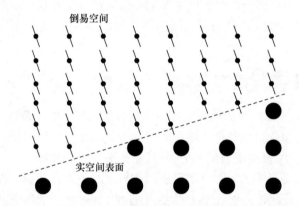

图 14.14　终止表面的示意图及布拉格峰周围相应的截断杆

通过这里的讨论，我们认识到由无限大晶体的晶格和阶跃函数的乘积可估算半无限大实空间晶格。

无限大晶格的傅里叶变换是无限大倒易晶格。在 $q = 0$ 附近，阶跃函数的傅里叶变换有 $1/q$ 关系，这样傅里叶变换 $1/q$ 与无限大倒易晶格的卷积是按 $1/q$ 沿杆衰减的无限大晶格。因此，倒易晶格点附近的倒易强度有 $1/q^2$ 依赖关系(图 14.14 和图 14.15)。重要的是，散射杆的方向垂直于晶体表面(或界面)，且如果表面粗糙，强度下降得更快。

举一个较实际的例子，考虑一个晶体，其散射密度在其表面上方因表面粗糙度呈指数衰减；而在表面下方因光子吸收而呈指数下降，即

$$\rho = e^{-a_1 x} \quad x > 0$$
$$\rho = e^{a_2 x} \quad x < 0 \tag{14.5}$$

这是在 $x = 0$ 处粗糙表面的影响合理近似，具有指数递减的表面密度。单位为 $Å^{-1}$ 的常数 a_1 代表表面附近的密度变化。体相吸收而导致的散射缓慢下降，这一点用指数常数 $a_2(a_2 \ll a_1)$(穿透深度大的 X 射线)近似表达。图 14.15 绘制了取不同 a_1 值时该函数傅里叶变换的平方随 q 的变化。如图所示，随着粗糙度的增加截断杆的下降更加急剧。

截断杆的测量用于估算表面粗糙度，也可以用于确定内层界面的粗糙度。例如，Specht 和 Walker[37]使用晶体 TRS 和共振衍射(14.4 节)来确定 Al_2O_3-Cr_2O_3 内层界面中 Cr 原子的氧化态。没有其他方法可以提供此类信息。

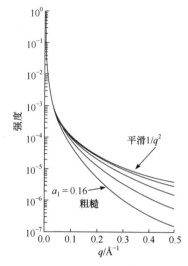

图 14.15 终止方式从渐进(粗糙表面)到突变(平滑表面)的截断杆强度
终止越突然，截断杆向外延伸越长

14.3.2.2 表面衍射案例 2：Langmuir-Blodgett 膜中相变的表面研究

当 X 射线以低于全外反射角的度数入射到样品时，会出现一种特别有用的截断杆。因为材料的折射率小于 1(相位延迟与可见光相反)，所以 X 射线在材料上表现出全外反射，这类似于可见光在透明材料中的全内反射。在全外反射条件下，X 射线穿入样品仅几十埃深度，结果利用散射探测到近表面结构，尤其是面内结构。

从全外反射衍射测量获得的信息类似于使用电子衍射获得的信息，但具有以下优点：更高的 Q 分辨率，在空气(或液体)中工作以及使用共振散射的可能性(14.4 节)。通过调整角度，也可以控制穿透深度，以了解结构如何随深度变化。在掠入射实验中，正常的布拉格峰变成杆强度。

Lin 和他的同事对单层脂质的研究[35]证明了这种方法功能的强大。在这些研究中，同步辐射准直光束射在有机气体-水共存的液体表面上。光束以低于全外反射临界角入射样品。自 Langmuir 于 1917 年发表论文[38]以来，这种散射杆强度就作为样品温度的函数来表征结构的变化。该方法提供了有关这类材料中相的第一手直接结构信息。产生的相图非常丰富，并且指明了直接结构信息对了解相变的重要性，这些相变原本仅基于等温和其他宏观证据(如黏度)才被认定为"液体凝聚"和"液体膨胀"结构(图 14.16)。

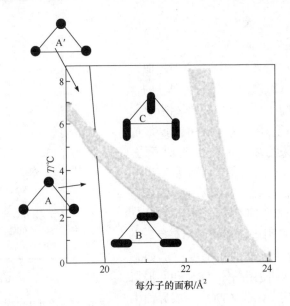

图 14.16　掠入射 X 射线衍射不同温度下的二十二烷酸薄膜，推导出其结构[35]

14.4　高 Q 分辨率测量

同步辐射源的高亮度极大地拓展了受计数率限制的 X 射线技术，可提供超高 Q 分辨率。例如，在粉末衍射中，复杂的晶体结构和多相的存在会导致几乎无法解释的重叠峰。然而，利用同步辐射可以使用晶体光学技术来消除与样品大小和探测器分辨率相关的仪器峰宽化。这种方法已被全世界的同步加速器广泛采用。APS 上的粉末衍射光束线 11-BM 是这项技术的一个很好的例证。图 14.17 所示为

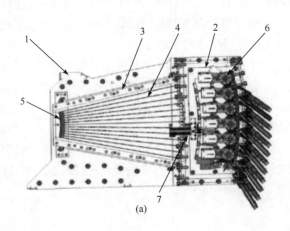

(a)

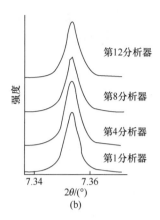

图 14.17 (a)高分辨粉末衍射 12 个分析器系统；(b)来自 12 个分析器中 4 个标准粉末样 Si(111)
的衍射峰，所有分析器的 FWHM 约为 0.006°[39]
1. 基础框架；2. 各分析器组合；3. 狭缝盒框；4. 隔离钽片；5. 狭缝插槽；
6. 探测器旋转台；7. 有减速功能的步进马达

该线束的光学晶体分析器示意图。分析器阵列可以同时收集 12 个数据点，分辨率
小到 0.01°。12 个数据并行收集能力将 24 h 的高分辨率扫描缩短为 2 h。光学晶体
分析器的另一个优点是抑制了样品共振拉曼散射、荧光、康普顿散射和其他背景。

14.5 波长可调性的应用：共振散射

在保持高强度的同时，调节 X 射线波长的能力彻底改变了 X 射线衍射实验。
特别是，通过在 X 射线吸收边附近调整波长，可以强烈改变一种原子的散射截面，
而同时其他元素的散射截面几乎没有变化。这得到了与所关心元素的结构位置直
接相关的散射差图。单个原子的 X 射线原子散射截面公式为

$$f(Q, h\nu) = f^0(Q) + f'(h\nu) + if''(h\nu) \tag{14.6}$$

其中，X 射线散射截面 $f(Q, h\nu)$ 约等于非共振分量 $f^0(Q)$，$f^0(Q)$ 取决于动量传输幅
度；$Q = 2\pi|q|$；$\pi/2$ 共振相移(虚部)$if''(h\nu)$ 代表对入射 X 射线波的吸收部分；f'
是共振实部分量。共振分量通常在远离吸收边的地方很小，但在吸收边附近增
大(图 14.18)。

在使用共振散射(有时称为反常散射)时，可能需要新的 X 射线衍射技术。这些
技术包括众所周知的用于提高单晶结构确定的反常散射[41]、反常粉末衍射测量[42]
和蛋白质晶体学的多重反常衍射(MAD)测量[43]、涉及二元合金中静态原子位移的
3λ 局部结构测量[44]、结合衍射和光谱学的异常精细结构衍射测量，以提供有关局

部化学结构的新信息[45]以及基于共振散射的磁结构测量[46,47]。在以下各节中，将介绍共振散射在蛋白质晶体学、二元合金中局部原子相关性及磁结构中的应用。

14.5.1　共振散射案例 1：多重反常衍射

也许，任何科学领域没有像大分子或蛋白质晶体学那样受同步辐射的影响显著。在某些光源，三分之一的光束线专门用于通过衍射确定蛋白质晶体、病毒晶体和/或其他大分子晶体的结构。的确，用同步辐射确定的大分子结构呈指数增长，至今它已成为该领域的主流(图 14.19)。对于这些研究来说，同步辐射的重要性是毋庸置疑的，因为需要高 Q 分辨率来解决大晶胞晶体的高度密集的反射，并且需要通过强度来获得对大动量传输的分辨率以便在微弱散射的情况下进行精确晶体结构确定。此外，快速获取数据的能力对于本身易受辐射损伤的生物晶体具有极大优势。例如，人们发现，对晶体结构的 X 射线损伤具有不同的时间尺度，快速的数据收集和低温冷冻可以显著提高从珍贵的晶体样品中获得的数据质量。

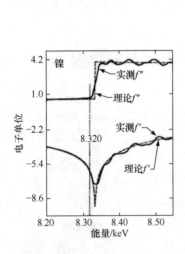

图 14.18　Fe K 吸收边附近的
实测和理论异常散射因子 f' 和 f''[40]
注意：在极近边处，可以从 Fe 的原子
散射因子中去除大约五个电子

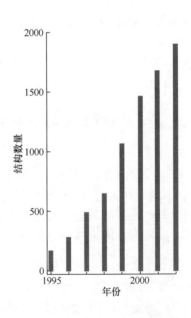

图 14.19　自 1995 年到 2002 年蛋白质晶体数
据库存有结构数据的数量[48]

由于同步辐射对于确定大分子晶体结构的绝对重要地位，已开发了复杂的设备进一步加强同步辐射研究的优势。特别是，在该领域开创了 X 射线灵敏的大规格面探测器、原位低温冷冻、专用衍射仪和自动样品安装的先河。除了所有这些重要的优点和先进性外，MAD 相位法还提供了一种只有同步辐射才可使用的功能强大的结构确定工具。

MAD 的中心理念是一种巧妙的基于共振(反常)X 射线散射确定晶体衍射相位的方法。通过识别共振重元素在结构中的原子位置和对结构因子的贡献，可以确定所有原子对反射的相位和强度贡献。例如，考察用原子散射因子及原子在晶胞中的位置表示某反射 *hkl* 的结构因子：

$$F_{hkl}^{hv} = \sum_n f_n^{hv} e^{i2\pi H r_n} \tag{14.7}$$

其中，F_{hkl}^{hv} 是当 X 射线能量为 hv 时晶面 *hkl* 的结构因子。晶格矢量 $\boldsymbol{H}_{hkl} = h_1\boldsymbol{b}_1 + h_2\boldsymbol{b}_2 + h_3\boldsymbol{b}_3$，其中向量 $\boldsymbol{b}_n$ 是倒易矢量[36]。为简单起见，假设只有一个元素有明显的共振 X 射线散射分量，并将式(14.6)代入式(14.7)。然后，扩大到所有 *n* 个原子位点和共振原子 A 占据的原子位点，对非共振和共振分量进行求和：

$$F_{hkl}^{hv} = \sum_n f_n^0 e^{i2\pi H_{hkl} r_n} + \sum_A f_A^0 e^{i2\pi H_{hkl} r_A} \left(\frac{f_A'}{f_A^0} + \frac{if_A''}{f_A^0} \right) = F_{hkl}^0 + F_{hkl}^A \left(\frac{f_A'}{f_A^0} + \frac{if_A''}{f_A^0} \right) \tag{14.8}$$

现在可以使用式(14.8)来确定可测量的 *hkl* 反射强度：

$$
\begin{aligned}
I_{hkl}^{hv} &= F_{hkl}^{hv} \left(F_{hkl}^{hv} \right)^* \\
&= \left| F_{hkl}^0 \right|^2 + a(hv)\left| F_{hkl}^A \right|^2 + b(hv)\left| F_{hkl}^0 \right|\left| F_{hkl}^A \right| \cos\left(\varphi_{hkl}^0 - \varphi_{hkl}^A \right) \\
&\quad + c(hv)\left| F_{hkl}^0 \right|\left| F_{hkl}^A \right| \sin\left(\varphi_{hkl}^0 - \varphi_{hkl}^A \right)
\end{aligned}
$$

其中

$$
\begin{aligned}
a(hv) &= \left(f'^2 + f''^2 \right) / f_a^0 \\
b(hv) &= 2\left(f' / f_a^0 \right) \\
c(hv) &= 2\left(f'' / f_a^0 \right)
\end{aligned}
\tag{14.9}
$$

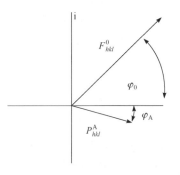

在这里只有三个未知数，即所有原子的非共振结构因子总振幅 $\left| F_{hkl}^0 \right|$，来自异常原子的非共振结构因子贡献 $\left| F_{hkl}^A \right|$，以及来自所有原子的结构因子矢量贡献 φ_0 和来自异常原子的非共振贡献 φ_A 之间的夹角。这些量值如图 14.20 所示。通过施加 $\sin^2(\varphi_0 - \varphi_A) + \cos^2(\varphi_0 - \varphi_A) = 1$ 的约束条件，并在三个不同的波长处求解，可以解出振幅和夹角 $(\varphi_0 - \varphi_A)$。如果用共振原子的位

图 14.20 所有原子的非共振结构因子 F_{hkl}^0 与它们的共振结构因子(具有 X 射线共振散射分量 f' 和 if'、F_{hkl}^A)之间的相位关系

置估算角度φ_A，那么可以求得某反射的完整相位和振幅信息；$\varphi_0 = \varphi_A + (\varphi_0 - \varphi_A)$。这种强大的方法仅适用于同步辐射[43,49]，并且可以漂亮地确定晶体结构(图14.21)。

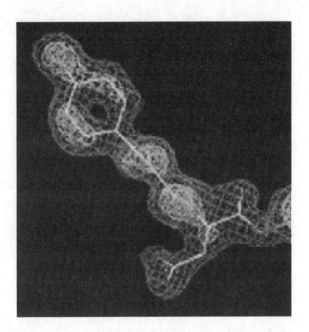

图 14.21   X 射线教程网站的 MAD 方法重构的电子密度[50]
数据显示了在 SSRL1～5 光束线上收集的数据的实验电子密度图；样品是金上的破伤风梭菌衍生片段

14.5.2   共振散射案例 2：二元合金中短程局域相关性的 3 λ 确定

在二元合金中，历史上曾为理解相稳定性而围绕几个关键参数展开了研究。例如，在离子材料中， Goldschmidt 根据组分占比、极化的影响和原子半径之比来构建相场。同样，Hume-Rothery 提出了价电子浓度、电化学因子和半径比作为金属中相稳定性的控制因素。在这两种情况下，人们都认为原子大小在合金相稳定性中起着至关重要的作用，但这意味着巨大的测量实验挑战。例如，在化学计量的长程有序合金中，原子大小的测量表达通常受到有序对称性的阻碍。

但是，在短程有序合金中，原子尺寸会导致明显的原子偏离平均晶格位点的位移，这种位移可用于解释局部原子尺寸如何随浓度和温度变化(如由于电子共享和/或泡利不相容中的电子自旋)。

确定二元合金局部结构的最有效方法之一是 X 射线漫散射。这种方法既可以确定许多层的局部原子对分布，又可以测量原子大小。为了理解这种局域相关性的根源，考虑由 A 和 B 两种原子组成的晶体，A 原子总数为 n_A，B 原子总数为

n_B。运动学的散射近似决定了散射强度与原子散射因子及其在晶体中的相关性成正比：

$$I(\boldsymbol{H}) = \sum_p \sum_q f_p f_q^* \mathrm{e}^{\mathrm{i}2\pi\boldsymbol{H}(r_p - r_q)} \tag{14.10}$$

其中，I是以电子为单位的强度；f是p或q位点处的原子散射因子；$\boldsymbol{H} = (s - s_0)/\lambda$，是动量传输；$r$是实空间原子位点。我们注意到，与式(14.7)不同，晶胞中原子的布拉格反射对结构因子的贡献是明确的确定值，式(14.10)中倒易晶格矢量可以取任何值，并且对样品中的所有原子双重求和。双重求和可分解为几部分，因有平均原子散射因子$f_{average} = (n_A f_A + n_B f_B)/(n_A + n_B)$和残余原子散射衬度。我们注意到，来自晶体的总弹性散射大致为$n_A f_A^2 + n_B f_B^2$，其中来自平均晶格的散射为$(n_A + n_B)f_{average}^2$。从总散射中扣除平均散射可得出著名的劳厄单调项：

$$I_{Laue} = \frac{n_A n_B (f_A - f_B)^2}{n_A + n_B} \tag{14.11}$$

该项描述了从布拉格峰到倒易空间的散射强度再分布。劳厄单调散射通过样品的局部化学序和静态位移进一步重新分布。对于有序体系，有邻域原子趋于不同的倾向，并且散射强度分布在超结构位置。对于团簇体系，存在邻域原子相似的趋势，并且劳厄单调强度分布在布拉格峰附近。对于随机化学序，散射呈单调性地分布在倒易空间中，因此命名为劳厄单调。如果较大的原子同时也具有较大的散射因子，则强度将在低值的H空间再分布。如果较大的原子具有较小的散射因子，则强度将再分布到较高的H空间[40]。

尽管X射线漫散射具有强大的功能，但在同步辐射出现之前，对于元素周期表中邻近元素的合金来说，漫散射测量极具挑战性。元素间的低散射衬度极少引起劳厄单调散射。现在，使用同步辐射为局部短程原子序和原子位移的共振研究提供高强度可调光束，该问题已得到极大改观[51]。

作为应用案例，我们考察了Fe-Ni合金中的局部原子相关性。如图14.18所示，在略低于Fe K边处，有4～5个电子从Fe原子散射；对于Ni原子，在Ni K边附近有类似现象。如果原子散射因子的差值$f_{Ni} - f_{Fe}$如图14.22所示，则可以看到随着X射线能量在7～8.5 keV范围变化，其衬度先达到了绝对最大值，再接近零，然后改变符号。这种衬度变化可以用来突显合金中的短程化学序和原子特定的化学静态位移。例如，短程超结构峰的大小和位置随X射线能量的变化而急剧变化，如图14.23所示。在7.112 keV的Fe K边附近，Ni、Fe的衬度达到最大值，超结构峰的强度和锐度可用于确定数十个原子层的化学相关性。接近8 keV时，Ni和Fe之间的衬度几乎全部归因于它们的虚部散射因子的差异，而所获散射几乎全部源于平均散射因子。这种所谓的"零劳厄"能量使平均散射得以测量，而

不会被 Fe 和 Ni 的散射差异引起的劳厄单调散射所混淆。刚好低于 Ni 边(8.333 keV)
处，散射衬度再次极大，但是现在 Ni 的散射因子比 Fe 的低。这与来自静态位移
效应的贡献相反，这是由 Fe 和 Ni 之间的静态位移差异引起的。

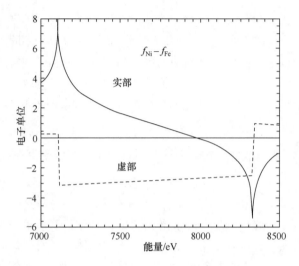

图 14.22　X 射线能量在 7000～8500 eV 范围内，Ni 和 Fe 的散射衬度发生了急剧变化

　　现在，已经对许多双金属合金进行了共振 X 射线漫散射测量，得出了非常有
趣的结论：每个被测量的体系都与硬球模型相符。在原子短程有序体系中，不同
原子对之间的原子位移要比硬球模型所预测的小。同样，在团簇体系中，相邻同
类原子的键长小于硬球模型所预测的。这些结果表明，即使在金属合金中，成键
也在相稳定性中起着重要作用。

14.5.3　共振散射案例 3：磁结构和相关长度的确定

　　在元素吸收边附近调谐的 X 射线将电子从内壳推动到原子的空价带层中。在
磁性材料中，根据原子位置的不同，这些带层可能会稍微分裂和/或具有不同的占
有率。在这种情况下，同步辐射的固有偏振可以优先推动带有特殊自旋的原子。
强自旋相关的共振散射可以用来解决反铁磁超结构。这些方法已被用来对 U 合金
中的磁有序进行非常灵敏的测量[46,47]。
　　例如，使用 U 的 M 边附近的 X 射线能量测量了砷化铀(UAs)单晶的衍射。通
过晶体分析仪分辨散射光的偏振来观测散射。在(0, 0, 5/2)位置测量衍射，UAs 晶体
的NaCl型化学结构对该衍射消光。接近共振时,反射增强了 4～6 个数量级(图 14.24)。

这种增强被确认是由铁磁结构的存在而引起，理由有二：一是在倒易空间中峰所处的位置，二是衍射光偏振分析仪证实了散射按预期发生了 $\sigma \rightarrow \pi$ 偏振旋转，而不是保持电荷散射通常的 $\sigma \rightarrow \sigma$ 偏振。在 M_V、M_{IV} 和 M_{III} 边发现了显著的反射增强。另外，在共振通道之间存在相干干涉。尽管这种测量的细节很引人注目[46]，但更吸引人的关键因素是对磁结构信号的巨大信噪比。这为灵敏地测量磁结构与温度和/或压力的关系提供了机会。

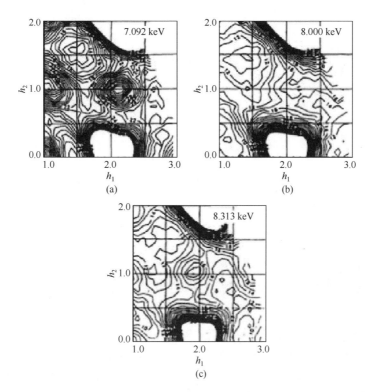

图 14.23　X 射线漫散射集中在 $Ni_{80}Fe_{20}$ fcc 合金的超晶格位置附近；正常的 200 和 220 布拉格反射峰以及热漫散射(TDS)不会随着 X 射线能量的变化而显著变化；但是，在 7.092 keV 处的 Fe K 边附近，共振 X 射线散射导致 Fe 的散射因子损失大约五个电子；这加强了 Fe 和 Ni 之间的散射衬度，并在超晶格位置(如 210 和 110)处显示出超结构峰；注意 Fe 边的超结构峰移至更高的 Q；这是由于与晶格中的 Ni 相比，Fe 的尺寸相对较大；在 8.000 keV 处，Fe 和 Ni 之间的衬度可忽略不计，几乎没有劳厄单调散射；在 8.313 keV 处，Ni 原子的散射截面比 Fe 的小，并且重新出现了超结构峰；但是，这一次将它们移向较低的 Q，因为散射衬度已改变符号[51]

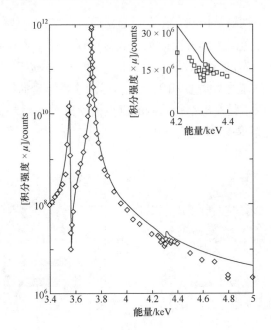

图 14.24   铀 M 吸收边附近的磁共振散射显示增益超过 5 个数量级；测量通过调谐 X 射线能量以及样品和探测器，记录到反铁磁布拉格反射；铀 M 吸收线磁散射的大幅提高使得可以轻松测量该材料中的磁相变[46]

14.6   未来展望：超快科学与相干性

本章如此简短，可能无法涵盖同步辐射正在带来的衍射革命的广度和深度。虽然我们力图介绍当前高亮度、高准直和可调的 X 射线束使科学发生的惊人进步，但是仅简略提及了脉冲时间结构、可调偏振和光束相干所具有的其他优势。然而，超亮度和高度相干的未来第四代自由电子激光和/或能量回收 X 射线源的研发将通过新的相干、超快速衍射技术再次改变衍射科学。

14.6.1   相干衍射

相干衍射是所有使用可见光激光的人都熟悉的现象。当样品被具有严格相位关系的光子照射时，散射对结构信息变得敏感，而该信息在非相干实验中丢失。第三代同步辐射的 X 射线相干性已经足以实现强大的衍射技术，如光子相关光谱，该技术表征样品动力学和相干成像，这些结构细节高敏感技术超出了其他 X 射线成像方法。Robinson 等开创了晶体相干衍射成像，该技术结合了常规晶体学和相干成像的优点。例如，最近对小晶体的测量已经超越了简单的晶体形貌成像，包含了有关内部缺陷的信息[52]。

ERL 和自由电子激光器的开发将拓展已经在开发中的相干衍射方法，并实现全新的应用。例如，由于这些新光源比以前的 X 射线源相干性更好，因此它们将大大提高信噪比和空间分辨率。此外，来自自由电子激光器的超亮度脉冲在脉冲的累积能量打破原子的原有结构之前完成衍射图收集，这样来规避样品的破坏极限。这种策略将有望能够以原子分辨率对 3D 结构(包括未结晶的分子)进行相干衍射成像。

14.6.2 超快衍射

尽管同步辐射脉冲源已经实现了对材料动力学的前所未有的衍射研究，但是自由电子激光将把这些测量拓展到亚皮秒时域。该时间尺度将把泵浦探针的测量范围扩展到辐射级联动力学、化学过程中的结构演变以及材料科学的其他关键问题。其中许多问题将直接影响能源相关材料，因此对于开发高效和可持续的能源至关重要。在这种时间尺度上的衍射以及利用这些固有相干探针将提供空前的信息，但也将需要全新的测量和数据分析策略。

(Gene E. Ice)

参 考 文 献

[1] Baldwin G C, Kerst D W. Origin of synchrotron radiation. Phys Today, 1975, 28(1): 9.

[2] Lightsources.org (2009). http://www.lightsources. org/cms/?pid=1000098 [2012-05-29].

[3] http://www.lynceantech.com[2012-05-29].

[4] Ishii K, Matsuyama S, Yamazaki H, Kikuchi Y, Momose G. Atomic bremsstrahlung of Al, Ag and Au targets bombarded with 1.5 MeV protons. http://www.fisica.unam.mx/pixe2007/ Downloads/ Proceedings/PDF_Files/ PIXE2007-B-1.pdf [2012-05-29].

[5] Yamaguchi N, Takemura Y, Shoyama H, Hara T. X-ray microscopy. IPAP Conference Series 7, 2006: 140-142.

[6] LCLS homepage (2009). http://lcls.slac.stanford.edu/ [2012-05-29].

[7] ERL homepage (2011). http://erl.chess.cornell.edu/ [2012-05-29].

[8] Winick H, Doniach S. Synchrotron Radiation Research. New York: Plenum Press, 1980.

[9] Mills D M. Third-Generation Hard X-ray Synchrotron Radiation Sources. New York: John Wiley & Sons, Inc., 2002.

[10] Thompson A, Attwood D, Gullikson E, Howells M, Kim K J, Kirz J, Kortright J, Lindau I, Pianetta P, Robinson A, Scofield J, Underwood J, Vaughan D, Williams G, Winick H. X-ray Source Data Booklet, LBNL/PUB-490 Rev. 2, 2001.

[11] Ice G E. Reflective optics for microdiffraction. Nucl Instrum Methods Phys Res, Sect A, 2007, 582(1): 129-131.

[12] Mimura H, Handa S, Kimura T, Yumoto H, Yamakawa D, Yokoyama H, Matsuyama S, Inagaki K, Yamamura K, Sano Y, Tamasaku K, Nishino Y, Yabashi M, Ishikawa T, Yamauch K. Breaking the 10 nm barrier in hard-X-ray focusing. Nat Phys, 2010, 6(2): 122-125.

[13] Shu D, Maser J, Holt M, Winarski R, Preissner C, Smolyanitskiy A, Lai B, Vogt S, Stephenson G B. Optomechanical design of a hard X-ray nanoprobe instrument with nanometer scale active vibration control//Choi J Y, Rah S. Synchrotron Radiation Instrumentation. College Park: American Institute of Physics, 2007: 1321-1324.

[14] Larson B C, Yang W, Ice G E, Budai J D, Tischler J Z. Three-dimensional X-ray structural microscopy with submicrometre resolution. Nature, 2002, 415(6874): 887-890.

[15] Ice G E, Larson B C, Tischler J Z, Liu W, Yang W. X-ray microbeam measurements of subgrain stress distributions in polycrystalline materials. Mater Sci Eng A, 2005, 399(1-2): 43-48.

[16] Ice G E, Chung J S, Lowe W, Williams E, Edelman J. Small-displacement monochromator for microdiffraction experiments. Rev Sci Instrum, 2000, 71(5): 2001-2006.

[17] Ice G E, Pang J W L. Tutorial on X-ray microLaue diffraction. Mater Charact, 2009, 60(11): 1191-1201.

[18] Poulson H F. Three-Dimensional X-ray Diffraction Microscopy. Berlin: Springer, 2004.

[19] Reimers A, Pyzalla A R, Schreyer A, Clemens H. Neutrons and Synchrotron Radiation in Engineering Materials Science. Weinheim: Wiley-VCH Verlag GmbH, 2008.

[20] Champaign R F, Ngo P D. Tin whiskers and the lead free initiative. Microsc Microanal, 2005, 11 (Suppl. 2): 1578-1579.

[21] Galyon G T. Annotated tin whisker bibliography and anthology. IEEE Trans Electron Packag Manuf, 2005, 28(1): 94-122.

[22] Sampson M, Leidecker H, Kadesch J, Brusse J. http://nepp.nasa.gov/whisker/ index.html [2012-05-29].

[23] Sobiech M, Wohlschlögel M, Welzel U, Mittemeijer E J, Hugel W, Seekamp A, Liu W, Ice G E. Local, submicron, strain gradients as the cause of Sn whisker growth. Appl Phys Lett, 2009, 94(22): 221901.

[24] Sobiech M, Welzel U, Mittemeijer E J, Hugel W, Seekamp A. Driving force for Sn whisker growth in the system Cu-Sn. Appl Phys Lett, 2008, 93(1): 011906.

[25] Yoon M, Larson B C, Tischler J Z, Haynes T E, Chung J S, Ice G E, Zschack P. Use of X-ray microbeams for cross-section depth profiling of MeV ion-implantation-induced defect clusters in Si. Appl Phys Lett, 1999, 75(18): 2791-2793.

[26] Larson B C. X-ray diffused scattering near Brag reflection for the study of clustered defects in crystalline material//Barabash R I, Ice G E, Turchi P E A. Diffuse Scattering and the Fundamental Properties of Materials. New York: Momentum Press, 2009: 139-160.

[27] Valek B C, Tamura N, Spolenak R, Caldwell W A, MacDowell A A, Celestre R S, Padmore H A, Braman J C, Batterman B W, Nix W D, Patel J R. Early stage of plastic deformation in thin films undergoing electromigration. J Appl Phys, 2003, 94(6): 3757-3761.

[28] Barabash R I, Ice G E, Tamura N, Valek B C, Bravman J C, Spolenak R, Patel J R. Quantitative analysis of dislocation arrangements induced by electromigration in a passivated Al (0.5 wt% Cu) interconnect. J Appl Phys, 2003, 93(9): 5701-5706.

[29] Budai J D, Yang W G, Tamura N, Chung J S, Tischler J Z, Larson B C, Ice G E, Park C, Norton D P. X-ray microdiffraction study of growth modes and crystallographic tilts in oxide films on metal substrates. Nat Mater, 2003, 2(7): 487-492.

[30] Ohashi T, Barabash R I, Pang J W L,Ice G E, Barabash O M. X-ray microdiffraction and strain gradient crystal plasticity studies of geometrically necessary dislocations near a Ni bicrystal grain boundary. Int J Plast, 2009, 25(5): 920-941.

[31] Liu H Z, Duffy T, Ehm L, Crichton W, Aoki K. Advances and synergy of high-pressure sciences at synchrotron sources. J Synchrotron Radiat, 2009, 16(6): 697-698.

[32] Robinson I K. Direct determination of the Au (110) reconstructed surface by X-ray diffraction. Phys Rev Lett, 1983, 50(15): 1145-1148.

[33] Robinson I K. Crystal truncation rods and surface roughness. Phys Rev B, 1986, 33(6): 3830-3836.

[34] Robinson I K, Tweet D J. Surface X-ray diffraction. Rep Prog Phys, 1992, 55(5): 599-651.

[35] Lin B, Shih M C, Bohanon T M, Ice G E, Dutta P. Phase diagram of a lipid monolayer on the surface of water. Phys Rev Lett, 1990, 65(2): 191-194.

[36] Warren B E. X-ray Diffraction. New York: Dover Publications, Inc., 1969.

[37] Specht E D, Walker F J. Oxidation state of a buried interface: near-edge X-ray fine structure of a crystal truncation rod. Phys Rev B, 1993, 47(20): 13743-13751.

[38] Langmuir I. The constitution and fundamental properties of solids and liquids. II. Liquids. J Am Chem Soc, 1917, 39(9): 1848-1906.

[39] Lee P L, Shu D M, Ramanathan M, Preissner C, Wang J, Beno M A, von Dreele R B, Ribaud L, Kurtz C, Antao S M, Jiao X, Toby B H. A twelve-analyzer detector system for high-resolution powder diffraction. J Synchrotron Radiat, 2008, 15(5): 427-432.

[40] Ice G E, Sparks C J, Shaffer L B. Chemical and displacement atomic pair correlations in crystalline solid solutions recovered by resonant (anomalous) X-ray scattering in Fe-Ni alloy//Materlick G, Sparks C J, Fischer K. Resonant Anomalous X-ray Scattering: Theory and Applications. Amsterdam: Elsevier Science, 1994.

[41] Yakel H L. Determination of the cation site-occupation parameter in a cobalt ferrite from synchrotron-radiation diffraction data. J Phys Chem Solids, 1980, 41(10): 1097-1104.

[42] Kumar R, Sparks C J, Shiraishi T, Specht E D, Zschack P, Ice G E, Hisatsune K. X-ray determination of site occupation parameters in ordered ternaries $Cu(Au_xM_{1-x})$, M=Ni, Pd. MRS Proceedings, 1990, 213: 369-375.

[43] Hendrickson W A. Analysis of protein structure from diffraction measurement at multiple wavelengths. Trans Am Crystallogr Assoc, 1985, 21(11): 11-21.

[44] Ice G E, Sparks C J, Habenschuss A, Shaffer L B. Anomalous X-ray scattering measurement of near-neighbor individual pair displacements and chemical order in $Fe_{22.5}Ni_{77.5}$. Phys Rev Lett, 1992, 68(6): 863-866.

[45] Stragier H, Cross J O, Rehr J J, Sorensen L B, Bouldin C E, Woicik J C. Diffraction anomalous fine structure: a new X-ray structural technique. Phys Rev Lett, 1992, 69(21): 3064-3067.

[46] McWhan D B, Vettier C, Isaacs E D, Ice G E, Siddons D P, Hastings J B, Peters C, Vogt O. Magnetic X-ray-scattering study of uranium arsenide. Phys Rev B, 1990, 42(10): 6007-6017.

[47] Isaacs E D, McWhan D B, Peters C, Ice G E, Siddons D P, Hastings J B, Vettier C, Vogt O. X-ray resonance exchange scattering in UAs. Phys Rev Lett, 1989, 62(14): 1671-1674.

[48] Jiang J, Sweet R M. Protein Data Bank depositions from synchrotron sources. J. Synchrotron Radiat, 2004, 11(4): 319-327.

[49] Karle J. Some Developments in anomalous dispersion for the structural investigation of macromolecular systems in biology//Carrondo M A, Jeffrey G A. Chemical Crystallography with Pulsed Neutrons and Synchroton X-Rays. Dordrecht: Springer, 1980: 387-397.

[50] Rupp B. Biomolecular Crystallography: Principles, Practice, and Application to Structural Biology. New York: Garland Science, 2009.

[51] Ice G E, Sparks C J. Modern resonant X-ray studies of alloys: local order and displacements. Annu Rev Mater Sci, 1999, 29(1): 25-52.

[52] Newton M N, Leake S J, Harder R, Robinson I K. Three-dimensional imaging of strain in a single ZnO nanorod. Nat Mater, 2010, 9(2): 120-124.

第15章 高能电子衍射：功能、仪器和案例

15.1 引　言

1924 年，路易斯·德布罗意(Louis de Broglie)在其博士论文[1]中革命性地发现了有质量粒子的波动性，仅过了三年，基于电子波粒特性的电子衍射便被发现，它类似于 X 射线衍射也形成衍射花样[2-4]。目前，电子衍射已成为结构晶体学和材料科学领域功能强大的工具，并且已经分为几个子学科。鉴于在电子散射和衍射方面存在着大量的文献，必须强调的是，在本章中术语"衍射"与"弹性散射"同义对待，即保持入射电子能量不变的过程。

如果电子的加速电压在 20～200 V(有时高达 600 V)范围内，则可称为低能电子衍射(LEED)。这种能量的电子波长约为 1 Å(20 V 时为 2.7 Å，600 V 时为 0.5 Å)，与原子间距相当，且只能穿透第一个原子层，或者是 5～10 Å 的样品厚度。因此，LEED 主要用于在超高真空条件下表面原子结构的研究。在更高的电子束能量下，如中能电子衍射(MEED，加速电压在 1～5 kV 之间[5])或反射高能电子衍射(RHEED，电子能量范围在 40～100 keV 之间)，散射角过小以至于普通入射电子束无法正常工作，于是，必须或多(RHEED)或少(MEED)地选择掠入射电子束。入角与表面法线的偏离使 RHEED 对表面粗糙度的敏感性比 LEED 高，而 MEED大约介于两者之间[6]。

在足够高的能量(高于 20 keV)下，电子快速地穿透数纳米的材料而没有太多地被吸收或形成荷电。尽管在较低的能量下电子能够穿过非常薄的样品，甚至可以进行原子分辨率成像[7]，但透射电子显微镜(TEM)中的透射电子衍射通常在高于 20 kV 的加速电压下完成，有时高达 1 MV 甚至 3 MV。由于 TEM 用途广泛，

在全球众多实验室中随处可见，本章仅集中介绍透射高能电子衍射(HEED)。

但是，进一步介绍 TEM 设备及电子衍射之前，应先提及另外两种电子衍射技术，它们在材料分析中具有独特的功能：使用线性偏振光电子激发 GaAs 光电阴极可以提取 40%的自旋偏振[8]。使用这种自旋偏振电子源[9]，可以进行低能自旋偏振电子衍射(SPLEED，有时只写为 PLEED)实验[10]，或者用于电子成像[低能自旋偏振电子显微镜(SPLEEM)][11,12]。SPLEED 和 SPLEEM 可用于研究电子穿不透基体的微磁结构和表面磁性能。

另一种非常有趣的衍射技术是电子背散射衍射(EBSD)，其中入射电子的非弹性散射所产生的球面波在其离开样品的途中，与周围的原子结构发生衍射，并产生极具特征性的菊池线花样，可以用来识别晶体相并精确确定晶粒取向的相对变化。利用最近开发的图谱高级分析软件甚至通过该技术能获得可靠的应变分布图(晶粒局部畸变分布)。

本章首先对透射电子衍射实验中可能用到的实验布置做了简要介绍，其中包括重要基础知识及 TEM 的衍射模式(包括超快衍射实验专门章节、传统通用功能 TEM 和专门设计的衍射室)以及电子衍射方法的最新进展。晶体材料的电子衍射图谱包含大量信息，通过应用 X 射线晶体学中开发的完全相同的技术重构复杂晶体结构的原子位置[13-15]。但是，由于篇幅所限，本章的最后部分只能对电子衍射技术做选择性评述，着重强调了与其他(如 X 射线或中子)衍射技术相比电子衍射的独特之处。

15.2 仪　　器

15.2.1 基本原理

电子的电性使其既易于产生也比较容易被控制。实际上,无论是实验室光源、同步辐射还是自由电子激光,X 射线的产生通常都需要先产生高速电子。

作为有质量的粒子，电子的德布罗意波长为

$$\lambda = \frac{h}{2\gamma m_0 E} = \frac{h}{2 m_0 E \left(1 + \dfrac{E}{2 m_0 c^2}\right)} \tag{15.1}$$

其中，h 为普朗克常量；m_0 为电子静止质量；$E = |eU|$，为电子的动能；e 为电子的电荷；U 为加速电压。其波长非常短，比典型 X 射线的波长短近两个数量级。在常规 TEM 中能获得的电子束能量为 $E \geqslant 20$ keV，其波长可通过式(15.2)来近似

表达：

$$\lambda \approx -0.0040\text{Å} + \frac{0.408\text{Å}}{\sqrt{E/\text{keV}}} \tag{15.2}$$

例如，在普通中压 TEM($U = 200\,\text{kV}$，故 $E = 200\,\text{keV}$)中，电子波长 $\lambda = 0.0251\,\text{Å}$。

电子的电性不仅可使其被静电场加速，而且遵循洛伦兹力方程在磁场和电场中偏转和聚焦。

$$\boldsymbol{F}_{\text{Lorentz}} = -e(\boldsymbol{E} + \boldsymbol{v} \times \boldsymbol{B}) \tag{15.3}$$

尽管球磁透镜固有正球差[16]，但可以使用多极透镜补偿这种(以及更高阶的)球差[17,18]，从而产生直径仅为 0.5 Å 的电子探针[19]。

除了对形成探针的透镜系统做像差校正外，形成这种小探针还需要高空间相干性。在某一空间相干条件下，可用亮度 β 这一关键参数描述电流大小，它是从面积 A 发射到某个立体角 Ω 的电流总量 I。对旋转对称体系有

$$\beta = \frac{I}{\Omega A} = \frac{I}{(\pi \alpha r)^2} \tag{15.4}$$

其中，α 是电子发射的锥角半径；r 是光源的半径。由于加速电压提高电子的动量增加，有效锥角半径 α 与电子波长成正比，再结合式(15.1)，那么与电子动能的平方根成反比。由于这一原因，通常用式(15.5)较小地修正亮度：

$$\beta_r = \frac{\beta}{U} \tag{15.5}$$

对电子衍射来说，电子光学系统的亮度在相干衍射成像(CDI)实验中尤为重要，这在近十年来的同步辐射 X 射线衍射研究中已广为人知。场发射电子枪(FEG)[20]目前已是高性能 TEM 的标配，能产生纳米尺度光源和亚电子伏特的能量展宽，其单位带宽的亮度大于现代同步加速器[21]。再考虑到电子与物质的强相互作用，从一定体积的材料收集相干散射信号的潜能甚至超过自由电子激光。但是，尽管在世界各地采用高能电子进行了大量 CDI 实验，而在日常工作中仍然不能比显微镜产生的图像提供更高分辨率的信息，并且还存在许多问题，这将在 15.3.7 节中进行讨论。

15.2.2　TEM 中的衍射模式

根据式(15.3)计算的洛伦兹力，Busch[22]发现电磁线圈能聚焦电子束。此后不久，由 Knoll 和 Ruska 发明了第一个 TEM [23]，这一成就被授予 1986 年的诺贝尔奖[24]。现代 TEM 至少装有四个电磁透镜(电子枪透镜、聚光镜系统和物镜)，以将电子束准直或聚焦在样品上，而样品下面至少有四个透镜(物镜和投影镜系统)将

放大的图像或放大的衍射图聚焦在探测器上，探测器可以是 CCD 相机、照相胶片、数字影像板或光谱仪。图 15.1 显示，只需更改投影镜系统中透镜的电流，TEM 就可以在图像模式和衍射模式之间切换。同样，聚光镜系统可连续改变照明的会聚角，并使样品上电子探针的尺寸从平行照明变为会聚照明，从而形成平行或会聚束电子衍射(CBED)。

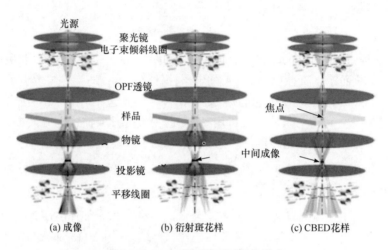

图 15.1　TEM 的三种不同操作模式

(a) 高分辨率成像模式：入射平面波被不同晶面弹性散射并相干形成衍射束，某些情况下相干花样可直接用原子结构进行解释；(b) 平行电子束照明，衍射模式是(常规)斑点花样；(c) 要在样品上形成小探针，入射平面波必须覆盖一定范围的方向；结果形成的 CBED 花样代表大量常规衍射实验，所有衍射来自样品上晶体取向略有不同的、非常小的同一区域

在平行电子束照明条件下[图 15.1(b)]，可以通过两种方式选择样品的衍射区域：①在聚光镜系统中加光阑；②在第一中间成像位置加选区光阑[图 15.1(b)中的箭头指示]。一般来说更频繁地使用选区电子衍射(SAED)，即选择第二个方案进行衍射实验，特别是在对衍射原始数据的定量和精确位置要求不是很高的情况下。采用这种方式的原因是实验简单。在不改变任何透镜电流、对中或样品照明条件的情况下，用户可以在大视野整体观察和小视野选区衍射之间快速切换，操作时只需插入和放置一个小光阑即可。这种方法存在的一些问题：①由于物镜的放大倍数固定，即使通过很小的光阑(如 5μm)选择的最小区域的直径通常不小于 80 nm。②由于物镜的像差，高角度衍射信息来自的区域可能比(明场)像所选择的要大得多。像差校正器将大大有利于解决第二个问题，但目前该器件无法校正超过 50 mrad 散射角的像差。

另一方面，通过限制照明视野可以选择非常小的样品区域。如果聚光镜系统由两个以上的聚光镜组成，尽量应用视场限制光阑，这样选择非常小的区域特别容易[25]。在这样的配置下，可实现限制衍射的纳米束电子衍射(NBD)，即使半会聚角 < 1 mrad(在 200 kV 加速电压下)，照明区域的直径仍可以小于 2 nm。限制照明选区衍射还有另一个优势，即此时可以用扫描线圈轻松地让电子束扫描整个样品。

扫描线圈不仅可以在样品平面内平移电子探针，还可以用来改变电子束的入射角。最近引起关注的一种实验装置是进动电子衍射(PED)[26]，其入射角围绕光轴进动，产生锥形照明。同时，控制样品下方的移动线圈(如在投影镜系统中)以补偿入射束倾斜引起的衍射花样偏移，从而产生一个斑点图像，其中测得的每个强度代表一个完整的圆锥形摇摆曲线。这样数据结果等效于进动样品取向[27]，并且在某种程度上类似于 X 射线晶体学中的振荡/旋转法[28]。有关 PED 和相关技术(如大角度回摆电子束衍射)的更多信息，请参见 15.3.1 节和 15.3.4 节。

图 15.1(c)展示了另一个非常有趣的 CBED 实验配置。代替以单一波矢为特征的平行束，用由一组平面干涉波产生的会聚光束照射样品，其特征是波矢充满圆锥体，波矢与光轴的最大偏离角度为 α，称为半会聚角。每一入射平面波都产生其自身的衍射花样，这样形成取代衍射斑的衍射圆盘。这些衍射盘上的信息可以被定量解释，并且可以用来确定晶体电子结构因子的振幅和相位，并由此确定晶胞内的电荷分布(有关此主题的更多信息，请参阅 15.3.2 节)。

15.2.3　飞秒电子衍射

用短脉冲激光激发光阴极将使非常密集的电子束穿过样品，并能进行超快电子衍射(UED)和动态透射电子显微术(DTEM)实验(有关最新评论，请参见参考文献[29]～[31])。短脉冲电子的一个主要问题是沿传播和其垂直方向上都存在空间电荷排斥(称为 Boersch 效应，在束前端的电子被加速，而尾部的电子被减慢)，从而降低了电子束的有效亮度。

作为对短脉冲激光的响应，由光电阴极发射电子的相对较宽的能量分布引起纵向伸长，这严重限制了在超快衍射实验中可达到的时间分辨率。Miller 等[32]最近设计了一种特殊的系统，在该系统中，非常短的传播距离(电子源与样品之间的距离小于 10 cm)可以产生亚皮秒级脉冲的衍射花样，并且(在低束流条件下)能够将电子脉冲时间降低到 200 fs[33]。在第五代设计中，该小组目前引入一个 RF 脉冲压缩腔[34]，这可能在时间分辨率上增益 1 个数量级，在强度上增益 3 个数量级[32]。

15.3   TEM 中的电子衍射方法

15.3.1   进动电子衍射(PED)

为了增加衍射花样的分辨率(即它们在倒易空间中的分散范围)并减少动态散射效应，进动电子衍射(PED)[26]在所有可能的恒定倾斜角(倾斜是指偏离显微镜光轴)照明条件下高效地积分衍射强度。这是通过使入射束的方向围绕光轴进动[图 15.2(a)]再在样品下方补偿该进动[请参见图 15.2(b)]来实现的。在过去的几年中，有关 PED 应用的出版物数量增长很快，原因之一可能是自 Vincent 和 Midgley 最初设计该模式以来[26]，出现了许多不同的硬件以实现 PED 方法[35-40]。现代 TEM 通过软件命令可以对透镜和偏转线圈的电流进行许多设置。这导致开发了几种不需要额外电镜附件的 PED 执行软件[41,42]。

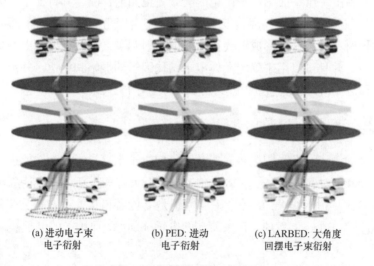

(a) 进动电子束   (b) PED: 进动   (c) LARBED: 大角度
   电子衍射   电子衍射   回摆电子束衍射

图 15.2   锥形照明的衍射模式

(a) 锥形照明衍射形成衍射环；(b) 控制衍射平移线圈补偿由倾斜导致的 PED 衍射花样偏移；(c) 因电子束倾斜造成的强度变化信息可以通过补偿得以大部分保留，而非通过完全移动衍射花样，注意，这种 LARBED 的花样有不同形状，其中包括实心盘(见图 15.4)

如果晶体的取向相对靠近低指数晶带轴，则 PED 通常会产生非常对称的花样。这些花样的对称性可能高于晶体的点群对称性。最近有报道称，通过"非常规 PED"关闭反扫描功能仍可以进行点群确定[43]，即对应于图 15.2(a)所示情况的设置，但进动角要小到足以避免衍射环重叠。

PED 花样的高度对称性和扩展的角度范围是由于以下事实：电子束绕晶体的低指数晶带轴反射进动，该反射的倒易晶格矢量位于半径 $g_{max} = 2\gamma/\lambda$ 的圆内(按照惯例电子波矢的振幅为 $|\boldsymbol{k}| = 1/\lambda$)，将两次精确满足布拉格条件(如果 $|\boldsymbol{g}| = g_{max}$，则至少为一次)。尽管严格来说，这是不正确的，但 PED 强度通常被认为是准运动学的，事实证明，应用于 PED 数据的运动学相位技术至少在某些情况下似乎确实可行[37]。对于消光条件，PED 比常规 SAED 更为可靠，从而可以确定空间群，消光信息在粉末 X 射线结构精修时可作为限制条件[44]。然而，这种"准运动学"的处理方法正在争论中，在提高 PED 谱图定量特征分析方面进行尝试，并且已经能够将实验条件限制在某个范围，在该条件下可以在结构电子晶体学的范畴内应用极其简化的近似[45,46]。

对于成功地从电子衍射数据解析晶体结构的算法，PED 强度更偏重运动学的特性，不仅对此提供了明显的便利，还通过其指纹特性极大地简化了物相鉴定[47]和取向分布[39]分析。尽管单电子衍射花样的强度随样品厚度和晶体取向的微小变化而显著地非单调变化，但 PED 的强度表现得更好。因可使用运动学散射理论来计算相关的标定表，处理过程大大简化。

15.3.2　定量会聚电子束衍射(QCBED)

在 X 射线衍射实验中，当光子探测材料的电子密度分布时，所有电荷(即电子和质子)形成的静电势使高速电子形成衍射。质子带的正电荷集中在原子核中心。这样，在原子核周围的电子云长度标尺上，正电荷分布可以用实空间中的 δ 函数表示，或者用倒易空间中的常数表示。因此，通过 Bethe-Mott 关系式，可以容易地从相应的 X 射线散射因子 $f^X(q)$ 和核电荷 Z 得出电子散射因子 $f^{el}(q)$：

$$f^{el}(q) = \frac{me^2}{2\pi\hbar^2\epsilon_0}\left(\frac{Z - f^X(q)}{q^2}\right) \tag{15.6}$$

式(15.6)的一个有趣结论是，当 q 较小时，$f^X(q)$ 接近原子的积分负电荷(低阶结构因子)，$f^{el}(q)$ 对长程电子密度起伏的分布变得非常敏感，这是因分母很小而放大了核电荷 Z 与总电子数之差，对于中性原子此差值应正好接近零。在测量价电子密度时，这种固有的去除背景能力使电子衍射比 X 射线衍射更具显著优势。另外，分母削弱了很高角度的散射，与 X 射线散射相比，电子衍射可能无法有效地精确确定晶胞内的原子位置。

利用电子散射对低阶结构因子的高灵敏性做电荷密度分布图时，需要实验对散射电子的振幅和相位都具有灵敏度。电子与物质的相互作用非常强，有很多人将此视为缺点，因为这样即使在几纳米的样品厚度上电子也会发生多次散射。然而这些多次电子散射的衍射数据对结构因子的振幅和相位都具有敏感性，这却让 Zuo 和 Spence [48]得以成功，此后其他一些作者[49-54]定量地还原了许多(小晶胞)晶体结构的成键电荷分布。这是通过精修低阶电子结构因子的振幅和相位来实现的，这样使用这些精修结果的动态散射模拟可以与实验数据定量匹配。为了确保唯一性，需要多个单电子衍射花样。零损耗过滤的 CBED(即采用能量过滤器仅提取弹性散射的电子)，单次曝光即可提供数千个衍射花样，每个衍射花样的散射条件略有不同，但全都位于相同的样品位置，非常适合该工作。但是，由于上述提到的在大散射角处的灵敏度下降，这些电荷密度分布分析通常是通过将低角度 CBED 散射信息与高角度 X 射线测量结合来完成的。另外，样品厚度必须相当大(约 100 nm)，以使衍射盘上的强度产生足够的变化。

15.3.3 大角度会聚电子束衍射(LACBED)

在 CBED 实验中，将会聚角增加到超过布拉格角的一半会产生重叠的衍射盘。对于高阶劳厄带(HOLZ)反射，仅当精确满足布拉格条件时，强度才达到可观程度，因此主要产生衍射线而不是圆盘，这仍可能会是非常有用的可量化数据[55]。

但是，对于零阶劳厄区(ZOLZ)反射(即低阶衍射)，除非使用仅得到单个衍射盘的大角度会聚电子束衍射(LACBED)技术，否则重叠衍射盘会阻碍对衍射强度的定量解释[56,57]。图 15.3 显示了它的工作原理。将样品提升到照明的焦点上方会在中间像平面上产生一个斑点衍射花样[关于该光学平面的位置，另请参见图 15.1(b)]。现在可以使用选区光阑来选择这些光斑中的任何一个，从而排除来自其他所有反射的衍射盘。图15.3显示了该光阑在照明系统焦平面中的背投影图像。

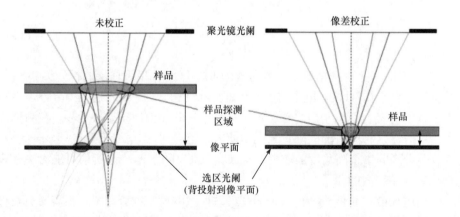

图 15.3　图解说明 LACBED 以及像差校正对该技术研究样品小区域能力的影响

左、右图的比较显示了 Cs 导致过焦电子远离显微镜的平行光轴，此时需要更大的光阑和更远的样品与照明系统正常焦点(像平面)之间的距离，在未校正的情况下，两者都会导致样品上的照明区域扩大

球磁透镜固有的正球差[16]阻止该焦斑变得非常锋锐，从而在样品上形成较大的照明区域。配备像差校正器的现代 TEM 可以在某种程度上解决此问题(目前会聚角约达 50 mrad[58])。

明场 LACBED(即衍射谱[000]束的 LACBED)已被广泛用于分析晶体中的线缺陷和面缺陷[59]。从图 15.3 可以看出，提升样品离开照明的焦点会导致样品的不同位置对应于来自不同入射方向的电子束。因此，LACBED 花样除包含衍射强度外，还包含样品的实空间信息或投影图像。因此，扩展缺陷可以在满足衍射条件的整个范围同时成像。在某些有利条件下，一个 LACBED 花样足以确定位错的三维 Burgers 矢量[59]。

15.3.4　大角度回摆电子束衍射(LARBED)

CBED 仅限于那些可记录衍射盘的角度范围，可能无法获得大晶胞的晶体衍射，而 LACBED 每次只能记录一个衍射盘。为打破这些限制，出现了许多新颖的解决方案，并收到了如下预期效果。

1) 在成像模式而不是衍射模式下操作显微镜[60]可以同时记录所有的衍射点，但是，在 PED 的情况下(15.3.1 节)，回摆曲线信息会丢失。然而，如果可以在大范围内调节中间镜和投影镜，以便电镜可以在像平面和衍射平面之间的任何平面都投影，则可以同时两全其美地记录 LACBED 明场及其暗场衍射盘[61]。但是，这种技术不能克服如常规 LACBED 中照明区域大的局限。

2) 作为 PED 的前身，双回摆晶带轴花样(DRZAP)技术对入射电子束的方向在样品上方做回摆，并在样品下方补偿回摆所造成的衍射花样运动。但是，Eades[62]和 Tanaka 等[63]因缺乏合适的面探测器而每次只能记录单个反射。因此，没有发现其比 LACBED 及其他小区域照明(仍受像差局限)技术有显著优势，后者由于顺序采集而可能获得更大的动态范围。

3) Zhang 等[64]引入倾转法，沿某一方向回摆电子束时，的确在电子束每个倾转角记录下整个衍射花样，形成一维回摆曲线。正如 DRZAP 法，当用纳米束衍射模式(而非文献[64]中所用的选区衍射模式)时，该技术的顺序采集原则上将可以补偿探针在样品上偏移引起的像差。

4) 如图 15.2(c)所示，通过电子束在二维平面上回摆，并采用部分但不完全的倾斜补偿，可以使用 2D 探测器的一次曝光同时记录所有 LACBED 衍射盘。在纳米束的衍射模式下记录衍射花样，并补偿探针在样品上移动引起的像差，有效照明区限制在仅几纳米范围内。这种新近实现的 LARBED 方法，包括对像差引起的探针漂移的自动测量和补偿[42]，已经能够用大于 100 mrad 有效会聚角收集图谱，图谱没有重叠衍射盘，在电子束平行于电镜光轴时的采集面积仅比名义电子探针的尺寸略大一点。

　　图 15.4 给出了在厚 7.2 nm 的 SrTiO₃ 晶体上进行 LARBED 实验的示例。快速
CCD 探测器可以单独记录每个倾斜角的电子束衍射花样(典型的曝光时间为几分
之一秒)，然后进行处理。曝光后这种处理允许计算不同的投影数据。图 15.4(a)
显示了如何将所有衍射图彼此叠加以产生积分衍射图谱，该积分衍射图谱与 PED
图谱非常相似，包含大量斑点且看起来非常对称。图 15.4(b)显示了如何保留有关
衍射花样强度变化的信息，从而增加了很多标准 PED 图谱无法获得的信息。衍射

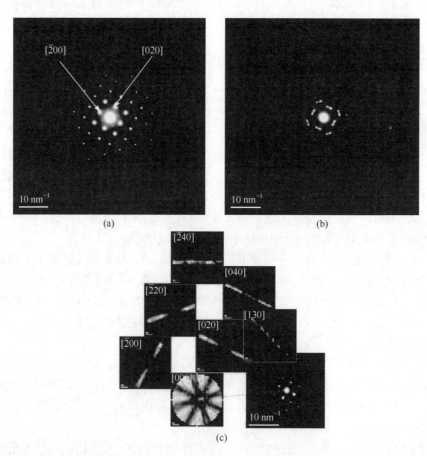

图 15.4　SrTiO₃ 的 LARBED 谱[倾斜衍射盘盘径为 70 mrad(在 120 kV 时对应为 20.1 nm⁻¹)]
(a) 完全补偿扫描，形成类似 PED 的花样，与 PED 的唯一区别在于采样是在整个的入射圆锥角，而不仅仅是其
边缘；(b) 扫描补偿设置为 89%，以产生不重叠的光盘；(c) 从一系列衍射花样中抽取的单个衍射盘，每个衍射
盘的对比度可以单独调节，这样每个盘内的强度变化要比(c)中显示得更好；右下角的插图显示了靠近晶带轴方向
(盘的对称中心)的单个衍射花样；每个抽出的衍射盘中的单个像素点值对应于该类花样中扣除背景的衍射点的积
分强度；每个盘旁边的比例尺为 20 mrad(6 nm⁻¹)；因此，每个盘大约与(a)中所示的完整衍射花样的范围一样大；
使用 DigitalMicrograph(美国加利福尼亚州普莱森顿的 Gatan 公司)的 QED 插件[65]，在 Zeiss EM912 TEM(加速电压：
120 kV)上采集了所有谱图

盘(特别是[000]盘)的对称中心即刻给出了晶体的精确方向。同样，对于常规的
CBED 花样，仅通过查看衍射图谱就直接可以唯一标定三维空间群[66]。在这种情
况下，图 15.4(b)中所示的 LARBED 花样与常规 CBED 花样的区别在于：CBED
以小会聚角照射如此薄的样品(7.2 nm)不会在衍射盘内显示出很大的强度变化，
并且本例中晶体的取向远离精确的晶带轴，那么衍射盘内也不包含对称中心。
如果图 15.4(a)和(b)仅仅是实验数据的不同投影，则图 15.4(c)将展示从此类数据中
如何也可以提取定量扣除背景的衍射强度。如 15.3.2 节所述，此类数据可用于如
定量结构因子精修。

　　对于大晶胞晶体结构，照明源倾斜大约 70 mrad 的角度足以采集多个劳厄区。
将 LARBED 实验中记录的每个衍射花样投影到相应的曲面(即相对入射电子波的
特定方向的 Ewald 球面)，可以重构 3D 倒易空间的某些部分，从而分离出原本会
在常规 PED 实验中重叠的衍射点。图 15.5 给出这样(不完整)3D 重构的一个例子。
尽管从该图可以明显看出，丢失的衍射锥非常大，但只要能利用动态散射强度对
结构因子振幅及其相位的多重性都敏感这一事实[42,67]，仍然有可能用从头算方法
解决此类数据的晶体相位问题。

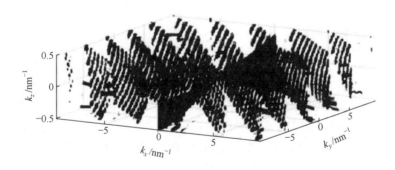

图 15.5　由斯德哥尔摩大学的 Zhang 和 Hovm oller 友情提供的 $K_2O \cdot 7Nb_5O_2$($a = b = 27.5 Å$，$c =$
3.94 Å)的 LARBED 数据 3D 重构后，得到了一小部分倒易空间，用于照明的圆锥半径为 70 mrad[41]；
与倒易空间起点相交的蝴蝶结状结构是从 CCD 相机读取衍射花样时在斑点中心位置人工产生
的条纹；注意 k_z 轴比 k_x 和 k_y 轴放大五倍；数据使用 DigitalMicrograph(美国加利福尼亚州普莱
森顿的 Gatan 公司)的 QED 插件[65]在 Zeiss SESAM 上获得

15.3.5　衍射层析成像

　　运动学散射理论假定散射强度与结构因子的振幅(晶体电势的傅里叶分量)平
方成正比，对它们的相位不敏感。这暗示存在晶体学中的相位问题，要解决该问
题(如通过直接法、电荷翻转或类似算法)通常(尤其是在复杂结构的情况下)需要假

设：只有在原子分辨率下的数据能覆盖大部分 3D 倒易空间并可用时，才能求解相位。丢失的相位信息只能通过收集比该(不对称晶胞)结构中的原子更多的(独立)反射来复原。因此，来自衍射数据的结构解决方案的可靠性随所记录数据的完整性程度的提高而增加，也就是说，可以从所记录的衍射数据中重构出多大比例的 3D 倒易空间(包括应用空间群对称性冗余度)。LARBED(包括图 15.5 中的示例)只能是伪 3D。TEM 的电子光学可能永远无法替代通过实际旋转样品本身实现的衍射层析成像。

因此，少数小组正在研究自动衍射层析成像(ADT)技术，旨在收集单个纳米晶体的衍射数据，以获取尽可能大的 3D 倒易空间[64,68]。由于大多数 TEM 测角仪不完美的偏心性，同时又要求电子探针必须优先以纳米精确度始终准确定位照射在粒子的相同体积上，因此这种采集方案必须对样品倾转过程中的目标纳米粒子进行成像和跟踪。该项工作自动化可以大大减少辐照样品的电子剂量[69]。

将这种衍射层析成像与 PED [70,71]相结合或在样品倾转期间回摆照明[64]可以进一步改善 3D 倒易空间的覆盖范围，因为进动和摇摆可以有效地填补因样品倾转的步进步数有限而造成的倒易网空隙。最近通过这种方法解析出的晶体结构的数量和复杂性令人瞩目[69]。

15.3.6　实空间晶体学

1975 年，通过结合散焦的明场显微照片和电子衍射图，解析了两个未染色的周期性生物样本，细菌视紫红质(紫色膜)和过氧化氢酶的投影结构。Unwin 和 Henderson[72]从图像的傅里叶分析中提取了结构因子相位，并使用从衍射图测得的振幅。整个工作的分辨率受限于 TEM 成像的分辨率，(由于透镜像差和部分空间相干性)成像固有分辨率低于衍射的。大约 10 年后，扩展相位技术提供了甚至超过成像分辨率极限的衍射振幅相位[73,74]。这种分析对衍射强度难以直接解释的非公度调制结构变得尤为有用[75]。

对于层状晶体结构，即具有至少一个短轴晶格常数(通常约为 4 Å)的结构，当沿着该短轴观察时，现代 TEM 基本能分辨开大多数投影原子间距。Weirich 等[76]采用 300 kV TEM，以 1.75 Å 的空间分辨率记录的高分辨率电子显微镜(HRTEM)图像可以识别 $Ti_{11}Se_4$ 中所有 23 个非对称相关的独立原子($a = 25.52$ Å，$b = 3.45$ Å，$c = 19.20$ Å，$\beta = 117.8°$)。使用这些初始原子位置和电子衍射信息，通过 SHELX-93 软件精修获得的分辨率高达 0.75 Å，原子位置精度小于 0.02 Å[77]。要实现这一目标，必须同时获得 HRTEM 图像和薄至 5~15 nm 之间的样品的衍射花样。这些条件与显微镜的高加速电压一起确保了可以忽略动态衍射效应。在 Zou 和 Hovmöller[78-80]的评论中，罗列出了有关 HRTEM 图像或系列聚焦成像解析晶体结构的方法的进一步发展和尚待解决的问题。

15.3.7　电子相干衍射成像

相干衍射成像已成为同步辐射领域中非常强大的工具(参见 Thibault 和 Elser 的综述[81])，在可见光下也能很好地工作[21]。该领域中各种数值算法和采集技术的共同议题是旨在通过预先加入被测对象的某些信息来还原散射波的相位。在许多情况下，这是密切相接的承载物，也就是说，被测对象周围的区域被辐照采样，该区域具有已知的散射特性(如完全吸收或 100%透明)。

但是，尽管现代 FEG-TEM 可以实现较大的相干度，但并没有取得完全成功。Spence 等发现，电子 CDI 重构(采用 40 kV 加速电压以使样品台的不透明性最大化)的空间分辨率远低于同一显微镜在 200 kV 下记录的常规图像；而 Zuo 等[82]发现，使用碳纳米管尖锐边界外的真空作为参照物，可以重构碳纳米管的原子结构，尽管疑问是为什么此时 1D 参照物也有效[83]。最近尝试通过暗场 CDI 重构三维纳米颗粒(28 nm 边长的 MgO 立方体)，通过测量布拉格反射附近的衍射强度[84]，仅实现了 8 nm 的空间分辨率。

如前面关于实空间晶体学的内容所示，在电镜成像过程中，衍射束的干涉在还原晶体学相位信息方面非常有力。在经典扩展相位理论中，由晶体的一张成像图和一张衍射花样重构晶胞的平均复波函数[73]；Zuo 等超越了该理论，证明将高相干准直电子束形成的高分辨像中的信息与在完全相同照明条件下记录的衍射花样两者结合，可以对孤立纳米粒子重构复波函数[85]，甚至可拓展到样品的更小区域[86]，其分辨率也超过了实验所用的电镜的分辨率。尽管其他最新的 TEM 技术证明其空间分辨率比组合 CDI 的结果高出两倍[19]，但在某些情况下 TEM 的 CDI 确实有助于突破个别仪器的信息极限。

作者认为，限制电镜 CDI 成功的原因有以下几个。

1) 非弹性散射会增加衍射花样中弹性信号的非相干性。因此，必须实施零损耗能量过滤。实能量过滤器的透过率(角度范围与某能量选择的狭缝宽度在样品上形成的面积的乘积[87])有限，因此完美的零损耗过滤几乎是不可能的，特别是当散射角较大时。有限的透过率意味着一定程度的非等色性，即在不同的散射角度和方向下，衍射花样随着能量选择窗口的轻微移动而变化。在高散射角度下，这种高效能量选择窗口的位置甚至可能偏离了弹性通道。

2) 热扩散散射(TDS)与非常小的能量损失有关，因此不可能通过能量过滤去除。它随散射角而增加。在室温下，在分辨率约为 1 Å 条件下大多数材料的 TDS 散射截面超过了弹性散射的截面。由于 TDS 增加了弹性衍射花样的非相干性，并具有某些明显的结构(如菊池带)，因此不能轻易地从实验数据中将其去除。这意味着 TDS 可能将电子 CDI 的分辨率上限限制在大约 1 Å。

3) 电子探测器的调制传递函数(MTF)和动态范围进一步加重了限制。虽然 MTF 会导致衍射花样中的细微干涉条纹模糊，但动态范围会限制衍射数据的曝光时间。虽然太长的曝光时间可能导致强衍射峰的过度曝光和相邻峰的过度模糊，但是较短的曝光时间可能会导致还原相位信息所必需的弱干涉条纹淹没在噪声中。现代直读电子探测器在以计数模式工作时可能具有理想的 MTF，但仅在相对较低的电子通量的情况下才能够采用这种工作模式。通过对多次曝光求平均值来扩展探测器的有效动态范围，可能会出现这样的问题：在两次曝光之间，探头和样品之间的相对位置可能已发生变化，或者电子束已造成样品的某些损坏或污染。

4) 在 CDI 实验中应该优化照明的空间相干性。但是，尽管可以使用非常亮的冷场发射枪(CFEG)，但只有很少的 TEM 配备了这种光源。文献中报道的大多数 CDI 实验仅是在部分空间相干的条件下进行[85]。这样的局部空间相干性导致重构中的不定性。

15.3.8 应变分布的电子衍射

测量应变的各种辐射有中子[88]、X 射线[89,90]、电子[91-98]或可见光[99]。基于电子散射的技术因电子的波长短和高散射强度以及可在小体积物体上聚焦成像，可提供最高的空间分辨率。在用于应变分布的电子散射技术领域中，实空间法有赖于对散射电子波函数的相位偏移的分析，即 HRTEM 成像的几何相位分析术(GPA)[95]、暗场离轴全息术(DOAH)[96,100]或暗场内联电子全息术[97,98]，与衍射花样的局部几何畸变分析法相比，这些方法具有更高的空间分辨率。

一种非常新的应变分布技术利用了暗场内联全息照相术(DIH)[97,98]。图 15.6(a)说明了它的原理：在记录这样的暗场(DF)像中(通过让物镜光阑选择衍射的而排除未衍射的电子束形成的图像)，在 DF 图像处于聚焦、略有欠焦和过焦(由Δf_1 和Δf_3 表示，散焦范围$\Delta f_3 \sim \Delta f_1$ 通常为几微米)条件下，可以检测到局部晶格常数的微小变化。数值重构算法[101]用于重构几何相位图(位移乘以与所选散射束对应的晶格矢量)，然后可以从中获得二维应变张量[95,97]。

图 15.6(b)显示了通过此技术获得的四个 45 nm pMOSFET 结构的应变张量的ε_{xx} 分量，图 15.6(c)显示了从该图提取的应变分布图。该方法的空间分辨率受所使用物镜光阑的大小限制。为了一次仅选择一个反射，此光阑必须小于等于相邻反射之间距离的一半，该换算为大约两个晶胞的空间分辨率；对于典型半导体和简单金属，大约为 1 nm。

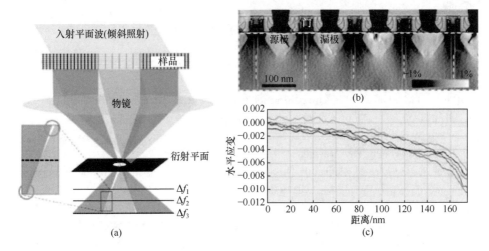

图 15.6 由 DIH 得到的应变分布：(a)图解 DIH 原理的示意图(有关详细信息，请参见文中)；(b)通过 DIH 测量的 pMOSFET 结构的水平应变分量的应变图[97]，只有矩形虚线划出的区域才是实际应变图，上面显示的拼接图仅为了给出整个结构的完整图像；(c)沿箭头方向提取了水平应变分布图，在 10 nm 见方的框内进行了积分

15.4 总结与展望

本章试图通过新仪器和技术的最新发展来介绍 TEM 中高能电子衍射的最新技术现状。随着电子光学技术的最新发展，从样品上非常小的区域(如果样品非常薄，则体积很小)和单个纳米粒子(电子衍射可以对粉末样品进行单晶分析)记录电子衍射图越来越成为可能。另外，在某些情况下，电子衍射已能够研究具有高时间分辨率的快速动力学过程。所有这些仪器开发都提供了新方法，许多方法仍在开发中，并通过新的数值方法和采集方法得到了拓展，从而获得有关样品的更丰富、更可靠的信息。可以预期，基于电子衍射的一整套新方法将很快成为材料科学、化学和(结构)生物学中的标准表征方法。

(Christoph T. Koch)

参 考 文 献

[1] de Broglie L. Recherches sur la théorie des quanta. Paris: Sorbonne, 1924.
[2] Davisson C, Germer L H. The scattering of electrons by a single crystal of nickel. Nature, 1927, 119(2998): 558-560.
[3] Davisson C, Germer L H. Diffraction of electrons by a crystal of nickel. Phys Rev, 1927, 30(6):

705-740.

[4] Thomson G P. Experiments on the diffraction of cathode rays. Proc R Soc London, Ser A, 1928, 117(778): 600-609.

[5] Moon A R, Cowley J M. Medium energy electron diffraction. J Vac Sci Technol, 1972, 9(2): 649-651.

[6] Cowley J M, Shuman H. Electron diffraction from a statistically rough surface. Surf Sci, 1973, 38(1): 53-59.

[7] Fink H W, Schmid H, Kreuzer H J, Wierzbicki A. Atomic resolution in lensless low-energy electron holography. Phys Rev Lett, 1991, 67(12): 1543-1546.

[8] Pierce D T, Meier F, Zürcher P. Negative electron affinity GaAs: a new source of spin-polarized electrons. Appl Phys Lett, 1975, 26(12): 670-672.

[9] Pierce D T, Celotta R J, Wang G C, Unert W N, Galejs A, Kuyatt C E, Mielczarek S R. The GaAs spin polarized electron source. Rev Sci Instrum, 1980, 51(4): 478-499.

[10] Elmers H J. Spin-polarized low energy electron diffraction//Kronmueller H, Parkin S. Handbook of Magnetism and Advanced Magnetic Materials, 2007: 1-26.

[11] Bauer E. LEEM and SPLEEM. Sci Microsc, 2007: 605-656.

[12] Grzelakowski K, Bauer E. A flange-on type low energy electron microscope. Rev Sci Instrum, 1996, 67(3): 742-747.

[13] Vainshtein K. Structure Analysis by Electron Diffraction. New York: Pergamon, 1964.

[14] Weirich T E. From Fourier series towards crystal structures//Weirich T E, Lábár J L, Zou X. Electron Crystallography: Novel Approaches for Structure Determination of Nanosized Materials. Berlin: Springer, 2006: 235-259.

[15] Dorset D L. Structural Electron Crystallography. New York: Plenumk, 1995.

[16] Scherzer O. Über einige fehler von elektronenlinsen. Z Phys, 1936, 101(9-10): 593-603.

[17] Haider M, Rose H, Uhlemann S, Schwan E, Kabius B, Urban K. A spherical-aberration-corrected 200 kV transmission electron microscope. Ultramicroscopy, 1998, 75(1): 53-60.

[18] Krivanek O L, Dellby N, Lupini A R. Towards sub-Å electron beams. Ultramicroscopy, 1999, 78(1-4): 1-11.

[19] Kisielowski C, Freitag B, Bischoff M, van Lin H, Lazar S, Knippels G, Tiemeijer P, van der Staman S, von Harrach M, Stekelenburg M, Haider M, Uhlemann S, Muller H, Hartel P, Kabius B, Miller D, Petrov I, Olson E, Donchev T, Kenik E, Lupini A, Bentley J, Pennycook S J, Anderson I M, Minor A M, Schmid A K, Duden T, Radmilovic V, Ramasse Q, Watanabe M, Erni R, Stach E, Denes P, Dahmen U. Detection of single atoms and buried defects in three dimensions by aberration-corrected electron microscope with 0.5-Å information limit. Microsc Microanal, 2008, 14(5): 469-477.

[20] Crewe A V, Eggenberger D N, Wall J, et al. Electron gun using a field emission source. Rev Sci Instrum, 1968, 39(4): 576-583.

[21] Spence J C H, Weierstall U, Howells M. Phase recovery and lensless imaging by iterative methods in optical, X-ray and electron diffraction. Philos Trans R Soc London, Seri A, 2002, 360(1794): 875-895.

[22] Busch H. Über die wirkungsweise der konzentrierungsspule bei der braunschen röhre. Arc Elektrotech, 1927, 18(6): 583-594.

[23] Knoll M, Ruska E. Das elektronenmikroskop. Z Phys, 1932, 78(5): 318-339.

[24] Ruska E. The development of the electron microscope and of electron microscopy. Rev Mod Phys, 1987, 7(8): 627-638.

[25] Benner G, Niebel H, Pavia G. Nano beam diffraction and precession in an energy filtered CS corrected transmission electron microscope. Cryst Res Technol, 2011, 46(6): 580-588.

[26] Vincent R, Midgley P A. Double conical beam-rocking system for measurement of integrated electron diffraction intensities. Ultramicroscopy, 1994, 53(3): 271-282.

[27] Vainshtein B K, Zvyagin B B, Avilov A S. Electron diffraction structure analysis//Cowley J. Electron Diffraction Techniques. Oxford: Oxford University Press, 1992: 216-312.

[28] Arndt U W, Wonnacott A J. The Rotation Method in Crystallography. Amsterdam: North Holland, 1977.

[29] Ischenko A A, Schafer L, Ewbank J D. Time resolved electron diffraction: a method to study the structural and vibration kinetics of photon excited molecules//Helliwell J R, Rentzepis P M. Time Resolved Diffraction . Oxford: Clarenden, 1997: 323-390.

[30] King W, Campbell G H, Frank A, Reed B, Schmerge J F, Siwick B J, Stuart B C, Weber P M. Ultrafast electron microscopy in materials science, biology, and chemistry. J Appl Phys, 2005, 97(11): 8.

[31] Zewail A H. 4D ultrafast electron diffraction, crystallography, and microscopy. Annu Rev Phys Chem, 2006, 57: 65-103.

[32] Miller R J D, Ernstorfer R, Harb M, Gao M, Hebeisen C T, Jean-Ruel H, Lu C, Morienaa G, Sciaini G.'Making the molecular movie': first frames. Acta Crystallogr Sect A, 2010, 66(2): 137-156.

[33] Hebeisen C T, Sciaini G, Harb M, Ernstorfer R, Dartigalongue T, Kruglik S G, Miller R J D. Grating enhanced ponderomotive scattering for visualization and full characterization of femtosecond electron pulses. Opt Express, 2008, 16(5): 3334-3341.

[34] Oudheusden T V, de Jong E F, van der Geer S B, Root W, Luiten O J, Siwick B J. Electron source concept for single-shot sub-100 fs electron diffraction in the 100 keV range. J Appl Phys, 2007, 102(9): 093501.

[35] Gemmi M. Precession technique //Puiggali J, Rodriquez-Galan A, Franco L, Casas M T. Electron Crystallography and Cryo-Electron Microscopy on Inorganic Materials and Organic and Biological Molecules. Barcelona: Universitat Politecnica De Catalunya, 2001: L91-L97.

[36] Gemmi M, Zou X D, Hovmoller S, Migliori A, Vennstrom M, Andersson Y. Structure of Ti2P solved by three-dimensional electron diffraction data collected with the precession technique and high-resolution electron microscopy. Acta Crystallogr Sect A, 2003, 59(2): 117-126.

[37] Nicolopoulos S, Morniroli J P, Gemmi M. From powder diffraction to structure resolution of nanocrystals by precession electron diffraction. Z Kristallogr Suppl, 2007, 26: 183-188.

[38] Nicolopoulos S, Bultreys D, Pavia G, Benner G, Niebel H, Gemmi M, Janssens B. Novel applications of Zeiss Libra 200 Cs-corrected TEM with energy filtered precession electron

diffraction for structure determination of nanocrystals. Microsc Microanal, 2010, 16(S2): 26-27.

[39] Rauch E F, Portillo J, Nicolopoulos S, Bultreys D, Rouvimov S, Moeck P. Automated nanocrystal orientation and phase mapping in the transmission electron microscope on the basis of precession electron diffraction. Z Kristallogr, 2010, 225(2-3): 103-109.

[40] Own C S, Marks L D, Sinkler W. Electron precession: a guide for implementation. Rev Sci Instrum, 2005, 76(3): 033703.

[41] Zhang D, Gruner D, Oleynikov P, Wan W, Hovmoller S, Zou X. Precession electron diffraction using a digital sampling method. Ultramicroscopy, 2010, 111(1): 47-55.

[42] Koch C T. Aberration-compensated large-angle rocking-beam electron diffraction. Ultramicroscopy, 2011, 111(7): 828-840.

[43] Morniroli J P, Stadelmann P, Ji G, Nicolopoulos S. The symmetry of precession electron diffraction patterns. J Microsc, 2010, 237(3): 511-515.

[44] Wu J, Zhao Y S, Hu H, Huang J, Zuo J M, Dravid V P. Construction of an organic crystal structural model based on combined electron and powder X-ray diffraction data and the charge flipping algorithm. Ultramicroscopy, 2011, 111(7): 812-816.

[45] Eggeman A S, White T A, Midgley P A. Is precession electron diffraction kinematical? Part II: a practical method to determine the optimum precession angle. Ultramicroscopy, 2010, 110(7): 771-777.

[46] White T A, Eggeman A S, Midgley P A. Is precession electron diffraction kinematical? Part I:"Phase-scrambling" multislice simulations. Ultramicroscopy, 2010, 110(7): 763-770.

[47] Moeck P, Rouvimov S. Precession electron diffraction and its advantages for structural fingerprinting in the transmission electron microscope. Z Kristallogr, 2010, 225(2-3): 110-124.

[48] Zuo J M, Spence J C H. Automated structure factor refinement from convergent-beam patterns. Ultramicroscopy, 1991, 35(3-4): 185-196.

[49] Deininger C, Necker G, Mayer J. Determination of structure factors, lattice strains and accelerating voltage by energy-filtered convergent beam electron diffraction. Ultramicroscopy, 1994, 54(1): 15-30.

[50] Saunders M, Bird D M, Zaluzec N J, Burgess W G, Preston A R, Humphreys C J. Measurement of low-order structure factors for silicon from zone-axis CBED patterns. Ultramicroscopy, 1995, 60(2): 311-323.

[51] Zuo J M, Kim M, O' Keeffe M, Spence J C H. Direct observation of d-orbital holes and Cu—Cu bonding in Cu_2O. Nature, 1999, 401(6748): 49-52.

[52] Tsuda K, Tanaka M. Refinement of crystal structural parameters using two-dimensional energy-filtered CBED patterns. Acta Crystallogr Sect A, 1999, 55(5): 939-954.

[53] Streltsov V A, Nakashima P N H, Johnson A W S. Charge density analysis from complementary high energy synchrotron X-ray and electron diffraction data. J Phys Chem Solids, 2001, 62(12): 2109-2117.

[54] Tsuda K, Morikawa D, Watanabe Y, Ohtani S, Arima T. Direct observation of orbital ordering

in the spinel oxide $FeCr_2O_4$ through electrostatic potential using convergent-beam electron diffraction. Phys Rev B, 2010, 81(18): 180102.

[55] Vincent R, Bird D M. Measurement of kinematic intensities from large-angle electron diffraction patterns. Philos Mag A, 1986, 53(3): L35-L40.

[56] Eades J A. Another way to form zone axis patterns. Inst Phys Conf Ser, 1980, 52: 9-12.

[57] Tanaka M, Saito R, Ueno K, Harada Y. Large-angle convergent-beam electron diffraction. Microscopy, 1980, 29(4): 408-412.

[58] Muller H, Massmann I, Uhlemann S, Hartel P, Zach J, Haider M. Aplanatic imaging systems for the transmission electron microscope. Nucl Instrum Methods Phys Res Sect A, 2011, 645(1): 20-27.

[59] Morniroli J P. Large-Angle Convergent-Beam Electron Diffraction (LACBED): Applications to Crystal Defects. Paris: SFμ, 2004.

[60] Morniroli J P, Houdellier F, Roucau C, Puiggali J, Gesti S, Redjaimia A. LACDIF, a new electron diffraction technique obtained with the LACBED configuration and a Cs corrector: comparison with electron precession. Ultramicroscopy, 2008, 108(2): 100-115.

[61] Terauchi M, Tanaka M. Simultaneous observation of bright-and dark-field large-angle convergent-beam electron diffraction patterns. J Electron Microsc, 1985, 34(2): 128-135.

[62] Eades J A. Zone-axis patterns formed by a new double-rocking technique. Ultramicroscopy, 1980, 5(1-3): 71-74.

[63] Tanaka M, Ueno K, Hirata Y. Signal processing of convergent-beam electron diffraction patterns obtained by the beam-rocking method. Jpn J Appl Phys, 1980, 19(4): L201-L204.

[64] Zhang D, Oleynikov P, Hovmoller S, Zou X. Collecting 3D electron diffraction data by the rotation method. Z Kristallogr, 2010, 225(2-3): 94-102.

[65] HREM Research Inc. Quantitative electron diffraction. https://www.hremresearch.com/ Eng/ download/documents/QED.pdf.

[66] Goodman P. A practical method of three-dimensional space-group analysis using convergent-beam electron diffraction. Acta Crystallogr Sect A, Diffraction, Theoretical and General Crystallography, 1975, 31(6): 804-810.

[67] Koch C T. Many-beam solution to the phase problem in crystallography. arXiv. org/abs/0810. 3811, 2008.

[68] Kolb U, Gorelik T, Kubel C, Otten M T, Hubert D. Towards automated diffraction tomography: part Ⅰ: data acquisition. Ultramicroscopy, 2007, 107(6-7): 507-513.

[69] Kolb U, Mugnaioli E, Gorelik T E. Automated electron diffraction tomography: a new tool for nano crystal structure analysis. Cryst Res Technol, 2011, 46(6): 542-554.

[70] Mugnaioli E, Gorelik T, Kolb U. "*Ab initio*" structure solution from electron diffraction data obtained by a combination of automated diffraction tomography and precession technique. Ultramicroscopy, 2009, 109(6): 758-765.

[71] Gorelik T E, Stewart A A, Kolb U. Structure solution with automated electron diffraction tomography data: different instrumental approaches. J Microsc, 2011, 244(3): 325-331.

[72] Henderson R, Unwin P N T. Molecular structure determination by electron microscopy of

unstained crystalline samples. J Mol Biol, 1975, 94: 425-440.

[73] Fan H F, Zhong Z Y, Zheng C D, Li F H. Image processing in high-resolution electron microscopy using the direct method. Ⅰ. Phase extension. Acta Crystallogr Sect A, 1985, 41(2): 163-165.

[74] Han F, Fan H, Li F. Image processing in high-resolution electron microscopy using the direct method. Ⅱ. Image deconvolution. Acta Crystallogr Sect A, 1986, 42(5): 353-356.

[75] Fan H F. Direct methods in electron crystallography: Image processing and solving incommensurate structures. Microsc Res Tech, 1999, 46(2): 104-116.

[76] Weirich T E, Ramlau R, Simon A, Hovmoller S, Zou X. A crystal structure determined with 0.02 Å accuracy by electron microscopy. Nature, 1996, 382(6587): 144-146.

[77] Sheldrick G M. Phase annealing in SHELXS-90: direct methods for large structures. Acta Crystallogr Sect A, 1990, 46: 467-473.

[78] Zou X. On the phase problem in electron microscopy: the relationship between structure factors, exit waves, and HREM images. Microsc Res Tech, 1999, 46(3): 202-219.

[79] Zou X D, Hovmöller S. Electron crystallography: imaging and single-crystal diffraction from powders. Acta Crystallogr Sect A, 2008, 64(1): 149-160.

[80] Hovmöller S, Zou X. Introduction to electron crystallography. Cryst Res Technol, 2011, 46(6): 535-541.

[81] Thibault P, Elser V. X-ray diffraction microscopy. Annu Rev Condens Matter Phys, 2010, 1(1): 237-255.

[82] Zuo J M, Vartanyants I, Gao M, Zhang R, Nagahara L A. Atomic resolution imaging of a carbon nanotube from diffraction intensities. Science, 2003, 300(5624): 1419-1421.

[83] Bates R H T. Uniqueness of solutions to two-dimensional Fourier phase problems for localized and positive images. Comput Vis Graph Image Process, 1984, 25(2): 205-217.

[84] Dronyak R, Liang K S, Tsai J S, Stetsko Y P, Lee T K, Chen F R. Electron coherent diffraction tomography of a nanocrystal. Appl Phys Lett, 2010, 96(22): 221907.

[85] Huang W J, Zuo J M, Jiang B, Kwon K W, Shim M. Sub-ångström-resolution diffractive imaging of single nanocrystals. Nat Phys, 2009, 5(2): 129-133.

[86] Zuo J M, Zhang J, Huang W, Ran K, Jiang B. Combining real and reciprocal space information for aberration free coherent electron diffractive imaging. Ultramicroscopy, 2011, 111(7): 817-823.

[87] Uhlemann S, Rose H. Acceptance of imaging energy filters. Ultramicroscopy, 1996, 63(3-4): 161-167.

[88] Krawitz A D, Holden T M. The measurement of residual stresses using neutron diffraction. MRS Bulletin, 1990, 15(11): 57-64.

[89] Mittemeijer E J, Welzel U. The "state of the art" of the diffraction analysis of crystallite size and lattice strain. Z Kristallogr, 2008, 223(9): 552-560.

[90] Pfeifer M A, Williams G J, Vartanyants I A, Harder R, Robinson I K. Three-dimensional mapping of a deformation field inside a nanocrystal. Nature, 2006, 442(7098): 63-66.

[91] Wilkinson A J, Meaden G, Dingley D J. High-resolution elastic strain measurement from

electron backscatter diffraction patterns: new levels of sensitivity. Ultramicroscopy, 2006, 106(4-5): 307-313.

[92] Zhang P, Istratov A A, Weber E R, Kisielowski C, He H, Nelson C, Spence J C H. Direct strain measurement in a 65 nm node strained silicon transistor by convergent-beam electron diffraction. Appl Phys Lett, 2006, 89(16): 161907.

[93] Usuda K, Numata T, Irisawa T, Hirashita N, Takagi S. Strain characterization in SOI and strained-Si on SGOI MOSFET channel using nano-beam electron diffraction (NBD). Mater Sci Eng B, 2005, 124: 143-147.

[94] Beche A, Rouviere J L, Clement L, Hartmann J M. Improved precision in strain measurement using nanobeam electron diffraction. Appl Phys Lett, 2009, 95(12): 123114.

[95] Hÿtch M J, Snoeck E, Kilaas R. Quantitative measurement of displacement and strain fields from HREM micrographs. Ultramicroscopy, 1998, 74(3): 131-146.

[96] Hytch M J, Houdellier F, Hue F, Snoeck E. Nanoscale holographic interferometry for strain measurements in electronic devices. Nature, 2008, 453(7198): 1086-1089.

[97] Koch C T, Özdöl V B, van Aken P A. An efficient, simple, and precise way to map strain with nanometer resolution in semiconductor devices. Appl Phys Lett, 2010, 96(9): 091901.

[98] Ozdol V B, Koch C T, van Aken P A. A nondamaging electron microscopy approach to map In distribution in InGaN light-emitting diodes. J Appl Phys, 2010, 108: 056103.

[99] Wolf I D. Stress measurements in Si microelectronics devices using Raman spectroscopy. J Raman Spectrosc, 1999, 30(10): 877-883.

[100] Hanszen K J. Method of off-axis electron holography and investigations of the phase structure in crystals. J Phys D: Appl Phys, 1986, 19(3): 373-395.

[101] Koch C T. A flux-preserving non-linear inline holography reconstruction algorithm for partially coherent electrons. Ultramicroscopy, 2008, 108(2): 141-150.

第 **16** 章 原位衍射测量：挑战、仪器和案例

16.1 引　言

衍射可能是凝聚态物质最强大的表征方法，它提供有关结构(结晶度、缺陷、微结构、非晶态)的信息。衍射实验是光谱研究的补充，主要提供有关材料动力学的信息。

弄清材料静态和动态变化是了解材料特性的先决条件，并为开发新设备和优化现有设备奠定基础。此外，可以根据不同的操作条件以及疲劳和时效状态来监测材料的变化。该类研究对阐明特殊操作条件下功能材料的工作原理和揭示相关降解机理至关重要。但是，一个完整的设备通常由不同的零件组成，这些材料之间的相互作用非常复杂，通过理想化实验或单相体系模型的研究无法揭示这种相互作用。对材料进行实际工作条件下的表征，始终面临或采用特殊实验方法或将材料置于使用设备中的二者权衡。原位表征方法的目的始终是在尽可能接近特定应用状态下获得某材料的最多信息。"in situ"(原位)是指材料虽然处于与设备运行期间相同的环境中，但是测试研究系统没有或至少没有完全像整个设备那样运行。"in operando"(工作态)式研究则向前迈进了一步：在这种情况下，材料是在设备完全运行中被研究的。两种表述在文献中经常混淆使用，而且这两种性质的研究并不是总有明确的区别。研究锂离子电池充放电时，对于锂嵌入或脱嵌过程中的结构相变，"in operando"这一表述是指可改变充电状态，这样无需拆卸和重装测试电池就可研究不同条件下的相同材料。但是，如果研究目的是揭示疲劳机制，"in operando"式研究还另外需要对测试电池进行设计和密封，以便能够承受数百个循环也不会因测试电池的泄漏而引起任何副反应，这一点对于实现

所选方法通常是必需的。此时，只有在商用设备中才能进行"*in operando*"研究。

文献中已经报道了大量的"*in situ*"乃至"*in operando*"研究。选取列举了插层化学[1]、分子筛[2]、溶剂中的结晶过程[3]和多相催化[4-6]领域一些近期的实例和综述。报道涉及两类材料：通过同步辐射 X 射线和中子衍射研究的压电陶瓷[7]和锂离子电池[8,9]。在针对各种实验条件而开发的众多设备中，本章专注于电场领域的实验方法以及一些具体问题的研究。

16.2　仪器和实验挑战

16.2.1　一般性问题

原位结构研究存在几个特殊性挑战，它们与环境条件下的研究没有或很少有关系。

1) 入射束和出射束必须额外地穿过样品腔室壁。这一方面导致吸收增加，另一方面引起多余的散射影响。

2) 发生的反应与时间相关，因此必须有适当的时间分辨率来收集衍射数据。在动态条件下，必须同时记录数据的全谱衍射花样，否则虽然可能会检测到材料不同的状态，但却被归并到同组数据中。如果有周期性的载荷或场，则可能需要使外部参数和检测数据同步，以便在频闪衍射模式下连续多个时段内对数据进行求和。这样，即使对频率非常快的周期性激发，也可以获得足够的计数统计信息。

3) 功能材料在可逆反应过程中只会经历微小的结构变化。因此，必须检测到更细微的结构细节，这就需要非常好的倒易空间分辨率；即衍射角的角分辨率非常高。

4) 操作设备由不同构件组成。被探测的样品是不均匀的，因此，不同位置的各种材料对衍射的贡献不同。在这方面，既需要考虑探测的空间分辨率，也要考虑样品的某些物相偏离衍射仪中心。

16.2.2　吸收

为了最小化腔室壁和防护罩或样品本身的吸收效应，高能同步辐射或中子衍射可能是最佳选择。在进行任何原位实验之前，应始终考虑穿透能力。因此，需要计算线性吸收系数 $\mu(E)$，它是能量的函数。对于同步辐射，尤其是靠近 X 射线吸收边的辐射，这种对能量的依赖关系更为明显。已知结构的线性吸收可以很容易地由原子吸收截面 $\sigma^{a}(E)$ 计算得出，该截面由适当的计算机程序或数据库查表给出，如在 McMaster 等[10]提供的免费书籍中。如果晶胞的结构组成和体积 V 是已知的，则线性吸收系数可以很容易地通过一个晶胞的原子吸收截面的总和 σ_i^a 除以相应的体积 V 计算：$z\mu = \left(\sum_i \sigma_i^a\right)\Big/V$。

例如，通过 45 keV 和 60 keV 的辐射比较可方便地得到钢管和壳体的线性吸收系数。通过 α-Fe(bcc)晶胞体积 $V=a^3 \sim 23.55$ Å^3 中含有两个铁原子的晶体结构可以很好地近似计算成分组成和原子密度。在文献[10]中查到 σ^{Fe}(45 keV) = 222.87 barn (1 barn = 100 fm^2 = 10^{-8} Å^2)和 σ^{Fe}(60 keV) = 102.1 barn。因此对于 45 keV 辐射，$\mu(\alpha$-Fe) = 1.9 mm^{-1}；对于 60 keV，为 0.87 mm^{-1}。这样，假设入射光束 I_0 经过厚度 t = 1 mm 的钢壳后的透射强度为 I，对于 45 keV 强度降到 I/I_0 = exp($-\mu d$) = 2.2%，而对于 60 keV 辐射降到 17.5%。请注意，穿透长度 $d = 2t$，因为射线必须进、出样品室 2 次穿过壳壁。

对于压电陶瓷样品(如 PbTiO$_3$)，高能量的优势变得更加明显：在扭曲的四方系晶胞中有一个分子，其 V(PbTiO$_3$) = 63.37 Å^3。再次从文献[10]中查到 σ^{Pb}(45 keV) = 3543.5 barn，σ^{Ti}(45 keV) = 125.17 barn，σ^O(45 keV) = 6.26 barn；σ^{Pb}(60 keV) = 1676.9 barn，σ^{Ti}(60 keV) = 59.95 barn，σ^O(60 keV) = 5.17 barn，因此对于 45 keV，μ(PbTiO$_3$) = 5.8 mm^{-1}，对于 60 keV 为 2.77 mm^{-1}。穿透 1 mm 厚的 PbTiO$_3$ 样品，45 keV 的强度降低到 0.3%，而 60 keV 的强度降低到 6.3%。这个例子表明，衍射实验应采用较高能量的同步辐射，由于严重的吸收效应，低能量是不合理的。此外，很明显，如果在线性吸收系数的计算中忽略相对较弱的吸收体，则可以获得非常好的近似值。

即使惰性的保护性氩气气氛也会导致低能量 X 射线的大量吸收。例如，在 1 bar 压力和室温下，1 mol 理想气体对应 22.4 L 气体体积。对于 Co K$_\alpha$ 辐射(6.93 keV)，查表得到一个不错的近似值 σ^{Ar}(7 keV) = 11684 barn。在 1 bar 和室温下，μ(Ar) = $N_A \times$ 11684 barn/22.4 l = 0.314 cm^{-1}，这意味着通过 10 cm 的光路后仅剩下约 4%的强度。

对于中子，线性吸收系数与中子波长成正比，即λ(Å) = 9.045/$\sqrt{E}$ (meV) = 3956/V(m/s)(除了接近核共振现象的能量范围)。注意，中子辐射的吸收截面与同位素有关，在文献[11]中列出。对于 λ = 1.798 Å 有以下值：σ^{Pb} = 0.171 barn，σ^{Ti} = 6.09 barn，σ^O = 0.0002 barn。对于λ = 1.5 Å[①]，PbTiO$_3$ 的中子线性吸收系数的计算公式为μ(PbTiO$_3$) = (1.5 Å/1.798 Å) × (0.171 + 6.09 + 3 × 0.0002)barn/63.37 Å^3 ≈ 0.824 cm^{-1}，明显低于 X 射线的。在大多数情况下，中子吸收截面和相干散射截

---

① FRM Ⅱ 的 SPODI 中子粉末衍射线站最常用的中子衍射波长是 1.5 Å(接近 X 射线的 Cu 特征辐射波长)，为高分辨率研究和材料原位表征而设计。

面都比 X 射线情况小得多，因此中子衍射需要对更大的样品进行探测。这可能是一个优势，因为对更大样品体积的探测代表了材料的平均行为。另外，同步辐射装置中的"微束"甚至亚微米束的尺寸对于设备空间分辨率有数量级的提高。研究方法的适当选择，必须考虑到中子(1 mm 至 10 cm)和同步辐射(100 nm 至 5 mm)衍射的不同长度尺度，最终取决于所面临的具体科学问题。

经常会需要高吸收截面，如防护装置。对于 X 射线和同步辐射，如果还需要材料易于变形，则选择 Pb。如果需要机械稳定性并避免荧光或至少使之最小化，建议使用 Densimet 合金。这是一种高密度 W 基合金，具有比纯 W 金属更高的强度和延展性，以及出色的机械加工性。在 W 的 K 边 69.5 keV 能量以下，不会出现显著的荧光辐射。中子防护经常使用含 Cd 和 B 的材料，因为 $\sigma = 20600$ barn 的 ^{113}Cd 的自然丰度为 12.2%，3835 barn 的 ^{10}B 的自然丰度为 20%。具有最高吸收截面的 ^{157}Gd 的自然丰度为 15.7%，对波长 1.798 Å 中子的吸收截面 $\sigma = 259000$ barn。中子衍射的标准样品容器多数是用 V 制成的，因其相干散射力弱。如果对大量样品材料在特殊环境(如低温或磁场)下进行中子衍射，则 Al 更好，因为其具有非常低的吸收截面，$\sigma^{Al} = 0.23$ barn，并且没有非相干同位素。

16.2.3　探测方法的挑战

由于实验目标的细节与每个相关环节有关，因此必须针对每种特定科学场景，在 "*in situ*" 和 "*in operando*" 研究中权衡利弊，单独选择探测器。

1) 为了研究微观结构的细微变化，需要非常好的角分辨率，只有通过反射峰线形的细小变化才能将其分辨出来。对于同步辐射衍射，可以通过样品和探测器之间的分析晶体来实现最佳的角分辨率。在这种情况下，可以逐点检测衍射强度，也可以使用"多道分析晶体探测器"(MAD)中的一组点探测器来检测衍射强度[12]。对于高分辨率中子衍射，需要单色器的出射角大和非常低的发散度。必须考虑探测器的高度，因为谢乐环的曲率会导致反射线的宽化，即使在数据还原过程中仔细考虑了该曲率。

2) 数据收集必须足够快才能揭示所考察过程的时间演变。同步辐射衍射可将时间分辨率降低到微秒级[13]，中子衍射也达到毫秒级[14,15]，如测量 Ti/SiC/C 化学计量混合物炉内点火自蔓延高温合成 Ti_3SiC_2[16]。使用二维位敏探测器[如影像板(通过光激发的光子发射读出信息)]或电荷耦合探测器(CCD)，可以实现最快的检测。对整个或至少一部分谢乐环的检测，获得环的固有附加信息——织构和各向异性应变状态。但是，对于许多数据来说，可能有必要通过角度积分将数据压缩为一维衍射图[17]。这种处理将成为数据采集和数据分析之间必不可少的步骤。

3) 通过可现场读取的一维位敏探测器如汉堡的 HASYLAB/DESY 光源 B2 光束线[18]的 OBI 线站[19],可以在良好的角分辨率和同时快速记录全谱之间做出恰当的折中。

4) 频闪测量可以由斩波器触发以进行快速测量,也可以由探测器触发以标度过程时间进行测量。 MYTHEN Ⅱ探测器[20]的帧频为 10Hz,因此可以研究亚秒级范围内的反应。为了在该时间分辨率下获得足够的统计数据,必须将测量重复 10~100 次。随后必须归并出等效的衍射花样。最重要的是反应周期的起始点与测量起始点的重合,并确保反应与测量二者处于相同的阶段。

5) 为了进行时间尺度范围在毫秒或微秒内的研究,最好的配置选择是泵浦探针。在该技术中,首先(泵浦)触发反应,然后在特定的时间延迟下(探测)收集衍射图。MYTHEN Ⅱ探测器能够被任何延迟的触发信号选通,以便在特定时间内收集数据。为了获得合理的统计数据,该实验必须重复多次。强制性要求过程是绝对可逆的。

6) 中子散射探测器技术背后的原理略有不同。与高亮度同步辐射源相比,由于中子通量较小,因此需要使用大面积探测器最大限度地收集中子信号,这通常是衡量探测器发展的主要标准。为了满足单色中子粉末衍射的需求,随着时间发展,已经确立两种概念的探测器,即多道探测器和多线腔室,并且如今已被广泛使用。多道探测器由独立的 80 个或 128 个探测单元组成,这些探测单元以一定角度(通常为 2°或 1.25°)隔开,并装有索拉准直器。这使得衍射实验的角分辨率与样品尺寸无关,但也需要逐步(通常为 25~50 步)定位多道探测器进行数据收集。另一个探测器概念是多线腔室,其独立通道的数量要多得多,这样就可以在单次实验中收集衍射花样,也就是说,不需要逐步定位探测器。由于在每个探测通道的前面安装独立的索拉准直器在技术上是不可行的,因此通常使用所谓的径向振荡准直来消除样品环境的影响[21]。但是,由于自准直的作用,布拉格峰的仪器宽度与样品/容器的直径做卷积。因此,多道探测器通常安装在高分辨率中子粉末衍射仪上,而高效衍射仪则配备了多线腔室。

7) 使用反应室和其他样品环境通常意味着除被探测样品之外,其他材料也处于射线束中。这些因素对散射强度的作用可能会对探测器和后续数据分析造成影响:强信号可能使数据采集产生严重偏离,甚至损坏灵敏的探测器。在任何情况下进一步还原数据时,都需要考虑额外信号,例如,一维或二维数据采集时的遮掩物。或者,如果这些额外的影响未被消除,则在 Rietveld 精修或峰形拟合的衍射谱模拟期间,必须考虑到额外的强度。但是,由于这些额外散射的来源通常不在衍射仪中心,会引起相应反射线的非线性偏移,因此正确处理样品环境是将其视为额外物相并考虑其衍射峰位的偏移。金属壳体的衍射谱通常仅需要进行线形匹配模型处理,因为严重的织构导致不能通过基本结构模型、假设的理想晶体随机取向分布或具有简单 March-Dollase 函数特征的择优取向很好地描述峰形强度。

8) 探测器已可以实现空间分辨衍射，观察样品的不同部位。这可以通过在样品和位敏探测器之间使用长毛细管作为准直器来实现。在 HASYLAB/DESY 的 G3 光束线已建立了"材料 X 射线成像"(MAXIM)装置[22]。

16.3　案　　例

16.3.1　电极材料的电化学原位研究和锂离子电池的工作态研究

锂离子电池技术已广泛用于移动电子设备中的可充电电源，尤其是在同时需要高质量比能量和比功率的情况下，如所谓的 4C[相机(cameras)、手机(cellular phones)、计算机(computers)和无线电动工具(cordless power tools)]产品。人们还期望锂离子电池将成为电动汽车传动系统电气化以及高效固定存储利用可再生能源的"突破性"技术。在过去的几十年中，对其已进行了非常集中的开发和研究，并在日常生活中已经可以看到取得的进步。但是，锂离子电池技术在安全性、寿命以及稳定运行的温度范围和单个电池的生产成本方面仍存在许多挑战，这进一步激发了强烈的研究愿望(尤其是高功率应用)。材料结构信息对于揭示锂交换的本质过程以及如从转换机制区分嵌入行为至关重要。对于后者，初始结构被完全破坏，无机锂化合物和电解质分解产物构成非晶态基体，并在其中形成金属纳米颗粒。相反，晶体结构的几何拓扑得以保留，但会发生特征性变化，反映了嵌入的锂如何占据特定空位点。对于两种电极，原位研究可以阐明其潜在机理：对于转换电极，可以定量地追踪初始晶体结构的破坏，并确定沉淀相的金属颗粒晶粒尺寸。但是，后者往往因不足 1 nm 的过小晶粒尺寸而更具挑战性。形成金属团簇在很大的衍射角范围略微增加了背景，因此通常不会被清晰地检测到。从插层电极可以获得大部分信息：布拉格峰位的移动反映了晶胞矩阵的变化；晶胞中的原子分布(坐标、占位数目和热位移)决定强度，而微结构与半高宽和峰形相关。图 16.1 示例了插层阴极的这种变化，原位同步辐射衍射测量了 $Li(Ni_{0.75}Co_{0.25})O_2$。关于这种材料和具体实验条件的更多信息见文献[23]。请注意，全谱多相 Rietveld 精修是最大程度揭示结构信息的必要手段。

锂离子电池的主要挑战是即使在不当使用或严重误用的情况下，也要确保操作安全。电池中大量锂的高反应能量可能是造成严重危险(尤其是在不适当的操作条件下)的根源。电池化学成分的高活性导致大量的材料相互反应，而对潜在风险的优化需要系统研究实时(工作态)的锂离子电池结构设计。另一个挑战是锂离子电池的退化。与商用电池相比，理想化的电化学测试电池(仅近似于一块真正的锂离子电池)通常会有一些局限。例如，一方面电极存储密度未优化，导致动力学性能和复现性较差；另一方面密封不良导致几个循环后出现副反应，这在封闭良好的商用电池中不会发生。相对于测试电池，对于商用锂离子电池材料的疲劳起源只能系统地从工作态研究中获得真正的认识。中子散射因其高穿透能力和特别的同位素散射能力，通常在此类研究中是理想的不可替代和非破坏性的手段[24]。与X射线相比，中子对物质的穿透更深，可对更大的样品进行研究。在择优取向效应方面(如由小尺寸探针照射几个大晶粒引起的)，探测样品中更多的晶粒能够在整个体积内更具平均代表性。此外，散射中子的能量在毫电子伏特的范围内，与相同波长的X射线相比，它大大减少了辐射损伤。

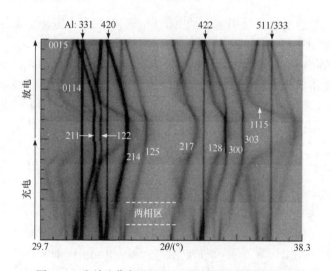

图 16.1   充放电期间 Li(Ni$_{0.75}$Co$_{0.25}$)O$_2$ 衍射图的演变

铝集流器的一些重要反射峰指数列于顶部，在峰位仅有较小的变化；电化学活性相 Li$_x$(Ni$_{0.75}$Co$_{0.25}$)O$_2$ 的一些特征反射峰指数由白色数字标识；它们的峰位随充电状态而变化，这取决于 Li 含量 x；注意，由于晶格常数 a 和 c 显示出强烈的各向异性，因此这些峰位偏移与晶面指数 hkl 密切相关

强中子吸收介质材料可以用在相对较短的线束光路上精确地准直中子束。当构建复杂样品环境时，其对衍射花样的影响可以通过使用紧凑的索拉或径向准直器来消除。然而，还存在其他相干散射长度非常低的元素，如 V 和 Al。此外，平均相干散射长度可以像 TiZr 一样调至零，其可优先作样品架使用。

中子是通过原子核散射而不是像 X 射线的电子散射，这使中子散射对物质中的同位素分布敏感，并产生一些重要的结果，如对轻原子敏感，以及对元素周期表中相邻元素的区分，如 3d 和 4f 过渡金属。此外，中子的核散射因子与动量传递 q 无关，这使得能够以足够的强度和非常高的信息含量探测 q 值高的信号。这些性质体现了中子散射的优越性，特别是对于商业锂离子电池的研究而言。在高分辨率中子粉末衍射仪 SPODI 上，对"新制备"和"疲劳"的柱形 18650 型商用可充电电池进行了"*in operando*"(工作态)中子散射实验[25,26]。电池的循环由 Bio-Logic 公司的 VMP3 恒电位仪控制。在准"非平衡"状态下采集数据，即在所需的电量水平保持 2 h 恒定，然后卸载。每个电池的数据采集时间约为 3.5 h，并且在可区别的 3.40 V、3.90 V、3.95 V、4.00 V、4.05 V、4.10 V、4.15 V 和 4.20 V 充电状态下进行数据收集。

采用复合锗 551 晶面的垂直聚焦单色器，获得 155° 出射角的单色中子束(波长 1.5482 Å)。垂直位敏多道探测器(有效高度 300 mm)由 80 个 ^{3}He 管组成，可覆盖 2θ 为 160° 的角度范围收集数据。以德拜-谢乐几何进行测量。实验装置如图 16.2 所示。

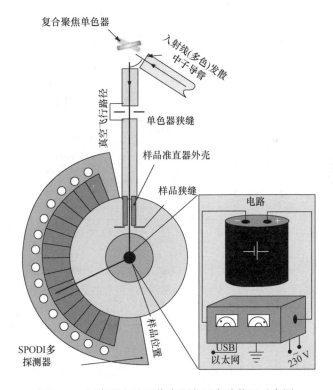

图 16.2　锂离子电池工作态研究用实验装置示意图

为了遮挡商用锂离子电池的某些结构细节，如排气孔、微电路、垫片，电池底部 10 mm 和顶部 15 mm 用 0.5 mm 镉箔覆盖。电池安装在样品架上并与 VMP3

稳压器通电连接，使用自动狭缝系统将入射的中子束框定为 40 mm× 20 mm 的矩形。

使用软件包中的全谱 Rietveld 法分析了衍射花样[27]。通过选择 Thompson-Cox-Hastings 伪 Voigt 峰形函数对线形形状进行建模。在拟合过程中，比例因子、晶格常数、原子的分数坐标、各向同性位移参数、零点偏移、峰形参数和半高宽参数均发生变化。在无重叠峰区域选定的数据点之间通过线性内插来拟合衍射花样的背景。

图 16.3 显示了由"新制备"电池(充电至 4.1 V)收集的中子粉末衍射谱进行 Rietveld 精修的结果。观察到与阴极材料 $LiCoO_2$、铜和铝集流器、钢外壳以及嵌入锂的石墨相对应的清晰信号。

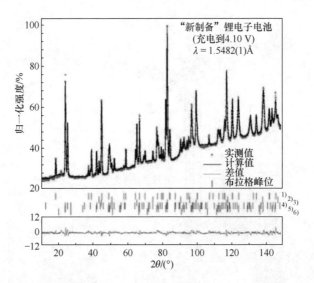

图 16.3 对("新制备")商业 18650 型锂离子电池的衍射谱进行 Rietveld 精修，充电至 4.10 V(λ = 1.5482 Å)；实验数据用红点表示，黑线表示计算谱图，下部的蓝色曲线表示它们的差值；计算的布拉格反射峰位由垂直的刻度线表示，其中自上而下不同的行对应 1)阴极 $LiCoO_2$、2)铜集流器、3)钢外壳、4)阳极锂嵌入石墨 LiC_{12}、5)LiC_6 及 6)铝集流器

表 16.1 列出了对应阴极 Li_xCoO_2 相的最佳拟合峰。电池充电会导致 Li 占有率与施加电压几乎呈线性关系，并且在 Li 嵌入过程中会导致 $LiCoO_2$ 晶格常数 c 的异常行为。在 Li_xCoO_2 中 Li 嵌入(Li 含量增加)时，晶格常数缓慢增加，而晶格常数 c 表现出下降的行为，从而导致晶胞体积减小。

表 16.1 商用 18650 型锂离子电池中 LiCoO₂ 阴极的结构参数演变

U/V	a/Å	c/Å	z_O/c(分数单位)	Occ$_{Li}$/%	B_{ov}/Å²
3.4	2.81503(2)	14.0911(3)	0.2615(1)	82(2)	0.67(3)
3.9	2.81009(3)	14.2954(3)	0.2631(1)	44(2)	0.85(3)
3.95	2.80926(2)	14.3568(3)	0.2649(1)	36(2)	0.86(3)
4	2.80879(3)	14.3980(4)	0.2655(1)	30(2)	0.92(3)
4.05	2.80854(3)	14.4252(4)	0.2656(1)	24(2)	0.98(3)
4.1	2.80840(3)	14.4380(3)	0.2662(1)	17(2)	1.00(3)
4.15	2.80846(3)	14.4446(3)	0.2660(1)	22(2)	0.96(3)
4.2	2.80849(2)	14.4451(3)	0.2666(1)	17(2)	1.01(3)

注:空间群是 $R\bar{3}m$(编号166)。建模的结构数据是 Li 离子和 Co 离子分别占据 $3b(0,0,1/2)$和 $3a(0,0,0)$位置,O 占据 $6c(0,0,z)$位置。位移参数使用 B_{ov}进行建模,允许锂的占有率变化,括号中的数字给出最后一位的统计误差。

LiCoO₂ 可以描述为沿[001]方向的分层结构,其中的层由 LiO₆ 和 CoO₆ 八面体形成。通过对阳离子-阴离子键长的分析,发现在 Li 嵌入 LiCoO₂ 阴极时,Co—O 距离增加约 0.03 Å,当电池从 3.4 V 充电至 4.2 V 时,Li—O 距离减少约 0.08Å。LiCoO₂ 的晶格常数 c 以及 Li—O 原子间距缩短可以用范德瓦耳斯力来理解,范德瓦耳斯力是 Li 键的典型特征。锂的嵌入导致锂的增加和锂氧键的增强。

众所周知,与 LiCoO₂ 相比,Li 嵌入到石墨中是分阶段发生的,即在低 Li 浓度下会形成未占据间隙层的周期性阵列。每六个石墨碳原子最多可容纳一个 Li,这对应于 LiC₆ 阶段。因此,锂含量更少的其他锂嵌入石墨二元化合物被报道,如 LiC₁₂、LiC₁₈、LiC₃₀。

在充电过程中,观察到锂插入碳的过程,这一点反映在因层间距离增加而导致的从石墨 002 反射峰偏移到 LiC₁₂ 和 LiC₆ 的主要反射峰(图 16.4)。锂浓度较低的相,如 LiC₁₈ 和 LiC$_{x>25}$,预计会出现在 3.4~3.9 V 的范围内,该研究没有对此进行详细探讨。

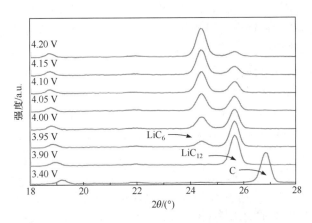

图 16.4 商用 18650 型锂离子电池在不同施加电压的充电状态下获得的放大中子衍射谱

对用于电动汽车的可充电储能系统的增强电池的需求，要求更高性能的新材料，即技术含量更高、更轻便、更便宜、能效更高且电化学性能更好的材料。

16.3.2　电场中压电陶瓷的原位研究

压电陶瓷，如锆钛酸铅(PZT)或具有钙钛矿结构的类似材料,可以有许多应用,从压力传感器和高频麦克风到超声发射器、医用注射器和大应变致动器[7,28]。这些应用中大多数需要电极化，也就是说，伴随宏观极化必须存在铁电畴的择优取向。在 PZT 中，最高的压电响应出现在准同型相界(MPB)处，将具有[111]$_c$ 极化方向的菱方结构和具有[001]$_c$ 极化方向的四方结构分开[7]。下标"c"表示伪立方钙钛矿晶胞。通常，"MPB"根据化学成分将两种不同的晶体结构分开，对 PZT来说是按 Zr：Ti 比。

为了原位研究施加电场对铁电体的影响，在同步辐射 X 射线[29,30]和中子衍射[31,32]装置上开发了几种衍射几何方式，它们都依赖适于不同研究侧重点的线束或光源。在许多情况下，分析仅限于单反射峰，给出了有关畴转变的信息[29,31]。详细分析可能需要使用 Rietveld 精修，同时考虑全谱衍射甚至几组数据。

Hinterstein 等[33]开发了用于中子衍射的原位样品环境，其中电场矢量垂直于入射中子束和衍射平面。这种情况带来的问题是没有来自与电场向量垂直晶面的衍射。因此，衍射谱图不包含极化方向与施加电场平行的晶胞的极轴信息。

这种衍射几何的优点是所有衍射晶面都平行于电场矢量。因此，所有更高阶的反射都来自与电场施加方向的相对取向相同的晶胞。另外，大范围探测导致出现高指数反射。因此，收集了许多不同于电场方向的取向，并获得足够的结构信息。相反，大多数原位 X 射线衍射几何[29,30]晶面取向与角度有关，例如，(100)和(200)晶面的电场矢量具有不同角度。这样，有可能进行场致原子位移研究[33,34]。出于环境考虑，开展了大量无铅材料的研究工作。图 16.5(b)是施加电场为 6 kV/mm的 $Bi_{1/2}Na_{1/2}TiO_3$ 基无铅铁电材料的 Rietveld 精修。与无极化结构[图 16.5(a)]相比，演化出新的超结构反射(箭头所指)和晶格畸变(画圈处)。这种结构反应与 a$^-$a$^-$a$^-$类氧八面体倾斜的菱方对称相变有关联[35]。从这些数据中，可以得出一个完整的结构模型及场致过程的详细信息。

由于 X 射线衍射固有的高分辨率，可以很好地研究特别是精细结构的反应。现代同步辐射光束线同时兼具高分辨率、出色的信噪比和短曝光时间。为了研究极化过程，在瑞士光源(SLS)的材料科学(MS)光束线上进行了高分辨率 X 射线测量[36]。该线束专门设计用于时间分辨测量。速度极快的一维探测器 MYTHEN Ⅱ[20]可以在几秒的时间内收集整个衍射花样。由 Schönau 等设计的透射几何[30](图 16.6)，可针对基于四方 PZT 的商用铁电体(如 PIC 151{$Pb_{0.99}[Zr_{0.45}Ti_{0.47}(Ni_{0.33}Sb_{0.67})_{0.08}]O_3$}

进行三种不同极化机制的研究。在这种衍射几何下，电场矢量 E 和入射 X 射线束 k 之间的夹角 Ψ 可以在 0°~45° 之间变化[37]。

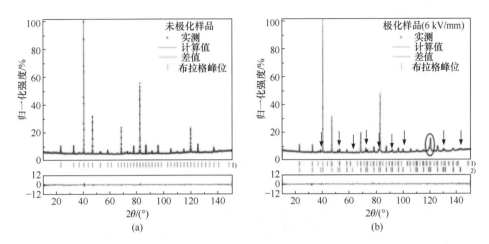

图 16.5　施加电场为 6 kV/mm($\lambda = 1.5482$ Å)条件下，未极化(a)和极化(b)的 0.92 $Bi_{1/2} Na_{1/2}$
TiO_3-0.06 $BaTiO_3$-0.02 $K_{1/2} Na_{1/2} NbO_3$ 铁电材料 Rietveld 精修衍射谱

红点是实验观测谱，黑色线是计算谱，下面蓝色线是二者差值；计算的布拉格反射峰位由垂直的刻度线表示，其
中两行分别对应 1)空间群为 P4bm 的原始四方相、2)空间群为 R3c 的场致菱方相；箭头所指为 1/2 {000}型超结构
反射峰，画圈处为菱方{331}。分裂反射

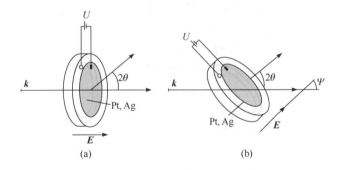

图 16.6　由 Schönau 等[30]开发的原位透射几何，其电场矢量垂直于平板样品表面；在两个面对
面的溅射(Ag, Pt)电极之间施加电场，厚度约 15 nm；(a) $\Psi = 0°$，(b) $\Psi = 45°$

$\Psi = 0°$ 的角度足以研究压电效应和畴切变。在主要是四方对称的情况下，如 PIC 151，压电效应主要影响 $\{hhh\}_c$ 反射，而畴切变主要影响 $\{h00\}_c$ 反射[29]。图 16.7 描绘了在 2.2 kV/mm 的无极化和极化状态，以及在 0 kV/mm 的残余状态的 $\{111\}_c$ 和 $\{200\}_c$ 反射。

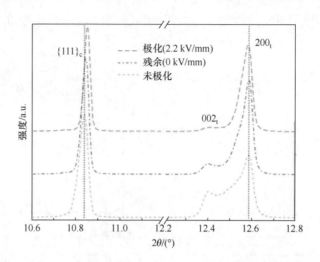

图 16.7　$\Psi = 0°$ 时 PIC 151 的未极化、残余和极化状态的 $\{111\}_c$ 和 $\{200\}_c$ 反射；由于压电效应，$\{111\}_c$ 反射发生偏移；$\{200\}_c$ 反射的择优取向表明四方 $90°$ 畴切变

　　在施加电场的情况下，$\{111\}_c$ 反射移至更高的角度，表明体积减小。由于施加的电场引起沿该场方向宏观伸长、垂直该场方向收缩，因此导致结构变形。对 $\{111\}_c$ 反射有贡献的晶胞具有较大的自发极化矢量与外部电场矢量之间的夹角。因此，它们在极化期间被压缩。在残余状态下，保持残余压缩。

　　四方 $90°$ 畴切变会导致 $\{200\}_c$ 反射的织构化。由于几何原因，200_t 反射的强度增加，而 002_t 的强度减小。对于 $\Psi = 0°$，具有 200_t 反射的晶胞可能有几乎完全沿着施加电场的自发极化矢量。具有 002_t 的晶胞的自发极化矢量几乎垂直于外部场。因此，对 200_t 反射有贡献的畴会比对 002_t 反射有贡献的畴优先生长，从而导致观察到的择优取向。与 $\{111\}_c$ 反射相反，$\{200\}_c$ 反射的位置在极化过程中保持恒定。因此，宏观上的伸长主要是通过 $90°$ 畴切变来实现的。

　　通过改变 Ψ，样品取向的角度，尤其是 $\{200\}_c$ 反射的强度发生显著变化(图 16.5)。在 $45°$ 时，衍射谱图的强度比再次显示了未极化样品的分布。因此，该样品没有明显的择优取向。由于 200_t 和 002_t 的反射在极化矢量 $\boldsymbol{P}_s$ 和 $\boldsymbol{E}$ 之间都表现出相同的取向失配，因此 $90°$ 畴切变无法提高取向。与未极化的样品相比，反射更尖锐，而其间的漫散射则减少了。这些漫散射的强度可能与 Schoenau 等[38]和 Hinterstein 等[32]提出的纳米畴有关。

　　在 $\Psi = 45°$ 时，可看到第三个极化机制。在 $\Psi = 45°$ 的极化过程中，四方 $200_t/002_t$ 反射对的强度不断减小，直到达到最大场强为止，而在这两个反射之间出现新的反射(图 16.8)。在该位置，无论是未极化还是无场的极化样品，都可以看到由纳米畴引起的漫散射。在双极化循环中，对数百万次循环这种转变完全可逆。

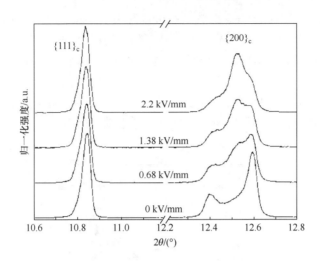

图 16.8　在 $\Psi = 45°$ 及 0 kV/mm、0.68 kV/mm、1.38 kV/mm 和
2.2 kV/mm 时 PIC 151 的{111}$_c$ 和{200}$_c$ 反射

　　这表明，根据检测角度，可以观察到三种不同的极化机制。对于电场平行于入射光束的透射几何衍射，只有那些对{200}$_c$ 反射起作用的晶胞，其极化矢量与电场方向偏离 θ 或 $90° - \theta$。该研究中使用了高能 X 射线(28 keV)，角度 θ 的作用不大。因此，在 $\Psi = 0°$ 时会产生强织构。在 90° 磁畴壁上，垂直于电场极化方向的磁畴沿平行于电场的方向会缩小。这解释了沿 a 的择优取向。另外，减少了四方畴之间的漫散射强度。取向良好的纳米畴会沿着电场方向长成微畴，从而强化了择优取向。在极化矢量和电场之间存在较大角度的畴中，这些微观结构反应导致应变和相应的体积收缩，{111}$_c$ 反射的偏移说明了这一点。

　　当将样品相对入射光倾斜大约 45° 时，四方畴{200}$_c$ 衍射峰偏离 $45° \pm \theta$。在这种情况下，极化过程中可以观察到四方相 c/a 比下降和相分数。在未极化样品中四方相反射峰(可以拟合单斜相)会大大加宽。施加电场后，它们变成接近菱方对称的尖锐反射峰。此外，经过几个循环，四方反射之间的漫散射减弱了。在这种情况下，纳米畴也会起到关键作用。在电场作用下，它们形成伪菱方微畴；在关闭电场后，它们会被扭曲的四方微畴迫使回到伪四方对称。由于在循环过程中加载到样品上的能量，纳米畴被部分转化为四方微畴，从而降低了漫散射强度。

　　因此，纳米结构是良好铁电性能的关键。由于块体材料内部的晶粒在施加电场期间无法旋转，因此它们的晶体学取向被固定了，而极化方向的改变需要通过改变对称性才能发生。由于纳米畴的尺寸小，仅需少量能量即可改变其对称性，从而改变极化方向。从取向来看，理想的对称性可以是四方、菱方和单斜。

　　当铁电体双极极化数百万个周期时，宏观应变会降低。为了研究相关过程，将样品在 2 kV/mm 下以 50 Hz 的频率双极疲劳 10^7 次循环。尽管图 16.9 中显示了很强的织构，但对于 $\Psi = 0°$ 的新样品，在任何疲劳样品中均未观察到择优取向。将样品极化几秒后，会出现与新样品相同的织构化(图 16.10)。四方织构化效应在 $\Psi = 45°$ 时最小，2 kV/mm 下极化的疲劳样品也是如此。图 16.9 和图 16.10 的比较表明，疲劳样品的织构化更强，漫散射减弱。即使疲劳样品在开始时没有织构，在静态极化几秒后，择优取向也要比新样品的取向强。

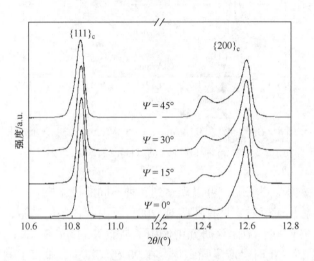

图 16.9　在 $\Psi = 0°$、15°、30°和 45°的残余状态(0 kV/mm)下 PIC 151 的{111}$_c$ 和{200}$_c$ 反射

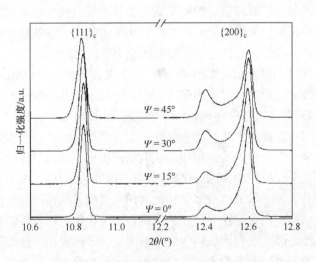

图 16.10　在 $\Psi = 0°$、15°、30°和 45°的残余状态(0 kV/mm)下，双极疲劳 PIC 151(50 Hz, 10^7 次循环)的{111}$_c$ 和{200}$_c$ 反射

如图 16.11 所示，如果长期施加静态电场，则疲劳样品也会表现出菱方体切变行为，但这种现象不如新样品明显。对新样品和疲劳样品的直接比较表明，结构变化过程基本相同。因此，极化和疲劳似乎导致相反的结构变化：虽然对新样品施加电场会导致菱方对称相变，但疲劳样品多次循环后更倾向于四方对称。

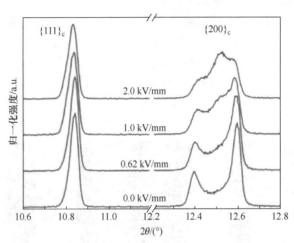

图 16.11　在 $\Psi = 45°$，0 kV/mm、0.62 kV/mm、1.0 kV/mm 和 2.0 kV/mm 下，双极疲劳 PIC 151(50 Hz，10^7 次循环)的 $\{111\}_c$ 和 $\{200\}_c$ 反射

这种看似矛盾的根源在于其复杂的微观结构，新样品即使在 $\Psi = 45°$ 时表现出明显的菱方倾向，经过几个极化周期后四方相反射之间的漫散射仍会减弱(图 16.10 和图 16.11)。对这种矛盾的解释在于微观结构中的场致有序过程。漫散射可以完全被看作来自纳米畴的影响。通过加载电场的能量可以使取向良好的纳米畴向取向沿着电场矢量方向的四方微畴发生相转变。这将导致 $\Psi = 0°$ 时的织构化。这些微畴不再有助于漫散射并增加四方相的数量。如果纳米畴的取向错向，不能阻止其向四方微畴生长，则它们会形成具有沿 $\langle 111 \rangle_c$ 极化矢量的菱方微畴，并当 $\Psi = 45°$ 时可见。该过程在第一次极化循环中发生。在疲劳过程中持续取向化，并导致可自由切变的纳米畴不断减少，在衍射谱图中表现为四方相变(图 16.10 和图 16.11)。

切变过程受惯性影响，导致在准静态极化过程中对施加电场的响应大大降低(图 16.11)。如果裂纹屏蔽了场的有效性，并且可自由切变的纳米畴减少，则系统在某一点将不再对电场产生响应。实际上，疲劳样品在 50 Hz 下累积 10 s 的双极化循环测量结果与无场测量结果没有差异。尽管如此，循环仍会引起能量负载，从而导致微观结构的弛豫和织构化产生的宏观偶极矩的最小化。因此，对于疲劳样品，看不到任何择优取向。

在铁电陶瓷的实际应用中，涉及高频循环负载。要研究实际工作条件下的动力学，就需要更复杂的测量技术。即使用快照探测器，曝光时间也必须要在数秒范围内以便有足够的统计性。频闪测量是一种打破这些限制的可能途径。强制性要求过程绝对可逆。对于铁电体，预循环约 10^5 次可确保足够的循环稳定性。

图 16.12 展示了在 200 ms 的曝光时间下进行测量的可行性。当取向 $\Psi = 0°$ 时，对于低于矫顽力场($E_c \approx 1.0$ kV/mm)的情况，可以分辨 $\{110\}_c$ 反射峰的动力学过程。随着场强的增加，峰位的移动也随之改变，同时切变时间也相应减少。如果场强超过 E_c，则 200 ms 的时间分辨率将不再适用。对于 $E = 2$ kV/mm 的极化，动力学要快几个数量级。

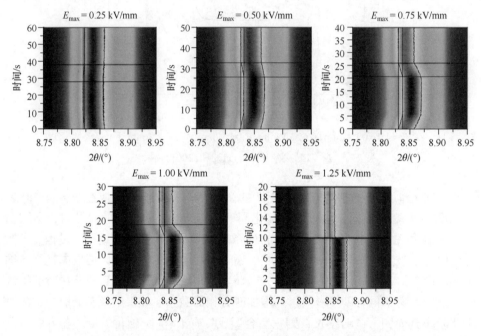

图 16.12　$\{110\}_c$ 反射 $\Psi = 0°$ 时的切变动力学的频闪测量
对于达到矫顽力场的电场($E_c \approx 1.0$ kV/mm)，仍能分辨切变；对于更高的场强，动力学速度太快

为了研究这些时间变量，最好的选择是泵浦探针设置。对于铁电体，反应是由电场触发的。由于铁电体极化反应易受疲劳影响，因此极化频率和反应时间决定了可能的时间分辨率。正常测量需要 10 s 的曝光时间。对于频率为 50 Hz，时间分辨率为 1 ms 的双极化循环，采集整个循环将有 20 张衍射谱图。在每次测量期间，仅采集到总 X 射线强度的 1/20，因此每张谱图的曝光时间为 200 s，整个循环的曝光时间为 4000 s。这意味着在完整的测量过程中，样品经过了 2×10^5 个循环。因此，必须将样品预循环 10^5 次，更高的时间分辨率是不可行的。

　　图16.13显示了在 $\Psi = 45°$ 时 $\{200\}_c$ 反射的泵浦探针测量。通过迅即施加 2 kV/ mm 的电场，可以研究样品的切变动力学。1 ms 的时间分辨率[图 16.13(a)]显示了极化过程残余态和极化态之间的一个中间步骤。将时间分辨率降低到 500μs 仍然无法提供更多信息[图 16.13(b)]。将时间分辨率进一步降低到 250 μs 之后，可以测量足够的中间步骤，保证了对极化过程进行详细的表征[图 16.13(c)]。

　　尽管图 16.13(a)、(b)中的时间分辨率不同，但数据看起来几乎相同。原因是，例如，对于图 16.13(a)中的延迟时间为 1 ms，测量在整个 0 ms ≤ t_a ≤ 1 ms 时间内被平均，其中 t_a 为采集时间。时间分辨率由选通窗口确定。在此窗口期，累积的数据实际是 t_a 时间内的平均。只要结构过程在相当长的时间间隔内持续，即 t_p(保持某结构的持续时间)与 t_a 处于同一范围内，则第一张谱图将视为中间步骤。在图 16.13(c)

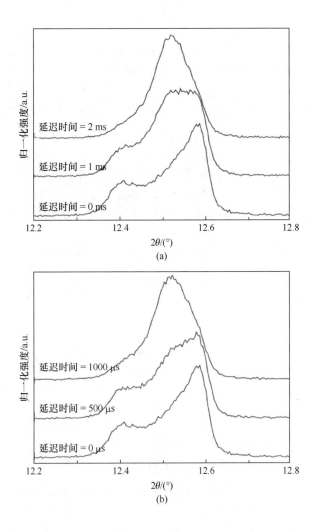

(a)

(b)

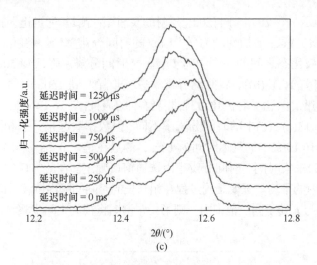

(c)

图 16.13　$\Psi = 45°$ 时泵浦探针测量 {200}$_c$ 反射

在 50 Hz、2 kV/mm 条件下残余态和极化态之间的循环切变的时间分辨率：(a) 1 ms, (b) 500 μs, (c) 250 μs；只有
250 μs 的时间分辨率才足以辨别残余态与极化态之间的中间态，能进行极化过程研究

中，$t_a \ll t_p$，因此时间分辨率足以分辨极化过程中的结构变化。由于只有六次测量是在 250 μs 的窗口期完成的，因此样品的总体循环仍处于 10^5 个循环的范围内。

　　泵浦探针实验也可用于双极化循环。在图 16.14 中，绘制了在 50 Hz 频率、±2 kV/mm 下，时间分辨率为 1 ms 的正弦极化。为了确保在整个磁滞阶段极化过程稳定，将样品预循环 10^5 次。对施加场的响应显示出与准静态极化过程相同的特性(图 16.8 和图 16.11)。但是，仔细观察还存在明显不同。菱方 {200}$_c$ 反射的强

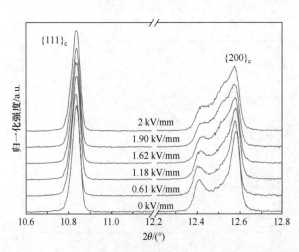

图 16.14　$\Psi = 45°$ 时泵浦探针测量 {111}$_c$ 和 {200}$_c$ 反射

在 50 Hz、0～2 kV/mm 条件下双极化，时间分辨率为 1 ms

度在场强最大时要低得多。同样,四方反射的强度降低也减弱。特别地,在 2 kV/mm 时 200_t 的反射比图 16.8 和图 16.11 中的准静态情况下的反射要强得多。因此,泵浦探针实验可以对极化动力学进行详细研究。

尤其是对于 X 射线衍射几何,施加单向力电场会带来严重问题。由于极化材料最初表现为随机分布的晶粒取向,极化仅在某些晶粒中引发了择优取向,而其他晶粒却没有受到影响。结合必要的衍射条件,可以进行选择性观察。

这一点在图 16.15 中针对 $\{111\}_c$ 和 $\{200\}_c$ 在 $\Psi = 0°$ 的反射进行了说明。分裂的 $\{200\}_c$ 反射反映了四方对称的特征 c/a 轴比引起了 200_t 和 002_t 反射。对于图 16.15(b) 的情况,自发极化的晶胞几乎分别平行和垂直于电场排列。当晶胞绕晶面任意法线旋转时,它们仍然满足衍射条件。因此,002_t 反射仅给出选择性信息:虽然所有 200_t 取向的晶胞可能分布在 P_s 和 E 之间的 θ 到 $180° - \theta$ 角度范围,但是 002_t 反射则来源于 $90° \pm \theta$ 取向的晶胞。

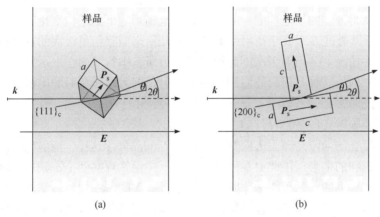

(a)   (b)

图 16.15 $\Psi = 0°$ 时晶胞对 $\{111\}_c$(a) 和 $\{200\}_c$(b) 反射的影响
P_s 是四方极化的方向

对于能量非常高的光子,低角度衍射也许忽略了 θ 角影响;但是对于能量为 20~30 keV 的高分辨率 X 射线衍射,衍射级数也受 θ 影响。也就是说,$\{001\}_c$ 和 $\{002\}_c$ 的反射源自不同方向的磁畴。此条件适用于所有平行晶面簇。

当样品和场倾斜约 $\Psi = 45°$ 时,200_t 取向的反射畴数量就会减少。在这种情况下,只有那些在 P_s 和 E 之间分布在 $(45° - \theta)$~$(135° + \theta)$ 之间的晶面才决定 200_t 反射的强度。对于 002_t 反射,只能有两个可能取向:$45° + \theta$ 和 $135° - \theta$。在 $\Psi = 90°$ 的极端情况下,两种反射的可能方向都受到限制。所有 200_t 反射的取向都分布在 $(90° - \theta)$~$(90° + \theta)$ 之间,而 $\pm \theta$ 取向的晶胞则决定 002_t 反射强度。

由于极化方向 P 沿着 E 择优取向,那些极化方向 P 与 E 偏离较小的晶胞反射强度增加。因此,织构化对 $\{200\}_c$ 反射强度比的影响应该在 $\Psi = 45°$ 左右最低。

具有这种取向的样品，P 取向无法通过 90° 畴切变来增强，因为 E 将{200}和{002}晶面平分。

对于其他的四方相，如 110_t 反射，或 P_s 沿 $\langle 111 \rangle_c$ 的菱方相，由于 P 既不平行也不垂直于晶面，因此情况更为复杂。这样，在晶面旋转某一角度过程中，极化矢量绕晶面法线进动。

Hall 等[29]发现，尤其是取向失配的畴，因宏观应变而导致晶格常数改变，而产生的应力取向取决于其相对 E 的方向。由于样品是多晶的，大多数情况下，即使在施加电场时，P_s 相对于 E 的所有取向都可能存在。恒定体积下的单轴宏观应变，导致四方相(尤其是取向失配畴的)c/a 轴比减小。当 $\Psi = 0°$ 时，在电场的影响下，c 轴会变得更短。由于样品体积相等，有 $2\Delta a = \Delta c$，因此结果是 c/a 轴比下降。因 200_t 的取向几乎是统计分布的，90°取向失配的畴也对该反射有贡献。因此，观察到的体积变化主要由 200_t 决定。对于 $\Psi = 0°$，将会观察到体积减小。

在晶格畸变低的系统[如准同型 PZT 或 $(1-x)Bi_{0.5}Na_{0.5}TiO_3\text{-}xBaTiO_3$(BNT-BT)]中，可以获得最佳的铁电性能。因此，研究电场影响下的结构变化离不开高角度分辨率。可以通过 E 垂直于衍射平面的样品几何来消除衍射级次的选择性观察现象。在这种情况下，衍射级次不起作用，因为所有平行晶面在电场方向上都表现出相同的取向。这种几何只能应用于中子衍射，因为两个相对的电极必须平行于入射束。此时，必须有至少 1 mm 的采样直径，由于吸收问题，这对于实际的高分辨率同步辐射光源是不可行的。

仍然存在的局限是，无法检测到垂直于 E 的晶面。这样，衍射谱图缺少与场完全平行的畴的信息。因此，在四方相情况下，仍然观察到 c/a 轴比的降低。消除所有这些影响的一种可能是，收集尽可能多取向的一系列衍射谱图。然后，需要通过所有收集的信息来精修结构模型。为此，有必要让每张谱图沿不同取向。织构分析可以完成这一过程，进而可以进行完整的结构分析。

(Helmut Ehrenberg，Anatoliy Senyshyn，Manuel Hinterstein，Hartmut Fuess)

参 考 文 献

[1] Taviot-Gueho C, Feng Y, Faour A, Leroux F. Intercalation chemistry in a LDH system: anion exchange process and staging phenomenon investigated by means of time-resolved, *in situ* X-ray diffraction. Dalton Trans, 2010, 39(26): 5994-6005.

[2] Pichon C, Palancher H, Hodeau J L, Berar J F. Towards operando characterisation by powder diffraction techniques of molecular sieves. Oil Gas Sci Technol, 2005, 60(5): 831-848.

[3] Klimakow M, Leiterer J, Kneipp J, Rossler E, Panne U, Rademann K, Emmerling F. Combined synchrotron XRD/Raman measurements: *in situ* identification of polymorphic

transitions during crystallization processes. Langmuir, 2010, 26(13): 11233-11237.

[4] Topsøe H. Developments in operando studies and *in situ* characterization of heterogeneous catalysts. J Catal, 2003, 216(1-2): 155-164.

[5] Si-Ahmed H, Calatayud M, Minot C, Lozano Diz E, Lewandowska A E, Bañares M A. Combining theoretical description with experimental *in situ* studies on the effect of potassium on the structure and reactivity of titania-supported vanadium oxide catalyst. Catal Today, 2007, 126(1-2): 96-102.

[6] de la Peña O'Shea V A, Homs N, Pereira E B, Nafria R, Ramirez de la Piscina P. X-ray diffraction study of Co_3O_4 activation under ethanol. Catal Today, 2007, 126(1-2): 148-152.

[7] Jaffe B, Cook W R, Jaffe H. Piezoelectric Ceramics. London: Academic Press, 1971.

[8] Aifantis K E, Hackney S A, Kumar R V. High Energy Lithium Batteries. Weinheim: Wiley-VCH Verlag GmbH, 2010.

[9] Kazunori O. Lithium Ion Rechargeable Batteries. Weinheim: Wiley-VCH Verlag GmbH, 2009.

[10] McMaster W H, Kerr Del Grande N, Mallett J H, Hubbell J H. Compilation of X-ray Cross Sections. http://cars9.uchicago.edu/mcbook[2010-08-08].

[11] Sears V F. Neutron scattering lengths and cross sections. Neutron News, 1992, 3(3): 26-37.

[12] Peral I, McKinlay J, Knapp M, Ferrer S. Design and construction of multicrystal analyser detectors using Rowland circles: application to MAD26 at ALBA. J Synchrotron Radiat, 2011, 18(6): 842-850.

[13] Hinterstein J M. Mikrostrukturanalyse von Piezokeramiken mit Hilfe von Neutronen-und Synchrotronstrahlung. Göttingen: Sierke Verlay, 2011.

[14] Eckold G, Schober H, Nagler S E. Studying Kinetics with Neutrons. Berlin: Springer, 2010.

[15] Jones J L, Hoffmann M, Daniels J E, Studer A J. Direct measurement of the domain switching contribution to the dynamic piezoelectric response in ferroelectric ceramics. Appl Phys Lett, 2006, 89(9): 092901.

[16] Riley D P, Kisi E H, Hansen T C, Hewat A W. Self-propagating high-temperature synthesis of Ti_3SiC_2: Ⅰ, ultra-high-speed neutron diffraction study of the reaction mechanism. Am Ceram Soc, 2002, 85(10): 2417-2424.

[17] Hammersley A P, Svensson S O, Hanfland M, Fitch A N, Hausermann D. Two-dimensional detector software: from real detector to idealised image or two-theta scan. High Pressure Res, 1996, 14(4-6): 235-248.

[18] Knapp M, Baehtz C, Ehrenberg H, Fuess H. The synchrotron powder diffractometer at beamline B2 at HASYLAB/DESY: status and capabilities. J Synchrotron Radiat, 2004, 11(4): 328-334.

[19] Knapp M, Joco V, Baehtz C, Brecht H H, Berghaeuser A, Ehrenberg H, von Seggern H, Fuess H. Position-sensitive detector system OBI for high resolution X-ray powder diffraction using on-site readable image plates. Nucl Instrum Methods Phys Res Sect A, 2004, 521(2-3): 565-570.

[20] Schmitt B, Broennimann C, Eikenberry E F, Gozzo F, Hoermann C, Horisberger R, Patterson B. Mythen detector system. Nucl Instrum Methods Phys Res Sect A, 2003, 501(1): 267-272.

[21] Copley J R D, Cook J C. An analysis of the effectiveness of oscillating radial collimators in neutron scattering applications. Nucl Instrum Methods Phys Res Sect A, 1994, 345(2): 313-323.

[22] Wroblewski T, Bjeoumikhov A. X-ray diffraction imaging of bulk polycrystalline materials. Nucl Instrum Methods Phys Res Sect A, 2005, 538(1-3): 771-777.

[23] Ehrenberg H, Nikolowski K, Bramnik N, Baehtz C, Buhrmester T, Gross T. Conditioning of Li(Ni, Co)O$_2$ cathode materials for rechargeable batteries during the first charge-discharge cycles. Adv Eng Mater, 2005, 7(10): 932-935.

[24] Senyshyn A, Muhlbauer M J, Nikolowski K, Pirling T, Ehrenberg H. *In operando* neutron scattering studies on Li-ion batteries. J Power Sources, 2012, 203: 126-129.

[25] Hoelzel M, Senyshyn A, Gilles R, Boysen H, Fuess H. Scientific review: the structure powder diffractometer SPODI. Neutron News, 2007, 18(4): 23-26.

[26] Hoelzel M, Senyshyn A, Juenke N, Boysen H, Schmahl W, Fuess H. High-resolution neutron powder diffractometer SPODI at research reactor FRM II. Nucl Instrum Methods Phys Res Sect A, 2012, 667: 32-37.

[27] Rodríguez-Carvajal J. Recent advances in magnetic structure determination by neutron powder diffraction. Physica B, 1993, 192(1-2): 55-69.

[28] Moulson A J, Herbert J M. Electroceramics: Materials, Properties and Applications. Hoboken: John Wiley & Sons Ltd., 2003.

[29] Hall D A, Steuwer A, Cherdhirunkorn B, Mori T, Withers P J. A high energy synchrotron X-ray study of crystallographic texture and lattice strain in soft lead zirconate titanate ceramics. J Appl Phys, 2004, 96(8): 4245-4252.

[30] Schönau K A, Knapp M, Kungl H, Hoffmann M J, Fuess H. *In situ* synchrotron diffraction investigation of morphotropic Pb[Zr$_{1-x}$Ti$_x$]O$_3$ under an applied electric field. Phys Rev B, 2007, 76(14): 144112.

[31] Jones J L, Slamovich E B, Bowman K J. Domain texture distributions in tetragonal lead zirconate titanate by X-ray and neutron diffraction. J Appl Phys, 2005, 97(3): 034113.

[32] Hinterstein M, Schoenau K A, Kling J, Fuess H, Knapp M, Kungl H, Hoffmann M J. Influence of lanthanum doping on the morphotropic phase boundary of lead zirconate titanate. J Appl Phys, 2010, 108(2): 024110.

[33] Hinterstein M, Knapp M, Jo W, Cervellino A, Ehrenberg H, Fuess H. Field-induced phase transition in Bi$_{1/2}$Na$_{1/2}$TiO$_3$-based lead-free piezoelectric ceramics. J Appl Crystallogr, 2010, 43(6): 1314-1321.

[34] Hinterstein M, Hölzel M, Kungl H, Höffmann M J, Ehrenberg H, Fuess H. *In situ* neutron diffraction study of electric field induced structural transitions in lanthanum doped lead zirconate titanate. Z Kristallogr, 2011, 226: 155-162.

[35] Glazer A M. The classification of tilted octahedra in perovskites. Acta Crystallogr Sect B, 1972, 28(11): 3384-3392.

[36] Patterson B D, Abela R, Auderset H, Chen Q, Fauth F, Gozzo F, Ingold G, Kuehne H, Lange M, Maden D, Meister D, Pattison P, Schmidt T, Schmitt B, Schulze-Briese C, Shi M, Stampanoni M, Willmott P R. The materials science beamline at the Swiss Light Source: design and realization. Nucl Instrum Methods Phys Res Sect A, 2005, 540(1): 42-67.

[37] Hinterstein M, Rouquette J, Haines J, Papet P, Knapp M, Glaum J, Fuess H. Structural description of the macroscopic piezo-and ferroelectric properties of lead zirconate titanate. Phys Rev Lett, 2011, 107(7): 077602.

[38] Schoenau K A, Schmitt L A, Knapp M, Fuess H, Eichel R A, Kungl H, Hoffmann M J. Nanodomain structure of Pb $[Zr_{1-x}Ti_x]O_3$ at its morphotropic phase boundary: investigations from local to average structure. Phys Rev B, 2007, 75(18): 184117.